祝贺〈物理学大题典〉
在中国科学技术大学
六十周年校庆之际
再次出版

二〇一八年五月

物理学大题典⑥ / 张永德主编

相对论物理学
（第二版）

强元棨　张鹏飞　杨建明　杨保忠　宫竹芳　编著
陈银华　尤峻汉　周又元　张家铝

科学出版社
中国科学技术大学出版社

内 容 简 介

"物理学大题典"是一套大型工具性、综合性物理题解丛书. 丛书内容涵盖综合性大学本科物理课程内容：从普通物理的力学、热学、光学、电学、近代物理到"四大力学"，以及原子核物理、粒子物理、凝聚态物理、等离子体物理、天体物理、激光物理、量子光学、量子信息等. 内容新颖、注重物理、注重学科交叉、注重与科研结合.

《相对论物理学(第二版)》共 8 章，包括相对论时空和洛伦兹变换、狭义相对论的运动学、相对论力学、相对论时空变换对称性和有关应用、相对论在亚原子物理学中的应用、相对论电动力学、广义相对论和相对论宇宙学.

本丛书可作为物理类本科生的学习辅导用书、研究生的入学考试参考书和各类高校物理教师的教学参考书.

图书在版编目(CIP)数据

相对论物理学/强元棨等编著. —2 版. —北京：科学出版社，2018.9
(物理学大题典/张永德主编；6)
ISBN 978-7-03-058789-3

Ⅰ.①相… Ⅱ.①强… Ⅲ.①相对论-题解 Ⅳ.①O412.1-44

中国版本图书馆 CIP 数据核字(2018) 第 209299 号

责任编辑：昌 盛 罗 吉/责任校对：张凤琴
责任印制：吴兆东/封面设计：华路天然工作室

科 学 出 版 社 出版
北京东黄城根北街 16 号
邮政编码：100717
http://www.sciencep.com

中国科学技术大学出版社
安徽省合肥市金赛路 96 号
邮政编码：230026

北京中石油彩色印刷有限责任公司印刷
科学出版社发行 各地新华书店经销

*

2005 年 10 月第 一 版 开本：787×1092 1/16
2018 年 9 月第 二 版 印张：24 1/2
2024 年 9 月第八次印刷 字数：578 000
定价：69.00 元
(如有印装质量问题，我社负责调换)

"物理学大题典" 编委会

主　编　张永德

编　委　（按姓氏拼音排序）

丛书序

这套"物理学大题典"源自 20 世纪 80 年代末期的"美国物理试题与解答",而那套丛书则源自 80 年代的 CUSPEA 项目（China-United States Physical Examination and Application Program）. 这套丛书收录的题目主要源自美国各著名大学物理类研究生入学试题，经筛选后由中国科学技术大学近百位高年级学生和研究生解答，再经中科大数十位老师审定. 所以这套丛书是中国改革开放初期中美文化交流的成果，是中美物理教学合作的结晶，是 CUSPEA 项目丰硕成果的一朵花絮.

贯穿整个 80 年代的 CUSPEA 项目是由李政道先生提出的. 1979 年李先生为了配合中国刚刚开始实施的改革开放方针，向中国领导建言，逐步实施美国著名大学在中国高校联合招收赴美攻读物理博士研究生计划. 经李先生与我国各级领导和美国各著名大学反复多次磋商研究，1979 年教育部和中国科学院联合发文《关于推荐学生参加赴美研究生考试的通知》，紧接着同年 7 月 14 日又联合发出补充通知《关于推荐学生参加赴美物理研究生考试的通知》，直到 1980 年 5 月 13 日，教育部和中国科学院再次联合发文《关于推荐学生参加赴美物理研究生考试的通知》，神州大地正式全面启动这一计划.

1979 年最初实施的是 Pre-CUSPEA，从李先生任教的哥伦比亚大学开始，通过考试选录了 5 名同学进入哥大. 此后计划迅速扩大，包括了美国所有著名大学在内的 53 所大学，后期还包括了加拿大的大学，总数达到 97 所. 10 年 CUSPEA 共计录取 915 名中国各高校应届学生，进入所有美国著名大学. 迄今项目过去 30 年，当年赴美的青年学子早已各有所成，展布全球，许多人回国报效，成绩斐然，可喜可慰.

李先生在他总结文章中回忆说[1]："在 CUSPEA 实施的 10 年中，粗略估计每年都用去了我约三分之一的精力. 虽然这对我是很重的负担，但我觉得以此回报给我创造成长和发展机会的祖国母校和老师是完全应该的." 文中李先生两次提及他已故夫人秦惠䇹女士和助理 Irene 女士，为赴美中国年轻学子勤勤恳恳、默默无闻地做了大量细致的服务工作. 编者读到此处，深为感动！这次丛书再版适逢中国科学技术大学 60 周年校庆，又承李先生题词祝贺，中科大、科学出版社以及丛书编者同仁都十分感谢！

苏轼《花影》诗："重重叠叠上瑶台，几度呼童扫不开. 刚被太阳收拾去，却教明月送将来." 聚中科大百多位师生之力，历二十余载，唯愿这套丛书对中美教育和文化交流起一点奠基作用，有助于后来学者踏着这些习题有形无迹的斑驳花影，攀登瑶台，观看无边深邃的美景.

张永德　谨识

2018 年 6 月 29 日

---

[1] 李政道，《我和 CUSPEA》，载于"知识分子"公众号，2016 年 11 月 30 日.

前　言

物理学，由于它在自然科学中所具有的主导作用，在人类文明史，特别是在人类物质文明史中，占据着极其重要的地位．经典物理学的诞生和发展曾经直接推动了欧洲物质文明的长期飞跃．20 世纪初诞生并蓬勃发展起来的近代物理学，又造就了上个世纪物质文明的辉煌．自 20 世纪末到 21 世纪初的当前时代，物理学正以空前的活力，广阔深入地开创着向化学、生物学、生命科学、材料科学、信息科学和能源科学渗透和应用的新局面．在本世纪里，物理学再一次直接推动新一轮物质文明飞跃的伟大进程已经开始．

然而，经历长足发展至今的物理学，宽广深厚浩瀚无垠．教授和学习物理学都是相当艰苦而漫长的过程．在教授和学习过程许多环节中，做习题是其中必要而又重要的环节．做习题是巩固所学知识的必要手段，是深化拓展所学知识的重要练习，是锻炼科学思维的体操．

但是，和习题有关的事有时并不被看重，似乎求解和编纂练习题是全部教学活动中很次要的环节．但丛书编委会同仁们觉得，这件事是教学双方的共同需要，只要是需要的，就是合理的，有益的，应当有人去做．于是大家本着甘为孺子牛的精神，平时在科研教学中一道题一道题地积累，现在又一道题一道题地编审，花费了大量时间做着这种不起眼的事．正如一个城市的基础建设，不能只去建地面上摩天大楼和纪念碑等"抢眼球"的事，也同样需要去做修马路、建下水道等基础设施的事．

这套"物理学大题典"的前身是中国科技大学出版社出版的"美国物理试题与解答"丛书 (7 卷)．那套丛书于 20 世纪 80 年代后期由张永德发起并组织完成，内容包括普通物理的力、热、光、电、近代物理到四大力学的全部基础物理学．出版时他选择了"中国科学技术大学物理辅导班主编"的署名方式．自那套丛书出版之后，历经 10 余年，仍然有不断的需求，于是就有了现在的这套丛书——"物理学大题典"．

"题典"编审的大部分教师仍为原来的，只增加了少许新成员．经过大家着力重订和大量扩充，耗时近两年而成．现在这次再版，编审工作又增加了几位新成员，复历一年而再成．此次再版除在原来基础上适当修订审校之外，还有少量扩充，增加了第 6 卷《相对论物理学》，第 7 卷《量子力学》扩充为上、下两分册．丛书最终为 8 卷 10 分册．总计起来，丛书编审历时近 20 年，耗费近 40 位富有科研和教学经验的教授、约 150 位 20 世纪 80 年代和现在的研究生及高年级本科生的巨大辛劳．丛书确实是众人长期合作辛劳的结晶！

现在的再版，题目主要来源当然依旧是美国所有著名大学物理类研究生的入学试题，但也收录了部分编审老师的积累．内容除涵盖力、热、光、电、近代物理到四大力学全部基础物理学之外，还包括了原子核物理、粒子物理、凝聚态物理、等离子体物理、天体物理、激光物理、量子光学和量子信息物理．于是，追踪不断发展的科学轨迹，现在这套丛书仍然大体涵盖了综合性大学全部本科物理课程内容．

这里应当强调指出两点：其一，一般地说，人们过去熟悉的苏联习题模式常常偏重基础知识、偏于计算推导、偏向基本功训练；与此相比，美国物理试题涉及的数学并不繁难，但却或多或少具有以下特色：内容新颖，富于"当代感"，思路灵活，涉及面宽广，方法和结论简单实用，试题往往涉及新兴和边沿交叉学科，不少试题本身似乎显得粗糙但却抓住了物理本质，显得"物理味"很足！纵观比较，编审者深切感到，这些考题的集合在一定程度上体现着美国科学文化个性及思维方式特色！唯鉴于此，大家不惮繁重，集众多人力而不怯，耗漫长岁月而不辍，是值得的！另外，扩充修订中增添的题目，也是本着这种精神，摘自编审老师各自科研工作成果，或是来自各人教学心得，实是点滴聚成.

　　其二，对于学生，的确有一个正确使用习题集的问题. 有的同学，有习题集也不参考，咬牙硬顶，一个晚上自习时间只做了两道题. 这种精神诚应嘉勉，但效率不高，也容易挫伤积极性，不利于培养学习兴趣；另有些同学，逮到合适解答提笔就抄，这样做是浮躁不踏实的. 两种学习方法都不可取. 编审者认为，正确使用习题集是一个"三步曲"过程：遇到一道题，先自己想一想，想出来了自己做最好；如果认真想了些时间还想不出来，就不要老想了，不妨翻开习题集找寻答案，看懂之后，合上书自己把题目做出来；最后，要是参考习题集做出来的，花费一两分钟时间分析解剖一下自己，找找存在的不足，今后注意. 如此"三步曲"下来，就既踏实又有效率. 本来，效率和踏实是一对矛盾，在这一类"治学小道"之下，它俩就统一起来了. 总之，正确使用之下的习题集肯定能够成为学生们有用的"爬山"拐杖.

　　丛书第一版是在科学出版社胡升华博士倡议和支持下进行的，同时也获得刘万东教授、杜江峰教授的支持. 没有他们推动和支持，丛书面世是不可能的. 这次再版工作又承科学出版社昌盛先生全力支持，并再次获得中国科技大学物理学院和教务处的支持. 对于这些宝贵支持，编审同仁们表示深切谢意.

　　　※　　　※　　　※　　　※　　　※　　　※　　　※　　　※

　　本卷由丛书第一版《力学》卷第 12 章狭义相对论力学、《电磁学与电动力学》卷第 6 章相对论电动力学和《原子亚原子与相对论物理学》卷第四篇第 14 章高速粒子运动学、第五篇相对论组成，张鹏飞、杨建明负责统编，删掉各卷中的重复题目，并新增了不少题目，新增篇幅占百分之三十以上. 最后，我们高兴和感激地指出，承蒙南京大学鞠国兴教授仔细校阅，提出许多宝贵意见. 我校尹鹏程、翟书彦参予了部分讨论和协助性工作. 特此致以衷心的感谢.

编审者谨识

2005 年 5 月

2018 年 8 月修改

目　录

题 意 要 览

子组成的宇宙保持热平衡状态, 而有质量的粒子组成的宇宙不保持热平衡, 确定中微子的速度和能量

8.5 求在宇宙中飞船相对于观察者的速度

8.6 宇宙双生子佯谬

第一章　相对论时空和洛伦兹变换

1.1　简单叙述一下需要狭义相对论来解决的难题

题 1.1　简单叙述一下需要狭义相对论来解决的难题; 叙述一种可能不需要狭义相对论的早期理论, 并举出一个证明这种理论是错误的实验; 叙述一个证明狭义相对论可信的近代实验.

解答　牛顿力学遇到的困难主要是: 根据麦克斯韦的电磁场理论, 电磁波在真空中的传播速度恒为 c, 与辐射源的速度无关, 这与惯性系间的伽利略变换相矛盾, 真空中的光速不遵从经典力学的速度合成法则.

早期人们提出以太理论, 认为以太既在介质中存在又在真空中存在, 是电磁波的荷载者. 麦克斯韦的电磁理论仅对以太或对以太为静止的参考系才成立. 测量地球相对于以太的运动速度的迈克耳孙–莫雷实验证明以太理论是错误的. 实验结果是地球相对于以太是静止的, 这显然与认为只有以太是绝对静止的参考系相抵触. 既然不能说明以太的存在, 以太理论必须放弃.

赫特的实验可以证明狭义相对论可信. 高速飞行的正电子在湮没时发出两个光子, 实验发现两个光子能同时到达在距湮没发生的地点等距离的探测器, 表明从高速飞行的辐射源向不同方向发射的光有恒定的速率.

1.2　菲佐实验 (I)

题 1.2　菲佐实验所用的装置如图 1.1 所示. 光源发出的、在真空中波长为 λ 的光, 经镀有半透膜的玻璃片 M 分成两束相干光, 一束透射, 经 M_1、M_2、M_3, 再在 M 处透射, 射入望远镜 T; 另一束经 M 反射, 经 M_3、M_2、M_1, 再在 M 处反射, 射入望远镜 T, 前者顺水速而行, 后者逆水速而行. 设水速为 $v = 7.0\text{m/s}$, 水的折射率为 $n = 1.33$, 若光相对于静止水中以太的速率为 c/n, 以 v 的速率运动的水带动以太的速率为 kv, k 称为拖曳系数. 用钠黄光作光源, 波长 $\lambda = 5893 \times 10^{-10}\text{m}$, $l = 1.5\text{m}$. 观察到与 $v = 0$ 的情况相比, 测得移动的干涉条纹为 $\delta = 0.19$. 根据以太存在的假设, k 应取何值?

解答　顺水而行的光束在水中相对于以太的速度为 $\dfrac{c}{n} - kv$, 逆水而行的光束在水中相对于以太的速率为 $\dfrac{c}{n} + kv$, 两束光从光源出发到达望远镜的光程差为

$$\left(\frac{2l}{\dfrac{c}{n} - kv} - \frac{2l}{\dfrac{c}{n} + kv} \right) c$$

两束光由于此光程差引起移动的干涉条纹数为

$$\delta = \left(\frac{2l}{\frac{c}{n} - kv} - \frac{2l}{\frac{c}{n} + kv} \right) \frac{c}{\lambda} \approx \frac{4lvn^2}{\lambda c} k$$

这里用了条件 $v \ll c$, 由此解出

$$k = \frac{\delta \lambda c}{4lvn^2} = \frac{0.19 \times 5893 \times 10^{-10} \times 3 \times 10^8}{4 \times 1.5 \times 7.0 \times (1.33)^2} = 0.45$$

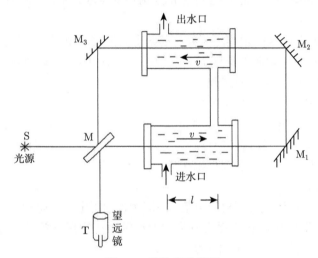

图 1.1　菲佐实验装置

1.3　菲佐实验 (II)

题 1.3　改用图 1.2 所示的实验装置做上述菲佐实验, 半径为 R、折射率为 n 的玻璃圆柱绕固定的 O 轴以恒定角速度 ω 转动. 两束光通过玻璃的距离均为 $2l$, 求射入望远镜 T 的两束光的光程差, 设圆柱拖动以太的系数为 k.

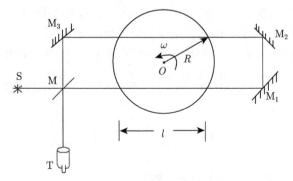

图 1.2　菲佐实验另一实验装置

解答　考虑图 1.3 中 A 点处以太的速度在光的运行方向的分量为

$$\pm k\omega r \cos\alpha = \pm k\omega d = \pm k\omega \sqrt{R^2 - \left(\frac{l}{2}\right)^2} = \pm\frac{1}{2}k\omega\sqrt{4R^2 - l^2}$$

与 α 无关.

两束光的光程差为

$$\begin{aligned}\Delta L &= \left(\frac{2l}{\dfrac{c}{n} - \dfrac{1}{2}k\omega\sqrt{4R^2 - l^2}} - \frac{2l}{\dfrac{c}{n} + \dfrac{1}{2}k\omega\sqrt{4R^2 - l^2}}\right)c\\ &= \frac{8lk\omega n^2\sqrt{4R^2 - l^2}}{4c^2 - k^2\omega^2 n^2(4R^2 - l^2)}\end{aligned}$$

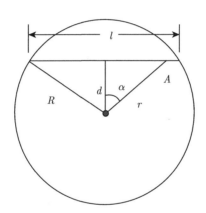

图 1.3　菲佐实验:"以太"的速度对光程的影响

1.4　航天旅行者和他地球上的朋友关于钟的读数

题 1.4　一个速度为 v 的航天旅行者和他的地球上的朋友, 在出发时对好了钟的时刻分别为 $t' = 0$(旅行者的钟) 和 $t = 0$(地球上的钟). 地球上的朋友同时观察两个钟, 直接观察 t, 用望远镜观察 t', 试问: 当 t' 读数为 1h 时, t 的读数为多少?

解答　用洛伦兹变换公式, 在动坐标系 $x' = 0$, $t' = 1$h 时相应于地球坐标系中的位置和时间分别为

$$x = \frac{x' + vt'}{\sqrt{1 - \dfrac{v^2}{c^2}}} = \frac{v}{\sqrt{1 - \dfrac{v^2}{c^2}}}$$

$$t_1 = \frac{t' + v\dfrac{x'}{c^2}}{\sqrt{1 - \dfrac{v^2}{c^2}}} = \frac{1}{\sqrt{1 - \dfrac{v^2}{c^2}}}(\text{h})$$

注意, 上述写法所用的单位为: 长度以米计, 时间以小时计.

动钟为 $t' = 1$h 的信号传到地球上的朋友处 $(x = 0)$, 需时 (地球上钟的示数)

$$t_2 = \frac{x}{c} = \frac{v}{c\sqrt{1 - \dfrac{v^2}{c^2}}}(\text{h})$$

因此收到 $t' = 1$h 的信号时, 地球上的钟的读数为

$$t = t_1 + t_2 = \frac{1 + \dfrac{v}{c}}{\sqrt{1 - \dfrac{v^2}{c^2}}} = \sqrt{\frac{c + v}{c - v}}(\text{h})$$

1.5　地球上某地发生的一个过程经历的时间为 Δt, 飞机上的观察者测得的此过程经历的时间

题 1.5　在地球上某地发生的一个过程经历的时间为 Δt, 问在以每小时 1800km 的恒定速度飞行的飞机上的观察者测得的此过程经历的时间为多大? 若过程开始时两钟读数相同, 经过多长时间飞机上的钟的读数又和地球上的钟的读数相同.

解法一　用洛伦兹变换公式

$$\Delta t' = \frac{\Delta t - \dfrac{v}{c^2}\Delta x}{\sqrt{1 - \dfrac{v^2}{c^2}}}$$

因为过程发生在地球上同一地点, 过程的开始和结束的 x 坐标相同, 故 $\Delta x = 0$, 所以

$$\Delta t' = \frac{\Delta t}{\sqrt{1 - \dfrac{v^2}{c^2}}}$$

今 $v = 1800 \times 10^3/3600 = 500$m/s, 所以

$$\Delta t' = \frac{\Delta t}{\sqrt{1 - \left(\dfrac{500}{3 \times 10^8}\right)^2}}$$

当 $\Delta t = 1$s 时, $\Delta t' = \dfrac{1}{\sqrt{1 - \left(\dfrac{500}{3 \times 10^8}\right)^2}}$, 飞机上的钟走快的时间为 $\dfrac{1}{\sqrt{1 - \left(\dfrac{500}{3 \times 10^8}\right)^2}} -$

1(s).

当飞机上的钟走快 24h 时, 飞机上的钟的读数又和地球上的钟的读数相同, 在地球上的人看来需经历的时间为

$$\frac{24 \times 3600}{\dfrac{1}{\sqrt{1 - \left(\dfrac{500}{3 \times 10^8}\right)^2}} - 1}\text{s} \approx \frac{24 \times 3600}{1 + \dfrac{1}{2}\left(\dfrac{500}{3 \times 10^8}\right)^2 - 1}\text{s}$$

$$\approx 6.22 \times 10^{16}\text{s} = 1.97 \times 10^9 \text{年}$$

解法二 直接用动钟延缓效应, 在飞机上的观察者看, 地球上的钟是动钟, 变慢了

$$\Delta t = \Delta t' \sqrt{1 - \left(\frac{v}{c}\right)^2}$$

从而

$$\Delta t' = \frac{\Delta t}{\sqrt{1 - \left(\frac{v}{c}\right)^2}} = \frac{\Delta t}{\sqrt{1 - \left(\frac{500}{3 \times 10^8}\right)^2}}$$

当然, 在地球上的观察者看来, 飞机上的钟是动钟, 也是变慢的, 但是过程的起始和终结时处于 K′ 系 (固连于飞机) 的不同位置. 地球上的观察者看到的是位于 $x' = 0$ 和 $x' = -v\Delta t$ 的两个钟. 两个钟的读数差既要考虑动钟延缓后的时间又得加上拨快量,

$$\Delta t' = \Delta t \sqrt{1 - \left(\frac{v}{c}\right)^2} + \frac{(-v)}{c^2}(-v\Delta t' - 0)$$

后一项是 $x' = -v\Delta t$ 处的钟较之 $x' = 0$ 处的钟拨快的时间,

$$\left(1 - \frac{v^2}{c^2}\right)\Delta t' = \Delta t \sqrt{1 - \left(\frac{v}{c}\right)^2}$$

从而

$$\Delta t' = \frac{\Delta t}{\sqrt{1 - \left(\frac{v}{c}\right)^2}}$$

以下同解法一.

1.6 在地球上的观察者看来, 高速 μ 子能运动多远距离

题 1.6 静止时 μ 子的平均寿命为 2.197×10^{-6}s, 宇宙线在大气层上空产生的 μ 子的速度可达 $0.99c$ (c 为真空中的光速), 在地球上的观察者看来, 平均来讲, 这种高速的 μ 子能运动多远距离?

解法一 用洛伦兹变换公式, 取地球为 K 系, 固连于 μ 子的坐标系为 K′ 系,

$$\Delta t = \frac{\Delta t' + \frac{v}{c^2}\Delta x'}{\sqrt{1 - \left(\frac{v}{c}\right)^2}}$$

今 $\Delta x' = 0$, $\Delta t' = \tau_0$, $\Delta t = \tau$, 其中 τ_0 是静止 μ 子的平均寿命, τ 是地球上的观察者看到的高速 μ 子的平均寿命.

在地球上的观察者看来, 高速 μ 子平均地讲能运动的距离为

$$l = v\tau = 0.99 \times 3.0 \times 10^8 \times \frac{2.197 \times 10^{-6}}{\sqrt{1 - \left(\frac{0.99c}{c}\right)^2}} = 4.6 \times 10^3 (\text{m})$$

解法二 用动钟延缓效应. 在 K′ 系中, μ 子衰变发生在同一地点, K 系中的钟是动钟,

$$\tau_0 = \tau \sqrt{1 - \left(\frac{v}{c}\right)^2}$$

从而

$$\tau = \frac{\tau_0}{\sqrt{1 - \left(\frac{v}{c}\right)^2}}$$

以下同解法一.

1.7 与 A 钟相距 L 的 B 钟校准到与 A 钟时间一致

题 1.7 在离观测者距离为 L 的位置上有一只时钟 B, 说明怎样能使这只钟与观测者身边的时钟 A 时间上一致.

解答 让时钟 B 的读数停在 $t_B = L/c$ 上, 在 $t_A = 0$(时钟 A 的读数) 时从 A 钟处向 B 钟发出一个光信号, 在信号到达 B 钟时立即开动 B 钟. 这样 B 钟就已校准, 与 A 钟一致.

1.8 在两个坐标原点重合的时刻放在两个坐标原点的时钟指示同一时刻

题 1.8 设 K′ 系以速度 v 相对于 K 系运动, 在两个坐标原点重合的时刻, 放在两个坐标原点的时钟指示同一时刻, $t = t' = 0$. 试问: 在 K 系和 K′ 系中以后都有 $t = t'$ 的点 (x, y, z) 和 (x', y', z') 将分别随 t 和 t' 如何变化?

解答 取 x、x' 轴沿相对运动的方向, 正向一致, K′ 系以 v 的速度沿 x 轴向正方向运动,

$$t = \frac{t' + \frac{v}{c^2}x'}{\sqrt{1 - \left(\frac{v}{c}\right)^2}}, \qquad t = t'$$

两式中消去 t, 得

$$x' = \frac{c^2}{v}\left[\sqrt{1 - \left(\frac{v}{c}\right)^2} - 1\right]t'$$

在满足上述关系的 (x', t')(y'、z' 任意) 处均有 $t = t'$.

同样, 由

$$t' = \frac{t - \frac{v}{c^2}x}{\sqrt{1 - \left(\frac{v}{c}\right)^2}}, \qquad t' = t$$

可得

$$x = -\frac{c^2}{v}\left[\sqrt{1 - \left(\frac{v}{c}\right)^2} - 1\right]t$$

在满足上述关系的 $(x, t)(y$、z 任意) 处, 均有 $t = t'$.

1.9 到半人马星座的旅行

题 1.9 假如一艘宇宙飞船以恒定速度 $v = \sqrt{0.9999}c$ 飞行, 试问: 飞船飞到距地球 4 光年远的半人马星座并返回地球的旅行中应储备够用多少时间的粮食及其他装备?

解答 在地球上观测者看来此旅行需时

$$\Delta t = 8年$$

在飞船上的钟 (动钟) 经历的时间为

$$\Delta t' = \Delta t \sqrt{1 - \left(\frac{v}{c}\right)^2} = 0.08年 = 29.2天$$

往返途中应储备 30 天的粮食和其他装备.

1.10 高速列车作匀速运动经过地面上 A、B 两点

题 1.10 一列车以 $v = 0.6c(c$ 为真空中的光速) 的恒定速度运动, 经过地面上 A、B 两点所用的时间为 40min(以列车上静止的钟计时). 求:

(1) 地面上的人测得的 A、B 间的距离;

(2) 列车上的人测得的 A、B 间的距离;

(3) 在列车上的人看来, 地面上 B 处的钟比 A 处的钟拨快了多少?

解答 (1) 地面上的人看列车由 A 到 B 经历的时间为

$$\Delta t = \frac{\Delta t'}{\sqrt{1 - \left(\frac{v}{c}\right)^2}}$$

A、B 间的距离为

$$\Delta L = v\Delta t = 0.6c \times \frac{40 \times 60}{\sqrt{1 - \left(\frac{0.6c}{c}\right)^2}} = 5.4 \times 10^{11}(\text{m})$$

(2) 列车上的人测得的 A、B 间距离为

$$\Delta L' = v\Delta t' = 0.6 \times 3 \times 10^8 \times 40 \times 60 = 4.32 \times 10^{11}(\text{m})$$

(3) 方法一: 在 K 系中历时 Δt, 而在 K′ 系中的观察者看来, K 系的钟是动钟, 由动钟延缓效应, 应历时为 $\Delta t' \sqrt{1 - \left(\frac{v}{c}\right)^2}$. 故在他看来, B 处的钟比 A 处的钟拨快的时间为

$$\delta = \Delta t - \Delta t' \sqrt{1 - \left(\frac{v}{c}\right)^2} = \Delta t' \left[\frac{1}{\sqrt{1 - \left(\frac{v}{c}\right)^2}} - \sqrt{1 - \left(\frac{v}{c}\right)^2} \right]$$

$$= \frac{\Delta t' \left(\frac{v}{c}\right)^2}{\sqrt{1 - \left(\frac{v}{c}\right)^2}} = 18\,\mathrm{min}$$

方法二: 直接用拨快量公式

$$\delta = \frac{v}{c^2} \Delta x = \frac{v}{c^2} \Delta l = \frac{0.6c}{c^2} \times 5.4 \times 10^{11}\mathrm{s} = 1.08 \times 10^3\mathrm{s} = 18\,\mathrm{min}$$

1.11 一个惯性系同一地点先后发生两个事件在另一个惯性系发生的地点相距多远

题 1.11   在惯性系 K′ 中的同一地点先后发生两个事件, 时间间隔为 $\Delta t' = 300\mathrm{s}$, 在另一惯性系 K 中测得这两个事件的时间间隔为 $\Delta t = 500\mathrm{s}$. 问在惯性系 K 中测得的这两个事件发生的地点相距多远?

解答   设 K′ 系以 v 的速度对 K 系沿 x 轴正向运动, 在 K′ 系中两事件发生在同一地点 $\Delta x' = 0$. 两事件在 K 系经历的时间

$$\Delta t = \frac{\Delta t' + \frac{v}{c^2} \Delta x'}{\sqrt{1 - \left(\frac{v}{c}\right)^2}} = \frac{\Delta t'}{\sqrt{1 - \left(\frac{v}{c}\right)^2}}$$

解出

$$v = c \sqrt{1 - \left(\frac{\Delta t'}{\Delta t}\right)^2}$$

在 K 系中两事件发生地点相距

$$\Delta x = v \Delta t = c \sqrt{1 - \left(\frac{\Delta t'}{\Delta t}\right)^2} \, \Delta t = c \sqrt{(\Delta t)^2 - (\Delta t')^2}$$

$$= 3 \times 10^8 \sqrt{(500)^2 - (300)^2} = 1.2 \times 10^{11} (\mathrm{m})$$

1.12 运动车厢的后端沿运动方向发出一光信号, 经前端的平面镜反射回到后端

题 1.12   静长为 L 的车厢以 v 的恒定速度运动, 在车厢的后端 A 沿运动方向发出一光信号, 经前端 B 的平面镜反射回到后端 A. 求:

(1) 在车厢里的人看来, 光信号从发出到到达 B 端所需的时间 $\Delta t_1'$ 以及从 A 端发出到返回 A 端所需的时间 $\Delta t_2'$;

(2) 在地面上的人看来, 与 $\Delta t_1'$、$\Delta t_2'$ 相应的时间.

解答　(1) 所求的时间

$$\Delta t_1' = \frac{L}{c}, \qquad \Delta t_2' = \frac{2L}{c}$$

(2) 方法一: 在 K 系 (固连于地面) 中光从后端 A 到前端 B, 经历的时间为 Δt, 光信号运动的距离为 $c\Delta t$, 等于车厢运动的距离 $v\Delta t$, 加上车厢的长度, 但车厢是高速运动的, 其长度不是静长, 而是由动尺收缩效应得出的长度 $L\sqrt{1 - \left(\dfrac{v}{c}\right)^2}$, 所以

$$c\Delta t_1 = v\Delta t_1 + L\sqrt{1 - \left(\frac{v}{c}\right)^2}$$

由此解得

$$\Delta t_1 = \frac{L\sqrt{1 - \left(\dfrac{v}{c}\right)^2}}{c - v} = \frac{L}{c}\sqrt{\frac{c + v}{c - v}}$$

同样考虑从 A 端发出光信号到返回 A 端经历的时间 Δt_2 内, 有如下关系:

$$c\Delta t_2 = v\Delta t_1 + 2L\sqrt{1 - \left(\frac{v}{c}\right)^2} - v(\Delta t_2 - \Delta t_1)$$

其中最后一项 $v(\Delta t_2 - \Delta t_1)$ 是在光信号从前端 B 返回后端 A 期间, 车厢后端也即车厢向前运行的距离

$$\Delta t_2 = \frac{1}{c + v}\left[2L\sqrt{1 - \left(\frac{v}{c}\right)^2} + 2v\Delta t_1\right]$$

代入 Δt_1, 经计算可得

$$\Delta t_2 = \frac{2L}{c}\frac{1}{\sqrt{1 - \left(\dfrac{v}{c}\right)^2}}$$

方法二: 用洛伦兹变换公式

$$\Delta t_1 = \frac{\Delta t_1' + \dfrac{v}{c^2}\Delta x_1'}{\sqrt{1 - \left(\dfrac{v}{c}\right)^2}}$$

代入 $\Delta t_1' = \dfrac{L}{c}$, $\Delta x_1' = L$, 可得

$$\Delta t_1 = \frac{L}{c}\sqrt{\frac{c + v}{c - v}}$$

同样

$$\Delta t_2 = \frac{\Delta t_2' + \dfrac{v}{c^2}\Delta x_2'}{\sqrt{1 - \left(\dfrac{v}{c}\right)^2}}$$

代入 $\Delta t_2' = \dfrac{2L}{c}, \Delta x_2' = 0,$ 即得

$$\Delta t_2 = \frac{2L}{c} \frac{1}{\sqrt{1 - \left(\dfrac{v}{c}\right)^2}}$$

1.13 宇宙飞船 A、B 沿平行的轨道以恒定的相对速率相向而行

题 1.13 两条静止长度均为 L_0 的宇宙飞船 A、B 沿平行的轨道以恒定的相对速率相向而行, A 船上的观察者看到自己的船头先与对方的船尾相遇, Δt 时间后, 自己的船尾再与对方的船头相遇, 试问:

(1) B 船上的观察者看到两船相遇的次序是怎样的?

(2) 两船的相对速度多大?

(3) 看到两船以大小相等、方向相反的速度运动的观察者看到两船两端相遇的次序如何?

解答 (1) 首先得说明一下, 这里说的 "相遇" 是指两船完全靠着. A 船上的观察者看自己的船长为 L_0, 由于动尺缩短 B 船长为 $L_0\sqrt{1 - \left(\dfrac{v}{c}\right)^2}$ (v 是两船的相对速率), B 船上的观察者看自己的船长为 L_0, A 船长为 $L_0\sqrt{1 - \left(\dfrac{v}{c}\right)^2}$.

A 船上的观察者看两船相遇的次序是 A 船的船头先与 B 船尾相遇, Δt 时间后, 自己的船尾再与 B 船头相遇.

B 船上的观察者看到的次序正好相反, 先是自己的船头与 A 船尾相遇, Δt 时间后, 自己的船尾再与 A 船头相遇.

(2) 根据 A 船上的观察者看到的情况, 可得

$$L_0 - L_0\sqrt{1 - \left(\frac{v}{c}\right)^2} = v\Delta t$$

解出

$$v = \frac{2L_0\Delta t}{\left[\dfrac{L_0^2}{c^2} + (\Delta t)^2\right]} = \frac{2c^2 L_0\Delta t}{L_0^2 + c^2(\Delta t)^2} \tag{1.1}$$

(3) 看到两船以大小相等、方向相反的速度运动的观察者, 看两船的长度相同, 两船相遇的次序是 A 船头与 B 船尾相遇时, A 船尾与 B 船头也相遇.

1.14 一艘火箭飞船飞经地球, 相遇时都把时间调整到 12 点整

题 1.14 一艘火箭飞船以 $v = 0.8c$ 的速度飞经地球, 相遇时都把时间调整到 12 点整.

(1) 飞船上的时钟 12 点半时飞经一相对于地球静止、它的钟也与地球同步的宇航站, 此时宇航站的时钟指示何时?

(2) 地球上的人测得的宇航站离地球多远?

(3) 飞船经宇航站时, 向地球发一信号地球上的人何时收到这个信号?

(4) 地球上的人收到信号后立即发回信号, 飞船上的人何时接到信号?

解答　(1) 方法一: K' 系固连于飞船, K 系固连于地球, $t = t' = 12$ 点时, 两坐标系原点重合, x、x' 轴正向沿飞船的速度方向,

$$\Delta t = \frac{\Delta t' + \dfrac{v}{c^2}\Delta x'}{\sqrt{1 - \left(\dfrac{v}{c}\right)^2}}, \qquad \Delta x' = 0$$

当 $\Delta t' = 30\,\mathrm{min}$ 时

$$\Delta t = \frac{30}{\sqrt{1 - (0.8)^2}} = 50(\mathrm{min})$$

飞船经宇航站时, 宇航站的钟指示为 12 点 50 分.

方法二: 用动钟延缓效应

$$\Delta t' = \Delta t\sqrt{1 - \left(\frac{v}{c}\right)^2}$$

从而

$$\Delta t = \frac{\Delta t'}{\sqrt{1 - \left(\dfrac{v}{c}\right)^2}}$$

(2) 地球上的人测出宇航站离地球的距离为

$$\Delta x = v\Delta t = 0.8 \times 3 \times 10^8 \times 50 \times 60 = 7.2 \times 10^{11}(\mathrm{m}) = 40(\text{光分})$$

(3) 飞船经宇航站向地球发信号时, 地球上的钟指示 12 点 50 分, 宇航站离地球 40 光分, 信号到达地球需时 40min, 故收到的时间为

$$12 \text{ 点 } 50 \text{ 分} + 40 \text{ 分} = 13 \text{ 点 } 30 \text{ 分}$$

(4) 地球向飞船回发信号时, 地球上的钟指示 13 点 30 时, 用动钟延缓效应, 地球上的钟较之 12 点历时 90 分钟, 飞船上的钟在此期间历时

$$90\sqrt{1 - \left(\frac{v}{c}\right)^2} = 90\sqrt{1 - 0.8^2} = 54(\mathrm{min})$$

故地球回发信号时, 飞船上的钟指示 12 点 54 分.

设飞船上的钟再经 $\Delta t'(\mathrm{min})$, 收到地球发回的信号, 刚发此信号时, 飞船参考系中测出的飞船距地球 $0.8c \times 54$ (写光速时, 时间以分为单位), 发信号到收到信号, 飞船又远离地球两段距离之和应等于在此期间光信号通过的距离

$$54 \times 0.8c + 0.8c \times \Delta t' = c\Delta t'$$

这样

$$\Delta t' = \frac{54 \times 0.8c}{0.2c} = 216\,\mathrm{min}$$

收到信号时, 飞船上的钟指示

$$12 \text{ 点 } 54 \text{ 分} + 216 \text{ 分} = 16 \text{ 点 } 30 \text{ 分}$$

1.15 米尺在其静止系 K′ 系与 x′ 轴的夹角为 30°, K′ 系相对于 K 系运动

题 1.15 一根米尺 (长取为 1.0m) 相对于 K′ 系静止, 与 x′ 轴的夹角为 30°, 如 K′ 系相对于 K 系沿 x 轴 (与 x′ 轴平行) 方向运动, 在 K 系中测得米尺与 x 轴的夹角为 45°, 求:

(1) K 系中测得的米尺的长度;

(2) K′ 系相对于 K 系的速度.

解答 (1) K′ 系沿 K 系 x 轴运动, 米尺在 y 方向的投影与在 y′ 方向的投影相等

$$l \sin \alpha = l' \sin \alpha' = 1.0 \sin 30° = 0.50 (\text{m})$$

从而

$$l = \frac{0.50}{\sin \alpha} = \frac{0.50}{\sin 45°} = 0.71 (\text{m})$$

(2) 用尺缩效应

$$l \cos \alpha = l' \cos \alpha' \sqrt{1 - \left(\frac{v}{c}\right)^2}$$

代入 $\cos \alpha = \cos 45° = \dfrac{\sqrt{2}}{2}$, $\cos \alpha' = \cos 30° = \dfrac{\sqrt{3}}{2}$, $l = 0.71\text{m}$, 可得

$$v = \sqrt{\frac{2}{3}} c = 0.816 c$$

1.16 飞船中的观察者看短跑选手跑步

题 1.16 一短跑选手在地球上以 10s 的时间跑完 100m, 在沿跑的方向以 0.98c 的速度相对于地球飞行的飞船中的观察者看到的选手跑了多少时间和多长距离?

解答 用洛伦兹变换公式, 设 K 系固连于地球, K′ 系固连于飞船, x、x′ 轴平行, 沿跑的方向为正向,

$$\Delta t' = \frac{\Delta t - \dfrac{v}{c^2} \Delta x}{\sqrt{1 - \left(\dfrac{v}{c}\right)^2}} = \frac{10 - \dfrac{0.98c}{c^2} \times 100}{\sqrt{1 - 0.98^2}} = 50(\text{s})$$

$$\Delta x' = \frac{\Delta x - v \Delta t}{\sqrt{1 - \left(\dfrac{v}{c}\right)^2}} = \frac{100 - 0.98c \times 10}{\sqrt{1 - 0.98^2}} = -49(\text{光秒})$$

即飞船中的观察者看到选手向相反的方向, 跑了 50s 倒退约 49 光秒的距离.

1.17 K′ 系中先后发生的两个事件并不发生在同一地点

题 1.17 若题 1.11K′ 系中先后发生的两个事件并不发生在同一地点, 在有相对运动的方向上相距 $\Delta x' = 10$ 光分, $\Delta t'$、Δt 仍和题 1.11 相同. 求:

(1) K′ 系相对于 K 系的速度 v;

(2) 在 K 系中测得的两事件发生的地点间的距离 Δx.

解答 (1) $\Delta t'$、Δt 满足

$$\Delta t = \frac{\Delta t' + \dfrac{v}{c^2}\Delta x'}{\sqrt{1 - \left(\dfrac{v}{c}\right)^2}}$$

代入 $\Delta t = 500\mathrm{s}$, $\Delta t' = 300\mathrm{s}$, $\Delta x' = 10$ 光分, 可得 $\dfrac{v}{c}$ 满足的方程为

$$61\left(\frac{v}{c}\right)^2 + 36\left(\frac{v}{c}\right) - 16 = 0$$

按题意, K′ 系沿 x 轴向正向运动, $\dfrac{v}{c} > 0$, 所以

$$\frac{v}{c} = \frac{-36 + \sqrt{36^2 + 4 \times 61 \times 16}}{2 \times 61} \approx 0.296$$

从而 $v = 0.296c$.

(2) 在 K 系中测得的两事件发生的地点间的距离

$$\Delta x = \frac{\Delta x' + v\Delta t'}{\sqrt{1 - \left(\dfrac{v}{c}\right)^2}} = \frac{10 \times 60c + 0.296c \times 300}{\sqrt{1 - 0.296^2}}\text{光秒} = 721\text{光秒} \approx 12\text{光分}$$

1.18 运动杆和一根静止的标有刻度的米尺一起拍摄在一张照片上 (I)

题 1.18 一根杆自左向右运动, 当这杆的左端经过一架照相机时, 这根杆和一根静止的标有刻度的米尺一起拍摄在一张照片上, 照片显示: 杆的左端与米尺上的 0 标记重合, 右端与米尺的 0.9m 标记重合. 如果杆是以 $v = 0.8c$ 的速度相对于照相机运动的, 求杆的实际长度.

解答 取照相机 (静止系) 为 K 系, 运动杆为 K′ 系. 沿杆的运动方向分别取 x 轴和 x' 轴. 运动杆以 $v = 0.8c$ 的速度向 x 和 x' 轴正向运动. 杆两端的光信号是同时进入照相机的镜头的, 但是它们进入镜头前走的距离不一样, 因此发出的时间不一样. 左端光信号进入镜头为事件 1, $x_1 = 0$, 发出时刻为 t_1. 右端光信号进入镜头为事件 2, $x_2 = 0.9$, 发出时刻为 t_2. 由于处在杆的右端, 少走一段距离. 这段距离在 K 系来测量是缩短了的杆长, 长度为

$$(x_2' - x_1')\sqrt{1 - \frac{v^2}{c^2}}$$

考虑这一因素, 它可以比 t_1 晚发的时间间隔为

$$\frac{x_2' - x_1'}{c}\sqrt{1 - \frac{v^2}{c^2}}$$

另一段距离是从 x_2 到 x_1, 又要多走一段距离, 这一因素使它又要比 t_1 早发的时间间隔为 $(x_2 - x_1)/c$. 因此

$$t_2 = t_1 + \frac{x_2' - x_1'}{c}\sqrt{1 - \frac{v^2}{c^2}} - \frac{x_2 - x_1}{c}$$

由 Lorentz 变换

$$x_1' = \frac{x_1 - vt_1}{\sqrt{1 - \dfrac{v^2}{c^2}}}, \qquad x_2' = \frac{x_2 - vt_2}{\sqrt{1 - \dfrac{v^2}{c^2}}}$$

得到

$$\Delta x' = x_2' - x_1' = \frac{x_2 - x_1 - v(t_2 - t_1)}{\sqrt{1 - \dfrac{v^2}{c^2}}}$$

$$= \frac{\Delta x - \dfrac{v\Delta x'}{c}\sqrt{1 - \dfrac{v^2}{c^2}} + \dfrac{v\Delta x}{c}}{\sqrt{1 - \dfrac{v^2}{c^2}}}$$

$$= \frac{\Delta x\left(1 + \dfrac{v}{c}\right)}{\sqrt{1 - \dfrac{v^2}{c^2}}} - \frac{v}{c}\Delta x'$$

从而

$$\Delta x'\left(1 + \frac{v}{c}\right) = \frac{\Delta x\left(1 + \dfrac{v}{c}\right)}{\sqrt{1 - \dfrac{v^2}{c^2}}}$$

也就有

$$\Delta x' = \frac{\Delta x}{\sqrt{1 - \dfrac{v^2}{c^2}}}$$

代入 $x_1 = 0$, $x_2 = 0.9\text{m}$, $v = 0.8c$, 可得

$$\Delta x' = x_2' - x_1' = 1.5\text{m}$$

因此杆的实际长度为 1.5m.

1.19　运动杆和一根静止的标有刻度的米尺一起拍摄在一张照片上 (II)

题 1.19　像上题那样, 在一根 1m 长的杆的中点经过照相机的瞬间, 打开照相机快门, 连同一根静止的有刻度的米尺拍下照片, 如果杆的相对于照相机的速度 $v = 0.8c$, 照片上记录下来的运动杆的长度该是多少?

解答　像上题那样, 取照相机 (静止系) 为 K 系, 运动杆为 K′ 系. 沿杆的运动方向分别取 x 轴和 x' 轴. 上题讲的一切都适用于本题, 可以得到同样的符合动尺缩短效应的式子

$$\Delta x' = \frac{\Delta x}{\sqrt{1 - \dfrac{v^2}{c^2}}}$$

差别只在于上题已知 Δx, 要求 $\Delta x'$. 本题相反, 已知 $\Delta x'$, 要求 Δx. 按题给, $\Delta x' = 1\text{m}$, $v = 0.8c$, 代入上式得

$$\Delta x = \Delta x' \sqrt{1 - \frac{v^2}{c^2}} = 0.6\text{m}$$

1.20　隧道佯谬

题 1.20　静止长度为 100m 的火车在平直的轨道上以速度 $v = 0.6c$ 匀速行驶, 穿过一个长度为 100m 的隧道. 在火车中点与隧道中点重合时, 在火车前后两端同时向上垂直发射火箭, 由于隧道相对火车运动长度会缩短, 所以火车司机说前后两支火箭都会发射到空中; 但站在地面上的人会说, 由于运动的火车长度缩短, 两支火箭会打在隧道顶部. 在火车中点与隧道中点重合时, 将隧道两端的大门同时关上, 由于运动的火车长度缩短, 可以将火车关在隧道内; 但火车司机说, 由于隧道相对火车运动长度会缩短, 不能将火车关在隧道中. 火箭能不能射向空中? 门能不能将火车关在隧道内? 如何解释?

解法一　火车中点与隧道中点重合时, 取中点处为坐标原点, 向右为正.

取火车为 K 系, 地面为 K′ 系, K′ 系相对 K 系以 $-v$ 的速度向左运动. 在火车上看, 前后两端同时向上发射火箭时隧道前后大门处坐标为

$$x = x' \times \sqrt{1 - \frac{v^2}{c^2}} = \pm 50 \times \sqrt{1 - 0.36} = \pm 50 \times 0.8 = \pm 40 (\text{m}) \tag{1.2}$$

由于相对运动, 在火车上看, 隧道的长度只有 80m, 火车中点与隧道中点重合时, 火车车头、车尾都在隧道外面, 所以此时两端向上垂直发射的火箭可以射到空中.

那么在地面上看是怎样的呢? 事实上, 在运动的火车上同时发生的事在地面上看不是同时发生的!

$$t' = \frac{t - \dfrac{v}{c^2}x}{\sqrt{1 - v^2/c^2}} = \frac{t - \dfrac{-0.6c}{c^2}x}{\sqrt{1 - v^2/c^2}} = \pm \frac{0.6}{0.8c} \times 50 = \pm \frac{75}{2c} \tag{1.3}$$

火车后端发射火箭在两者中点重合之前, 前端发射火箭在两者中点重合之后, 通过计算

$$\frac{75}{2c} \times 0.6c = 22.5\text{m}, \qquad 40 + 22.5 - 50 = 12.5(\text{m}) \tag{1.4}$$

知火车后端发射火箭时还在隧道外 22.5m 处, 火车前端发射火箭时已经开出隧道到大门外 12.5m 处.

取地面为 K 系, 火车为 K′ 系, K′ 系相对 K 系以 v 的速度向右运动. 在地面系中看, 隧道前后大门同时关闭时火车前后两端的坐标为

$$x = x' \times \sqrt{1 - \frac{v^2}{c^2}} = \pm 50 \times \sqrt{1 - 0.36} = \pm 50 \times 0.8 = \pm 40(\text{m}) \tag{1.5}$$

由于相对运动, 在地面上看, 火车的长度只有 80m, 所以可以将火车关在隧道内.

那么在火车上看是怎样的呢?

事实上, 在地面上同时发生的事在运动的火车上看不是同时发生的!

$$t' = \frac{t - \dfrac{v}{c^2}x}{\sqrt{1 - v^2/c^2}} = \mp \frac{0.6}{0.8c} \times 50 = \mp \frac{75}{2c} \tag{1.6}$$

在火车上看, 前方隧道门关闭是在两者中点重合之前, 后方隧道门关闭是在两者中点重合之后. 通过计算

$$\frac{75}{2c} \times 0.6c = 22.5\text{m}, \qquad 40 + 22.5 - 50 = 12.5(\text{m}) \tag{1.7}$$

知火车前方隧道门关闭时火车前端距隧道门还有 12.5m, 火车后方隧道门关闭时火车已经开进隧道离开后方大门 12.5m.

解法二 为了说明事件的次序, 用如图 1.4 的时空图的方法最清楚.

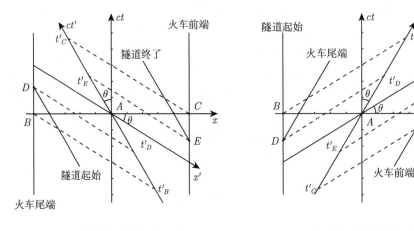

(a) 火车是 K 系, 地面为 K′ 系   (b) 地面是 K 系, 火车为 K′ 系

图 1.4 火车过隧道的时空图

(a) A——火车中点与隧道中点重合; B——火车尾端火箭发射; C——火车前端火箭发射; D——火车尾端进入隧道; E——火车前端离开隧道; (b) A——火车中点与隧道中点重合; B——隧道开始处关门; C——隧道终了处关门; D——火车尾端进入隧道; E——火车前端撞上铁门

(1) 取火车为 K 系, 地面为 K′ 系, K′ 系相对 K 系以 $-v$ 的速度向左运动. 根据 Lorentz 变换, 有

$$x' = \frac{x - vt}{\sqrt{1 - \dfrac{v^2}{c^2}}}, \qquad t' = \frac{t - \dfrac{v}{c^2}x}{\sqrt{1 - \dfrac{v^2}{c^2}}}$$

t' 轴是 $x' = 0$, 即 $x - vt = 0$, 为过原点, 斜率为 $\dfrac{\Delta x}{\Delta(ct)} = -\dfrac{3}{5}$ 的直线. 同理可求得 x' 轴是过原点, 斜率为 $\dfrac{\Delta x}{\Delta(ct)} = -\dfrac{5}{3}$ 的直线.

从时空图 1.4(a) 上很容易看清楚, 虽然 K 系的司机及 K′ 系的人都确认, 火箭是在隧道外面发射的, 但各自认定的事件顺序却不同. 司机认为, 事件的顺序是 E、(A、B、C)、D,

两支火箭都是在隧道之外同时发射的. 地面上的人却认为, 事件的顺序是 B、D、A、E、C, 一个火箭发射得太早 ($t'_B < t'_A$), 而另一个则发射得太迟 ($t'_C > t'_A$), 虽然火车比隧道短, 但火箭却都是在外面发射的.

(2) 取地面为 K 系, 火车为 K′ 系, K′ 系相对 K 系以 v 的速度向右运动, $\tan\theta = \dfrac{3}{5}$. 同样方法做图 1.4(b).

地面上的人认为, 事件的顺序是 D、(A、B、C)、E, 车尾是在两门关上之前进入隧道的, 前端是在两门关上之后试图冲出去的, 所以火车变短与车撞大门没有矛盾. 司机认为, 事件的顺序是 C、E、A、D、B, 他认为前方大门关得太早 ($t'_C < t'_A$), 发生了碰撞, 而车的后端继续行驶, 在关得太迟的后方大门关上之前进入隧道 ($t'_B > t'_A$).

1.21　封闭的运动车厢中点光源的光通过圆孔出射

题 1.21　封闭的车厢中有一点光源 S, 在距光源 l 处有一半径为 r 的圆孔, 其圆心为 O_1, 光源一直在发光, 并通过圆孔射出. 车厢以高速 v 沿固定在水平地面上的 x 轴正方向匀速运动, 如图所示. 某一时刻, 点光源 S 恰位于 x 轴的原点 O 的正上方, 取此时刻作为车厢参考系与地面参考系的时间零点. 在地面参考系中坐标为 x_A 处放一半径为 $R(R > r)$ 的不透光的圆形挡板, 板面与圆孔所在的平面都与 x 轴垂直. 板的圆心 O_2、S、O_1 都等高, 起始时刻经圆孔射出的光束会有部分从挡板周围射到挡板后面的大屏幕 (图中未画出) 上. 由于车厢在运动, 将会出现挡板将光束完全遮住, 即没有光射到屏上的情况. 不考虑光的衍射, 试求:

(1) 车厢参考系中 (所测出的) 刚出现这种情况的时刻;

(2) 地面参考系中 (所测出的) 刚出现这种情况的时刻.

解答　(1) 相对于车厢参考系, 地面连同挡板以速度 v 趋向光源 S 运动. 由 S 发出的光经小孔射出后成锥形光束, 随离开光源距离的增大, 其横截面积逐渐扩大. 若距 S 的距离为 L 处光束的横截面正好是半径为 R 的圆面, 如图 1.5 所示, 则有

$$\frac{r}{l} = \frac{R}{L}$$

可得

$$L = \frac{Rl}{r} \tag{1.8}$$

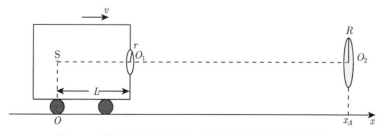

图 1.5　封闭的运动车厢中点光源的光通过圆孔出射

设想车厢足够长, 并设想在车厢前端距 S 为 L 处放置一个半径为 R 的环, 相对车厢静止, 则光束恰好从环内射出. 当挡板运动到与此环相遇时, 挡板就会将光束完全遮住. 此时, 在车厢参考系中挡板离光源 S 的距离就是 L. 在车厢参考系中, 初始时, 根据相对论动尺缩短, 挡板离光源的距离为

$$x_A\sqrt{1-(v/c)^2} \tag{1.9}$$

故出现挡板完全遮住光束的时刻为

$$t = \frac{x_A\sqrt{1-(v/c)^2}-L}{v} \tag{1.10}$$

由式 (1.8)、(1.10) 得

$$t = \frac{x_A\sqrt{1-(v/c)^2}-L}{v} - \frac{Rl}{rv} \tag{1.11}$$

(2) 相对于地面参考系, 光源与车厢以速度 v 向挡板运动. 光源与孔之间的距离缩短为

$$l' = l\sqrt{1-(v/c)^2} \tag{1.12}$$

而孔半径 r 不变, 所以锥形光束的顶角变大, 环到 S 的距离即挡板完全遮光时距离应为

$$L' = \frac{Rl'}{r} = \frac{Rl}{r}\sqrt{1-\frac{v^2}{c^2}} \tag{1.13}$$

初始时, 挡板离 S 的距离为 x_A, 出现挡板完全遮住光束的时刻为

$$t' = \frac{x_A-L'}{v} = \frac{x_A}{v} - \frac{Rl}{rv}\sqrt{1-\frac{v^2}{c^2}} \tag{1.14}$$

1.22　粒子在动参考系的 $x'y'$ 平面内匀速运动, 求静参考系中粒子运动方程

题 1.22　一个粒子在 $x'y'$ 平面内以 $v=c/2$ 的恒定速度在 $t'=0$ 时离开 O' 点, v 与 x' 轴的夹角为 $60°$, O' 点沿 x' 亦沿 x 轴相对于 O 的速度为 $0.6c$. $t=0$ 时, O'、O 点重合, 试求由 O 所确定的粒子的运动方程.

解答　由题设

$$x' = \frac{1}{2}c(\cos 60°)t'$$
$$y' = \frac{1}{2}c(\sin 60°)t'$$

将下列三式及 $v=0.6c$ 代入上述两式:

$$x' = \frac{x-vt}{\sqrt{1-\left(\frac{v}{c}\right)^2}}, \quad y' = y, \quad t' = \frac{t-\frac{v}{c^2}x}{\sqrt{1-\left(\frac{v}{c}\right)^2}}$$

可得

$$\frac{x - 0.6ct}{\sqrt{1 - 0.6^2}} = \frac{1}{2}c \times \frac{1}{2}\frac{t - \dfrac{0.6c}{c^2}x}{\sqrt{1 - 0.6^2}}$$

$$y = \frac{1}{2}c \times \frac{\sqrt{3}}{2}\frac{t - \dfrac{0.6c}{c^2}x}{\sqrt{1 - (0.6)^2}}$$

求得

$$x = 0.74ct$$

$$y = \frac{\sqrt{3}}{4}c\frac{1}{0.8}\left(t - \frac{0.6}{c} \times 0.74ct\right) = 0.30ct$$

1.23　观测者 O 和 O′ 以 0.6c 的相对速度互相接近

题 1.23　观测者 O 和 O′ 以 0.6c 的相对速度互相接近, 如果 O 测得 O′ 离他的初始距离为 20m, 按 O 的测定, 多长时间后与 O′ 相遇? 按 O′ 的测定, 多长时间后与 O 相遇?

解法一　20m 是 O 测得的初始距离. 按 O 的测定, Δt 后与 O′ 相遇,

$$\Delta t = \frac{20}{0.6 \times 3 \times 10^8} = 1.11 \times 10^{-7}(\text{s})$$

考虑两个事件: 初始为事件 A, O 进行测量, $x_{\text{A}} = 20$m, $t_{\text{A}} = 0$; 事件 B, O 与 O′ 相遇, $x_{\text{B}} = 0$m, $t_{\text{B}} = 1.11 \times 10^{-7}$s, $v = -0.6c$. 按 O′ 的测定, 经过 $\Delta t'$ 与 O 相遇

$$\begin{aligned}
\Delta t' &= t'_{\text{B}} - t'_{\text{A}} = \frac{t_{\text{B}} - t_{\text{A}} - \dfrac{v}{c^2}(x_{\text{B}} - x_{\text{A}})}{\sqrt{1 - \left(\dfrac{v}{c}\right)^2}} \\
&= \frac{1.11 \times 10^{-7} - \dfrac{(-0.6)}{3 \times 10^8}(0 - 20)}{\sqrt{1 - 0.6^2}} = 8.9 \times 10^{-8}(\text{s})
\end{aligned}$$

解法二　O 测出的初始距离是固连于 O 的一杆"尺", 在 O′ 看来, 这杆"尺"是运动的, 用动尺缩短效应, 在 O′ 看来, 这个距离为

$$L' = L\sqrt{1 - \left(\frac{v}{c}\right)^2} = 20\sqrt{1 - 0.6^2} = 16(\text{m})$$

这杆"尺"以 v 的速度向 O′ 运动, 另一端到达 O′ 的时间为

$$\Delta t' = \frac{L'}{v} = \frac{16}{0.6 \times 3 \times 10^8} = 8.9 \times 10^{-8}(\text{s})$$

1.24　打算访问距离我们 160000 光年的遥远星系

题 1.24　一个还能活 60 年的人打算访问距离我们 160000 光年的遥远星系, 他的恒定速度必须多大?

解法一 考虑两个事件：事件 A，此人出发；事件 B，此人到达遥远星系. 地球与遥远星系为 K 系，宇宙飞船为 K′ 系，

$$x_{\mathrm{B}} - x_{\mathrm{A}} = \frac{x'_{\mathrm{B}} - x'_{\mathrm{A}} + v(t'_{\mathrm{B}} - t'_{\mathrm{A}})}{\sqrt{1 - \left(\dfrac{v}{c}\right)^2}} \tag{1.15}$$

飞船参考系，$x'_{\mathrm{B}} - x'_{\mathrm{A}} = 0$，$t'_{\mathrm{B}} - t'_{\mathrm{A}} = 60$ 年 (考虑在他有生之年刚能到达遥远星系). 则有

$$(\Delta x)^2 \left(1 - \frac{v^2}{c^2}\right) = v^2 (\Delta t')^2$$

解得

$$v = \frac{\Delta x}{\sqrt{\left(\dfrac{\Delta x}{c}\right)^2 + (\Delta t')^2}}$$

代入 $\Delta x = 160000 c \cdot \mathrm{yrs}$(时间以年为单位)

$$v = \frac{160000 c}{\sqrt{(160000)^2 + (60)^2}} = \frac{c}{\sqrt{1 + \left(\dfrac{60}{160000}\right)^2}}$$

$$\approx c \left[1 - \frac{1}{2}\left(\frac{60}{160000}\right)^2\right] = (1 - 7.03 \times 10^{-8}) c$$

解法二 用动尺收缩效应，把地球至遥远星系间的距离看作一杆尺. 在飞船上的人看来，尺是运动的，尺长

$$L' = L \sqrt{1 - \left(\frac{v}{c}\right)^2}$$

尺以 v 的速度运动，当尺的那一端 (遥远星系) 经他身旁时，需时

$$\Delta t' = \frac{L'}{v} = \frac{L}{v} \sqrt{1 - \left(\frac{v}{c}\right)^2}$$

此式就是式 (1.15)，式 (1.15) 中 $x_{\mathrm{B}} - x_{\mathrm{A}} = L$.

1.25 地球上的观测者用望远镜看飞船上观测者的时钟 (I)

题 1.25 一枚火箭飞船相对于地球的速度为 $0.8c$(c 为真空中的光速)，O′ 和 O 分别是飞船和地球上的观测者，$x = x' = 0$ 时 $t = t' = 0$. O 用望远镜看 O′ 的时候，他自己的钟读数为 30s，问他看到 O′ 的时钟读数是多少？

解答 设 O′ 发射光信号为事件 A，O 收到这一信号时也即他用望远镜看 O′ 的时钟时为事件 B. 已知：$x_{\mathrm{B}} = 0$，$t_{\mathrm{B}} = 30\mathrm{s}$. 要求 t'_{A}.

对事件 A 用洛伦兹变换关系

$$x_{\mathrm{A}} = \frac{x'_{\mathrm{A}} + vt'_{\mathrm{A}}}{\sqrt{1 - \left(\dfrac{v}{c}\right)^2}} = \frac{0 + 0.8 \times 3 \times 10^8 t'_{\mathrm{A}}}{\sqrt{1 - 0.8^2}} = 4 \times 10^8 t'_{\mathrm{A}}$$

$$t_{\mathrm{A}} = \frac{t'_{\mathrm{A}} + \dfrac{v}{c^2} x'_{\mathrm{A}}}{\sqrt{1 - \left(\dfrac{v}{c}\right)^2}} = \frac{t'_{\mathrm{A}}}{0.6}$$

以上用了 $x'_{\mathrm{A}} = 0$.

光信号以大小为 c 的速度发往地球

$$x_{\mathrm{B}} - x_{\mathrm{A}} = -c(t_{\mathrm{B}} - t_{\mathrm{A}})$$

将 $x_{\mathrm{B}} = 0$, $t_{\mathrm{B}} = 30\mathrm{s}$ 以及前述两式代入上式

$$0 - 4 \times 10^8 t'_{\mathrm{A}} = -3 \times 10^8 \left(30 - \frac{t'_{\mathrm{A}}}{0.6}\right)$$

从而

$$t'_{\mathrm{A}} = \frac{3 \times 10^8 \times 30}{4 \times 10^8 + \dfrac{3 \times 10^8}{0.6}} = 10(\mathrm{s})$$

1.26　地球上的观测者用望远镜看飞船上观测者的时钟 (II)

题 1.26　上题中, 如果 O′ 通过望远镜看到 O 的时钟读数为 30s 时, 他自己的时钟读数是多少?

解答　O 发射光信号和 O′ 收到此光信号分别为事件 A 和 B, 已知: $x_{\mathrm{A}} = 0$, $x'_{\mathrm{B}} = 0$, 要求 t'_{B}.

对事件 A 用洛伦兹变换公式

$$x'_{\mathrm{A}} = \frac{x_{\mathrm{A}} - vt_{\mathrm{A}}}{\sqrt{1 - \left(\dfrac{v}{c}\right)^2}} = \frac{0 - 0.8 \times 3 \times 10^8 \times 30}{\sqrt{1 - 0.8^2}} = -1.2 \times 10^{10}(\mathrm{m})$$

$$t'_{\mathrm{A}} = \frac{t_{\mathrm{A}} - \dfrac{v}{c^2} x_{\mathrm{A}}}{\sqrt{1 - \left(\dfrac{v}{c}\right)^2}} = \frac{30}{\sqrt{1 - 0.8^2}} = 50(\mathrm{s})$$

按 O′ 的测量, 光信号以光速 c 向 x' 正方向传播

$$x'_{\mathrm{B}} - x'_{\mathrm{A}} = c(t'_{\mathrm{B}} - t'_{\mathrm{A}}), \quad 0 - (-1.2 \times 10^{10}) = 3 \times 10^8 (t'_{\mathrm{B}} - 50)$$

所以

$$t'_{\mathrm{B}} = \frac{1.2 \times 10^{10} + 3 \times 10^8 \times 50}{3 \times 10^8} = 90(\mathrm{s})$$

1.27　惯性系 K 中不同地点同时发生两个事件 A、B, 在相对于K匀速运动的 K′ 系中测出的两事件发生的时间间隔

题 1.27　有两个事件 A、B, 在惯性系 K 中同时发生, 两事件发生地点相距 1m, 另一惯性系 K′ 相对于 K 沿从事件 A 到事件 B 两发生地的连线运动. 在 K′ 系中测得两发生地的距离为 2m, 问 K′ 系中测出的两事件发生的时间间隔, 哪个事件先发生?

解答　由 Lorentz 变换

$$\Delta x' = \frac{\Delta x - v \Delta t}{\sqrt{1 - \left(\frac{v}{c}\right)^2}}$$

其中 $\Delta t = 0$, 从而由

$$\sqrt{1 - \left(\frac{v}{c}\right)^2} = \frac{\Delta x}{\Delta x'} = \frac{1}{2} = 0.5$$

即得

$$\frac{v}{c} = \sqrt{1 - 0.5^2} = \frac{\sqrt{3}}{2}$$

这样

$$\Delta t' = \frac{\Delta t - \frac{v}{c^2} \Delta x}{\sqrt{1 - \left(\frac{v}{c}\right)^2}} = \frac{0 - \frac{0.866}{3 \times 10^8} \times 1}{0.5} = -5.77 \times 10^{-9}(\mathrm{s})$$

$\Delta t' < 0$, 说明事件 B 先发生, 时间间隔为 5.77×10^{-9}s.

1.28　A、B 两钟在相对于某惯性系的一条直线上做方向相同、速率不同的匀速运动

题 1.28　A、B 两钟在相对于某惯性系的一条直线上做方向相同、速率不同的匀速运动. 在相遇时两钟均拨到零点, A 钟在时刻 T_A 向 B 的方向发出一光信号, B 钟收到该信号的时间为 T_B. 证明: B 钟相对于 A 钟的运动速度为

$$v = \frac{c(T_B^2 - T_A^2)}{T_A^2 + T_B^2}$$

证法一　设 A 钟为 K 系, B 钟为 K′ 系. A 钟发出光信号为事件 1, B 钟收到光信号为事件 2, 已知 $x_1 = 0$, $t_1 = T_A$, $x_2' = 0$, $t_2' = T_B$.

对事件 1, 写出洛伦兹变换关系

$$x_1' = \frac{x_1 - vt_1}{\sqrt{1 - \left(\frac{v}{c}\right)^2}} = -\frac{vT_A}{\sqrt{1 - \left(\frac{v}{c}\right)^2}}$$

$$t_1' = \frac{t_1 - \frac{v}{c^2} x_1}{\sqrt{1 - \left(\frac{v}{c}\right)^2}} = \frac{T_A}{\sqrt{1 - \left(\frac{v}{c}\right)^2}}$$

按 B 钟测量, 光信号以 c 的速度在 t_1' 到 $t_2' = T_B$ 期间, 从 x_1' 传播到 $x_2' = 0$

$$x_2' - x_1' = c(t_2' - t_1')$$

也就是

$$-x_1' = c(T_B - t_1')$$

将前两式代入上式

$$\frac{vT_A}{\sqrt{1 - \left(\dfrac{v}{c}\right)^2}} = c\left[T_B - \frac{T_A}{\sqrt{1 - \left(\dfrac{v}{c}\right)^2}}\right]$$

也就是

$$(c + v)T_A = cT_B\sqrt{1 - \left(\frac{v}{c}\right)^2} = T_B\sqrt{c^2 - v^2}$$

这样

$$\sqrt{\frac{c + v}{c - v}} = \frac{T_B}{T_A}, \quad 或 \quad \frac{c + v}{c - v} = \frac{T_B^2}{T_A^2}$$

从而

$$\frac{(c + v) - (c - v)}{(c + v) + (c - v)} = \frac{T_B^2 - T_A^2}{T_B^2 + T_A^2}$$

于是 B 钟相对于 A 钟的运动速度为

$$v = \frac{c(T_B^2 - T_A^2)}{T_A^2 + T_B^2}$$

证法二　　A 钟 T_A 时发出信号时, A 测得 B 钟离 A 钟的距离为 vT_A.
B 收到信号时, B 钟时刻为 T_B, A 钟时刻为

$$t_2 = \frac{T_B + \dfrac{v}{c^2}x_2'}{\sqrt{1 - \left(\dfrac{v}{c}\right)^2}} = \frac{T_B}{\sqrt{1 - \left(\dfrac{v}{c}\right)^2}} \qquad (因为\ x_2' = 0)$$

A 测得, 在 T_A 至 $\dfrac{T_B}{\sqrt{1 - \left(\dfrac{v}{c}\right)^2}}$ 期间, B 离 A 增加的距离为

$$v\left[\frac{T_B}{\sqrt{1 - \left(\dfrac{v}{c}\right)^2}} - T_A\right]$$

B 离 A 的距离为

$$vT_A + v\left[\frac{T_B}{\sqrt{1 - \left(\dfrac{v}{c}\right)^2}} - T_A\right] = \frac{vT_B}{\sqrt{1 - \left(\dfrac{v}{c}\right)^2}}$$

它应等于在此期间光传播的距离

$$\frac{vT_{\mathrm{B}}}{\sqrt{1-\left(\dfrac{v}{c}\right)^2}} = c\left[\frac{T_{\mathrm{B}}}{\sqrt{1-\left(\dfrac{v}{c}\right)^2}} - T_{\mathrm{A}}\right]$$

此式也能证明所要的结果.

1.29 一质点在惯性系 K′ 中做匀速率圆周运动, 沿其轨道一条半径方向匀速运动惯性系 K 中测得的轨道 (I)

题 1.29   一质点在惯性系 K′ 中做匀速率圆周运动, 轨迹方程为

$$x'^2 + y'^2 = r^2, \qquad z' = 0$$

K′ 系以速度 v 沿 x 轴向正向运动, 在 $t = t' = 0$ 时, x、x', y、y', z、z' 轴分别重合. 试证明: 在惯性系 K 中测得的轨道为一椭圆, 椭圆的中心以速度 v 移动.

证明   用洛伦兹变换公式

$$x' = \frac{x - vt}{\sqrt{1 - \left(\dfrac{v}{c}\right)^2}}, \quad y' = y, \quad z' = z$$

代入

$$x'^2 + y'^2 = r^2, \qquad z' = 0$$

即可得

$$\frac{(x - vt)^2}{1 - \left(\dfrac{v}{c}\right)^2} + y^2 = r^2, \qquad z = 0$$

为一椭圆, 椭圆的中心位于 $(vt, 0, 0)$, 在 x 轴上以速度 v 向正方向移动.

1.30 O 的参考系中有一个静止的正方形, 观察者 O′ 沿正方形的对角线高速运动

题 1.30   在 O 的参考系中有一个静止的正方形, 其面积为 $100\mathrm{m}^2$, 观察者 O′ 以 $0.8c$ 的速度沿正方形的对角线运动. O′ 测得的面积多大?

解答   取图 1.6 所示的坐标, 正方形在 $x > 0$、$y > 0$ 的部分的三条边线的方程为

$$x = 0, \quad y = 0, \quad x + y = \sqrt{50}$$

$\sqrt{50}$ 是由面积为 $100\mathrm{m}^2$ 计算出来的, 边长为 10m, 对角线长为 $10\sqrt{2}\mathrm{m}$ 它的一半是 $5\sqrt{2}$ 或 $\sqrt{50}\mathrm{m}$.

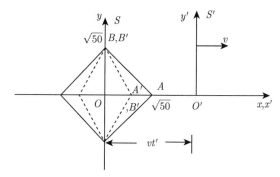

图 1.6 O 的参考系中有一个静止的正方形, 观察者 O' 沿正方形的对角线高速运动

用洛伦兹变换公式

$$x = \frac{x' + vt'}{\sqrt{1 - \left(\frac{v}{c}\right)^2}}, \qquad y = y'$$

K 系中的上述三条直线在 K' 系中的方程分别为

$$x' = -vt', \quad y' = 0, \quad \frac{x' + vt'}{\sqrt{1 - \left(\frac{v}{c}\right)^2}} + y' = \sqrt{50}$$

仍是三条直线, 仍围成一个直角三角形, 如图 1.6 中虚线所示.

在 K' 系中, t' 时刻, O 点的坐标为 $(-vt', 0)$, A' 点的坐标为 $\left(-vt' + \sqrt{50}\sqrt{1 - \frac{v^2}{c^2}}, 0\right)$, B' 点的坐标为 $\left(-vt', \sqrt{50}\right)$.

K' 看到的是一个菱形, 其面积是上述三角形的 4 倍, 即其面积为

$$4 \times \frac{1}{2}\left[-vt' + \sqrt{50}\sqrt{1 - \frac{v^2}{c^2}} - (-vt')\right]\sqrt{50} = 100\sqrt{1 - 0.8^2} = 60(\text{m}^2)$$

1.31 一质点在惯性系 K' 中做匀速率圆周运动, 沿其轨道一条半径方向匀速运动惯性系 K 中测得的轨道 (II)

题 1.31 在题 1.29 中所述的对 K' 系静止的圆, 在 K 系中的观测者测得其图形面积多大?

解答 题 1.29 已得出 K 系中测得的图形是一个椭圆, 方程为

$$\frac{(x - vt)^2}{1 - \left(\frac{v}{c}\right)^2} + y^2 = r^2, \qquad z = 0$$

其面积为

$$\pi\sqrt{1 - \left(\frac{v}{c}\right)^2}\, r \cdot r = \pi r^2 \sqrt{1 - \left(\frac{v}{c}\right)^2}$$

1.32 两根尺平行于 x 轴相向做匀速运动

题 1.32 静止长度为 l_0 的两根尺, 平行于 x 轴相向做匀速运动, 与一根尺相连接的观察者发现, 两根尺的左端和右端两次重合的时间间隔为 Δt, 试问: 两根尺的相对速度 v 多大?

解答 与尺 B 相连接的观察者看尺 A 是动尺, 若尺 A 自左向右运动, 由于尺缩效应, 他看到尺 A 的长度为 $l_0\sqrt{1-\left(\dfrac{v}{c}\right)^2}$, 先看到左端相重合, 如图 1.7 所示, 再看到两尺右端相重合, 其时间间隔为

$$\Delta t = \frac{1}{v}\left[l_0 - l_0\sqrt{1-\left(\frac{v}{c}\right)^2}\right]$$

也就是

$$(l_0 - v\Delta t)^2 = \left[l_0\sqrt{1-\left(\frac{v}{c}\right)^2}\right]^2 = l_0^2\left(1-\frac{v^2}{c^2}\right)$$

解出

$$v = \frac{2l_0\Delta t}{(\Delta t)^2 + \dfrac{l_0^2}{c^2}}$$

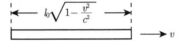

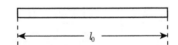

图 1.7 两根尺平行于 x 轴相向做匀速运动

1.33 对运动球拍照

题 1.33 静止半径为 R_0 的球, 相对于远处的观察者以速度 v 运动, 球上有明显的标记, 当观察者看到球速正好与他和球的连线垂直时, 拍了张照片, 当他冲洗胶片时看到了什么?

解答 照片拍下的不是当时球所处位置的图像, 因为光信号传到照相机需要时间, 拍下的是比开启快门早些时候球处于这个位置的图像, 在球运动的方向上, 由洛伦兹收缩, 前后的距离为 $2R_0\sqrt{1-\left(\dfrac{v}{c}\right)^2}$, 在与之垂直的方向上长度不变, 仍为 $2R_0$, 由于观察者很远, 球的线度比起球与观察者的距离小得多, 可以忽略球的各部分发出的光子到达观察者的时间差别, 这样观察者看到的即照相机摄下的照片上的图像, 就和在静止系中测得的图

像无多大区别. 这样, 照片上的图像将是一个椭圆, 在球的运动方向有短半轴, 其长度为 $R_0\sqrt{1-\left(\dfrac{v}{c}\right)^2}$, 在与之垂直的方向 (上下方向) 有长半轴, 长度为 R_0. 严格地讲, 考虑球的轮廓上各点到照相机的距离有差异, 由于洛伦兹收缩, 前后两个端点到照相机的距离略小于上下两个端点到照相机的距离. 因此上下两个端点摄进照片将是较前后两个端点早些时候发出的光子, 在照片上, 上下两端点的位置将向运动的后方稍有偏移, 图形将偏离图 1.8 中虚线所示的椭圆, 图形的示意图如图中实线所示.

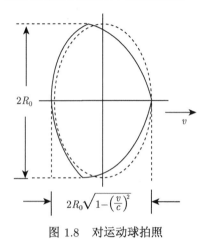

图 1.8 对运动球拍照

1.34 原子钟被喷气式飞机带着绕地球一周后, 与没有动的精确同步的同样的钟比较

题 1.34 一个原子钟被喷气式飞机带着绕地球一周后, 与没有动的精确同步的同样的钟比较, 适当近似, 狭义相对论预言有多大的不一致?

解答 设飞机以 v 的速率绕地球做圆周运动, 飞机参考系为 K', 地球参考系为 K, 把 K' 系也近似视为惯性系, 由洛伦兹变换公式

$$t = \frac{t' + \dfrac{v}{c^2}x'}{\sqrt{1-\left(\dfrac{v}{c}\right)^2}}$$

因为 $\Delta x' = 0$, 所以

$$\Delta t = \frac{1}{\sqrt{1-\left(\dfrac{v}{c}\right)^2}}\Delta t'$$

因为 $\dfrac{v}{c} \ll 1$, 所以

$$\Delta t \approx \left(1 + \frac{v^2}{2c^2}\right)\Delta t'$$

也就是

$$\Delta t - \Delta t' = \frac{v^2}{2c^2}\Delta t'$$

设地球半径为 R, 飞机上的钟 $\Delta t' = \dfrac{2\pi R}{v}$, 飞机绕地球一周, 在此期间

$$\Delta t - \Delta t' = \frac{v^2}{2c^2} \times \frac{2\pi R}{v} = \frac{\pi R v}{c^2}$$

这是飞机上的钟较之地球上没动的钟走慢的时间, 如飞机的速度 $v = 1000\text{m/s}$(约 3 倍声速) 代入地球半径 $R = 6400 \times 10^3\text{m}$,

$$\Delta t - \Delta t' = \frac{\pi \cdot 6400 \times 10^3 \times 1000}{(3 \times 10^8)^2} = 2.2 \times 10^{-7}(\text{s})$$

1.35　固定在 K′ 系内 (x_0', y_0', z_0') 点的时钟, 在 t_0' 时刻从 K 系内 (x_0, y_0, z_0) 点旁边经过

题 1.35　设 K′ 系以速度 v 沿 x 轴正方向相对于 K 系运动, 固定在 K′ 系内 (x_0', y_0', z_0') 点的时钟, 在 t_0' 时刻从 K 系内 (x_0, y_0, z_0) 点旁边经过, 这时 K 系内的时钟指示 t_0 时刻, 写出在这种情况下的洛伦兹变换公式.

解答

$$x' = \frac{x - vt}{\sqrt{1 - \left(\dfrac{v}{c}\right)^2}} + C_1, \quad y' = y + C_2, \quad z' = z + C_3, \quad t' = \frac{t - \dfrac{v}{c^2}x}{\sqrt{1 - \left(\dfrac{v}{c}\right)^2}} + C_4$$

代入 $x = x_0, y = y_0, z = z_0, t = t_0$ 与 $x' = x_0', y' = y_0', z' = z_0', t' = t_0'$,

$$x_0' = \frac{x_0 - vt_0}{\sqrt{1 - \left(\dfrac{v}{c}\right)^2}} + C_1, \quad y_0' = y_0 + C_2, \quad z_0' = z_0 + C_3, \quad t_0' = \frac{t_0 - \dfrac{v}{c^2}x_0}{\sqrt{1 - \left(\dfrac{v}{c}\right)^2}} + C_4$$

可定出

$$C_1 = x_0' - \frac{x_0 - vt_0}{\sqrt{1 - \left(\dfrac{v}{c}\right)^2}}, \quad C_2 = y_0' - y_0, \quad C_3 = z_0' - z_0, \quad C_4 = t_0' - \frac{t_0 - \dfrac{v}{c^2}x_0}{\sqrt{1 - \left(\dfrac{v}{c}\right)^2}}$$

所以这种情况下的洛伦兹变换公式为

$$x' - x_0' = \frac{x - x_0 - v(t - t_0)}{\sqrt{1 - \left(\dfrac{v}{c}\right)^2}}$$

$$y' - y_0' = y - y_0$$

$$z' - z_0' = z - z_0$$

$$t' - t_0' = \frac{t - t_0 - \dfrac{v}{c^2}(x - x_0)}{\sqrt{1 - \left(\dfrac{v}{c}\right)^2}}$$

1.36　K$'$ 系相对于 K 系的速度 $\boldsymbol{V}$ 并不平行于 x 轴的洛伦兹变换公式

题 1.36　设 K$'$ 系相对于 K 系的速度 $\boldsymbol{V}$ 并不平行于 x 轴, $t = t' = 0$ 时, x 与 x' 轴, y 与 y' 轴、z 与 z' 轴两两重合. 试导出这种情况下的洛伦兹变换公式.

提示　把 $\boldsymbol{r}$、$\boldsymbol{r}'$ 分解为平行于 $\boldsymbol{V}$ 的分量 $\boldsymbol{r}_{\parallel} = \dfrac{\boldsymbol{r} \cdot \boldsymbol{V}}{V^2}\boldsymbol{V}$、$\boldsymbol{r}'_{\parallel} = \dfrac{\boldsymbol{r}' \cdot \boldsymbol{V}}{V^2}\boldsymbol{V}$ 和垂直于 $\boldsymbol{V}$ 的分量 $\boldsymbol{r}_{\perp} = \boldsymbol{r} - \boldsymbol{r}_{\parallel}$, $\boldsymbol{r}'_{\perp} = \boldsymbol{r}' - \boldsymbol{r}'_{\parallel}$.

解答　平行于 $\boldsymbol{V}$ 的纵向分量的变换

$$\frac{\boldsymbol{r}' \cdot \boldsymbol{V}}{V} = \frac{\dfrac{\boldsymbol{r} \cdot \boldsymbol{V}}{V} - Vt}{\sqrt{1 - \left(\dfrac{V}{c}\right)^2}}$$

或者

$$\boldsymbol{r}' \cdot \boldsymbol{V} = \frac{\boldsymbol{r} \cdot \boldsymbol{V} - V^2 t}{\sqrt{1 - \left(\dfrac{V}{c}\right)^2}}$$

垂直于 $\boldsymbol{V}$ 的横向分量不变

$$\boldsymbol{r}' - \frac{\boldsymbol{r}' \cdot \boldsymbol{V}}{V^2}\boldsymbol{V} = \boldsymbol{r} - \frac{\boldsymbol{r} \cdot \boldsymbol{V}}{V^2}\boldsymbol{V}$$

时间的变换

$$t' = \frac{t - \dfrac{V}{c^2}\dfrac{\boldsymbol{r} \cdot \boldsymbol{V}}{V}}{\sqrt{1 - \left(\dfrac{V}{c}\right)^2}} = \frac{t - \dfrac{\boldsymbol{r} \cdot \boldsymbol{V}}{c^2}}{\sqrt{1 - \left(\dfrac{V}{c}\right)^2}}$$

讨论　沿 x 轴的 Lorentz 变换如下把 K$'$ 与 K 中的时间和空间坐标联系起来:

$$\begin{cases} x'_0 = \gamma\left(x_0 - \beta x_1\right) \\ x'_1 = \gamma\left(x_1 - \beta x_0\right) \\ x'_2 = x_2 \\ x'_3 = x_3 \end{cases} \tag{1.16}$$

在上式中, 我们引进 $x_0 = ct$, $x_1 = x$, $x_2 = y$, $x_3 = z$, 还引进了下列方便的符号:

$$\begin{cases} \boldsymbol{\beta} = \dfrac{\boldsymbol{v}}{c}, \quad \beta = |\boldsymbol{\beta}| \\ \gamma = \left(1 - \beta^2\right)^{-1/2} \end{cases} \tag{1.17}$$

按相对性原理, Lorentz 变换的反变换为

$$\begin{cases} x_0 = \gamma\left(x'_0 + \beta x'_1\right) \\ x_1 = \gamma\left(x'_1 + \beta x'_0\right) \\ x_2 = x'_2 \\ x_3 = x'_3 \end{cases} \tag{1.18}$$

如果 K 和 K′ 中的坐标轴保持平行, 而在参照系 K 中参照系 K′ 的速度 v 是在任意的方向上, 可令

$$\boldsymbol{x} = x\boldsymbol{e}_x + y\boldsymbol{e}_y + z\boldsymbol{e}_z, \qquad \boldsymbol{x}' = x'\boldsymbol{e}_x + y'\boldsymbol{e}_y + z'\boldsymbol{e}_z$$

而 $\boldsymbol{v} = v\boldsymbol{e}_x$, 这样

$$\boldsymbol{x}' = \frac{x - vt}{\sqrt{1 - v^2/c^2}}\boldsymbol{e}_x + y\boldsymbol{e}_y + z\boldsymbol{e}_z, \quad t' = \frac{t - vx/c^2}{\sqrt{1 - v^2/c^2}} = \frac{t - \boldsymbol{v} \cdot \boldsymbol{x}/c^2}{\sqrt{1 - v^2/c^2}}$$

将位置矢量 $\boldsymbol{x}$ 分解为平行于相对速度的分量 $\boldsymbol{x}_\parallel$ 和垂直于相对速度的矢量 $\boldsymbol{x}_\perp$

$$\boldsymbol{x} = \boldsymbol{x}_\parallel + \boldsymbol{x}_\perp$$

$$\boldsymbol{x}_\parallel = \boldsymbol{e}\boldsymbol{e} \cdot \boldsymbol{x}, \quad \boldsymbol{x}_\perp = \boldsymbol{x} - \boldsymbol{x}_\parallel = \boldsymbol{x} - \boldsymbol{e}\boldsymbol{e} \cdot \boldsymbol{x} = -\boldsymbol{e} \times (\boldsymbol{e} \times \boldsymbol{x})$$

这样

$$t' = \frac{t - \boldsymbol{v} \cdot \boldsymbol{x}/c^2}{\sqrt{1 - v^2/c^2}}$$

$$\boldsymbol{x}' = \frac{\boldsymbol{e}\boldsymbol{e} \cdot \boldsymbol{x} - \boldsymbol{v}t}{\sqrt{1 - v^2/c^2}} - \boldsymbol{e} \times (\boldsymbol{e} \times \boldsymbol{x})$$

以上由简单 Lorentz 变换导出一般 Lorentz 变换的过程表明, 将参考系相对运动限于轴方向, 是一种"不失一般"的技巧, 它大大简化了 Lorentz 变换的数学推导过程, 且所得特殊结果可以毫不费力地推广至一般情况. 那么式 (1.16) 的推广式是

$$\begin{cases} x_0' = \gamma\left(x_0 - \boldsymbol{\beta} \cdot \boldsymbol{x}\right) \\ \boldsymbol{x}' = \boldsymbol{x} + \dfrac{\gamma - 1}{\beta^2}\left(\boldsymbol{\beta} \cdot \boldsymbol{x}\right)\boldsymbol{\beta} - \gamma\boldsymbol{\beta}x_0 \end{cases} \tag{1.19}$$

根据式 (1.17) 中给出的 β 和 γ 的关系, 以及 β 和 γ 的取值范围 $0 \leqslant \beta < 1, 1 \leqslant \gamma < \infty$, 我们可以选用另一种参数, 使得

$$\begin{cases} \beta = \tanh\zeta \\ \gamma = \cosh\zeta \\ \beta\gamma = \sinh\zeta \end{cases} \tag{1.20}$$

式中 ζ 是 推动变换的参数, 称为快度. 利用 ζ 式 (1.16) 的头两个方程就变为

$$\begin{cases} x_0' = x_0\cosh\zeta - x_1\sinh\zeta \\ x_1' = -x_0\sinh\zeta + x_1\cosh\zeta \end{cases} \tag{1.21}$$

1.37 三个参考系 K、K′ 和 K″

题 1.37 考虑图 1.9 所示的三个参考系 K、K′ 和 K″ 之间的洛伦兹变换, 这里 x、x'、x'' 是互相平行的, x'、x'' 沿 x 轴向正向运动, K′ 相对于 K 的速度为 v_1, K″ 相对于 K′ 的速度为 v_2. 证明: 洛伦兹变换的逆变换是洛伦兹变换, 两个洛伦兹变换的结果是另一个洛伦兹变换.

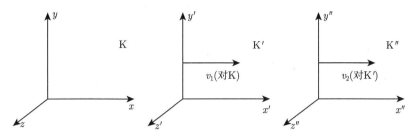

图 1.9　三个参考系 K、K′ 和 K″

证明　两坐标系之间的洛伦兹变换为 (从 K 变为 K′)

$$x' = \frac{x - v_1 t}{\sqrt{1 - \left(\frac{v_1}{c}\right)^2}}, \quad y' = y, \quad z' = z, \quad t' = \frac{t - \frac{v_1}{c^2}x}{\sqrt{1 - \left(\frac{v_1}{c}\right)^2}}$$

由上述四式可反解出 x、y、z、t 与 x'、y'、z'、t' 间的变换关系为

$$x'\sqrt{1 - \left(\frac{v_1}{c}\right)^2} = x - v_1 t$$

$$t'\sqrt{1 - \left(\frac{v_1}{c}\right)^2} = t - \frac{v_1}{c^2}x, \quad 也就是 \quad t = \frac{v_1}{c^2}x + t'\sqrt{1 - \left(\frac{v_1}{c}\right)^2}$$

联立即得

$$x'\sqrt{1 - \left(\frac{v_1}{c}\right)^2} = x - v_1\left[\frac{v_1}{c^2}x + t'\sqrt{1 - \left(\frac{v_1}{c}\right)^2}\right] = x\left(1 - \frac{v_1^2}{c^2}\right) - v_1 t'\sqrt{1 - \left(\frac{v_1}{c}\right)^2}$$

两边除以 $\sqrt{1 - \left(\frac{v_1}{c}\right)^2}$, 即得

$$x = \frac{x' + v_1 t'}{\sqrt{1 - \left(\frac{v_1}{c}\right)^2}}$$

$$t = \frac{v_1}{c^2} \cdot \frac{x' + v_1 t'}{\sqrt{1 - \left(\frac{v_1}{c}\right)^2}} + t'\sqrt{1 - \left(\frac{v_1}{c}\right)^2} = \frac{t' + \frac{v_1}{c^2}x'}{\sqrt{1 - \left(\frac{v_1}{c}\right)^2}}$$

加上 $y = y'$, $z = z'$ 给出了从 K′ 变回 K 的变换关系是洛伦兹变换, K 系以 $-v$ 的速度相对于 K′ 系运动.

下面来证明两个洛伦兹变换的结果也是一个洛伦兹变换. 从 K 变到 K′ 再从 K′ 变到 K″ 结果是从 K 变到 K″. 证明 (x'', y'', z'', t'') 与 (x, y, z, t) 间的变换关系是洛伦兹变换关系

$$x'' = \frac{x' - v_2 t'}{\sqrt{1 - \left(\frac{v_2}{c}\right)^2}}, \quad t'' = \frac{t' - \frac{v_2}{c^2}x'}{\sqrt{1 - \left(\frac{v_2}{c}\right)^2}}$$

为书写简便起见, 令 $\beta_1 = \frac{v_1}{c}$, $\beta_2 = \frac{v_2}{c}$, 将

$$x' = \frac{x - c\beta_1 t}{\sqrt{1 - \beta_1^2}}, \quad t' = \frac{t - \frac{\beta_1 x}{c}}{\sqrt{1 - \beta_1^2}}$$

代入上述两式

$$x'' = \frac{x - c\beta_1 t - c\beta_2\left(t - \frac{\beta_1}{c}x\right)}{\sqrt{1 - \beta_2^2} \cdot \sqrt{1 - \beta_1^2}} = \frac{x(1 + \beta_1\beta_2) - c(\beta_1 + \beta_2)t}{\sqrt{1 - \beta_1^2} \cdot \sqrt{1 - \beta_2^2}} = \frac{\left[x - c\dfrac{\beta_1 + \beta_2}{1 + \beta_1\beta_2}t\right]}{\sqrt{\dfrac{(1 - \beta_1^2)(1 - \beta_2^2)}{(1 + \beta_1\beta_2)^2}}}$$

$$t'' = \frac{\left[t - \dfrac{\beta_1 + \beta_2}{(1 + \beta_1\beta_2)c}x\right]}{\sqrt{\dfrac{(1 - \beta_1^2)(1 - \beta_2^2)}{(1 + \beta_1\beta_2)^2}}}$$

下面证明

$$\frac{(1 - \beta_1^2)(1 - \beta_2^2)}{(1 + \beta_1\beta_2)^2} = 1 - \left(\frac{\beta_1 + \beta_2}{1 + \beta_1\beta_2}\right)^2$$

该式左边为

$$\frac{1 - (\beta_1^2 + \beta_2^2) + \beta_1^2\beta_2^2}{(1 + \beta_1\beta_2)^2} = \frac{1 + 2\beta_1\beta_2 + \beta_1^2\beta_2^2 - (\beta_1^2 + 2\beta_1\beta_2 + \beta_2^2)}{(1 + \beta_1\beta_2)^2} = 1 - \left(\frac{\beta_1 + \beta_2}{1 + \beta_1\beta_2}\right)^2$$

令 $\beta = \dfrac{\beta_1 + \beta_2}{1 + \beta_1\beta_2}$,

$$x'' = \frac{x - c\beta t}{\sqrt{1 - \beta^2}}, \qquad t'' = \frac{t - \dfrac{\beta}{c}x}{\sqrt{1 - \beta^2}}$$

或者

$$x'' = \frac{x - vt}{\sqrt{1 - \left(\dfrac{v}{c}\right)^2}}, \qquad t'' = \frac{t - \dfrac{vx}{c^2}}{\sqrt{1 - \left(\dfrac{v}{c}\right)^2}}$$

其中

$$v = \frac{v_1 + v_2}{1 + \dfrac{v_1 v_2}{c^2}}$$

加上

$$y'' = y' = y, \quad z'' = z' = z$$

可以看出, K″ 与 K 之间的变换是洛伦兹变换, K″ 系对 K 系的速度为 $\dfrac{v_1 + v_2}{1 + \dfrac{v_1 v_2}{c^2}}\boldsymbol{e}_x$.

说明　一般洛伦兹变换包括速度变换和转动, 两个洛伦兹变换的结果是另一个洛伦兹变换, 这正是洛伦兹变换构成洛伦兹群所要求的封闭性, 见题 4.6. 若是洛伦兹变换限于速度变换, 此称为洛伦兹推动 (boost) 变换. 推动变换不满足封闭性, 参见题 4.11 关于 Wigner 转动的讨论.

1.38　由爱因斯坦设计的几个推理实验导出洛伦兹变换的结论

题 1.38　由爱因斯坦设计的几个推理实验导出洛伦兹变换的一些结论. 爱因斯坦推理中涉及一理想化的时钟, 如图 1.10(a) 所示, 其中光波 (或有质量的粒子) 在两镜面间来回反射, 当光波由镜 A 到镜 B 再回到镜 A 这样一个来回后, 时钟便会发出一次嘀嗒声.

(1) 用下述方式推导狭义相对论的时间膨胀公式. 假定光在两个参考系中有相同的速度 c, 在以速度 V 沿垂直于两镜面分离方向而运动的参考系中, 如图 1.10(b) 所示, 时钟的嘀嗒声比在静止系中的慢多少?

(2) 根据相对性原理, 对给定速度的所有时钟, 其时间膨胀因子是相同的, 与它们的工作机制无关. 假定在爱因斯坦的时钟中, 粒子的速度 $v < c$. 用下述方法导出速度的洛伦兹变换规则: 若要求在第 (1) 小题所考虑的参考系中, 以有质量的粒子工作的时钟的嘀嗒声较之其静止系而言所慢的程度与第 (1) 小题中所求得的膨胀因子相同, 那么在该参考系中粒子的速度应当多大?

(3) 下面推导洛伦兹收缩律. 假定时钟仍用速度为 c 的光子工作, 但在运动前将镜面转动了 $90°$, 因此其速度 V 将垂直于两镜面方向, 如图 1.10(c) 所示, 试问时钟在运动参考系中应比其静止参考系中缩短多少才能使它在运动系中比在静止系中的嘀嗒声减慢的程度与第 (1) 小题中求出的膨胀因子相同?

解答　(1) 见图 1.11, 假定 A、B 两镜相距 L, 在静止系中光走一个来回的时间为 $t_0 = \dfrac{2L}{c}$, 这就是钟在静止时一次嘀嗒声的时间. 钟运动时一次嘀嗒声的时间为 t_0', 如图 1.11. 则有

$$L^2 + \left(\frac{1}{2}Vt_0'\right)^2 = \left(\frac{1}{2}ct_0'\right)^2$$

解得

$$t_0' = \frac{2L}{\sqrt{c^2 - V^2}} = \frac{2L}{c}\frac{1}{\sqrt{1 - V^2/c^2}} = \frac{t_0}{\sqrt{1 - V^2/c^2}}$$

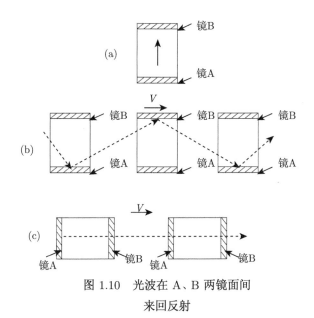

图 1.10　光波在 A、B 两镜面间
来回反射

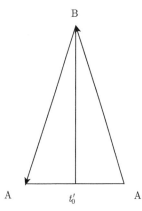

图 1.11　光波在静止镜 A、
运动镜 B 两镜面间来回反射

(2) 在静止系中, 有质量的粒子在镜面间来回一次的时间为 $t_0 = \dfrac{2L}{v}$. 这是钟在静止系中一次嘀嗒声的时间. 设运动系中, 有质量的粒子速度为 v', 一次嘀嗒声的时间为 t',

则

$$L^2 + \left(\frac{1}{2}Vt'\right)^2 = \left(\frac{1}{2}v't'\right)^2$$

解得

$$t' = \frac{2L}{\sqrt{v'^2 - V^2}}$$

要求

$$t' = \frac{t}{\sqrt{1 - V^2/c^2}} = \frac{2L/v}{\sqrt{1 - V^2/c^2}}$$

则最后可得

$$v' = \sqrt{V^2 + v^2\left(1 - \frac{V^2}{c^2}\right)}$$

(3) 设在运动参考系中, A、B 相距 L', 则光由 A 到 B 时有

$$L' + Vt_1' = ct_1', \quad 给出 t_1' = \frac{L'}{c - V}$$

再由 B 返回 A 时有

$$L' - Vt_2' = ct_2', \quad 给出 t_2' = \frac{L'}{c + V}$$

所以

$$t_0' = t_1' + t_2' = \frac{c + V + c - V}{(c + V)(c - V)}L' = \frac{2L'}{c(1 - V^2/c^2)}$$

依题意

$$t_0' = \frac{t_0}{(1 - V^2/c^2)^{1/2}} = \frac{2L/c}{(1 - V^2/c^2)^{1/2}}$$

所以

$$L' = \left(1 - \frac{V^2}{c^2}\right)^{1/2}L$$

1.39　求运动中的玻璃块内的光相对于实验室系的速度

题 1.39　一束光通过折射率为 n 的玻璃块, 如果玻璃块以恒定速度 v 沿入射方向运动, 求玻璃块中光相对于实验室系的速度.

解答　在固定于玻璃块的坐标系中, 玻璃块中光速为

$$u' = \frac{c}{n}$$

根据相对论速度变换公式, 将 u' 变换到实验室系中,

$$u = \frac{u' + v}{1 + \dfrac{u'v}{c^2}} = \frac{\dfrac{c}{n} + v}{1 + \dfrac{(c/n)v}{c^2}} = \frac{c + nv}{n + \dfrac{v}{c}}$$

即为玻璃块中的光在实验室系中的速度.

1.40　求作匀加速运动的观察者看到的星体分布

题 1.40　一个相对于彼此间距固定不变的星体系统为静止的观察者看到一个各向同性的星体分布, 对任意立体角元 $\mathrm{d}\Omega$ 有 $\mathrm{d}N = \dfrac{N}{4\pi}\mathrm{d}\Omega$. 现在考虑另一个以恒定加速度 a(相对其瞬时惯性坐标系) 运动的观察者, 假如她在 $t = 0$ 时刻相对于固定的观察者静止并开始运动. 试确定在时刻 t' 的星系分布为 $\mathrm{d}N = N(\theta', \varphi')\mathrm{d}\Omega$. 这里 t' 为运动观察者自身的时间.

解答　在瞬时惯性系中, $\dfrac{\mathrm{d}t}{\mathrm{d}\tau} = 1, \dfrac{\mathrm{d}^2 t}{\mathrm{d}\tau^2} = 0$.

$$\frac{\mathrm{d}\boldsymbol{r}}{\mathrm{d}\tau} = \frac{\mathrm{d}\boldsymbol{r}}{\mathrm{d}t}, \qquad \frac{\mathrm{d}^2\boldsymbol{r}}{\mathrm{d}\tau^2} = \frac{\mathrm{d}^2\boldsymbol{r}}{\mathrm{d}t^2}$$

因此 $\dfrac{\mathrm{d}^2\boldsymbol{r}}{\mathrm{d}t^2} = \boldsymbol{a}, \dfrac{\mathrm{d}\boldsymbol{a}}{\mathrm{d}t} = 0$. 可以表示为四维矢量形式, 即

$$\frac{\mathrm{d}^2\boldsymbol{r}}{\mathrm{d}\tau^2} = \boldsymbol{a}, \qquad \frac{\mathrm{d}^2 t}{\mathrm{d}\tau^2} = 0$$

在作加速运动观察者所在的参考系中, 方程仍有上述形式, 即

$$\frac{\mathrm{d}^2\boldsymbol{r}'}{\mathrm{d}\tau^2} = \boldsymbol{a}', \qquad \frac{\mathrm{d}^2 t'}{\mathrm{d}\tau^2} = a_0'$$

如果瞬时惯性系相对于静止系的速度为 $\boldsymbol{v}$(这也是第二观察者的速度), 并选 $t = 0$ 时, $\boldsymbol{a}$ 与 x 的方向一致, 则

$$a_x' = \gamma a, \quad a_y' = 0, \quad a_z' = 0, \quad a_0' = \gamma\frac{v}{c}a$$

其中 $\gamma = \dfrac{1}{\sqrt{1 - v^2/c^2}}$, 而且

$$U_x' = \gamma v, \quad U_y' = 0, \quad U_z' = 0, \quad U_0' = \frac{\mathrm{d}t'}{\mathrm{d}\tau} = \gamma$$

所以

$$\gamma\frac{\mathrm{d}}{\mathrm{d}t'}(\gamma v) = \gamma a, \quad \text{或} \quad \frac{\mathrm{d}}{\mathrm{d}t'}(\gamma v) = a$$

因此

$$\frac{v}{\sqrt{1 - v^2/c^2}} = at', \quad \text{即} \quad v = at'\left[1 + \left(\frac{at'}{c}\right)^2\right]^{-1/2}$$

根据 $\mathrm{d}t' = \gamma\mathrm{d}\tau = \gamma\mathrm{d}t = \dfrac{\mathrm{d}t}{\sqrt{1 - v^2/c^2}}$, 可以将时间转换成运动观察者自身的时间

$$t = \int_0^t \mathrm{d}t = \int_0^{t'} \sqrt{1 - \frac{v^2}{c^2}}\,\mathrm{d}t' = \int_0^{t'} \frac{\mathrm{d}t'}{\sqrt{1 - a^2 t'^2/c^2}} = \frac{c}{a}\operatorname{arcsinh}\frac{at'}{c}$$

也就是

$$t' = \frac{c}{a}\sinh\frac{at}{c}$$

因此

$$v = \frac{c \sinh \dfrac{at}{c}}{\sqrt{1 + \sinh^2 \dfrac{at}{c}}} = \frac{\sinh \dfrac{at}{c}}{\cosh \dfrac{at}{c}} c = c \tanh \frac{at}{c}$$

另外由 $\mathrm{d}N = N(\theta', \varphi')\mathrm{d}\Omega' = \dfrac{N}{4\pi}\mathrm{d}\Omega$(这里 "$'$" 代表加速观察者瞬时测量的量). 所以

$$N(\theta', \varphi') = \frac{N}{4\pi}\frac{\mathrm{d}\Omega}{\mathrm{d}\Omega'} = \frac{N}{4\pi}\frac{\mathrm{d}\cos\theta}{\mathrm{d}\cos\theta'}$$

这里取 x 轴为极轴. 由洛伦兹变换知

$$\cos\theta = \frac{\cos\theta' + \dfrac{v}{c}}{1 + \dfrac{v}{c}\cos\theta'}$$

所以

$$\frac{\mathrm{d}\cos\theta}{\mathrm{d}\cos\theta'} = \frac{1 - \dfrac{v^2}{c^2}}{\left(1 + \dfrac{v}{c}\cos\theta'\right)^2}$$

因此

$$N(\theta', \varphi') = \frac{N}{4\pi}\frac{1 - \tanh^2 \dfrac{at}{c}}{\left[1 + \tanh\dfrac{at}{c}\cos\theta'\right]^2}$$

也就有

$$\mathrm{d}N = N(\theta', \varphi')\mathrm{d}\Omega' = \frac{N}{4\pi}\frac{1 - \tanh^2 \dfrac{at}{c}}{\left[1 + \tanh\dfrac{at}{c}\cos\theta'\right]^2}\sin\theta'\mathrm{d}\theta'\mathrm{d}\varphi'$$

第二章　狭义相对论的运动学

2.1 质点在 K′ 系运动速度与 x′ 轴的夹角与在 K 系中质点运动速度与x轴的夹角满足的关系

题 2.1　K′ 系以 V 的恒定速度沿 K 系的 x 轴向正向运动, 若质点在 K′ 系的 $x'y'$ 平面内运动, 速度 v' 与 x 轴的夹角为 θ'. 试证明, 在 K 系中, 质点的速度 v' 与 x 轴的夹角 θ 满足关系

$$\tan\theta = \frac{v'\sin\theta'\sqrt{1-\left(\dfrac{V}{c}\right)^2}}{V + v'\cos\theta'}$$

证明　用速度变换公式

$$v_x = \frac{v'_x + V}{1 + \dfrac{V}{c^2}v'_x}, \qquad v_y = \frac{v'_y\sqrt{1-\left(\dfrac{V}{c}\right)^2}}{1 + \dfrac{V}{c^2}v'_x}$$

从而

$$\tan\theta = \frac{v_y}{v_x} = \frac{v'_y\sqrt{1-\left(\dfrac{V}{c}\right)^2}}{v'_x + V} = \frac{v'\sin\theta'\sqrt{1-\left(\dfrac{V}{c}\right)^2}}{v'\cos\theta' + V}$$

2.2 两根静止长度均为 l_0 的杆成一直线放置, 以相对于一个参考系匀速相向运动

题 2.2　两根静止长度均为 l_0 的杆成一直线放置, 并以相对于一个参考系以相同的速率 v 匀速相向运动. 试问: 在固连于一根杆的参考系内的观察者测得的另一根杆的长度是多少?

解答　先求出在固连于一根杆的参考系 K′ 中另一根杆的速度. K′ 系对原参考系 K 的速度为 v. 另一根杆在 K 系中的速度为

$$v_x = -v, \qquad v_y = v_z = 0$$

在 K′ 系中, 另一根杆的速度由速度变换公式可得

$$v'_x = \frac{v_x - v}{1 - \frac{v}{c^2}v_x} = \frac{-v - v}{1 - \frac{v}{c^2}(-v)} = -\frac{2vc^2}{c^2 + v^2}$$

$$v'_y = \frac{v_y \sqrt{1 - \left(\frac{v}{c}\right)^2}}{1 - \frac{v}{c^2}v_x} = 0$$

$$v'_z = \frac{v_z \sqrt{1 - \left(\frac{v}{c}\right)^2}}{1 - \frac{v}{c^2}v_x} = 0$$

在 K′ 系中看另一根杆的长度为

$$l' = l_0 \sqrt{1 - \left(\frac{v'_x}{c}\right)^2} = l_0 \sqrt{1 - \frac{4v^2c^4}{(c^2 + v^2)^2 c^2}} = l_0 \frac{c^2 - v^2}{c^2 + v^2}$$

或者

$$l' = l_0 \frac{1 - \frac{v^2}{c^2}}{1 + \frac{v^2}{c^2}}$$

2.3 两根静止长度相同的尺在某一参考系中以相同的速率 v、互成 90° 角运动

题 2.3 两根静止长度均为 l_0 的尺在某一参考系中分别如图 2.1(a)、(b) 那样以相同的速率 v、互成 90° 角运动, 在与一根尺固连的参考系中测得的另一根尺的长度是多少?

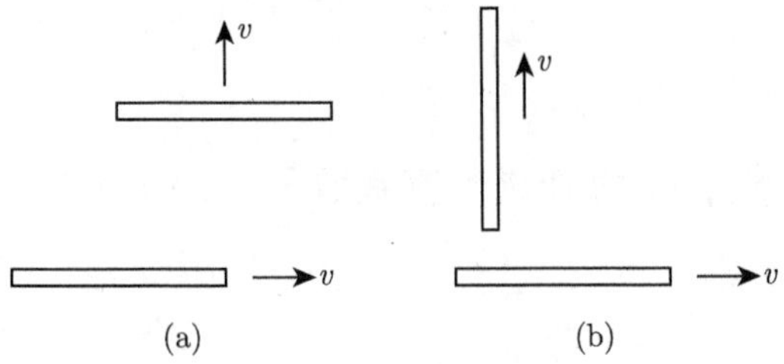

(a)   (b)

图 2.1 两根静止长度相同的尺在某一参考系中以相同的速率 v、互成 90° 角运动

解答 取图 2.1(a)、(b) 图中处于下方的那根尺为参考系 K′. 取 x、x' 轴正向与这根杆在原参考系 K 系中的速度一致, 用速度变换公式

$$v'_x = \frac{v_x - v}{1 - \frac{v}{c^2}v_x}, \qquad v'_y = \frac{v_y \sqrt{1 - \left(\frac{v}{c}\right)^2}}{1 - \frac{v}{c^2}v_x}$$

另一根杆在 K 系中的速度, 对于图 2.1(a)、(b) 两种情况, 均有 $v_x = 0, v_y = v$. 在 K′ 系中, 另一根杆的速度, 两种情况均有

$$v_x' = -v, \qquad v_y' = v\sqrt{1 - \left(\frac{v}{c}\right)^2}$$

(a) 方法一: 在 K′ 系中, 杆在其速度方向有收缩, 而在与其速度垂直的方向将保持其长度不变.

$$\boldsymbol{v}' = v_x' \boldsymbol{e}_x' + v_y' \boldsymbol{e}_y' = -v\boldsymbol{e}_x' + v\sqrt{1 - \left(\frac{v}{c}\right)^2}\boldsymbol{e}_y'$$

从而其大小为

$$v' = \sqrt{(-v)^2 + v^2\left(1 - \frac{v^2}{c^2}\right)} = \sqrt{2 - \frac{v^2}{c^2}}\,v$$

在 K 系中, 杆在 $\boldsymbol{v}'$ 方向和垂直于 $\boldsymbol{v}'$ 方向的投影分别为

$$l_{\parallel} = l_0 \left|\frac{v_x'}{v'}\right| = l_0 \frac{1}{\sqrt{2 - \dfrac{v^2}{c^2}}}$$

$$l_{\perp} = l_0 \frac{v_y'}{v'} = l_0 \frac{\sqrt{1 - \dfrac{v^2}{c^2}}}{\sqrt{2 - \dfrac{v^2}{c^2}}}$$

在 K′ 系中, 在平行于 $\boldsymbol{v}'$ 方向有洛伦兹收缩, 垂直于 $\boldsymbol{v}'$ 方向保持长度不变.

$$l_{\parallel}' = l_{\parallel}\sqrt{1 - \frac{v'^2}{c^2}} = \frac{l_0}{\sqrt{2 - \dfrac{v^2}{c^2}}}\sqrt{1 - \frac{v^2}{c^2}\left(2 - \frac{v^2}{c^2}\right)} = l_0 \frac{1 - \dfrac{v^2}{c^2}}{\sqrt{2 - \dfrac{v^2}{c^2}}}$$

$$l_{\perp}' = l_{\perp} = l_0 \frac{\sqrt{1 - \dfrac{v^2}{c^2}}}{\sqrt{2 - \dfrac{v^2}{c^2}}}$$

所以在 K′ 系中, 另一根尺的长度为

$$l' = (l_{\parallel}'^2 + l_{\perp}'^2)^{1/2} = \frac{l_0}{\left(2 - \dfrac{v^2}{c^2}\right)^{\frac{1}{2}}}\left[\left(1 - \frac{v^2}{c^2}\right)^2 + \left(1 - \frac{v^2}{c^2}\right)\right]^{\frac{1}{2}}$$

$$= \frac{l_0}{\left(2 - \dfrac{v^2}{c^2}\right)^{1/2}}\left(2 - \frac{3v^2}{c^2} + \frac{v^4}{c^4}\right)^{\frac{1}{2}} = l_0\left(1 - \frac{v^2}{c^2}\right)^{\frac{1}{2}}$$

方法二: 可以导出一个简便的计算方法. 设另一根尺在 K′ 系中的速度 $\boldsymbol{v}'$ 与动杆的夹角为 θ, 则这根尺在 $\boldsymbol{v}'$ 方向的静止分量为 $l_0\cos\theta$. 在与 $\boldsymbol{v}'$ 垂直方向的静止分量为 $l_0\sin\theta$.

在 K′ 系中测得长度的平方为

$$l'^2 = \left(l_0\cos\theta\sqrt{1-\frac{v'^2}{c^2}}\right)^2 + (l_0\sin\theta)^2 = l_0^2\cos^2\theta\left(1-\frac{v'^2}{c^2}\right) + l_0^2\sin^2\theta$$

$$= l_0^2 - l_0^2\cos^2\theta\cdot\frac{v'^2}{c^2} = l_0^2\left(1-\frac{v_\parallel^2}{c^2}\right)$$

从而

$$l' = l_0\sqrt{1-\frac{v_\parallel'^2}{c^2}}$$

今 $v_\parallel' = v_x'$, $v_x' = -v$

$$l' = l_0\sqrt{1-\frac{v_x'^2}{c^2}} = l_0\sqrt{1-\frac{v^2}{c^2}}$$

(b) 显然上述方法二很简便, 这里就只采用方法二, $v_\parallel' = v_y'$, $v_y' = v\sqrt{1-\left(\frac{v}{c}\right)^2}$

$$l' = l_0\sqrt{1-\frac{v_y'^2}{c^2}} = l_0\sqrt{1-\frac{v^2}{c^2}\left(1-\frac{v^2}{c^2}\right)} = l_0\sqrt{1-\frac{v^2}{c^2}+\frac{v^4}{c^4}}$$

2.4　在某一参考系 K 中, 两条飞船 A、B 分别以 0.8c 及 0.6c 的速率相向而行

题 2.4　在某一参考系 K 中, 两条飞船 A、B 分别以 0.8c 及 0.6c 的速率相向而行, 找出一个参考系 K′, 使两条飞船分别以相同的速率 v' 相向而行. 求: (1) K′ 系对 K 系的速度; (2) v' 的大小.

解答　设 K′ 以 v 的速率、方向与 A 船的运动方向相同对 K 系运动. 按速度合成, 在 K′ 系中

$$v_A' = \frac{v_A - v}{1-\frac{v}{c^2}v_A}, \qquad v_B' = \frac{v_B - v}{1-\frac{v}{c^2}v_B}$$

今 $v_A = 0.8c$, $v_B = -0.6c$, $v_A' = v'$, $v_B' = -v'$. 从上式可得

$$\frac{0.8c-v}{1-\frac{v}{c^2}\cdot 0.8c} = -\frac{(-0.6c)-v}{1-\frac{v}{c^2}(-0.6c)} = \frac{0.6c+v}{1+0.6\frac{v}{c}}$$

也就是

$$v^2 - 5.2cv + c^2 = 0$$

解得

$$v = \frac{5.2c - \sqrt{(5.2c)^2 - 4c^2}}{2} = 0.2c$$

另一个根 $v = 5c > c$ 是不可能的, 故舍去.

2.5　已知在参考系 K 中物体 A 与 B 的速度, 求其相对速度

题 2.5　在某一参考系 K 中, 物体 A 以匀速率 $v_A = 0.8c$ 沿 x 轴向正向运动, 物体 B 以匀速率 $v_B = 0.6c$ 沿 x 轴向负向运动. 在 A 看来, B 的速度 v_B' 如何?

解答　A 为 K′ 系, 它对 K 系的速度 $v = v_A = 0.8c$. 今 $v_B = -0.6c$, 所以

$$v_B' = \frac{v_B - v}{1 - \dfrac{v}{c^2}v_B} = \frac{-0.6c - 0.8c}{1 - \dfrac{0.8c}{c^2}(-0.6c)} = -0.95c$$

在 A 看来, B 以 $0.95c$ 的速率向着 A 运动.

2.6　利用速度变换公式求菲佐实验中顺水速和逆水速两种情况下的光速

题 2.6　利用速度变换公式, 求出题 1.2 所述的菲佐实验中, 顺水速和逆水速两种情况下的光速, 与用以太假设解释菲佐实验引入的拖曳系数 k 后的光速相比较, 从而导出 k 与折射率的关系.

解答　取固连于水的参考系为 K′ 系, 静止系为 K 系, K′ 系对 K 系的速度 $\boldsymbol{v} = v\boldsymbol{e}_x$ 用速度变换公式

$$v_x = \frac{v_x' + v}{1 + \dfrac{v}{c^2}v_x'}$$

顺水速情况, $v_x' = \dfrac{c}{n}$, 在 K 系中, 光速为

$$\begin{aligned}
v_1 &= v_x = \frac{\dfrac{c}{n} + v}{1 + \dfrac{v}{c^2} \cdot \dfrac{c}{n}} \approx \left(\frac{c}{n} + v\right)\left(1 - \frac{v}{nc}\right) \\
&= \frac{c}{n} + v - \frac{v}{n^2} - \frac{v^2}{nc} \approx \frac{c}{n} + v\left(1 - \frac{1}{n^2}\right)
\end{aligned}$$

逆水速情况, 仍取 x、x' 轴沿水速方向, 仍有 $\boldsymbol{v} = v\boldsymbol{e}_x$, 但 $v_x' = -\dfrac{c}{n}$, 光速, $v_2 = -v_x$. 则

$$-v_2 = v_x = \frac{-\dfrac{c}{n} + v}{1 + \dfrac{v}{c^2}\left(-\dfrac{c}{n}\right)} \approx -\frac{c}{n} + v\left(1 - \frac{1}{n^2}\right)$$

也就有

$$v_2 = \frac{c}{n} - v\left(1 - \frac{1}{n^2}\right)$$

与用以太假设引入的拖曳系数 k 计算的顺水速、逆水速两种情况的光速相比, 均可得

$$k = 1 - \frac{1}{n^2}$$

2.7　一束光通过运动的玻璃块, 求在玻璃块中光相对于实验室参考系的速度

题 2.7　一束光通过折射率为 n 的玻璃块, 如果玻璃块以恒定速度 v 沿入射光方向运动, 试求在玻璃块中光相对于实验室参考系的速度.

解答　取 K 系为实验室参考系, K′ 系为固连于玻璃块的参考系, x、x' 轴的正向均与光束的入射方向一致. 设 u、u' 分别是光在 K、K′ 系中的速度, $u' = \dfrac{c}{n}$, 所以

$$u = \frac{u' + v}{1 + \dfrac{v}{c^2} u'} = \frac{\dfrac{c}{n} + v}{1 + \dfrac{v}{c^2} \dfrac{c}{n}} = \frac{c(c + nv)}{nc + v}$$

2.8　火箭 A、B 相对于地球向不同方向飞行, 求火箭 A、B 的相对速度

题 2.8　火箭 A 相对于地球以 $0.8c$ 向 $+y$ 方向飞行, 火箭 B 以 $0.6c$ 向 $-x$ 方向飞行, 由火箭 B 测得的火箭 A 的速度是多少?

解答　取地球为 K 系, 火箭 B 为 K′ 系, u, u' 分别是火箭 A 相对于地球和火箭 B 的速度. K′ 系相对于 K 系的速度为 $v = -0.6c e_x$, 今已知 $u_x = 0, u_y = 0.8c$, 所以

$$u'_x = \frac{u_x - v}{1 - \dfrac{v u_x}{c^2}} = \frac{0 - (-0.6c)}{1 - 0} = 0.6c$$

$$u'_y = \frac{u_y \sqrt{1 - \left(\dfrac{v}{c}\right)^2}}{1 - \dfrac{v u_x}{c^2}} = \frac{0.8c\sqrt{1 - (-0.6)^2}}{1 - 0} = 0.64c$$

从而 u' 的大小为

$$u' = \sqrt{(u'_x)^2 + (u'_y)^2} = 0.88c$$

u' 与 x' 轴夹角

$$\varphi = \arctan\left(\frac{u'_y}{u'_x}\right) = \arctan\left(\frac{0.64c}{0.6c}\right) = 46.8°$$

2.9　K^0 介子衰变成一个 π^+ 介子和一个 π^- 介子

题 2.9　一个处于静止状态的 K^0 介子衰变成一个 π^+ 介子和一个 π^- 介子, 各自都具有 $0.827c$ 的速率, 如果 K^0 介子在以 $0.6c$ 的速度飞行时衰变, 其中一个 π 介子可能有的最大速率多大?

解答　其中一个 π 介子可能有的最大速率是在原运动着的 K^0 介子在 K′ 系中衰变产生的与 K^0 介子的运动方向相同的那个 π 介子所具有的. 今 K′ 系对 K 系的速度沿 x 轴正向, 大小 $v = 0.6c$. 设具有最大速率的那个 π 介子相对于 K、K′ 系的速度为 u 和 u'

均沿 x、x' 轴方向, $u' = 0.827c$, 而

$$u = \frac{u' + v}{1 + \dfrac{v}{c^2}u'} = \frac{0.827c + 0.6c}{1 + \dfrac{0.6c \cdot 0.827c}{c^2}} = 0.954c$$

2.10　合成速度大小的表达式

题 2.10　证明

$$v = \frac{\sqrt{(\boldsymbol{v}' + \boldsymbol{V})^2 - (\boldsymbol{v}' \times \boldsymbol{V})^2/c^2}}{1 + \boldsymbol{v}' \cdot \boldsymbol{V}/c^2}$$

其中 $\boldsymbol{v}$、$\boldsymbol{v}'$ 分别是粒子在 K 系和 K$'$ 系中的速度, $\boldsymbol{V}$ 是 K$'$ 系相对于 K 系的速度.

证明　按速度合成, 粒子在 K 系中的速度 $\boldsymbol{v}$ 各分量为

$$v_x = \frac{v'_x + V}{1 + \dfrac{Vv'_x}{c^2}}, \quad v_y = \frac{v'_y\sqrt{1 - \dfrac{V^2}{c^2}}}{1 + \dfrac{Vv'_x}{c^2}}, \quad v_z = \frac{v'_z\sqrt{1 - \dfrac{V^2}{c^2}}}{1 + \dfrac{Vv'_x}{c^2}}$$

这样

$$v^2 = v_x^2 + v_y^2 + v_z^2 = \frac{1}{\left(1 + \dfrac{Vv'_x}{c^2}\right)^2}\left[v'^2_x + 2v'_x V + V^2 + (v'^2_y + v'^2_z)\left(1 - \frac{V^2}{c^2}\right)\right]$$

$$= \frac{1}{\left(1 + \dfrac{\boldsymbol{v}' \cdot \boldsymbol{V}}{c^2}\right)^2}\left[(\boldsymbol{v}' + \boldsymbol{V})^2 - (v_y^2 + v'^2_z)\frac{V^2}{c^2}\right]$$

这里用了 $\boldsymbol{v}' \cdot \boldsymbol{V} = v'_x V$. 从而

$$\frac{\boldsymbol{v}' \times \boldsymbol{V}}{c} = \frac{1}{c}(v'_x \boldsymbol{e}_x + v'_y \boldsymbol{e}_y + v'_z \boldsymbol{e}_z) \times V\boldsymbol{e}_x = \frac{V}{c}(v'_z \boldsymbol{e}_y - v'_y \boldsymbol{e}_z)$$

因而

$$\left(\frac{\boldsymbol{v}' \times \boldsymbol{V}}{c}\right)^2 = \frac{V^2}{c^2}(v'^2_y + v'^2_z)$$

所以

$$v^2 = \frac{(\boldsymbol{v}' + \boldsymbol{V})^2 - (\boldsymbol{v}' \times \boldsymbol{V})^2/c^2}{(1 + \boldsymbol{v}' \cdot \boldsymbol{V}/c^2)^2}$$

也就有

$$v = \frac{\sqrt{(\boldsymbol{v}' + \boldsymbol{V})^2 - (\boldsymbol{v}' \times \boldsymbol{V})^2/c^2}}{1 + \boldsymbol{v}' \cdot \boldsymbol{V}/c^2}$$

2.11　不同惯性系的速度变换一般公式

题 2.11　当 K′ 系相对于 K 系的速度 v 有任意方向时, 试导出速度变换公式, 并表示成矢量形式.

解答　用题 1.36 的结果,

$$\frac{\boldsymbol{r}' \cdot \boldsymbol{V}}{V} = \frac{\boldsymbol{r} \cdot \dfrac{\boldsymbol{V}}{V} - Vt}{\sqrt{1 - \left(\dfrac{V}{c}\right)^2}} \tag{2.1}$$

$$\boldsymbol{r}' - \frac{\boldsymbol{r}' \cdot \boldsymbol{V}}{V^2}\boldsymbol{V} = \boldsymbol{r} - \frac{\boldsymbol{r} \cdot \boldsymbol{V}}{V^2}\boldsymbol{V} \tag{2.2}$$

$$t' = \frac{t - \dfrac{\boldsymbol{r} \cdot \boldsymbol{V}}{c^2}}{\sqrt{1 - \left(\dfrac{V}{c}\right)^2}} \tag{2.3}$$

这样

$$\frac{\Delta \boldsymbol{r}' \cdot \boldsymbol{V}}{V} = \frac{\Delta \boldsymbol{r} \cdot \dfrac{\boldsymbol{V}}{V} - V\Delta t}{\sqrt{1 - \left(\dfrac{V}{c}\right)^2}} \tag{2.4}$$

$$\Delta \boldsymbol{r}' - \frac{\Delta \boldsymbol{r}' \cdot \boldsymbol{V}}{V^2}\boldsymbol{V} = \Delta \boldsymbol{r} - \frac{\Delta \boldsymbol{r} \cdot \boldsymbol{V}}{V^2}\boldsymbol{V} \tag{2.5}$$

$$\Delta t' = \frac{\Delta t - \dfrac{\Delta \boldsymbol{r} \cdot \boldsymbol{V}}{c^2}}{\sqrt{1 - \left(\dfrac{V}{c}\right)^2}} \tag{2.6}$$

式 (2.4) 和式 (2.6) 等号两边分别相除, 取极限 $\Delta t' \to 0$, $\Delta t \to 0$, 由 $\boldsymbol{v}' = \lim\limits_{\Delta t' \to 0} \dfrac{\Delta \boldsymbol{r}'}{\Delta t'}$, $\boldsymbol{v} = \lim\limits_{\Delta t \to 0} \dfrac{\Delta \boldsymbol{r}}{\Delta t}$ 可得

$$\frac{\boldsymbol{v}' \cdot \boldsymbol{V}}{V} = \frac{\boldsymbol{v} \cdot \dfrac{\boldsymbol{V}}{V} - V}{1 - \dfrac{\boldsymbol{v} \cdot \boldsymbol{V}}{c^2}}$$

为写成速度变换的矢量形式, 上式两边乘 $\dfrac{\boldsymbol{V}}{V}$ 表示沿 $\boldsymbol{V}$ 的方向的速度变换关系

$$\frac{\boldsymbol{v}' \cdot \boldsymbol{V}}{V^2}\boldsymbol{V} = \frac{\boldsymbol{v} \cdot \dfrac{\boldsymbol{V}}{V} - V}{1 - \dfrac{\boldsymbol{v} \cdot \boldsymbol{V}}{c^2}}\frac{\boldsymbol{V}}{V} = \frac{\left(\boldsymbol{v} \cdot \dfrac{\boldsymbol{V}}{V}\right)\dfrac{\boldsymbol{V}}{V} - \boldsymbol{V}}{1 - \dfrac{\boldsymbol{v} \cdot \boldsymbol{V}}{c^2}} \tag{2.7}$$

同样式 (2.5) 和式 (2.6) 等号两边分别相除, 取极限 $\Delta t' \to 0, \Delta t \to 0$ 可得

$$v' - \frac{v' \cdot V}{V^2} V = \frac{\left(v - \frac{v \cdot V}{V^2} V\right) \sqrt{1 - \left(\frac{V}{c}\right)^2}}{1 - \frac{v \cdot V}{c^2}} \tag{2.8}$$

式 (2.7)+ 式 (2.8), 得

$$v' = \frac{1}{1 - \frac{v \cdot V}{c^2}} \left\{ v\sqrt{1 - \left(\frac{V}{c}\right)^2} - V + \frac{v \cdot V}{V^2} \left[1 - \sqrt{1 - \left(\frac{V}{c}\right)^2}\right] V \right\} \tag{2.9}$$

2.12 辐射的前灯效应

题 2.12 一光源在其静止的坐标系中向各方向均匀地辐射, 当它以接近于光速 c 的速率 V 在参考系 K 中运动时, 在 K 系中, 它的辐射将在它的前进方向上有强烈的辐射 (这种现象称为前灯效应). 要使发射出的辐射有一半在半顶角 $\theta = 10^{-3}\mathrm{rad}$ 的圆锥状立体角内, V 应多大?

提示 可利用题 2.1 结果.

解答 题 2.1 已证明,

$$\tan\theta = \frac{v'\sin\theta'\sqrt{1 - \left(\frac{V}{c}\right)^2}}{v'\cos\theta' + V}$$

把光源取为 K′ 系, 只要向 $\theta' = \frac{\pi}{2}(90°)$ 的辐射, 在 K 系中变为向 $\theta = 10^{-3}\mathrm{rad}$ 方向辐射, 则 $\theta' < \frac{\pi}{2}$ 的辐射 (辐射的一半) 都在 $\theta = 10^{-3}\mathrm{rad}$ 为半顶角的圆锥状立体角内, 式中 $v' = c$. 因而[①]

$$\tan 10^{-3} = \frac{c\sin\frac{\pi}{2}\sqrt{1 - \left(\frac{V}{c}\right)^2}}{c\cos\frac{\pi}{2} + V}$$

$\tan 10^{-3} \approx 10^{-3}$ 代入上式, 得

$$10^{-3}V = c\sqrt{1 - \left(\frac{V}{c}\right)^2} = \sqrt{c^2 - V^2}$$

解出

$$V = \sqrt{\frac{1}{1 + 10^{-6}}}c = \left(1 - \frac{1}{2}10^{-6}\right)c = (1 - 5 \times 10^{-7})c$$

---

① 也可由下面题 2.13 的结果直接写出.

2.13   光线角度在不同参考系的变化

题 2.13   证明光线与 x 轴的夹角 θ 的变换公式为

$$\tan\theta = \frac{c\sin\theta'\sqrt{1-\left(\dfrac{V}{c}\right)^2}}{c\cos\theta' + V}$$

或者

$$\cos\theta = \frac{c\cos\theta' + V}{c + V\cos\theta'}$$

证明   题 2.1 中将质点在 K' 系中的速率 v' 改为光速 c, 即得要证明的第一式子. 这里为得出第二个式子, 重新证明如下:

$$v_x = \frac{v'_x + V}{1 + \dfrac{V}{c^2}v'_x} = \frac{c\cos\theta' + V}{1 + \dfrac{V}{c}\cos\theta'}$$

$$v_y = \frac{v'_y\sqrt{1-\left(\dfrac{V}{c}\right)^2}}{1 + \dfrac{V}{c^2}v'_x} = \frac{c\sin\theta'\sqrt{1-\left(\dfrac{V}{c}\right)^2}}{1 + \dfrac{V}{c}\cos\theta'}$$

从而

$$\tan\theta = \frac{v_y}{v_x} = \frac{c\sin\theta'\sqrt{1-\left(\dfrac{V}{c}\right)^2}}{c\cos\theta' + V} \tag{2.10}$$

或者

$$\cos\theta = \frac{v_x}{c} = \frac{c\cos\theta' + V}{c + V\cos\theta'} \tag{2.11}$$

说明   光线角度在不同参考系的变化称为光行差, 上面结果连同光 Doppler 效应也可以通过光波波矢四矢量的变换给出, 如题 4.1 所做的.

2.14   光束立体角在不同参考系的变化

题 2.14   一光束在某一参考系内构成一立体角 $\mathrm{d}\Omega$, 试问当变换到另一个惯性参考系时, 其立体角如何变化?

解答   在 K 系内在立体角 $\mathrm{d}\Omega = \sin\theta\mathrm{d}\theta\mathrm{d}\varphi$ 内的光束, 在 K' 系内光束出现在立体角 $\mathrm{d}\Omega' = \sin\theta'\mathrm{d}\theta'\mathrm{d}\varphi'$ 内, $\varphi = \varphi'$, $\mathrm{d}\varphi = \mathrm{d}\varphi'$.

由上题证明的式子

$$\cos\theta = \frac{c\cos\theta' + V}{c + V\cos\theta'}$$

其逆变换为

$$\cos\theta' = \frac{c\cos\theta - V}{c - V\cos\theta}$$

因而

$$\mathrm{d}\Omega' = \sin\theta'\mathrm{d}\theta'\mathrm{d}\varphi' = -\mathrm{d}\cos\theta'\mathrm{d}\varphi'$$
$$= \frac{1}{(c-V\cos\theta)^2}(c^2-V^2)\sin\theta\mathrm{d}\theta\mathrm{d}\varphi = \frac{c^2-V^2}{(c-V\cos\theta)^2}\mathrm{d}\Omega$$

2.15　求做高速运动的观察者看到的星体分布

题 2.15　相对于有限的恒星系静止的观察者 A, 看到恒星系有各向同性的星体分布, 若 A 能看到的全部星体数为 N, 则在立体角 $\mathrm{d}\Omega$ 中看到的星体数为

$$\mathrm{d}N(\theta,\varphi) = \frac{N}{4\pi}\mathrm{d}\Omega(\theta,\varphi)$$

其中 $\mathrm{d}\Omega(\theta,\varphi) = \sin\theta\mathrm{d}\theta\mathrm{d}\varphi$ 是 $\theta\sim\theta+\mathrm{d}\theta$、$\varphi\sim\varphi+\mathrm{d}\varphi$ 所张的立体角.

另一个在沿 z 轴以速度 V 运动的参考系中的观察者 B 如能看到观察者 A 看到的每一个星体. 求:

(1) 观察者 B 在 (θ',φ') 的单位立体角内看到的星体数 $N(\theta',\varphi')$;

(2) 当 $V\to c$ 时, 观察者 B 在 $\theta'=0$ 和 $\theta'=\pi$ 处的单位立体角内看到的星体数 $N(0,\varphi')$、$N(\pi,\varphi')$.

解答　(1) 用上题得到的结果

$$\mathrm{d}\Omega' = \frac{c^2-V^2}{(c-V\cos\theta)^2}\mathrm{d}\Omega$$

改写为

$$\mathrm{d}\Omega = \frac{c^2-(-V)^2}{[c-(-V)\cos\theta']^2}\mathrm{d}\Omega' = \frac{c^2-V^2}{(c+V\cos\theta')^2}\mathrm{d}\Omega'$$

观察者 A 在 $\mathrm{d}\Omega(\theta,\varphi)$ 内看到的星体数也是观察者 B 在 $\mathrm{d}\Omega'(\theta',\varphi')$ 内看到的星体数. 故

$$\mathrm{d}N(\theta',\varphi') = \mathrm{d}N(\theta,\varphi) = \frac{N}{4\pi}\frac{c^2-V^2}{(c+V\cos\theta')^2}\mathrm{d}\Omega'(\theta',\varphi')$$

观察者 B 在 (θ',φ') 的单位立体角内看到的星体数为

$$N(\theta',\varphi') = \frac{\mathrm{d}N(\theta',\varphi')}{\mathrm{d}\Omega'(\theta',\varphi')} = \frac{N}{4\pi}\frac{c^2-V^2}{(c+V\cos\theta')^2}$$

在上题中用了 $\varphi'=\varphi$, $\mathrm{d}\varphi'=\mathrm{d}\varphi$ 未加证明, 这里补充证明如下:

$$u_x' = \frac{u_x\sqrt{1-\left(\dfrac{V}{c}\right)^2}}{1-\dfrac{V}{c^2}u_z}, \qquad u_y' = \frac{u_y\sqrt{1-\left(\dfrac{V}{c}\right)^2}}{1-\dfrac{V}{c^2}u_z}$$

从而

$$\frac{u_y'}{u_x'} = \frac{u_y}{u_x}, \qquad \tan\varphi' = \tan\varphi$$

所以 $\varphi' = \varphi,\ \mathrm{d}\varphi' = \mathrm{d}\varphi$.

(2) 当 $V \to c$ 时,

在 $\theta' = 0$ 时,

$$\frac{c^2 - V^2}{(c + V \cos 0)^2} \to 0, \qquad N(0, \varphi') \to 0$$

在 $\theta' = \pi$ 时,

$$\frac{c^2 - V^2}{(c + V \cos \pi)^2} \to \infty, \qquad N(\pi, \varphi') \to \infty$$

在观察者 B 看来, 在他相对于恒星系运动的方向上看不到星体, 而在相反方向能看到全部星体. 这与题 2.12 所述的前灯效应并不矛盾, 而且是一致的.

2.16 一无线电信号由地球上的观察者向飞离地球的宇宙飞船发出

题 2.16 宇宙飞船以 $v = 0.8c$ 的速率飞离地球, 当在地球参考系中测得距地球 $6.66 \times 10^8 \mathrm{km}$ 时, 一无线电信号由地球上的观察者向飞船发出.

(1) 在飞船参考系中测量多长时间到达飞船?

(2) 在地球参考系中测量多长时间到达飞船?

(3) 在地球参考系中测量飞船收到信号时的位置.

解答 取地球为 K 系, 飞船为 K′ 系, $t = t' = 0$ 时, $x = x' = 0$, K′ 系以 $v = 0.8c$ 的速度沿 x 轴正方向运动.

(1) 地球发出信号时, $x = 0$,

$$t = \frac{6.66 \times 10^8 \times 10^3}{0.8 \times 3 \times 10^8} = 2.775 \times 10^3 (\mathrm{s})$$

由洛伦兹变换可算出发信号时,

$$x' = \frac{x - vt}{\sqrt{1 - \left(\frac{v}{c}\right)^2}} = \frac{0 - 0.8 \times 3 \times 10^8 \times 2.775 \times 10^3}{\sqrt{1 - 0.8^2}} = -1.11 \times 10^{12} (\mathrm{m})$$

飞船收到信号时 $x' = 0$, 在飞船参考系中测出从发信号到收到信号需时

$$\Delta t' = \frac{0 - (-1.11 \times 10^{12})}{3 \times 10^8} = 3.7 \times 10^3 (\mathrm{s})$$

(2) 方法一: 设 Δt 为从发信号到收到信号地球参考系中测得的所需时间,

$$0.8c \cdot \Delta t + 6.66 \times 10^8 \times 10^3 = c\Delta t$$

从而

$$\Delta t = \frac{6.66 \times 10^8 \times 10^3}{(1 - 0.8) \times 3 \times 10^8} = 1.11 \times 10^4 (\mathrm{s})$$

方法二：也可用洛伦兹变换从 $\Delta t'$ 求出 Δt，

$$\Delta t = \frac{\Delta t' + \dfrac{v}{c^2}\Delta x'}{\sqrt{1 - \left(\dfrac{v}{c}\right)^2}} = \frac{3.7 \times 10^3 + \dfrac{0.8}{3 \times 10^8}[0 - (-1.11 \times 10^{12})]}{\sqrt{1 - 0.8^2}} = 1.11 \times 10^4 (\text{s})$$

(3) 在地球参考系中测量，飞船收到信号时飞船的位置为

$$x = c\Delta t = 3 \times 10^8 \times 1.11 \times 10^4 = 3.33 \times 10^{12} (\text{m})$$

2.17　惯性系 K 中观察到两宇宙飞船沿两直线相向平行飞行，飞船①向飞船②投出包裹

题 2.17　在一惯性系 K 中观察到两宇宙飞船沿两直线相向平行飞行，轨道间距为 d，如图 2.2 所示。每条飞船的速率均为 $\dfrac{c}{2}$，c 为真空中的光速。

(1) 在 K 系中看，当两飞船抵达最近点 (图中虚线表示的 A、B 两点) 时，飞船①以 $\dfrac{3}{4}c$ 的速率投出一小包裹。从飞船①上的观察者来看，为使包裹能被飞船②收到，必须以什么样的角度投出？

(2) 从飞船①的观察者来看，包裹的速率多大？

解答　(1) 在 K 系中，取图 2.2 中给出的 x、y 坐标，飞船运动方向平行于 y 轴。显然，包裹必须有 $v_y = \dfrac{c}{2}$，才能在飞行过程中始终有与飞船②相同的 y 坐标，才能当它飞过 $\Delta x = d$ 的距离后抵达飞船②，因此在 K 系中

$$v_x = \sqrt{v^2 - v_y^2} = \sqrt{\left(\frac{3}{4}c\right)^2 - \left(\frac{c}{2}\right)^2} = \frac{\sqrt{5}}{4}c$$

飞船①参考系 K′ 以 $\dfrac{1}{2}c$ 的速率沿 $-y$ 方向运动，$\boldsymbol{V} = -\dfrac{1}{2}c\boldsymbol{e}_y$。K′、K 两系中的速度变换关系为

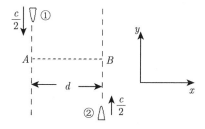

图 2.2　惯性系 K 中观察到两宇宙飞船沿两直线相向平行飞行

$$v'_x = \frac{v_x \sqrt{1 - \left(\dfrac{-V}{c}\right)^2}}{1 - \dfrac{(-V)v_y}{c^2}} = \frac{\dfrac{\sqrt{3}}{2}v_x}{1 + \dfrac{v_y}{2c}}$$

$$v'_y = \frac{v_y - (-V)}{1 - \dfrac{(-V)v_y}{c^2}} = \frac{v_y + \dfrac{1}{2}c}{1 + \dfrac{v_y}{2c}}$$

包裹在 K 系中的速度为

$$v_x = \frac{\sqrt{5}}{4}c, \qquad v_y = \frac{1}{2}c$$

包裹在 K′ 系中的速度为

$$v'_x = \frac{\sqrt{15}}{10}c, \qquad v'_y = \frac{4}{5}c$$

包裹相对于 x' 轴的角度

$$\alpha = \arctan \frac{v'_y}{v'_x} = \arctan\left(\frac{8}{\sqrt{15}}\right) = 64°10'$$

(2) 在 K′ 系中看包裹的速率为

$$v' = \sqrt{v'^2_x + v'^2_y} = \frac{1}{10}\sqrt{79}c$$

2.18 观察者 1 看到粒子作匀速直线速度, 求观察者 2 测得的粒子运动的速度

题 2.18 观察者 1 看到粒子以速度 v 在与他的 z 轴成 φ 角的直线轨道上运动, 观察者 2 以速度 V 相对于观察者 1 沿 z 方向运动, 求观察者 2 测得的粒子运动的速度, 并考虑 $v \to c$ 的极限情况, 检验你得到的结果.

解答 设观察者 1 和 2 各自在其中静止的参考系为 K 和 K′ 系, 坐标轴互相平行, x、x' 轴在 v 和 V 所决定的平面内, φ 和 φ' 分别是粒子在 K 和 K′ 系中的速度 v、v' 与 z、z' 轴夹角.

由速度变换公式

$$v'_x = \frac{v_x \sqrt{1 - \dfrac{V^2}{c^2}}}{1 - \dfrac{V}{c^2}v_z} = \frac{v\sin\varphi\sqrt{1 - \dfrac{V^2}{c^2}}}{1 - \dfrac{Vv\cos\varphi}{c^2}}$$

$$v'_y = \frac{v_y \sqrt{1 - \dfrac{V^2}{c^2}}}{1 - \dfrac{V}{c^2}v_z} = 0$$

$$v'_z = \frac{v_z - V}{1 - \dfrac{V}{c^2}v_z} = \frac{v\cos\varphi - V}{1 - \dfrac{Vv\cos\varphi}{c^2}}$$

于是

$$v' = \sqrt{v_x'^2 + v_y'^2 + v_z'^2} = \frac{1}{1 - \dfrac{V}{c^2} v \cos\varphi} \left(v^2 + V^2 - 2vV\cos\varphi - \frac{v^2 V^2}{c^2}\sin^2\varphi \right)^{1/2}$$

以及

$$\varphi' = \arctan\left(\frac{v_x'}{v_z'}\right) = \arctan\left(\frac{v\sin\varphi\sqrt{1 - \dfrac{V^2}{c^2}}}{v\cos\varphi - V} \right)$$

当 $v \to c$ 时

$$v' \to \frac{(c^2 + V^2 - 2cV\cos\varphi - V^2\sin^2\varphi)^{1/2}}{1 - \dfrac{V}{c}\cos\varphi} = c$$

这正是预期的结果. 在任何惯性参考系中, 在任何方向, 真空中的光速都是 c, 这正是狭义相对论的一条基本假设.

2.19 一枚火箭相对于固连于自己的参考系以匀加速度 a_0 做直线运动

题 2.19 一枚火箭相对于固连于自己的参考系以匀加速度 a_0 做直线运动, 按照地球的时钟, 从静止出发, 经过多长时间 (假定时钟的运行与其加速度无关) 火箭加速到 $V = 0.8c$, 按照火箭内的时钟, 加速到这一速度需用多少时间?

解答 用题 2.11 导出的速度变换公式的逆变换, 为书写简便起见, 令 $\beta = \dfrac{V}{c}$,

$$\boldsymbol{v} = \left[\boldsymbol{V} + \boldsymbol{v}'\sqrt{1-\beta^2} + \frac{1}{V^2}(\boldsymbol{V}\cdot\boldsymbol{v}')\left(1 - \sqrt{1-\beta^2}\right)\boldsymbol{V} \right]\left(1 + \frac{\boldsymbol{V}\cdot\boldsymbol{v}'}{c^2}\right)^{-1}$$

对上式作微分

$$\begin{aligned}
\mathrm{d}\boldsymbol{v} =& \left[\sqrt{1-\beta^2}\mathrm{d}\boldsymbol{v}' + \frac{1}{V^2}\left(1 - \sqrt{1-\beta^2}\right)\boldsymbol{V}(\boldsymbol{V}\cdot\mathrm{d}\boldsymbol{v}')\right]\left(1 + \frac{\boldsymbol{V}\cdot\boldsymbol{v}'}{c^2}\right)^{-1} \\
& - \left(1 + \frac{\boldsymbol{V}\cdot\boldsymbol{v}'}{c^2}\right)^{-2}\frac{\boldsymbol{V}\cdot\mathrm{d}\boldsymbol{v}'}{c^2}\left[\boldsymbol{V} + \boldsymbol{v}'\sqrt{1-\beta^2} + \frac{1}{V^2}(\boldsymbol{V}\cdot\boldsymbol{v}')\left(1 - \sqrt{1-\beta^2}\right)\boldsymbol{V}\right]
\end{aligned}$$

并有

$$\mathrm{d}t = \mathrm{d}t'\frac{1 + \dfrac{\boldsymbol{V}\cdot\boldsymbol{v}'}{c^2}}{\sqrt{1-\beta^2}}$$

上述两式等号两边分别相除, 化简后得

$$\boldsymbol{a} = \frac{1-\beta^2}{\left(1 + \dfrac{\boldsymbol{V}\cdot\boldsymbol{v}'}{c^2}\right)^2}\boldsymbol{a}' - \frac{\boldsymbol{V}\cdot\boldsymbol{a}'}{c^2}\left[\boldsymbol{v}' + \frac{c^2}{V^2}\left(1 - \sqrt{1-\beta^2}\right)\boldsymbol{V}\right]\frac{1-\beta^2}{\left(1 + \dfrac{\boldsymbol{V}\cdot\boldsymbol{v}'}{c^2}\right)^3}$$

将 $v' = 0$ 和 $a' = a_0$ 代入上式, 火箭相对于地球的加速度为

$$a = (1 - \beta^2)a_0 - \frac{V \cdot a_0}{c^2}\frac{c^2}{V^2}\left(1 - \sqrt{1 - \beta^2}\right)V(1 - \beta^2) = (1 - \beta^2)^{3/2}a_0$$

注意 V 是火箭的速度, 是变量, 故 β 也是变量, $a = \dfrac{\mathrm{d}V}{\mathrm{d}t}$, t 是用地球时钟计时的,

$$\frac{\mathrm{d}V}{\mathrm{d}t} = \left(1 - \frac{V^2}{c^2}\right)^{\frac{3}{2}} a_0$$

从而

$$\int_0^{0.8c} \frac{\mathrm{d}V}{\left(1 - \dfrac{V^2}{c^2}\right)^{\frac{3}{2}}} = \int_0^t a_0 \mathrm{d}t = a_0 t$$

按照地球的时钟, 加速到 $0.8c$, 需时

$$t = \frac{c}{a_0}\int \frac{\mathrm{d}\left(\dfrac{V}{c}\right)}{\left(1 - \dfrac{V^2}{c^2}\right)^{\frac{3}{2}}} = \frac{c}{a_0}\left.\frac{\dfrac{V}{c}}{\sqrt{1 - \left(\dfrac{V}{c}\right)^2}}\right|_{V=0}^{V=0.8c} = \frac{4c}{3a_0}$$

另外

$$\mathrm{d}t' = \mathrm{d}t\sqrt{1 - \frac{V^2}{c^2}}$$

将 $\mathrm{d}t = \dfrac{1}{a_0}\left(1 - \dfrac{V^2}{c^2}\right)^{-\frac{3}{2}}\mathrm{d}V$ 代入上式

$$\mathrm{d}t' = \frac{1}{a_0}\left(1 - \frac{V^2}{c^2}\right)^{-1}\mathrm{d}V$$

按照火箭内的时钟, 加速到 $0.8c$(地球上测得), 需时

$$t' = \frac{1}{a_0}\int_0^{0.8c}\frac{\mathrm{d}V}{1 - \dfrac{V^2}{c^2}} = \frac{1}{2a_0}\left(\int_0^{0.8c}\frac{\mathrm{d}V}{1 + \dfrac{V}{c}} + \int_0^{0.8c}\frac{\mathrm{d}V}{1 - \dfrac{V}{c}}\right) = \frac{c}{a_0}\ln 3$$

2.20　运动氢原子光谱线 H_δ 的波长

题 2.20　静止的氢原子发出一条光谱线 H_δ 的波长 $\lambda = 0.4101 \times 10^{-6}$m, 当氢原子以 $v = 5 \times 10^5$m/s 向着观察者飞行时, 观察者看到的波长有多大的改变?

解答　取静止参考系为 K 系, 固连于氢原子的参考系为 K′ 系, 今有 $\lambda' = 0.4101 \times 10^{-6}$m, 用多普勒效应公式

$$\nu = \nu'\sqrt{\frac{c + v}{c - v}}$$

另外

$$c = \lambda\nu = \lambda'\nu'$$

从而

$$\frac{\lambda}{\lambda'} = \frac{\nu'}{\nu} = \sqrt{\frac{c-v}{c+v}}$$

这样

$$\begin{aligned}
\lambda - \lambda' &= \left(\sqrt{\frac{c-v}{c+v}} - 1\right)\lambda' = \left(\sqrt{\frac{1-\dfrac{v}{c}}{1+\dfrac{v}{c}}} - 1\right)\lambda' \\
&\approx \left[\left(1 - \frac{v}{2c}\right)\left(1 - \frac{v}{2c}\right) - 1\right]\lambda' = -\frac{v}{c}\lambda' = -6.8 \times 10^{-10}\text{m}
\end{aligned}$$

2.21 光源、地球上静止的观测者与相对地球运动的观测者

题 2.21 当一光源以速度 v_1 向地球靠近时, 地球上静止的观测者甲看到光源发出的是波长 $\lambda_1 = 5000$Å 的绿光, 而相对地球以速率 v_2 运动 (与光源运动沿同一直线) 的观测者乙看到的光是波长为 $\lambda_2 = 6000$Å 的红光. 当光源以相同速率 v_1 离开地球时, 观测者甲也看到波长为 $\lambda_2 = 6000$Å 的红光.

(1) 求光源发出光的波长 λ_0;

(2) 求 v_1、v_2 的值;

(3) 当光源以 v_1 远离地球时, 观测者乙看到的光的波长多长?

解答 (1) 设地球为 K 系, 光源为 K′ 系, 观察者乙为 K″ 系, 利用多普勒公式

$$\nu = \nu_0\sqrt{\frac{c+v}{c-v}}, \qquad \lambda_0 = \lambda\sqrt{\frac{c+v}{c-v}} \tag{2.12}$$

其中, λ_0 为光源发出的光的波长. 当光源和观测者接近时, 相对速度 v 取正, 背离时取负.

当光源以 v_1 靠近静止在地球上的观测者甲 (K 系) 时, 观测者甲观测到的波长为 λ_1

$$\lambda_0 = \lambda_1\sqrt{\frac{c+v_1}{c-v_1}} \tag{2.13}$$

当光源以 v_1 远离静止在地球上的观测者甲 (K 系) 时, 观测者甲观测到的波长为 λ_2

$$\lambda_0 = \lambda_2\sqrt{\frac{c-v_1}{c+v_1}} \tag{2.14}$$

联立式 (2.13) 与式 (2.14) 得

$$\lambda_0^2 = \lambda_1\lambda_2$$

从而

$$\lambda_0 = \sqrt{\lambda_1\lambda_2} = 5477\text{Å} \tag{2.15}$$

(2) 利用式 (2.13) 解 v_1, 作如下计算:

$$\frac{\lambda_0^2}{\lambda_1^2} = \frac{c+v_1}{c-v_1}, \quad \text{即} \frac{\lambda_0^2 - \lambda_1^2}{\lambda_0^2 + \lambda_1^2} = \frac{2v_1}{2c} = \frac{v_1}{c}$$

解出

$$v_1 = \frac{\lambda_0^2 - \lambda_1^2}{\lambda_0^2 + \lambda_1^2}c = \frac{\lambda_2 - \lambda_1}{\lambda_2 + \lambda_1}c = 0.0909c \tag{2.16}$$

相对地球以速率 v_2 运动 (与光源运动沿同一直线) 的观测者乙看到的光是波长为 $\lambda_2 = 6000\text{Å}$ 的红光, 用上面导出的公式知其相对于光源运动的速度为

$$v_2'' = \frac{\lambda_0^2 - \lambda_2^2}{\lambda_0^2 + \lambda_2^2}c = \frac{\lambda_1 - \lambda_2}{\lambda_2 + \lambda_1}c = -0.0909c \tag{2.17}$$

式中负号表示光源与观测者乙相远离, 从而 K'' 系对 K' 系的速度 $v_2' = \pm 0.9090c$.

可用速度变换公式求 K'' 系对 K 系, 也即观察者乙相对于地球的速度 v_2. 在 K' 系与 K 系中作速度变换

$$v_x = \frac{v_x' + v_1}{1 + \dfrac{v_1}{c^2}v_x'}$$

今知乙对 K' 系的速度沿 x' 轴方向, $v_x' = 0.0909c$. K' 系对 K 系的速度沿 x 轴方向, $v = v_1 = 0.0909c$, 要求乙对地球的速度 v_x 即

$$v_2 = \frac{\pm v_2' + v_1}{1 + v_2' v_1/c^2} = 0.1803c \ \text{或} \ 0 \tag{2.18}$$

其中 $v_2 = 0$ 的解舍去, 取 $v_2 = 0.1803c$, 表示乙向着地球运动.

(3) 当光源以 v_1 远离地球时, 用速度变换公式时, K 系对 K' 系沿 x 正向运动, $v = v_1$, 乙在 K 系中的速度为 v_2, 则乙在 K' 中的速度为

$$v_2'' = \frac{v_1 + v_2}{1 + \dfrac{v_1 v_2}{c^2}} = \frac{0.1803c + 0.0909c}{1 + 0.1803 \cdot 0.0909} = 0.2683c$$

注意: $v_2'' > 0$, 说明观察者乙与光源是相互远离的, 代入多普勒效应公式时取

$$v = -0.2683c$$

此时, 乙看到光的波长为

$$\lambda'' = \sqrt{\frac{c-v}{c+v}}\lambda_0 = \sqrt{\frac{c-(-0.267c)}{c+(-0.267c)}}5477\text{Å} = 7211\text{Å}$$

2.22   一辆汽车以每小时 120km 的速度接近一个汽车速度监视雷达站

题 2.22   一辆汽车以每小时 120km 的速度接近一个汽车速度监视雷达站, 如果雷达站的工作频率 $\nu_0 = 2 \times 10^{10}\text{Hz}$, 雷达站上的警察测到的频移有多大?

解答 由多普勒效应公式, 汽车收到雷达站发来的信号的频率为

$$\nu' = \nu_0 \sqrt{\frac{1 + \dfrac{v}{c}}{1 - \dfrac{v}{c}}} \approx \nu_0 \sqrt{\left(1 + \frac{v}{c}\right)\left(1 + \frac{v}{c}\right)} = \nu_0 \left(1 + \frac{v}{c}\right)$$

雷达站收到由汽车反射返回的信号频率为

$$\nu'' \approx \nu' \left(1 + \frac{v}{c}\right) = \nu_0 \left(1 + \frac{v}{c}\right)^2 \approx \nu_0 \left(1 + \frac{2v}{c}\right)$$

频移为

$$\nu'' - \nu_0 = \frac{2v}{c} \nu_0 = \frac{2 \times 120 \times 10^3 / 3600}{3 \times 10^8} \times 2 \times 10^{10} = 4.44 \times 10^3 (\text{Hz})$$

2.23 高速火箭发出的绿光可对于地球上的观测者成为不可见

题 2.23 假定眼睛可以看到的最大波长是 6500Å, 要使火箭发出的绿光 (5000Å), 对于地球上的观测者成为不可见的, 该火箭必须以多大速度运动?

解答 要使频率向减小方向移动, 火箭需远离地球运动. 设远离地球的速率为 v,

$$\nu = \nu_0 \sqrt{\frac{1 - \dfrac{v}{c}}{1 + \dfrac{v}{c}}}$$

从而

$$\lambda = \lambda_0 \sqrt{\frac{1 + \dfrac{v}{c}}{1 - \dfrac{v}{c}}}, \qquad \frac{\lambda^2}{\lambda_0^2} = \frac{1 + \dfrac{v}{c}}{1 - \dfrac{v}{c}}$$

也就有

$$\frac{\lambda^2 - \lambda_0^2}{\lambda^2 + \lambda_0^2} = \frac{1 + \dfrac{v}{c} - \left(1 - \dfrac{v}{c}\right)}{1 + \dfrac{v}{c} + \left(1 - \dfrac{v}{c}\right)} = \frac{v}{c}$$

所以

$$v = \frac{\lambda^2 - \lambda_0^2}{\lambda^2 + \lambda_0^2} c = \frac{(6500)^2 - (5000)^2}{(6500)^2 + (5000)^2} c = 0.2565c$$

2.24 来自太阳赤道上相对两端辐射 H_α 线的波长差

题 2.24 氢原子光谱中的一条谱线 H_α, 波长为 6.561×10^{-7}m, 在地球上测得来自太阳赤道上相对两端辐射 H_α 线的波长差为 9×10^{-12}m. 假定此效应是由于太阳自转引起的, 求太阳的自转周期 T, 已知太阳直径 $D = 1.4 \times 10^9$m.

解答 设太阳由于自转赤道上一点的速率为 v, 则在地球上观察到太阳赤道两端辐射的 H_α 线的波长差为

$$\Delta\lambda = \sqrt{\frac{c + v}{c - v}} \lambda_0 - \sqrt{\frac{c - v}{c + v}} \lambda_0 = \frac{2v}{\sqrt{c^2 - v^2}} \lambda_0$$

也就有

$$\frac{(\Delta\lambda)^2}{4\lambda_0^2} = \frac{v^2}{c^2 - v^2}, \qquad \frac{(\Delta\lambda)^2}{4\lambda_0^2 + (\Delta\lambda)^2} = \frac{v^2}{c^2}$$

因而

$$v = \frac{c\Delta\lambda}{\sqrt{4\lambda_0^2 + (\Delta\lambda)^2}}$$

太阳自转周期为

$$T = \frac{\pi D}{v} = \frac{\pi D\sqrt{4\lambda_0^2 + (\Delta\lambda)^2}}{c\Delta\lambda} \approx \frac{2\pi D\lambda_0}{c\Delta\lambda} = 2.14\times10^6\text{s} \approx 25\text{天}$$

2.25 分别在家与高速星际旅行的两个双生子发出和接收脉冲

题 2.25 每个双生子的心脏一秒钟跳一次,每人每次心跳时发出一个无线电脉冲,留在家里的一位在其惯性系中保持静止,另一位旅行者在零时刻由静止出发,极快地加速到速度 v(在比一次心跳更短的时间内,且不扰乱他的心脏),旅行者用他的钟记录自己旅行了时间 t_1,同时一直发出脉冲,也一直接收从家里发来的脉冲. 在时刻 t_1,他突然改变速度方向,并于时刻 $2t_1$ 回到家中,他共计发出多少脉冲? 在去途中他收到多少脉冲? 归途中收到多少脉冲? 总计收到和发出的脉冲之比为何值? 家里的那位从时刻零到 t_2(用他的钟计时) 收到多普勒降频脉冲,从时刻 t_2 开始收到多普勒升频脉冲,设 t_3 是从时刻 t_3 直至旅行结束的时间间隔,他在时间间隔 t_2 内收到多少脉冲? 在 t_3 内又收到多少? 两者之比为何值? 发出和接收的脉冲总数之比又为何值?

解答 用甲、乙分别表示留在家中和外出旅行的双生兄弟,时间单位以秒计,则乙在整个旅行中共发出脉冲 $2t_1$ 个.

在去途中,乙收到甲发来的降频脉冲的频率为

$$\nu_1 = \nu_0\sqrt{\frac{1 - \dfrac{v}{c}}{1 + \dfrac{v}{c}}} = \nu_0\sqrt{\frac{c-v}{c+v}}$$

其中 $\nu_0 = 1\text{Hz}$. 在去途中,乙共收到 $t_1\nu_0\sqrt{\dfrac{c-v}{c+v}}$ 个脉冲.

在归途中,乙收到甲发来的升频脉冲的频率为 $\nu_0\sqrt{\dfrac{c+v}{c-v}}$,归途中共收到 $t_1\nu_0\sqrt{\dfrac{c+v}{c-v}}$ 个脉冲.

在整个旅行期间,乙总计收到脉冲数为

$$t_1\nu_0\left(\sqrt{\frac{1 - \dfrac{v}{c}}{1 + \dfrac{v}{c}}} + \sqrt{\frac{1 + \dfrac{v}{c}}{1 - \dfrac{v}{c}}}\right) = \frac{2t_1\nu_0}{\sqrt{1 - \left(\dfrac{v}{c}\right)^2}}$$

收到的与发出的脉冲数之比为 $\dfrac{1}{\sqrt{1 - \left(\dfrac{v}{c}\right)^2}}$.

下面考虑甲接收与发出脉冲情况.

先计算 t_2、t_3 与 t_1 的关系, 用洛伦兹变换算出乙的钟为 t_1 时, 甲的钟的示数 t_1',

$$t_1' = \frac{t_1 - \dfrac{(-v)}{c^2} x_1}{\sqrt{1 - \left(\dfrac{v}{c}\right)^2}} = \frac{t_1}{\sqrt{1 - \left(\dfrac{v}{c}\right)^2}}$$

这里取乙为 K 系, 甲为 K′ 系, K′ 系对 K 系的速度为 $-v\boldsymbol{e}_x$.

在 t_1' 时刻, 甲测得乙离他的距离为 vt_1'. 从那里脉冲传到甲处需时 $\dfrac{vt_1'}{c}$, 故在 $t_2 = t_1' + \dfrac{v}{c} t_1'$ 期间甲都收到乙发来的降频脉冲. 而

$$t_2 = \left(1 + \frac{v}{c}\right) t_1' = \left(1 + \frac{v}{c}\right) \frac{t_1}{\sqrt{1 - \left(\dfrac{v}{c}\right)^2}} = \sqrt{\frac{1 + \dfrac{v}{c}}{1 - \dfrac{v}{c}}} t_1$$

同样可以考虑 t_3 与 t_1 的关系

$$t_3 = \frac{2t_1}{\sqrt{1 - \left(\dfrac{v}{c}\right)^2}} - t_2 = \sqrt{\frac{1 - \dfrac{v}{c}}{1 + \dfrac{v}{c}}} t_1$$

在甲的钟 $0 \sim t_2$ 时间内, 收到降频脉冲频率为 $\nu_0 \sqrt{\dfrac{c-v}{c+v}}$, 共收到乙发来的脉冲数为

$$\sqrt{\frac{c-v}{c+v}} \cdot t_2 = \sqrt{\frac{c-v}{c+v}} \sqrt{\frac{c+v}{c-v}} t_1 = t_1$$

在甲的钟 $t_2 \sim t_2 + t_3$ 期间, 收到升频脉冲频率为 $\nu_0 \sqrt{\dfrac{c+v}{c-v}}$, 共收到乙发来的脉冲数为

$$\sqrt{\frac{c+v}{c-v}} t_3 = \sqrt{\frac{c+v}{c-v}} \sqrt{\frac{c-v}{c+v}} t_1 \nu_0 = t_1 \nu_0$$

在整个乙旅行期间, 甲收到乙的降频脉冲和升频脉冲之比为 $\dfrac{t_1}{t_1} = 1$. 收到的脉冲总数为 $2t_1$. 甲在乙旅行期间发出的脉冲总数为

$$t_2 \nu_0 + t_3 \nu_0 = \sqrt{\frac{c+v}{c-v}} t_1 \nu_0 + \sqrt{\frac{c-v}{c+v}} t_1 \nu_0 = \frac{2t_1}{\sqrt{1 - \left(\dfrac{v}{c}\right)^2}} \nu_0$$

甲发出的与接收到的脉冲总数之比为 $\dfrac{1}{\sqrt{1 - \left(\dfrac{v}{c}\right)^2}}$.

可以看到, 在乙旅行期间, 甲发出的脉冲总数等于乙接收到的脉冲总数, 乙发出的脉冲总数等于甲接收到的脉冲总数. 这个结果是合理的, 因为双方发出的第一个脉冲和最后一个脉冲对方都能收到.

2.26   一宇宙飞船高速飞行, 地球上每隔 1 年向飞船发一光脉冲, 飞船上的人
　　　 也每隔 1 年向地球发一光脉冲

题 2.26   一宇宙飞船以速度 $0.6c$ 离开地球飞向离地球 3 光年的宇航站 (地球参考系测出的距离), 然后再返回地球. 起飞时地球的钟为 $t = 0$, 飞船的钟为 $t' = 0$. 地球上每隔 1 年向飞船发一光脉冲, 飞船上的人也每隔 1 年向地球发一光脉冲, 试问:

(1) 旅行过程中, 地球上的人和飞船上的人各发了几个脉冲?

(2) 飞船上的人在哪些时刻收到脉冲?

(3) 地球上的人在哪些时刻收到脉冲?

解答　(1) 按在地球参考系 (K 系) 中测量, 宇航站离地球的距离为 $L = 3\mathrm{ly}$(光年).

飞船从地球到宇航站需时 $t_1 = \dfrac{L}{0.6c} = 5$ 年, 从宇航站返回地球需时 $t_2 = \dfrac{L}{0.6c} = 5$ 年. 整个旅行过程, 需时 10 年. 地球上的人向飞船共发了 9 个脉冲 (回到地球就不再互发脉冲).

对飞船到达宇航站这个事件用洛伦兹变换公式, 求飞船的钟的示数,

$$t = \frac{t' + \dfrac{v}{c^2} x'}{\sqrt{1 - \left(\dfrac{v}{c}\right)^2}}$$

今 $v = 0.6c$, $x' = 0$, $t = t_1 = 5$ 年,

$$t' = t \sqrt{1 - \left(\frac{v}{c}\right)^2} = 4 年$$

按飞船的钟计, 从宇航站返回地球又需 4 年, 因此旅行期间, 飞船上的人向地球共发了 7 个脉冲.

(2) 方法一: 按地球上的人测量, 地球上一年后发第一个脉冲, 飞船上的人收到时刻为 t_1(以年计)

$$c(t_1 - 1) = 0.6ct_1$$

解得

$$t_1 = 2.5 年$$

用洛伦兹变换公式, 可算出, 飞船上的人收到第一个脉冲的时刻为

$$t_1' = t_1 \sqrt{1 - \left(\frac{v}{c}\right)^2} = 2 年$$

飞船上的人收到来自地球上的人发来的第二个脉冲的时刻 t_2(用 K 系) 和 t_2'(用 K′ 系) 计算如下:

$$c(t_2 - 2) = 0.6ct_2, \qquad t_2 = 5 年$$

$$t_2' = t_2 \sqrt{1 - \left(\frac{v}{c}\right)^2} = 4 年$$

飞船收到第三个光脉冲是在归程中收到的. 飞船收到时已走过的距离加上第三个脉冲走过的距离等于往返的整个路程 (按 K 系测出)

$$0.6c \cdot t_3 + c(t_3 - 3) = 2 \times 3c, \qquad t_3 = \frac{9}{1.6} \text{年}$$

飞船上的人收到第三个脉冲时刻 (K$'$ 系测得)

$$t_3' = t_3 \sqrt{1 - \left(\frac{v}{c}\right)^2} = \frac{9}{1.6} \times 0.8 = 4.5(\text{年})$$

飞船上的人收到第 n 个 $(n \geqslant 3)$ 脉冲,

$$c(t_n - n) + 0.6c t_n = 2 \times 3c, \qquad t_n = \frac{n+6}{1.6}(\text{年})$$

飞船上的人收到第 n 个脉冲时刻 (K$'$ 系测得)

$$t_n' = t_n \sqrt{1 - \left(\frac{v}{c}\right)^2} = \frac{n+6}{1.6} \times 0.8 = \frac{1}{2}(n+6)(\text{年}) \quad (3 \leqslant n \leqslant 9)$$

飞船上的人收到地球发来的 9 个脉冲的时刻 (飞船的钟) 为 $t' = 2, 4, 4.5, 5, 5.5, 6, 6.5, 7$ 和 7.5 年.

(3) 方法一: 飞船上发第 1 个脉冲时 $t_{10}' = 1$ 年, 此时地球上的钟

$$t_{10} = \frac{t_{10}' + \dfrac{v}{c^2} x_{10}'}{\sqrt{1 - \left(\dfrac{v}{c}\right)^2}} = \frac{1}{0.8} = 1.25(\text{年})$$

地球上收到第 1 个脉冲, 地球上的钟示数为 t_1,

$$c(t_1 - t_{10}) = v t_{10}$$

解得

$$t_1 = t_{10}\left(1 + \frac{v}{c}\right) = 2\text{年}$$

同样考虑在飞船返回以前发的第 n 个脉冲被地球收到的时刻 t_n,

$$c(t_n - t_{n0}) = v t_{n0}$$

解得

$$t_n = \left(1 + \frac{v}{c}\right) t_{n0} = \left(1 + \frac{v}{c}\right) \frac{t_{n0}'}{\sqrt{1 - \left(\dfrac{v}{c}\right)^2}} = \sqrt{\frac{1 + \dfrac{v}{c}}{1 - \dfrac{v}{c}}} \cdot n = 2n(\text{年})$$

其中用了 $t_{n0}' = n$, $n = 1, 2, 3, 4$.

飞船上发第 5 个脉冲时, $t_{50}' = 5$ 年, 此时地球上的钟为

$$t_{50} = \frac{t_{50}'}{\sqrt{1 - \left(\dfrac{v}{c}\right)^2}}$$

地球上的人收到第 5 个脉冲的时刻 t_5 满足

$$c(t_5 - t_{50}) + vt_{50} = 6c$$

也就是

$$t_5 = t_{50}\left(1 - \frac{v}{c}\right) + 6 = t'_{50}\sqrt{\frac{1 - \dfrac{v}{c}}{1 + \dfrac{v}{c}}} + 6 = 8.5年$$

同样可得

$$t_n = \frac{1}{2}n + 6(年), \qquad n = 5, 6, 7$$

地球上的人收到 7 个脉冲的时间分别为

$$t = 2, 4, 6, 8, 8.5, 9, 9.5(年)$$

方法二: 用多普勒效应来回答 (2)、(3) 问.

设地球发射脉冲的频率为 ν, 则当飞船远离地球时, 飞船收到脉冲的频率 ν' 为

$$\nu' = \sqrt{\frac{c - v}{c + v}}\nu$$

发射的周期和接收的周期分别用 T 和 T' 表示, $T = 1$ 年, 则

$$T' = \frac{1}{\nu'} = \sqrt{\frac{c + v}{c - v}}\frac{1}{\nu} = \sqrt{\frac{c + v}{c - v}}T = 2年$$

飞船收到第 1 个脉冲时, $t'_1 = 2$ 年, 收到第 2 个脉冲时, $t'_2 = 4$ 年. 此时, 由 (1) 问的解答知, 飞船开始返航.

当飞船返航接近地球时,

$$T' = \sqrt{\frac{c - v}{c + v}}T = 0.5T = 0.5年$$

因此, 飞船收到第 $3, 4, \cdots, 9$ 个脉冲的时刻分别为 $t'_3 = 4.5$ 年, $t'_4 = 5$ 年, $\cdots$, $t'_9 = 7.5$ 年.

同样考虑飞船发的脉冲周期为 1 年, 当飞船远离地球时, 地球上接收到的脉冲周期为 2 年, 远离时飞船共发了 4 个脉冲, 地球上收到这 4 个脉冲的时间分别为 2 年、4 年、6 年、8 年. 飞船返回期间发的脉冲, 地球上接收到的周期为 0.5 年, 因此地球上收到第 5、6、7 三个脉冲的时间分别为 8.5 年、9 年、9.5 年 (均以地球的钟计时).

2.27 推导多普勒效应公式

题 2.27 证明光的多普勒效应公式:

(1) 当光源和观察者相趋近时, 观察者测得的频率 $\nu = \nu_0\sqrt{\dfrac{1 + \beta}{1 - \beta}}$, 其中 $\beta = \dfrac{v}{c}$, v 是相趋近时的相对速率. ν_0 是光的固有频率, 即在光源为静止的参考系中测得的光的频率;

(2) 当光源和观察者相远离时, $\nu = \nu_0 \sqrt{\dfrac{1-\beta}{1+\beta}}$;

(3) 当光源和观察者间的相对运动不在两者的连线上时, 观察者测得的频率为

$$\nu = \sqrt{1 - \left(\frac{v}{c}\right)^2}\,\frac{c}{c - v\cos\theta}\nu_0$$

其中 θ 是在光源对观察者的速度 v 与光源、观察者连线的夹角.

证明　(1) 设固连于光源的参考系为 K′ 系, 固连于观察者的参考系为 K 系.

考虑 K′ 系为静止系 (光源不动), 观察者以 v 的速率向光源运动, 如图 2.3 所示. 在 K′ 系中, 光波相对于观察者的速度为 $c + v$, 光的波长为 λ_0, 频率为 $\nu = \nu_0$, 波速为 c.

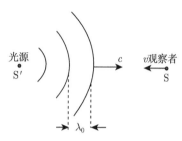

$$c = \lambda_0 \nu_0$$

K′ 系的单位时间内观察者接收到的波数为

$$\frac{(c + v) \cdot 1}{\lambda_0} = \frac{c + v}{c}\nu_0$$

图 2.3　光的多普勒效应

观察者测到的频率即 K 系测得的频率 ν 是 K 系的单位时间接收到的波数, 观察者的钟是动钟, 根据动钟延缓效应,

$$\Delta t = \Delta t' \sqrt{1 - \left(\frac{v}{c}\right)^2}$$

即 $\Delta t' = 1\text{s}$ 时, $\Delta t = \sqrt{1 - \left(\dfrac{v}{c}\right)^2}\,(\text{s})$. 可见在 K 系中, 测到的频率 (单位时间内观察者收到的波数) 为

$$\nu = \frac{1}{\sqrt{1 - \left(\dfrac{v}{c}\right)^2}}\frac{c + v}{c}\nu_0 = \sqrt{\frac{c + v}{c - v}}\nu_0 = \sqrt{\frac{1 + \beta}{1 - \beta}}\nu_0$$

再考虑 K 系为静止系, 即观察者是静止的, 光源 (K′ 系) 向着观察者以 v 的速率运动, 如图 2.4 所示. 图中画的两个波面是光源 K′ 分别于 $t' = 0$ 位于 A 点、$t' = T'$(光波的周期) 位于 B 点发出的波在 t' 时刻传到的位置 (t'、T' 都是按 K′ 系计时的), $\nu_0 = \dfrac{1}{T'}$. 图中 λ 是观察者 (K 系) 测得的波长

$$\lambda = ct' - c(t' - T') - vT' = (c - v)T' = (c - v)\frac{1}{\nu_0}$$

K′ 系中的单位时间内通过观察者的波数为

$$\frac{c \cdot 1}{\lambda} = \frac{c}{c - v}\nu_0$$

现在 K′ 系为动系, 由钟慢效应, 静止系 K′ 中经历 1s, 动系经历 $\sqrt{1-\left(\dfrac{v}{c}\right)^2}$ s, K 系 (观察者) 测得的频率是 K′ 系中 $\sqrt{1-\left(\dfrac{v}{c}\right)^2}$ s 内通过观察者的波数.

$$\nu = \sqrt{1-\left(\frac{v}{c}\right)^2} \cdot \frac{c}{c-v}\nu_0 = \sqrt{\frac{1+\beta}{1-\beta}}\nu_0$$

可见, 观察者测得的光的频率只与观察者与光源的相对运动有关.

(2) 从上述的证明可见, 如果光源与观察者的相对运动是沿连线以速率 v 相互远离, 公式仍然成立, 只要取其负值即可. 可见如令沿连线以速率 v 相互远离的, 则等于规定 v 的正负号与前相反, 可用第 (1) 小题中的式子, 将 v 改为 $-v$ 即可, 所以

$$\nu = \nu_0\sqrt{\frac{c-v}{c+v}} = \nu_0\sqrt{\frac{1-\beta}{1+\beta}}$$

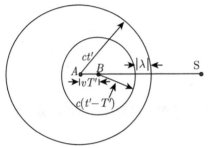

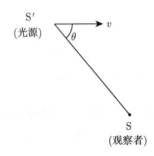

图 2.4　光的多普勒效应中的波阵面　　　图 2.5　光源和观察者的相对速度和视线夹角

(3) 光源和观察者的相对运动不在它们的连线上, 如在 K 系 (观察者) 中测得光源的速度 v 与连线的夹角 θ 如图 2.5 所示, 这时, 光源相对于观察者在两者连线上相互靠近的速度分量为 $v\cos\theta$, 可用图 2.4 所用的

$$\nu = \sqrt{1-\left(\frac{v}{c}\right)^2}\,\frac{c}{c-v}\nu_0$$

中 $\dfrac{c}{c-v}$ 改成 $\dfrac{c}{c-v\cos\theta}$ 即可. 注意: 钟慢效应中的 v 不能改为 $v\cos\theta$. 所以

$$\nu = \sqrt{1-\left(\frac{v}{c}\right)^2}\,\frac{c}{c-v\cos\theta}\nu_0$$

第 (1)、(2) 小题的式子是纵向多普勒效应公式, 第 (3) 小题的式子是横向多普勒效应公式.

2.28　真空中一般情形的光波多普勒效应

题 2.28　在接收者 B 的参考系中, 某时刻带波波源 S 的速度方向可用图 2.6 中所示的方位角 θ 表示, 速度大小记为 V_S. 已知此时波源发出的一小段光波的振动频率为 ν_0. 这一小段光波被 B 接收时, 试求接收频率 ν.

提示 波源在本征时间 dt_S 内发出的小段光波中包含的振动次数为 $\nu_0 dt_S$, 因有相对运动, 接收者接收到这小段光波的时间间隔 dt_B 不同于 dt_S, 但收到的波振动次数是相同的, $\nu dt_B = \nu_0 dt_S$, 由此可以导出真空中光波的多普勒效应.

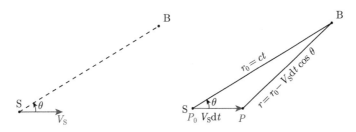

图 2.6 光的多普勒效应中两次发光的方位和距离

解答 参考图 2.6, 在 B 参考系中, 设 $t = 0$ 时刻波源 S 位于 P_0 点, 接着波源 S 在其本征时间 dt_S 内从 P_0 点运动到 P 点, 其间发出的小段光波中内含光振动次数为 $\nu_0 dt_S$. B 认为 S 从 P_0 到 P 经过的时间为

$$dt = \gamma dt_S, \quad \gamma = \frac{1}{\sqrt{1 - V_S^2/c^2}} \tag{2.19}$$

设 S 在 P_0 处发出的光振动在 B 参考系中于 t 时刻到达 B, 则有

$$t = \frac{r}{c} \tag{2.20}$$

S 在 P 处发出的光振动在 B 参考系中于 t^* 时刻到达 B, 则有

$$t^* = dt + \frac{r}{c} = dt + \frac{r_0 - V_S dt \cos\theta}{c} = dt + t - \frac{V_S dt}{c}\cos\theta \tag{2.21}$$

t 到 t^* 经过的时间为

$$dt_B = t^* - t = \left(1 - \frac{V_S}{c}\cos\theta\right) dt \tag{2.22}$$

B 在 dt_B 时间内接收到的光振动次数也为 $\nu_0 dt_S$, 因此接收频率为

$$\nu = \nu_0 dt_S/dt_B = \frac{1}{\gamma\left(1 - \dfrac{V_S}{c}\cos\theta\right)}\nu_0 \tag{2.23}$$

2.29 H_β 辐射的一级和二级多普勒频移

题 2.29 一个光源静止在参考系 K 的原点 $x = 0$, 分别于 $t = 0$ 和 $t = \tau$, 发射出两个光脉冲 P_1 和 P_2, 参考系 K′ 以 $v e_x$ 相对于 K 系运动, K′ 系中的观察者在 $x' = 0$、$t' = 0$ 收到 P_1.

(1) 求在 $x' = 0$ 点收到 P_2 的时间 τ';

(2) 若 λ、λ' 分别是在 K 和 K′ 系中测量的光在真空中的波长, 求 λ 与 λ' 的关系;

(3) 计算 H_β 辐射 ($\lambda = 4861.33\text{Å}$) 的 v/c 的一级和二级多普勒频移. 这频移是质子通过 20kV 的电势差加速后辐射与平衡质子的辐射的频率差、假设加速后质子以保持不变的速度离去, 光谱计的光谱与质子的运动方向共线.

解答 (1) 方法一: 在 K 系中发射 P_2 时 $x = 0$, $t = \tau$, 此事件 1 在 K′ 系中发生的地点和时间分别为

$$x_1' = \frac{x - vt}{\sqrt{1 - \left(\frac{v}{c}\right)^2}} = -\frac{v\tau}{\sqrt{1 - \left(\frac{v}{c}\right)^2}}$$

$$t_1' = \frac{t - \frac{v}{c^2}x}{\sqrt{1 - \left(\frac{v}{c}\right)^2}} = \frac{\tau}{\sqrt{1 - \left(\frac{v}{c}\right)^2}}$$

光脉冲 P_2 到达 $x' = x_2' = 0$ 时为事件 2,

$$x_2' - x_1' = c(t_2' - t_1')$$

由此

$$\tau' = t_2' = t_1' - \frac{x_1'}{c} = \frac{\tau}{\sqrt{1 - \left(\frac{v}{c}\right)^2}} + \frac{v}{c}\frac{\tau}{\sqrt{1 - \left(\frac{v}{c}\right)^2}} = \sqrt{\frac{1 + \beta}{1 - \beta}}\tau$$

其中 $\beta = \frac{v}{c}$.

方法二: τ 和 τ' 分别是 K 系和 K′ 系测得的两个脉冲发射的时间间隔, $x = 0$ 是光源, K′ 系中的观察者相对于光源沿其连线运动, 可用纵向多普效应公式求 τ', τ、τ' 为辐射周期, $\nu = 1/\tau$, $\nu' = 1/\tau'$, ν、ν' 为辐射频率, 今 v 是相互远离的速度,

$$\nu' = \nu\sqrt{\frac{1 - \beta}{1 + \beta}}, \qquad \tau' = \tau\sqrt{\frac{1 + \beta}{1 - \beta}}$$

(2) $\lambda = \frac{c}{\nu}$, $\lambda' = \frac{c}{\nu'}$, 在 K、K′ 系中光速均为 c, $\lambda = c\tau$, $\lambda' = c\tau'$, 从而

$$\lambda' = \lambda\sqrt{\frac{1 + \beta}{1 - \beta}}$$

(3) 质子在电势差 $\Delta V = 20\text{kV}$ 的电场中加速获得的能量为

$$E = 20\text{keV} = 20 \times 10^3 \times 1.60 \times 10^{-19} = 3.2 \times 10^{-15}(\text{J})$$

较之质子的静能 $1.67 \times 10^{-27} \times (3 \times 10^8)^2 = 1.50 \times 10^{-10}(\text{J})$ 小得多, 质子获得的速度可用非相对论计算,

$$\beta = \frac{v}{c} = \frac{1}{c}\sqrt{\frac{2E}{m}} = \frac{1}{3 \times 10^8}\sqrt{\frac{2 \times 3.2 \times 10^{-15}}{1.67 \times 10^{-27}}} = 6.53 \times 10^{-3}$$

质子的运动速度和质子与光谱计的光轴在一条直线上, 且质子远离光谱计, 用离去的纵向多普勒效应公式,

$$\lambda' = \lambda\sqrt{\frac{1 + \beta}{1 - \beta}} = \lambda\left(1 + \beta + \frac{1}{2}\beta^2 + \cdots\right)$$

这样

$$\Delta\lambda = \lambda' - \lambda = \lambda\beta + \frac{1}{2}\lambda\beta^2 + \cdots$$

H_β 辐射的一级频移为

$$\lambda\beta = 4861.33 \times 6.53 \times 10^{-3} = 31.7(\text{Å})$$

H_β 辐射的二级频移为

$$\frac{1}{2}\lambda\beta^2 = \frac{1}{2} \times 4861.33 \times (6.53 \times 10^{-3})^2 = 0.104(\text{Å})$$

2.30　光的多普勒效应和光行差效应

题 2.30　一频率为 ν 的单色横波在波源参考系 K 中沿与 x 方向成 60° 角传播, 该波源以速度 $v = 0.8c$ 在 x 方向向着在 K′ 系 (它的 x' 轴平行于 x 轴) 中静止的观察者运动. 求:

(1) 观察者测得的波的频率 ν';

(2) 在 K′ 系中观测光的传播方向与 x' 轴的夹角 θ'.

解答　(1) 用横向多普勒效应公式, 已知波的传播方向在 K 系中与 x 轴的夹角 $\theta = 60°$, 需把动静关系改变一下, 把 K 系看作不动, 观察者静止的 K′ 系沿 x 轴负向以速率 $v = 0.8c$ 运动. 观察者看到光波在 K 系中与 x 轴夹角 $\theta = 60°$ 方向. 如图 2.7 所示, 相对速度在光源、观察者连线方向的分量为 $v\cos\theta$(K 系中测得) 用把光源作为静止的横向多普勒效应公式, K′ 系 (观察者) 看到的光波频率 ν' 为

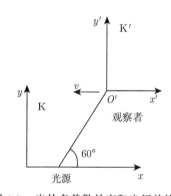

图 2.7　光的多普勒效应和光行差效应

$$\nu' = \frac{1}{\sqrt{1 - \left(\dfrac{v}{c}\right)^2}} \frac{c + v\cos\theta}{c} \nu$$

$$= \frac{1}{\sqrt{1 - 0.8^2}} \frac{c + 0.8c \times 0.5}{c} \nu = \frac{7}{3}\nu$$

(2) 方法一: 用观察者作为静止的横向多普勒效应公式,

$$\nu' = \sqrt{1 - \left(\frac{v}{c}\right)^2} \frac{c}{c - v\cos\theta'} \nu$$

$$\cos\theta' = \frac{1}{v}\left[c - c\sqrt{1 - \left(\frac{v}{c}\right)^2} \cdot \frac{\nu}{\nu'}\right] = \frac{1}{0.8c}\left[c - c\sqrt{1 - 0.8^2} \times \frac{3}{7}\right] = 0.9286$$

由 $\cos\theta' = 0.9286$, $\theta' = \arccos 0.9286 = 21°47'$.

方法二: 用速度变换公式

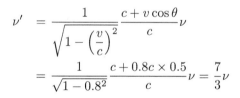

$$v'_x = \frac{v_x + v}{1 + \dfrac{v}{c^2}v_x}, \qquad v'_y = \frac{v_y\sqrt{1 - \left(\dfrac{v}{c}\right)^2}}{1 + \dfrac{v}{c^2}v_x}$$

上面两式相除, 得

$$\tan\theta' = \frac{v_y'}{v_x'} = \frac{v_y\sqrt{1-\left(\frac{v}{c}\right)^2}}{v_x + v}$$

今 $v_x = c\cos\theta$, $v_y = c\sin\theta$

$$\tan\theta' = \frac{c\sin\theta\sqrt{1-\left(\frac{v}{c}\right)^2}}{c\cos\theta + v}$$

代入 $\theta = 60°$, $v = 0.8c$ 可得

$$\theta' = \arctan 0.3997 = 21°47'$$

说明　从题意看, 此单色波是定向传播的, 若没有尘埃等 (严格的真空), 观察者只能在图示时刻看到它. 如果光源向各个方向传播, 即使是严格的真空, 在其他时刻也能看到, 但 $\theta \neq 60°$, 看到的 ν'、θ' 都将随 θ 而变.

2.31　光的多普勒效应

题 2.31　一单色点光源发出频率为 ν 的辐射, 一观察者以匀速率 v 沿一离光源最近距离为 d 的直线运动, 如图 2.8 所示:

(1) 导出被观察到的频率的表达式, 将频率 ν' 表示成图中 x 的函数;

(2) 若 $\dfrac{v}{c} = 0.8$, 画出 (1) 问的解答的近似图.

解答　(1) 用把光源 (K 系) 看作静止的横向多普勒效应公式. 注意: 观察者的速度在他和光源连线方向的分量为 $-v\sin\theta$,

$$\nu' = \frac{1}{\sqrt{1-\left(\frac{v}{c}\right)^2}}\frac{c - v\sin\theta}{c}\nu$$

其中 $\sin\theta = \dfrac{x}{\sqrt{x^2+d^2}}$, 所以观察者观测到光的频率

$$\nu' = \frac{1}{\sqrt{1-\left(\frac{v}{c}\right)^2}}\left(1 - \frac{\frac{v}{c}x}{\sqrt{x^2+d^2}}\right)\nu$$

(2) 当 $\dfrac{v}{c} = 0.8$ 时,

$$\nu' = \frac{1}{0.6}\left(1 - 0.8\frac{x}{\sqrt{x^2+d^2}}\right)\nu$$

或者

$$\frac{\nu'}{\nu} = \frac{1}{3}\left(5 - \frac{4x}{\sqrt{x^2+d^2}}\right)$$

$x \to -\infty$ 时, $\dfrac{\nu'}{\nu} \to 3$, $x = 0$ 时, $\dfrac{\nu'}{\nu} = \dfrac{5}{3}$, $x \to \infty$ 时, $\dfrac{\nu'}{\nu} = \dfrac{1}{3}$. $\dfrac{\nu'}{\nu}$ 与 x 的关系如图 2.9 所示.

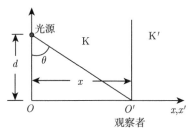

图 2.8　匀速运动观察者观测到的多普勒效应
和距离关系

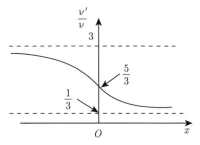

图 2.9　多普勒因子与观察者距离
函数曲线

2.32　宇宙飞船上以恒定速度远离地球期间向地球发出一信号脉冲, 并接收被地球反射回来的信号

题 2.32　宇宙飞船上有一个发射器和一个接收器, 它以恒定速度远离地球期间向地球发出的一信号脉冲, 飞船上的钟 40s 后收到被地球反射回来的信号, 接收到的频率是发射频率的一半:

(1) 脉冲从地球反射时, 在飞船上测量地球位于何处?

(2) 飞船相对于地球的速度为何值?

(3) 脉冲被飞船接收时, 在地球上测量飞船位于何处?

解答　(1) 脉冲的速率恒为 c, 在飞船参考系中, 飞船是固定的, 脉冲从飞船发射到地球反射再回到飞船两段距离是相等的. 因此从脉冲发射到地球反射用时 $\frac{40}{2} = 20(\mathrm{s})$. 在此期间, 脉冲传播的距离, 就是飞船参考系中测得的地球反射时离飞船的距离, 距离为

$$l = 20 \cdot c = 20 \times 3 \times 10^8 = 6 \times 10^9 (\mathrm{m})$$

(2) 用纵向多普勒效应公式, 设飞船发射时频率为 ν_0, 地球收到和反射的频率为 ν_1, 飞船收到反射回来的频率为 ν_2, 则有

$$\nu_1 = \nu_0 \sqrt{\frac{c-v}{c+v}}$$

$$\nu_2 = \nu_1 \sqrt{\frac{c-v}{c+v}} = \nu_0 \cdot \frac{c-v}{c+v}$$

按题设

$$\nu_2 = \frac{1}{2}\nu_0, \qquad \frac{c-v}{c+v} = \frac{1}{2}$$

得 $v = \frac{1}{3}c$, 因此飞船以 $v = \frac{1}{3}c$ 的速率远离地球.

(3) 取飞船参考系为 K 系, 地球参考系为 K′ 系, $t = t' = 0$ 时, x 与 x', y 与 y', z 与 z' 轴分别重合, K′ 系对 K 系的速度为 $\frac{1}{3}c$, 沿 x 或 x' 轴正向.

设飞船发射脉冲时为事件 A. 地球收到并反射脉冲时为事件 B, 飞船收到反射回来的脉冲为事件 C. 已知 $x_A = 0$, $x'_B = 0$, $x_C = 0$, $t_B - t_A = 20\text{s}$, $t_C - t_B = 20\text{s}$. 因为

$$x_B - x_A = c(t_B - t_A)$$

所以 $x_B = 20c$

$$x'_B = \frac{x_B - vt_B}{\sqrt{1 - \left(\frac{v}{c}\right)^2}}, \qquad x'_C = \frac{x_C - vt_C}{\sqrt{1 - \left(\frac{v}{c}\right)^2}}$$

这样

$$x'_C = x'_C - x'_B = \frac{x_C - x_B - v(t_C - t_B)}{\sqrt{1 - \left(\frac{v}{c}\right)^2}}$$

$$= \frac{-20c - \frac{1}{3}c \cdot 20}{\sqrt{1 - \left(\frac{1}{3}\right)^2}} = -\frac{80 \times 3 \times 10^8}{\sqrt{8}} = -8.5 \times 10^9 (\text{m})$$

2.33　动镜对光子的反射

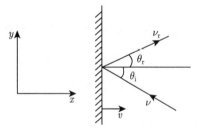

图 2.10　动镜对光子的反射

题 2.33　在一惯性系中的观察者 O 观察到, 频率为 ν 的光子以入射角 θ_i 入射到相对于 O 以速度 v 在 x 方向运动的平面镜上, 求光子的反射角 θ_r 和反射光子的频率 ν_r 与 θ_i、ν 的关系. 如果平面镜以速度 v 在 y 方向运动, 结果又将如何 (图 2.10)?

解答　先考虑平面镜以速率 v 向 x 正方向运动. 取 K、K′ 系分别为与实验室和镜子固连的参考系, θ_i、θ'_i 分别是 K、K′ 系中的入射角.

入射时, 镜子是观察者, 光源与观察者在连线方向的相对速度分量分别为 $v\cos\theta_i$(K 系) 和 $v\cos\theta'_i$(K′ 系)(均规定相互靠近为正).

用横向的多普勒效应公式

$$\nu'_i = \sqrt{1 - \left(\frac{v}{c}\right)^2} \frac{c}{c - v\cos\theta'_i} \nu_i \tag{2.24}$$

$$\nu'_i = \frac{1}{\sqrt{1 - \left(\frac{v}{c}\right)^2}} \frac{c + v\cos\theta_i}{c} \nu_i, \quad \nu_i = \nu \tag{2.25}$$

从而

$$\sqrt{1 - \left(\frac{v}{c}\right)^2} \frac{c}{c - v\cos\theta'_i} = \frac{1}{\sqrt{1 - \left(\frac{v}{c}\right)^2}} \frac{c + v\cos\theta_i}{c}$$

也就是

$$-v\cos\theta_i' = \left[1 - \left(\frac{v}{c}\right)^2\right]\frac{c^2}{c + v\cos\theta_i}$$

或者

$$v\cos\theta_i' = c - \frac{c^2 - v^2}{c + v\cos\theta_i} \tag{2.26}$$

对于 K' 参考系, 反射时, 频率不变, $\nu_r' = \nu_i'$, 反射角等于入射角, $\theta_r' = \theta_i'$.

反射时, 镜子是光源. 光源与观察者在连线方向的相对速度分量分别为 $v\cos\theta_r$(K 系)和 $v\cos\theta_r' = v\cos\theta_i'$($K'$ 系),

$$\nu_r = \frac{1}{\sqrt{1 - \left(\frac{v}{c}\right)^2}}\frac{c + v\cos\theta_r'}{c}\nu_r' = \frac{1}{\sqrt{1 - \left(\frac{v}{c}\right)^2}}\frac{c + v\cos\theta_i'}{c}\nu_i'$$

$$= \frac{1}{\sqrt{1 - \left(\frac{v}{c}\right)^2}}\frac{c + v\cos\theta_i'}{c} \cdot \frac{c + v\cos\theta_i}{c\sqrt{1 - \left(\frac{v}{c}\right)^2}}\nu$$

$$= \frac{1}{(c^2 - v^2)}(c + v\cos\theta_i)\left[c + c - \frac{c^2 - v^2}{c + v\cos\theta_i}\right]\nu$$

$$= \frac{1}{1 - \beta^2}(1 + \beta^2 + 2\beta\cos\theta_i)\nu \tag{2.27}$$

其中 $\beta = \dfrac{v}{c}$. 由

$$\nu_r = \sqrt{1 - \beta^2}\frac{1}{1 - \beta\cos\theta_r}\nu_i' \tag{2.28}$$

$$\nu_r = \frac{1}{\sqrt{1 - \beta^2}}(1 + \beta\cos\theta_i')\nu_i' \tag{2.29}$$

与式 (2.26) 联立可解出

$$\cos\theta_r = \frac{(1 + \beta^2)\cos\theta_i + 2\beta}{1 + \beta^2 + 2\beta\cos\theta_i} \tag{2.30}$$

再考虑平面镜以速率 v 向 y 正方向运动的情形. 入射时, 镜子是观察者, 光源与观察者在连线方向的相对速度分量为 $-v\sin\theta_i$(K 系)和 $-v\sin\theta_i'$(K' 系),

$$\nu_i' = \frac{\sqrt{1 - \beta^2}}{1 + \beta\sin\theta_i'}\nu$$

$$\nu_i' = \frac{1 - \beta\sin\theta_i}{\sqrt{1 - \beta^2}}\nu$$

可得

$$-\beta\sin\theta_i' = 1 - \frac{1 - \beta^2}{1 - \beta\sin\theta_i}$$

也就是

$$\sin\theta_i' = \frac{\sin\theta_i - \beta}{1 - \beta\sin\theta_i} \tag{2.31}$$

反射时, 仍有 $\nu'_{\rm r} = \nu'_{\rm i}$, $\theta'_{\rm r} = \theta'_{\rm i}$. 镜子是光源, 光源与观察者在连线方向的相对速度分量为 $v \sin \theta_{\rm r}({\rm K}\ \text{系})$ 和 $v \sin \theta'_{\rm r}({\rm K'}\ \text{系})$,

$$
\begin{aligned}
\nu_{\rm r} &= \frac{1 + \beta \sin \theta'_{\rm r}}{\sqrt{1 - \beta^2}} \nu'_{\rm i} = \frac{1 + \beta \sin \theta'_{\rm i}}{\sqrt{1 - \beta^2}} \cdot \frac{1 - \beta \sin \theta_{\rm i}}{\sqrt{1 - \beta^2}} \nu \\
&= \frac{1}{1 - \beta^2} (1 - \beta \sin \theta_{\rm i}) \left[1 + \frac{\beta(\sin \theta_{\rm i} - \beta)}{1 - \beta \sin \theta_{\rm i}} \right] \nu = \nu
\end{aligned}
$$

由

$$
\nu_{\rm r} = \frac{1 + \beta \sin \theta'_{\rm i}}{\sqrt{1 - \beta^2}} \nu'_{\rm i}
$$

$$
\nu_{\rm r} = \frac{\sqrt{1 - \beta^2}}{1 - \beta \sin \theta_{\rm r}} \nu'_{\rm i}
$$

$$
\sin \theta'_{\rm i} = \frac{\sin \theta_{\rm i} - \beta}{1 - \beta \sin \theta_{\rm i}}
$$

三式可解出 $\theta_{\rm r} = \theta_{\rm i}$.

结论是平面镜以速率 v 向 y 正方向运动与平面镜保持静止没有什么区别, 反射光子的频率与入射光子的频率一样, 反射角等于入射角.

说明　动镜对入射光子的反射, 也可以按照动力学问题处理, 请参见题 4.34 的做法和讨论.

2.34　动镜对垂直入射光子的反射

题 2.34　一面镜子在真空中以速度 v 沿 $+x$ 方向运动, 一束频率为 ν 的光从 $x = +\infty$ 处垂直入射到镜面上, 求:

(1) 反射光的频率;

(2) 每个反射光子的能量;

(3) 若入射光的平均能流密度为 $I_{\rm i}({\rm W/m^2})$, 求反射光的平均能流密度.

解答　(1) 取实验室参考系为 K 系, 固连于镜子的参考系为 K' 系, 用纵向多普勒效应公式. 入射时, 镜子是观察者,

$$
\nu'_{\rm i} = \sqrt{\frac{c + v}{c - v}} \nu_{\rm i} = \sqrt{\frac{c + v}{c - v}} \nu
$$

反射时, 镜子是光源, $\nu'_{\rm r} = \nu'_{\rm i}$

$$
\nu_{\rm r} = \sqrt{\frac{c + v}{c - v}} \nu'_{\rm r} = \sqrt{\frac{c + v}{c - v}} \nu'_{\rm i} = \frac{c + v}{c - v} \nu
$$

(2) 每个反射光子的能量为

$$
h\nu_{\rm r} = \frac{c + v}{c - v} h\nu
$$

(3) 设单位体积光束内的光子数为 n, 入射光平均能流密度为

$$
I_{\rm i} = nch\nu
$$

反射光平均能流密度为

$$I_{\mathrm{r}} = nch\nu_{\mathrm{r}} = nch\frac{c+v}{c-v}\nu = \frac{c+v}{c-v}I_{\mathrm{i}}$$

2.35　与银河系平面成直角的方位高速飞行时, 出现的光行差现象与多普勒效应

题 2.35　在弗雷德·霍尔的一本小说的末尾, 那位英雄主角以高的洛伦兹因子在与银河系平面成直角的方位飞行时, 他说他似乎在一个蓝边红体的"金鱼缸"内部朝着缸口飞行. 费曼以 25 美分打赌说, 来自银河系的光看来不会是那样. 你看谁正确? 取 $\beta = 0.99$ 和在银河参考系中观测边缘的角 θ 为 45°, 如图 2.11(a) 所示.

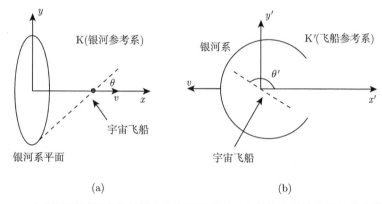

(a)　　　　　　　　　　　　　(b)

图 2.11　与银河系平面成直角的方位高速飞行时, 出现的光行差现象与多普勒效应

(1) 导出或直接写出相对论性的光行差表达式, 并用它计算图 2.11(b) 中的 θ', 即计算在宇宙飞船中看来自银河边缘的光的方向;

(2) 导出或直接写出相对论的多普勒效应公式, 并用它计算来自边缘的光的频率比 $\dfrac{\nu'}{\nu}$;

(3) 取足够多的角 θ 计算 θ' 和 $\dfrac{\nu'}{\nu}$, 判定谁赌赢了.

解答　(1) 令 K′、K 系分别是与飞船、银河系固连的惯性系, K′ 相对于 K 的运动速度 $\boldsymbol{v}$ 沿垂直于银河系盘面的 x 轴. 一个物体在两个参考系中各自的运动速度 $\boldsymbol{u}'$ 与 $\boldsymbol{u}$ 由如下速度变换公式联系:

$$u'_x = \frac{u_x - v}{1 - \dfrac{vu_x}{c^2}}, \quad u'_y = \frac{u_y}{\gamma\left(1 - \dfrac{vu_x}{c^2}\right)}, \quad u'_z = \frac{u_z}{\gamma\left(1 - \dfrac{vu_x}{c^2}\right)} \tag{2.32}$$

其中, $\gamma = \dfrac{1}{\sqrt{1 - \beta^2}}$, $\beta = \dfrac{v}{c}$. 考虑银河系边缘发的光在 K 系中的速度分量

$$u_x = c\cos\theta, \quad u_y = c\sin\theta, \quad u_z = 0 \tag{2.33}$$

这样

$$u'_x = c\cos\theta' = \frac{c\cos\theta - v}{1 - \dfrac{v}{c}\cos\theta} \tag{2.34}$$

从而

$$\cos\theta' = \frac{\cos\theta - \dfrac{v}{c}}{1 - \dfrac{v}{c}\cos\theta} \tag{2.35}$$

这就是相对论性的光行差表达式, 它也可用涉及 θ、θ' 的两个横向多普勒效应表达式获得, 可参看题 2.33.

代入 $\theta = 45°$, $\dfrac{v}{c} = 0.99$ 得 $\cos\theta' = -0.9431$, $\theta' = 160.6°$.

(2) 题 2.27 已导出了横向多普勒效应公式

$$\nu' = \frac{1 - \dfrac{v}{c}\cos\theta}{\sqrt{1 - \left(\dfrac{v}{c}\right)^2}}\nu \tag{2.36}$$

代入 $\theta = 45°$, $\dfrac{v}{c} = 0.99$

$$\frac{\nu'}{\nu} = \frac{1 - 0.99 \times \cos 45°}{\sqrt{1 - 0.99^2}} = 2.13 \tag{2.37}$$

(3) 上述 $\dfrac{\nu'}{\nu} > 1$ 表明: 在飞船上看, 来自银河系边缘的光发生蓝移. 飞船上收到来自银河系中心的光, $\theta = 0$.

$$\cos\theta' = \frac{1 - 0.99}{1 - 0.99 \times 1} = 1, \qquad \theta' = 0 \tag{2.38}$$

从而

$$\frac{\nu'}{\nu} = \frac{1 - 0.99 \times 1}{\sqrt{1 - 0.99^2}} = 0.0711 \tag{2.39}$$

可见, 来自银河系中心的光在飞船上看发生红移.

下面求临界角 θ_c 和 θ'_c, 它是在飞船上看没有发生红移和蓝移的角度, 即 $\dfrac{\nu'}{\nu} = 1$. 由

$$1 = \frac{1 - 0.99\cos\theta_c}{\sqrt{1 - 0.99^2}} \tag{2.40}$$

可得

$$\cos\theta_c = 0.8676, \qquad \theta_c = 29.8° \tag{2.41}$$

再由式 (2.35)

$$\cos\theta'_c = \frac{\cos\theta_c - \dfrac{v}{c}}{1 - \dfrac{v}{c}\cos\theta_c} = \frac{0.8676 - 0.99}{1 - 0.99 \times 0.8676} = -0.8676$$

从而 $\theta'_c = 150.2°$.

　　从以上计算可见, 在飞船位于图 2.11(a) 所
示位置 (银河系边缘的光的方向为 $\theta = 45°$) 时,
弗雷德·霍尔的小说中那个英雄的描述是对的,
而费曼打赌会输. 在飞船上看到的情况大致如
图 2.12 所示. $150.2° < \theta' < 160.6°$ 部分 (图
中"金鱼缸"画有粗线的边缘部分) 发生蓝移,
$\theta' < 150.2°$ 处发生红移. 确似一个蓝边红体的
"金鱼缸". 在早些时候, 飞船上看到的蓝边更
宽, 在晚些时候, 蓝边将消失.

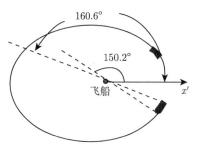

图 2.12　在飞船上看到的情况

第三章　相对论力学

3.1　两个静质量均为 m 的粒子沿同一方向运动, 具有不同动量

题 3.1　两个静质量均为 m 的粒子沿同一方向运动, 分别具有动量 $5mc$ 和 $10mc$. 问从较慢的粒子看, 较快的粒子的速度多大? 反之呢?

解答　设实验室参考系为 K 系, 固连于较慢粒子的参考系为 K′ 系. 在 K 系中, 设较慢粒子的速度为 v_1, 较快粒子的速度为 v_2. 按题设

$$5mc = \frac{mv_1}{\sqrt{1 - \left(\dfrac{v_1}{c}\right)^2}}$$

$$10mc = \frac{mv_2}{\sqrt{1 - \left(\dfrac{v_2}{c}\right)^2}}$$

解出

$$v_1 = \sqrt{\frac{25}{26}}c, \qquad v_2 = \sqrt{\frac{100}{101}}c$$

用速度变换关系, 在 K′ 系中, 较快粒子的速度为

$$v_2' = \frac{v_2 - v_1}{1 - \dfrac{v_2 v_1}{c^2}} = 0.593c$$

设固连于较快粒子的参考系为 K″ 系, 在 K″ 系中, 较慢粒子的速度为

$$v_1'' = \frac{v_1 - v_2}{1 - \dfrac{v_2 v_1}{c^2}} = -0.593c$$

负号表示与在 K 系中的运动方向 (此方向规定为正方向) 相反. 这个结果是显然成立的: 粒子 1 相对于粒子 2 的速度与粒子 2 相对于粒子 1 的速度大小相等、方向相反.

3.2　静止带电粒子被均匀电场加速了一段时间

题 3.2　一静止质量为 m、电荷为 e 的静止带电粒子被场强为 E 的均匀电场加速了一段时间 t, 获得了可与真空中光速相比的速度. 问:

(1) 加速结束时, 粒子的动量和速度多大?

(2) 若此粒子不稳定, 在其静止参考系中以平均寿命 τ 衰变. 当此粒子以上述速度匀速相对于实验室运动时, 一个静止的观察者测到的粒子平均寿命多大?

解答　(1) 按动量定理写出 $p = eEt$, 也就是

$$\frac{mv}{\sqrt{1 - \left(\frac{v}{c}\right)^2}} = eEt$$

可解得

$$v = \frac{eEct}{\sqrt{m^2 c^2 + (eEt)^2}}$$

(2) 设 K′、K 系分别为实验室参考系和固连于高速运动的粒子的参考系, 在 K′ 系中的观察者测得的平均寿命为

$$\tau' = \Delta t' = \frac{\Delta t - \frac{v}{c^2} \Delta x}{\sqrt{1 - \left(\frac{v}{c}\right)^2}} = \frac{\tau}{\sqrt{1 - \left(\frac{v}{c}\right)^2}} = \tau \sqrt{1 + \left(\frac{eEt}{mc}\right)^2}$$

3.3　高速运动系统 π 介子出射

题 3.3　(1) 一宇宙线质子与一静止质子碰撞形成一个高速运动 $\left[\gamma = \dfrac{1}{\sqrt{1 - \left(\dfrac{v}{c}\right)^2}} = 1000\right]$ 的激发系统. 在此系统中, 介子以速率 $\beta' c \left(\beta' = \dfrac{v'}{c}\right)$ 射出. 如在动参考系中, 介子射出方向与 $\boldsymbol{v}$ 的夹角为 θ'. 问在实验室参考系中观察, θ 多大?

(2) 把 (1) 问中得到的结果应用于在动系中, 以动量 $0.5\text{GeV}/c$ 被射出的介子 (静能为 140MeV), 若 $\theta' = 90°$, θ 多大? 在实验室中观察到的 $\theta_{\max}$ 多大?

解答　(1) 设 K、K′ 系分别为实验室参考系和沿 K 系的 x 轴高速运动 ($\gamma = 1000$) 的参考系. 在 K′ 系中, 介子的速率为 $\beta' c$, 与 x' 轴的夹角为 θ', 即 $v'_x = \beta' c \cos \theta'$, $v'_y = \beta' c \sin \theta'$, 用速度变换关系

$$v_x = \frac{v'_x + v}{1 + \frac{v}{c^2} v'_x} = \frac{(\beta' \cos \theta' + \beta) c}{1 + \beta' \beta \cos \theta'} \tag{3.1}$$

$$v_y = \frac{v'_y \sqrt{1 - \left(\frac{v}{c}\right)^2}}{1 + \frac{v}{c^2} v'_x} = \frac{\beta' c \sin \theta'}{\gamma (1 + \beta' \beta \cos \theta')} \tag{3.2}$$

$$v_z = \frac{v'_z \sqrt{1 - \left(\frac{v}{c}\right)^2}}{1 + \frac{v}{c^2} v'_x} = 0 \tag{3.3}$$

其中 $\beta = \dfrac{v}{c}$. 这样

$$\tan \theta = \frac{v_y}{v_x} = \frac{\beta' \sin \theta'}{\gamma (\beta' \cos \theta' + \beta)} \tag{3.4}$$

从而

$$\theta = \arctan\left[\frac{\beta' \sin\theta'}{\gamma(\beta' \cos\theta' + \beta)}\right] \tag{3.5}$$

其中 $\gamma = 1000$，$\beta = \sqrt{1 - \frac{1}{\gamma^2}} \approx 1 - \frac{1}{2\gamma^2} = 0.9999995$.

(2) 令 $\theta' = 90°$，则由式 (3.4) 得

$$\tan\theta = \frac{\beta'}{\gamma\beta} = \frac{\beta'}{\sqrt{\gamma^2 - 1}} \tag{3.6}$$

由已知的 p'、E_0(静能) 求 β'. 设静质量为 m，$E_0 = mc^2$.

$$p' = \frac{m}{\sqrt{1 - \beta'^2}} c\beta' = \frac{E_0 \beta'}{c\sqrt{1 - \beta'^2}}$$

从而

$$\beta' = \frac{cp'}{\sqrt{E_0^2 + c^2 p'^2}} = \frac{0.5 \times 10^9}{\left[(140 \times 10^6)^2 + (0.5 \times 10^9)^2\right]^{\frac{1}{2}}} = 0.963$$

这样由式 (3.6) 得

$$\tan\theta = \frac{0.963}{\sqrt{10^6 - 1}} = 9.63 \times 10^{-4} \tag{3.7}$$

因而

$$\theta = 0.0552° = 3.31'$$

下面求 $\theta_{\max}$，与之相应的 θ' 满足

$$\frac{\mathrm{d}\tan\theta}{\mathrm{d}\theta'} = 0$$

可得

$$\cos\theta'(\beta' \cos\theta' + \beta) + \beta' \sin^2\theta' = 0$$

这给出

$$\cos\theta' = -\frac{\beta'}{\beta}$$

从而

$$\theta' = \arccos\left(-\frac{0.963}{0.9999995}\right) = 164.4°$$

这样

$$\theta_{\max} = \arctan\left[\frac{0.963 \sin 164.4°}{1000(0.963 \cos 164.4° + 0.9999995)}\right] = 0.204° = 12.3'$$

3.4　初速为零的相对论带电粒子在恒定均匀电场中的运动

题 3.4　试求初速为零的静止质量为 m_0、电荷 q 的相对论带电粒子在电场强度为 $\boldsymbol{E}$ 的恒定均匀电场中的运动方程.

解答　取 x 轴沿 $\boldsymbol{E}$ 的方向, 取零点为粒子的初始位置, $t = 0$ 时, $x = 0, v = 0$,

$$\frac{\mathrm{d}p}{\mathrm{d}t} = qE, \qquad p = qEt$$

于是

$$\frac{m_0 v}{\sqrt{1 - \left(\frac{v}{c}\right)^2}} = qEt$$

也就是

$$\frac{\mathrm{d}x}{\mathrm{d}t} = v = \frac{qEct}{\sqrt{m_0^2 c^2 + (qEt)^2}}$$

积分给出

$$x = \int_0^t \frac{qEct}{\sqrt{m_0^2 c^2 + (qEt)^2}} \mathrm{d}t = \frac{m_0 c^2}{qE} \left[\sqrt{1 + \left(\frac{qEt}{m_0 c}\right)^2} - 1 \right]$$

粒子做直线运动.

3.5　相对论带电粒子在均匀恒定磁场中的运动

题 3.5　试求静止质量为 m_0、电荷为 q、初速度为 $\boldsymbol{V}$ 的相对论带电粒子在磁感应强度为 $\boldsymbol{B}$ 的均匀恒定磁场中的运动.

解答　该粒子运动满足的方程

$$\boldsymbol{F} = \frac{\mathrm{d}}{\mathrm{d}t} \left[\frac{m_0 \boldsymbol{v}}{\sqrt{1 - \left(\frac{v}{c}\right)^2}} \right]$$

按题设

$$\boldsymbol{F} = q\boldsymbol{v} \times \boldsymbol{B}, \qquad \boldsymbol{F} \cdot \boldsymbol{v} = (q\boldsymbol{v} \times \boldsymbol{B}) \cdot \boldsymbol{v} = 0$$

带电粒子在静磁场中运动 Lorentz 力不做功, 故 $E = mc^2 = $ 常量, $v = V$ 为常量

$$\frac{m_0}{\sqrt{1 - \left(\frac{v}{c}\right)^2}} \frac{\mathrm{d}\boldsymbol{v}}{\mathrm{d}t} = q\boldsymbol{v} \times \boldsymbol{B}$$

取自然坐标, 列法向方程, 注意 $v = V$ 不变

$$\frac{m_0}{\sqrt{1 - \left(\frac{V}{c}\right)^2}} \frac{V^2}{r} = qVB$$

其中 r 为曲率半径 (这里设 $q > 0$)

$$r = \frac{m_0 V}{qB\sqrt{1 - \left(\dfrac{V}{c}\right)^2}}$$

r 为常量, 粒子做速率为 V 的半径为 $\dfrac{m_0 V}{qB\sqrt{1 - \left(\dfrac{V}{c}\right)^2}}$ 的匀速率圆周运动.

3.6　相对论粒子作圆轨道运动, 以同样大小的速率沿径向运动的观察者看粒子的轨道

题 3.6　静止质量 m、电荷 e 的粒子以相对论速率 v 在半径为 R 的圆轨道上运动, 轨道平面垂直于均匀静磁场 $\boldsymbol{B}$, 如图 3.1(a) 所示, 以恒定速率 v 沿 $-y$ 轴运动中的观察者 O′ 看到的轨道如图 3.1(b) 所示, 在两图中 a、b、c、d、e 诸点是相应的. 图中 $\boldsymbol{B}$ 的画法, 表明 $\boldsymbol{B}$ 沿 $+z$ 方向.

(1) 由 O′ 测得距离 $y_d' - y_b'$ 多大?

(2) 证明 c 点是 K′ 系中的静止点, 在此点, $\dfrac{\mathrm{d}^2 x'}{\mathrm{d} t'^2}$、$\dfrac{\mathrm{d}^2 y'}{\mathrm{d} t'^2}$ 多大?

(3) 由 O′ 看来, 是什么引起粒子在 c 点处的加速度的?

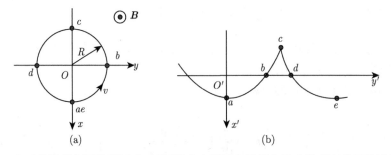

图 3.1　相对论粒子作圆轨道运动, 以同样大小的速率沿径向运动的观察者看粒子的轨道

解答　(1) 由上面题 3.5 的结果,

$$R = -\frac{mv}{eB\sqrt{1 - \left(\dfrac{v}{c}\right)^2}} \tag{3.8}$$

为书写简便起见, 取 $t = t' = 0$ 时, K、K′ 系的 x、x', y、y', z、z' 两两重合,

$$y_d - y_b = -2R, \qquad t_d - t_b = \frac{\pi R}{v}$$

从而按洛伦兹变换

$$y_d' - y_b' = \frac{y_d - y_b - (-v)(t_d - t_b)}{\sqrt{1 - \left(\dfrac{v}{c}\right)^2}} = \frac{-2R + \pi R}{\sqrt{1 - \left(\dfrac{v}{c}\right)^2}} = -\frac{(\pi - 2)mv}{eB\left(1 - \dfrac{v^2}{c^2}\right)} \tag{3.9}$$

注意 (i) 这里用上题结果时加了一个负号, 是从图 3.1(a) 中看出, 向心力必须指向圆心, 由此判断粒子带电 $e < 0$;

(ii) $y'_d - y'_b$ 与 $|y_d - y_b|$ 的大小关系, 取决于 $\dfrac{v}{c}$ 的大小, 如 $\dfrac{\pi - 2}{\sqrt{1 - \left(\dfrac{v}{c}\right)^2}} > 2$, 则 $y'_d - y'_b > |y_d - y_b|$.

(2) 在 c 点,

$$v_x = 0, \quad v_y = -v, \quad v_z = 0 \tag{3.10}$$

$$a_x = \frac{v^2}{R} = -v^2 \cdot \frac{eB\sqrt{1 - \left(\dfrac{v}{c}\right)^2}}{mv} = -\frac{eBv}{m}\sqrt{1 - \left(\frac{v}{c}\right)^2}, \quad a_y = a_z = 0 \tag{3.11}$$

用速度变换公式

$$v'_x = \frac{v_x\sqrt{1 - \left(\dfrac{v}{c}\right)^2}}{1 - \dfrac{(-v)}{c^2}v_y}, \quad v'_y = \frac{v_y - (-v)}{1 - \dfrac{(-v)}{c^2}v_y}, \quad v'_z = \frac{v_z\sqrt{1 - \left(\dfrac{v}{c}\right)^2}}{1 - \dfrac{(-v)}{c^2}v_y}$$

代入 c 点式 (3.10) 的 v_x、v_y 和 v_z 可得 $v'_x = v'_y = v'_z = 0$. 这就证明了 c 点是 K' 系中的静止点.

用加速度变换公式

$$a'_x = \frac{1 - \left(\dfrac{v}{c}\right)^2}{\left[1 - \dfrac{(-v)}{c^2}v_y\right]^2}a_x + \frac{\dfrac{(-v)}{c^2}v_x\left[1 - \left(\dfrac{v}{c}\right)^2\right]}{\left[1 - \dfrac{(-v)}{c^2}v_y\right]^3}a_y$$

$$a'_y = \frac{\left[1 - \left(\dfrac{v}{c}\right)^2\right]^{\frac{3}{2}}}{\left[1 - \dfrac{(-v)}{c^2}v_y\right]^3}a_y$$

$$a'_z = \frac{1 - \left(\dfrac{v}{c}\right)^2}{\left[1 - \dfrac{(-v)}{c^2}v_y\right]^2}a_z + \frac{\dfrac{(-v)}{c^2}v_z\left[1 - \left(\dfrac{v}{c}\right)^2\right]}{\left[1 - \dfrac{(-v)}{c}v_y\right]^3}a_y$$

代入 c 点式 (3.11) 的 a_x、a_y、a_z、v_x、v_y、v_z 可得

$$a'_x = -\frac{eBv}{m\sqrt{1 - \left(\dfrac{v}{c}\right)^2}}, \quad a'_y = 0, \quad a'_z = 0 \tag{3.12}$$

(3) 方法一: 在 K 系中只存在磁场, 在 K' 系中既有磁场又有电场, 由相对论电动力学, K'、K 系的电磁场有下列变换关系:

$$\boldsymbol{E}'_{/\!/} = \boldsymbol{E}_{/\!/}, \qquad \boldsymbol{E}'_{\perp} = \frac{1}{\sqrt{1 - \left(\dfrac{V}{c}\right)^2}}(\boldsymbol{E} + \boldsymbol{V} \times \boldsymbol{B})_{\perp} \tag{3.13}$$

$$B'_{/\!/} = B_{/\!/}, \qquad B'_{\perp} = \frac{1}{\sqrt{1 - \left(\dfrac{V}{c}\right)^2}}\left(B - \frac{1}{c^2}V \times E\right)_{\perp} \tag{3.14}$$

其中, V 是 K′ 系对 K 系的速度, $/\!/$、$\perp$ 分别表示与 V 平行、垂直.

今 $E_x = E_y = E_z = 0$, $B_x = B_y = 0$, $B_z = B$, $V = -ve_y$. 电场为

$$E'_{/\!/} = E'_y = E_y = 0 \tag{3.15}$$

$$E'_{\perp} = \frac{1}{\sqrt{1 - \left(\dfrac{v}{c}\right)^2}}(-ve_y \times Be_z) = -\frac{1}{\sqrt{1 - \left(\dfrac{v}{c}\right)^2}}vBe_x \tag{3.16}$$

也就是

$$E'_x = -\frac{vB}{\sqrt{1 - \left(\dfrac{v}{c}\right)^2}}, \qquad E'_z = 0 \tag{3.17}$$

磁场为

$$B_{/\!/} = B'_y e_y = B_y e_y = 0 \tag{3.18}$$

$$B'_{\perp} = \frac{1}{\sqrt{1 - \left(\dfrac{v}{c}\right)^2}}(Be_z) \tag{3.19}$$

也就是

$$B'_x = 0, \qquad B'_z = \frac{B}{\sqrt{1 - \left(\dfrac{v}{c}\right)^2}} \tag{3.20}$$

在 K′ 系中, 粒子受电磁场的作用力为

$$F' = e(E' + v' \times B) \tag{3.21}$$

在 c 点, $v' = 0$, $F' = eE' = -\dfrac{evB}{\sqrt{1 - \left(\dfrac{v}{c}\right)^2}}e_x$. 又因在 c 点, $v' = 0$. 粒子的质量为静止质量 m,

$$F' = \frac{d}{dt'}(mv') = m\frac{dv'}{dt} + v'\frac{dm}{dt'} = m\frac{dv'}{dt} \tag{3.22}$$

从而

$$a' = \frac{dv'}{dt} = \frac{F'}{m} = -\frac{evB}{m\sqrt{1 - \left(\dfrac{v}{c}\right)^2}}e_x \tag{3.23}$$

在 K′ 系看来, 在 c 点, 加速度是由电场引起的.

　　方法二: 用力的变换公式. 该方法的优点是不需要相对论电动力学给出的电磁场变换关系, 缺点是对于 K′ 系中的电磁场情况不清楚.

力的变换公式为

$$F'_x = F_x \frac{\sqrt{1 - \left(\dfrac{V}{c}\right)^2}}{1 - \dfrac{V}{c^2} v_y} \tag{3.24}$$

$$F'_y = \frac{F_y - \dfrac{V}{c^2} \boldsymbol{F} \cdot \boldsymbol{v}}{1 - \dfrac{V}{c^2} v_y} \tag{3.25}$$

$$F'_z = F_z \frac{\sqrt{1 - \left(\dfrac{V}{c}\right)^2}}{1 - \dfrac{V}{c^2} v_y} \tag{3.26}$$

直接考虑 c 点处受力 $\boldsymbol{F}'$. 今 $V = -v$, $v_x = 0$, $v_y = -v$, $v_z = 0$, $F_x = -evB$, $F_y = 0$, $F_z = 0$ 可得

$$F'_x = -\frac{evB}{\sqrt{1 - \left(\dfrac{v}{c}\right)^2}}, \quad F'_y = 0, \quad F'_z = 0 \tag{3.27}$$

与方法一得到相同的结果, 以下略.

3.7　相对论力学方程

题 3.7　试把牛顿方程推广为相对论力学方程, 并根据协变性给出第四方程, 由此写出质能关系式.

解答　牛顿方程

$$m_0 \boldsymbol{a} = \boldsymbol{f}$$
$$m_0 \frac{\mathrm{d}\boldsymbol{v}}{\mathrm{d}t} = \boldsymbol{f}$$
$$\frac{\mathrm{d}\boldsymbol{p}}{\mathrm{d}t} = \boldsymbol{f}, \qquad \boldsymbol{p} = m_0 \boldsymbol{v}$$

推广到相对论力学方程.

(1) 静止质量 → 运动质量

$$m_0 \quad \rightarrow \quad m = \frac{m_0}{\sqrt{1 - \dfrac{v^2}{c^2}}}$$
$$\boldsymbol{p} = m_0 \boldsymbol{v} \quad \rightarrow \quad \boldsymbol{p} = m\boldsymbol{v} = \frac{m_0 \boldsymbol{v}}{\sqrt{1 - \dfrac{v^2}{c^2}}}$$

相对论力学方程

$$\frac{\mathrm{d}\boldsymbol{p}}{\mathrm{d}t} = \boldsymbol{f}, \qquad \boldsymbol{p} = m\boldsymbol{v} = \frac{m_0 \boldsymbol{v}}{\sqrt{1 - \dfrac{v^2}{c^2}}}$$

(2) $\boldsymbol{v} = \dfrac{\mathrm{d}\boldsymbol{x}}{\mathrm{d}t}$, $x_\mu = (\boldsymbol{x}, \mathrm{i}ct)$. 这样

$$\frac{\mathrm{d}x_\mu}{\mathrm{d}t} = \left(\frac{\mathrm{d}\boldsymbol{x}}{\mathrm{d}t}, \mathrm{i}c\right) = (\boldsymbol{v}, \mathrm{i}c)$$

$$\mathrm{i}\frac{\mathrm{d}}{\mathrm{d}t}(mc) = f_4, \qquad \frac{\mathrm{d}}{\mathrm{d}t}(mc) = f_0$$

$$\boldsymbol{f} = \frac{\mathrm{d}}{\mathrm{d}t}m\boldsymbol{v} = \frac{\mathrm{d}}{\mathrm{d}t}\frac{m_0\boldsymbol{v}}{\sqrt{1 - \dfrac{v^2}{c^2}}} = \frac{m_0\boldsymbol{a}}{\sqrt{1 - \dfrac{v^2}{c^2}}} + \frac{m_0\boldsymbol{v}\boldsymbol{v}\cdot\boldsymbol{a}}{\left(1 - \dfrac{v^2}{c^2}\right)^{3/2}}$$

$$\boldsymbol{f}\cdot\boldsymbol{v} = \frac{m_0\boldsymbol{a}\cdot\boldsymbol{v}}{\left(1 - \dfrac{v^2}{c^2}\right)^{3/2}}$$

$$f_0 = \frac{\mathrm{d}}{\mathrm{d}t}(mc) = \frac{\mathrm{d}}{\mathrm{d}t}\frac{m_0c}{\sqrt{1 - \dfrac{v^2}{c^2}}} = \frac{m_0\boldsymbol{a}\cdot\boldsymbol{v}}{c\left(1 - \dfrac{v^2}{c^2}\right)^{3/2}} = \frac{1}{c}\boldsymbol{f}\cdot\boldsymbol{v}$$

这样有

$$\frac{\mathrm{d}(m\boldsymbol{v})}{\mathrm{d}t} = \boldsymbol{f}, \qquad \frac{\mathrm{d}}{\mathrm{d}t}(mc) = \frac{1}{c}\boldsymbol{f}\cdot\boldsymbol{v}$$

(3)

$$\frac{\mathrm{d}}{\mathrm{d}t}(mv_\mu) = f_\mu, \quad v_\mu = (\boldsymbol{v}, \mathrm{i}c), \quad f_\mu = \left(\boldsymbol{f}, \frac{\mathrm{i}}{c}\boldsymbol{f}\cdot\boldsymbol{v}\right)$$

$$\frac{\mathrm{d}}{\mathrm{d}t}(m\boldsymbol{v}) = \boldsymbol{f}, \qquad \frac{\mathrm{d}}{\mathrm{d}t}(mc) = \frac{1}{c}\boldsymbol{f}\cdot\boldsymbol{v}$$

(4) 质能关系式. 由以上推广得

$$\frac{\mathrm{d}}{\mathrm{d}t}(mc^2) = \boldsymbol{f}\cdot\boldsymbol{v}$$

又有 $\dfrac{\mathrm{d}}{\mathrm{d}t}(E) = \boldsymbol{f}\cdot\boldsymbol{v}$, 即外力做功等于能量增加量, 可令能量为

$$E = mc^2 = \frac{m_0c^2}{\sqrt{1 - \dfrac{v^2}{c^2}}}$$

上式即质能关系式.

3.8 相对论粒子的"纵向质量"和"横向质量"

题 3.8 试计算相对论粒子的"纵向质量"和"横向质量". "纵向质量"是指作用力与运动方向平行时力与粒子的加速度之比, "横向质量"是指力与运动方向垂直时力与加速度之比.

解答 相对论牛顿方程

$$\boldsymbol{F} = \frac{\mathrm{d}}{\mathrm{d}t}\left(\frac{m\boldsymbol{v}}{\sqrt{1 - \beta^2}}\right)$$

其中 $\beta = \dfrac{v}{c}$, m 为粒子的静止质量.

$$\boldsymbol{F} = \frac{m}{\sqrt{1-\beta^2}}\frac{\mathrm{d}\boldsymbol{v}}{\mathrm{d}t} + \frac{m\boldsymbol{v}}{(1-\beta^2)^{\frac{3}{2}}}\frac{\boldsymbol{v}}{c^2}\cdot\frac{\mathrm{d}\boldsymbol{v}}{\mathrm{d}t}$$

当力与运动方向平行时,

$$\boldsymbol{v}(\boldsymbol{v}\cdot\mathrm{d}\boldsymbol{v}) = \boldsymbol{v}\cdot\boldsymbol{v}\mathrm{d}\boldsymbol{v} = v^2\mathrm{d}\boldsymbol{v}$$

从而

$$\boldsymbol{F} = \frac{m}{\sqrt{1-\beta^2}}\frac{\mathrm{d}\boldsymbol{v}}{\mathrm{d}t} + \frac{mv^2}{(1-\beta^2)^{\frac{3}{2}}}\frac{1}{c^2}\frac{\mathrm{d}\boldsymbol{v}}{\mathrm{d}t} = \frac{m}{(1-\beta^2)^{\frac{3}{2}}}\frac{\mathrm{d}\boldsymbol{v}}{\mathrm{d}t}$$

从而给出"纵向质量"

$$m_{\mathrm{L}} = \frac{F}{\dfrac{\mathrm{d}\boldsymbol{v}}{\mathrm{d}t}} = \frac{m}{(1-\beta^2)^{\frac{3}{2}}}$$

当力与运动方向垂直时, $\dfrac{\mathrm{d}v}{\mathrm{d}t} = 0$,

$$F = \frac{m}{\sqrt{1-\beta^2}}\frac{\mathrm{d}\boldsymbol{v}}{\mathrm{d}t}$$

从而给出"横向质量"

$$m_{\mathrm{T}} = \frac{m}{\sqrt{1-\beta^2}}$$

注意 在相对论中, 力与加速度的方向一般并不一致, 在题 3.6 中, 在 K 系中粒子受的力与运动方向始终垂直, 始终有 $m_{\mathrm{T}} = \dfrac{m}{\sqrt{1-\left(\dfrac{v}{c}\right)^2}}$. 在 K$'$ 系中, 在 c 点, 那里 $v' = 0$, $m_{\mathrm{L}} = m_{\mathrm{T}} = m$.

3.9 推导固有加速度和相对论性三力表达式的共动系变换方法

题 3.9 用共动系变换方法推导固有加速度和相对论性三力表达式.

解答 对平行速度相加法则

$$V^x = \frac{V^{x'} + v}{1 + vV^{x'}/c^2}$$

求导. 在相对速度 v 的两个惯性系观察同一个粒子, v 常数有 $\mathrm{d}v = 0$; 省去上标 x 或 x', 有

$$\mathrm{d}V = \frac{\mathrm{d}V'}{1 + V'v} - \frac{V(V' + v)}{(1 + V'v)^2}\mathrm{d}V' = \frac{1 - V^2}{1 + V'v}\mathrm{d}V'$$

取 K$'$ 系为某时刻粒子瞬时共动惯性系 (momentarily comoving inertial frame, 简称 MCIF, 也称静止系、固有系): $V' = 0$, $v = V$, 上式化简为

$$\mathrm{d}V = (1 - V^2)\mathrm{d}V'$$

在 $\mathrm{d}t'$ 时间内粒子有 (沿 v 或者说 x) 正向的固有加速度 a

$$\mathrm{d}V' = a\mathrm{d}t'$$

时间膨胀 (t 为实验室坐标时、t' 为运动粒子固有时)

$$\mathrm{d}t = \gamma\mathrm{d}t'$$

由以上三式可得纵向固有加速度

$$a = \gamma^3\frac{\mathrm{d}V}{\mathrm{d}t} = \frac{\mathrm{d}(\gamma V)}{\mathrm{d}t} \tag{3.28}$$

应用横向速度变换 (相对共动系从 0 速度加速到 $\mathrm{d}V_\perp$) 可得 (垂直于速度方向) 横向固有加速度在 Lorentz 系 (度规为闵氏度规的惯性系) 下表达式 (将纵向的式 (3.28) 写到一起来)

$$\boldsymbol{a}_{p/\!/} = \gamma^3\frac{\mathrm{d}\boldsymbol{V}_{/\!/}}{\mathrm{d}t} \tag{3.29}$$

$$\boldsymbol{a}_{p\perp} = \gamma^2\frac{\mathrm{d}\boldsymbol{V}_\perp}{\mathrm{d}t} \tag{3.30}$$

因为速度 V 从而洛伦兹因子 γ 依赖于坐标系, 相对论力学中洛伦兹不变的加速度不再是牛顿力学中加速度 $\dfrac{\mathrm{d}V}{\mathrm{d}t}$ —— 伽利略不变量, 而是固有加速度式. 所以伽利略不变的牛顿动力学方程必须改造才能进化到洛伦兹不变的相对论性动力学方程.

在共动系中, 粒子速度瞬时为零, 相对论动力学方程理应回到牛顿动力学方程

$$\boldsymbol{F}_{/\!/} = m\boldsymbol{a}_{p/\!/} = m\gamma^3\frac{\mathrm{d}\boldsymbol{V}_{/\!/}}{\mathrm{d}t} \tag{3.31}$$

$$\boldsymbol{F}_\perp = m\boldsymbol{a}_{p\perp} = m\gamma^2\frac{\mathrm{d}\boldsymbol{V}_\perp}{\mathrm{d}t} \tag{3.32}$$

因为静止质量 m 和固有加速度都是洛伦兹不变量, 上述方程也就是洛伦兹不变的相对论动力学方程. 只不过, 应用时力的具体函数形式必须也是洛伦兹不变的! 例如牛顿万有引力定律无法直接相对论化, 而电磁的洛伦兹力可以.

为统一纵向和横向表达式, 爱因斯坦 1905 年的《论运动体的电动力学》引入纵向和横向惯性质量

$$m_{/\!/} = \gamma^3 m \tag{3.33}$$

$$m_\perp = \gamma^2 m \tag{3.34}$$

$$\boldsymbol{F} \equiv m_{/\!/}\frac{\mathrm{d}\boldsymbol{V}_{/\!/}}{\mathrm{d}t} + m_\perp\frac{\mathrm{d}\boldsymbol{V}_\perp}{\mathrm{d}t} \tag{3.35}$$

虽然合理 —— 纵向和横向惯性不同, 但比较丑陋. 引入闵可夫斯基的四维矢量可以完美解决此问题.

四速度的标量导数直接定义四加速度: $u^\alpha = (\gamma, \gamma\boldsymbol{V})$, $\mathrm{d}t/\mathrm{d}\tau = \gamma$, $\mathrm{d}V^2/\mathrm{d}t = \mathrm{d}(\boldsymbol{V}\cdot\boldsymbol{V})/\mathrm{d}t = 2\boldsymbol{a}\cdot\boldsymbol{V}$, 其中记号

$$\boldsymbol{a} \equiv \frac{\mathrm{d}\boldsymbol{V}}{\mathrm{d}t}$$

$$\frac{\mathrm{d}\gamma}{\mathrm{d}t} = \gamma^3 \boldsymbol{a} \cdot \boldsymbol{V}$$

Lorentz 系四加速度 $a^\alpha = \mathrm{d}u^\alpha/\mathrm{d}\tau = \gamma \mathrm{d}u^\alpha/\mathrm{d}t = \gamma\left[\dfrac{\mathrm{d}\gamma}{\mathrm{d}t}, \dfrac{\mathrm{d}(\gamma\boldsymbol{V})}{\mathrm{d}t}\right]$ 给出

$$a^\alpha = \gamma^2\left[\gamma^2\boldsymbol{a}\cdot\boldsymbol{V}, \gamma^2(\boldsymbol{a}\cdot\boldsymbol{V})\boldsymbol{V} + \boldsymbol{a}\right] \tag{3.36}$$

从而

$$\boldsymbol{a}\cdot\boldsymbol{u} = \eta_{\alpha\beta}a^\alpha u^\beta = \gamma^3\left[-\gamma^2\boldsymbol{a}\cdot\boldsymbol{V} + \gamma^2(\boldsymbol{a}\cdot\boldsymbol{V})\boldsymbol{V}\cdot\boldsymbol{V} + \boldsymbol{a}\cdot\boldsymbol{V}\right]$$
$$= \gamma^3\left[-\gamma^2 + \gamma^2 V^2 + 1\right]\boldsymbol{a}\cdot\boldsymbol{V} = \gamma^3\left[-1 + 1\right]\boldsymbol{a}\cdot\boldsymbol{V} = 0$$

四加速度与固有加速度关系

$$a^\alpha = \left(\gamma^4\boldsymbol{V}\cdot\frac{\mathrm{d}\boldsymbol{V}}{\mathrm{d}t}, \gamma\boldsymbol{a}_{p\parallel} + \boldsymbol{a}_{p\perp}\right) \overset{\mathrm{MCIF}}{=\!=\!=} (0,\, \boldsymbol{a}_p) \tag{3.37}$$

定义 (新的) 相对论性力概念

$$F \equiv \frac{\mathrm{d}p}{\mathrm{d}t} \equiv \frac{\mathrm{d}(\gamma m\boldsymbol{V})}{\mathrm{d}t} = m\left(\boldsymbol{a}_{p\parallel} + \frac{\boldsymbol{a}_{p\perp}}{\gamma}\right) \tag{3.38}$$

因为一维运动情况下, 动力学方程继承牛顿方程

$$\boldsymbol{F} \equiv \frac{\mathrm{d}\boldsymbol{p}}{\mathrm{d}t} \equiv \frac{\mathrm{d}(\gamma m\boldsymbol{V})}{\mathrm{d}t} = m\boldsymbol{a}_p, \quad \text{一维运动} \tag{3.39}$$

这实现了 (相对共动系零速度) 理论边界处牛顿动力学平滑进化到相对论动力学.

非一维情况下, 式 (3.38) 表明相对论性三力的横向分量以及整体不是洛伦兹不变的, 虽然在共动系中数值 ($\gamma = 1$) 都回到牛顿力的数值. 这意味着必须引入四维力 (以及四维动量) 概念.

类似四加速度定义四力

$$f \equiv \frac{\mathrm{d}p}{\mathrm{d}\tau} \equiv (f^t, \boldsymbol{f}) = \left(\gamma\frac{\mathrm{d}E}{\mathrm{d}t}, \gamma\frac{\mathrm{d}\boldsymbol{p}}{\mathrm{d}t}\right) \equiv (\gamma\boldsymbol{F}\cdot\boldsymbol{V}, \gamma\boldsymbol{F}) \tag{3.40}$$

其中四动量 —— 将三动量中速度换为洛伦兹不变的四速度, 可定义为

$$p \equiv mu = (\gamma m, \gamma m\boldsymbol{V}) \equiv (p^t, \boldsymbol{p}) \equiv (E, \boldsymbol{p}) \tag{3.41}$$

3.10 粒子最初沿 x 轴运动, 后受到一个沿 y 方向的恒力作用

题 3.10 一静止质量为 m 的粒子最初沿 x 轴运动, 速度为 $\boldsymbol{v}_0$, $t = 0$ 之后受到一个沿 y 方向的恒力 $\boldsymbol{F}$ 作用, 求它在任意时刻 t 的速度, 并证明 $t \to \infty$ 时, $|\boldsymbol{v}| \to c$.

解答 相对论牛顿方程

$$\frac{\mathrm{d}}{\mathrm{d}t}\left[\frac{m\boldsymbol{v}}{\sqrt{1 - \dfrac{v^2}{c^2}}}\right] = \boldsymbol{F} \tag{3.42}$$

考虑到受力情况和初始条件, 运动轨道在 xy 平面上, 分量方程为

$$\frac{\mathrm{d}}{\mathrm{d}t}\left[\frac{m\dot{x}}{\sqrt{1-\dfrac{v^2}{c^2}}}\right] = 0, \qquad \frac{\mathrm{d}}{\mathrm{d}t}\left[\frac{m\dot{y}}{\sqrt{1-\dfrac{v^2}{c^2}}}\right] = F \tag{3.43}$$

$t = 0$ 时, $\dot{x} = v_0$, $\dot{y} = 0$, 积分上述两式

$$\frac{m\dot{x}}{\sqrt{1-\dfrac{v^2}{c^2}}} = \frac{mv_0}{\sqrt{1-\dfrac{v_0^2}{c^2}}}, \qquad \frac{m\dot{y}}{\sqrt{1-\dfrac{v^2}{c^2}}} = Ft \tag{3.44}$$

因为 $\dot{x}^2 + \dot{y}^2 = v^2$, 上式可改写为

$$v^2 = \left[\frac{v_0^2}{1-\dfrac{v_0^2}{c^2}} + \left(\frac{Ft}{m}\right)^2\right]\left(1-\frac{v^2}{c^2}\right)$$

解得

$$v^2 = \frac{\dfrac{v_0^2}{1-\dfrac{v_0^2}{c^2}} + \left(\dfrac{Ft}{m}\right)^2}{1+\dfrac{1}{c^2}\left[\dfrac{v_0^2}{1-\dfrac{v_0^2}{c^2}} + \left(\dfrac{Ft}{m}\right)^2\right]} \tag{3.45}$$

可令

$$k = \frac{v_0^2}{1-\dfrac{v_0^2}{c^2}} + \left(\frac{Ft}{m}\right)^2 \tag{3.46}$$

则有

$$v^2 = \frac{k}{1+\dfrac{k}{c^2}}, \qquad 1-\frac{v^2}{c^2} = 1-\frac{k}{c^2+k} = \frac{c^2}{c^2+k} \tag{3.47}$$

与式 (3.44) 联立得

$$\dot{x} = \frac{v_0}{\sqrt{1-\left(\dfrac{v_0}{c}\right)^2}}\sqrt{1-\frac{v^2}{c^2}} = \frac{v_0}{\sqrt{1-\left(\dfrac{v_0}{c}\right)^2}}\sqrt{\frac{c^2}{c^2+k}}$$

$$\dot{y} = \frac{Ft}{m}\sqrt{1-\frac{v^2}{c^2}} = \frac{Ft}{m}\sqrt{\frac{c^2}{c^2+k}}$$

其中 k 如式 (3.46) 所给. $t \to \infty$ 时, $\displaystyle\lim_{t \to \infty} v^2 = \lim_{t \to \infty}\frac{k}{1+\dfrac{k}{c^2}} = \lim_{k \to \infty}\frac{k}{1+\dfrac{k}{c^2}} = c^2$. 所以

$t \to \infty$ 时, $v \to c$.

3.11 相对论带电粒子在均恒磁场中做圆周运动, 磁场和能量关系

题 3.11 一静止质量为 m、电荷为 e 的电子在与均匀磁场垂直的平面内运动, 如果忽略辐射, 电子的轨道为半径为 R 的圆. 设电子能量 $E \gg mc^2$, 求磁感应强度 $\boldsymbol{B}$ 的表达式. 如 $R = 30\text{m}$, $E = 2.5 \times 10^9\text{eV}$. 求出 $\boldsymbol{B}$ 的数值.

解答 受均恒磁场 $\boldsymbol{B}$ 作用, 质量为 m 电荷为 e 的粒子运动方程

$$\frac{\mathrm{d}}{\mathrm{d}t}\left[\frac{m}{\sqrt{1-\dfrac{v^2}{c^2}}}\boldsymbol{v}\right] = e\boldsymbol{v} \times \boldsymbol{B} \tag{3.48}$$

做半径为 R 的圆周运动, $\left|\dfrac{\mathrm{d}\boldsymbol{v}}{\mathrm{d}t}\right| = \dfrac{v^2}{R}$, $\boldsymbol{v}$ 大小不变,

$$\frac{\mathrm{d}}{\mathrm{d}t}\left[\frac{m}{\sqrt{1-\dfrac{v^2}{c^2}}}\boldsymbol{v}\right] = \frac{m}{\sqrt{1-\dfrac{v^2}{c^2}}}\frac{\mathrm{d}\boldsymbol{v}}{\mathrm{d}t} \tag{3.49}$$

可得

$$\frac{m}{\sqrt{1-\dfrac{v^2}{c^2}}}\left|\frac{\mathrm{d}\boldsymbol{v}}{\mathrm{d}t}\right| = -evB \tag{3.50}$$

注意电子带负电, $e < 0$. 从而

$$\frac{m}{\sqrt{1-\dfrac{v^2}{c^2}}}\frac{v^2}{R} = -evB \tag{3.51}$$

或者

$$B = -\frac{mv}{eR\sqrt{1-\dfrac{v^2}{c^2}}} = -\frac{p}{eR} \tag{3.52}$$

其中 p 为电子动量. 利用三角关系

$$E^2 = c^2p^2 + m^2c^4$$

因为 $E \gg mc^2$

$$p = \frac{1}{c}\sqrt{E^2 - m^2c^4} \approx \frac{E}{c} \tag{3.53}$$

代入式 (3.52)

$$B = -\frac{E}{eRc} \tag{3.54}$$

代入 $E = 2.5 \times 10^9\text{eV}$, $R = 30\text{m}$ 得 $B = 0.28\text{T}$.

3.12　相对论性 μ 子在高空中的运动

题 3.12　(1) 静止的 μ 子平均寿命近似取为 τ_0 为 10^{-6}s, 静止质量近似取为 $100\text{MeV}/c^2$. 大气中高度 h 约为 10^4m 处的 μ 子要到达地面, 它需要带有多大能量 E?

(2) 假定地球具有 1.0×10^{-4}T 的磁场, 方向沿地轴方向, 延伸范围在地面以上 10^2m 范围内, 求在赤道上空垂直入射能量为 (1) 中算出的 E 值的 μ 子被磁场偏转的大小和方向 (可不计万有引力作用).

解答　(1) 在地球参考系中, 以速度 v 运动的 μ 子的平均寿命为

$$\tau = \frac{\tau_0}{\sqrt{1 - \left(\frac{v}{c}\right)^2}} \tag{3.55}$$

设 μ 子的静止质量为 m_0,

$$E = mc^2 = \frac{m_0 c^2}{\sqrt{1 - \left(\frac{v}{c}\right)^2}} = \gamma m_0 c^2 \tag{3.56}$$

从而

$$\tau = \tau_0 \frac{E}{m_0 c^2} \tag{3.57}$$

要使 μ 子能到达地面, 需 $\tau = \dfrac{h}{v}$ 即

$$\tau_0 \frac{E}{m_0 c^2} = \frac{h}{v}, \qquad E = \frac{m_0 c^2}{\tau_0} \cdot \frac{h}{v} \tag{3.58}$$

从 $E = \dfrac{m_0 c^2}{\sqrt{1 - \left(\frac{v}{c}\right)^2}}$ 中解出 $v = c\sqrt{1 - \left(\dfrac{m_0 c^2}{E}\right)^2}$,

$$E = \frac{m_0 c^2}{\tau_0} \frac{h}{c\sqrt{1 - \left(\dfrac{m_0 c^2}{E}\right)^2}} = \frac{m_0 ch}{\tau_0 \sqrt{1 - \left(\dfrac{m_0 c^2}{E}\right)^2}} \tag{3.59}$$

由此解出

$$E = \sqrt{(m_0 c^2)^2 + \left(\frac{m_0 ch}{\tau_0}\right)^2} \approx \frac{m_0 ch}{\tau_0} \tag{3.60}$$

代入 $m_0 = 100\text{MeV}/c^2$, $h = 10^4$m, $\tau_0 = 10^{-6}$s 得

$$E = 3.3 \times 10^3 \text{MeV} \tag{3.61}$$

(2) 取 z 轴沿地轴也是沿 $\boldsymbol{B}$ 的方向, 地球表面为坐标系原点, μ 子在进入磁场前的运动方向为 y 轴正向.

$$\frac{\mathrm{d}\boldsymbol{p}}{\mathrm{d}t} = e\boldsymbol{v} \times \boldsymbol{B} \tag{3.62}$$

其中 e 为 μ 子所带电荷, $e < 0$ 与电子所带电荷相同.

$$\boldsymbol{p} = m\boldsymbol{v} = \frac{E}{c^2}\boldsymbol{v}$$

由于只受磁场作用, 磁场力不做功, 速率不变, 故 E 不变.

$$\frac{E}{c^2}\frac{\mathrm{d}\boldsymbol{v}}{\mathrm{d}t} = e\boldsymbol{v} \times \boldsymbol{B} \tag{3.63}$$

写成分量方程

$$\frac{E}{c^2}\ddot{x} = eB\dot{y} \tag{3.64}$$

$$\frac{E}{c^2}\ddot{y} = -eB\dot{x} \tag{3.65}$$

$$\frac{E}{c^2}\ddot{z} = 0 \tag{3.66}$$

初始条件为 $t = 0$ 时, $x = 0$, $y = -h$, $z = 0$, $\dot{x} = 0$, $\dot{y} = v$, $\dot{z} = 0$, 其中 $h = 10^2\mathrm{m}$ 是进入磁场时的高度,

$$v = c\sqrt{1 - \left(\frac{m_0c^2}{E}\right)^2} \approx c$$

$$E \approx 3.3 \times 10^3\mathrm{MeV}, \qquad B = 1.0 \times 10^{-4}\mathrm{T}$$

由式 (3.66) 以及初始条件立得

$$z = 0 \tag{3.67}$$

式 (3.64) 与式 (3.65) 联立得

$$\dddot{y} + \left(\frac{eBc^2}{E}\right)^2\dot{y} = 0$$

其解为

$$\dot{y} = A\cos\left(\frac{eBc^2}{E}t + \alpha\right)$$

进一步积分

$$y = y_0 + \frac{E}{eBc^2}A\sin\left(\frac{eBc^2}{E}t + \alpha\right)$$

由初始条件定出, $\alpha = 0$, $y_0 = -h$, $A = v$, 从而

$$y = -h + \frac{Ev}{eBc^2}\sin\left(\frac{eBc^2}{E}t\right) \tag{3.68}$$

再由式 (3.65)

$$\dot{x} = -\frac{E}{eBc^2}\ddot{y} = v\sin\left(\frac{eBc^2}{E}t\right)$$

考虑到 $t = 0$ 时 $x = 0$ 积分上式得

$$x = \frac{Ev}{eBc^2}\left[1 - \cos\left(\frac{eBc^2}{E}t\right)\right] \tag{3.69}$$

到达地面, $y = 0$, 从而由式 (3.68)

$$t = \frac{E}{eBc^2}\arcsin\left(\frac{eBc^2h}{Ev}\right)$$

再代入式 (3.69)

$$x = \frac{E}{eBc}\left\{1 - \cos\left[\arcsin\left(\frac{eBc^2h}{Ev}\right)\right]\right\} = \frac{E}{eBc}\left[1 - \sqrt{1 - \left(\frac{eBc^2h}{Ev}\right)^2}\right]$$

因为

$$\left(\frac{eBc^2h}{Ev}\right)^2 \approx \left(\frac{eBch}{E}\right)^2 = \left(\frac{-10^{-4} \times 3 \times 10^8 \times 10^2}{3.3 \times 10^3 \times 10^6}\right)^2 \approx 10^{-6} \ll 1$$

这里 $v \approx c$ 用了 $v = c\sqrt{1 - \left(\frac{m_0c^2}{E}\right)^2}$. 因为

$$\left(\frac{m_0c^2}{E}\right)^2 = \left(\frac{1}{3.3 \times 10}\right)^2 \ll 1$$

可得

$$x \approx \frac{E}{eBc}\left\{1 - \left[1 - \frac{1}{2}\left(\frac{eBch}{E}\right)^2\right]\right\}$$

$$= \frac{eBch^2}{2E} = \frac{-10^{-4} \times 3 \times 10^8 \times (10^2)^2}{2 \times 3.3 \times 10^3 \times 10^6} = -0.045(\text{m})$$

μ 子落地时往西偏 0.045m.

3.13 自由的相对论粒子的哈密顿函数和拉格朗日函数

题 3.13 导出相对论自由粒子的哈密顿函数和拉格朗日函数.

解法一 相对论自由粒子的能量

$$E = mc^2 = \frac{m_0c^2}{\sqrt{1 - \dfrac{v^2}{c^2}}}$$

其中 m_0 为粒子静止质量. 动量分量

$$p_x = \frac{m_0}{\sqrt{1 - \dfrac{v^2}{c^2}}}\dot{x}, \quad p_y = \frac{m_0}{\sqrt{1 - \dfrac{v^2}{c^2}}}\dot{y}, \quad p_z = \frac{m_0}{\sqrt{1 - \dfrac{v^2}{c^2}}}\dot{z}$$

动量平方

$$p^2 = p_x^2 + p_y^2 + p_z^2 = \frac{m_0^2(\dot{x}^2 + \dot{y}^2 + \dot{z}^2)}{1 - \dfrac{v^2}{c^2}} = \frac{m_0^2 v^2}{1 - \dfrac{v^2}{c^2}}$$

速度平方

$$v^2 = \frac{c^2 p^2}{m_0^2 c^2 + p^2}$$

从而

$$1 - \frac{v^2}{c^2} = \frac{m_0^2 c^2}{m_0^2 c^2 + p^2} = \frac{m_0^2 c^2}{m_0^2 c^2 + p_x^2 + p_y^2 + p_z^2}$$

哈密顿函数

$$H = E = m_0 c^2 \cdot \sqrt{\frac{m_0^2 c^2 + p_x^2 + p_y^2 + p_z^2}{m_0^2 c^2}} = c\sqrt{m_0^2 c^2 + p_x^2 + p_y^2 + p_z^2}$$

因为

$$H = p_x \dot{x} + p_y \dot{y} + p_z \dot{z} - L$$

可得

$$L = p_x \dot{x} + p_y \dot{y} + p_z \dot{z} - H$$

写拉格朗日函数, 需将上式中的正则变量写成拉格朗日变量的函数,

$$p_x = \frac{m_0 \dot{x}}{\sqrt{1 - \dfrac{1}{c^2}(\dot{x}^2 + \dot{y}^2 + \dot{z}^2)}}$$

同样可写出 p_y、p_z 的式子.

$$p^2 = \frac{m_0^2 c^2 (\dot{x}^2 + \dot{y}^2 + \dot{z}^2)}{c^2 - (\dot{x}^2 + \dot{y}^2 + \dot{z}^2)}$$

拉格朗日函数为

$$L = \frac{m_0(\dot{x}^2 + \dot{y}^2 + \dot{z}^2)}{\sqrt{1 - \dfrac{1}{c^2}(\dot{x}^2 + \dot{y}^2 + \dot{z}^2)}} - c\sqrt{m_0^2 c^2 + \frac{m_0^2 c^2(\dot{x}^2 + \dot{y}^2 + \dot{z}^2)}{c^2 - (\dot{x}^2 + \dot{y}^2 + \dot{z}^2)}}$$

$$= -m_0 c\sqrt{c^2 - (\dot{x}^2 + \dot{y}^2 + \dot{z}^2)}$$

解法二　根据狭义相对论第一条假设, 作用量积分

$$A = \int_{t_1}^{t_2} L\left[q_i(t), \dot{q}_i(t), t\right] \mathrm{d}t \tag{3.70}$$

必定是一个洛伦兹不变量, 因为运动方程是由极值条件 $\delta A = 0$ 确定的. 如果我们在式 (3.70) 中通过 $\mathrm{d}t = \gamma \mathrm{d}\tau$ 引进粒子的固有时 τ, 则作用量积分变为

$$A = \int_{\tau_1}^{\tau_2} \gamma L \mathrm{d}\tau \tag{3.71}$$

因为固有时 $\mathrm{d}\tau$ 是不变量, 所以要得到 A 也是不变量这个条件, 就要求 γL 是洛伦兹不变量.

自由粒子的拉格朗日量可以是粒子速度和粒子质量的一个函数, 但可以与粒子位置无关. 唯一可以利用的以速度为变量的洛伦兹不变函数是 $U^\alpha U_\alpha = c^2$. 于是, 我们推断: 自由粒子的拉格朗日量与 $\gamma^{-1} = \sqrt{1 - \beta^2}$ 成正比. 容易看出

$$L_{\text{free}} = -m_0 c^2 \sqrt{1 - \frac{u^2}{c^2}} \tag{3.72}$$

是 γ^{-1} 的适当倍数.

和位置坐标 x 共轭的正则动量 P 可由下列定义得到:

$$P_i \equiv \frac{\partial L}{\partial u_i} = \gamma m_0 u_i \tag{3.73}$$

或者

$$\boldsymbol{P} \equiv \gamma m_0 \boldsymbol{u} \tag{3.74}$$

哈密顿量 H 是坐标 x 及其共轭动量 P 的函数, 如果拉格朗日量不是时间的显函数, 哈密顿量就是一个运动常量. 通过勒让德变换给出哈密顿量是

$$H = \boldsymbol{P} \cdot \boldsymbol{u} - L = c\sqrt{m_0^2 c^2 + p_x^2 + p_y^2 + p_z^2} \tag{3.75}$$

3.14　相对论性带电粒子处在电磁场中的哈密顿函数

题 3.14　导出具有动量 $\boldsymbol{p} = \dfrac{m_0 \boldsymbol{v}}{\sqrt{1 - \dfrac{v^2}{c^2}}}$ 的相对论性带电粒子处在电磁场

$$\boldsymbol{E} = -\nabla \phi - \frac{\partial \boldsymbol{A}}{\partial t}, \qquad \boldsymbol{B} = \nabla \times \boldsymbol{A}$$

中的哈密顿函数.

解答　用上题导出的自由相对论粒子的拉格朗日函数, 从静止场中非相对论性运动的拉格朗日量 (或运动方程) 出发, 我们可以从 γL 是洛伦兹不变量这一普遍要求, 来确定一个相对论性带电粒子在外电磁场中的拉格朗日量. 一个缓慢运动的带电粒子主要受电场的影响, 电场可从标势 $\varPhi$ 中导出. 相互作用势能为 $V = e\varPhi$. 因为非相对论性拉格朗日量是 $(T - V)$, 所以相对论性拉格朗日量的相互作用部分 L_{int}, 在非相对论性极限下必须简化为

$$L_{\text{int}} \to L_{\text{int}}^{\text{NR}} = -e\varPhi \tag{3.76}$$

于是我们的问题就变为求 γL_{int} 的洛伦兹不变式, 它对于非相对论性速度来说, 将简化为式 (3.76). 因为 $\varPhi$ 是四矢势 A^α 的时间分量, 所以我们预期 γL_{int} 要包含 A^α 与某四矢量的标积. 可资利用的其他四矢量, 仅仅是粒子的动量矢量和位置矢量. 因为 γ 与拉格朗日量的乘积必须是平移不变量和洛伦兹不变量, 所以它不能显含坐标.

$$L_{\text{int}}^{\text{NR}} = -e\varPhi = -\frac{e}{\gamma c} U_0 A^0 \tag{3.77}$$

$\varPhi = A^0$ 是四矢量 A^α 的时间分量, U^0 是四矢量 U^α 的时间分量. 因此, 相互作用的拉格朗日量必须是[①]

$$L_{\text{int}} = -\frac{e}{\gamma c} U_\alpha A^\alpha \tag{3.78}$$

---

① 不用求非相对论性极限. 也可以写下 γL_{int} 的这一形式. 只要令 γL_{int} 这个洛伦兹不变量是: (1) 粒子电荷的线性函数, (2) 电磁势的线性函数; (3) 平移不变量; (4) 粒子坐标的不高于一阶的时间导数的函数. 读者可以考虑满足这些条件的相互作用拉格朗日量是否可能存在, 但它不是势 A^α 的线性函数. 而是场强 $F^{\alpha\beta}$ 的线性函数.

或者

$$L_{\text{int}} = -e\varPhi + \frac{e}{c}\boldsymbol{u} \cdot \boldsymbol{A} \tag{3.79}$$

将式 (3.72) 和式 (3.79) 合并, 就得带电粒子的完整的相对论性拉格朗日量

$$L = -m_0 c^2 \sqrt{1 - \frac{u^2}{c^2}} - e\varPhi + \frac{e}{c}\boldsymbol{u} \cdot \boldsymbol{A} \tag{3.80}$$

或者

$$L = -m_0 c\sqrt{c^2 - (\dot{x}^2 + \dot{y}^2 + \dot{z}^2)} - q\phi + q(\dot{x}A_x + \dot{y}A_y + \dot{z}A_z)$$

与 x 共轭的广义动量分量

$$\begin{aligned}
P_x &= \frac{\partial L}{\partial \dot{x}} = -\frac{m_0 c(-2\dot{x})}{2\sqrt{c^2 - (\dot{x}^2 + \dot{y}^2 + \dot{z}^2)}} + qA_x \\
&= \frac{m_0 c\dot{x}}{\sqrt{c^2 - (\dot{x}^2 + \dot{y}^2 + \dot{z}^2)}} + qA_x
\end{aligned} \tag{3.81}$$

同样与 y、z 共轭的广义动量分量

$$P_y = \frac{m_0 c\dot{y}}{\sqrt{c^2 - (\dot{x}^2 + \dot{y}^2 + \dot{z}^2)}} + qA_y \tag{3.82}$$

$$P_z = \frac{m_0 c\dot{z}}{\sqrt{c^2 - (\dot{x}^2 + \dot{y}^2 + \dot{z}^2)}} + qA_z \tag{3.83}$$

P_x、P_y、P_z 均为广义动量, 不要与题目中的 p 发生混淆. 或者

$$\boldsymbol{P} = \frac{m_0 \boldsymbol{v}}{\sqrt{1 - \frac{v^2}{c^2}}} + q\boldsymbol{A} \tag{3.84}$$

从而

$$(\boldsymbol{P} - q\boldsymbol{A})^2 = \frac{m_0^2 v^2}{1 - \frac{v^2}{c^2}}$$

$$\frac{v^2}{c^2} = \frac{(\boldsymbol{P} - q\boldsymbol{A})^2}{m_0^2 c^2 + (\boldsymbol{P} - q\boldsymbol{A})^2}$$

由此

$$\begin{aligned}
H &= P_x \dot{x} + P_y \dot{y} + P_z \dot{z} - L \\
&= \frac{m_0(\dot{x}^2 + \dot{y}^2 + \dot{z}^2)}{\sqrt{1 - \left(\frac{v}{c}\right)^2}} + q(A_x \dot{x} + A_y \dot{y} + A_z \dot{z}) \\
&\quad + m_0 c\sqrt{c^2 - (\dot{x}^2 + \dot{y}^2 + \dot{z}^2)} + q\phi - q(\dot{x}A_x + \dot{y}A_y + \dot{z}A_z) \\
&= \frac{m_0 c^2}{\sqrt{1 - \left(\frac{v}{c}\right)^2}} \left\{ \frac{v^2}{c^2} + \left[\sqrt{1 - \left(\frac{v}{c}\right)^2} \right]^2 \right\} + q\phi
\end{aligned}$$

$$= c\sqrt{m_0^2 c^2 + (\boldsymbol{P} - q\boldsymbol{A})^2} + q\phi \qquad (3.85)$$

说明 正则方程

$$\dot{q}_i = \frac{\partial H}{\partial p_i},$$

$$\dot{p}_i = -\frac{\partial H}{\partial q_i}$$

其中, 字母上加点表示 d/dt. 令 $X = (q_1, p_1, q_2, p_2, q_3, p_3, \cdots, q_n, p_n)$, 上面方程可以写为

$$\dot{X}_\alpha = S_{\alpha\beta} \frac{\partial H}{\partial X_\beta}$$

矩阵 S 如下:

$$S = \begin{pmatrix} S_2 & & & & \\ & S_2 & & & \\ & & \ddots & & \\ & & & S_2 & \\ & & & & S_2 \end{pmatrix}_{2n \times 2n}$$

S_2 为 2×2 矩阵, 如下给出:

$$S_2 = \begin{pmatrix} 0 & 1 \\ -1 & 0 \end{pmatrix}$$

基础泊松括号

$$\{X_\alpha, X_\beta\}_{\text{P.B.}} = S_{\alpha\beta}$$

3.15 相对论性带电粒子在磁偶极场中的运动

题 3.15 一个静止质量为 m、电荷为 e、速度为 $\boldsymbol{v}$ 的相对论粒子, 在一个矢势为 $\boldsymbol{A}$ 的磁场中运动, 其拉格朗日函数为

$$L = -mc^2\sqrt{1 - \frac{v^2}{c^2}} + e\boldsymbol{A} \cdot \boldsymbol{v}$$

对于位于原点的、沿 z 轴的磁矩为 $\boldsymbol{M}_0$ 的磁偶极子产生的磁场可用矢势 $\boldsymbol{A} = \dfrac{\mu_0}{4\pi} \dfrac{M_0 \sin\theta}{r^2} \boldsymbol{e}_\varphi$ 描写, 其中 (r, θ, φ) 为球坐标.

(1) 求 p_φ, 并证明它是一个运动常数;

(2) 如果上述矢势被 $\boldsymbol{A}' = \boldsymbol{A} + \nabla\chi(r, \theta, \varphi)$ 代替, χ 为一任意标量函数, p_φ 将如何变化, 是否还是运动常数?

解答 (1) 拉格朗日函数

$$L = -mc^2\sqrt{1 - \frac{v^2}{c^2}} + \frac{e\mu_0}{4\pi} \frac{M_0 \sin\theta}{r^2} \boldsymbol{e}_\varphi \cdot \boldsymbol{v} = -mc^2\sqrt{1 - \frac{v^2}{c^2}} + \frac{\mu_0}{4\pi} \frac{eM_0}{r} \sin^2\theta \dot{\varphi}$$

其中 $v^2 = \dot{r}^2 + r^2\dot{\theta}^2 + r^2\sin^2\theta\dot{\varphi}^2$. 这样

$$p_\varphi = \frac{\partial L}{\partial \dot{\varphi}} = \frac{\partial}{\partial v^2}\left(-mc^2\sqrt{1-\frac{v^2}{c^2}}\right)\frac{\partial v^2}{\partial \dot{\varphi}} + \frac{\mu_0}{4\pi}\frac{eM_0}{r}\sin^2\theta$$

$$= \frac{m}{\sqrt{1-\dfrac{v^2}{c^2}}}r^2\sin^2\theta\dot{\varphi} + \frac{\mu_0}{4\pi}\frac{eM_0}{r}\sin^2\theta$$

因为 $\dfrac{\partial L}{\partial \varphi} = 0$, 所以 $p_\varphi = $ 常量 (φ 为循环坐标).

(2) 矢势改为 $\boldsymbol{A}' = \boldsymbol{A} + \nabla\chi(r, \theta, \varphi)$, 拉格朗日函数为

$$L' = -mc^2\sqrt{1-\frac{v^2}{c^2}} + \frac{\mu_0}{4\pi}\frac{eM_0}{r}\sin^2\theta + e\nabla\chi\cdot\boldsymbol{v}$$

$$= -mc^2\sqrt{1-\frac{v^2}{c^2}} + \frac{\mu_0}{4\pi}\frac{eM_0}{r}\sin^2\theta\dot{\varphi}$$

$$\quad + e\left(\frac{\partial\chi}{\partial r}\dot{r} + \frac{1}{r}\frac{\partial\chi}{\partial\theta}r\dot{\theta} + \frac{1}{r\sin\theta}\frac{\partial\chi}{\partial\varphi}\cdot r\sin\theta\dot{\varphi}\right)$$

$$= -mc^2\sqrt{1-\frac{v^2}{c^2}} + \frac{\mu_0}{4\pi}\frac{eM_0}{r}\sin^2\theta\dot{\varphi} + e\left(\frac{\partial\chi}{\partial r}\dot{r} + \frac{\partial\chi}{\partial\theta}\dot{\theta} + \frac{\partial\chi}{\partial\varphi}\dot{\varphi}\right)$$

因而

$$p'_\varphi = \frac{\partial L'}{\partial\dot{\varphi}} = p_\varphi + e\frac{\partial\chi}{\partial\varphi}$$

因为 $\dfrac{\partial L'}{\partial\varphi} \neq 0$ (χ 为 (r,θ,φ) 的任意函数, $\dfrac{\partial\chi}{\partial r}, \dfrac{\partial\chi}{\partial\theta}, \dfrac{\partial\chi}{\partial\varphi}$ 中均可显含 φ), 所以 φ 不再是循环坐标, p'_φ 不再是运动常数.

3.16 带电粒子在恒定平面磁场中的运动

题 3.16 证明: 如果恒定磁场是平面场

$$A_x = 0, \quad A_y = 0, \quad A_z = A_z(x, y)$$

则带电粒子在该场中运动时

$$\frac{mv_z}{\sqrt{1-\beta^2}} + qA_z = 常量$$

证明 该带电粒子在该场中运动的拉格朗日量

$$L = -mc^2\sqrt{1-\beta^2} + q\boldsymbol{A}\cdot\boldsymbol{v} = -mc^2\sqrt{1-\beta^2} + qA_z(x,y)\dot{z}$$

可见 L 满足

$$\frac{\partial L}{\partial z} = 0$$

可知

$$p_z = \frac{\partial L}{\partial\dot{z}} = -\frac{mc^2}{2\sqrt{1-\beta^2}}\frac{(-2\dot{z})}{c^2} + qA_z = 常量$$

也就是

$$\frac{mv_z}{\sqrt{1-\beta^2}} + qA_z = 常量$$

3.17 带电粒子在轴对称恒定磁场中运动时的一个守恒量

题 3.17 证明: 如果恒定磁场具有轴对称性, 即 $A_r = A_z = 0$, $A_\varphi = A_\varphi(r,z)$, 则带电粒子在该场中运动时

$$\frac{mr^2\dot{\varphi}}{\sqrt{1-\beta^2}} + qrA_\varphi = 常量$$

证明 采用柱坐标, $\boldsymbol{A} = A_r\boldsymbol{e}_r + A_\varphi\boldsymbol{e}_\varphi + A_z\boldsymbol{e}_z = A_\varphi(r,z)\boldsymbol{e}_\varphi$, 带电粒子运动速度

$$\boldsymbol{v} = \dot{r}\boldsymbol{e}_r + r\dot{\varphi}\boldsymbol{e}_\varphi + \dot{z}\boldsymbol{e}_z$$

速度平方

$$v^2 = \dot{r}^2 + r^2\dot{\varphi}^2 + \dot{z}^2$$

为常量. 并有

$$\boldsymbol{A} \cdot \boldsymbol{v} = A_\varphi(r,z)r\dot{\varphi}$$

这样

$$L = -mc^2\sqrt{1-\beta^2} + q\boldsymbol{A}\cdot\boldsymbol{v} = -mc^2\sqrt{1-\beta^2} + qr\dot{\varphi}A_\varphi(r,z)$$

因为 $\dfrac{\partial L}{\partial \varphi} = 0$, $p_\varphi = \dfrac{\partial L}{\partial \dot{\varphi}} = 常量$, 也就是

$$-\frac{mc^2}{2\sqrt{1-\beta^2}}\frac{1}{c^2}(-2r^2\dot{\varphi}) + qrA_\varphi = 常量$$

或者

$$\frac{mr^2\dot{\varphi}}{\sqrt{1-\beta^2}} + qrA_\varphi = 常量$$

3.18 行星进动

题 3.18 众所周知, 行星都围绕太阳在椭圆轨道上运动, 但如果仅考虑狭义相对论的效应, 轨道是进动的椭圆.

$$\frac{1}{r} = \frac{1}{r_0}\{1 + \varepsilon\cos[\alpha(\varphi - \varphi_0)]\}$$

$\alpha \neq 1(\alpha = 1$ 相应于无进动的经典的结果).

(1) 导出这一方程, 用轨道的基本常数 (如能量、角动量等) 表示 α 和 r_0;

(2) 已知水星的轨道的平均半径为 5.8×10^7km, 轨道周期为 88 天, 计算每 100 年水星轨道进动的角度 (当然, 这个效应不能说明水星总的进动速率).

解答　(1) 拉格朗日函数为

$$L = -mc^2 \sqrt{1 - \frac{1}{c^2}(\dot{r}^2 + r^2\dot{\varphi}^2)} + \frac{GMm}{r} \tag{3.86}$$

由此

$$\frac{\partial L}{\partial \dot{r}} = \frac{m\dot{r}}{\sqrt{1 - \frac{v^2}{c^2}}}, \quad \frac{\partial L}{\partial r} = \frac{mr\dot{\varphi}^2}{\sqrt{1 - \frac{v^2}{c^2}}} - \frac{GMm}{r^2} \tag{3.87}$$

$$\frac{\partial L}{\partial \dot{\varphi}} = \frac{mr^2\dot{\varphi}}{\sqrt{1 - \frac{v^2}{c^2}}}, \quad \frac{\partial L}{\partial \varphi} = 0 \tag{3.88}$$

其中 $v^2 = \dot{r}^2 + r^2\dot{\varphi}^2$. 拉格朗日方程为

$$\frac{\mathrm{d}}{\mathrm{d}t}\left(\frac{m\dot{r}}{\sqrt{1 - \frac{v^2}{c^2}}}\right) - \left(\frac{mr\dot{\varphi}^2}{\sqrt{1 - \frac{v^2}{c^2}}} - \frac{GMm}{r^2}\right) = 0 \tag{3.89}$$

$$\frac{mr^2\dot{\varphi}}{\sqrt{1 - \frac{v^2}{c^2}}} = J(\text{常量}) \tag{3.90}$$

将式 (3.90) 代入式 (3.89), 得

$$\frac{\mathrm{d}}{\mathrm{d}t}\left(\frac{J\dot{r}}{r^2\dot{\varphi}}\right) - \frac{J\dot{\varphi}}{r} + \frac{GMm}{r^2} = 0 \tag{3.91}$$

令 $u = \frac{1}{r}$, $r = \frac{1}{u}$, $\dot{r} = -\frac{1}{u^2}\dot{u}$, $\frac{\dot{r}}{r^2} = -\dot{u}$ 并利用

$$\dot{u} = \frac{\mathrm{d}u}{\mathrm{d}\varphi}\dot{\varphi}, \qquad \frac{\mathrm{d}}{\mathrm{d}t}\left(\frac{\mathrm{d}u}{\mathrm{d}\varphi}\right) = \frac{\mathrm{d}^2u}{\mathrm{d}\varphi^2}\dot{\varphi}$$

式 (3.91) 可化成

$$\frac{\mathrm{d}^2u}{\mathrm{d}\varphi^2} + u = \frac{GMm}{J\dot{\varphi}}u^2 \tag{3.92}$$

因为 $\frac{\partial L}{\partial t} = 0$

$$\frac{\partial L}{\partial \dot{r}}\dot{r} + \frac{\partial L}{\partial \dot{\varphi}}\dot{\varphi} - L = E(\text{常量})$$

代入式 (3.87) 与式 (3.88) 的结果

$$\frac{m\dot{r}^2}{\sqrt{1 - \frac{v^2}{c^2}}} + \frac{mr^2\dot{\varphi}^2}{\sqrt{1 - \frac{v^2}{c^2}}} + mc^2\sqrt{1 - \frac{v^2}{c^2}} - \frac{GMm}{r} = E$$

可得

$$\frac{mc^2}{\sqrt{1 - \frac{v^2}{c^2}}} - \frac{GMm}{r} = E$$

或者

$$\frac{mc^2}{\sqrt{1 - \dfrac{v^2}{c^2}}} = E + GMmu \tag{3.93}$$

由式 (3.90)

$$\dot{\varphi} = \frac{J}{m}\sqrt{1 - \frac{v^2}{c^2}}u^2 \tag{3.94}$$

用式 (3.93)、(3.94),式 (3.92) 可改写为

$$\frac{\mathrm{d}^2 u}{\mathrm{d}\varphi^2} + \left[1 - \left(\frac{GMm}{Jc}\right)^2\right]u = \frac{GMmE}{J^2 c^2} \tag{3.95}$$

可令

$$u' = u - \frac{\dfrac{GMmE}{J^2 c^2}}{1 - \left(\dfrac{GMm}{Jc}\right)^2} = u - \frac{GMmE}{(Jc)^2 - (GMm)^2}$$

则式 (3.95) 化成

$$\frac{\mathrm{d}^2 u'}{\mathrm{d}\varphi^2} + \left[1 - \left(\frac{GMm}{Jc}\right)^2\right]u' = 0$$

解得

$$u' = A\cos[\alpha(\varphi - \varphi_0)]$$

其中

$$\alpha = \left[1 - \left(\frac{GMm}{Jc}\right)^2\right]^{\frac{1}{2}}$$

而 A、φ_0 为常量.

$$u = \frac{GMmE}{(Jc)^2 - (GMm)^2} + A\cos[\alpha(\varphi - \varphi_0)]$$

或者

$$\frac{1}{r} = \frac{1}{r_0} + A\cos[\alpha(\varphi - \varphi_0)] \tag{3.96}$$

其中

$$r_0 = \frac{(Jc)^2 - (GMm)^2}{GMmE}$$

将式 (3.96) 写成题目所论的形式

$$\frac{1}{r} = \frac{1}{r_0}\{1 + \varepsilon\cos[\alpha(\varphi - \varphi_0)]\}$$

其中,$\varepsilon = Ar_0$.

(2) 设在 $\varphi = \varphi_1$, r 取极大值,相邻的下一个 r 取极大值在 $\varphi = \varphi_2$ 处,则

$$\alpha(\varphi_2 - \varphi_0) - \alpha(\varphi_1 - \varphi_0) = 2\pi$$

在一个转动周期内向前进动的角度为

$$\Delta\varphi = \varphi_2 - \varphi_1 - 2\pi = 2\pi\left(\frac{1}{\alpha} - 1\right)$$

如 $\alpha = 1$，则 $\Delta\varphi = 0$，无进动. 现进动是缓慢的，α 很接近于 1，可取一级近似

$$\alpha = \left[1 - \left(\frac{GMm}{Jc}\right)^2\right]^{\frac{1}{2}} \approx 1 - \frac{1}{2}\left(\frac{GMm}{Jc}\right)^2$$

而在一个转动周期内向前进动的角度

$$\Delta\varphi \approx 2\pi\left[1 + \frac{1}{2}\left(\frac{GMm}{Jc}\right)^2 - 1\right] = \pi\left(\frac{GMm}{Jc}\right)^2$$

考虑水星以平均半径 $\bar{r}$ 做圆轨道运动

$$\frac{m}{\sqrt{1 - \dfrac{v^2}{c^2}}}\bar{r}\dot{\varphi}^2 = \frac{GMm}{\bar{r}^2}$$

因为

$$J = \frac{m\bar{r}^2\dot{\varphi}}{\sqrt{1 - \dfrac{v^2}{c^2}}}, \qquad \dot{\varphi} = \frac{2\pi}{\tau}$$

所以

$$\frac{GMm}{Jc} = \frac{\bar{r}\dot{\varphi}}{c} = \frac{2\pi\bar{r}}{c\tau}$$

水星围绕太阳一周，进动角

$$\Delta\varphi = \pi\left(\frac{GMm}{Jc}\right)^2 = \pi\left(\frac{2\pi\bar{r}}{c\tau}\right)^2$$

其中 $\tau = 88$ 天为水星绕太阳运动一周的时间. 一百年间，水星绕太阳转的圈数为 n，

$$n = \frac{100 \times 365}{\tau} = \frac{100 \times 365}{88} = 414.8$$

每一百年，水星进动的角度为

$$\begin{aligned}n\Delta\varphi &= n\pi\left(\frac{2\pi\bar{r}}{c\tau}\right)^2 = 414.8 \times 4\pi^3\left(\frac{58 \times 10^9}{3 \times 10^8 \times 88 \times 24 \times 3600}\right)^2 \\ &= 3.33 \times 10^{-5}\text{rad} = 6.87''\end{aligned}$$

这与实际测得每一百年水星进动的角度为 $1°33'20''$ 差得很远，原因主要是没有考虑其他行星的引力. 考虑其他行星的作用，并采用广义相对论，可以较好地解释水星的进动.

3.19 库仑场中电子的椭圆轨道的相对论修正

题 3.19 试求在静止原子核 Ze 的库仑场中，静止质量为 m、带电 $-e$ 的电子的椭圆轨道的相对论修正.

解答 电子运动拉格朗日函数

$$L = -mc^2\sqrt{1-\beta^2} + \frac{Ze^2}{4\pi\varepsilon_0 r}$$

其中

$$\beta^2 = \frac{1}{c^2}(\dot{r}^2 + r^2\dot{\varphi}^2)$$

因为 $\dfrac{\partial L}{\partial t} = 0$

$$\frac{\partial L}{\partial \dot{r}}\dot{r} + \frac{\partial L}{\partial \dot{\varphi}}\dot{\varphi} - L = 常量$$

其中

$$\frac{\partial L}{\partial \dot{r}} = -mc^2\frac{1}{2\sqrt{1-\beta^2}}\left(-\frac{1}{c^2}2\dot{r}\right) = \frac{m\dot{r}}{\sqrt{1-\beta^2}} \tag{3.97}$$

$$\frac{\partial L}{\partial \dot{\varphi}} = -mc^2\frac{1}{2\sqrt{1-\beta^2}}\left(-\frac{1}{c^2}2r^2\dot{\varphi}\right) = \frac{mr^2\dot{\varphi}}{\sqrt{1-\beta^2}} \tag{3.98}$$

这样

$$\begin{aligned}
\frac{\partial L}{\partial \dot{r}}\dot{r} + \frac{\partial L}{\partial \dot{\varphi}}\dot{\varphi} - L &= \frac{m\dot{r}^2}{\sqrt{1-\beta^2}} + \frac{mr^2\dot{\varphi}^2}{\sqrt{1-\beta^2}} + mc^2\sqrt{1-\beta^2} - \frac{Ze^2}{4\pi\varepsilon_0 r} \\
&= \frac{mc^2\beta^2}{\sqrt{1-\beta^2}} + \frac{mc^2(1-\beta^2)}{\sqrt{1-\beta^2}} - \frac{Ze^2}{4\pi\varepsilon_0 r} = \frac{mc^2}{\sqrt{1-\beta^2}} - \frac{Ze^2}{4\pi\varepsilon_0 r}
\end{aligned} \tag{3.99}$$

从而

$$\frac{mc^2}{\sqrt{1-\beta^2}} - \frac{Ze^2}{4\pi\varepsilon_0 r} = E \tag{3.100}$$

因为 $\dfrac{\partial L}{\partial \varphi} = 0$,

$$\frac{\partial L}{\partial \dot{\varphi}} = mh \text{ (常量)}$$

也就有

$$\dot{\varphi} = \frac{h}{r^2}\sqrt{1-\beta^2} \tag{3.101}$$

由式 (3.100) 得

$$\frac{1}{1-\beta^2} = \left[\frac{1}{mc^2}\left(E + \frac{Ze^2}{4\pi\varepsilon_0 r}\right)\right]^2$$

这样

$$\frac{\beta^2}{1-\beta^2} = \frac{1}{1-\beta^2} - 1 = \left[\frac{1}{mc^2}\left(E + \frac{Ze^2}{4\pi\varepsilon_0 r}\right)\right]^2 - 1$$

从而

$$v^2 = c^2\beta^2 = c^2\frac{\beta^2}{1-\beta^2}(1-\beta^2) = c^2\left[\left(\frac{E + \dfrac{Ze^2}{4\pi\varepsilon_0 r}}{mc^2}\right)^2 - 1\right](1-\beta^2)$$

由式 (3.101) 和 $\dot{r} = \dfrac{\mathrm{d}r}{\mathrm{d}\varphi}\dot{\varphi}$

$$v^2 = \dot{r}^2 + r^2\dot{\varphi}^2 = \left[\left(\frac{\mathrm{d}r}{\mathrm{d}\varphi}\right)^2 + r^2\right]\dot{\varphi}^2 = \left[\left(\frac{\mathrm{d}r}{\mathrm{d}\varphi}\right)^2 + r^2\right]\frac{h^2}{r^4}(1-\beta^2)$$

比较两个 v^2 的式子, 可得

$$\left(\frac{1}{r^2}\frac{\mathrm{d}r}{\mathrm{d}\varphi}\right)^2 + \frac{1}{r^2} = \frac{c^2}{h^2}\left[\left(\frac{E + \dfrac{Ze^2}{4\pi\varepsilon_0 r}}{mc^2}\right)^2 - 1\right]$$

令 $u = \dfrac{1}{r}$, $\dfrac{\mathrm{d}u}{\mathrm{d}\varphi} = -\dfrac{1}{r^2}\dfrac{\mathrm{d}r}{\mathrm{d}\varphi}$ 上式可改写成

$$\left(\frac{\mathrm{d}u}{\mathrm{d}\varphi}\right)^2 + u^2 = \frac{c^2}{h^2}\left[\left(\frac{E + \dfrac{Ze^2}{4\pi\varepsilon_0}u}{mc^2}\right)^2 - 1\right]$$

两边对 φ 求导

$$2\frac{\mathrm{d}u}{\mathrm{d}\varphi}\frac{\mathrm{d}^2u}{\mathrm{d}\varphi^2} + 2u\frac{\mathrm{d}u}{\mathrm{d}\varphi} = \frac{2c^2}{h^2}\left(\frac{E + \dfrac{Ze^2}{4\pi\varepsilon_0}u}{m^2c^4}\right)\frac{Ze^2}{4\pi\varepsilon_0}\frac{\mathrm{d}u}{\mathrm{d}\varphi}$$

由此得

$$\frac{\mathrm{d}^2u}{\mathrm{d}\varphi^2} + \left(1 - \frac{Z^2e^4}{16\pi^2\varepsilon_0^2 m^2c^2h^2}\right)u = \frac{Ze^2E}{4\pi\varepsilon_0 m^2c^2h^2}$$

当 $c \to \infty$ 时, 上式简化为

$$\frac{\mathrm{d}^2u}{\mathrm{d}\varphi^2} + u = \frac{Ze^2}{4\pi\varepsilon_0 mh^2}$$

这是非相对论的轨道微分方程, 其解是椭圆轨道,

$$u = A(1 + \varepsilon\cos\varphi)$$

式中的 ε 是偏心率, 以免与电子带电量 $-e$ 中的 e, 发生混淆.

令 $\dfrac{Z^2e^4}{16\pi^2\varepsilon_0^2 m^2c^2h^2}$ 为小量, 令 $\alpha = \dfrac{Z^2e^4}{16\pi^2\varepsilon_0^2 m^2c^2h^2}$, 并令 $u' = u - \dfrac{Ze^2E}{4\pi\varepsilon_0 m^2c^2h^2(1-\alpha)}$,

$$\frac{\mathrm{d}^2u'}{\mathrm{d}\varphi^2} + (1-\alpha)u' = 0$$

解得

$$u = \frac{Ze^2E}{4\pi\varepsilon_0 m^2c^2h^2(1-\alpha)} + A\cos\left(\sqrt{1-\alpha}\,\varphi - \varphi_0\right)$$

因为 α 是小量, $\sqrt{1-\alpha} \approx 1 - \dfrac{1}{2}\alpha$

$$u = \frac{Ze^2E}{4\pi\varepsilon_0 m^2 c^2 h^2(1-\alpha)} + A\cos\left[\left(1 - \frac{1}{2}\alpha\right)\varphi - \varphi_0\right]$$

和上题一样, 设 φ_1、φ_2 是相继两个 u 取极小值的角度. 则

$$\left(1 - \frac{1}{2}\alpha\right)\varphi_2 - \varphi_0 - \left[\left(1 - \frac{1}{2}\alpha\right)\varphi_1 - \varphi_0\right] = 2\pi$$

或者

$$\left(1 - \frac{1}{2}\alpha\right)(\varphi_2 - \varphi_1) = 2\pi$$

每转一周, 或更准确些说 u 从一个极小到下一个极小, 进动的角度为

$$\varphi_2 - \varphi_1 - 2\pi = \frac{2\pi}{1 - \dfrac{1}{2}\alpha} - 2\pi \approx 2\pi\left(1 + \frac{1}{2}\alpha\right) - 2\pi = \pi\alpha = \frac{Z^2 e^4}{16\pi\varepsilon_0^2 m^2 c^2 h^2}$$

3.20　星体的满足什么条件时, 光不能从星体表面逃逸

题 3.20　某个质量等于太阳质量 $(M = 2.0 \times 10^{33}\text{g})$ 的星体的半径和密度分别多大, 光才不能从星体表面逃逸?

解法一　根据能量和质量的等效关系, 具有能量 E 的光子具有质量 $m = \dfrac{E}{c^2}$. 光子在半径为 R、质量为 M 的星体表面, 引力势能为 $-\dfrac{GMm}{R}$, 其中 G 为万有引力常数, 只有光子的总能量

$$mc^2 - \frac{GMm}{R} \geqslant 0$$

时才能逃逸出去, 反之当

$$mc^2 - \frac{GMm}{R} < 0$$

时, 光子不能逃逸出去, 由此不能逃逸要求

$$R \leqslant \frac{GM}{c^2} = \frac{6.67 \times 10^{-11} \times 2 \times 10^{30}}{(3 \times 10^8)^2} = 1.48 \times 10^3 (\text{m})$$

密度为

$$\rho \geqslant \frac{M}{\dfrac{4}{3}\pi R^3} = \frac{2 \times 10^{30}}{\dfrac{4}{3}\pi(1.48 \times 10^3)^3} = 1.47 \times 10^{20} (\text{kg/m}^3)$$

要求半径不大于 1.48×10^3 m, 密度不小于 1.47×10^{20} kg/m³.

解法二　用广义相对论给出的引力红移公式, 具有频率为 ν 的光子离开星体表面到无穷远处时的频率为

$$\nu' = \nu\left[1 - \left(\frac{GM}{Rc^2} - 0\right)\right] = \nu\left(1 - \frac{GM}{Rc^2}\right)$$

不能逃逸, 意味着 $\nu' = 0$ 也得到

$$1 - \frac{GM}{Rc^2} = 0, \qquad R = \frac{GM}{c^2}$$

结果相同.

3.21 若一粒子的动能等于它的静能, 它的速度多大

题 3.21 一粒子的静止质量不为零, 若该粒子的动能等于它的静能, 它的速度多大?

解答 粒子静质量为 m_0, 若其动能等于它的静能

$$T = mc^2 - m_0c^2 = m_0c^2$$

也就是

$$m = 2m_0, \qquad \frac{m_0}{\sqrt{1 - \left(\dfrac{v}{c}\right)^2}} = 2m_0$$

也就是

$$\frac{1}{\sqrt{1 - \left(\dfrac{v}{c}\right)^2}} = 2$$

从而

$$v = \sqrt{1 - \left(\frac{1}{2}\right)^2}\, c = \frac{\sqrt{3}}{2}c$$

3.22 用相对论粒子的动能表示它的动量的大小, 用相对论粒子的动量表示它的速度

题 3.22 试用相对论粒子的动能 T 表示它的动量的大小 p, 用相对论粒子的动量 p 表示它的速度 v.

解答 设粒子的静止质量为 $m_0 \neq 0$,

$$p = mv = \frac{m_0v}{\sqrt{1 - \dfrac{v^2}{c^2}}} = \frac{m_0cv}{\sqrt{c^2 - v^2}}$$

则有

$$\frac{p^2}{m_0^2c^2} = \frac{v^2}{c^2 - v^2}, \qquad \frac{p^2}{p^2 + m_0^2c^2} = \frac{v^2}{c^2}$$

从而

$$T = mc^2 - m_0c^2 = \frac{m_0c^2}{\sqrt{1 - \dfrac{v^2}{c^2}}} - m_0c^2$$

$$= \frac{m_0c^2}{\sqrt{1 - \dfrac{p^2}{p^2 + m_0^2c^2}}} - m_0c^2 = c\sqrt{p^2 + m_0^2c^2} - m_0c^2$$

也就是[1]

$$T = c\sqrt{p^2 + m_0^2c^2} - m_0c^2$$

---

[1] 也可以由能量动量三角关系 $E^2 = p^2c^2 + E_0^2$ 直接写出.

从而

$$p = \frac{1}{c}\sqrt{(T + m_0 c^2)^2 - m_0^2 c^4} = \frac{1}{c}\sqrt{T(T + 2m_0 c^2)}$$

相对论动量 $\boldsymbol{p} = m\boldsymbol{v}$, 这样

$$\boldsymbol{v} = \frac{\boldsymbol{p}}{m} = \frac{\boldsymbol{p}}{m_0}\sqrt{1 - \frac{v^2}{c^2}} = \frac{\boldsymbol{p}}{m_0}\sqrt{1 - \frac{p^2}{p^2 + m_0^2 c^2}}$$
$$= \frac{c\boldsymbol{p}}{\sqrt{p^2 + m_0^2 c^2}}$$

说明　若粒子的静止质量为 $m_0 = 0$, 则粒子的速度 $v \equiv c$, $T = E = pc$.

3.23　已知粒子的静止质量和能量, 求该粒子的速率

题 3.23　一个静止质量为 m_0 的粒子具有能量 E, 求该粒子的速率 v, 讨论非相对论和极端相对论两种极限情况.

解答　质能关系

$$E = mc^2 = \frac{m_0 c^2}{\sqrt{1 - \frac{v^2}{c^2}}}$$

从而

$$v = c\sqrt{1 - \frac{m_0^2 c^4}{E^2}} = \frac{c}{E}\sqrt{E^2 - m_0^2 c^4}$$

非相对论极限 $(v \ll c)$

$$E = m_0 c^2 \left(1 - \frac{v^2}{c^2}\right)^{-\frac{1}{2}} \approx m_0 c^2 \left(1 + \frac{v^2}{2c^2}\right) = m_0 c^2 + \frac{1}{2}m_0 v^2$$

从而

$$\frac{1}{2}m_0 v^2 = E - m_0 c^2 = T$$

这样

$$v = \sqrt{\frac{2T}{m_0}}$$

极端相对论极限 $(E \gg m_0 c^2)$

$$v = c\sqrt{1 - \frac{m_0^2 c^4}{E^2}} \approx c\left[1 - \frac{1}{2}\left(\frac{m_0 c^2}{E}\right)^2\right]$$

3.24　π 介子的产生和衰变

题 3.24　(1) 计算与具有动量 $400\mathrm{GeV}/c$ 的质子同样速度的 π 介子的动量. 在费米实验室, 动量为 $400\mathrm{GeV}/c$ 的质子打击靶时, 是产生 π 介子的最概然动量, π 介子的静止质量为 $0.14\mathrm{GeV}/c^2$, 质子的静止质量为 $0.94\mathrm{GeV}/c^2$;

(2) π 介子通过 400m 长的衰变管时, 一些 π 介子衰变产生中微子束, 中微子探测器位于 1km 以外, 如图 3.2 所示. π 介子的固有的平均寿命为 2.6×10^{-8}s, 在 400m 长的距离上, π 介子发生衰变占多大分数?

(3) 在 π 介子静止参考系中的观察者测量, 衰变管的长度是多少?

(4) π 介子衰变成一个 μ 子和一个中微子 ν(静止质量为零)[①]. 用相对论的能量动量关系证明, 在 π 介子静止的参考系中, 衰变产物的动量的大小 q 由下式确定:

$$\frac{q}{c} = \frac{M^2 - m^2}{2M}$$

其中 M 是 π 介子静止质量, m 是 μ 子的静止质量;

(5) 平均来讲, 中微子探测器离 π 介子衰变点约 1.2km, 为了在 π 介子静止参考系中前半球中产生的所有中微子都被探测到, 探测器的横截面的半径有多大?

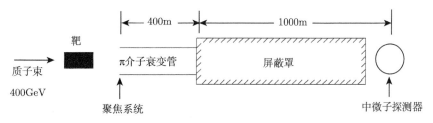

图 3.2 π 介子通过 400m 长的衰变管

解答 (1) 设 M 和 m_p 分别是 π 介子和质子的静止质量, p_π 和 p_p 分别是 π 介子和质子的动量, v 是 π 介子和质子的速度,

$$p_\pi = \frac{Mv}{\sqrt{1 - \left(\frac{v}{c}\right)^2}}, \qquad p_p = \frac{m_p v}{\sqrt{1 - \left(\frac{v}{c}\right)^2}}$$

两式相除, 可得

$$p_\pi = \frac{M}{m_p} p_p = \frac{0.14}{0.94} \times 400 = 60 (\text{GeV}/c)$$

(2) 用 K、K′ 系分别表示实验室参考系和 π 介子静止参考系, Δt、$\Delta t'$ 分别是在 K、K′ 系中 π 介子通过衰变管所需时间,

$$\Delta t = \frac{\Delta t' + \frac{v}{c^2}\Delta x'}{\sqrt{1 - \left(\frac{v}{c}\right)^2}} = \frac{\Delta t'}{\sqrt{1 - \left(\frac{v}{c}\right)^2}}$$

其中 v 是 K′ 系对 K 系的速度.

$$\Delta t = \frac{l}{v}, \qquad l = 400\text{m}$$

① 1998 年以后的中微子振荡实验表明, 中微子具有微小的静止质量; 该静止质量很小, 一般情况下都可以取为零. 以下涉及中微子质量都按此理解.

由题 3.22 导出的速度与动量的关系，

$$v = \frac{cp_\pi}{\sqrt{p_\pi^2 + M^2 c^2}} \quad \text{或} \quad \frac{cp_{\rm p}}{\sqrt{p_{\rm p}^2 + m_{\rm p}^2 c^2}}$$

在 π 介子通过衰变期间，衰变了的 π 介子占 π 介子的分数为

$$1 - {\rm e}^{-\frac{\Delta t'}{\tau}} = 1 - \exp\left[-\frac{1}{\tau}\sqrt{1 - \left(\frac{v}{c}\right)^2} \cdot \frac{l}{v} \right]$$
$$= 1 - \exp\left(-\frac{m_{\rm p} l}{p_{\rm p}\tau} \right) = 1 - \exp\left(-\frac{0.94 \times 400}{400 \times 3 \times 10^8 \times 2.6 \times 10^{-8}} \right)$$
$$= 0.1135 = 11.35\%$$

(3) 在 K' 系中衰变管的长度 $l' = x_2' - x_1'$，x_2' 和 x_1' 是在同一时刻 t' 测衰变管两端的坐标.

$$l = x_2 - x_1 = \frac{x_2' - x_1' + v(t' - t')}{\sqrt{1 - \left(\frac{v}{c}\right)^2}} = \frac{l'}{\sqrt{1 - \left(\frac{v}{c}\right)^2}}$$

这样

$$l' = l\sqrt{1 - \left(\frac{v}{c}\right)^2} = l\sqrt{\frac{m_{\rm p}^2 c^2}{p_{\rm p}^2 + m_{\rm p}^2 c^2}} = 400\sqrt{\frac{(0.94)^2/c^2}{(400)^2/c^2 + (0.94)^2/c^2}} = 0.94({\rm m})$$

(4) 在 π 介子静止参考系中，π 介子的能量为静能 Mc^2，动量为零，

$$\pi \rightarrow \mu + \nu$$

衰变成 μ 子和中微子，考虑动量守恒，中微子的动量为 $\boldsymbol{q}$，则 μ 子的动量为 $-\boldsymbol{q}$. 由相对论的能量动量关系，μ 子和中微子的能量分别为

$$\sqrt{c^2(-q)^2 + m^2 c^4} \quad \text{和} \quad cq$$

上式利用了中微子的静止质量为零. 衰变时，能量守恒

$$Mc^2 = \sqrt{c^2 q^2 + m^2 c^4} + cq$$

解出

$$\frac{q}{c} = \frac{M^2 - m^2}{2M}$$

(5) 可利用题 2.12 导出的前灯效应的公式

$$\tan\theta = \frac{c\sin\theta'\sqrt{1 - \left(\frac{v}{c}\right)^2}}{c\cos\theta' + v}$$

今 $\theta' = 90°$，$\tan\theta = \dfrac{R}{1200}$，其中 R 就是待求的探测器横截面的半径，

$$\frac{R}{1200} = \frac{c}{v}\sqrt{1 - \left(\frac{v}{c}\right)^2} = \sqrt{\left(\frac{c}{v}\right)^2 - 1}$$

前已求得

$$v = \frac{c p_{\mathrm{p}}}{\sqrt{p_{\mathrm{p}}^2 + m_{\mathrm{p}}^2 c^2}}$$

因而

$$\left(\frac{c}{v}\right)^2 = \frac{p_{\mathrm{p}}^2 + m_{\mathrm{p}}^2 c^2}{p_{\mathrm{p}}^2}, \qquad \left(\frac{c}{v}\right)^2 - 1 = \left(\frac{m_{\mathrm{p}} c}{p_{\mathrm{p}}}\right)^2$$

从而

$$R = 1200 \times \frac{m_{\mathrm{p}} c}{p_{\mathrm{p}}} = 1200 \times \frac{0.94}{400} = 2.82 (\mathrm{m})$$

3.25　100kg 铜的温度升高 100℃, 它的质量增加量

题 3.25　如果将 100kg 铜的温度升高 100℃, 它的质量增加了多少? (铜的比热容 $C = 93 \mathrm{cal}/(\mathrm{kg} \cdot \mathrm{K})$).

解答　由于温度升高, 能量增量为

$$\Delta E = mC\Delta T = 100 \times 93 \times 4.184 \times 100 = 3.9 \times 10^6 (\mathrm{J})$$

用质能关系 $E = mc^2$ 得质量增量为

$$\Delta m = \frac{\Delta E}{c^2} = \frac{3.9 \times 10^6}{(3 \times 10^8)^2} = 4.3 \times 10^{-11} (\mathrm{kg})$$

这个增量非常小, 根本无法测出来.

3.26　地球大气层中产生了 π^+ 介子, 这个 π^+ 介子竖直向下运动

题 3.26　在海拔 100km 的地球大气层中产生了一个静能为 140MeV 的 π^+ 介子, 这个 π^+ 介子的总能量 $E = 1.5 \times 10^5 \mathrm{MeV}$ 竖直向下运动, 按它自身参考系中测定, 它在产生后 $2.0 \times 10^{-8}\mathrm{s}$ 衰变, 问它在海平面以上多大高度处发生衰变的?

解答　按能量动量三角关系

$$E^2 = c^2 p^2 + m_0^2 c^4 = c^2 p^2 + E_0^2 = \left(\frac{m_0 v}{\sqrt{1 - \dfrac{v^2}{c^2}}}\right)^2 c^2 + E_0^2$$

$$= E_0^2 \frac{\left(\dfrac{v}{c}\right)^2}{1 - \left(\dfrac{v}{c}\right)^2} + E_0^2 = \frac{E_0^2}{1 - \left(\dfrac{v}{c}\right)^2}$$

也就有

$$\frac{1}{\sqrt{1 - \left(\dfrac{v}{c}\right)^2}} = \frac{E}{E_0}$$

从而

$$v = \sqrt{1 - \left(\frac{E_0}{E}\right)^2} \, c$$

在 π^+ 参考系中经历的时间为 $\Delta t' = 2.0 \times 10^{-8}$s, 在地球参考系中经历的时间为 Δt,

$$\Delta t = \frac{\Delta t' + \dfrac{v}{c^2}\Delta x'}{\sqrt{1 - \left(\dfrac{v}{c}\right)^2}} = \frac{\Delta t'}{\sqrt{1 - \left(\dfrac{v}{c}\right)^2}} = \frac{E}{E_0}\Delta t'$$

衰变前在地球参考系竖直向下经过的距离为

$$d = v\Delta t = \sqrt{1 - \left(\frac{E_0}{E}\right)^2} \, c \cdot \frac{E}{E_0}\Delta t' \approx \frac{cE}{E_0}\Delta t'$$

发生衰变处的海拔为

$$h = 100 \times 10^3 - \frac{cE}{E_0}\Delta t'$$

$$= 100 \times 10^3 - \frac{3 \times 10^8 \times 1.5 \times 10^5}{140} \times 2 \times 10^{-8} = 9.36 \times 10^4 (\text{m}) = 93.6 (\text{km})$$

3.27 手电筒接通开关并允许它沿一直线自由地运动

题 3.27　一个假想的手电筒能将它的相当一部分静止质量转变成光, 发射相当准直的光束, 如果手电筒开始处于静止, 静止质量为 m_0. 接通开关并允许它沿一直线自由地运动. 求当它相对于原静参考系具有速度 v 时的静止质量 m(不假定 $v \ll c$).

解答　设当手电筒速度为 v 时, 已发射的全部光子的总能量为 E, 全部光子的总动量大小为 $\dfrac{E}{c}$, 方向与 v 的方向相反.

根据能量守恒和动量守恒,

$$\frac{mc^2}{\sqrt{1 - \dfrac{v^2}{c^2}}} + E = m_0 c^2 \tag{3.102}$$

$$\frac{mv}{\sqrt{1 - \dfrac{v^2}{c^2}}} - \frac{E}{c} = 0 \tag{3.103}$$

式 (3.103) + 式 (3.102)/c,

$$\frac{m(c+v)}{\sqrt{1 - \dfrac{v^2}{c^2}}} = m_0 c$$

立得

$$m = m_0 \frac{\sqrt{c^2 - v^2}}{c + v} = m_0 \sqrt{\frac{c - v}{c + v}}$$

3.28　光子被一个静止电子所散射, 散射光子能量与散射角之间的关系

题 3.28　一个能量为 E_i 的光子被一个静止质量为 m_e 的静止电子所散射, 设散射后光子的能量为 E_f, 入射光子与散射光子之间的夹角为 θ, 找出 E_i、E_f 和 θ 之间的关系.

解答　由能量守恒, 设散射后电子具有能量为 E_e,

$$E_i + m_e c^2 = E_f + E_e \tag{3.104}$$

由动量守恒, 设散射后电子具有动量 $\boldsymbol{p}_e$,

$$\boldsymbol{p}_i = \boldsymbol{p}_f + \boldsymbol{p}_e \tag{3.105}$$

电子的能量和动量有下列关系:

$$E_e^2 = m_e^2 c^4 + \boldsymbol{p}_e^2 c^2 \tag{3.106}$$

用式 (3.104)、式 (3.106),

$$(E_i + m_e c^2 - E_f)^2 = m_e^2 c^4 + p_e^2 c^2 \tag{3.107}$$

由式 (3.105),

$$\begin{aligned} \boldsymbol{p}_e^2 = \boldsymbol{p}_e \cdot \boldsymbol{p}_e &= (\boldsymbol{p}_i - \boldsymbol{p}_f) \cdot (\boldsymbol{p}_i - \boldsymbol{p}_f) \\ &= \boldsymbol{p}_i^2 + \boldsymbol{p}_f^2 - 2\boldsymbol{p}_i \cdot \boldsymbol{p}_f \end{aligned} \tag{3.108}$$

将式 (3.108) 代入式 (3.107),

$$(E_i + m_e c^2 - E_f)^2 = m_e^2 c^4 + (\boldsymbol{p}_i^2 + \boldsymbol{p}_f^2 - 2\boldsymbol{p}_i \cdot \boldsymbol{p}_f)c^2 \tag{3.109}$$

用 $p_i = \dfrac{E_i}{c}$, $p_f = \dfrac{E_f}{c}$, $\boldsymbol{p}_i \cdot \boldsymbol{p}_f = \dfrac{E_i E_f}{c^2} \cos\theta$, 代入式 (3.109), 化简后得

$$E_i E_f (1 - \cos\theta) = m_e c^2 (E_i - E_f)$$

这样

$$1 - \cos\theta = m_e c^2 \left(\frac{1}{E_f} - \frac{1}{E_i} \right)$$

3.29　一个静止的 π^+ 介子衰变为 μ 子和中微子

题 3.29　一个静止的 π^+ 介子衰变为 μ 子和中微子, 三者的静止质量分别为 $m_{\pi0}$、$m_{\mu0}$ 和零, 求 μ 子和中微子的动能 T_μ、T_ν.

解答　由能量守恒和动量守恒

$$m_{\pi0} c^2 = \frac{m_{\mu0} c^2}{\sqrt{1 - \beta^2}} + E_\nu$$

$$0 = \frac{m_{\mu0} \beta c}{\sqrt{1 - \beta^2}} + \frac{E_\nu}{c}$$

这里 $\beta = \dfrac{v}{c}$, 规定沿中微子运动的方向 $v > 0$. 消去 E_ν, 得

$$m_{\pi 0} = m_{\mu 0} \frac{1 - \beta}{\sqrt{1 - \beta^2}} = m_{\mu 0} \sqrt{\frac{1 - \beta}{1 + \beta}}$$

也就是

$$\frac{m_{\mu 0}^2}{m_{\pi 0}^2} = \frac{1 + \beta}{1 - \beta}, \qquad \frac{m_{\mu 0}^2 - m_{\pi 0}^2}{m_{\mu 0}^2 + m_{\pi 0}^2} = \frac{2\beta}{2} = \beta$$

从而

$$T_\mu = \frac{m_{\mu 0} c^2}{\sqrt{1 - \beta^2}} - m_{\mu 0} c^2 = \frac{m_{\mu 0} c^2}{\sqrt{1 - \left(\dfrac{m_{\mu 0}^2 - m_{\pi 0}^2}{m_{\mu 0}^2 + m_{\pi 0}^2} \right)^2}} - m_{\mu 0} c^2$$

$$= \frac{(m_{\mu 0} - m_{\pi 0})^2}{2 m_{\pi 0}} c^2$$

以及

$$T_\nu = E_\nu = m_{\pi 0} c^2 - \frac{m_{\mu 0} c^2}{\sqrt{1 - \beta^2}} = \frac{m_{\pi 0}^2 - m_{\mu 0}^2}{2 m_{\pi 0}} c^2$$

3.30 电子和正电子碰撞湮灭, 产生电磁辐射

题 3.30 静止质量均为 $9.11 \times 10^{-31} \text{kg}$ 的一个电子和一个正电子相碰撞, 两粒子消失产生电磁辐射, 若湮没前均静止, 求辐射出的能量.

解答 由能量守恒, 辐射出的能量

$$E = 2 m_{\text{e}} c^2 = 2 \times 9.11 \times 10^{-31} \times (3 \times 10^8)^2 \text{J}$$

$$= 1.64 \times 10^{-13} \text{J} = 1.02 \text{MeV}$$

3.31 运动粒子与静止粒子做完全非弹性碰撞

题 3.31 两个静止质量均为 m_0 的粒子, 一个处于静止状态, 另一个动能为其静能的 6 倍, 两粒子做完全非弹性碰撞, 求复合粒子的静止质量和速度.

解答 由能量守恒, 复合粒子的能量 E 等于两粒子碰撞前的能量之和

$$E = m_0 c^2 + (m_0 c^2 + 6 m_0 c^2) = 8 m_0 c^2$$

由动量守恒, 复合粒子的动量等于两粒子碰撞前的动量之和, 其中一个静止, 动量为零. 复合粒子的动量等于碰撞前动能不为零的粒子的动量.

对碰撞前动能不为零的粒子用能量和动量的关系

$$(m_0 c^2 + 6 m_0 c^2)^2 = m_0^2 c^4 + c^2 p^2$$

这给出

$$p = \sqrt{48} m_0 c$$

对复合粒子写能量和动量的关系

$$m^2c^4 + c^2p^2 = E^2 \quad (m\text{是静止质量})$$

代入 $E = 8m_0c^2$, $p^2 = 48m_0^2c^2$ 得 $m = 4m_0$.

设复合粒子的速度为 v,

$$p = \frac{mv}{\sqrt{1 - \left(\dfrac{v}{c}\right)^2}}$$

从而

$$\frac{p^2}{m^2c^2} = \frac{v^2}{c^2 - v^2}, \qquad \frac{p^2}{p^2 + m^2c^2} = \frac{v^2}{c^2}$$

最后

$$v = \frac{cp}{\sqrt{p^2 + m^2c^2}} = \frac{\sqrt{3}}{2}c$$

3.32　运动粒子的两体衰变

题 3.32　一个静止质量为 M_0、速率为 $0.8c$ 沿 x 轴向正方向运动的粒子, 衰变成两个静止质量均为 m_0 的粒子, 其中一个以 $0.6c$ 的速率沿 y 轴向负方向运动. 求:

(1) 另一个粒子的速率和运动方向;

(2) m_0/M_0.

解答　设另一个粒子的速率为 $v\left(\beta = \dfrac{v}{c}\right)$, 速度与 x 轴的夹角为 θ. 由衰变过程能量和动量守恒.

$$\frac{M_0c^2}{\sqrt{1 - (0.8)^2}} = \frac{m_0c^2}{\sqrt{1 - (0.6)^2}} + \frac{m_0c^2}{\sqrt{1 - \beta^2}} \tag{3.110}$$

$$\frac{M_0 \times 0.8c}{\sqrt{1 - (0.8)^2}} = \frac{m_0c\beta\cos\theta}{\sqrt{1 - \beta^2}} \tag{3.111}$$

$$0 = \frac{m_0(-0.6c)}{\sqrt{1 - (0.6)^2}} + \frac{m_0c\beta\sin\theta}{\sqrt{1 - \beta^2}} \tag{3.112}$$

由式 (3.111)、式 (3.112), 可得

$$\frac{m_0^2\beta^2}{1 - \beta^2} = \frac{16}{9}M_0^2 + \frac{9}{16}m_0^2 = \frac{256M_0^2 + 81m_0^2}{144}$$

给出

$$\beta^2 = \frac{256M_0^2 + 81m_0^2}{256M_0^2 + 225m_0^2}$$

这样

$$1 - \beta^2 = \frac{144m_0^2}{256M_0^2 + 225m_0^2} \tag{3.113}$$

由式 (3.110) 可得

$$1 - \beta^2 = \frac{m_0^2}{\left(\dfrac{5}{3}M_0 - \dfrac{5}{4}m_0\right)^2} = \frac{144m_0^2}{400M_0^2 - 600M_0m_0 + 225m_0^2}$$

与式 (3.113) 比较可得

$$400M_0^2 - 600M_0 m_0 + 225m_0^2 = 256M_0^2 + 225m_0^2$$

解得

$$\frac{m_0}{M_0} = \frac{144}{600} = 0.24$$

从而

$$\beta^2 = \frac{256 + 81(0.24)^2}{256 + 225 \times (0.24)^2} = 0.9693$$

以及 $v = \beta c = 0.985c.$

由式 (3.112), 可得

$$\sin\theta = \frac{3}{4}c \cdot \frac{\sqrt{1 - \beta^2}}{v} = 0.1334$$

给出

$$\theta = 0.134\text{rad} \quad \text{或} \quad 7°40'$$

3.33　运动粒子与静止粒子做完全弹性碰撞

题 3.33　一总能量为 E_0、静止质量为 m_0 的粒子, 与一个具有相同静止质量的静止粒子发生完全弹性碰撞, 散射后两粒子动能相等. 求散射后两粒子速度的夹角, 并讨论非相对论和极端相对论两种极限情况.

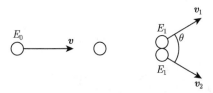

图 3.3　运动粒子与静止粒子做完全弹性碰撞

解答　静止质量相同的粒子动能相等, 则总能相等, 速率相同. 设散射后每个粒子的总能量为 E_1, 速率为 v_1, 散射前总能量为 E_0 的粒子的速率为 v_0.

由能量守恒

$$E_0 + m_0 c^2 = 2E_1 \tag{3.114}$$

因为

$$E = mc^2, \qquad p = mv$$

考虑到碰撞后两粒子动能相等, 碰撞前后, 两粒子的速度, 必有图 3.3 所示的情况.

由动量守恒

$$\frac{E_0}{c^2}v_0 = \frac{2E_1}{c^2}v_1 \cos\frac{\theta}{2} \tag{3.115}$$

由

$$E_0 = \frac{m_0 c^2}{\sqrt{1 - \left(\frac{v_0}{c}\right)^2}}, \qquad E_1 = \frac{m_0 c^2}{\sqrt{1 - \left(\frac{v_1}{c}\right)^2}}$$

解出

$$v_0 = c\sqrt{1 - \left(\frac{m_0c^2}{E_0}\right)^2}, \qquad v_1 = c\sqrt{1 - \left(\frac{m_0c^2}{E_1}\right)^2}$$

将 v_0、v_1 代入式 (3.115), 并用式 (3.114),

$$E_0\sqrt{1 - \left(\frac{m_0c_2}{E_0}\right)^2} = 2E_1\sqrt{1 - \left(\frac{m_0c^2}{E_1}\right)^2}\cos\frac{\theta}{2}$$

$$= (E_0 + m_0c^2)\sqrt{1 - \frac{4m_0^2c^4}{(E_0 + m_0c^2)^2}}\cos\frac{\theta}{2}$$

给出

$$\sqrt{E_0^2 - m_0^2c^4} = \sqrt{E_0^2 + 2E_0m_0c^2 - 3m_0^2c^4}\cos\frac{\theta}{2}$$

约去等号两边的共同因子 $\sqrt{E_0 - m_0c^2}$, 即得

$$\cos\frac{\theta}{2} = \sqrt{\frac{E_0 + m_0c^2}{E_0 + 3m_0c^2}}$$

给出

$$\theta = 2\arccos\sqrt{\frac{E_0 + m_0c^2}{E_0 + 3m_0c^2}}$$

非相对论极限

$$E = m_0c^2 + \frac{1}{2}m_0v^2, \qquad \frac{1}{2}m_0v^2 \ll E_0$$

以及 $E_0 \approx m_0c^2$, 从而

$$\theta \approx 2\arccos\sqrt{\frac{1}{2}} = 90°$$

极端相对论极限, $E \gg m_0c^2$, $E_0 \gg m_0c^2$

$$\theta = 2\arccos 1 = 0$$

3.34 质子和反质子碰撞产生两静止质量相同的粒子

题 3.34 一个能量为 E_0 的反质子与一处于静止的质子相互作用, 产生两静止质量均为 m_x 的粒子, 其中一个在实验室中在与入射方向成 $90°$ 角的方向上被探测到, 求这个粒子的总能量 E_s, 并证明它与 m_x、E_0 均无关.

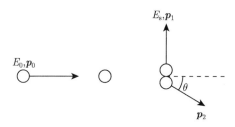

图 3.4 质子和反质子碰撞产生两静止质量相同的粒子

解答　质子和反质子具有相同的静止质量 m_{p}. 设反质子的动量为 p_0, 与质子相互作用产生的两粒子的动量分别为 p_1、p_2, 相互作用情况如图 3.4 所示.

由动量守恒

$$p_0 = p_2 \cos\theta, \qquad p_1 = p_2 \sin\theta$$

从而

$$p_2^2 = p_0^2 + p_1^2$$

由能量守恒

$$E_0 + m_{\mathrm{p}}c^2 = E_{\mathrm{s}} + \sqrt{c^2 p_2^2 + m_x^2 c^4}$$

从后两式消去 p_2, 可得

$$(E_0 + m_{\mathrm{p}}c^2)^2 + E_{\mathrm{s}}^2 - 2(E_0 + m_{\mathrm{p}}c^2)E_{\mathrm{s}} = c^2(p_0^2 + p_1^2) + m_x^2 c^4$$

用 $E_0^2 = c^2 p_0^2 + m_{\mathrm{p}}^2 c^4$, $E_{\mathrm{s}}^2 = c^2 p_1^2 + m_x^2 c^4$, 上式可化为

$$m_{\mathrm{p}}^2 c^4 + E_0 m_{\mathrm{p}} c^2 = E_{\mathrm{s}}(E_0 + m_{\mathrm{p}}c^2)$$

所以

$$E_{\mathrm{s}} = m_{\mathrm{p}} c^2$$

E_{s} 仅与质子 (或反质子) 的静止质量有关, 与 E_0、m_x 均无关.

3.35　"光子火箭" 获得的附加速度

题 3.35　宇航员开亮一个普通的手电筒, 将它扔入太空 (电筒围绕它的轴稳定地自转), 问两小时后电池用完之时, 这个 "光子火箭" 获得多大的附加速度? 假定电筒的小灯泡位于抛射面的焦点, 使发出的光子几乎都平行于电筒的轴线.

解答　设电筒的功率为 N(W), 开亮后经时间 t(以 s 为单位), 发出的光子的总能量为 $E = Nt$. 如靠电筒稳定自转, 保持电筒的取向不变. 当电池用完时, 发出的光子的总动量为

$$p = \frac{E}{c} = \frac{Nt}{c} = \frac{N \times 2 \times 3600}{3 \times 10^8} = 2.4 \times 10^{-5} N$$

由动量守恒, 手电筒将附加相反方向的动量, "光子火箭" 获得相反的附加速度, 其大小为

$$\Delta v = \frac{Nt}{mc}$$

对宇航员来说, 这 Δv 是 "光子火箭" 获得的相反的速度的大小, m 是手电筒的质量, 由于 Δv 很小, 近似为静止质量.

若 $N = 1$W, $m = 0.3$kg, $t = 2$h,

$$\Delta v = \frac{1 \times 2 \times 3600}{0.3 \times 3 \times 10^8} = 8 \times 10^{-5} (\mathrm{m/s})$$

3.36　光子在地球引力场中下落频率增加

题 3.36　等效原理断言引力质量和惯性质量相等. 光子有不等于零的引力质量吗? 设光子朝着地球落下距离 10m, 计算对光子频率的影响. 用什么实验技术可以测出这个频率变化?

解答　光子的引力质量不等于零, 根据等效原理, 光子的引力质量等于其惯性质量, 光子的静止质量等于零, 但惯性质量不等于零,

$$m = \frac{E}{c^2} = \frac{h\nu}{c^2}$$

当光子在地球引力场中落下距离 l 时, 它的能量增加, 因此频率也增加,

$$h\nu' = h\nu + mgl = h\nu \left(1 + \frac{gl}{c^2}\right)$$

这里用了 $m = \dfrac{h\nu}{c^2}$.

$$\Delta\nu = \nu' - \nu = \frac{gl}{c^2}\nu, \qquad \frac{\Delta\nu}{\nu} = \frac{gl}{c^2}$$

当 $l = 10\text{m}$ 时

$$\frac{\Delta\nu}{\nu} = \frac{9.8 \times 10}{(3 \times 10^8)^2} = 1.1 \times 10^{-15}$$

这微小的频率变化可用穆斯堡尔效应作实验探测到.

说明　这一理论结果已于 1960 年由 Pound 等在哈佛大学校园一座塔内用穆斯堡尔效应测量所证实[①].

3.37　相同静止质量两粒子的散射实验

题 3.37　考虑一个能量非常高的散射实验, 参与散射的两个粒子具有相同的静止质量 m_0, 其中一个原来处于静止, 另一个以动量 p 入射:

(1) 求质心的速度 v^*;

(2) 在极端相对论极限 $pc \gg m_0 c^2$ 下, 求此系统在质心平动参考系中的总能量 E^*.

解答　(1) 设在实验室参考系中具有动量 p 的粒子速度为 u_1, 在质心平动参考系中速度为 v_1,

$$v_1 = \frac{u_1 - v^*}{1 - \dfrac{v^*}{c^2}u_1}$$

另一粒子在质心平动参考系中的速度为 v_2,

$$v_2 = \frac{0 - v^*}{1 - \dfrac{v^*}{c^2} \cdot 0} = -v^*$$

[①] R. V. Pound and G. A. Rebka, Jr., *Apparent Weight of Photons*, Phys. Rev. Lett. **4**, 337.

在质心平动参考系中, 系统的总动量为零.

$$\frac{m_0 v_1}{\sqrt{1 - \left(\dfrac{v_1}{c}\right)^2}} + \frac{m_0(-v^*)}{\sqrt{1 - \left(\dfrac{v^*}{c}\right)^2}} = 0$$

可得

$$\frac{(v_1/c)^2}{1 - (v_1/c)^2} = \frac{(v^*/c)^2}{1 - (v^*/c)^2}, \qquad v_1 = v^*$$

这样

$$\frac{u_1 - v^*}{1 - \dfrac{v^*}{c^2} u_1} = v^*$$

也就是

$$u_1 v^{*2} - 2c^2 v^* + u_1 c^2 = 0$$

解此关于 v^* 的一元二次方程得

$$v^* = \frac{c^2 - \sqrt{c^4 - u_1^2 c^2}}{u_1} \tag{3.116}$$

另一个 $v^* > c$ 的根已舍去.

在实验室参考系中

$$p = \frac{m_0 u_1}{\sqrt{1 - \left(\dfrac{u_1}{c}\right)^2}}$$

解出

$$u_1 = \frac{pc}{\sqrt{p^2 + m_0^2 c^2}} \tag{3.117}$$

将式 (3.117) 代入式 (3.116), 经计算可得

$$v^* = \frac{c\sqrt{p^2 + m_0^2 c^2} - m_0 c^2}{p}$$

可以检验应有的关系 $v^* < u_1$ 成立.

(2) 用极端相对论极限 $(p \gg m_0 c)$

$$v_1 = v^* \approx c\left(1 - \frac{m_0 c}{p}\right)$$

这样

$$E_1^* = \frac{m_0 c^2}{\sqrt{1 - \left(\dfrac{v_1}{c}\right)^2}} \approx \frac{m_0 c^2}{\sqrt{2m_0 c/p}} = \frac{1}{2}\sqrt{2m_0 p c^3}$$

$$E_2^* = \frac{m_0 c^2}{\sqrt{1 - \left(\dfrac{-v^*}{c}\right)^2}} = E_1^*$$

所以 $E^* = E_1^* + E_2^* = \sqrt{2m_0 p c^3}$.

3.38　静止质量不同两个粒子的正碰

题 3.38　(1) 静止质量 $m_1 = 1$g 以 0.9 倍光速运动的粒子, 与静止质量 $m_2 = 10$g 的静止粒子发生正碰, 并嵌入其中, 产生的复合粒子的静止质量和速度多大?

(2) 假定 m_1 静止, m_2 应以多大的速度运动, 才能产生与 (1) 有相同静止质量的复合粒子?

(3) 若 m_1 静止, m_2 应以多大的速度运动, 才能产生与 (1) 有相同速度的复合粒子.

解答　(1) 设复合粒子的静止质量为 M, 速度为 V(或 βc). 由碰撞过程动量和能量守恒,

$$\frac{m_1 \beta_1 c}{\sqrt{1 - \beta_1^2}} = \frac{M \beta c}{\sqrt{1 - \beta^2}}$$

$$\frac{m_1 c^2}{\sqrt{1 - \beta_1^2}} + m_2 c^2 = \frac{M c^2}{\sqrt{1 - \beta^2}}$$

可解出

$$V = \beta c = \frac{m_1 \beta_1 c}{m_1 + m_2 \sqrt{1 - \beta_1^2}}$$

$$M = \left(m_1^2 + m_2^2 + \frac{2 m_1 m_2}{\sqrt{1 - \beta_1^2}} \right)^{1/2}$$

代入 $m_1 = 1 \times 10^{-3}$kg, $\beta_1 = 0.9$, $m_2 = 10 \times 10^{-3}$kg 得

$$V = 0.168c, \quad M = 12.1 \times 10^{-3}\text{kg} \quad \text{或} \quad 12.1\text{g}$$

(2) 若 m_1 静止, m_2 以 $\beta_2 c$ 的速度与 m_1 正碰, 产生的复合粒子质量 M 为

$$M = \left(m_1^2 + m_2^2 + \frac{2 m_1 m_2}{\sqrt{1 - \beta_2^2}} \right)^{1/2}$$

与第 (1) 小题中 M 的表达式比较, M、m_1、m_2 的数值均相同, 必有 $\beta_2 = \beta_1$, 即 m_2 应以 0.9 倍光速运动.

(3) 若 m_1 静止, m_2 以 $\beta_2 c$ 的速度运动, 复合粒子的速度为

$$V = \frac{m_2 \beta_2 c}{m_2 + m_1 \sqrt{1 - \beta_2^2}}$$

按题意要求复合粒子的速度与第 (1) 小题中的相同,

$$\frac{m_2 \beta_2 c}{m_2 + m_1 \sqrt{1 - \beta_2^2}} = 0.168c$$

代入 m_1、m_2 的数据, 可得

$$10 \beta_2 = 1.68 + 0.168 \sqrt{1 - \beta_2^2} \tag{3.118}$$

可解出

$$\beta_2 = 0.186 \quad \text{或} \quad 0.150$$

显然只能取 $\beta_2 = 0.186$. 因为动量守恒要求

$$\frac{m_2\beta_2 c}{\sqrt{1-\beta_2^2}} = \frac{M\beta c}{\sqrt{1-\beta^2}}$$

$M > m_2$ 必有 $\dfrac{\beta_2^2}{1-\beta_2^2} > \dfrac{\beta^2}{1-\beta^2}$, $\beta_2 > \beta$. 因此, $\beta_2 = 0.150 < \beta(= 0.168)$ 是不可能的, 结论是 m_2 应以 $0.186c$ 的速度运动. 也可以将得到的两个 β_2 值代回式 (3.118) 验证. 可知 $\beta_2 = 0.150$ 不是解.

3.39 K 介子衰变成一个 μ 子和一个中微子

题 3.39 静能为 494MeV 的 K 介子衰变成静能为 106MeV 的 μ 子和静能为零的中微子, 求由静止的 K 介子衰变成的 μ 子和中微子的动能.

解答 根据能量守恒

$$m_K c^2 = E_\mu + E_\nu = \sqrt{p_\mu^2 c^2 + m_\mu^2 c^4} + p_\nu c$$

由动量守恒

$$\boldsymbol{p}_\nu = -\boldsymbol{p}_\mu, \qquad p_\mu = p_\nu$$

代入上式, 解出 p_μ

$$p_\mu = \frac{(m_K^2 - m_\mu^2)c}{2m_K}$$

进而

$$E_\mu = \sqrt{p_\mu^2 c^2 + m_\mu^2 c^4} = \frac{(m_K^2 + m_\mu^2)c^2}{2m_K}$$

$$= \frac{[(494/c^2)^2 + (106/c^2)^2]c^2}{2 \times 494/c^2} = 258(\text{MeV})$$

$$T_\mu = E_\mu - m_\mu c^2 = 258 - 106 = 152(\text{MeV})$$

而

$$E_\nu = p_\nu c = p_\mu c = \frac{(m_K^2 - m_\mu^2)c^2}{2m_K} = 236\text{MeV}$$

$$T_\nu = E_\nu - m_\nu c^2 = E_\nu = 236\text{MeV}$$

T_μ、T_ν 分别是在实验室参考系中 μ 子和中微子的动能.

3.40 处于激发态的原子核通过辐射 γ 光子返回基态

题 3.40 可以通过辐射 γ 光子的方法使处于激发态的原子核返回基态.

设基态的质量即原子核的静止质量为 m_0, 激发能 (处于该激发态时原子核的能量减去处于基态时的能量) 为 ΔE, 求辐射出的 γ 光子的频率.

解答　根据能量守恒和动量守恒

$$m_0 c^2 + \Delta E = \frac{m_0 c^2}{\sqrt{1-\beta^2}} + h\nu \tag{3.119}$$

$$\frac{m_0 \beta c}{\sqrt{1-\beta^2}} = \frac{h\nu}{c} \tag{3.120}$$

其中 $\beta = \dfrac{v}{c}$.

关于第一个式子作些说明. 原来处于激发态的原子核是静止的, 辐射 γ 光子回到基态的原子核不可能是静止的, 因为要遵从动量守恒定律, γ 光子的动量不为零, 处于基态的原子核必具有与 γ 光子等值异号的动量.

由式 (3.120) 可求 $\dfrac{1}{\sqrt{1-\beta^2}}$,

$$\frac{\beta^2}{1-\beta^2} = \frac{(h\nu)^2}{(m_0 c^2)^2}, \qquad \frac{1}{1-\beta^2} = \frac{(h\nu)^2 + (m_0 c^2)^2}{(m_0 c^2)^2}$$

从而

$$\frac{1}{\sqrt{1-\beta^2}} = \frac{1}{m_0 c^2}\sqrt{(h\nu)^2 + (m_0 c^2)^2}$$

代入式 (3.119)

$$m_0 c^2 + \Delta E = \sqrt{(h\nu)^2 + (m_0 c^2)^2} + h\nu$$

解出

$$h\nu = \Delta E \frac{\Delta E + 2m_0 c^2}{2(\Delta E + m_0 c^2)} = \Delta E \left[1 - \frac{\Delta E}{2(\Delta E + m_0 c^2)}\right]$$

于是

$$\nu = \frac{\Delta E}{h}\left[1 - \frac{\Delta E}{2(\Delta E + m_0 c^2)}\right]$$

3.41　静止粒子的两体衰变

题 3.41　一个静止质量为 M_0 的静止粒子衰变为静止质量分别为 m_{10} 和 m_{20} 的两粒子, 衰变能 $M_0 c^2 - (m_{10} + m_{20})c^2$ 在这两个粒子间如何分配?

解答　由能量守恒

$$M_0 c^2 = m_{10} c^2 + T_1 + m_{20} c^2 + T_2 \tag{3.121}$$

由题 3.22 得动量和动能有下列关系:

$$p_1 = \frac{1}{c}\sqrt{T_1(T_1 + 2m_{10} c^2)}$$

$$p_2 = \frac{1}{c}\sqrt{T_2(T_2 + 2m_{20} c^2)}$$

由动量守恒

$$\boldsymbol{p}_1 + \boldsymbol{p}_2 = 0, \qquad p_1 = p_2$$

所以

$$T_1(T_1 + 2m_{10}c^2) = T_2(T_2 + 2m_{20}c^2) \tag{3.122}$$

用式 (3.121) 消去式 (3.122) 中的 T_2,

$$T_1(T_1 + 2m_{10}c^2) = [(M_0 - m_{10} - m_{20})c^2 - T_1][(M_0 - m_{10} - m_{20})c^2 - T_1 + 2m_{20}c^2]$$

经计算, 解出

$$T_1 = \frac{1}{2M_0}[(M_0 - m_{10})^2 - m_{20}^2]c^2$$

$$T_2 = (M_0 - m_{10} - m_{20})c^2 - \frac{1}{2M_0}[(M_0 - m_{10})^2 - m_{20}^2]c^2$$

$$= \frac{1}{2M_0}[(M_0 - m_{20})^2 - m_{10}^2]c^2$$

由于式 (3.121)、式 (3.122) 两式中, 脚标 1、2 对调, 两方程不变, 因此得到 T_1 的式子后, 可将式中 1 与 2 对调, 立即写出 T_2 的式子. 现两式确有这种情况, 可作为计算无误的一种检验.

3.42　静止的电子偶湮没时产生两个光子, 其中一个光子再与另一个静止电子发生碰撞

题 3.42　静止的电子偶湮没时产生两个光子, 如果其中一个光子再与另一个静止电子发生碰撞, 它能给予这个电子的最大速度多大?

解答　由能量守恒, $2m_0c^2 = 2h\nu$, 也就是

$$h\nu = m_0c^2 \tag{3.123}$$

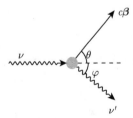

写上述能量关系时, 已考虑了能量守恒, 静止的电子偶动量为零, 产生的两个光子也必须总动量为零, 必然有两个光子的频率相同, 运动方向相反.

一个光子与静止电子发生碰撞, 由能量关系

$$h\nu + m_0c^2 = mc^2 + h\nu' \tag{3.124}$$

图 3.5　静止的电子偶湮没时产生两个光子, 其中一个光子再与另一个静止电子发生碰撞

静止电子获得速度

$$mc^2 > m_0c^2, \qquad \nu' < \nu$$

考虑一般情况如图 3.5 所示, 动量守恒关系如下:

$$\frac{h\nu}{c} = \frac{m_0\beta c}{\sqrt{1-\beta^2}}\cos\theta + \frac{h\nu'}{c}\cos\varphi \tag{3.125}$$

$$\frac{m_0\beta c}{\sqrt{1-\beta^2}}\sin\theta = \frac{h\nu'}{c}\sin\varphi \tag{3.126}$$

从式 (3.125)、式 (3.126) 消去 φ, 得

$$(h\nu)^2 - \frac{2h\nu \cdot m_0\beta c^2}{\sqrt{1-\beta^2}}\cos\theta + \frac{(m_0\beta c^2)^2}{1-\beta^2} = (h\nu')^2 \tag{3.127}$$

由式 (3.124)、式 (3.127), 消去 $h\nu'$, 可得

$$(m_0c^2)^2 + \frac{(m_0c^2)^2}{1-\beta^2} - \frac{2h\nu m_0c^2}{\sqrt{1-\beta^2}} - \frac{2(m_0c^2)^2}{\sqrt{1-\beta^2}} + 2h\nu m_0c^2$$

$$= -\frac{2h\nu m_0\beta c^2}{\sqrt{1-\beta^2}}\cos\theta + \frac{(m_0\beta c^2)^2}{1-\beta^2} \tag{3.128}$$

用式 (3.123), 式 (3.128) 可化为

$$2\sqrt{1-\beta^2} = (2 - \beta\cos\theta)$$

两边平方, 可解出

$$\beta = \frac{4\cos\theta}{4 + \cos^2\theta}$$

注意 $-1 \leqslant \cos\theta \leqslant 1$, 可知

$$\frac{\mathrm{d}\beta}{\mathrm{d}(\cos\theta)} = \frac{4(4 - \cos^2\theta)}{(4 + \cos^2\theta)^2} > 0$$

可知 β 是 $\cos\theta$ 的单调递增函数.

$$\beta_{\max} = \frac{4(\cos\theta)_{\max}}{4 + (\cos^2\theta)_{\max}} = \frac{4}{5}$$

故与静止电子发生碰撞的光子能给予这个电子的最大速度是 $v_{\max} = \dfrac{4}{5}c$.

3.43 单个光子不可能产生电子-正电子对

题 3.43 在气泡室中经常能观察到由光子产生电子 - 正电子对的反应. 试证明除非有其他粒子的介入, 比如一个核子, 则这样的转化是不可能的.

证明 这样的反应可以不违背能量守恒定律, 但一定违背动量守恒定律.

假定发生上述反应, 在任何惯性参考系中, 动量守恒均应成立. 我们可取 e^-、e^+ 系统的质心平动参考系, 在此参考系中, 系统的动量为零. 可反应前光子的动量不为零, 因为不可能找到一个参考系, 在其中光子是静止的. 这个设想的反应既然违背了它应遵从的定律, 这个反应就不可能发生.

假如有其他粒子例如核子参与反应, 能量和动量守恒均能满足.

设核子的静止质量为 M, 原来是静止的, 产生的正电子、电子对也静止, 需要光子具有的能量为 E、能量守恒关系为

$$E + Mc^2 = M\gamma c^2 + 2m_{\mathrm{e}}c^2 \tag{3.129}$$

其中, $\gamma = \dfrac{1}{\sqrt{1-\beta^2}}$, $\beta = \dfrac{v}{c}$, v 是反应后核子具有的速度.

动量守恒关系为

$$\frac{E}{c} = M\gamma\beta c$$

因为

$$\gamma = \frac{1}{\sqrt{1-\beta^2}}, \quad \beta = \sqrt{1-\frac{1}{\gamma^2}}, \quad \gamma\beta = \sqrt{\gamma^2-1}$$

也就有

$$\gamma^2 = 1 + (\gamma\beta)^2 = 1 + \left(\frac{E}{Mc^2}\right)^2 \tag{3.130}$$

用式 (3.130) 消去式 (3.129) 中的 γ,

$$(E + Mc^2 - 2m_{\mathrm{e}}c^2)^2 = E^2 + M^2c^4$$

也就有

$$E = \frac{M - m_{\mathrm{e}}}{M - 2m_{\mathrm{e}}} 2m_{\mathrm{e}}c^2$$

因 $M \gg m_{\mathrm{e}}$, 光子所需的能量稍大于电子–正电子对的静能 $2m_{\mathrm{e}}c^2$ 即可.

3.44　电子束被固定的散射靶散射

题 3.44　一电子束被固定的散射靶散射, 如图 3.6 所示, 散射是弹性的, 每个电子具有能量 $E = \frac{5}{3}m_0c^2$ (m_0 为电子的静止质量), 电子束流量为每秒钟流过 Q 个电子. 求:

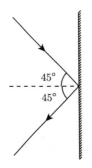

图 3.6　电子束被固定的散射靶散射

(1) 入射电子的速度;

(2) 电子作用在散射靶上的力的大小和方向.

解答　(1) 电子能量 $E = mc^2$, 也就是

$$\frac{5}{3}m_0c^2 = \frac{m_0}{\sqrt{1-\left(\frac{v}{c}\right)^2}}c^2, \qquad m = \frac{5}{3}m_0$$

所以

$$\sqrt{1-\left(\frac{v}{c}\right)^2} = \frac{3}{5}, \qquad v = \frac{4}{5}c$$

(2) 因为是弹性碰撞, 所以碰撞前后电子速度不变, 且电子束的入射角等于反射角, 电子的速度的切向分量不变, 法向分量反号, 入射电子的法向分量为

$$p_n = mv_n = \frac{5}{3}m_0 \cdot \frac{4}{5}c \cdot \cos 45° = \frac{2\sqrt{2}}{3}m_0c$$

每个电子散射时动量的改变量为

$$\Delta p = 2p_n = \frac{4\sqrt{2}}{3}m_0c$$

电子束给予靶的作用力等于一秒钟内电子束给予靶的冲量, 其大小也等于靶给予一秒钟内入射电子的作用力之和, 等于一秒钟内被散射电子的动量的改变量之和.

$$F = Q\Delta p = \frac{4\sqrt{2}}{3}Qm_0c$$

其方向沿入射电子速度的法向分量的方向.

3.45　运动粒子, 跟另一个静止粒子发生弹性碰撞

题 3.45　一个静止质量为 m、能量为 E 的粒子, 跟另一个静止质量为 M 的静止粒子发生弹性碰撞, 求碰撞后这个粒子的能量 E_1 与散射角 θ 的关系, 讨论入射粒子静止质量 $m = 0$ 的情况 (康普顿效应).

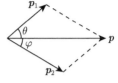

解答　用 p 和 p_1 表示静止质量为 m 的粒子碰撞前后的动量, E_2 和 p_2 表示静止质量为 M 的粒子碰撞后的能量和动量, 如图 3.7.

图 3.7　运动粒子, 跟另一个静止粒子发生弹性碰撞

由能量和动量守恒

$$E + Mc^2 = E_1 + E_2 \tag{3.131}$$

$$p = p_1 \cos\theta + p_2 \cos\varphi \tag{3.132}$$

$$p_1 \sin\theta = p_2 \sin\varphi \tag{3.133}$$

用三角关系 $E^2 = c^2 p^2 + m^2 c^4$, 式 (3.132)、式 (3.133) 可改写为

$$\sqrt{\frac{E^2}{c^2} - m^2 c^2} - \sqrt{\frac{E_1^2}{c^2} - m^2 c^2} \cos\theta = \sqrt{\frac{E_2^2}{c^2} - M^2 c^2} \cos\varphi$$

$$\sqrt{\frac{E_1^2}{c^2} - m^2 c^2} \sin\theta = \sqrt{\frac{E_2^2}{c^2} - M^2 c^2} \cos\varphi$$

两式平方相加, 得

$$\frac{E^2}{c^2} - m^2 c^2 + \frac{E_1^2}{c^2} - m^2 c^2 - 2\sqrt{\left(\frac{E^2}{c^2} - m^2 c^2\right)\left(\frac{E_1^2}{c^2} - m^2 c^2\right)} \cos\theta = \frac{E_2^2}{c^2} - M^2 c^2$$

用式 (3.131) 消去上式中的 E_2, 即得 E_1 与 θ 的关系

$$(E - E_1)Mc^2 - EE_1 + \sqrt{(E^2 - m^2 c^4)(E_1^2 - m^2 c^4)} \cos\theta + m^2 c^4 = 0 \tag{3.134}$$

当 $m = 0$ 时, $E = h\nu$, 光子打在静止的自由电子上产生康普顿散射

$$(h\nu - h\nu_1)Mc^2 - h^2\nu\nu_1 + h^2\nu\nu_1 \cos\theta = 0$$

或者

$$\frac{1}{\nu_1} - \frac{1}{\nu} = \frac{h}{Mc^2}(1 - \cos\theta) \tag{3.135}$$

3.46　π^0 介子衰变生成两个 γ 光子

题 3.46　以速度 v 运动、静止质量为 m 的 π^0 介子衰变生成两个 γ 光子, 设在 π^0 介子静止的参考系内, γ 光子按飞散方向的分布是各向同性的, 试确定相对于实验参考系的下列各量:

(1) 其中一个 γ 光子按与 π⁰ 介子运动方向成 θ 角飞散的概率;

(2) 一个 γ 光子以 θ 角飞散, 另一个 γ 光子飞散的方向;

(3) 按 (2) 飞散的两个 γ 光子的能量.

解答　(1) 设 K、K′ 系分别为实验室参考系和 π⁰ 介子在其中静止的参考系. 在 K′ 系中, 一个 γ 光子飞散方向是各向同性的, 在 $\theta' \sim \theta' + \mathrm{d}\theta'$ 内飞散的概率为

$$\mathrm{d}W = \frac{1}{4\pi} \cdot 2\pi \sin\theta' \mathrm{d}\theta' = \frac{1}{2}\sin\theta' \mathrm{d}\theta'$$

由题 2.13 证明的在 K′、K 系内光线与 x'、x 轴的夹角 θ'、θ 间的关系.

$$\cos\theta' = \frac{\cos\theta - \beta}{1 - \beta\cos\theta} \quad \left(\beta = \frac{v}{c}\right)$$

从而

$$-\sin\theta' \mathrm{d}\theta' = -\frac{1}{(1 - \beta\cos\theta)^2}(1 - \beta^2)\sin\theta \mathrm{d}\theta$$

在实验室参考系 K 内飞散到 $\theta \sim \theta + \mathrm{d}\theta$ 内的概率为

$$\mathrm{d}W = \frac{1}{2}\frac{1 - \beta^2}{(1 - \beta\cos\theta)^2}\sin\theta \mathrm{d}\theta$$

(2) 在 K′ 系中, 一个 γ 光子的飞散角为 θ' 则另一个 γ 光子的飞散角 $\theta'_1 = \pi + \theta'$ 在 K 系中飞散角为 θ_1,

$$\cos\theta_1 = \frac{\cos(\pi + \theta') + \beta}{1 + \beta\cos(\pi + \theta')} = \frac{\beta - \cos\theta'}{1 - \beta\cos\theta'}$$

将 $\cos\theta' = \dfrac{\cos\theta - \beta}{1 - \beta\cos\theta}$ 代入上式, 经计算可得

$$\cos\theta_1 = \frac{2\beta - (1 + \beta^2)\cos\theta}{1 + \beta^2 - 2\beta\cos\theta}$$

(3) 方法一: 在 K′ 系内, 两个 γ 光子的能量均为

$$E' = E'_1 = \frac{1}{2}mc^2 \quad \text{或} \quad h\nu' = h\nu'_1 = \frac{1}{2}mc^2$$

用横向多普勒效应公式

$$\nu = \sqrt{1 - \beta^2}\frac{1}{1 - \beta\cos\theta}\nu'$$

一个 γ 光子在 K 系中的能量为

$$E = h\nu = \frac{\sqrt{1 - \beta^2}}{1 - \beta\cos\theta}h\nu' = \frac{1}{2}mc^2\frac{\sqrt{1 - \beta^2}}{1 - \beta\cos\theta}$$

另一个 γ 光子在 K 系中的能量为

$$E_1 = h\nu_1 = \frac{\sqrt{1 - \beta^2}}{1 - \beta\cos\theta_1}h\nu' = \frac{1}{2}mc^2\frac{\sqrt{1 - \beta^2}}{1 - \beta\dfrac{2\beta - (1 + \beta^2)\cos\theta}{1 + \beta^2 - 2\beta\cos\theta}}$$

$$= \frac{1}{2} mc^2 \frac{1 + \beta^2 - 2\beta \cos\theta}{(1 - \beta \cos\theta)\sqrt{1 - \beta^2}}$$

可以验证

$$E + E_1 = \frac{mc^2}{\sqrt{1 - \beta^2}}$$

方法二：用能量变换关系，

$$E = \frac{E' + vp'_x}{\sqrt{1 - \beta^2}}$$

今

$$E' = \frac{1}{2} mc^2, \qquad p'_x = \frac{h\nu'}{c} \cos\theta' = \frac{1}{2} mc \frac{\cos\theta - \beta}{1 - \beta \cos\theta}$$

代入上述变换关系，立即得到 E 和 E_1 的上述表达式.

3.47　光子与电子碰撞

题 3.47　一个能量为 E_ν 的光子与一个能量为 $E \gg m_0 c^2 (m_0$ 为静止质量) 的电子发生碰撞.

(1) 若在实验室参考系中光子运动方向与电子运动方向的夹角为 θ, 碰撞前光子在电子参考系中的能量 E'_ν 等于多少？

(2) 若 $E'_\nu \ll m_0 c^2$, 电子的反冲可以略去, 光子在电子参考系中的能量不会因为碰撞而改变, 问碰撞后光子在实验室参考系中能量的最小值和最大值各是多少？

解答　(1) 取电子运动方向为 x 轴, 则在实验室参考系 (K 系) 中光子的动量在 x 方向的分量为

$$p_x = \frac{E_\nu}{c} \cos\theta$$

根据能量变换关系, 在电子参考系 (K′ 系) 中光子的能量 E'_ν 为

$$E'_\nu = \frac{E_\nu - vp_x}{\sqrt{1 - \left(\dfrac{v}{c}\right)^2}} = \frac{E_\nu \left(1 - \dfrac{v}{c}\cos\theta\right)}{\sqrt{1 - \left(\dfrac{v}{c}\right)^2}} \tag{3.136}$$

其中 v 是在实验室参考系 (K 系) 中电子的速度, 也即 K′ 系对 K 系的速度 (沿 x 方向),

$$E = \frac{m_0 c^2}{\sqrt{1 - \left(\dfrac{v}{c}\right)^2}}$$

即得

$$\frac{1}{\sqrt{1 - \left(\dfrac{v}{c}\right)^2}} = \frac{E}{m_0 c^2} \tag{3.137}$$

或者

$$\frac{v}{c} = \sqrt{1 - \frac{m_0^2 c^4}{E^2}} \approx 1 - \frac{m_0^2 c^4}{2E^2} \tag{3.138}$$

这里用了 $E \gg m_0 c^2$.

将式 (3.137)、(3.138) 代入式 (3.136), 得

$$E'_\nu = \left[\frac{E}{m_0 c^2}(1 - \cos\theta) + \frac{m_0 c^2}{2E}\cos\theta \right] E_\nu$$

(2) $E'_\nu \ll m_0 c^2$, 光子与电子发生碰撞时, 可以不计电子的反冲, 在电子参考系 (K′ 系) 中, 碰撞时光子的能量不变, 碰撞后仍为

$$E'_\nu = \left[\frac{E}{m_0 c^2}(1 - \cos\theta) + \frac{m_0 c^2}{2E}\cos\theta \right] E_\nu$$

能量的最小值和最大值的 θ 值由

$$\frac{\mathrm{d}E'_\nu}{\mathrm{d}\theta} = 0$$

求出

$$\frac{\mathrm{d}E'_\nu}{\mathrm{d}\theta} = \left(\frac{E}{m_0 c^2}\sin\theta - \frac{m_0 c^2}{2E}\sin\theta \right) E_\nu = 0$$

其解

$$\sin\theta = 0, \qquad \theta = 0, \pi$$

而

$$\frac{\mathrm{d}^2 E'_\nu}{\mathrm{d}\theta^2} = \left(\frac{E}{m_0 c^2} - \frac{m_0 c^2}{2E} \right) E_\nu \cos\theta$$

因为

$$E \gg m_0 c^2, \qquad \frac{E}{m_0 c^2} - \frac{m_0 c^2}{2E} > 0$$

可见

$$\theta = 0, \quad \frac{\mathrm{d}^2 E'_\nu}{\mathrm{d}\theta^2} > 0, \quad E'_\nu \text{最小}$$

$$\theta = \pi, \quad \frac{\mathrm{d}^2 E'_\nu}{\mathrm{d}\theta^2} < 0, \quad E'_\nu \text{最大}$$

其最小、最大值分别为

$$E'_{\nu\,\mathrm{min}} = \left[\frac{E}{m_0 c^2}(1 - \cos 0) + \frac{m_0 c^2}{2E}\cos 0 \right] E_\nu = \frac{m_0 c^2}{2E}E_\nu$$

$$E'_{\nu\,\mathrm{max}} = \left[\frac{E}{m_0 c^2}(1 - \cos\pi) + \frac{m_0 c^2}{2E}\cos\pi \right] E_\nu = \left(\frac{2E}{m_0 c^2} - \frac{m_0 c^2}{2E} \right) E_\nu \approx \frac{2E}{m_0 c^2}E_\nu$$

再用能量变换关系

$$E_\nu = \frac{E'_\nu + v p'_{\nu x}}{\sqrt{1 - \left(\dfrac{v}{c}\right)^2}}$$

可得光子在实验室参考系中能量的最小值和最大值

$$E_{\nu\,\mathrm{min}} = \frac{1}{\sqrt{1 - \left(\dfrac{v}{c}\right)^2}}\left(\frac{m_0 c^2}{2E} - v\frac{m_0 c}{2E} \right) E_\nu = \frac{m_0 c^2}{2E}\sqrt{\frac{1 - \dfrac{v}{c}}{1 + \dfrac{v}{c}}}\,E_\nu$$

$$E_{\nu\max} = \frac{1}{\sqrt{1-\left(\dfrac{v}{c}\right)^2}}\left(\frac{2E}{m_0c^2} + v\frac{2E}{m_0c^3}\right)E_\nu = \frac{2E}{m_0c^2}\sqrt{\frac{1+\dfrac{v}{c}}{1-\dfrac{v}{c}}}E_\nu$$

代入 $\dfrac{v}{c} \approx 1 - \dfrac{m_0^2c^4}{2E^2}$, 经计算可得

$$E_{\nu\min} \approx \left(\frac{m_0c^2}{2E}\right)^2 E_\nu$$

$$E_{\nu\max} \approx \left(\frac{2E}{m_0c^2}\right)^2 E_\nu$$

注意　在计算 $E_{\nu\min}$ 时, 碰撞前 p'_x 沿 x' 轴正向 ($\theta = 0$), 碰撞后反向, 沿 x' 轴负向, 故代入 $p'_{\nu x} = -\dfrac{m_0c^2}{2E}\cdot\dfrac{E_\nu}{c}$. 而在计算 $E_{\nu\max}$ 时, 碰撞前 p' 沿 x' 轴负向 ($\theta = \pi$), 碰撞后反向, 沿 x' 轴正向, 故代入 $p'_{\nu x} = \dfrac{2E}{m_0c^2}\cdot\dfrac{E_\nu}{c}$, 计算 p'_ν 时用了 $p'_\nu = \dfrac{E'_\nu}{c}$.

3.48　运动原子与同一静止原子同样两个能级间发生跃迁所发出的光子频率之间满足 Doppler 关系

题 3.48　证明以速度 v 运动的原子跃迁所发出的光子频率 ν' 与同一静止原子同样两个能级间发生跃迁所发出的光子频率 ν 之间满足 Doppler 关系.

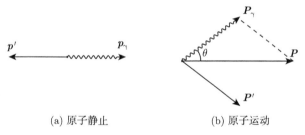

(a) 原子静止　　　　　(b) 原子运动

图 3.8　原子跃迁放出一个光子

解答　原来静止的原子, 发射光子, 获得反冲, 如图 3.8(a) 所示. 能动量守恒关系如下:

$$p' = p_\gamma \tag{3.139}$$

$$M_0c^2 = c\sqrt{p'^2 + M'^2_0c^2} + p_\gamma c \tag{3.140}$$

解得所发光子的动量为

$$p_\gamma = \frac{M_0^2 - M'^2_0}{2M_0}c = \frac{h\nu}{c} \tag{3.141}$$

或写作

$$2M_0p_\gamma = (M_0^2 - M'^2_0)c \tag{3.142}$$

原来运动的原子, 设放出光子前能量动量为 $(\boldsymbol{P}, E)$. 放出光子后由于反冲, 能量动量为 $(\boldsymbol{P}', E')$, 所发出的光子的能量动量为 $(\boldsymbol{P}_\gamma, E_\gamma)$, 如图 3.8(b) 所示. 能量动量守恒关系为

$$\boldsymbol{P} = \boldsymbol{P}' + \boldsymbol{P}_\gamma \tag{3.143}$$

$$E = E' + P_\gamma c \tag{3.144}$$

也就是

$$\begin{cases} P'^2 = P^2 + P_\gamma^2 - 2PP_\gamma \cos\theta \\ E'^2 = E^2 - 2EP_\gamma c + P_\gamma^2 c^2 \end{cases}$$

其中两式相减, 得到

$$\frac{E'^2}{c^2} - P'^2 = \frac{E^2}{c^2} - P^2 - 2P_\gamma\left(\frac{E}{c} - P\cos\theta\right) \tag{3.145}$$

代入 $E^2 = P^2c^2 + M_0^2c^4$, $E'^2 = P'^2c^2 + M_0'^2c^4$, 得到

$$M_0'^2c^2 = M_0c^2 - 2P_\gamma\left(\frac{E}{c} - P\cos\theta\right) \tag{3.146}$$

又由式 (3.142), 于是 $2M_0p_\gamma c = 2P_\gamma\left(\dfrac{E}{c} - P\cos\theta\right)$, 即

$$P_\gamma = p_\gamma \frac{M_0 c}{\dfrac{E}{c} - P\cos\theta} \tag{3.147}$$

由于

$$P = M_0 v / \sqrt{1 - \frac{v^2}{c^2}}, \qquad E = M_0 c^2 / \sqrt{1 - \frac{v^2}{c^2}} \tag{3.148}$$

可得

$$P_\gamma = p_\gamma \frac{M_0 c}{\dfrac{E}{c} - P\cos\theta} = \frac{\sqrt{1 - \beta^2}}{1 - \dfrac{v}{c}\cos\theta} p_\gamma \tag{3.149}$$

也就是

$$\nu' = \nu \frac{\sqrt{1 - \beta^2}}{1 - \dfrac{v}{c}\cos\theta} \tag{3.150}$$

两者之间满足 Doppler 关系.

3.49 两个运动点电荷的所受力

题 3.49 相距为 a 的两个点电荷 q_1 和 q_2, 在垂直于它们的连线的方向上以匀速度 v 运动, 试确定它们的所受力.

解法一 取 K、K′ 系分别为实验室参考系和固连于两个点电荷的参考系, 取 x、x' 轴沿点电荷在 K 系中的运动方向, K′ 系对 K 系以速度沿 x 轴正向运动, x、y、x'、y' 轴如图 3.9 所示.

在 K′ 系中, 点电荷 q_2 受点电荷 q_1 的作用力为静电场产生的库仑力

$$\boldsymbol{F}' = \frac{q_1 q_2}{4\pi\varepsilon_0 a^2}\boldsymbol{e}_y$$

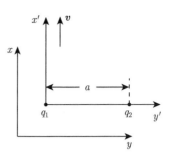

图 3.9 相距为 a 的两个点电荷 q_1 和 q_2

也就是

$$F_x' = 0, \quad F_y' = \frac{q_1 q_2}{4\pi\varepsilon_0 a^2}, \quad F_z' = 0$$

由力的变换公式

$$F_x = \frac{F_x' + \dfrac{V}{c}\boldsymbol{F}'\cdot\boldsymbol{v}'}{1 + \dfrac{Vv_x'}{c^2}},$$

$$F_y = F_y'\frac{\sqrt{1 - \left(\dfrac{V}{c}\right)^2}}{1 + \dfrac{Vv_x'}{c^2}}$$

$$F_z = F_z'\frac{\sqrt{1 - \left(\dfrac{V}{c}\right)^2}}{1 + \dfrac{Vv_x'}{c^2}}$$

按题意, $V = v$, $v' = 0$, 代入上述 F_x'、F_y'、F_z', 得

$$F_x = 0, \quad F_y = \frac{q_1 q_2}{4\pi\varepsilon_0 a^2}\sqrt{1 - \left(\frac{v}{c}\right)^2}, \quad F_z = 0$$

解法二 用相对论电动力学关于电磁场的变换公式

$$\boldsymbol{E}_{/\!/}' = \boldsymbol{E}_{/\!/}, \quad \boldsymbol{E}_{\perp}' = \frac{1}{\sqrt{1 - \left(\dfrac{V}{c}\right)^2}}(\boldsymbol{E} + \boldsymbol{V}\times\boldsymbol{B})_{\perp}$$

$$\boldsymbol{B}_{/\!/}' = \boldsymbol{B}_{/\!/}, \quad \boldsymbol{B}_{\perp}' = \frac{1}{\sqrt{1 - \left(\dfrac{V}{c}\right)^2}}\left(\boldsymbol{B} - \frac{1}{c^2}\boldsymbol{V}\times\boldsymbol{E}\right)_{\perp}$$

可把与 K′、K 系相对运动方向垂直的两个关系改为

$$\boldsymbol{E}_{\perp} = \frac{1}{\sqrt{1 - \left(\dfrac{V}{c}\right)^2}}(\boldsymbol{E}' - \boldsymbol{V}\times\boldsymbol{B}')_{\perp}$$

$$B_\perp = \frac{1}{\sqrt{1 - \left(\dfrac{V}{c}\right)^2}} \left(B' + \frac{1}{c^2} V \times E'\right)_\perp$$

今按题意

$$E'_\parallel = 0, \quad E'_\perp = \frac{q_1}{4\pi\varepsilon_0 a^2} e_y, \quad B' = 0, \quad V = v e_x$$

代入电磁场的变换公式, 得

$$E_\parallel = 0, \quad \text{即 } E_x = 0$$

$$E_\perp = \frac{1}{\sqrt{1 - \left(\dfrac{v}{c}\right)^2}} \left(\frac{q_1}{4\pi\varepsilon_0 a^2} e_y - 0\right) = \frac{q_1}{4\pi\varepsilon_0 a^2 \sqrt{1 - \left(\dfrac{v}{c}\right)^2}} e_y$$

也就是

$$E_y = \frac{q_1}{4\pi\varepsilon_0 a^2 \sqrt{1 - \left(\dfrac{v}{c}\right)^2}}, \qquad E_z = 0$$

以及

$$B_\parallel = 0, \quad \text{即 } B_x = 0$$

$$B_\perp = \frac{1}{\sqrt{1 - \left(\dfrac{v}{c}\right)^2}} \left(0 + \frac{1}{c^2} v e_x \times \frac{q_1}{4\pi\varepsilon_0 a^2} e_y\right) = \frac{\dfrac{v}{c^2} q_1}{4\pi\varepsilon_0 a^2 \sqrt{1 - \left(\dfrac{v}{c}\right)^2}} e_z$$

也就是

$$B_y = 0, \qquad B_z = \frac{\dfrac{v}{c^2} q_1}{4\pi\varepsilon_0 a^2 \sqrt{1 - \left(\dfrac{v}{c}\right)^2}}$$

点电荷 q_2 受到力为

$$\begin{aligned}
F &= q_2 (E + v \times B) \\
&= q_2 \left(\frac{q_1}{4\pi\varepsilon_0 a^2 \sqrt{1 - \left(\dfrac{v}{c}\right)^2}} e_y + v e_x \times \frac{\dfrac{v}{c^2} q_1}{4\pi\varepsilon_0 a^2 \sqrt{1 - \left(\dfrac{v}{c}\right)^2}} e_z\right) \\
&= \frac{q_1 q_2}{4\pi\varepsilon_0 a^2} \sqrt{1 - \left(\dfrac{v}{c}\right)^2} e_y
\end{aligned}$$

与方法一的结果完全相同.

3.50 求在洛伦兹系中物体非弹性碰撞的最大速度和质量

题 3.50 在惯性系 K 中, 考虑 n 个物体相碰撞. 这些物体都充分小、足够慢, 以至于相对论性动量可以用牛顿动量近似、速度可以近似线性叠加, 并且它们可同时在某点相撞. 假定碰撞前的速度和静止质量分别为 V_α, $m_\alpha(\alpha = 1, 2, \cdots, n)$ 而碰撞后分别为 V'_α, $m'_\alpha(\alpha = 1, 2, \cdots, n)$. (所有的 m_α 和 m'_α 均为正数). 对给定的 V 和 m, 假如碰撞后所有的物体的动能之和在满足能量和动量守恒的条件下达到最小值, 则称它是 K 系中最大非弹性碰撞. 此时物体的动能为

$$m_\alpha c^2 \left[\left(1 - \frac{V_\alpha^2}{c^2} \right)^{-1/2} - 1 \right]$$

(1) 求最大非弹性碰撞的 V'_α, m'_α(在它们能被确定的充分小、足够慢范围内);

(2) 最大非弹性碰撞是否洛伦兹不变? 试解释之.

解答　(1) 令 $\overline{m}_\alpha = \dfrac{m_\alpha}{\sqrt{1 - \dfrac{V_\alpha^2}{c^2}}}$, $\overline{m}'_\alpha = \dfrac{m'_\alpha}{\sqrt{1 - \dfrac{V'^2_\alpha}{c^2}}}$, 则碰撞后的动能为

$$T = \sum \left(\overline{m}'_\alpha c^2 - m'_\alpha c^2 \right)$$

根据能量守恒定律可知

$$\sum \overline{m}_\alpha c^2 = \sum \overline{m}'_\alpha c^2$$

所以

$$T = \sum \left(\overline{m}_\alpha c^2 - m'_\alpha c^2 \right)$$

因此欲使动能达到最小值, $\sum m'_\alpha$ 必须取最大值. 考虑碰撞后粒子系统的动量中心系 $\mathrm{K_{CM}}$, 由能量和动量守恒定律可知 $\mathrm{K_{CM}}$ 相对 K 的运动速度

$$V_{\mathrm{CM}} = \frac{\sum P'_\alpha}{\sum \overline{m}'_\alpha} = \sum \frac{m_\alpha V_\alpha}{\sqrt{1 - V_\alpha^2/c^2}} \Big/ \sum \frac{m_\alpha}{\sqrt{1 - V_\alpha^2/c^2}}$$

在 $\mathrm{K_{CM}}$ 系统中全部粒子的动能为

$$T_{\mathrm{CM}} = c^2 \left(\overline{M}_{\mathrm{CM}} - \sum m'_\alpha \right)$$

其中, $\overline{M}_{\mathrm{CM}} = \sum \overline{m}'_\alpha \Big/ \sqrt{1 - V_{\mathrm{CM}}^2/c^2}$.

由于 $T_{\mathrm{CM}} \geqslant 0$, 所以 $\sum m'_\alpha$ 取最大值即相应于 $T_{\mathrm{CM}} = 0$, 此时

$$\sum m'_\alpha = \overline{M}_{\mathrm{CM}} = \sum \overline{m}'_\alpha \Big/ \sqrt{1 - V_{\mathrm{CM}}^2/c^2} = \sum \overline{m}_\alpha \Big/ \sqrt{1 - V_{\mathrm{CM}}^2/c^2}$$

这就是碰撞后的质量所要满足的关系式. 对于速度则有

$$\sum \overline{m}'_\alpha V'_\alpha = \sum \overline{m}_\alpha V_\alpha$$

(2) 是的, 因为洛伦兹变换相当于中心系的运动, 它不影响由粒子系统相对运动而决定的内能; 否则实验测量动能损失量可区分不同惯性系, 违背相对性原理.

第四章 相对论时空变换对称性和有关应用

4.1 作为四维矢量问题重解题 2.13

题 4.1 作为四维矢量问题重解题 2.13.

解答 空间坐标 x 与时间 t 构成一个狭义相对论时空的四维矢量, 同样光波波矢 k 与频率 ω 构成一个狭义相对论时空的四维矢量①, 它们在洛伦兹变换下, 变换行为相同, 这样 K 系的 k 与 ω 和 K′ 系 (相对于 K 系沿 x 方向以速率 v 运动) 的 k' 与 ω' 的变换关系为

$$k'_1 = \gamma \left(k_1 - \frac{\beta}{c} \omega \right) \tag{4.1}$$

$$k'_2 = k_2, \tag{4.2}$$

$$k'_3 = k_3, \tag{4.3}$$

$$\omega' = \gamma(\omega - \beta c k_1) \tag{4.4}$$

设 k 和 k' 与 x 轴的夹角分别为 θ 和 θ', 则

$$k_1 = \frac{\omega}{c} \cos \theta \tag{4.5}$$

$$k'_1 = \frac{\omega'}{c} \cos \theta' \tag{4.6}$$

代入式 (4.1) ∼ 式 (4.4), 得

$$\omega' = \omega \gamma(1 - \beta \cos \theta) \tag{4.7}$$

$$\tan \theta' = \frac{\sin \theta}{\gamma(\cos \theta - \beta)} \tag{4.8}$$

这就是**相对论多普勒效应**与**光行差**的公式, 其中光行差的公式也可由相对论速度相加的公式 (2.1) 给出.

4.2 波矢四矢量

题 4.2 (1) 已知 (r, ct) 是一个相对论性四维矢量, 证明 $\left(k, \frac{\omega}{c} \right)$ 是相对论性四维矢量;

(2) 已知一原子在静止时放射出角频率为 ω_0 的光, 且这原子以速率 v 朝向或离开一观察者运动, 利用洛伦兹变换就两种情况 (朝向或离开) 导出观察者观察到的角频率公式.

---

① 光波相位 $k \cdot x - \omega t$ 应当是一个洛伦兹不变量. 因 (x, ct) 是一个四维矢量, $(k, \omega/c)$ 也是一个四维矢量.

解答 (1) 考虑在惯性系 K 中一平面电磁波

$$E = E_0 \mathrm{e}^{\mathrm{i}(\boldsymbol{k}\cdot\boldsymbol{r}-\omega t)}, \qquad B = B_0 \mathrm{e}^{\mathrm{i}(\boldsymbol{k}\cdot\boldsymbol{r}-\omega t)}$$

在另一个惯性系 K′ 中, K′ 相对于 K 沿 x 轴以 $\boldsymbol{V}$ 的速度运动. $\boldsymbol{E}'$、$\boldsymbol{B}'$ 与 $\boldsymbol{E}$、$\boldsymbol{B}$ 有下列关系:

$$\boldsymbol{E}'_{\parallel} = \boldsymbol{E}_{\parallel}, \qquad \boldsymbol{E}'_{\perp} = \frac{1}{\sqrt{1-\left(\dfrac{V}{c}\right)^2}}(\boldsymbol{E}+\boldsymbol{V}\times\boldsymbol{B})_{\perp}$$

$$\boldsymbol{B}'_{\parallel} = \boldsymbol{B}_{\parallel}, \qquad \boldsymbol{B}'_{\perp} = \frac{1}{\sqrt{1-\left(\dfrac{V}{c}\right)^2}}\left(\boldsymbol{B}-\frac{1}{c^2}\boldsymbol{V}\times\boldsymbol{E}\right)_{\perp}$$

这些关系要求 $\boldsymbol{E}'$、$\boldsymbol{B}'$、$\boldsymbol{E}$、$\boldsymbol{B}$ 的指数函数是不变量, 即

$$\boldsymbol{k}'\cdot\boldsymbol{r}'-\omega't' = \boldsymbol{k}\cdot\boldsymbol{r}-\omega t \tag{4.9}$$

已知 $(\boldsymbol{r},ct)$ 是相对论性四维矢量,

$$x' = \frac{x-Vt}{\sqrt{1-\left(\dfrac{V}{c}\right)^2}}, \quad y'=y, \quad z'=z, \quad ct' = \frac{ct-\dfrac{V}{c}x}{\sqrt{1-\left(\dfrac{V}{c}\right)^2}}$$

设

$$\boldsymbol{k} = (k_1,k_2,k_3), \quad \boldsymbol{k}' = (k_1',k_2',k_3')$$

则有

$$
\begin{aligned}
\boldsymbol{k}'\cdot\boldsymbol{r}'-\omega't' &= k_1'\frac{x-Vt}{\sqrt{1-\left(\dfrac{V}{c}\right)^2}} + k_2'y + k_3'z - \omega'\frac{t-\dfrac{V}{c^2}x}{\sqrt{1-\left(\dfrac{V}{c}\right)^2}} \\
&= \frac{k_1'+\dfrac{V}{c^2}\omega'}{\sqrt{1-\left(\dfrac{V}{c}\right)^2}}x + k_2'y + k_3'z - \frac{\omega'+Vk_1'}{\sqrt{1-\left(\dfrac{V}{c}\right)^2}}t \\
&= k_1x + k_2y + k_3z - \omega t
\end{aligned}
\tag{4.10}
$$

上述推导中用了 $(\boldsymbol{r},ct)$ 与 $(\boldsymbol{r}',ct')$ 间的洛伦兹变换关系以及式 (4.9). 比较式 (4.10) 两边 x、y、z、t 的系数, 得

$$k_1 = \frac{k_1'+\dfrac{V}{c^2}\omega'}{\sqrt{1-\left(\dfrac{V}{c}\right)^2}}, \quad k_2 = k_2', \quad k_3 = k_3'$$

$$\omega = \frac{\omega' + V k_1'}{\sqrt{1 - \left(\dfrac{V}{c}\right)^2}}$$

其逆变换

$$k_1' = \frac{k_1 - \dfrac{V}{c}\dfrac{\omega}{c}}{\sqrt{1 - \left(\dfrac{V}{c}\right)^2}}, \quad k_2' = k_2, \quad k_3' = k_3, \quad \frac{\omega'}{c} = \frac{\dfrac{\omega}{c} - \dfrac{V}{c}k_1}{\sqrt{1 - \left(\dfrac{V}{c}\right)^2}}$$

与

$$x' = \frac{x - \dfrac{V}{c} \cdot ct}{\sqrt{1 - \left(\dfrac{V}{c}\right)^2}}, \quad y' = y, \quad z' = z, \quad ct' = \frac{ct - \dfrac{V}{c}x}{\sqrt{1 - \left(\dfrac{V}{c}\right)^2}}$$

有完全相同的变换关系, 因此, $(\boldsymbol{r}, ct)$ 是相对论性四维矢量, $\left(\boldsymbol{k}, \dfrac{\omega}{c}\right)$ 或 $(c\boldsymbol{k}, \omega)$ 也是相对论性四维矢量.

(2) 取观察者静止的参考系为 K 系, 原子处于静止的参考系为 K′ 系, x、x' 轴的正向与 K′ 系对 K 系的速度方向一致.

原子朝向观察者运动时, $\omega' = \omega_0$, $k_1' = \dfrac{\omega_0}{c}$

$$\omega = \frac{\omega' + V k_1'}{\sqrt{1 - \left(\dfrac{V}{c}\right)^2}} = \frac{\omega_0 + V\dfrac{\omega_0}{c}}{\sqrt{1 - \left(\dfrac{V}{c}\right)^2}} = \omega_0 \sqrt{\frac{1 + \dfrac{V}{c}}{1 - \dfrac{V}{c}}}$$

原子离开观察者运动时, $\omega' = \omega_0$, $k_1' = -\dfrac{\omega_0}{c}$,

$$\omega = \frac{\omega_0 + V\left(-\dfrac{\omega_0}{c}\right)}{\sqrt{1 - \left(\dfrac{V}{c}\right)^2}} = \omega_0 \sqrt{\frac{1 - \dfrac{V}{c}}{1 + \dfrac{V}{c}}}$$

4.3　四维 (时空) 坐标和动量矢量的洛伦兹变换

题 4.3　写出四维 (时空) 坐标矢量的洛伦兹变换, 导出四维动量矢量的洛伦兹变换.
解答　四维 (时空) 坐标矢量的洛伦兹变换为

$$x' = \gamma(x - \beta ct), \quad y' = y, \quad z' = z, \quad ct' = \gamma(ct - \beta x)$$

其中 $\beta = \dfrac{v}{c}$, $\gamma = \dfrac{1}{\sqrt{1 - \beta^2}}$.

$$x'^2 + y'^2 + z'^2 - (ct')^2 = \gamma^2[x^2 - 2\beta ctx + (\beta ct)^2] + y^2 + z^2 - \gamma^2[(ct)^2 - 2\beta ctx + (\beta x)^2]$$

$$= \gamma^2(1-\beta^2)x^2 + y^2 + z^2 - \gamma^2(1-\beta^2)(ct)^2$$
$$= x^2 + y^2 + z^2 - (ct)^2$$

上述式子说明四维位置矢量具有下列性质:

$$x^2 + y^2 + z^2 - (ct)^2 \text{为不变量}$$

由相对论粒子的能量动量关系

$$E^2 = E_0^2 + c^2 p^2$$

其中 E_0 是静能,

$$p^2 - \left(\frac{E}{c}\right)^2 = p_x^2 + p_y^2 + p_z^2 - \left(\frac{E}{c}\right)^2 = -\left(\frac{E_0}{c}\right)^2 = \text{常量}$$

可见, 粒子的动量, 能量或四维动量矢量 $\left(\boldsymbol{p}, \dfrac{E}{c}\right)$ 具有类似于 $(\boldsymbol{r}, ct)$ 的不变量, 即

$$p_x^2 + p_y^2 + p_z^2 - \left(\frac{E}{c}\right)^2 \text{为不变量}$$

p_x 与 x, p_y 与 y、p_z 与 z、$\dfrac{E}{c}$ 与 ct 间均有一一对应关系, 因此, 把动量、能量写成为上述四维动量, 也有与四维位置矢量相同的洛伦兹变换, 即当 K′ 系对 K 系的速度为 ve_x 时有

$$p_x' = \gamma\left(p_x - \beta\frac{E}{c}\right), \quad p_y' = p_y, \quad p_z' = p_z, \quad \frac{E'}{c} = \gamma\left(\frac{E}{c} - \beta p_x\right)$$

把 $(\boldsymbol{r}, ct)$ 和 $\left(\boldsymbol{p}, \dfrac{E}{c}\right)$ 的变换写成矩阵形式

$$\begin{pmatrix} x' \\ y' \\ z' \\ ct' \end{pmatrix} = \begin{pmatrix} \gamma & 0 & 0 & -\beta\gamma \\ 0 & 1 & 0 & 0 \\ 0 & 0 & 1 & 0 \\ -\beta\gamma & 0 & 0 & \gamma \end{pmatrix} \begin{pmatrix} x \\ y \\ z \\ ct \end{pmatrix}$$

$$\begin{pmatrix} p_x' \\ p_y' \\ p_z' \\ \dfrac{E'}{c} \end{pmatrix} = \begin{pmatrix} \gamma & 0 & 0 & -\beta\gamma \\ 0 & 1 & 0 & 0 \\ 0 & 0 & 1 & 0 \\ -\beta\gamma & 0 & 0 & \gamma \end{pmatrix} \begin{pmatrix} p_x \\ p_y \\ p_z \\ \dfrac{E}{c} \end{pmatrix}$$

4.4　Pauli 度规和 Bjoken 度规

题 4.4　四维时空中的坐标点是一个洛伦兹四矢量. 试分别在 Pauli 度规和 Bjoken 度规下写出该矢量的表达形式, 请你自己选择记号, 必要时写出协变和逆变矢量形式, 并请写出两种度规下度规张量的矩阵形式.

解答　Pauli 度规下四维时空中的坐标点的表达形式为

$$(x_1, x_2, x_3, x_4) = (x, y, z, \mathrm{i}ct)$$

Pauli 度规矩阵形式

$$g_{\alpha\beta} = \begin{pmatrix} 1 & 0 & 0 & 0 \\ 0 & 1 & 0 & 0 \\ 0 & 0 & 1 & 0 \\ 0 & 0 & 0 & 1 \end{pmatrix}$$

四维时空中的坐标点 Bjoken 度规下洛伦兹协变四矢量、逆变四矢量的表示式为

$$(x_0, x_1, x_2, x_3) = (ct, -x, -y, -z), \quad (x^0, x^1, x^2, x^3) = (ct, x, y, z)$$

Bjoken 度规矩阵形式

$$g_{\mu\nu} = \begin{pmatrix} 1 & 0 & 0 & 0 \\ 0 & -1 & 0 & 0 \\ 0 & 0 & -1 & 0 \\ 0 & 0 & 0 & -1 \end{pmatrix}$$

4.5　采用 Bjoken 度规给出洛伦兹变换的一般定义和洛伦兹变换矩阵满足的条件

题 4.5　采用 Bjoken 度规, 给出洛伦兹变换的一般定义, 洛伦兹变换矩阵满足的条件.

解答　采用 Bjoken 度规, 坐标 x^0, x^1, x^2, x^3 就确定一个坐标矢量, 其表示式是

$$x^\mu \to x = \begin{pmatrix} x^0 \\ x^1 \\ x^2 \\ x^3 \end{pmatrix} \tag{4.11}$$

其转置

$$\tilde{x} = \begin{pmatrix} x^0, x^1, x^2, x^3 \end{pmatrix}$$

通常把两个四矢量的矩阵标积 (a, b) 定义为 a 和 b 的诸元素乘积之和, 或定义为 a 的转置对 b 的矩阵乘算

$$(a, b) \equiv \tilde{a}b \tag{4.12}$$

这两种定义是等价的. 矩阵张量 $g^{\alpha\beta}$ 的表示式是 4×4 方阵

$$g = (g^{\mu\nu}) = (g_{\mu\nu}) = \begin{pmatrix} 1 & 0 & 0 & 0 \\ 0 & -1 & 0 & 0 \\ 0 & 0 & -1 & 0 \\ 0 & 0 & 0 & -1 \end{pmatrix} \tag{4.13}$$

这时 $g^2 = I$, $\det g = -1$, I 是 4×4 单位矩阵. 协变坐标矢量是

$$x_\mu \to g_{\mu\nu}x^\nu = \begin{pmatrix} x^0 \\ -x^1 \\ -x^2 \\ -x^3 \end{pmatrix} \tag{4.14}$$

这是由 g[式 (4.13)] 对 x[式 (4.11)] 进行矩阵乘运算而得到的. 注意: 按现在的记号来写时, 两个四矢量的标积

$$b \cdot a \equiv b_\alpha a^\alpha \tag{4.15}$$

写作

$$a \cdot b = (a, gb) = (ga, b) = \tilde{a}gb = a^0 b^0 - a^1 b^1 - a^2 b^2 - a^3 b^3 \tag{4.16}$$

间隔

$$x \cdot x = x^\mu x_\mu = g_{\mu\nu}x^\mu x^\nu = \left(x^0\right)^2 - \left(x^1\right)^2 - \left(x^2\right)^2 - \left(x^3\right)^2$$

我们来求坐标的线性变换群,

$$x'^\mu = a^\mu{}_\nu x^\nu \quad \to \quad x' = Ax \tag{4.17}$$

式中 A 为 4×4 方阵 $(a^{\text{行}}{}_{\text{列}})$,

$$A = (a^\mu{}_\nu) = \begin{pmatrix} a^0{}_0 & a^0{}_1 & a^0{}_2 & a^0{}_3 \\ a^1{}_0 & a^1{}_1 & a^1{}_2 & a^1{}_3 \\ a^2{}_0 & a^2{}_1 & a^2{}_2 & a^2{}_3 \\ a^3{}_0 & a^3{}_1 & a^3{}_2 & a^3{}_3 \end{pmatrix}, \quad a^\mu{}_\nu = (a^\mu{}_\nu)^*$$

使得模方 (x, gx) 保持不变, 即

$$\tilde{x'}gx' = \tilde{x}gx \tag{4.18}$$

将式 (4.17) 代入上式左边, 得等式 $\tilde{x}\tilde{A}gAx = \tilde{x}gx$, 因为这个等式必须对一切坐标矢量 x 都成立, 所以 A 必须满足矩阵方程

$$\tilde{A}gA = g \tag{4.19}$$

或 $g\tilde{A}gA = 1$, A 为有限维矩阵, 这给出 $g\tilde{A}g = A^{-1}$, 满足 $A^{-1}A = AA^{-1} = 1$. A^{-1} 的显式

$$A^{-1} = g\tilde{A}g = \begin{pmatrix} a^0{}_0 & -a^1{}_0 & -a^2{}_0 & -a^3{}_0 \\ -a^0{}_1 & a^1{}_1 & a^2{}_1 & a^3{}_1 \\ -a^0{}_2 & a^1{}_2 & a^2{}_2 & a^3{}_2 \\ -a^0{}_3 & a^1{}_3 & a^2{}_3 & a^3{}_3 \end{pmatrix}$$

于是 $A^{-1}A = AA^{-1} = 1$ 的对角元给出

$$\left(a^0{}_0\right)^2 - \left(a^1{}_0\right)^2 - \left(a^2{}_0\right)^2 - \left(a^3{}_0\right)^2 = 1 = \left(a^0{}_0\right)^2 - \left(a^0{}_1\right)^2 - \left(a^0{}_2\right)^2 - \left(a^0{}_3\right)^2$$
$$\left(a^0{}_1\right)^2 - \left(a^1{}_1\right)^2 - \left(a^2{}_1\right)^2 - \left(a^3{}_1\right)^2 = 1 = \left(a^1{}_0\right)^2 - \left(a^1{}_1\right)^2 - \left(a^1{}_2\right)^2 - \left(a^1{}_3\right)^2$$
$$\left(a^0{}_2\right)^2 - \left(a^1{}_2\right)^2 - \left(a^2{}_2\right)^2 - \left(a^3{}_2\right)^2 = 1 = \left(a^2{}_0\right)^2 - \left(a^2{}_1\right)^2 - \left(a^2{}_2\right)^2 - \left(a^2{}_3\right)^2$$
$$\left(a^0{}_3\right)^2 - \left(a^1{}_3\right)^2 - \left(a^2{}_3\right)^2 - \left(a^3{}_3\right)^2 = 1 = \left(a^3{}_0\right)^2 - \left(a^3{}_1\right)^2 - \left(a^3{}_2\right)^2 - \left(a^3{}_3\right)^2$$

分别为行归一与列归一. 另外 $A^{-1}A = AA^{-1} = 1$ 的非对角元给出 A 不同列或行的正交关系

$$a^0{}_0a^0{}_1 - a^1{}_0a^1{}_1 - a^2{}_0a^2{}_1 - a^3{}_0a^3{}_1 = 0 = a^0{}_0a^1{}_0 - a^0{}_1a^1{}_1 - a^0{}_2a^1{}_2 - a^0{}_3a^1{}_3$$

$$a^0{}_0a^0{}_2 - a^1{}_0a^1{}_2 - a^2{}_0a^2{}_2 - a^3{}_0a^3{}_2 = 0 = a^0{}_0a^2{}_0 - a^0{}_1a^2{}_1 - a^0{}_2a^2{}_2 - a^0{}_3a^2{}_3$$

$$a^0{}_0a^0{}_3 - a^1{}_0a^1{}_3 - a^2{}_0a^2{}_3 - a^3{}_0a^3{}_3 = 0 = a^0{}_0a^3{}_0 - a^0{}_1a^3{}_1 - a^0{}_2a^3{}_2 - a^0{}_3a^3{}_3$$

$$a^0{}_1a^0{}_2 - a^1{}_1a^1{}_2 - a^2{}_1a^2{}_2 - a^3{}_1a^3{}_2 = 0 = a^1{}_0a^2{}_0 - a^1{}_1a^2{}_1 - a^1{}_2a^2{}_2 - a^1{}_3a^2{}_3$$

$$a^0{}_1a^0{}_3 - a^1{}_1a^1{}_3 - a^2{}_1a^2{}_3 - a^3{}_1a^3{}_3 = 0 = a^1{}_0a^3{}_0 - a^1{}_1a^3{}_1 - a^1{}_2a^3{}_2 - a^1{}_3a^3{}_3$$

$$a^0{}_2a^0{}_3 - a^1{}_2a^1{}_3 - a^2{}_2a^2{}_3 - a^3{}_2a^3{}_3 = 0 = a^2{}_0a^3{}_0 - a^2{}_1a^3{}_1 - a^2{}_2a^3{}_2 - a^2{}_3a^3{}_3$$

上面独立的关系式共 10 个.

说明 读者也可采用 Pauli 度规做类似的讨论.

4.6 Lorentz 变换满足成群的条件

题 4.6 按题 4.5 定义, 证明 Lorentz 变换的全体构成群.

证明 Lorentz 变换矩阵满足成群条件:

(1) 有单位

$$E = \begin{pmatrix} 1 & & & \\ & 1 & & \\ & & 1 & \\ & & & 1 \end{pmatrix}$$

满足 $\tilde{E}gE = EgE = g$.

(2) 有逆. 对任意 Lorentz 变换矩阵 A, 存在逆 A^{-1}, 满足 $AA^{-1} = A^{-1}A = 1$;

(3) 封闭性. 若有 A、B 是 Lorentz 变换矩阵, 则 $\tilde{A}gA = g$, $\tilde{B}gB = g$. 那么

$$\widetilde{AB}gAB = \tilde{B}\tilde{A}gAB = \tilde{B}gB = g$$

可见 AB 也必是 Lorentz 变换矩阵.

(4) 结合律. 根据矩阵乘法, 对任意 Lorentz 变换矩阵 A、B、C, 满足 $(AB)C = A(BC)$. 即 Lorentz 变换矩阵对乘法满足结合律.

因此 Lorentz 变换矩阵构成群, 称为 Lorentz 群.

4.7 顺时 Lorentz 变换满足成群的条件

题 4.7 Lorentz 变换的条件

$$\tilde{A}gA = g$$

两边取行列式, 我们得

$$\det(\tilde{A}gA) = \det g(\det A)^2 = \det g$$

因为 $\det g = -1 \neq 0$, 我们得

$$\det A = \pm 1$$

证明 $\det A = +1$ 的所有变换矩阵也构成群 (子群).

证明 只需验证满足群的 4 个条件:

(1) 有单位

$$E = \begin{pmatrix} 1 & & & \\ & 1 & & \\ & & 1 & \\ & & & 1 \end{pmatrix}$$

满足 $\det E = 1$, $\tilde{E}gE = EgE = g$.

(2) 有逆. 对任意 Lorentz 变换矩阵 A, 存在逆 A^{-1}, 满足 $AA^{-1} = A^{-1}A = 1$; $\det A = 1$, 则 $\det A^{-1} = 1$;

(3) 封闭性. 若有 A、B 是幺模 Lorentz 变换矩阵, 则 $\tilde{A}gA = g$, $\tilde{B}gB = g$, $\det A = \det B = 1$. 那么

$$\widetilde{AB}gAB = \tilde{B}\tilde{A}gAB = \tilde{B}gB = g$$

并且 $\det AB = \det A \det B = 1$. 可见 AB 也必是幺模 Lorentz 变换矩阵.

(4) 结合律. 根据矩阵乘法, 对任意 Lorentz 变换矩阵 A、B、C, 满足 $(AB)C = A(BC)$. 即 Lorentz 变换矩阵对乘法满足结合律.

因此幺模 Lorentz 变换矩阵构成群, 称为幺模 Lorentz 群.

4.8 顺时 Lorentz 群

题 4.8 0 列归一 $\left(a^0{}_0\right)^2 - \left(a^1{}_0\right)^2 - \left(a^2{}_0\right)^2 - \left(a^3{}_0\right)^2 = 1$, 令 $\boldsymbol{a} = (a^1{}_0, a^2{}_0, a^3{}_0)$, 则

$$\left(a^0{}_0\right)^2 = 1 + \boldsymbol{a}^2, \quad a^0{}_0 = \pm\sqrt{1 + \boldsymbol{a}^2}, \quad |a^0{}_0| \geqslant 1$$

所以

$$\frac{a^0{}_0}{|a^0{}_0|} = \pm 1$$

按照 $a^0{}_0/|a^0{}_0| = \pm 1$, Lorentz 变换矩阵分为两类, 其中 $a^0{}_0/|a^0{}_0| = 1$ 的所有 Lorentz 变换矩阵成群, 称为顺时 Lorentz 群. 证明 Lorentz 变换的全体构成群.

证明 只需验证满足群的 4 个条件:

(1) 有单位 E, 满足 $\tilde{E}gE = EgE = g$, $E^0{}_0/|E^0{}_0| = 1$.

(2) 有逆. 设 A 是顺时 Lorentz 变换矩阵, 则 $a^0{}_0/|a^0{}_0| = 1$. 对任意 Lorentz 变换矩阵 A, 存在逆 $A^{-1} = g\tilde{A}g$, 满足 $AA^{-1} = A^{-1}A = 1$. 而 $A^{-1} = g\tilde{A}g$ 给出 $\left(A^{-1}\right)^0{}_0 = a^0{}_0$, 因而

$$\left(A^{-1}\right)^0{}_0 \Big/ \left|\left(A^{-1}\right)^0{}_0\right| = a^0{}_0/|a^0{}_0| = 1$$

可见 A^{-1} 也是顺时 Lorentz 变换矩阵.

(3) 封闭性. 若有 A、B 是顺时 Lorentz 变换矩阵, 则 $\tilde{A}gA = g$, $\tilde{B}gB = g$, $a^0{}_0/|a^0{}_0| = 1$, $b^0{}_0/|b^0{}_0| = 1$. 那么

$$\widetilde{AB}gAB = \tilde{B}\tilde{A}gAB = \tilde{B}gB = g$$

并且 若 $AB = C$, 则有

$$\frac{c^0{}_0}{|c^0{}_0|} = \frac{a^0{}_0}{|a^0{}_0|} \frac{b^0{}_0}{|b^0{}_0|} \tag{4.20}$$

可见 AB 也必是顺时 Lorentz 变换矩阵.

(4) 结合律. 根据矩阵乘法, 对任意顺时 Lorentz 变换矩阵 A、B、C, 满足 $(AB)C = A(BC)$. 即顺时 Lorentz 变换矩阵对乘法满足结合律.

因此顺时 Lorentz 变换矩阵构成群, 称为顺时 Lorentz 群.

下面补充式 (4.20) 的证明. 若 $C = AB$, $c^\mu{}_\nu = a^\mu{}_\alpha b^\alpha{}_\nu$, 其 0 行 0 列元素为

$$c^0{}_0 = a^0{}_\alpha b^\alpha{}_0 = a^0{}_0 b^0{}_0 + a^0{}_1 b^1{}_0 + a^0{}_2 b^2{}_0 + a^0{}_3 b^3{}_0$$

这里

$$\left(a^0{}_0\right)^2 - \left(a^0{}_1\right)^2 - \left(a^0{}_2\right)^2 - \left(a^0{}_3\right)^2 = 1 \quad (0 \text{ 行归一})$$
$$\left(b^0{}_0\right)^2 - \left(b^1{}_0\right)^2 - \left(b^2{}_0\right)^2 - \left(b^3{}_0\right)^2 = 1 \quad (0 \text{ 列归一})$$

给出

$$\left(a^0{}_0\right)^2 = 1 + \boldsymbol{a}^2, \qquad \boldsymbol{a} = \left(a^0{}_1, a^0{}_2, a^0{}_3\right)$$
$$\left(b^0{}_0\right)^2 = 1 + \boldsymbol{b}^2, \qquad \boldsymbol{b} = \left(b^1{}_0, b^2{}_0, b^3{}_0\right)$$

所以

$$c^0{}_0 = a^0{}_0 b^0{}_0 + \boldsymbol{a} \cdot \boldsymbol{b}, \quad \left|c^0{}_0\right| = \left|a^0{}_0 b^0{}_0 + \boldsymbol{a} \cdot \boldsymbol{b}\right|$$

从而

$$\frac{c^0{}_0}{|c^0{}_0|} = \frac{a^0{}_0 b^0{}_0 + \boldsymbol{a} \cdot \boldsymbol{b}}{|a^0{}_0 b^0{}_0 + \boldsymbol{a} \cdot \boldsymbol{b}|} = \frac{a^0{}_0 b^0{}_0}{|a^0{}_0 b^0{}_0|} \frac{1 + \boldsymbol{a} \cdot \boldsymbol{b}/a^0{}_0 b^0{}_0}{|1 + \boldsymbol{a} \cdot \boldsymbol{b}/a^0{}_0 b^0{}_0|}$$

式中

$$\left|\frac{\boldsymbol{a} \cdot \boldsymbol{b}}{a^0{}_0 b^0{}_0}\right| = \left|\frac{ab\cos\theta}{\sqrt{1 + \boldsymbol{a}^2}\sqrt{1 + \boldsymbol{b}^2}}\right| < 1$$

故 $1 + \boldsymbol{a} \cdot \boldsymbol{b}/a^0{}_0 b^0{}_0 > 0$, 所以一般的有

$$\frac{c^0{}_0}{|c^0{}_0|} = \frac{a^0{}_0}{|a^0{}_0|} \frac{b^0{}_0}{|b^0{}_0|}$$

说明　满足顺时和幺模的所有 Lorentz 变换矩阵构成群 (读者可以自己验证成群 4 个条件), 称为正 Lorentz 群 (proper Lorentz group).

关于这里几道题讨论的幺模 Lorentz 群、顺时 Lorentz 群、正 Lorentz 群, 可以参考朱洪元,《群论和量子力学中的对称性》, 北京大学出版社, 2007 年. 本书是根据朱洪元先生在中国科学技术大学建校初期给理论物理专业本科生讲课 (阮图南老师是助教) 的油印讲义和原稿整理而成的.

4.9 Lorentz 变换的矩阵形式

题 4.9 Lorentz 变换下, Lorentz 矢量 A^μ(如时空坐标 x^μ, 四动量 p^μ 等) 按下列方式变换:

$$A^\mu \to A'^\mu = L^\mu{}_\nu A^\nu \tag{4.21}$$

所有的变换 $L = (L^\mu{}_\nu)$ 构成 Lorentz 群. 证明任意的 Lorentz 变换 L 都可以分解为速度变换 (boost)Q 和纯转动 R 的乘积. 讨论速度变换 Q 的矩阵形式.

解答 沿 x 轴方向的速度变换 $Q = Q_x(\boldsymbol{v}) = Q_x(\boldsymbol{k})$, 这里 $k = (\omega, k, 0, 0)$, 而 $\boldsymbol{v} = \dfrac{\boldsymbol{k}}{\omega}$. 按照 Lorentz 变换式, 如式 (4.21) 四动量 p 的变换为

$$
\begin{aligned}
\boldsymbol{p}' &= \boldsymbol{e_x} p'^x + \boldsymbol{e_y} p'^y + \boldsymbol{e_z} p'^z \\
&= \boldsymbol{e_x} \frac{p^x + vE}{\sqrt{1-v^2}} + \boldsymbol{e_y} p^y + \boldsymbol{e_z} p^z \\
&= \boldsymbol{e_x} \frac{\boldsymbol{e_x} \cdot \boldsymbol{p} + vE}{\sqrt{1-v^2}} - \boldsymbol{e_x} \times (\boldsymbol{e_x} \times \boldsymbol{p}) \\
E' &= \frac{E + vp^x}{\sqrt{1-v^2}} \\
&= \frac{E + v\boldsymbol{e_x} \cdot \boldsymbol{p}}{\sqrt{1-v^2}}
\end{aligned}
$$

我们由此写下沿任意方向速度变换 $Q(\boldsymbol{v})$ 下 p 的变换式 $\left(\text{令 } \boldsymbol{e} = \dfrac{\boldsymbol{v}}{|\boldsymbol{v}|}\right)$

$$
\begin{cases}
\boldsymbol{p}' = \boldsymbol{e} \dfrac{\boldsymbol{e} \cdot \boldsymbol{p} + vE}{\sqrt{1-v^2}} - \boldsymbol{e} \times (\boldsymbol{e} \times \boldsymbol{p}) \\
E' = \dfrac{E + \boldsymbol{v} \cdot \boldsymbol{p}}{\sqrt{1-v^2}}
\end{cases} \tag{4.22}
$$

令 $\beta = v$, $\gamma = \dfrac{1}{\sqrt{1-v^2}}$. 这两个量满足

$$\gamma^2 - \gamma^2 \beta^2 = 1 \tag{4.23}$$

引进矢量 $\boldsymbol{\beta} = \beta \boldsymbol{e}$, 则式 (4.22) 可写为

$$
\begin{cases}
\boldsymbol{p}' = \gamma \boldsymbol{\beta} E + \gamma \boldsymbol{e} \boldsymbol{e} \cdot \boldsymbol{p} - \boldsymbol{e} \times (\boldsymbol{e} \times \boldsymbol{p}) \\
E' = \gamma E + \gamma \boldsymbol{\beta} \cdot \boldsymbol{p}
\end{cases} \tag{4.24}
$$

我们由此可将 Q 的 4×4 矩阵形式如下写为 $(Q^\dagger = Q^T = Q)$:

$$
Q = \begin{pmatrix} \gamma & \gamma \boldsymbol{\beta} \\ \gamma \boldsymbol{\beta} & (\gamma - 1)\boldsymbol{e}\boldsymbol{e} + \overset{\to}{\vec{I}} \end{pmatrix} \tag{4.25}
$$

由于式 (4.23), 可引入参数 a, 使 $\gamma = \cosh a$, $\gamma\beta = \sinh a$. 则式 (4.25) 改写为

$$
Q = \begin{pmatrix} \cosh a & \sinh a\, \boldsymbol{e} \\ \sinh a\, \boldsymbol{e} & (\cosh a - 1)\boldsymbol{e}\boldsymbol{e} + \overset{\to}{\vec{I}} \end{pmatrix} \tag{4.26}
$$

现设以上变换 Q 作用到静止质量为 M 的静止粒子动量 $\tilde{k} = (M, \mathbf{0})$ 上, 使它变为 $k = (\omega, \boldsymbol{k})$, 则 $\gamma = \dfrac{\omega}{M}$, $\gamma\boldsymbol{\beta} = \dfrac{\boldsymbol{k}}{M}$. 由此我们把 Q 的矩阵形式再改写为

$$Q = \begin{pmatrix} \dfrac{\omega}{M} & \dfrac{\boldsymbol{k}}{M} \\[3mm] \dfrac{\boldsymbol{k}}{M} & \dfrac{\boldsymbol{k}\boldsymbol{k}}{M(M+\omega)} + \overleftrightarrow{I} \end{pmatrix} = Q(k) \tag{4.27}$$

这样有 $Q(k)\tilde{k} = k$.

设 L 是任一 Lorentz 变换, 令 $L\tilde{k} = k$. 则 $L\tilde{k} = k = Q(k)\tilde{k}$, 因此

$$Q^{-1}(k)L\tilde{k} = \tilde{k}$$

这表明 $Q^{-1}(k)L$ 保持 $\tilde{k}$ 不变, 所以它必是一个纯转动, 因此我们可以记 $Q^{-1}(k)L = R$, 从而

$$L = Q(k)R = RQ(R^{-1}k) \tag{4.28}$$

任意的 Lorentz 变换 L 都可以分解为速度变换 (boost)Q 和纯转动 R 的乘积.

4.10　Wigner 转动计算的一个简化版本

题 4.10　Thomas 进动是 Lorentz 速度变换不封闭性的一个实例; 相继两次 Lorentz 速度变换 A_1、A_2 总的效果是一次速度变换 A 与一个转动 R 的乘积. 在一般情形, 这个转动称为 Wigner 转动. 现取 $A_1 = A_{\text{boost}}(\boldsymbol{\beta}_1)$, $A_2 = A_{\text{boost}}(\boldsymbol{\beta}_2)$, 则

$$A_{\text{boost}}(\boldsymbol{\beta}_1)A_{\text{boost}}(\boldsymbol{\beta}_2) = A_{\text{boost}}(\boldsymbol{\beta})R(\boldsymbol{n}, \theta) \tag{4.29}$$

现给定 $\boldsymbol{\beta}_1 = \beta_1 \boldsymbol{e}_x$, $\boldsymbol{\beta}_2 = \beta_{2x}\boldsymbol{e}_x + \beta_{2y}\boldsymbol{e}_y$, 试给出上式右边速度变换 A 与转动 R 的参数.

解答　假设题给等式作用到静止质量为 m 的静止四动量 $\tilde{p} = (mc, \mathbf{0})$, 右边 $R(\boldsymbol{n}, \theta)$ 作用到静止四动量不变, 在 $A_{\text{boost}}(\boldsymbol{\beta})$ 作用下变为 p, 而 $\boldsymbol{\beta} = \dfrac{c}{E}\boldsymbol{p}$. 我们只需确定 p 即可. 我们计算静止四动量 $\tilde{p} = (mc, \mathbf{0})$ 在左边作用下的结果

$$\begin{aligned} p &= A_{\text{boost}}(\boldsymbol{\beta}_1)A_{\text{boost}}(\boldsymbol{\beta}_2)\tilde{p} \\[2mm] &= mc \begin{pmatrix} \gamma_1 & \gamma_1\beta_1 & 0 & 0 \\ \gamma_1\beta_1 & \gamma_1 & 0 & 0 \\ 0 & 0 & 1 & 0 \\ 0 & 0 & 0 & 1 \end{pmatrix} \begin{pmatrix} \gamma_2 \\ \gamma_2\beta_{2x} \\ \gamma_2\beta_{2y} \\ 0 \end{pmatrix} = mc\gamma_1\gamma_2 \begin{pmatrix} 1 + \beta_1\beta_{2x} \\ \beta_1 + \beta_{2x} \\ \beta_{2y} \\ 0 \end{pmatrix} \end{aligned}$$

由于 $\boldsymbol{\beta} = \dfrac{c}{E}\boldsymbol{p}$, 上式给出

$$\beta_x = \frac{\beta_1 + \beta_{2x}}{1 + \beta_1\beta_{2x}}, \quad \beta_y = \frac{\beta_{2y}}{1 + \beta_1\beta_{2x}}, \quad \beta_z = 0, \quad \gamma = \gamma_1\gamma_2(1 + \beta_1\beta_{2x}) \tag{4.30}$$

这不是别的, 与 2 个速度 $\boldsymbol{\beta}_1$、$\boldsymbol{\beta}_2$ 合成的结果相同.

式 (4.29) 两边同左乘 $A_{\mathrm{boost}}(\boldsymbol{\beta})^{-1} = A_{\mathrm{boost}}(-\boldsymbol{\beta})$ 得

$$R(\boldsymbol{n}, \theta) = A_{\mathrm{boost}}(-\boldsymbol{\beta}) A_{\mathrm{boost}}(\boldsymbol{\beta}_1) A_{\mathrm{boost}}(\boldsymbol{\beta}_2)$$

$$= A_{\mathrm{boost}}(-\boldsymbol{\beta}) \begin{pmatrix} \gamma_1 & \gamma_1 \beta_1 & 0 & 0 \\ \gamma_1 \beta_1 & \gamma_1 & 0 & 0 \\ 0 & 0 & 1 & 0 \\ 0 & 0 & 0 & 1 \end{pmatrix} \begin{pmatrix} \gamma_2 & \gamma_2 \beta_{2x} & \gamma_2 \beta_{2y} & 0 \\ \gamma_2 \beta_{2x} & 1 + \dfrac{(\gamma_2 - 1)\beta_{2x}^2}{\beta_2^2} & \dfrac{(\gamma_2 - 1)\beta_{2x}\beta_{2y}}{\beta_2^2} & 0 \\ \gamma_2 \beta_{2y} & \dfrac{(\gamma_2 - 1)\beta_{2x}\beta_{2y}}{\beta_2^2} & 1 + \dfrac{(\gamma_2 - 1)\beta_{2y}^2}{\beta_2^2} & 0 \\ 0 & 0 & 0 & 1 \end{pmatrix}$$

$$= A_{\mathrm{boost}}(-\boldsymbol{\beta})$$

$$\begin{pmatrix} \gamma & \gamma_1 \gamma_2 \beta_{2x} + \gamma_1 \beta_1 \dfrac{\gamma_2 \beta_{2x}^2 + \beta_{2y}^2}{\beta_2^2} & \gamma_1 \gamma_2 \beta_{2y} + \dfrac{\gamma_1 (\gamma_2 - 1)\beta_1 \beta_{2x}\beta_{2y}}{\beta_2^2} & 0 \\ \gamma_1 \gamma_2 (\beta_1 + \beta_{2x}) & \gamma_1 \gamma_2 \beta_1 \beta_{2x} + \gamma_1 \dfrac{\gamma_2 \beta_{2x}^2 + \beta_{2y}^2}{\beta_2^2} & \gamma_1 \gamma_2 \beta_1 \beta_{2y} + \dfrac{\gamma_1 (\gamma_2 - 1)\beta_{2x}\beta_{2y}}{\beta_2^2} & 0 \\ \gamma_2 \beta_{2y} & \dfrac{(\gamma_2 - 1)\beta_{2x}\beta_{2y}}{\beta_2^2} & 1 + \dfrac{(\gamma_2 - 1)\beta_{2y}^2}{\beta_2^2} & 0 \\ 0 & 0 & 0 & 1 \end{pmatrix}$$

而

$$A_{\mathrm{boost}}(-\boldsymbol{\beta}) = \begin{pmatrix} \gamma & -\gamma \beta_x & -\gamma \beta_y & 0 \\ -\gamma \beta_x & 1 + \dfrac{(\gamma - 1)\beta_x^2}{\beta^2} & \dfrac{(\gamma - 1)\beta_x \beta_y}{\beta^2} & 0 \\ -\gamma \beta_y & \dfrac{(\gamma - 1)\beta_x \beta_y}{\beta^2} & 1 + \dfrac{(\gamma - 1)\beta_y^2}{\beta^2} & 0 \\ 0 & 0 & 0 & 1 \end{pmatrix}$$

$\boldsymbol{\beta}$ 如式 (4.30) 所给. 最后结果

$$R(\boldsymbol{n}, \theta) = \begin{pmatrix} 1 & 0 & 0 & 0 \\ 0 & \cos\chi & -\sin\chi & 0 \\ 0 & -\sin\chi & \cos\chi & 0 \\ 0 & 0 & 0 & 1 \end{pmatrix}$$

而

$$\cos\chi = \frac{(1 + \gamma_1)(1 + \gamma_2) + \gamma_1 \gamma_2 \beta_1 \beta_{2x}}{\sqrt{2(1 + \gamma_1)(1 + \gamma_2)(1 + \gamma_1 \gamma_2 \beta_1 \beta_{2x})}}$$

说明　一般情况 Wigner 转动的计算可把 A_{boost} 用粒子 4 动量参数表示式 (4.27) 进行计算, 或者若采用旋量表示更易于计算.

4.11　两粒子系统的洛伦兹变换不变量

题 4.11　试证对于两个粒子的系统, 若 $\boldsymbol{p}$、E 分别为系统的总动量和总能量, 则

$$p_x^2 + p_y^2 + p_z^2 - \left(\frac{E}{c}\right)^2$$

为洛伦兹变换下的不变量.

证明 设在 K 系中两个粒子的动量分别为 p_1、p_2, 能量分别为 E_1、E_2; 在 K′ 系中, 两个粒子的动量分别为 p_1'、p_2', 能量分别为 E_1'、E_2'. K′ 系相对于 K 系以 v 的速率沿 x 正向运动.

无疑每个粒子分别有下列洛伦兹变换不变性:

$$p_{1x}'^2 + p_{1y}'^2 + p_{1z}'^2 - \left(\frac{E_1'}{c}\right)^2 = p_{1x}^2 + p_{1y}^2 + p_{1z}^2 - \left(\frac{E_1}{c}\right)^2 \tag{4.31}$$

$$p_{2x}'^2 + p_{2y}'^2 + p_{2z}'^2 - \left(\frac{E_2'}{c}\right)^2 = p_{2x}^2 + p_{2y}^2 + p_{2z}^2 - \left(\frac{E_2}{c}\right)^2 \tag{4.32}$$

要证明

$$(p_{1x}' + p_{2x}')^2 + (p_{1y}' + p_{2y}')^2 + (p_{1z}' + p_{2z}')^2 - \left(\frac{E_1' + E_2'}{c}\right)^2$$

$$= (p_{1x} + p_{2x})^2 + (p_{1y} + p_{2y})^2 + (p_{1z} + p_{2z})^2 - \left(\frac{E_1 + E_2}{c}\right)^2$$

显然, 将上式展开减去前两式, 约去两边的公因子 2, 应有

$$p_{1x}'p_{2x}' + p_{1y}'p_{2y}' + p_{1z}'p_{2z}' - \frac{E_1'E_2'}{c^2} = p_{1x}p_{2x} + p_{1y}p_{2y} + p_{1z}p_{2z} - \frac{E_1E_2}{c^2}$$

对 $\left(p_1, \dfrac{E_1}{c}\right)$, $\left(p_2, \dfrac{E_2}{c}\right)$, 分别写出洛伦兹变换式

$$p_{1x}' = \gamma\left(p_{1x} - \beta\frac{E_1}{c}\right), \quad p_{1y}' = p_{1y}, \quad p_{1z}' = p_{1z}, \quad \frac{E_1'}{c} = \gamma\left(\frac{E_1}{c} - \beta p_{1x}\right)$$

$$p_{2x}' = \gamma\left(p_{2x} - \beta\frac{E_2}{c}\right), \quad p_{2y}' = p_{2y}, \quad p_{2z}' = p_{2z}, \quad \frac{E_2'}{c} = \gamma\left(\frac{E_2}{c} - \beta p_{2x}\right)$$

这样

$$p_{1x}'p_{2x}' + p_{1y}'p_{2y}' + p_{1z}'p_{2z}' - \frac{E_1'E_2'}{c^2}$$

$$= \gamma\left(p_{1x} - \beta\frac{E_1}{c}\right) \cdot \gamma\left(p_{2x} - \beta\frac{E_2}{c}\right) + p_{1y}p_{2y} + p_{1z}p_{2z} - \gamma\left(\frac{E_1}{c} - \beta p_{1x}\right) \cdot \gamma\left(\frac{E_2}{c} - \beta p_{2x}\right)$$

$$= \gamma^2(1 - \beta^2)p_{1x}p_{2x} + p_{1y}p_{2y} + p_{1z}p_{2z} - \gamma^2(1 - \beta^2)\frac{E_1E_2}{c^2}$$

$$= p_{1x}p_{2x} + p_{1y}p_{2y} + p_{1z}p_{2z} - \frac{E_1E_2}{c^2} \tag{4.33}$$

这正是我们期待的关系, 式 (4.31)、式 (4.32) 和式 (4.33) 的两倍相加, 即得 $p_x^2 + p_y^2 + p_z^2 - (E/c)^2$ 为不变量.

其实, 上题的证明表明: 此题中式 (4.31)、式 (4.32) 两式成立, 可见 $(p_1, E_1/c)$ 和 $(p_2, E_2/c)$ 均为相对论性四维矢量, 则 $(p_1 + p_2, (E_1 + E_2)/c)$ 也是四维矢量, 它有相应的洛伦兹变换下的不变量. 就是题目要求证明的不变量.

显然, 对于 n 个粒子的系统, 由于任何两个粒子间均有式 (4.33) 那样的式子成立, 对于整个系统, $(\boldsymbol{p}^2 - E^2/c^2)$ 也是不变量. 对于一个反应, 因反应前后动量守恒, 能量也守恒; 对于孤立系统, 不仅反应前后这个不变量也成立, 而且是守恒的.

4.12　两束动能均为 T 的质子迎头碰撞的反应与多大动能的单束质子跟静止的质子碰撞时的反应相同

题 4.12　求两束动能均为 T 的质子迎头碰撞的反应与多大动能的单束质子跟静止的质子碰撞时的反应相同.

解答　考虑迎头碰撞的两个粒子组成的系统, $E^2 - c^2\boldsymbol{p}^2$ 是洛伦兹变换下的不变量.

对于实验室参考系, $E = 2(m_0c^2 + T)$, $\boldsymbol{p} = 0$, 其中 m_0 为粒子的静止质量.

考虑其中一个质子为静止的参考系, 这个粒子的能量为 m_0c^2, 动量为零; 另一个粒子能量为 E', 动量为 $\boldsymbol{p}'$, 系统能量为 $E' + m_0c^2$, 动量为 $\boldsymbol{p}'$.

所述不变量给出关系

$$(E' + m_0c^2)^2 - c^2p'^2 = [2(m_0c^2 + T)]^2$$

由粒子的能量、动量间的关系

$$E'^2 = c^2\boldsymbol{p}'^2 + m_0^2c^4$$

两式消去 $\boldsymbol{p}'$, 可解出

$$E' = \frac{2T^2 + 4Tm_0c^2 + m_0^2c^4}{m_0c^2}$$

这个运动的粒子的动能应为

$$T' = E' - m_0c^2 = \frac{2T^2 + 4Tm_0c^2}{m_0c^2} = 4T + \frac{2T^2}{m_0c^2}$$

4.13　一个动量为 p 的光子与一个静止质量为 m 的静止粒子发生碰撞

题 4.13　一个动量为 p 的光子与一个静止质量为 m 的静止粒子发生碰撞.

(1) 在动量中心参考系中, 光子和粒子的总能量多大?

(2) 在动量中心系中, 粒子动量的量值多大?

(3) 如果光子向后弹性散射, 末态光子在实验室参考系中的动量多大?

解答　(1) 方法一: 在动量中心系中, 设光子粒子系统的总能量为 E', 总动量为零. 在实验室参考系中, 光子能量为 cp, 动量为 $\boldsymbol{p}$, 静止粒子能量为 mc^2, 动量为零.

因为 $E^2 - c^2\boldsymbol{p}^2$ 为洛伦兹变换下的不变量,

$$E'^2 = (cp + mc^2)^2 - c^2p^2 = 2mpc^3 + m^2c^4$$

从而

$$E' = c\sqrt{mc(2p + mc)}$$

方法二: 设 K′ 系是动量中心系, 对 K 系 (实验室参考系) 的速度为 v, 沿 x 轴, 也是

光子运动的方向, 则在 K′ 系中, 粒子的动量为 $-\dfrac{mv}{\sqrt{1-\left(\frac{v}{c}\right)^2}}$, 光子的动量为

$$p' = \frac{p - \dfrac{v}{c^2}E}{\sqrt{1-\left(\frac{v}{c}\right)^2}} = p\frac{1-\dfrac{v}{c}}{\sqrt{1-\left(\frac{v}{c}\right)^2}}$$

系统在 K′ 系中的总动量为零

$$p\frac{1-\dfrac{v}{c}}{\sqrt{1-\left(\frac{v}{c}\right)^2}} - \frac{mv}{\sqrt{1-\left(\frac{v}{c}\right)^2}} = 0$$

解出

$$v = \frac{cp}{p + mc}$$

$$E' = cp' + \frac{m}{\sqrt{1-\left(\frac{v}{c}\right)^2}}c^2$$

经计算可得

$$E' = c\sqrt{mc(2p + mc)}$$

(2) 方法一: 在 K′ 系中, 粒子的动量, 用第 (1) 小题中的方法二, 立即可得

$$p'_m = -\frac{mv}{\sqrt{1-\left(\frac{v}{c}\right)^2}} = -\frac{mcp}{p + mc} \Bigg/ \sqrt{1-\left(\frac{p}{p + mc}\right)^2} = -\frac{mcp}{\sqrt{2mcp + m^2c^2}}$$

方法二: 在 K、K′ 系间对光子粒子系统用四维动量的洛伦兹变换关系

$$\begin{pmatrix} p'_x \\ p'_y \\ p'_z \\ \dfrac{E'}{c} \end{pmatrix} = \begin{pmatrix} \gamma & 0 & 0 & -\gamma\beta \\ 0 & 1 & 0 & 0 \\ 0 & 0 & 1 & 0 \\ -\gamma\beta & 0 & 0 & \gamma \end{pmatrix} \begin{pmatrix} p_x \\ p_y \\ p_z \\ \dfrac{E}{c} \end{pmatrix}$$

已知 $p'_x = p'_y = p'_z = 0$, $p_x = p$, $p_y = p_z = 0$, 由

$$p'_x = \gamma\left(p_x - \frac{\beta E}{c}\right)$$

可得

$$\beta = \frac{cp}{E}$$

在 K 系中, 系统的能量

$$E = cp + mc^2$$

从而

$$\beta = \frac{p}{p + mc}$$

$$\gamma = \frac{1}{\sqrt{1 - \beta^2}} = \frac{p + mc}{\sqrt{mc(2p + mc)}}$$

于是

$$p'_m = -\gamma mc\beta = -\frac{mcp}{\sqrt{mc(2p + mc)}}$$

粒子动量的大小为 $\dfrac{mcp}{\sqrt{mc(2p + mc)}}$.

(3) 如光子向后弹性散射, 光子和粒子散射后的动量分别为 $-\boldsymbol{p}_1$ 和 $\boldsymbol{p}_2$, 由散射过程能量和动量守恒

$$p_1 c + \sqrt{p_2^2 c^2 + m^2 c^4} = pc + mc^2$$

$$-\boldsymbol{p}_1 + \boldsymbol{p}_2 = \boldsymbol{p}$$

消去 p_2, 可得

$$(p - p_1)^2 + 2(p - p_1)mc = (p + p_1)^2$$

解得

$$p_1 = \frac{mcp}{2p + mc}$$

这是在实验室参考系中光子向后散射的动量的量值.

4.14 一光子与静止的靶质子发生碰撞

题 4.14 一光子与静止的靶质子发生碰撞产生如下的反应.

$$\gamma + \mathrm{p} \to \mathrm{p} + \psi'$$

ψ' 粒子的静止质量约为 $4m_\mathrm{p}$, m_p 是质子的静止质量, 求在实验室参考系中:

(1) 产生上述反应的光子所必须具有的最小能量 E_0(可以 $m_\mathrm{p}c^2$ 为单位);

(2) 当光子能量 E 恰是上述阈能 E_0 时产生的 ψ' 粒子的速度.

解答 (1) 在光子能量恰为阈能 E_0 时, 其动量 $p = \dfrac{E_0}{c}$, 与静止质子发生碰撞产生 ψ' 粒子的反应时, 在动量中心参考系中, 质子和 ψ' 粒子都是静止的 (在实验室参考系中, 由于要遵从动量守恒定律不可能都静止).

由 $E^2 - c^2 p^2$ 是洛伦兹变换下的不变量以及孤立系统的守恒量, 反应前考虑实验室参考系, 这个守恒量为 $(E_0 + m_\mathrm{p}c^2)^2 - c^2 p^2 = (E_0 + m_\mathrm{p}c^2)^2 - E_0^2$ (用了系统的动量 p 等于光子的动量 E_0/c).

反应后考虑动量中心系, 这个守恒量为 $(4m_\mathrm{p}c^2 + m_\mathrm{p}c^2)^2 = 25(m_\mathrm{p}c^2)^2$

$$(E_0 + m_\mathrm{p}c^2)^2 - E_0^2 = 25(m_\mathrm{p}c^2)^2$$

解出

$$E_0 = 12m_\mathrm{p}c^2$$

说明　在动量中心系中,系统的动量为零,如果两粒子不是静止的,显然在动量中心系中,上述守恒量将大于 $25(m_\mathrm{p}c^2)^2$,入射光子的能量 E 将大于 E_0,故 E_0 确是阈能.

(2) 入射光子具有阈能 E_0 时,产生的 ψ′ 粒子在动量中心系中速度为零,用速度变换公式可知,在实验室参考系中,它的速度就是动量中心参考系的速度.

在动量中心系中,系统的动量 $p' = 0$,在实验室参考系中,系统的动量为碰撞前光子的动量 $p = E_0/c$,由四维动量的洛伦兹变换

$$0 = p' = \gamma\left(p - \frac{\beta E}{c}\right)$$

从而

$$\beta = \frac{pc}{E} = \frac{E_0}{E_0 + m_\mathrm{p}c^2} = \frac{12m_\mathrm{p}c^2}{13m_\mathrm{p}c^2} = \frac{12}{13}$$

这样

$$v = \beta c = \frac{12}{13}c$$

4.15　一个静止质量为 m 的粒子入射与一个静止质量为 m_1 的静止粒子碰撞,发生有很多粒子产生的反应

题 4.15　一个静止质量为 m 的粒子入射与一个静止质量为 m_1 的静止粒子碰撞,发生有很多粒子产生的反应,这些粒子的总静止质量为 M. 如果 $m + m_1 < M$,那么,当入射粒子的动能不够大时,反应便不能进行. 试求出反应的阈动能 T_0,即反应刚能发生入射粒子应具有的动能.

解答　设反应前入射粒子具有阈能 E_0,则反应后产生的粒子在动量中心参考系中是静止的. 由反应前后 $E^2 - c^2p^2$ 对任何参考系是不变量,有

$$(E_0 + m_1c^2)^2 - c^2p_0^2 = (Mc^2)^2$$

其中, p_0 是入射粒子具有阈能时具有的阈动量,

$$E_0^2 = c^2p_0^2 + m^2c^4, \qquad c^2p_0^2 = E_0^2 - m^2c^4$$

代入上式,可得

$$2E_0m_1c^2 + m_1^2c^4 + m^2c^4 = M^2c^4$$

将 $E_0 = T_0 + mc^2$ 代入上式,解出 T_0 得

$$T_0 = \frac{1}{2m_1}(M + m_1 + m)(M - m_1 - m)c^2$$

4.16　一个入射核子与另一个静止的核子碰撞产生 π 介子

题 4.16　一个入射核子与另一个静止的核子碰撞产生 π 介子, 反应为

$$N + N \to N + N + \pi$$

求此反应的阈动能 T_0.

解答　反应前入射粒子的阈动能为 T_0, 相应的阈动量为 p_0, 反应后在动量中心参考系中是静止的, 由 $E^2 - c^2 p^2$ 这个不变量用于反应前的实验室参考系和反应后的动量中心参考系,

$$(T_0 + 2m_N c^2)^2 - c^2 p_0^2 = (2m_N c^2 + m_\pi c^2)^2$$

对入射粒子写能量动量关系

$$(T_0 + m_N c^2)^2 = c^2 p_0^2 + m_N^2 c^4$$

用后式消去前式中的 p_0, 解出 T_0 得

$$T_0 = \frac{1}{2m_N}(4m_N + m_\pi)m_\pi c^2$$

4.17　当静止质量 $m_1 \neq 0$ 的粒子参加反应时, 一个 γ 光子转化为一个电子和正电子偶

题 4.17　试证明: 只有当静止质量 $m_1 \neq 0$ 的粒子参加反应 (尽管粒子在反应后仍然存在) 时, 一个 γ 光子才有可能转化为一个电子和正电子偶, 试求这反应能发生的阈能 E_0, 这个粒子在反应前后没发生任何变化吗?

证明　反应方程为

$$\gamma + 粒子 \to e^- + e^+ + 粒子$$

阈能 E_0 显然与参加反应的那个粒子具有多大动能有关, 现求反应前那个粒子是静止的, 即动能为零时的阈能 E_0.

设电子和正电子的静止质量为 m, 光子具有阈能 E_0 时, 反应后在动量中心参考系中粒子、电子和正电子都是静止的, 用 $E^2 - c^2 p^2$ 这个洛伦兹变换下的不变量,

$$(E_0 + m_1 c^2)^2 - c^2 p_0^2 = (2mc^2 + m_1 c^2)^2$$

其中 p_0 是光子的阈动量,

$$p_0 = \frac{E_0}{c}$$

可得

$$E_0 = \frac{2m(m + m_1)}{m_1} c^2$$

如果没有静止质量为 m_1 的粒子参加反应, 上述洛伦兹变换不变量变成 $0 = 4m^2 c^4$. 这是不可能的, 说明能量守恒和动量守恒不能同时满足, 从题 3.43 的回答看, 是动量守恒一定不能满足.

在题 3.43 计算的光子所需能量不是粒子在反应前处于静止时的阈能. 阈能相应于反应后的所有粒子在动量中心系中均为静止的情况.

静止质量为 m_1 的粒子反应前在实验室参考系中是静止的, 反应后在 γ 光子具有阈能 E_0 时, 它在动量中心系中是静止的, 在实验室参考系中具有动量中心参考系的速度, 因此不能说没发生任何变化.

如果反应前参加反应的那个粒子不是静止的, 无论从数学上计算还是物理上考虑, 阈能 E_0 将随着它的动能的增大而减小.

4.18 高能质子–质子碰撞, 一个或两个质子分解成一个质子和几个带电 π 介子的阈能

题 4.18 在高能质子–质子碰撞中, 一个或两个质子可以分解成一个质子和几个带电 π 介子, 其反应为:

(a) $p + p \rightarrow p + (p + n\pi)$;

(b) $p + p \rightarrow (p + n\pi) + (p + m\pi)$.

这里 n 和 m 是产生 π 子的数目.

在实验室参考系中, 一个总能量为 E 的入射质子 (下文称 "入射粒子") 打击一个静止的质子 (下文称 "靶"), 求下列各情形入射粒子所需的最小能量.

(1) 发生反应 (a), 靶分解为一个质子和 4 个 π 介子;

(2) 发生反应 (a), 入射粒子分解为一个质子和 4 个 π 介子;

(3) 发生反应 (b), 两个质子都分解成一个质子和 4 个 π 介子

$$m_\pi c^2 = 0.140\text{GeV}, \qquad m_p c^2 = 0.938\text{GeV}$$

解答　对于孤立系统, 反应前后, 对于不同的参考系, $E^2 - c^2 p^2$ 是不变量. 等号左边写反应前的, 用实验室参考系; 等号右边都写反应后的, 用动量中心参考系, 所有末态粒子均处于静止.

(1) 反应

$$p + p \rightarrow p + (p + 4\pi)$$

不变量

$$(E_0 + m_p c^2)^2 - c^2 p_0^2 = (2m_p c^2 + 4m_\pi c^2)^2$$

其中 p_0 是阈动量.

$$E_0^2 = c^2 p_0^2 + m_p^2 c^4$$

所以

$$E_0 = \frac{(m_p^2 + 8m_p m_\pi + 8m_\pi^2)c^2}{m_p} = 2.225\text{GeV}$$

(2) 因初态和终态均与第 (1) 小题的情况相同, 故入射粒子所需最小能量也相同,

$$E_0 = 2.225\text{GeV}$$

(3) 反应

$$p + p \rightarrow (p + 4\pi) + (p + 4\pi)$$

不变量

$$(E_0 + m_p c^2)^2 - c^2 p_0^2 = (2m_p c^2 + 8m_\pi c^2)^2$$

再由 $E_0^2 = c^2 p_0^2 + m_p^2 c^4$, 可得此种情形的反应阈能

$$E_0 = \frac{1}{m_p}(m_p^2 + 16m_p m_\pi + 32m_\pi^2)c^2 = 3.847\text{GeV}$$

4.19 π 介子的光致反应

题 4.19 考虑 π 介子的光致反应

$$\gamma + p \rightarrow p + \pi^0$$

质子的静能为 938MeV, π 介子的静能为 135MeV.

(1) 如果初始质子相对实验室静止, 求出此反应要能进行 γ 射线在实验室参考系中的阈能;

(2) 各向同性的 3K 宇宙黑体辐射的平均光子能量约为 10^{-3}eV. 考虑一个质子和一个能量为 10^{-3}eV 的光子间的正碰, 求出此 π 介子光致反应能进行的最小质子能量.

解答 (1) 对于孤立系统, 在反应前后, 对于不同的惯性参考系, $E^2 - c^2 p^2$ 是不变量, γ 射线具有阈能时, 反应后的质子和 π 介子在动量中心参考系中处于静止状态,

$$(E_\gamma + m_p c^2)^2 - c^2 \left(\frac{E_\gamma}{c}\right)^2 = (m_p c^2 + m_\pi c^2)^2$$

其中 E_γ 是 γ 射线的阈能, $\frac{E_\gamma}{c}$ 是光子也是系统的动量 (用实验室参考系).

$$E_\gamma = \frac{(m_\pi^2 + 2m_p m_\pi)c^4}{2m_p c^2} = 144.7\text{MeV}$$

(2) 方法一: 当两个粒子 (光子与质子) 动量方向相反时, 所需的质子能量可以小些,

$$(E_\gamma + m_p \gamma c^2)^2 - c^2\left(\frac{E_\gamma}{c} - m_p \gamma \beta c\right)^2 = (m_p c^2 + m_\pi c^2)^2$$

其中 β 是能发生所述反应质子具有最小能量时的速度, $\gamma = \dfrac{1}{\sqrt{1-\beta^2}}$, 从上式可解出

$$\begin{aligned}
\gamma(1+\beta) &= \frac{(m_\pi^2 + 2m_\pi m_p)c^4}{2 \cdot E_\gamma \cdot m_p c^2} \\
&= \frac{(135)^2 + 2 \times 938 \times 135}{2 \times 10^{-3} \times 10^{-6} \times 938} = 1.447 \times 10^{11}
\end{aligned}$$

也就是

$$\sqrt{\frac{1+\beta}{1-\beta}} = 1.447 \times 10^{11}, \qquad \beta \approx 1$$

$$\gamma = \frac{1.447 \times 10^{11}}{1 + \beta} \approx \frac{1}{2} \times 1.447 \times 10^{11} = 7.235 \times 10^{10}$$

所需质子最小能量为

$$E_{\mathrm{p}} = \gamma m_{\mathrm{p}} c^2 = 7.235 \times 10^{10} \times 938 = 6.79 \times 10^{13} (\mathrm{MeV})$$

方法二: 为了利用 (1) 的结果, 找出 K′ 系, 使在实验室参考系 (K 系) 中具有 10^{-3}eV 的光子在 K′ 系中具有第 (1) 小题中的阈能 144.7MeV, 则在 K′ 系中质子可处于静止状态. 由洛伦兹变换, 算出此质子在 K 系中的能量就是我们要求的它的最小能量.

对于光子的能量在 K、K′ 系间写洛伦兹变换关系. 设 K′ 系对 K 系的速度为 βc, 与光子在 K 系中的运动方向相反,

$$\frac{E_{\gamma}'}{c} = \gamma \left(\frac{E_{\gamma}}{c} - \beta p_x \right) = \gamma \left(\frac{E_{\gamma}}{c} - \beta \frac{E_{\gamma}}{c} \right)$$

或者

$$E_{\gamma}' = E_{\gamma} \frac{1 - \beta}{\sqrt{1 - \beta^2}} = E_{\gamma} \sqrt{\frac{1 - \beta}{1 + \beta}}$$

可得

$$\beta = \left[\left(\frac{E_{\gamma}}{E_{\gamma}'} \right)^2 - 1 \right] \bigg/ \left[\left(\frac{E_{\gamma}}{E_{\gamma}'} \right)^2 + 1 \right]$$

或者

$$1 - \beta^2 \approx 4 \left(\frac{E_{\gamma}}{E_{\gamma}'} \right)^2, \quad \gamma \approx \frac{1}{2} \left(\frac{E_{\gamma}'}{E_{\gamma}} \right)$$

代入 $E_{\gamma} = 10^{-3}$eV, $E_{\gamma}' = 144.7$MeV, 可得

$$\beta \approx 1, \qquad \gamma = 7.235 \times 10^{10}$$

再对质子的能量写 K 和 K′ 系间的洛伦兹变换关系. 在 K′ 系中 $E_{\mathrm{p}}' = m_{\mathrm{p}} c^2$, $p' = 0$

$$\frac{E_{\mathrm{p}}}{c} = \beta \gamma p' + \gamma \frac{E_{\mathrm{p}}'}{c}$$

因而

$$E_{\mathrm{p}} = \gamma m_{\mathrm{p}} c^2 = 7.235 \times 10^{10} \times 938 = 6.79 \times 10^{13} (\mathrm{MeV})$$

4.20 π 介子与开始处于静止的质子发生弹性碰撞

题 4.20 一动量为 $5 m_{\pi} c$ 的 π 介子与开始处于静止的质子 ($m_{\mathrm{p}} = 7 m_{\pi}$) 发生弹性碰撞, 求:

(1) 动量中心参考系的速度;

(2) 在动量中心系中 π 介子和质子的总能量;

(3) 在动量中心系中入射 π 介子的动量.

解答 (1) 设 K、K′ 系分别为实验室参考系和动量中心参考系, x、x' 轴均沿 π 介子在 K 系中的运动方向, K′ 系对 K 系沿 x 轴正向运动, 速度为 βc.

在 K 系中, 系统的总动量和总能量分别为

$$p_x = p_\pi = 5m_\pi c, \qquad p_y = p_z = 0$$

$$E = \sqrt{c^2 p_\pi^2 + m_\pi^2 c^4} + m_p c^2 = (\sqrt{26} + 7)m_\pi c^2$$

在 K′ 系中, 系统的动量 $\boldsymbol{p}' = 0$.

用四维动量的洛伦兹变换关系的第一个分量式

$$0 = p_x' = \gamma\left(p_x - \beta\frac{E}{c}\right) = \gamma\left(p_x - \frac{VE}{c^2}\right)$$

动量中心系相对于实验室参考系的速度

$$V = \frac{p_x c^2}{E} = \frac{5m_\pi c \cdot c^2}{(\sqrt{26} + 7)m_\pi c^2} = \frac{5c}{\sqrt{26} + 7} = 0.41c$$

沿 π 介子的运动方向.

(2) 考虑 $E^2 - c^2 p^2$ 为洛伦兹变换不变量, 在 K′ 系中 $\boldsymbol{p}' = 0$,

$$E'^2 = E^2 - c^2 p^2 = [(\sqrt{26} + 7)m_\pi c^2]^2 - c^2(5m_\pi c)^2$$
$$= (50 + 14\sqrt{26})m_\pi^2 c^4$$

从而

$$E' = \sqrt{50 + 14\sqrt{26}}\,m_\pi c^2 = 11.02 m_\pi c^2$$

(3) 对入射的 π 介子用动量的洛伦兹变换关系

$$p_\pi' = \gamma\left(p_\pi - \beta\frac{E_\pi}{c}\right)$$

前已算出

$$\beta = \frac{5}{\sqrt{26} + 7}$$

可得

$$\gamma = \frac{1}{\sqrt{1 - \beta^2}} = \frac{\sqrt{26} + 7}{\sqrt{50 + 14\sqrt{26}}}$$

今

$$p_\pi = 5m_\pi c, \qquad E_\pi = \sqrt{26}\,m_\pi c^2$$

所以

$$p_\pi' = \frac{35m_\pi c}{\sqrt{50 + 14\sqrt{26}}} = 3.176 m_\pi c$$

4.21 π 介子通过衰变产生中微子

题 4.21 粒子物理中特别令人感兴趣的是高能情况下的弱相互作用, 让 π 介子和 K 介子在飞行中衰变产生中微子束. 假定一个动量为 200GeV/c 的 π 介子通过衰变 $\pi^+ \to \mu^+ + \nu_\mu$[①]产生中微子, π 介子在 π 介子静止参考系中的寿命为 $\tau_{\pi\pm} = 2.60 \times 10^{-8}$s, 其静能为 139.6MeV, μ 子的静能为 105.7MeV, 中微子是无静止质量的.

(1) 计算 π 介子衰变前在实验室中行走的平均距离;

(2) 计算 μ 子在实验室中的最大角度 (相对于 π 介子的运动方向);

(3) 计算中微子在实验室参考系中能够具有的最小和最大动量.

解答 (1) 设 m_π 是 π 介子的静止质量,

$$m_\pi \gamma \beta c = 200\text{GeV}/c$$

其中

$$\gamma = \frac{1}{\sqrt{1-\beta^2}}, \quad \beta = \frac{v}{c}$$

$$\gamma\beta = \gamma\sqrt{1-\frac{1}{\gamma^2}} = \sqrt{\gamma^2-1} = \frac{200\times10^3}{m_\pi c^2} = \frac{200\times10^3}{139.6} = 1433$$

$$\gamma = \sqrt{\gamma^2\beta^2+1} = \sqrt{1433^2+1} \approx 1433, \quad \beta \approx 1$$

在实验室参考系中, π 介子的寿命为

$$\tau = \gamma\tau_\pi = 1433 \times 2.60 \times 10^{-8} = 3.73 \times 10^{-5}(\text{s})$$

在实验室参考系中, π 介子衰变前行走的平均距离为

$$\tau c\beta = 3.73 \times 10^{-5} \times 3 \times 10^8 \times 1 = 1.12 \times 10^4(\text{m})$$

(2) 设 K' 系为 π 介子静止参考系, 也是 μ 子和中微子系统的动量中心平动参考系, 在此参考系中, 系统的总能量为 π 介子的静能 139.6MeV, μ 子和中微子的动量设为 $\boldsymbol{p}'_\mu$ 和 $\boldsymbol{p}'_\nu$, 总动量为零,

$$\boldsymbol{p}'_\mu + \boldsymbol{p}'_\nu = 0, \quad \boldsymbol{p}'_\nu = -\boldsymbol{p}'_\mu, \quad p'_\mu = p'_\nu$$

μ 子和中微子的能量分别为

$$E'_\mu = \sqrt{c^2 p'^2_\mu + m^2_\mu c^4}, \qquad E'_\nu = cp'_\nu = cp'_\mu$$

这样 π 介子衰变过程的能量守恒关系为

$$E'_\mu + E'_\nu = m_\pi c^2$$

它可以表示为

$$\sqrt{c^2 p'^2_\mu + (105.7)^2} + cp'_\mu = 139.6 \text{ MeV}$$

---

① 为简单起见, 本题下面对粒子标记省写上标或者下标. 如将此衰变反应简写为 $\pi \to \mu + \nu$. 下面题 4.24 等都类似处理.

由此解得

$$p'_\mu = 29.78 \text{MeV}/c$$

$$E'_\mu = \sqrt{(29.78)^2 + (105.7)^2} = 109.8 (\text{MeV})$$

取 π 介子在实验室参考系 (K 系) 中的运动方向为 x、x' 轴正向.

设 θ、θ' 分别是 μ 子在 K 系和 K′ 系中的运动方向与 x、x' 轴的夹角. 在 K、K′ 系间写 μ 子的四维动量矢量的变换关系的第一、第二两个分量式

$$p_\mu \cos\theta = \gamma \left(p'_\mu \cos\theta' + \beta \frac{E'_\mu}{c} \right)$$

$$p_\mu \sin\theta = p'_\mu \sin\theta'$$

两式相除得

$$\tan\theta = \frac{p'_\mu \sin\theta'}{\gamma(p'_\mu \cos\theta' + \beta E'_\mu/c)}$$

由极值条件 $\dfrac{\mathrm{d}\theta}{\mathrm{d}\theta'} = 0$ 或 $\dfrac{\mathrm{d}\tan\theta}{\mathrm{d}\theta'} = 0$, 得

$$\cos\theta' = -\frac{p'_\mu c}{\beta E'_\mu} = -\frac{29.78}{109.8} = -0.2712$$

取 $\theta' = 105.7°$, 再由 $\left. \dfrac{\mathrm{d}^2 \tan\theta}{\mathrm{d}\theta'^2} \right|_{\theta'=105.7°} < 0$ 可见 $\theta' = 105.7°$ 对应于 $\theta_{\max}$. 所以

$$\tan\theta_{\max} = \frac{29.78/c \cdot \sin 105.7°}{1433[(29.78/c)\cos 105.7° + 1 \times 109.8/c]} = 1.97 \times 10^{-4}$$

给出 $\theta_{\max} = 0.0113°$.

(3) 在 K、K′ 系中写中微子的四维动量矢量的变换关系的第一、第二两个分量式

$$p_\nu \cos\theta = \gamma \left(p'_\nu \cos\theta' + \frac{\beta E'_\nu}{c} \right) = \gamma p'_\nu (\cos\theta' + \beta)$$

$$p_\nu \sin\theta = p'_\nu \sin\theta'$$

由此得到

$$p_\nu^2 = \gamma^2 p'^2_\nu (\cos\theta' + \beta)^2 + p'^2_\nu \sin^2\theta'$$

由 $\dfrac{\mathrm{d}p_\nu^2}{\mathrm{d}\theta'} = 0$, 得

$$\sin\theta'[\cos\theta' - \gamma^2(\beta + \cos\theta')] = 0$$

其根由 $\sin\theta' = 0$, 或者 $\cos\theta' - \gamma^2(\beta + \cos\theta') = 0$ 给出. 由 $\sin\theta' = 0$ 得

$$\theta' = 0, \pi$$

由 $\cos\theta' - \gamma^2(\beta + \cos\theta') = 0$, 得

$$\cos\theta' = -\frac{\gamma^2 \beta}{\gamma^2 - 1} \approx -\beta \approx -1, \quad \theta' = \pi$$

由于

$$\tan\theta = \frac{p'_v \sin\theta'}{\gamma(p'_v\cos\theta' + \beta p'_v)}$$

可知

$$\theta' = 0 时,\quad \theta = 0;\quad \theta' = \pi 时,\quad \theta = \pi$$

所以

$$p_{v\,\text{max}} = \gamma p'_v(\cos 0 + \beta) = 2\gamma p'_v = 2\gamma p'_\mu$$

$$= 2 \times 1433 \times 29.78 = 8.53 \times 10^4 (\text{MeV}/c)$$

$$p_{v\,\text{min}} = -\gamma(\cos\pi + \beta)p'_v = -\gamma(\beta - 1)p'_\mu$$

再利用

$$\gamma(\beta - 1) = \gamma\beta - \gamma = \sqrt{\gamma^2 - 1} - \gamma$$

$$= \gamma\left(1 - \frac{1}{\gamma^2}\right)^{\frac{1}{2}} - \gamma \approx \gamma\left(1 - \frac{1}{2\gamma^2}\right) - \gamma = -\frac{1}{2\gamma}$$

给出

$$p_{v\,\text{min}} = -\frac{1}{2\gamma}(-p'_\mu) = \frac{1}{2\gamma}p'_\mu = \frac{1}{2 \times 1433} \times 29.78 = 0.0104 (\text{MeV}/c)$$

注意　这里写的 $p_{v\,\text{min}}$ 是它的大小, 它的方向沿 x 轴负向 $(\theta = \pi)$.

4.22　粒子间的相互作用通过交换虚粒子而进行

题 4.22　粒子物理中, 粒子间的相互作用被设想为如图 4.1(a) 所示, 经一个粒子的交换而引起的, 证明这样交换的粒子不是实物粒子, 而是虚粒子.

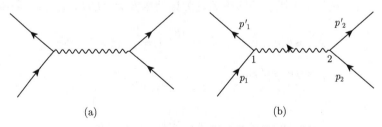

图 4.1　粒子间的相互作用通过交换虚粒子而进行

证明　设粒子 1、2 在相互作用前的四维动量分别为 p_1 和 p_2, 相互作用后分别变为 p'_1 和 p'_2, 相互作用是通过交换一个四维动量为 q 的粒子而发生的, 即粒子 2 从初态变为终态时放出一个粒子, 粒子 1 从初态吸收了一个粒子后变为终态, 如图 4.1(b) 所示.
　　由四维动量矢量守恒

$$p'_1 = p_1 + q,\qquad p'_2 = p_2 - q$$

四维动量守恒给出三维动量守恒和能量守恒分别为

$$\boldsymbol{q} = \boldsymbol{p}'_1 - \boldsymbol{p}_1 \tag{4.34}$$

$$m\gamma c^2 = m_1\gamma_1' c^2 - m_1\gamma_1 c^2 \tag{4.35}$$

其中, m 和 m_1 分别为四维动量为 q 和 p_1 的粒子的静止质量.

由式 (4.34), 可得

$$\boldsymbol{q} \cdot \boldsymbol{q} = (\boldsymbol{p}_1' - \boldsymbol{p}_1) \cdot (\boldsymbol{p}_1' - \boldsymbol{p}_1)$$

也就是

$$\boldsymbol{q}^2 = \boldsymbol{p'}_1^2 + \boldsymbol{p}_1^2 - 2\boldsymbol{p}_1' \cdot \boldsymbol{p}_1$$

这给出

$$m^2\gamma^2\beta^2 = m_1^2\gamma_1'^2\beta_1'^2 + m_1^2\gamma_1^2\beta_1^2 - 2m_1^2\gamma_1\gamma_1'\beta_1\beta_1'\cos\theta \tag{4.36}$$

其中, θ 是 $\boldsymbol{p}_1$ 和 $\boldsymbol{p}_1'$ 间的夹角.

由式 (4.35), 可得

$$m^2\gamma^2 = m_1^2\gamma_1'^2 + m_1^2\gamma_1^2 - 2m_1^2\gamma_1\gamma_1' \tag{4.37}$$

式 (4.37) 减式 (4.36), 并用 $\gamma^2\beta^2 = \gamma^2 - 1$, 得

$$m^2 = 2m_1^2(1 - \gamma_1\gamma_1' + \gamma_1\gamma_1'\beta_1\beta_1'\cos\theta)$$

如能证明 $m^2 < 0$, 就证明了两个粒子通过放出和吸收一个粒子而发生相互作用, 这个粒子不是真实的. 要证明 $m^2 < 0$, 只要证明

$$\gamma_1\beta_1\gamma_1'\beta_1'\cos\theta < \gamma_1\gamma_1' - 1$$

或者

$$\gamma_1\beta_1\gamma_1'\beta_1' < \gamma_1\gamma_1' - 1$$

再用 $\gamma^2\beta^2 = \gamma^2 - 1$. 要证

$$(\gamma_1^2 - 1)(\gamma_1'^2 - 1) < (\gamma_1\gamma_1' - 1)^2$$

也就是

$$-(\gamma_1^2 + \gamma_1'^2) < -2\gamma_1\gamma_1'$$

亦即

$$-(\gamma_1 - \gamma_1')^2 < 0$$

上述不等式显然是成立的, 可见 $m^2 < 0$. 可见两粒子的相互作用不可能是交换一个实物粒子的那种机制.

4.23　一个静止质量为 m_1、速率为 $\beta_1 c$ 的核与一个静止质量为 m_2 的静止的
　　　靶核做正碰

题 4.23　在一个相对论性的核 - 核碰撞的简化模型中, 一个静止质量为 m_1、速率
为 $\beta_1 c$ 的核与一个静止质量为 m_2 的静止的靶核做正碰, 这个系统的动量中心参考系的
速度为 $\beta_0 c$, 在此参考系中系统的能量为 E_0.

(1) 用相对论导出 β_0 和 E_0 的表达式;

(2) 就一个 ^{40}Ar 核以 $\beta_1 = 0.8$ 与一个静止的 ^{238}U 核碰撞, 计算 β_0 和 E_0(以 MeV 为
单位);

(3) 在 K′ 系动量中心参考系中, 一质子以 $\beta_c = 0.2$ 向与前进方向的夹角 $\theta_c = 60°$
的方向发射, 求在实验室参考系中的速率 $\beta_l c$ 和方向 θ_l 不超过几个百分点, 可作非相对
论近似.

解答　(1) 对此系统用 $E^2 - c^2 p^2$ 在洛伦兹变换下是不变量, 考虑动量中心系和实验
室参考系,

$$
\begin{aligned}
E_0^2 &= (m_1\gamma_1 c^2 + m_2 c^2)^2 - c^2(m_1\gamma_1\beta_1 c)^2 \\
&= m_1^2\gamma_1^2(1 - \beta_1^2)c^4 + 2m_1 m_2\gamma_1 c^4 + m_2^2 c^4 \\
&= (m_1^2 + m_2^2 + 2m_1 m_2\gamma_1)c^4
\end{aligned}
$$

从而

$$
E_0 = c^2\sqrt{m_1^2 + m_2^2 + \frac{2m_1 m_2}{\sqrt{1 - \beta_1^2}}}
$$

对系统在动量中心系和实验室参考系中写四维动量的第一个分量的变换关系式, m_1 运动
方向为 x、x' 轴正向,

$$
0 = \gamma_0\left(p - \frac{\beta_0 E}{c}\right)
$$

其中 p 和 E 分别是系统在实验室参考系中的总动量和总能量,

$$
\beta_0 = \frac{pc}{E} = \frac{m_1\gamma_1\beta_1 c^2}{m_1\gamma_1 c^2 + m_2 c^2} = \frac{m_1\beta_1}{m_1 + m_2\sqrt{1 - \beta_1^2}}
$$

(2) 一个原子质量单位质量的静能为

$$
1.66 \times 10^{-27} \times (3.00 \times 10^8)^2 = 1.494 \times 10^{-10}(\text{J})
$$

单位换用 MeV 结果为

$$
\frac{1.494 \times 10^{-10}}{1.60 \times 10^{-19} \times 10^6} = 934(\text{MeV})
$$

^{40}Ar 核与 ^{238}U 核的静能

$$
m_1 c^2 = 40 \times 934 = 3.74 \times 10^4(\text{MeV}), \quad m_2 c^2 = 238 \times 934 = 2.22 \times 10^5(\text{MeV})
$$

题给 $\beta_1 = 0.8$,

$$
E_0 = \sqrt{(3.74 \times 10^4)^2 + (2.22 \times 10^5)^2 + \frac{2 \times 3.74 \times 10^4 \times 2.22 \times 10^5}{\sqrt{1 - (0.8)^2}}}
$$

$$= 2.80 \times 10^5 (\text{MeV})$$

$$\beta_0 = \frac{3.74 \times 10^4 \times 0.8}{3.74 \times 10^4 + 2.22 \times 10^5 \sqrt{1 - (0.8)^2}} = 0.175$$

(3) 在系统的动量中心系和实验室参考系间用速度变换关系

$$\beta_{lx} = \frac{\beta'_{cx} + \beta_0}{1 + \beta'_{cx}\beta_0} = \frac{0.2 \cos 60° + 0.175}{1 + 0.2 \cos 60° \times 0.175} = 0.27$$

$$\beta_{ly} = \frac{\beta'_{cy}\sqrt{1 - \beta_0^2}}{1 + \beta'_{cx}\beta_0} = \frac{0.2 \sin 60° \sqrt{1 - (0.175)^2}}{1 + 0.2 \cos 60° \times 0.175} = 0.168$$

$$v_{lc} = \beta_{lc}c = \sqrt{\beta_{lx}^2 + \beta_{ly}^2}\,c = \sqrt{(0.27)^2 + (0.168)^2}\,c = 0.318c$$

这样

$$\theta_l = \arctan\left(\frac{\beta_{ly}}{\beta_{lx}}\right) = \arctan\left(\frac{0.168}{0.27}\right) = 31.9°$$

因为

$$\frac{1}{1 + \beta'_{cx}\beta_0} = \frac{1}{1 + 0.2 \cos 60° \times 0.175} = 0.983$$

$$\frac{\sqrt{1 - \beta_0^2}}{1 + \beta'_{cx}\beta_0} = 0.983 \times \sqrt{1 - (0.175)^2} = 0.968$$

均与 1 相差不超过 4%, 可作非相对论近似,

$$\beta_{lx} \approx \beta'_{cx} + \beta_0 = 0.275$$

$$\beta_{ly} \approx \beta'_{cy} = 0.2 \times \sin 60° = 0.173$$

$$\beta_{lc} = \sqrt{\beta_{lx}^2 + \beta_{ly}^2} = \sqrt{(0.275)^2 + (0.173)^2} = 0.325$$

这样

$$\theta_l \approx \arctan\left(\frac{0.173}{0.275}\right) = 32.2°$$

β_{lc} 和 θ_l 和精确值相差分别不超过 3% 和 1%.

4.24　π 介子衰变产生中微子

题 4.24　费米实验室中的高能中微子束, 是由先形成一束单能的 π(或 K$^+$) 介子束, 而后让 π 介子衰变: $\pi^+ \to \mu^+ + \nu_\mu$ 而产生的 (见图 4.2), 已知 π 介子的静止质量为 140MeV/c^2, μ 子的静止质量为 106MeV/c^2, 求:

(1) 在 π$^+$ 静止参考系中衰变得到的中微子的能量;

(2) 在实验室参考系中, 中微子的能量与衰变角 θ(见图 4.3) 有关, 若每个 π 介子有 200GeV 能量, 求产生在正前方 ($\theta = 0$) 的一个中微子的能量;

(3) 中微子能量降到最大值一半的衰变角 θ.

解答 (1) 对于孤立系统, $E^2 - c^2p^2$ 对于各惯性参考系, 衰变前后均是不变量, 今衰变前后均用 π^+ 静止参考系亦即动量中心参考系.

$$m_\pi^2 c^4 = (E'_\mu + E'_\nu)^2 - c^2(\boldsymbol{p}'_\mu + \boldsymbol{p}'_\nu)^2$$
$$= \left(\sqrt{c^2 p'^2_\mu + m_\mu^2 c^4} + cp'_\nu \right)^2$$
$$= 2c^2 p'^2_\nu + m_\mu^2 c^4 + 2cp'_\nu \sqrt{c^2 p'^2_\mu + m_\mu^2 c^4}$$

作上述计算时用了 $\boldsymbol{p}'_\mu = -\boldsymbol{p}'_\nu, p'_\mu = p'_\nu, E'_\nu = cp'_\nu$, 由上式可解出

$$p'_\nu = \frac{(m_\pi^2 - m_\mu^2)c}{2m_\pi}$$

从而

$$E'_\nu = cp'_\nu = \frac{(m_\pi^2 - m_\mu^2)c^2}{2m_\pi} = \frac{(m_\pi c^2)^2 - (m_\mu c^2)^2}{2m_\pi c^2}$$
$$= \frac{(140)^2 - (106)^2}{2 \times 140} = 29.9(\text{MeV})$$

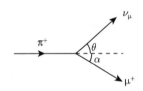

图 4.2 π 介子衰变: $\pi^+ \to \mu^+ + \nu_\mu$

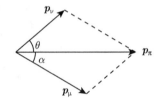

图 4.3 π 介子衰变的动量守恒关系

(2) 由图 4.3 所示, 在实验室参考系中的动量守恒关系, 可得

$$p_\mu^2 = p_\pi^2 + p_\nu^2 - 2p_\pi p_\nu \cos\theta$$

由能量守恒,

$$E_\pi = E_\nu + E_\mu$$

因为

$$E_\nu = cp_\nu, \qquad E_\mu^2 = c^2 p_\mu^2 + m_\mu^2 c^4$$

所以

$$E_\pi = cp_\nu + \sqrt{c^2(p_\pi^2 + p_\nu^2 - 2p_\pi p_\nu \cos\theta) + m_\mu^2 c^4}$$

解出

$$p_\nu = \frac{E_\pi^2 - c^2 p_\pi^2 - m_\mu^2 c^4}{2(E_\pi - cp_\pi \cos\theta)c}$$

用 $E_\pi^2 = c^2 p_\pi^2 + m_\pi^2 c^4$, 上式可改写为

$$p_\nu = \frac{(m_\pi^2 - m_\mu^2)c^3}{2(E_\pi - cp_\pi \cos\theta)}$$

因要产生高能中微子, π 介子当然是高能的, 所以 $E_\pi \gg m_\pi c^2$.

$$c^2 p_\pi^2 = E_\pi^2 - m_\pi^2 c^4 = E_\pi^2 \left(1 - \frac{m_\pi^2 c^4}{E_\pi^2} \right)$$

由此

$$cp_\pi = E_\pi \left(1 - \frac{m_\pi^2 c^4}{E_\pi^2} \right)^{\frac{1}{2}} \approx E_\pi \left(1 - \frac{m_\pi^2 c^4}{2E_\pi^2} \right)$$

因而中微子动量

$$p_\nu \approx \frac{(m_\pi^2 - m_\mu^2)E_\pi c^3}{2E_\pi^2(1 - \cos\theta) + m_\pi^2 c^4 \cos\theta}$$

中微子能量

$$E_\nu = cp_\nu = \frac{(m_\pi^2 - m_\mu^2)E_\pi c^4}{2E_\pi^2(1 - \cos\theta) + m_\pi^2 c^4 \cos\theta}$$

产生在正前方 ($\theta = 0$) 的一个中微子的能量为

$$E_\nu(0) = \left[1 - \left(\frac{m_\mu}{m_\pi} \right)^2 \right] E_\pi = 85.3\text{GeV}$$

(3) E_ν 的表达式可改写为

$$E_\nu = \frac{(m_\pi^2 - m_\mu^2)E_\pi c^4}{2E_\pi^2 - (2E_\pi^2 - m_\pi^2 c^4)\cos\theta}$$

显然, $\theta = 0$ 时的 E_ν 即 $E_\nu(0)$ 为 E_ν 的极大值,

$$E_\nu(\theta) = \frac{1}{2}E_\nu(0)$$

这样

$$\frac{(m_\pi^2 - m_\mu^2)E_\pi c^4}{2E_\pi^2 - (2E_\pi^2 - m_\pi^2 c^4)\cos\theta} = \frac{(m_\pi^2 - m_\mu^2)E_\pi}{2m_\pi^2}$$

所以

$$\cos\theta = \frac{2(E_\pi^2 - m_\pi^2 c^4)}{2E_\pi^2 - m_\pi^2 c^4} \approx 1 - \frac{m_\pi^2 c^4}{2E_\pi^2}$$

也就有

$$1 - \frac{1}{2}\theta^2 \approx 1 - \frac{m_\pi^2 c^4}{2E_\pi^2}$$

给出

$$\theta \approx \frac{m_\pi c^2}{E_\pi} = 7 \times 10^{-4}\text{rad} = 2.4'$$

在衰变角 $\theta = 2.4'$ 处射出的中微子的能量为能量最大值的一半.

4.25　入射核与固定靶核的碰撞

题 4.25　如题 4.23 中的靶核是固定不动的, $\beta_0 c$ 是弹回后系统的动量中心系的速率. E_0 是弹回后系统在动量中心参考系中的能量 (设没有新粒子产生), 题 4.23 的结果还能用吗?

解答　还能用. 因为 $E^2 - c^2 p^2$ 对正碰前后仍是不变量, 虽然系统不是孤立系统, 靶核固定, 碰撞时有外力作用, 但不做功, 能量仍然是守恒的, 外力作用影响系统的动量, 但动量中心系的速度不改变大小只改变方向 (反向). 因此, 虽然动量不守恒, $E^2 - c^2 p^2$ 是不变量不受影响.

求 β_0 所用的四维动量的变换关系, 当然不能用于碰撞前和碰撞后之间的变换, 可用在碰撞前两参考系间, 也可用在碰撞后两参考系间.

因此, 第 (1)、(2)、(3) 问的解所写的式子和计算都有效.

4.26　运动的 π^0 介子衰变生成两个 γ 光子

题 4.26　以速度 v 运动的 π 介子 (静止质量为 m) 衰变为两个相同的 γ 光子, 试确定 γ 光子的飞散角.

解法一　设 $\boldsymbol{p}$ 为 π 介子的动量, $\boldsymbol{p}_1$、$\boldsymbol{p}_2$ 分别为两个 γ 光子的动量, 衰变过程如图 4.4 所示. 用 $E^2 - c^2 p^2$ 在衰变前后对任何惯性参考系均为不变量.

衰变前用 π 介子静止参考系, 衰变后用实验室参考系. 设 γ 光子的能量为 E, 则 $p_1 = p_2 = \dfrac{E}{c}$,

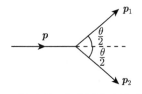

图 4.4　运动的 π^0 介子衰变生成两个
γ 光子

$$
\begin{aligned}
(mc^2)^2 &= (2E)^2 - c^2(\boldsymbol{p}_1 + \boldsymbol{p}_2) \cdot (\boldsymbol{p}_1 + \boldsymbol{p}_2) \\
&= 4E^2 - c^2(p_1^2 + p_2^2 + 2p_1 p_2 \cos\theta) \\
&= 2E^2(1 - \cos\theta) = 4E^2 \sin^2\frac{\theta}{2}
\end{aligned}
\tag{4.38}
$$

由能量守恒, 每个光子的能量等于 π 介子的能量的一半

$$
E = \frac{1}{2} \cdot \frac{mc^2}{\sqrt{1 - \left(\dfrac{v}{c}\right)^2}}
\tag{4.39}
$$

将式 (4.39) 代入式 (4.38), 即得

$$
\sin^2\frac{\theta}{2} = 1 - \left(\frac{v}{c}\right)^2
$$

$$
\theta = 2\arcsin\sqrt{1 - \left(\frac{v}{c}\right)^2}, \qquad \theta = 2\arccos\left(\frac{v}{c}\right)
$$

解法二　由能量和动量守恒

$$
E = \frac{1}{2}\frac{mc^2}{\sqrt{1 - \left(\dfrac{v}{c}\right)^2}}
\tag{4.40}
$$

$$\frac{mv}{\sqrt{1-\left(\frac{v}{c}\right)^2}} = (p_1 + p_2)\cos\frac{\theta}{2} \tag{4.41}$$

写上述关系时, 已考虑产生的两个 γ 光子是相同的, 能量均为 E, 动量大小相同. 将 $p_1 = p_2 = \dfrac{E}{c}$ 代入式 (4.41). 并用式 (4.40) 消去 E, 得

$$\frac{mv}{\sqrt{1-\left(\frac{v}{c}\right)^2}} = \frac{mc}{\sqrt{1-\left(\frac{v}{c}\right)^2}}\cos\frac{\theta}{2}$$

所以

$$\cos\frac{\theta}{2} = \frac{v}{c}, \quad \sin\frac{\theta}{2} = \sqrt{1-\left(\frac{v}{c}\right)^2}$$

4.27　多普勒效应的两个式子

题 4.27　用真空中电磁波的相位是洛伦兹变换下的不变量, 导出多普勒效应的下列两个式子:

$$\nu = \sqrt{1-\left(\frac{v}{c}\right)^2}\,\frac{c}{c-v\cos\theta}\nu'$$
$$\nu = \frac{1}{\sqrt{1-\left(\frac{v}{c}\right)^2}}\,\frac{c+v\cos\theta'}{c}\nu'$$

解答　本题如下表示四维矢量:

四维位置矢量写为 $(x, y, z, \mathrm{i}ct)$;

四维动量矢量写为 $\left(p_x, p_y, p_z, \mathrm{i}\dfrac{E}{c}\right)$;

四维波矢量写为 $\left(k_x, k_y, k_z, \mathrm{i}\dfrac{\omega}{c}\right)$.

这意味着对 Minkowski 空间采用了 Pauli 度规, 四维矢量模长不变量就跟 Euclid 空间一样表示, 例如 $x^2 + y^2 + z^2 + (\mathrm{i}ct)^2 = x^2 + y^2 + z^2 - (ct)^2$, $p_x^2 + p_y^2 + p_z^2 - \left(\dfrac{E}{c}\right)^2$ 即 $c^2p^2 - E^2$ 或 $E^2 - c^2p^2$ 为不变量, $k_x^2 + k_y^2 + k_z^2 - \left(\dfrac{\omega}{c}\right)^2 = k^2 - \left(\dfrac{\omega}{c}\right)^2 = 0$ 为不变量. 两个四维矢量的标积不变量也跟 Euclid 空间一样表示, 例如四维波矢与四维位置矢量的标积为

$$k_x x + k_y y + k_z z + (\mathrm{i}ct)\left(\mathrm{i}\frac{\omega}{c}\right)$$
$$= k_x x + k_y y + k_z z - \omega t = \boldsymbol{k}\cdot\boldsymbol{r} - \omega t$$

为不变量, 反映了真空中电磁波的相位是洛伦兹变换下的不变量.

现考虑在 K 系中有一电磁波在 xy 平面内从原点沿与 x 轴夹角为 θ 的方向传播, 设在 O 点时, 电磁波的初相位为零. 则在 t 时刻位于 P 点, 相位为 $\omega t - kr$, 其中 r 是 P 点离原点的距离. P 点的坐标 x、y 为

$$x = r\cos\theta, \qquad y = r\sin\theta$$

$$r = r(\cos^2 \theta + \sin^2 \theta) = x \cos \theta + y \sin \theta$$

由相位是洛伦兹变换下的不变量,

$$\omega t - kr = \omega' t' - k' r'$$

因为 $\omega = 2\pi\nu, k = \dfrac{2\pi}{\lambda} = \dfrac{2\pi\nu}{c}$,

$$2\pi\nu \left(t - \frac{1}{c} x \cos \theta - \frac{1}{c} y \sin \theta \right) = 2\pi\nu' \left(t' - \frac{1}{c} x' \cos \theta' - \frac{1}{c} y' \sin \theta' \right)$$

将洛伦兹变换

$$x' = \frac{x - vt}{\sqrt{1 - \left(\dfrac{v}{c}\right)^2}}, \quad y' = y, \quad t' = \frac{t - \dfrac{v}{c^2} x}{\sqrt{1 - \left(\dfrac{v}{c}\right)^2}}$$

代入上式等号右边, 得

$$2\pi\nu' \left[\frac{t - \dfrac{v}{c^2} x}{\sqrt{1 - \left(\dfrac{v}{c}\right)^2}} - \frac{1}{c} \frac{x - vt}{\sqrt{1 - \left(\dfrac{v}{c}\right)^2}} \cos \theta' - \frac{1}{c} y \sin \theta' \right]$$

与等号左边比较, 两边 t 的系数相等, 得

$$\nu = \nu' \frac{1 + \dfrac{v}{c} \cos \theta'}{\sqrt{1 - \left(\dfrac{v}{c}\right)^2}}$$

这就是要证明的第二个式子.

将洛伦兹变换

$$x = \frac{x' + vt'}{\sqrt{1 - \left(\dfrac{v}{c}\right)^2}}, \quad y = y', \quad t = \frac{t' + \dfrac{v}{c^2} x'}{\sqrt{1 - \left(\dfrac{v}{c}\right)^2}}$$

代入相位是不变量式子的左边, 再与右边比较 t' 的系数, 可得要证明的第一个式子.

4.28　K_L^0 介子束入射与铅块相互作用

题 4.28　以 $\beta = \dfrac{v}{c} = \dfrac{1}{\sqrt{2}}$ 运动的、每秒钟流量 10^6 的 K_L^0 介子束与铅块相互作用, 反应为

$$K_L^0 + 铅块 \rightarrow K_S^0 + 铅块$$

反应前后铅块的内部状态是相同的, 入射的 K_L^0 与出射的 K_S^0 的运动方向也认为是一样的 (此称为相干再生). 用

$$m(K_L) = 5 \times 10^8 \text{eV}/c^2$$

$$m(\mathrm{K_L}) - m(\mathrm{K_S}) = 3.5 \times 10^{-6} \mathrm{eV}/c^2$$

求出因为这一过程作用在铅块上的平均力的大小和方向 (以达因或牛顿为单位).

解答 分别用 m_L、m_S 表示 $m(\mathrm{K_L})$、$m(\mathrm{K_S})$, 一个入射的 $\mathrm{K_L^0}$ 介子的能量和动量分别为

$$E_\mathrm{L} = m_\mathrm{L}\gamma c^2 = \frac{m_\mathrm{L}c^2}{\sqrt{1 - \dfrac{1}{2}}} = \sqrt{2}m_\mathrm{L}c^2$$

$$p_\mathrm{L} = m_\mathrm{L}\gamma\beta c = \sqrt{2}\frac{1}{\sqrt{2}}m_\mathrm{L}c = m_\mathrm{L}c$$

因反应前后铅块的内部状态相同, 铅块的质量比 $\mathrm{K_L^0}$ 介子束大得多, 可以认为铅块不动, 介子在反应前后能量应是相同的,

$$E_\mathrm{S} = E_\mathrm{L}$$

这样

$$\begin{aligned} p_\mathrm{S}^2 c^2 &= E_\mathrm{S}^2 - m_\mathrm{S}^2 c^4 = E_\mathrm{L}^2 - m_\mathrm{S}^2 c^4 \\ &= c^2 p_\mathrm{L}^2 + m_\mathrm{L}^2 c^4 - m_\mathrm{S}^2 c^4 = 2m_\mathrm{L}^2 c^4 - m_\mathrm{S}^2 c^4 \\ &\approx m_\mathrm{L}^2 c^4 + 2m_\mathrm{L}(m_\mathrm{L} - m_\mathrm{S})c^4 \end{aligned}$$

从而

$$p_\mathrm{S}c = m_\mathrm{L}c^2\left[1 + \frac{2(m_\mathrm{L} - m_\mathrm{S})}{m_\mathrm{L}}\right]^{\frac{1}{2}} \approx m_\mathrm{L}c^2 + (m_\mathrm{L} - m_\mathrm{S})c^2$$

于是

$$p_\mathrm{S} - p_\mathrm{L} = (m_\mathrm{L} - m_\mathrm{S})c$$

由于相互作用, $\mathrm{K_L^0}$ 介子束每秒钟动量的增量为

$$\begin{aligned} (p_\mathrm{S} - p_\mathrm{L}) \times 10^6/\mathrm{s} &= (m_\mathrm{L} - m_\mathrm{S})c \times 10^6/\mathrm{s} \\ &= \frac{3.5 \times 10^{-6} \times 1.6 \times 10^{-19} \times 3 \times 10^8 \times 10^6}{(3 \times 10^8)^2}\mathrm{N} \\ &= 1.87 \times 10^{-27}\mathrm{N} \end{aligned}$$

这是铅块作用于 $\mathrm{K_L^0}$ 介子束上的平均力, 沿 $\mathrm{K_L^0}$ 介子运动方向, 可见 $\mathrm{K_L^0}$ 介子作用于铅块的力, 大小为 $1.87 \times 10^{-27}\mathrm{N}$, 方向与 $\mathrm{K_L^0}$ 介子束运动方向相反.

4.29 带电粒子绕均匀恒定磁场做圆周运动, 另一个垂直磁场作匀速运动的观察者看来粒子能量的改变

题 4.29 一个静止质量为 m、荷电 q 的粒子, 在一均匀恒定磁场 $\boldsymbol{B} = Be_z$ 中以半径 R 在 xy 平面中做圆周运动.

(1) 求 B 与 q、R、m 及角频率 ω 的关系;

(2) 因为磁场 $\boldsymbol{B}$ 对粒子不做功, 粒子的速率为常数, 但另一以匀速 Ve_x 运动的观察者却看到粒子的速率不是常数, 这个观察者测得的 u'_4[粒子四维速度的第四分量 (粒子的四维速度矢量定义为 $(\gamma_u \boldsymbol{u}, \gamma_u c))$] 是什么样的?

(3) 计算 $\dfrac{\mathrm{d}u'_4}{\mathrm{d}\tau}$, $\dfrac{\mathrm{d}p'_4}{\mathrm{d}\tau}$, 在该观察者看来, 粒子的能量怎样改变?

解答　(1) 在实验室参考系 (K 系) 中, 动力学方程为

$$\frac{\mathrm{d}\boldsymbol{p}}{\mathrm{d}t} = q\boldsymbol{u} \times \boldsymbol{B}$$

因为 $\boldsymbol{p} /\!/ \boldsymbol{u}$,

$$\boldsymbol{p} \cdot \frac{\mathrm{d}\boldsymbol{p}}{\mathrm{d}t} = \frac{1}{2}\frac{\mathrm{d}p^2}{\mathrm{d}t} = (q\boldsymbol{u} \times \boldsymbol{B}) \cdot \boldsymbol{p} = 0$$

$\boldsymbol{p}$ 的大小不变, 因而 $\boldsymbol{u}$ 的大小不变,

$$\gamma_u = \frac{1}{\sqrt{1 - \left(\dfrac{u}{c}\right)^2}}$$

为常量. 因为 $\boldsymbol{p} = m\gamma_u \boldsymbol{u}$ 动力学方程可改写为

$$\gamma_u m \frac{\mathrm{d}\boldsymbol{u}}{\mathrm{d}\gamma t} = q\boldsymbol{u} \times \boldsymbol{B}$$

代入 $\boldsymbol{u} = \dot{x}e_x + \dot{y}e_y$, $\boldsymbol{B} = Be_z$

$$\gamma_u m\ddot{x} = qB\dot{y} \tag{4.42}$$

$$\gamma_u m\ddot{y} = -qB\dot{x} \tag{4.43}$$

式 (4.42) 加式 (4.43) 乘 i, 并令 $\xi = \dot{x} + \mathrm{i}\dot{y}$ 得

$$\dot{\xi} = -\mathrm{i}\frac{qB}{m\gamma_u}\xi$$

积分得

$$\xi = \xi_0 \exp\left(-\mathrm{i}\frac{qB}{m\gamma_u}t\right)$$

ξ 和 ξ_0 均为复数, 设 $\xi_0 = |\xi_0|e^{-\mathrm{i}\alpha}$ 则

$$\dot{x} = \mathrm{Re}\xi = |\xi_0|\cos\left(\frac{qB}{m\gamma_u}t + \alpha\right) \tag{4.44}$$

$$\dot{y} = \mathrm{Im}\xi = -|\xi_0|\sin\left(\frac{qB}{m\gamma_u}t + \alpha\right) \tag{4.45}$$

再次积分得

$$x = x_0 + |\xi_0|\frac{m\gamma_u}{qB}\sin\left(\frac{qB}{m\gamma_u}t + \alpha\right) = x_0 + R\sin(\omega t + \alpha) \tag{4.46}$$

$$y = y_0 + |\xi_0|\frac{m\gamma_u}{qB}\cos\left(\frac{qB}{m\gamma_u}t + \alpha\right) = y_0 + R\cos(\omega t + \alpha) \tag{4.47}$$

其中

$$\omega = \frac{qB}{m\gamma_u}, \quad R = |\xi_0|\frac{m\gamma_u}{qB}, \quad |\xi_0| = R\omega$$

$$B = \frac{1}{q}m\gamma_u\omega = \frac{1}{q}m\omega\frac{1}{\sqrt{1-\dfrac{u^2}{c^2}}}$$

因为

$$u = \sqrt{\dot{x}^2 + \dot{y}^2} = |\xi_0| = R\omega$$

所以

$$B = \frac{m\omega}{q\sqrt{1-\left(\dfrac{R\omega}{c}\right)^2}}$$

(2) 四维速度矢量定义为

$$u_\mu = (\gamma_u u_x, \gamma_u u_y, \gamma_u u_z, \gamma_u c)$$

设 K、K′ 系分别为实验室参考系和随观察者运动的参考系, 由洛伦兹变换关系

$$u_4' = \gamma u_4 - \gamma\frac{v}{c}u_1$$

其中

$$\gamma = \frac{1}{\sqrt{1-\left(\dfrac{v}{c}\right)^2}}$$

也就是

$$\begin{aligned}
\gamma_u'c &= \gamma\left(\gamma_u c - \frac{v}{c}u_1\right) \\
&= \gamma\left(\gamma_u c - \frac{v}{c}\gamma_u\dot{x}\right) \\
&= \gamma\gamma_u\left[c - \frac{v}{c}R\omega\cos(\omega t + \alpha)\right]
\end{aligned}$$

将 t 换成固有时 $t = \gamma_u\tau(\tau$ 为固有时), 则

$$u_4' = \gamma_u'c = \gamma\gamma_u\left[c - \frac{v}{c}R\omega\cos(\omega\gamma_u\tau + \alpha)\right]$$

还需将 γ_u 也写成已知量 m、q、R、B 的函数,

$$u^2 = (R\omega)^2 = R^2\left(\frac{qB}{m}\right)^2\left(1 - \frac{u^2}{c^2}\right)$$

解得

$$u^2 = \frac{(RqBc)^2}{(mc)^2 + (RqB)^2}$$

从而

$$\gamma_u = \frac{1}{\sqrt{1 - \dfrac{u^2}{c^2}}} = \frac{1}{mc}\sqrt{(mc)^2 + (RqB)^2}$$

这样

$$u_4' = \frac{\gamma}{m}\left[\sqrt{(mc)^2 + (RqB)^2} - \frac{v}{c}RqB\cos\left(\frac{qB}{m}\tau + \alpha\right)\right] \tag{4.48}$$

其中, $\gamma = \dfrac{1}{\sqrt{1 - \left(\dfrac{v}{c}\right)^2}}$.

(3) 由式 (4.48)

$$\frac{\mathrm{d}u_4'}{\mathrm{d}\tau} = \frac{\gamma v}{c}R\left(\frac{qB}{m}\right)^2\sin\left(\frac{qB}{m}\tau + \alpha\right)$$

因为

$$p_4' = \frac{E'}{c} = \frac{m\gamma_u'c^2}{c} = mu_4'$$

所以

$$\frac{\mathrm{d}p_4'}{\mathrm{d}\tau} = m\frac{\mathrm{d}u_4'}{\mathrm{d}\tau} = \frac{\gamma vR}{mc}(qB)^2\sin\left(\frac{qB}{m}\tau + \alpha\right)$$

在 K 系中只有磁场, 没有电场, 因而粒子的能量守恒, 在 K′ 系中既有磁场, 又有电场, 因而粒子的能量不守恒.

4.30 带电粒子在均匀恒定的电磁场中运动, 四维速度的所有分量沿其轨道是有界的条件

题 4.30　一个静止质量为 m、电荷 e 的粒子在均匀恒定的电磁场中运动, 在某一惯性参考系, $\boldsymbol{E} = a\boldsymbol{e}_x$, $\boldsymbol{B} = b\boldsymbol{e}_z$. 阐明粒子的四维速度作为固有时的函数的微分方程, 证明方程的解是指数函数的叠加, 确定这些指数, 在什么条件下 (关于 $\boldsymbol{E}$ 和 $\boldsymbol{B}$) 四维速度的所有分量沿其轨道是有界的.

解答　在三维空间的运动微分方程为

$$\frac{\mathrm{d}(m\gamma\boldsymbol{v})}{\mathrm{d}t} = \boldsymbol{F} \tag{4.49}$$

两边点乘 $m\gamma c^2\boldsymbol{v}$, 因为

$$\boldsymbol{p} = m\gamma\boldsymbol{v}$$

所以

$$\frac{1}{2}c^2\frac{\mathrm{d}p^2}{\mathrm{d}t} = m\gamma c^2\boldsymbol{F}\cdot\boldsymbol{v}$$

考虑三角关系

$$E^2 = c^2p^2 + m^2c^4$$

的时间微商

$$\frac{\mathrm{d}E^2}{\mathrm{d}t} = 2E\frac{\mathrm{d}E}{\mathrm{d}t} = c^2\frac{\mathrm{d}p^2}{\mathrm{d}t}$$

又有

$$E = \gamma m c^2$$

可得

$$E\frac{\mathrm{d}E}{\mathrm{d}t} = \frac{1}{2}c^2\frac{\mathrm{d}p^2}{\mathrm{d}t} = m\gamma c^2 \boldsymbol{F} \cdot \boldsymbol{v} = E\boldsymbol{F} \cdot \boldsymbol{v}$$

或者

$$\frac{\mathrm{d}E}{\mathrm{d}t} = \boldsymbol{F} \cdot \boldsymbol{v}$$

也就是

$$\frac{\mathrm{d}(m\gamma c^2)}{\mathrm{d}t} = \boldsymbol{F} \cdot \boldsymbol{v} \tag{4.50}$$

用 u、F 分别表示四维速度矢量和四维力矢量,

$$u = (\gamma\boldsymbol{v}, \gamma c), \qquad F = \left(\gamma\boldsymbol{F}, \gamma\frac{\boldsymbol{F} \cdot \boldsymbol{v}}{c}\right)$$

采用固有时 $\mathrm{d}t = \gamma\mathrm{d}\tau$, 式 (4.49) 可改写为

$$\frac{\mathrm{d}(m\gamma\boldsymbol{v})}{\gamma\mathrm{d}\tau} = \boldsymbol{F}, \qquad m\frac{\mathrm{d}(\gamma\boldsymbol{v})}{\mathrm{d}\tau} = \gamma\boldsymbol{F}$$

式 (4.50) 可改写为

$$\frac{\mathrm{d}(m\gamma c^2)}{\gamma\mathrm{d}\tau} = \boldsymbol{F} \cdot \boldsymbol{v}, \quad m\frac{\mathrm{d}(\gamma c)}{\mathrm{d}\tau} = \gamma\frac{\boldsymbol{F} \cdot \boldsymbol{v}}{c}$$

改写后的式 (4.49)、(4.50) 可合写为四维速度关于固有时的微分方程

$$m\frac{\mathrm{d}u}{\mathrm{d}\tau} = F \tag{4.51}$$

按题设

$$\boldsymbol{F} = e(\boldsymbol{E} + \boldsymbol{v} \times \boldsymbol{B}) = e(a + bv_y)\boldsymbol{e}_x - ebv_x\boldsymbol{e}_y$$
$$\boldsymbol{F} \cdot \boldsymbol{v} = e(\boldsymbol{E} + \boldsymbol{v} \times \boldsymbol{B}) \cdot \boldsymbol{v} = e\boldsymbol{E} \cdot \boldsymbol{v} = eav_x$$

从而

$$\begin{aligned}
F &= \left(\gamma\boldsymbol{F}, \gamma\frac{\boldsymbol{F} \cdot \boldsymbol{v}}{c}\right) \\
&= \left(\gamma e(a + bv_y), -\gamma ebv_x, 0, \gamma\frac{ea}{c}v_x\right) \\
&= \left(\frac{ea}{c}u_4 + ebu_2, -ebu_1, 0, \frac{ea}{c}u_1\right)
\end{aligned}$$

将上述 $\boldsymbol{F}$ 代入式 (4.51), 写成分量方程

$$m\frac{\mathrm{d}u_1}{\mathrm{d}\tau} = \frac{ea}{c}u_4 + ebu_2$$
$$m\frac{\mathrm{d}u_2}{\mathrm{d}\tau} = -ebu_1$$

$$m\frac{\mathrm{d}u_3}{\mathrm{d}\tau} = 0$$

$$m\frac{\mathrm{d}u_4}{\mathrm{d}\tau} = \frac{ea}{c}u_1$$

u_3 是常量. 令 $u_j = A_j\mathrm{e}^{\lambda\tau}(j = 1, 2, 4)$, 代入微分方程组, 得

$$m\lambda A_1 - ebA_2 - \frac{ea}{c}A_4 = 0$$

$$ebA_1 + m\lambda A_2 = 0$$

$$-\frac{ea}{c}A_1 + m\lambda A_4 = 0$$

A_1、A_2、A_4 不全为零, 必须其系数行列式为零.

$$\begin{vmatrix} m\lambda & -eb & -\dfrac{ea}{c} \\ eb & m\lambda & 0 \\ -\dfrac{ea}{c} & 0 & m\lambda \end{vmatrix} = 0$$

也就是

$$m\lambda\left(m^2\lambda^2 + e^2b^2 - \frac{e^2a^2}{c^2}\right) = 0$$

解出

$$\lambda_1 = 0, \quad \lambda_2 = \frac{e}{mc}\sqrt{a^2 - c^2b^2}, \quad \lambda_3 = -\frac{e}{mc}\sqrt{a^2 - c^2b^2}$$

四维速度各分量除 u_3 为常量外, 均是以 λ_1、λ_2、λ_3 为指数函数的线性叠加, 所有分量作为固有时的函数均有界要求 λ_1、λ_2、λ_3 为虚数或零, 由此要求

$$|a| \leqslant |cb| \quad \text{即} \quad |\boldsymbol{E}| \leqslant c|\boldsymbol{B}|$$

4.31 两体到两体的反应

题 4.31 考虑图 4.5 所示的反应, 其中静止质量为 m_1 和 m_2 的粒子是入射粒子, 而静止质量为 m_3 和 m_4 的粒子是出射粒子, k、p 是它们的四维动量, k 的定义为 $k = \left(\boldsymbol{k}, \mathrm{i}\dfrac{E}{c}\right)$, 下面给出的变量常用来描述这种类型的反应.

$$s = -(k_1 + p_1)^2, \quad t = -(k_1 - k_2)^2, \quad u = -(k_1 - p_2)^2$$

$(k_1 + p_1)^2$ 是 $(k_1 + p_1) \cdot (k_1 + p_1)$ 的缩写.

(1) 证明

$$s + t + u = \sum_{i=1}^{4} m_i^2 c^2$$

(2) 假设反应是弹性散射, 并令 $m_1 = m_3 = \mu$, $m_2 = m_4 = m$. 在动量中心参考系中, 令静止质量为 μ 的粒子的入射和出射的三维动量分别为 $\boldsymbol{k}$ 和 $\boldsymbol{k}'$. 尽可能简单地用 $\boldsymbol{k}$、$\boldsymbol{k}'$, 将 s、t、u 表示出来, 说明 s、t、u 的物理意义;

(3) 假定在实验室参考系中, 第 (2) 问中所述静止质量为 m 的粒子初态是静止的, 将静止质量为 μ 的粒子在实验室参考系中的初能量、末能量及散射角用 s、t、u 表示出来.

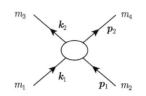

图 4.5　两体到两体的反应

解答　(1) k^2、p^2 均是洛伦兹不变量, 等于在其静止参考系中的值, 即

$$k_1^2 = -m_1^2 c^2, \quad k_2^2 = -m_3^2 c^2, \quad p_1^2 = -m_2^2 c^2, \quad p_2^2 = -m_4^2 c^2$$

这样

$$
\begin{aligned}
s + t + u &= -(k_1 + p_1)^2 - (k_1 - k_2)^2 - (k_1 - p_2)^2 \\
&= -k_1^2 - p_1^2 - 2k_1 \cdot p_1 - k_1^2 - k_2^2 + 2k_1 \cdot k_2 - k_1^2 - p_2^2 + 2k_1 \cdot p_2 \\
&= -(k_1^2 + k_2^2 + p_1^2 + p_2^2) - 2k_1 \cdot (k_1 - k_2 + p_1 - p_2) \\
&= m_1^2 c^2 + m_3^2 c^2 + m_2^2 c^2 + m_4^2 c^4 - 2k_1 \cdot (k_1 + p_1 - k_2 - p_2)
\end{aligned}
$$

因为四维动量在反应中守恒,

$$k_1 + p_1 = k_2 + p_2$$

所以

$$s + t + u = \sum_{i=1}^{4} m_i^2 c^2$$

(2) 静止质量为 μ 和 m 的两粒子发生弹性散射, 散射前后三维动量分别为 $\boldsymbol{k}$、$\boldsymbol{p}$ 和 $\boldsymbol{k}'$、$\boldsymbol{p}'$.

在动量中心参考系中, 在散射前后三维动量不仅守恒, 且系统动量均为零, 得

$$\boldsymbol{k} + \boldsymbol{p} = \boldsymbol{k}' + \boldsymbol{p}' = 0$$

四维动量 $\boldsymbol{k}$、$\boldsymbol{p}$ 和 $\boldsymbol{k}'$、$\boldsymbol{p}'$

$$k = \left(\boldsymbol{k}, \mathrm{i}\sqrt{\boldsymbol{k}^2 + \mu^2 c^2} \right), \quad p = \left(-\boldsymbol{k}, \mathrm{i}\sqrt{\boldsymbol{k}^2 + m^2 c^2} \right)$$

$$k' = \left(\boldsymbol{k}', \mathrm{i}\sqrt{\boldsymbol{k}'^2 + \mu^2 c^2} \right), \quad p' = \left(-\boldsymbol{k}', \mathrm{i}\sqrt{\boldsymbol{k}'^2 + m^2 c^2} \right)$$

这样

$$
\begin{aligned}
s &= -(\boldsymbol{k} + \boldsymbol{p})^2 = -(\boldsymbol{k}^2 + \boldsymbol{p}^2 + 2\boldsymbol{k} \cdot \boldsymbol{p}) \\
&= -[\boldsymbol{k}^2 - (\boldsymbol{k}^2 + \mu^2 c^2)] - [\boldsymbol{k}^2 - (\boldsymbol{k}^2 + m^2 c^2)] - 2\left[-\boldsymbol{k}^2 - \sqrt{(\boldsymbol{k}^2 + \mu^2 c^2)(\boldsymbol{k}^2 + m^2 c^2)} \right]
\end{aligned}
$$

$$= \mu^2 c^2 + m^2 c^2 + 2\boldsymbol{k}^2 + 2\sqrt{(\boldsymbol{k}^2 + \mu^2 c^2)(\boldsymbol{k}^2 + m^2 c^2)}$$

$$
\begin{aligned}
t &= -(k - k')^2 = -(k^2 + k'^2 - 2k \cdot k') \\
&= -[\boldsymbol{k}^2 - (\boldsymbol{k}^2 + \mu^2 c^2)] - [\boldsymbol{k}'^2 - (\boldsymbol{k}'^2 + \mu^2 c^2)] + 2\left[\boldsymbol{k} \cdot \boldsymbol{k}' - \sqrt{(\boldsymbol{k}^2 + \mu^2 c^2)(\boldsymbol{k}'^2 + \mu^2 c^2)}\right] \\
&= 2\mu^2 c^2 + 2\boldsymbol{k} \cdot \boldsymbol{k}' - 2\sqrt{(\boldsymbol{k}^2 + \mu^2 c^2)(\boldsymbol{k}'^2 + \mu^2 c^2)}
\end{aligned}
$$

$$
\begin{aligned}
u &= -(k - p')^2 = -(k^2 + p'^2 - 2k \cdot p') \\
&= -[\boldsymbol{k}^2 - (\boldsymbol{k}^2 + \mu^2 c^2)] - [\boldsymbol{k}'^2 - (\boldsymbol{k}'^2 + m^2 c^2)] + 2\left[-\boldsymbol{k} \cdot \boldsymbol{k}' - \sqrt{(\boldsymbol{k}^2 + \mu^2 c^2)(\boldsymbol{k}'^2 + m^2 c^2)}\right] \\
&= \mu^2 c^2 + m^2 c^2 - 2\boldsymbol{k} \cdot \boldsymbol{k}' - 2\sqrt{(\boldsymbol{k}^2 + \mu^2 c^2)(\boldsymbol{k}'^2 + m^2 c^2)}
\end{aligned}
$$

为了阐明 s、t 和 u 的物理意义, 改写为

$$s = \left(\sqrt{\boldsymbol{k}^2 + \mu^2 c^2} + \sqrt{\boldsymbol{k}^2 + m^2 c^2}\right)^2 = \frac{1}{c^2}\left(\sqrt{\boldsymbol{k}^2 c^2 + \mu^2 c^4} + \sqrt{\boldsymbol{k}^2 c^2 + m^2 c^4}\right)^2$$

可见, $c^2 s$ 是在动量中心参考系中做弹性散射的两粒子系统的总能量的平方.

$$t = -(\boldsymbol{k}' - \boldsymbol{k})^2 + \left(\sqrt{\boldsymbol{k}'^2 + \mu^2 c^2} - \sqrt{\boldsymbol{k}^2 + \mu^2 c^2}\right)^2$$

t 是在两粒子弹性散射时, 静止质量为 μ 的粒子在弹性散射过程中四维动量的增量的平方的负值.

$$
\begin{aligned}
u &= -(\boldsymbol{k}' + \boldsymbol{k})^2 + \left(\sqrt{\boldsymbol{k}'^2 + m^2 c^2} - \sqrt{\boldsymbol{k}^2 + \mu^2 c^2}\right)^2 \\
&= -(-\boldsymbol{k}' - \boldsymbol{k})^2 + \left(\sqrt{\boldsymbol{k}'^2 + m^2 c^2} - \sqrt{\boldsymbol{k}^2 + \mu^2 c^2}\right)^2
\end{aligned}
$$

u 是静止质量不同的两粒子在弹性散射前后四维动量的改变量的平方的负值.

其实, 从定义式即能说明 t、u 这样的物理意义. s、t、u 是粒子物理中处理两粒子弹性碰撞常用的具有洛伦兹不变性的量, 称为孟德斯坦 (Mandelstam) 变量.

(3) 两粒子发生弹性散射, 静止质量为 m 的粒子初态是静止的, $\boldsymbol{p} = 0$,

$$k = (\boldsymbol{k}, \mathrm{i}\sqrt{\boldsymbol{k}^2 + \mu^2 c^2}), \quad p = (0, \mathrm{i}mc)$$
$$k' = \left(\boldsymbol{k}', \mathrm{i}\sqrt{\boldsymbol{k}'^2 + \mu^2 c^2}\right)$$

由四维动量守恒

$$k + p = k' + p' \quad \text{或} \quad k - p' = k' - p$$

从而

$$s = -(k + p)^2 = -k^2 - p^2 - 2k \cdot p$$

$$= -[\boldsymbol{k}^2 - (\boldsymbol{k}^2 + \mu^2 c^2)] - (-m^2 c^2) - 2mc\sqrt{\boldsymbol{k}^2 + \mu^2 c^2}$$
$$= \mu^2 c^2 + m^2 c^2 - 2mE_\mu$$

所以

$$E_\mu = \frac{(\mu^2 + m^2)c^2 - s}{2m}$$

同样

$$u = -(k - p')^2 = -(k' - p)^2 = -k'^2 - p^2 + 2k' \cdot p$$
$$= -[\boldsymbol{k}'^2 - (\boldsymbol{k}'^2 + \mu^2 c^2)] - (-m^2 c^2) + 2\left(-mc\sqrt{\boldsymbol{k}'^2 + \mu^2 c^2}\right)$$
$$= \mu^2 c^2 + m^2 c^2 - 2mE'_\mu$$

所以

$$E'_\mu = \frac{(\mu^2 + m^2)c^2 - u}{2m}$$

类似的

$$t = -(k - k')^2 = -k^2 - k'^2 + 2k \cdot k'$$
$$= 2\mu^2 c^2 + 2\boldsymbol{k} \cdot \boldsymbol{k}' - 2\sqrt{\boldsymbol{k}^2 + \mu^2 c^2}\sqrt{\boldsymbol{k}'^2 + \mu^2 c^2}$$
$$= 2\mu^2 c^2 + 2kk' \cos\theta - \frac{2}{c^2}E_\mu E'_\mu$$

再由于

$$E_\mu^2 = c^2 \boldsymbol{k}^2 + \mu^2 c^4, \qquad k = \frac{1}{c}\sqrt{E_\mu^2 - \mu^2 c^4}$$

从而

$$\cos\theta = \frac{1}{2kk'}\left(t - 2\mu^2 c^2 + \frac{2}{c^2}E_\mu E'_\mu\right)$$
$$= \frac{c^2 t - 2\mu^2 c^4 + 2E_\mu E'_\mu}{2\sqrt{(E_\mu^2 - \mu^2 c^4)(E'^2_\mu - \mu^2 c^4)}}$$

将 E_μ 与 s 的关系, E'_μ 与 u 的关系代入上式, 即得 $\cos\theta$ 与 s、t、u 的关系, 经计算可得

$$\cos\theta = \frac{2m^2 c^2 t - 4m^2 \mu^2 c^4 + [(\mu^2 + m^2)c^2 - s][(\mu^2 + m^2)c^2 - u]}{\sqrt{[(\mu + m)^2 c^2 - s][(\mu - m)^2 c^2 - s][(\mu + m)^2 c^2 - u][(\mu - m)^2 c^2 - u]}}$$

4.32　关于 Minkowski 空间中的迷向张量与协变导数、逆变导数

题 4.32　(1) 证明 Minkowski 空间中的 Kronecker 符号

$$\delta^\mu{}_\nu = \begin{cases} 0, & \mu \neq \nu \\ 1, & \mu = \nu \end{cases}$$

为 2 阶张量;

(2) 四维 Levi-Civita 全反对称四阶张量 $\varepsilon^{\alpha\beta\gamma\delta}$ 的分量如下定义 (本题与下一题对 Minkowski 空间采用 Bjoken 度规, 与 Pauli 度规完全等价):

$$\varepsilon^{\alpha\beta\gamma\delta} = \begin{cases} +1, & \text{当 } \alpha=0, \beta=1, \gamma=2, \delta=3, \text{ 或者 } \alpha,\beta,\gamma,\delta \text{ 为 } 0,1,2,3 \text{ 的其他偶排列} \\ -1, & \text{当 } \alpha,\beta,\gamma,\delta \text{ 为 } 0,1,2,3 \text{ 的奇排列} \\ 0, & \text{当 } \alpha,\beta,\gamma,\delta \text{ 中有两个相等} \end{cases}$$

证明 $\varepsilon^{\alpha\beta\gamma\delta}$ 确实满足张量性质;

(3) 在 Minkowski 空间中协变导数 $\partial_\mu = \dfrac{\partial}{\partial x^\mu}$ 与协变矢量具有同样的变换行为, 逆变导数 $\partial^\mu = \dfrac{\partial}{\partial x_\mu}$ 与逆变矢量具有同样的变换行为, 究其原因是关系式 $\dfrac{\partial x_\nu}{\partial x'_\mu} = \dfrac{\partial x'^\mu}{\partial x^\nu}$ 成立, 请对此关系式加以证明.

证明 (1) 从 K 系的 (x^μ) 变换到 K′ 系的 (x'^ν), 变换矩阵为

$$a^\mu{}_\nu = \frac{\partial x^\mu}{\partial x'^\nu} \tag{4.52}$$

于是

$$\delta'^\mu{}_\nu = \frac{\partial x'^\mu}{\partial x^\alpha} \frac{\partial x^\beta}{\partial x'^\nu} \delta^\alpha{}_\beta = \frac{\partial x'^\mu}{\partial x^\alpha} \frac{\partial x^\alpha}{\partial x'^\nu} = \frac{\partial x'^\mu}{\partial x'^\nu} = \delta^\mu{}_\nu \tag{4.53}$$

可见在 Lorentz 变换下, $\delta^\mu{}_\nu$ 按 2 阶张量变换.

(2) 从 K 系的 (x^μ) 变换到 K′ 系的 (x'^ν), 变换

$$\varepsilon'_{\mu\nu\lambda\sigma} = \frac{\partial x^\alpha}{\partial x'^\mu} \frac{\partial x^\beta}{\partial x'^\nu} \frac{\partial x^\gamma}{\partial x'^\lambda} \frac{\partial x^\delta}{\partial x'^\sigma} \varepsilon_{\alpha\beta\gamma\delta} = \det\left(\frac{\partial x^\alpha}{\partial x'^\beta}\right) \varepsilon_{\mu\nu\lambda\sigma} = \det\left(a^\alpha{}_\beta\right) \varepsilon_{\mu\nu\lambda\sigma} \tag{4.54}$$

对于变换矩阵的行列式为 1 的幺模 Lorentz 变换, $\det\left(a^\mu{}_\nu\right) = 1$, 于是 $\varepsilon'_{\mu\nu\lambda\sigma} = \varepsilon_{\mu\nu\lambda\sigma}$. 可见在幺模 Lorentz 变换下, $\varepsilon_{\mu\nu\lambda\sigma}$ 按 4 阶张量变换. 但是对于空间反射、时间反演, 变换矩阵的行列式为 -1, 于是 $\varepsilon'_{\mu\nu\lambda\sigma} = -\varepsilon_{\mu\nu\lambda\sigma}$, 因而 $\varepsilon_{\mu\nu\lambda\sigma}$ 也称赝张量.

在幺模 Lorentz 变换下, $\delta^\mu{}_\nu$ 与 $\varepsilon_{\mu\nu\lambda\sigma}$ 都按张量变换, 且保持不变, 故称迷向张量.

(3) Minkowski 空间中无穷小间隔 $\mathrm{d}s$ 是

$$(\mathrm{d}s)^2 = g_{\alpha\beta} \mathrm{d}x^\alpha \mathrm{d}x^\beta \tag{4.55}$$

其中 $g_{\alpha\beta}$ 叫做度规张量. Minkowski 空间可以取 Bjoken 度规, 其非零分量只有

$$g_{00} = 1, \quad g_{11} = g_{22} = g_{33} = -1 \tag{4.56}$$

根据间隔 $(\mathrm{d}s)^2$ 的不变性, 式 (4.55) 的 $(\mathrm{d}s)^2$ 可表示为

$$(\mathrm{d}s)^2 = g_{\mu\nu} \mathrm{d}x'^\mu \mathrm{d}x'^\nu = g_{\mu\nu} \frac{\partial x'^\mu}{\partial x^\alpha} \frac{\partial x'^\nu}{\partial x^\beta} \mathrm{d}x^\alpha \mathrm{d}x^\beta \tag{4.57}$$

再与式 (4.55) 比较得

$$g_{\mu\nu} \frac{\partial x'^\mu}{\partial x^\alpha} \frac{\partial x'^\nu}{\partial x^\beta} = g_{\alpha\beta} \tag{4.58}$$

两边乘以 $\dfrac{\partial x^{\beta}}{\partial x'^{\sigma}}$ 得

$$g_{\mu\nu}\frac{\partial x'^{\mu}}{\partial x^{\alpha}}\delta^{\nu}{}_{\sigma}=\frac{\partial x_{\alpha}}{\partial x'^{\sigma}},\quad g_{\mu\sigma}\frac{\partial x'^{\mu}}{\partial x^{\alpha}}=\frac{\partial x_{\alpha}}{\partial x'^{\sigma}} \tag{4.59}$$

乘以 $g^{\beta\sigma}$ 得

$$g^{\beta\sigma}g_{\mu\sigma}\frac{\partial x'^{\mu}}{\partial x^{\alpha}}=g^{\beta\sigma}\frac{\partial x_{\alpha}}{\partial x'^{\sigma}} \tag{4.60}$$

或者

$$\delta^{\beta}{}_{\mu}\frac{\partial x'^{\mu}}{\partial x^{\alpha}}=\frac{\partial x_{\alpha}}{\partial x'_{\beta}} \tag{4.61}$$

上式右边可由前式对于 $\beta=0,1,2,3$ 分情况讨论得到. 上式即给出 $\partial x_{\nu}/\partial x'_{\mu}=\partial x'^{\mu}/\partial x^{\nu}$.

4.33　相空间中粒子的数密度是一个 Lorentz 不变量

题 4.33　有大数 N 个相同粒子占有 6 维相空间 $(x,p^{x},y,p^{y},z,p^{z})$ 中的体积. 在该相空间体积元 $\mathrm{d}x\mathrm{d}y\mathrm{d}z\mathrm{d}p^{x}\mathrm{d}p^{y}\mathrm{d}p^{z})$ 中粒子的数目为 $\mathrm{d}N$, 而相空间中粒子的数密度 n 如下定义:

$$\mathrm{d}N=n\mathrm{d}x\mathrm{d}y\mathrm{d}z\mathrm{d}p^{x}\mathrm{d}p^{y}\mathrm{d}p^{z}$$

证明对于幺模 Lorentz 变换, n 是一个 Lorentz 不变量.

证明　不妨取自然单位制令 $c=1$. 四维体积元 $\mathrm{d}^{4}x$ 满足 Lorentz 不变性

$$\begin{aligned}\mathrm{d}^{4}x&=\mathrm{d}x^{0}\mathrm{d}x^{1}\mathrm{d}x^{2}\mathrm{d}x^{3}=\frac{\partial\left(x^{0},x^{1},x^{2},x^{3}\right)}{\partial\left(x'^{0},x'^{1},x'^{2},x'^{3}\right)}\mathrm{d}x'^{0}\mathrm{d}x'^{1}\mathrm{d}x'^{2}\mathrm{d}x'^{3}\\&=\det a\mathrm{d}^{4}x'=\mathrm{d}^{4}x'\end{aligned} \tag{4.62}$$

其中 $a=(a_{\mu}{}^{\nu})=\left(\dfrac{\partial x_{\mu}}{\partial x'_{\nu}}\right)$ 为从 K 系变换到 K′ 系的 Lorentz 变换矩阵. 取粒子的 相对静止系,

$$\mathrm{d}^{4}x=\mathrm{d}x\mathrm{d}y\mathrm{d}z\mathrm{d}t=\mathrm{d}x^{r}\mathrm{d}y^{r}\mathrm{d}z^{r}\mathrm{d}\tau=\mathrm{d}^{3}V^{r}\mathrm{d}\tau \tag{4.63}$$

上式中 $\mathrm{d}^{3}V^{r}$ 为粒子的相对静止系中的体积元, 为 Lorentz 不变量. 于是

$$\mathrm{d}x\mathrm{d}y\mathrm{d}z=\mathrm{d}^{3}V^{r}\frac{\partial\tau}{\partial t}=\frac{1}{\gamma}\mathrm{d}^{3}V^{r} \tag{4.64}$$

其中 γ 为实验室系中粒子的 Lorentz 因子.

同样四动量 $p=(p^{t},p^{x},p^{y},p^{z})$ 的体积元 $\mathrm{d}^{4}p$ 满足 Lorentz 不变性

$$\mathrm{d}^{4}p=\mathrm{d}^{4}p',\quad \mathrm{d}p^{x}\mathrm{d}p^{y}\mathrm{d}p^{z}\mathrm{d}p^{t}=\mathrm{d}p'^{x}\mathrm{d}p'^{y}\mathrm{d}p'^{z}\mathrm{d}p'^{t} \tag{4.65}$$

粒子四动量满足在壳条件

$$(p^{t})^{2}-(p^{x})^{2}-(p^{y})^{2}-(p^{z})^{2}=m^{2} \tag{4.66}$$

令 $f(p^{t})=(p^{t})^{2}-(p^{x})^{2}-(p^{y})^{2}-(p^{z})^{2}-m^{2}$. 在式 (4.65) 两边乘以 $\delta(f(p^{t}))$ 并对 p^{t} 积分得

$$\mathrm{d}p^{x}\mathrm{d}p^{y}\mathrm{d}p^{z}\int_{-\infty}^{+\infty}\delta(f(p^{t}))\mathrm{d}p^{t}=\int_{p^{t}=-\infty}^{+\infty}\mathrm{d}^{4}p\delta(f(p^{t})) \tag{4.67}$$

上式右边满足 Lorentz 不变性, 其左边利用 δ 函数公式 $\delta(f(x)) = \sum\limits_i \dfrac{1}{\left|\frac{\partial f}{\partial x_i}\right|}\delta(x - x_i)$ (x_i 为 $f(x)$ 的单根), 得

$$\mathrm{d}p^x \mathrm{d}p^y \mathrm{d}p^z = 2p^t \int_{p^t=-\infty}^{+\infty} \mathrm{d}^4 p\, \delta(f(p^t)) = 2m\gamma \int_{p^t=-\infty}^{+\infty} \mathrm{d}^4 p\, \delta(f(p^t))$$

由此可见

$$\mathrm{d}x\mathrm{d}y\mathrm{d}z\mathrm{d}p^x \mathrm{d}p^y \mathrm{d}p^z = 2m\mathrm{d}^3 V^r \int_{p^t=-\infty}^{+\infty} \mathrm{d}^4 p\, \delta(f(p^t)) \tag{4.68}$$

上式右边为 Lorentz 不变量, 这意味着粒子的相空间体积元 $\mathrm{d}x\mathrm{d}y\mathrm{d}z\mathrm{d}p^x \mathrm{d}p^y \mathrm{d}p^z$ 为 Lorentz 不变量, 再由题给等式右边粒子的数目 $\mathrm{d}N$ 的 Lorentz 不变性, 可知题设定义的相空间中粒子的数密度 n 为 Lorentz 不变量.

4.34 光被运动镜子反射

题 4.34 光被运动镜子反射. 质量为 M 的镜沿 y 方向运动, 镜面与 xy 面交角为 ϕ, 光束入射被镜面反射, 入射角为 θ, 证明反射角 θ' 由下式给出:

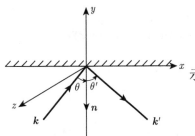

图 4.8 运动的反射镜

$$\sin\theta' = \sin\theta \frac{1 - (\beta\sin\phi)^2}{1 - 2\beta\sin\phi\cos\theta + (\beta\sin\phi)^2} \tag{4.69}$$

证法一 (动力学方法) 先考虑 $\phi = 0$, 如图 4.8 所示, 由光子 Einstein 关系, 能量、动量守恒式为

$$hf + MV^2/2 = hf' + MV'^2/2 \tag{4.70}$$
$$+hf\cos\theta/c + MV = -hf'\cos\theta'/c + MV' \tag{4.71}$$
$$-hf\sin\theta/c = -hf'\sin\theta'/c \tag{4.72}$$

按其中 $p = hf/c,\, p' = hf'/c$ 整理

$$M\left(V'^2 - V^2\right)/2 = h\left(f - f'\right) \tag{4.73}$$
$$M\left(V' - V\right) = +h\left(f\cos\theta + f'\cos\theta'\right)/c \tag{4.74}$$
$$f\sin\theta = f'\sin\theta' \tag{4.75}$$

式 (4.73), 式 (4.74) 相除, 由于镜质量 M 很大, $V' \approx V$,

$$-\frac{f' - f}{f\cos\theta + f'\cos\theta'} = \frac{V + V'}{2c} = \beta \tag{4.76}$$

与式 (4.75) 联立有

$$-\sin\theta + \sin\theta' = \beta\sin\left(\theta + \theta'\right) \tag{4.77}$$

它可化为

$$\frac{\sin\theta}{1 - \beta\cos\theta} = \frac{\sin\theta'}{1 + \beta\cos\theta'} \tag{4.78}$$

也就是

$$\left(1 - 2\beta\cos\theta + \beta^2\right)\sin^2\theta' - 2\sin\theta\left(1 - \beta\cos\theta\right)\sin\theta' + \left(1 - \beta^2\right)\sin^2\theta = 0$$

解为

$$\sin\theta'_1 = \sin\theta, \qquad \sin\theta'_2 = \sin\theta\frac{1 - \beta^2}{1 - 2\beta\cos\theta + \beta^2}$$

舍去第一个根 (增根), 取

$$\sin\theta' = \sin\theta\frac{1 - \beta^2}{1 - 2\beta\cos\theta + \beta^2} \tag{4.79}$$

若镜子斜动, $\phi \neq 0$, 只有其法线方向速度起作用, 式 (4.79) 中作如下替换:

$$V \to V_n = V\sin\phi, \qquad \beta \to \beta\sin\phi$$

即得式 (4.69), 即为所证.

证法二 (速度变换法) 在镜静止系 (K_1 系), 利用速度变换, 入射光速度沿镜面方向分量

$$u_{1x} = \frac{u_x}{\gamma\left(1 - \beta u_y/c\right)} \tag{4.80}$$

从而

$$-c\sin\theta_1 = \frac{-c\sin\theta}{\gamma\left[1 - \beta\left(+c\cos\theta\right)/c\right]}$$

也就有

$$\sin\theta_1 = \frac{\sin\theta}{\gamma\left(1 - \beta\cos\theta\right)} \tag{4.81}$$

同样对出射光写出

$$-c\sin\theta'_1 = \frac{-c\sin\theta'}{\gamma\left[1 + \beta c\cos\theta'/c\right]}$$

也就有

$$\sin\theta'_1 = \frac{\sin\theta'}{\gamma\left(1 + \beta\cos\theta'\right)} \tag{4.82}$$

在镜静止系 (K_1 系), 按反射定律, $\theta_1 = \theta'_1$, 这样上面式 (4.81) 与式 (4.82) 联立给出

$$\frac{\sin\theta}{1 - \beta\cos\theta} = \frac{\sin\theta'}{1 + \beta\cos\theta'} \tag{4.83}$$

这样也给出式 (4.78), 与前面做法相同.

证法三 (惠更斯原理) 参考题解图 4.9, 设在 t 时刻平面镜位于 MN 处, 此时入射光中的光线 1 恰好入射到平面镜上的 O 点. 经 Δt 时间后, 平面镜移到 $M'N'$ 处, 移动的距离 $\overline{FC} = v\Delta t$, 假定此时光线 2 恰好入射到平面镜上的 C 点. O 点发出的球面子波经 Δt 时间已扩展成以 O 为圆心、$R = c\Delta t$ 为半径的半球面. 平面镜上的其他各点依次发出球面子波, 这些子波在 Δt 时间后是一系列半径递减的半球面. 根据惠更斯原理, 这些子波面的包络面构成了反射波的波前, 图 4.9 中用切线 CE 表示. OE 就是反射光的出射方向, 显然它在入射面内. 由图示几何关系可得

$$\overline{OF} = \overline{OD} + \overline{DF} = \frac{\overline{OE}}{\sin\theta'} + \overline{CF}\cot\theta' = \frac{c\Delta t}{\sin\theta'} + v\Delta t\cot\theta' \tag{4.84}$$

过 O 点作光线 1 的垂线与光线 2 以及 $M'N'$ 分别交于 A、G 两点. 由几何关系

$$\overline{OF} = \overline{CG} - \overline{GH} = \frac{\overline{AC}}{\sin\theta} - \overline{OH}\cot\theta = \frac{c\Delta t}{\sin\theta} - v\Delta t\cot\theta \tag{4.85}$$

上面两式 (4.84)、(4.85) 相等, 消去 Δt, 即同样给出式 (4.83). 与前面做法相同.

    证法四   参考图 4.10, 设光线从 A 点发出经过运动镜的反射到达 B

$$l_1^2 = (d_1 + \beta l_1)^2 + s_1^2 \tag{4.86}$$

$$l_2^2 = (d_2 + \beta l_1)^2 + (s - s_1)^2 \tag{4.87}$$

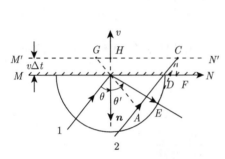

图 4.9   运动的反射镜 2

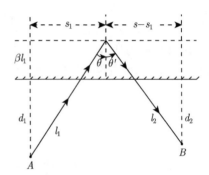

图 4.10   运动的反射镜 4

其中 d_1、d_2 和 s 均是已知量. 这样光线从 A 点发出经过运动镜的反射到达 B 的光程为

$$L = l_1 + l_2 = \sqrt{(d_1 + \beta l_1)^2 + s_1^2} + \sqrt{(d_2 + \beta l_1)^2 + (s - s_1)^2} \tag{4.88}$$

由于 A、B 都是取定的点, 光程 L 的函数关系为 $L = L(l_1, s_1)$, 而 $l_1 = l_1(s_1)$. 这样

$$\mathrm{d}L = \frac{\partial L}{\partial l_1}\mathrm{d}l_1 + \frac{\partial L}{\partial s_1}\mathrm{d}s_1, \qquad \mathrm{d}l_1 = \frac{\mathrm{d}l_1}{\mathrm{d}s_1}\mathrm{d}s_1 \tag{4.89}$$

因而

$$\frac{\mathrm{d}L}{\mathrm{d}s_1} = \frac{\partial L}{\partial l_1}\frac{\mathrm{d}l_1}{\mathrm{d}s_1} + \frac{\partial L}{\partial s_1} \tag{4.90}$$

Fermat 原理要求 $\dfrac{\mathrm{d}L}{\mathrm{d}s_1} = 0$, 由上式知这也就是要求

$$\frac{\mathrm{d}l_1}{\mathrm{d}s_1} = -\frac{\dfrac{\partial L}{\partial s_1}}{\dfrac{\partial L}{\partial l_1}} \tag{4.91}$$

    由于式 (4.86),

$$2l_1\mathrm{d}l_1 = 2(d_1 + \beta l_1)\beta\mathrm{d}l_1 + 2s_1\mathrm{d}s_1$$

给出

$$\frac{\mathrm{d}l_1}{\mathrm{d}s_1} = \frac{s_1}{(1 - \beta^2)l_1 - d_1\beta} \tag{4.92}$$

再由式 (4.88),

$$\frac{\partial L}{\partial s_1} = \frac{s_1}{\sqrt{(d_1 + \beta l_1)^2 + s_1^2}} + \frac{-(s - s_1)}{\sqrt{(d_2 + \beta l_1)^2 + (s - s_1)^2}}$$

$$\frac{\partial L}{\partial l_1} = \frac{\beta(d_1 + \beta l_1)}{\sqrt{(d_1 + \beta l_1)^2 + s_1^2}} + \frac{\beta(d_2 + \beta l_1)}{\sqrt{(d_2 + \beta l_1)^2 + (s - s_1)^2}}$$

代入式 (4.91) 并结合式 (4.92) 得

$$\frac{s_1}{(1 - \beta^2) l_1 - d_1 \beta} = -\frac{\dfrac{s_1}{\sqrt{(d_1 + \beta l_1)^2 + s_1^2}} + \dfrac{-(s - s_1)}{\sqrt{(d_2 + \beta l_1)^2 + (s - s_1)^2}}}{\dfrac{\beta(d_1 + \beta l_1)}{\sqrt{(d_1 + \beta l_1)^2 + s_1^2}} + \dfrac{\beta(d_2 + \beta l_1)}{\sqrt{(d_2 + \beta l_1)^2 + (s - s_1)^2}}} \tag{4.93}$$

因 $s_1 = l_1 \sin\theta$, $d_1 + \beta l_1 = l_1 \cos\theta$, $s - s_1 = l_2 \sin\theta'$, $d_2 + \beta l_1 = l_2 \cos\theta'$, 可知

$$\frac{\sin\theta}{1 - \beta\cos\theta} = \frac{-\sin\theta + \sin\theta'}{\beta\cos\theta + \beta\cos\theta'} \tag{4.94}$$

也就给出式 (4.83).

4.35　GPS 卫星的相对论效应

题 4.35　在静止参考系 K 中, 某静止质量为 m_1 的质点 A 在 $t = 0$ 静止于坐标原点, 此后受到一沿 x 轴正向的恒定外力 F_1 开始运动.

(1) 试求 t 时刻质点的速度 $v_1(t)$ 和坐标 $x_1(t)$;

(2) 试证明任意时刻与 A 瞬时相对静止的惯性系 K_A 中, A 的加速度均为 $a_1 = \dfrac{F_1}{m_1}$;

(3) K 系中另一静止质量为 m_2 的质点 B 在 $t = 0$ 静止于 $x = L$ 处, 此后受到一沿 x 轴正方向的恒定外力 F_2 开始向 x 轴正向运动. 已知任意时刻在与 A 瞬时相对静止的惯性系 K_A 中观察 AB 的距离均为 L, 试求 $a_2 = \dfrac{F_2}{m_2}$, 把结果用 a_1、L、c 表示;

(4) 在与 A 瞬时相对静止的惯性系 K_A 中, 试求固连在 B、A 上的时钟的走时快慢之比 $\dfrac{\mathrm{d}\tau_2}{\mathrm{d}\tau_1}$(即指针角速度之比), 把结果用 a_1、L、c 表示;

(5) 上问指出: 在 A 看来, 即使 B 与 A 的距离不变, 但 B 上的钟的走时快慢与 A 自己的钟有所不同. 按广义相对论, 重力场与以 g 加速度运动的参考系是等价的, 高处的钟与地面的钟走时快慢比为

$$\frac{\mathrm{d}\tau_2}{\mathrm{d}\tau_1} = 1 + \frac{\varphi_2 - \varphi_1}{c^2}$$

其中, $\varphi = -\dfrac{GM}{r}$ 为地球引力势. 试估算每天 GPS 卫星上的钟的走时与地面上钟的走时之差. 已知地球半径 $R = 6380\text{km}$, GPS 卫星周期 $T_s = 11\text{h}58\text{min}$, 距离地面平均高度大约 20200km, 地球表面重力加速度 $g = 9.78\text{m/s}^2$.

解答　(1) 由动量定理

$$F_1 t = \frac{m_1}{\sqrt{1 - \dfrac{v_1^2}{c^2}}} v_1$$

可解出速度 v_1

$$v_1 = \frac{\dfrac{F_1}{m_1} t}{\sqrt{\left(\dfrac{F_1}{m_1}\right)^2 t^2 \dfrac{1}{c^2} + 1}} = \frac{\alpha_1 c^2 t}{\sqrt{\alpha_1^2 c^2 t^2 + 1}} \tag{4.95}$$

其中, $\alpha_1 = \dfrac{F_1}{m_1 c^2} = \dfrac{a_1}{c^2}$. 再由能量定理

$$F_1 x = \frac{m_1}{\sqrt{1 - \dfrac{v_1^2}{c^2}}} c^2 - m_1 c^2 \tag{4.96}$$

可解出位移 x_1

$$x_1 = \frac{1}{\alpha_1} \left(\sqrt{\alpha_1^2 c^2 t^2 + 1} - 1 \right) \tag{4.97}$$

(2) 由力的变换公式 (力只有水平方向)

$$f_x' = \frac{f_x - \dfrac{v}{c^2} \boldsymbol{u} \cdot \boldsymbol{f}}{1 - \dfrac{v u_x}{c^2}} \tag{4.98}$$

其中, $f_x' = F_1'$, $f_x = F_1$, $v = u_x = v_1$, $\boldsymbol{u} \cdot \boldsymbol{f} = v_1 F_1$, 可求出 K′ 中物体 A 受到的力 F_1'

$$F_1' = \frac{F_1 - \dfrac{v_1}{c^2} v_1 F_1}{1 - \dfrac{v_1^2}{c^2}} = F_1$$

再由 K_A 中相对论牛顿方程

$$F_1' = \frac{\mathrm{d}}{\mathrm{d}t'}(m_A' u') = \frac{\mathrm{d} m_A'}{\mathrm{d}t'} u' + m_A' a_1' \tag{4.99}$$

由于 K_A 中 A 的速度为 $u' = 0$, 故 $m_A' = m_1$, 因此 K_A 中物体 A 的加速度为

$$a_1' = \frac{F_1'}{m_A'} = \frac{F_1}{m_1} \tag{4.100}$$

由于本题并不求 K 中物体 A 的加速度, 为方便, 以后的表述中将 a_1' 记为 a_1.

(3) 考察 K 中 t_1 时刻, 物体 A 的速度和位置分别为 $v_1(t_1)$、$x_1(t_1)$, 简记为 v_1、x_1. 由洛伦兹变换求出 A 在 K_A 中的位置和时间

$$x_1' = \gamma(x_1 - v t_1)$$
$$t_1' = \gamma\left(t_1 - \frac{v}{c^2} x_1\right)$$

其中, $v = v_1$, $\gamma = \dfrac{1}{\sqrt{1 - \dfrac{v^2}{c^2}}} = \sqrt{\alpha_1^2 c^2 t_1^2 + 1}$. 由于 K_A 中 AB 的距离为 L, 故 K_A 中 B 在

t_1' 时刻位于 $x_2' = x_1' + L$, 由洛伦兹变换

$$x_2 = \gamma \left(x_2' + vt_2' \right)$$
$$t_2 = \gamma \left(t_2' + \frac{v}{c^2} x_2' \right)$$

再代入 $x_2' = x_1' + L$, $t_2' = t_1'$ 得

$$x_2 = \gamma L + x_1 = L\sqrt{\alpha_1^2 c^2 t_1^2 + 1} + \frac{1}{\alpha_1}\left(\sqrt{\alpha_1^2 c^2 t_1^2 + 1} - 1\right) \tag{4.101}$$

$$t_2 = \gamma \frac{v_1}{c^2} L + t_1 = t_1 \left(1 + \alpha_1 L\right) \tag{4.102}$$

设作用在 B 上的力为 F_2, $\alpha_2 = \dfrac{F_2}{m_2 c^2} = \dfrac{a_2}{c^2}$, 有

$$x_2 = \frac{1}{\alpha_2}\left(\sqrt{\alpha_2^2 c^2 t_2^2 + 1} - 1\right) + L \tag{4.103}$$

将前面求出的 x_2、t_2 的表达式代入, 可求得

$$\alpha_2 = \frac{2(x_2 - L)}{c^2 t_2^2 - (x_2 - L)^2} = \frac{\alpha_1}{1 + \alpha_1 L} \tag{4.104}$$

也就是

$$a_2 = \frac{a_1}{1 + \dfrac{a_1 L}{c^2}} \tag{4.105}$$

(4) 由动钟变慢公式

$$\frac{\mathrm{d}\tau_1}{\mathrm{d}t_1} = \sqrt{1 - \frac{v_1^2}{c^2}} = \frac{1}{\sqrt{\alpha_1^2 c^2 t_1^2 + 1}} \tag{4.106}$$

$$\frac{\mathrm{d}\tau_2}{\mathrm{d}t_2} = \sqrt{1 - \frac{v_2^2}{c^2}} = \frac{1}{\sqrt{\alpha_2^2 c^2 t_2^2 + 1}} \tag{4.107}$$

由于 $\alpha_2^2 c^2 t_2^2 = \alpha_2^2 c^2 t_1^2 (1 + \alpha_1 L)^2 = \alpha_1^2 c^2 t_1^2$, 有

$$\frac{\mathrm{d}\tau_2}{\mathrm{d}\tau_1} = \frac{\mathrm{d}t_2}{\mathrm{d}t_1} = 1 + \alpha_1 L = 1 + \frac{a_1 L}{c^2} \tag{4.108}$$

(5) 由广义相对论知

$$\frac{\mathrm{d}\tau_2}{\mathrm{d}\tau_1} = 1 + \frac{\varphi_2 - \varphi_1}{c^2} = 1 + \frac{GM}{c^2}\frac{r_2 - r_1}{r_1 r_2} = 1 + \frac{gr_1^2}{c^2}\frac{r_2 - r_1}{r_1 r_2} \tag{4.109}$$

故历时一天 $T = 24\mathrm{h}$ 广义相对论修正为

$$\Delta\tau_g = \frac{gr_1^2}{c^2}\frac{r_2 - r_1}{r_1 r_2}T = 4.55 \times 10^{-5}\mathrm{s} \tag{4.110}$$

由于卫星的速度不可忽略, 本题还应考虑由动钟变慢引起的狭义相对论修正

$$\Delta\tau_s = \left(\sqrt{1 - \frac{v^2}{c^2}} - 1\right)T = \left(\sqrt{1 - \frac{gr_1^2}{r_2c^2}} - 1\right)T = -0.72 \times 10^{-5}\text{s} \qquad (4.111)$$

综上可得 GPS 卫星在一天内与地面上时钟的走时之差为

$$\Delta\tau = \Delta\tau_g + \Delta\tau_s = 3.83 \times 10^{-5}\text{s} \qquad (4.112)$$

第五章 相对论在亚原子物理学中的应用

说明 为方便起见, 在本章的公式推导中, 质量 m 以 MeV/c^2 为单位, 动量 p 以 MeV/c 为单位, 不涉及具体计算时, 取 $c = 1$.

5.1 两体弹性碰撞的特点

题 5.1 在两体弹性碰撞中, ( )
(A) 所有粒子轨道必须在质心系中同一平面内;
(B) 参加反应的粒子螺旋性不变;
(C) 角分布总是对称的;
(D) 以上都不对.

解答 动量守恒定律要求, 答案是 (A).

5.2 比较在质心系和实验室系两对撞粒子束的长度和半径, 求相互偏转角

题 5.2 建在 SLAC 的直线加速器能产生电子和正电子束用于对撞实验, 在实验室中电子能量为 50GeV. 每束包含 10^{10} 个粒子, 并且可看作在实验室中半径为 1.0μm, 长度为 2.0mm 的均匀带电圆柱.

(1) 对于同粒子束一起运动的观察者, 它的长度和半径是多少?

(2) 对于实验室观察者及随粒子一起运动的观察者两束粒子互相穿过, 各需多长时间?

(3) 画图表示在实验室中测量两粒子束重叠时的弯转半径 r 与磁场强度 B 的关系. 当弯转半径 r 为 1.0μm 时, B 的值是多少?

(4) 用冲量近似法估计在实验室中束流表面电子在互相穿过时偏转的角度.

解答 (1) 假设观察者与粒子束一起运动, 用 K、K_0 分别代表实验室坐标系及与观察者一起运动的坐标系, 并取 e^+ 方向为 x 轴方向, 则 e^+ 在 K 系中的洛伦兹因子为

$$\gamma = \frac{E}{m_0 c^2} = \frac{50 \times 10^9}{0.511 \times 10^6} = 9.8 \times 10^4$$

对于在 K 中的观察者看来, 电子束的长度被压缩为

$$L = \frac{L_0}{\gamma}$$

其中 L_0 是电子束在 K_0 中的长度

$$L_0 = \gamma L = 9.8 \times 10^4 \times 2 \times 10^{-3} = 196 (\mathrm{m})$$

因为在垂直方向电子束流的大小不被压缩, 所以在 K_0 中

$$r_0 = r = 1.0\mu m$$

迎面来的粒子在 K 中的速度为 $-\beta$, $\gamma^2 = \dfrac{1}{1-\beta^2}$, $\beta^2 = 1 - \dfrac{1}{\gamma^2}$.

由洛伦兹变换得到它在 K_0 中的速度为

$$\beta' = \frac{-\beta - \beta}{1-\beta^2} = -\frac{2\beta}{1-\beta^2}$$

由此迎面来的电子束在 K_0 中的长度为

$$L = \frac{L_0}{\gamma'} = L_0\sqrt{1-\beta'^2} = L_0\sqrt{1 - \left(\frac{2\beta}{1+\beta^2}\right)^2} = L_0\frac{1-\beta^2}{1+\beta^2} = \frac{1}{2\gamma^2 - 1}L_0$$

$$= \frac{200}{2 \times (10^5)^2 - 1} \approx 10^{-8}(m) = 10(nm)$$

(2) 对实验室系观察者每个粒子的速度为

$$\beta = \sqrt{1 - \frac{1}{\gamma^2}}$$

两粒子束互相穿过所需时间为

$$t = \frac{L}{v} = \frac{2 \times 10^{-3}}{1 \times 3 \times 10^8} = 6.67 \times 10^{-12}(s)$$

对同粒子一起运动的观察者, 迎面来的粒子的速度为

$$\beta' = \frac{2\beta}{1+\beta^2} \approx \beta \approx 1$$

互相穿过所需的时间为

$$t' = \frac{L + L_0}{v} = \frac{200 + 1 \times 10^{-8}}{3 \times 10^8} = 6.67 \times 10^{-7}(s)$$

(3) 考虑 e^+, 设粒子束的长度、半径、粒子数目及电荷密度分别为 l, r_0, N, ρ, 则

$$\rho = \frac{eN}{\pi r_0^2 l}$$

正负电子带有相反的电荷, 运动方向相反, 所以总电流密度为 $J = 2\rho\beta c$. 利用安培环路定理

$$\oint \boldsymbol{B} \cdot d\boldsymbol{l} = \mu_0 I = \mu_0 J\pi r_0^2$$

对于 $r > r_0$, 有

$$2\pi r B = \mu_0 \cdot \frac{2eN}{\pi r_0^2 l}\beta c\pi r_0^2$$

则

$$B = \mu_0 \cdot \frac{2eN}{2\pi l}\beta c\frac{1}{r} = \mu_0 \cdot \frac{eN}{l\pi}\frac{\beta c}{r}$$

对于 $r < r_0$,

$$2\pi r B = \mu_0 \cdot \frac{2eN}{\pi r_0^2 l}\beta c\pi r^2$$

则

$$B = \mu_0 \frac{eN}{\pi l}\frac{\beta c r}{r_0^2}$$

图 5.1 显示 B 随 r 的变化曲线. 当 $r = r_0 = 1.0\mu\text{m}$,

$$B = \frac{4\pi \times 10^{-7} \times 1.6 \times 10^{-19} \times 10^{10}}{\pi \times 2 \times 10^{-3} \times 10^{-6}} \times 1.0 \times 3.0 \times 10^8 \approx 96(\text{T})$$

(4) 磁场对与它垂直的粒子束的作用力为 $\boldsymbol{F} = e\boldsymbol{v}\times\boldsymbol{B}$,
两粒子束流互相穿过的时间为 Δt, 由冲量定理, 束流的横
动量为

$$p_\perp = F \cdot \Delta t = evB\Delta t$$

则两束流互相穿过时被偏转的角度为

$$\theta \approx \frac{p_\perp}{p_0} = \frac{evB\Delta t}{m_0\gamma v} = \frac{eBl}{p} = \frac{eBlc}{pc}$$

$$= \frac{1.6 \times 10^{-19} \times 96 \times 2 \times 10^{-3} \times 3 \times 10^8}{50 \times 10^9 \times 1.6 \times 10^{-19}}$$

$$= 1.15 \times 10^{-3}(\text{rad}) \approx 39.6'$$

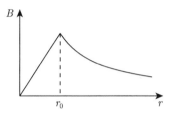

图 5.1　B 随 r 的变化曲线

5.3　由介子通过介质前后的刚度求其静止质量及半衰期

题 5.3　在观察产生相对论介子的基本过程中, 发现介子在磁场 $\boldsymbol{B}$ 中的轨迹是
$(B\rho)_1 = 2.7\text{T} \cdot \text{m}$ 的曲线. 经过介质损失部分能量后的轨迹是 $(B\rho)_2 = 0.34\text{T} \cdot \text{m}$, 而用
飞行时间谱仪测得 "慢化" 后的粒子束的速度为 $v_2 = 1.8 \times 10^8\text{m/s}$.

(1) 求粒子的静止质量 (以电子质量为单位) 和减速前后的动能 (以 MeV 为单位, 精
确到两位数字).

(2) 如果慢化后的粒子在飞行 4m 中有 50% 的概率发生衰变, 计算这种粒子在其静
止坐标系中的固有半衰期及 "慢化" 前, 粒子衰变 50% 时在实验室中飞行的距离.

解答　(1) 慢化后的粒子的参数为

$$\beta_2 = \frac{v_2}{c} = \frac{1.8 \times 10^8}{3 \times 10^8} = 0.6$$

$$\gamma_2 = \frac{1}{\sqrt{1 - \beta_2^2}} = \frac{5}{4} = 1.25$$

该介子带电, 设带单位电荷 e, 由粒子在磁场中的轨迹和圆轨道平衡条件, 可求出粒子的
动量

$$p_2 = 0.3B\,(\text{T})\,\rho_2\,(\text{m}) = 0.3 \times 0.34(\text{GeV})/c = 0.102(\text{GeV})/c$$

由相对论公式 $p = m_0\beta c\gamma$, 可求出介子的静止质量

$$m_0 = \frac{p_2}{\gamma_2\beta_2 c} = \frac{0.102}{0.6 \times 1.25} \approx 0.14\text{GeV}/c^2$$

该介子为 π^+ 或者 π^-.

因为 $evB = \dfrac{m_0\gamma v^2}{\rho}$, 或 $\rho B = \dfrac{m_0\gamma\beta c}{e}$, 对于慢化前后的介子有 $\dfrac{(\rho B)_1}{(\rho B)_2} = \dfrac{\gamma_1\beta_1}{\gamma_2\beta_2}$, 由题意可求出慢化前粒子的动量为

$$p_1 = m_0\gamma_1\beta_1 c = \frac{(\rho B)_1}{(\rho B)_2} m_0\gamma_2\beta_2 c = \frac{2.7}{0.34} \times 0.102 = 0.81(\mathrm{GeV}/c)$$

慢化前后粒子的动能 E_1 和 E_2 分别为

$$E_1 = \sqrt{p_1^2 c^2 + m_0^2 c^4} - m_0 c^2 = \sqrt{0.81^2 + 0.14^2} - 0.14 = 0.68(\mathrm{GeV})$$

$$E_2 = \sqrt{p_2^2 c^2 + m_0^2 c^4} - m_0 c^2 = \sqrt{0.102^2 + 0.14^2} - 0.14 = 0.033(\mathrm{GeV})$$

(2) 半衰期 T 的定义为

$$\exp\left(-\frac{t}{T}\right) = \exp\left(-\frac{l}{\beta c T}\right) = \frac{1}{2} \quad \text{或} \quad T = \frac{l}{\beta c \ln 2}, \quad T = \gamma T_0$$

这样

$$T_0 = \frac{T}{\gamma} = \frac{l_2}{\beta_2\gamma_2 c \ln 2} = \frac{4}{0.6 \times 1.25 \times 3 \times 10^8 \times 0.693} \approx 2.6 \times 10^{-8}(\mathrm{s})$$

慢化前粒子的参数为

$$\beta_1 = \frac{p_1}{T_1 + m_0} = \frac{0.81}{0.68 + 0.14} \approx 0.99$$

$$\gamma_1 = \frac{T_1 + m_0}{m_0} = \frac{0.68 + 0.14}{0.14} \approx 5.9$$

粒子慢化前衰变 50% 时在实验室飞过的距离为

$$l_1 = T_0\beta_1\gamma_1 c \ln 2 = 2.6 \times 10^{-8} \times 0.693 \times 0.99 \times 5.9 \times 3 \times 10^8 \approx 32(\mathrm{m})$$

5.4 由质子被加速可达到的能量求 $^{14}\mathrm{N}^{+6}$ 离子的最大动能

题 5.4 普林斯顿同步加速器 (PPA) 用于加速高度电离的氮离子, 如果 PPA 能产生总能量为 3GeV 的质子, 那么带 6 个正电荷的 $^{14}\mathrm{N}^{+6}$ 离子的最低动能是多少?

解答 被加速的离子进入同步加速器后, 被磁场约束, 由射频场加速, 能达到的最大能量受磁场的最大值限制

$$p_\mathrm{m} = |q|\rho B_\mathrm{m}$$

其中, q 为离子的电荷, ρ 为轨道半径. 对于质子和氮离子有

$$\frac{p_\mathrm{p}}{p_\mathrm{N}} = \frac{|q_\mathrm{p}|}{|q_\mathrm{N}|}, \qquad p_\mathrm{N} = 6p_\mathrm{p}$$

利用质壳关系 $E^2 = p^2 + m^2$ 有

$$p_\text{p} \approx 2.85 \text{GeV}/c$$

$$p_\text{N} = 6p_\text{p} = 17.1 \text{GeV}/c$$

从而

$$T = \sqrt{p_\text{N}^2 + m_\text{N}^2} - m_\text{N} = \sqrt{(17.1)^2 + (0.938 \times 14)^2} - 0.938 \times 14 = 8.43 \, (\text{GeV})$$

5.5 求 μ 子从高空到达地面所需的能量及被地磁场偏转的角度

题 5.5 (1) μ 子的静止寿命为 10^{-6}s, 静止质量约为 $100 \text{MeV}/c^2$, 若它在高空大气中 (10^4m 以上) 产生, μ 子需多大的能量才能到达地面?

(2) 在零级近似下, 设地磁场延伸到 10^4 米以上高空, 地磁场的数值为 1Gs, 方向为地轴方向, 一个能量为 E, 在赤道上空垂直入射的 μ 子, 受地磁场的偏转有多大? 偏向什么方向?

解答 (1) 设 μ 子的能量为 $E = \gamma mc^2$, τ_0 为 μ 子在静止坐标系中的平均寿命, 在实验室系中的平均寿命为 $\tau = \gamma \tau_0$, $l = \gamma \beta \tau_0 c$, 得到

$$E = \frac{lmc^2}{\beta \tau_0 c} \approx \frac{lmc^2}{\tau_0 c} = \frac{10^4 \times 0.1}{10^{-6} \times 3 \times 10^8} = 3.3 \, (\text{GeV})$$

(2) 设地磁场中 μ 子的能量非常高, $pc \approx E$, μ^+ 子所受地磁场的偏转力等于偏转的向心力,

$$evB = \frac{m\gamma v^2}{R}$$

则偏转的曲率半径 R 为

$$R = \frac{pc}{ecB} \approx \frac{E}{ecB}$$

当 E, R 分别以 GeV 和 m 为单位时,

$$R = \frac{E}{ecB} \approx \frac{1.6 \times 10^{-10} E}{1.6 \times 10^{-19} \times 3.0 \times 10^8 \times 10^{-4}} = 3.0 \times 10^4 E \, (\text{m})$$

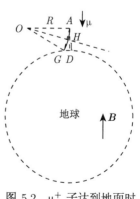

如图 5.2 所示, μ^+ 子沿原初轨迹 AD 垂直射向地面, 受地磁场作用向东偏离, 达到地面时偏离距离为 $GD = a$, 其轨迹的曲率中心为 O, 曲率半径为 R, $AD = l$, 与轨迹相切, 因为 $\angle OAD = \frac{\pi}{2}$, $\angle GAD = \angle AOH$, 所以 $\triangle GAD$ 与 $\triangle AOH$ 相似, 因此

图 5.2 μ^+ 子达到地面时偏离距离为 a

$$\frac{a}{\sqrt{a^2 + l^2}} = \frac{\sqrt{a^2 + l^2}}{2R}$$

即
$$a^2 - 2Ra + l^2 = 0$$

解此方程并利用 $l \ll R$,
$$a = \frac{2R \pm \sqrt{4R^2 - 4l^2}}{2} \approx \frac{l^2}{2R} = \frac{3 \times (10^4)^2}{2 \times 10^5 E} = \frac{1.5 \times 10^3}{E}$$

当 E=3.3GeV 时, a=455m, 当 E=20GeV 时, a=75m, 因为地磁场的方向指向北, 作用在垂直向下运动的 μ^+ 上的磁场力向东, 所以 μ^+ 偏向东方, 而 μ^- 偏向西方.

5.6　求 μ 子能环绕地球一周所需的最小能量

题 5.6　一个 μ 子的质量约为 $100\text{MeV}/c^2$, 其静止寿命为 2μs. 假定地磁场足以保持它在轨道上运动, μ 子要大能量才能完成环绕地球的旅行? 实际上地磁场有这么强吗?

解答　要使 μ 子环绕地球一周, 它的运动寿命至少应等于所需的时间, 记 μ 子的静止寿命为 τ_0, 地球半径为 R, 则有
$$\tau_0 \gamma \geqslant \frac{2\pi R}{\beta}, \qquad E_\mu = m_\mu \gamma$$

也就是
$$p_\mu = m_\mu \gamma \beta = \frac{2\pi R}{\tau_0} m_\mu$$

因此 μ 子环绕地球一周所需能量为
$$E_\mu = \sqrt{p^2 c^2 + m_\mu^2 c^4} = m_\mu c^2 \sqrt{1 + \left(\frac{2\pi R}{\tau_0 c}\right)^2}$$
$$= 100 \times \sqrt{1 + \left(\frac{2\pi \times 6400 \times 10^3}{2 \times 10^{-6} \times 3 \times 10^8}\right)^2} = 6.7 \times 10^6 (\text{MeV})$$

因为 $E \gg m_\mu$, $E \approx p_\mu$, 利用公式 $p(\text{MeV}) = 300B(\text{T})\rho(\text{m})$, 可以求出所需磁场强度
$$B = \frac{p_\mu}{300\rho} = \frac{6.7 \times 10^6}{300 \times 6.4 \times 10^6} = 3.48 \times 10^{-3}(\text{T}) \approx 34.8(\text{Gs})$$

地球表面的磁场强度为零点几高斯, 所以实际上地磁场不可能维持 μ 子环绕地球运动.

5.7　求动能是静能两倍的粒子与同种粒子碰撞产生的新粒子的静止质量

题 5.7　一个质量为 m 的粒子, 其动能是静止能量的两倍, 与一个质量相等的粒子碰撞复合成一个新粒子, 计算新粒子的质量.

解答　设产生的新粒子的质量为 M, 系统的不变质量平方为
$$S = (E + m)^2 - p^2 = M^2$$

利用质壳条件 $E^2 = p^2 + m^2$, 得到新粒子质量为
$$M^2 = 2m^2 + 2mE = 8m^2$$

5.8 求动能为静能 (m_0) 两倍的粒子与静能为 $2m_0$ 的粒子碰撞产生的复合粒子的静止质量和速度

题 5.8 一个静止质量为 m_0、动能为 $2m_0$ 的相对论粒子与一个静止质量为 $2m_0$ 的粒子碰撞并与它结合在一起复合成一个新粒子.

(1) 求复合粒子的静止质量;

(2) 求复合粒子的速度.

解答 (1) 设复合粒子的静止质量为 M, 速度为 β, 束流粒子总能量为 $3m_0$, 动量为

$$p = \sqrt{(3m_0)^2 - m_0^2} = \sqrt{8}m_0$$

系统的不变质量平方为

$$s = (3m_0 + 2m_0)^2 - p^2 = 17m_0^2$$

复合粒子的动量与束流粒子的动量相同, 它的不变质量平方为

$$s = \left(\sqrt{M^2 + p^2}\right)^2 - p^2 = M^2$$

所以其静止质量为

$$M = \sqrt{s} = \sqrt{17}m_0$$

(2) 由动量守恒复合粒子的动量

$$p_M = p = \sqrt{(3m_0)^2 - m_0^2} = \sqrt{8}m_0$$
$$E_M = \sqrt{p_M^2 + M^2} = \sqrt{17 + 8}m_0 = 5m_0$$
$$\beta = \frac{p_M}{E_M} = \frac{2}{5}\sqrt{2}$$

粒子的速度为

$$v = \beta c = 1.7 \times 10^8 \text{m/s}$$

5.9 求能量为 1000GeV 的质子打静止质子的有效能量

题 5.9 一个能量为 1000GeV 的质子打一个静止的质子, 能产生质量的自由能量是多少?( )

(A) 41.3GeV; (B) 1000GeV; (C) 500Gev; (D) 4.13GeV.

解答 用下标 1, 2 表示入射质子和静止质子, 质子质量为 m, 系统的不变质量平方

$$\left(\sum E_i\right)^2 - \left(\sum \boldsymbol{p}_i'\right)^2 = E^{*2}$$

式中 E^* 是质心系的总能量, 是洛伦兹不变量.

$$(E_1 + m)^2 - \boldsymbol{p}_1^2 = E^{*2}$$
$$E_1^2 + 2mE_1 + m^2 - \boldsymbol{p}_1^2 = E^{*2}$$
$$E^{*2} = 2mE_1 + m^2 + m^2$$

若末态剩下两个质子, 则产生质量的自由能量为

$$T = E^* - 2m = \sqrt{2mE + 2m^2} - 2m$$
$$= \sqrt{2 \times 0.938 \times 1000 + 2 \times 0.938^2} - 2 \times 0.938$$
$$= 41.5(\text{GeV})$$

另外, $E_1 \gg m$, 粗略地估计

$$T = \sqrt{2mE} = \sqrt{2000} \approx 45(\text{GeV})$$

答案是 (A).

5.10　比较质子打静止质子与质子–质子对撞时的有效能量

题 5.10　在 CERN 的质子交叉储存环 (ISR) 中, 实现能量为 30GeV 的质子 - 质子对撞. 另用一个质子加速器加速质子轰击静止的质子, 为了得到与 ISR 相同的质心系能量, 该质子的能量应为多大?

解答　设质子的质量为 m_{p}, 打静止靶的质子的能量为 E, 因为对撞时质心系的能量为

$$E^* = E_1 + E_2 = 30 + 30 = 60(\text{GeV})$$

对于质子–质子对撞和质子打静止质子靶, 不变质量相同. 不变质量平方为

$$S = (E + m_{\text{p}})^2 - \boldsymbol{p}^2 = 2m_{\text{p}}^2 + 2m_{\text{p}}E = (2E)^2 - (\boldsymbol{p}_1 + \boldsymbol{p}_2)^2 = E^{*2} = 60^2$$

质子能量为

$$E = \frac{S - 2m_{\text{p}}^2}{2m_{\text{p}}} = 1.92 \times 10^3 \text{GeV}$$

5.11　质子打氢靶产生反质子的阈能

题 5.11　从加速器出来的质子与氢气碰撞, 产生反质子的最小能量是 (　　)
(A) 6.6GeV;　　　(B) 3.3GeV;　　　(C) 2GeV;　　　(D)4.2GeV
解答　产生反质子的反应为

$$\text{p} + \text{p} \rightarrow \bar{\text{p}} + \text{p} + \text{p} + \text{p}$$

系统的不变质量平方为

$$\left(\sum E_i \right)^2 - \left(\sum \boldsymbol{p}_i \right)^2 = \left(\sum E_i^* \right)^2$$

也就是

$$(E_{\rm th}+m_{\rm p})^2-\left(E_{\rm th}^2-m_{\rm p}^2\right)=(4m_{\rm p})^2$$

所以最小能量为

$$E_{\rm th}=7m_{\rm p}\approx 6.6{\rm GeV}$$

答案是 (A).

5.12　求质子打静止质子及质子–质子对撞产生一个新粒子和两个质子所需的最小能量

题 5.12　一个运动的质子和一个静止的质子相撞, 产生一个静止质量为 M 的粒子 A 和两个质子, 求入射质子的最小能量; 如果两质子以等速相反的方向相撞, 相应的能量又是多少?

解答　反应方程为

$$\rm p+p\to A+p+p$$

入射粒子的最小能量即为阈能, 这时反应式右边的所有粒子都静止. 设此时运动质子的能量和动量分别为 $E_{\rm p},\ \boldsymbol{p}_{\rm p}$, 由系统的不变质量平方和质壳条件 $E^2=\boldsymbol{p}^2+m^2$ 有

$$S=(E_{\rm p}+m_{\rm p})^2-(\boldsymbol{p}_{\rm p})^2=2m_{\rm p}^2+2m_{\rm p}E_{\rm p}=(2m_{\rm p}+M)^2$$

则质子能量为

$$E_{\rm p}=\frac{(2m_{\rm p}+M)^2-2m_{\rm p}^2}{2m_{\rm p}}=\frac{(2m_{\rm p}^2+4m_{\rm p}M+M^2)}{2m_{\rm p}}$$
$$=m_{\rm p}+2M+\frac{M^2}{2m_{\rm p}}$$

如果两个质子对头碰撞, 则系统的不变质量平方为

$$S=(E_{\rm p}+E_{\rm p})^2-(\boldsymbol{p}_{\rm p}-\boldsymbol{p}_{\rm p})^2=(2E_{\rm p})^2=(2m_{\rm p}+M)^2$$

因此每个质子的能量为

$$E_{\rm p}=m_{\rm p}+\frac{M}{2}$$

5.13　一个运动的质子轰击一个静止的质子产生反应 $\rm p+p\to p+p+\pi^0$ 的阈能

题 5.13　一个运动的质子轰击一个静止的质子产生反应 $\rm p+p\to p+p+\pi^0$, 求反应的阈能.

解答　由题 5.12 给出

$$E_{\rm p}^{\rm th}=m_{\rm p}+2m_\pi+\frac{m_\pi^2}{2m_{\rm p}}=938+2\times135+\frac{135^2}{2\times938}=1218({\rm MeV})$$

其阈动能为 $T_{\rm p}^{\rm th}=E_{\rm p}^{\rm th}-m_{\rm p}=1218-938=280({\rm MeV})$.

5.14 一个运动的质子轰击一个静止的质子产生反应 $p + p \rightarrow \pi^+ + d$ 的阈动能及在实验室系中的角分布和奇异角

题 5.14 在 $p + p \rightarrow \pi^+ + d$ 反应中, 来自加速器的高能质子打在静止的质子上产生 π^+ 和氘核,

(1) 计算实验室系入射质子的动能 T. 已知各粒子的质量分别为 $m_p = 938\text{MeV}/c^2$, $m_d = 1874\text{MeV}/c^2$, $m_\pi = 140\text{MeV}/c^2$;

(2) 假定反应在质心系中是各向同性的, 即在立体角元 $d\Omega^* = d\varphi^* d(\cos\theta^*)$ 内产生一个 π^+ 概率为常数. 试找出实验室系在单位立体角产生 π^+ 的归一化的概率 (以 $\cos\theta$, 质心速度 $\beta'c$, π 在实验室系的速度 βc 和在质心系的动量 p^* 表示);

(3) 在像 $p + p \rightarrow \pi^+ + d$ 这样的吸能反应中, 在实验室系中反应产生的概率在 $\theta \neq 0$ 处可能存在奇异点. 这与 (2) 中得到的结果有何联系? 请做简单评论, 不需导出所有有关的运动学问题.

解答 (1) 设 E 和 p 分别为入射质子在实验室系的能量和动量, 且 $E^2 = p^2 + m_p^2$. 在发生阈反应时, 不变质量平方为

$$(E + m_p)^2 - p^2 = (m_\pi + m_d)^2,$$

可得到反应阈能为

$$E = \frac{(m_\pi + m_d)^2 - 2m_p^2}{2m_p}$$

阈动能为

$$T = E - m_p = \frac{(m_\pi + m_d)^2 - 2m_p^2}{2m_p} - m_p$$

$$= \frac{(140 + 1874)^2 - 4 \times (938)^2}{2 \times 938} \approx 286.1(\text{MeV})$$

(2) 令 $\dfrac{dW}{d\Omega^*}$ 和 $\dfrac{dW}{d\Omega}$ 分别代表在质心系和实验室系在单位立体角产生 π^+ 的归一化概率. 带 $*$ 的量表示质心系的量, 由题得知

$$\frac{dW}{d\Omega^*} = \frac{1}{4\pi}$$

$$\frac{dW}{d\Omega} = \frac{dW}{d\Omega^*} \frac{d\Omega^*}{d\Omega} = \frac{1}{4\pi} \frac{d\cos\theta^*}{d\cos\theta}$$

对所产生的 π^+ 的动量能量作洛伦兹变换

$$p^* \sin\theta^* = p \sin\theta \tag{5.1}$$

$$p^* \cos\theta^* = \gamma'(p\cos\theta - \beta' E) \tag{5.2}$$

$$E^* = \gamma'(E - \beta' p \cos\theta) \tag{5.3}$$

其中 γ', β' 分别为质心在实验室系中的洛伦兹因子和速度. 将式 (5.2) 对 $\cos\theta$ 微分并注意到 p^*、E^* 与 θ 无关, 得

$$p^*\frac{\mathrm{d}\cos\theta^*}{\mathrm{d}\cos\theta} = \gamma'\left(p + \cos\theta\frac{\mathrm{d}p}{\mathrm{d}\cos\theta} - \beta'\frac{\mathrm{d}E}{\mathrm{d}p}\frac{\mathrm{d}p}{\mathrm{d}\cos\theta}\right)$$

已知 $E = (m^2 + p^2)^{1/2}$, $\mathrm{d}E/\mathrm{d}p = p/E = \beta$, 从而得到

$$p^*\frac{\mathrm{d}\cos\theta^*}{\mathrm{d}\cos\theta} = \gamma'\left(p + \cos\theta\frac{\mathrm{d}p}{\mathrm{d}\cos\theta} - \beta'\beta\frac{\mathrm{d}p}{\mathrm{d}\cos\theta}\right) \tag{5.4}$$

将式 (5.3) 对 $\cos\theta$ 微分并注意到 p^*、E^* 与 θ 无关, 得

$$0 = \gamma'\left(\frac{\mathrm{d}E}{\mathrm{d}\cos\theta} - \beta'p - \beta'\cos\theta\frac{\mathrm{d}p}{\mathrm{d}\cos\theta}\right)$$
$$= \gamma'\left(\beta\frac{\mathrm{d}p}{\mathrm{d}\cos\theta} - \beta'p - \beta'\cos\theta\frac{\mathrm{d}p}{\mathrm{d}\cos\theta}\right)$$

因此

$$\frac{\mathrm{d}p}{\mathrm{d}\cos\theta} = \frac{p\beta'}{\beta - \beta'\cos\theta} \tag{5.5}$$

把式 (5.5) 代入式 (5.4) 得到

$$p^*\frac{\mathrm{d}\cos\theta^*}{\mathrm{d}\cos\theta} = \gamma'\left[p + \frac{(\cos\theta - \beta'\beta)\beta'p}{\beta - \beta'\cos\theta}\right]$$
$$= \frac{(1 - \beta'^2)\gamma'\beta p}{\beta - \beta'\cos\theta} = \frac{p}{\gamma'[1 - (\beta'\cos\theta)/\beta]}$$

所以在实验室系产生 p^* 的立体角分布为

$$\frac{\mathrm{d}W}{\mathrm{d}\Omega} = \frac{1}{4\pi}\frac{\mathrm{d}\cos\theta^*}{\mathrm{d}\cos\theta}$$
$$= \frac{p}{4\pi\gamma'p^*[1 - (\beta'\cos\theta)/\beta]}$$
$$= \frac{m_\pi\beta\gamma}{4\pi\gamma'p^*[1 - (\beta'\cos\theta)/\beta]}$$

(3) 由第 (2) 小题的结果中可见, 当 $1 - \dfrac{\beta'}{\beta}\cos\theta = 0$ 时, $\dfrac{\mathrm{d}W}{\mathrm{d}\Omega}$ 是奇异的. 当 π^+ 介子在质心系中向后出射时, 显然 $\beta < \beta'$. 如果入射质子能量不太高, 使 π^+ 介子在实验室系中也能向后出射, 此时实验室系显然存在一个 θ 角使上述条件得到满足. 从理论上来说, 这个角对应于 "逆转" 角, 即在实验室系可能达到的最大角度. 在这个角度实验室系和质心系间的角度变换确实是奇异的. 对足够高的入射能量, π^+ 介子亦可以在实验室系中向后出射, 但在 $\dfrac{\mathrm{d}W}{\mathrm{d}\Omega}$ 中, 此种所谓的雅可比峰将不会出现.

5.15　$\overline{\mathrm{p}} + \mathrm{p} \to 2\pi^+ + 2\pi^-$, $\overline{\mathrm{p}} + \mathrm{p} \to 2\gamma^0$, 求 π 的平均动能、动量及速度; 求 γ 的波长

题 5.15　假设一个缓慢运动的反质子和一个质子碰撞湮没成两个 π^+ 和两个 π^- ($m_\pi = 140\mathrm{MeV}$). 求:

(1) 每个 π 介子的平均动能是多大 (MeV)?

(2) 这时 π 介子的动量值是多少?

(3) π 介子的速度是多少 (以 c 为单位)?

(4) 如果对撞产生两个光子, 每个光子的波长是多少?

解答 (1) 该反应方程为

$$\overline{p} + p \to 2\pi^+ + 2\pi^-$$

因为入射的 $\overline{p}$ 运动缓慢, 可以设其 $T_{\overline{p}} = 0$, 则每个 π 介子的能量

$$E_\pi \approx \frac{2m_p}{4} = \frac{m_p}{2}$$

所以其动能为

$$\overline{T}_\pi \approx E_\pi - m_\pi = \frac{1}{2}m_p - m_\pi \approx \frac{1}{2} \times 938 - 140 = 329(\text{MeV})$$

(2) 这时 π 介子的动量值为

$$p = \sqrt{E_\pi^2 - m_\pi^2} = \frac{1}{2}\sqrt{m_p^2 - 4m_\pi^2} = 448\text{MeV}$$

(3) 其速度为

$$\beta = \frac{p}{E_\pi} = \frac{p}{T_\pi + m_\pi} \approx \frac{448}{329 + 140} \approx 0.955$$

(4) 如果湮没产生两个光子, 则每个光子的能量为

$$E_\gamma = 0.5 \times (2m_p) = 938\text{MeV}$$

其波长为

$$\lambda = \frac{hc}{E_\gamma} = \frac{1240}{938} = 1.32(\text{fm})$$

5.16 求用 400GeV 的质子轰击 Fe 靶产生的 c 介子衰变的 μ 子数与产生的 π 介子衰变的 μ 子数之比

题 5.16 在 e^+e^- 储存环中观察到的粲粒子 c. 检验这类粒子的途径之一是观测其轻子衰变道中产生的 μ 子, 例如粲粒子有下面的衰变方式 $c \to \mu\nu$. 不幸的是, 由于存在由 π 衰变产生的 μ 子, 实验变得复杂了. 考虑费米实验室作的一个实验, 如图 5.3, 用 400GeV 的质子轰击厚铁靶, 进入探测器的 μ 子, 有些是 π 衰变产生的, 有些是 c 衰变产生的 (忽略其他过程). 从下列假设出发, 计算 c 衰变产生的 μ 子与有 π 衰变产生的 μ 子数目之比. 已知 π 介子寿命 $\tau = 2.60 \times 10^{-8}$s.

(1) π 介子一旦产生就立即从束流中消失;

(2) π 与 c 能谱从最高到最低能量都是平坦的;

(3) c 的质量为 2GeV, 其寿命 $\ll 10^{-10}$s;

(4) π 子在铁中的能量损失可以忽略;

(5) 忽略由 μ 子的几何形状带来的影响;

(6) p-p 非弹性散射截面为 30mb, 在非弹性散射中带电 π 介子的多重性数平均为 8. 计算要具体说明做了哪些假设, 设 c 的产生总截面为 10μb/Fe 核, 且 10% 的 c 衰变成 μν, 给出在 $E_\mu = 100\mathrm{GeV}$ 时的上述比值.

图 5.3　质子轰击 Fe 靶产生的介子衰变产生 μ 子

解答　除题中假设外, 我们另假设核子间的作用与电荷无关, 即 pp、np 碰撞的截面相同 $\sigma_{\mathrm{pp}} = \sigma_{\mathrm{np}}$.

对于 $^{56}\mathrm{Fe}$, 质子和中子的数密度相同,

$$N_{\mathrm{p}} = N_{\mathrm{n}} = \frac{28}{56} \times 7.8 \times 6.02 \times 10^{23} = 2.35 \times 10^{24}(\mathrm{cm}^{-3})$$

设入射质子的通量为 $\varPhi(x)$, 这里 x 是从入射表面起的靶厚. 因为

$$\frac{\mathrm{d}\varPhi}{\mathrm{d}x} = -(\sigma_{\mathrm{pp}}N_{\mathrm{p}} + \sigma_{\mathrm{pn}}N_{\mathrm{n}})\varPhi = -2\sigma_{\mathrm{pp}}N_{\mathrm{p}}\varPhi$$

可得

$$\varPhi = \varPhi_0 \exp(-2\sigma_{\mathrm{pp}}N_{\mathrm{p}}x)$$

如果靶足够厚, 如 $x = 10\mathrm{m} = 10^3\mathrm{cm}$.

$$\varPhi = \exp(-2 \times 30 \times 10^{-27} \times 2.35 \times 10^{24} \times 10^3) = 5.8 \times 10^{-62}\varPhi_0$$

即质子全部消失在靶中. 我们假设在 p-Fe 反应中产生了 c 夸克, 由已知数据 $\sigma_{\mathrm{pFe}} = 10\mu\mathrm{b}$, $\sigma_{\mathrm{pp}}=30\mathrm{mb}$, 可求出产生 c 夸克的数目

$$N_{\mathrm{c}} = \int N_{\mathrm{Fe}}\sigma(\mathrm{c})\mathrm{d}\varPhi \approx N_{\mathrm{Fe}}\sigma(\mathrm{c})\varPhi_0 \int_0^\infty \exp(-2\sigma_{\mathrm{pp}}N_{\mathrm{p}}x)\mathrm{d}x$$

$$= \frac{N_{\mathrm{Fe}}}{2N_{\mathrm{p}}}\frac{\sigma(\mathrm{c})}{\sigma_{\mathrm{pp}}}\varPhi_0 = \frac{1}{56} \times \frac{10^{-5}}{30 \times 10^{-3}}\varPhi_0 = 5.95 \times 10^{-6}\varPhi_0$$

因为 c 夸克的寿命 $\ll 10^{-10}\mathrm{s}$, c 夸克在靶内全部衰变, 有 c 夸克衰变产生的 μ 子数为

$$N_{\mu\mathrm{c}} = 0.10N_{\mathrm{c}} = 5.95 \times 10^{-7}\varPhi_0$$

下面计算由 π 介子衰变产生的 μ 子数. π 产生后, 一部分与核子作用从束流中消失, 一部分在飞行中衰变产生 μ 子. 对于前一种情况, 我们假设

$$\sigma_{\pi\mathrm{p}} = \sigma_{\pi\mathrm{n}} = \frac{2}{3}\sigma_{\mathrm{pp}} \approx 20\mathrm{mb}$$

对于后一种情况, π 介子在实验室中的寿命为 γ_π/λ, λ 是衰变常数, $\gamma_\pi = (1 - \beta_\pi^2)^{-1/2}$, $\beta_\pi c$

是 π 的平均速度, 在 $x \to x + \Delta x$ 间 π 介子数目的变化为

$$\frac{\mathrm{d}N_\pi}{\mathrm{d}x} = 8(\sigma_{\mathrm{pp}}N_{\mathrm{p}} + \sigma_{\mathrm{pn}}N_{\mathrm{n}})\Phi(x) - \left(\frac{\lambda}{\gamma_\pi\beta_\pi c} + \sigma_{\pi\mathrm{p}}N_{\mathrm{p}} + \sigma_{\pi\mathrm{n}}N_{\mathrm{n}}\right)N_\pi$$

$$= 16\sigma_{\mathrm{pp}}N_{\mathrm{p}}\Phi_0\exp(-2\sigma_{\mathrm{pp}}N_{\mathrm{p}}x) - \left(\frac{\lambda}{\gamma_\pi\beta_\pi c} + 2\sigma_{\pi\mathrm{p}}N_{\mathrm{p}}\right)N_\pi$$

$$= 8B\Phi_0\mathrm{e}^{-Bx} - B'N_\pi$$

其中 $B = 2\sigma_{\mathrm{pp}}N_{\mathrm{p}}$, $B' = 2\sigma_{\pi\mathrm{p}}N_{\mathrm{p}} + \lambda'$, $\lambda' = \dfrac{\lambda}{\gamma_\pi\beta_\pi c}$, 解此方程得

$$N_\pi(x) = \frac{8B}{B'-B} \times (\mathrm{e}^{-Bx} - \mathrm{e}^{-B'x})\Phi_0$$

π 介子在 x 处单位长度上衰变的数目为

$$\frac{\mathrm{d}N_\pi(x,\lambda)}{\mathrm{d}x} = \frac{\lambda}{\gamma_\pi\beta_\pi c}N_\pi(\lambda) = \frac{8B\lambda'}{B'-B}(\mathrm{e}^{-Bx} - \mathrm{e}^{-B'x})\Phi_0$$

从 $x=0$ 到 $x=\infty$ 积分得

$$N_\pi(\lambda) = \int_0^x N_\pi(x,\lambda)\mathrm{d}x = \frac{8B\lambda'}{B'-B}\left(\frac{1}{B} - \frac{1}{B'}\right)\Phi_0 = \frac{8\lambda'}{B'}\Phi_0$$

在我们的问题中假设 μ 子的能谱是平的, μ_π 和 μ_{c} 的角分布相同, 这样计算就简单些. 因为 $\pi \to \mu\nu$ 衰变的分支比近似为 100%, 所以 $N_{\mu\pi} \approx N_\pi(\lambda)$.

这样对于 $E_\mu = 100\mathrm{GeV}$, $E_\pi > 100\mathrm{GeV}$. $\beta_\pi \approx 1$, $\gamma_\pi > 714$, 所以

$$\lambda' = \frac{\lambda}{\gamma_\pi\beta_\pi c} \approx \frac{1}{2.6 \times 10^{-8} \times 714 \times 3.0 \times 10^{10}} \approx 1.8 \times 10^{-6}(\mathrm{cm}^{-1})$$

因为

$$\sigma_{\pi\mathrm{p}}N_{\mathrm{p}} = 20 \times 10^{-27} \times 2.35 \times 10^{24} \approx 4.71 \times 10^{-2}(\mathrm{cm}^{-1})$$

所以

$$N_\pi(\lambda) = \frac{8\lambda'\Phi_0}{2\sigma_{\pi\mathrm{p}}N_{\mathrm{p}}} = \frac{8 \times 1.8 \times 10^{-6}}{2 \times 4.7 \times 10^{-2}}\Phi_0 = 1.5 \times 10^{-4}\Phi_0$$

最后得

$$\frac{N_{\mu\mathrm{c}}}{N_{\mu\pi}} = \frac{5.95 \times 10^{-7}}{1.5 \times 10^{-4}} = 4.0 \times 10^{-3}$$

5.17　用 $\overline{\mathrm{p}} + \mathrm{p}$ 湮没产生强子共振态, 求束流能量、共振态的 J^P 值、峰的宽度、产生的事例数和截面

题 5.17　有人建议在实验室用储存环内的 $\overline{\mathrm{p}}$ 与垂直注入环内的氢气碰撞即 $\mathrm{p}\overline{\mathrm{p}}$ 湮没来研究窄的强子共振态. 通过改变储存环内 $\overline{\mathrm{p}}$ 束流的动量来研究作用截面对质心系能量的依赖关系. 对于某一终态, 截面会出现一个共振峰. 假设用这种方法可产生一个质量为 3.0GeV, 宽度为 100keV 的强子态,

(1) 束流动量为多大时才能产生这种共振态?

(2) 该实验的目的之一是研究粲子素, 从共振态的实验中, 可预期到哪些在 e^+e^- 直接湮没中不能产生的 J^P 值的共振态?

(3) 如果束流动量的分散度为 1.0%, 这时共振态在截面和质心系能量的曲线上有一个峰, 这个峰的宽度是多少?

(4) 若用氧气代替氢气, 峰的展宽有多大?

(5) 假定氢气流厚 1.0mm, 密度为 10^{-9}g/cm³. 有 10^{11} 个反质子在半径为 50m 的环中转圈, 每秒每平方厘米产生多少事例 (即亮度)? 每秒产生多少 $p\bar{p}$ 湮没事例?

(6) 如果宽度为 100keV 的共振态衰变到 $p\bar{p}$ 的分支比为 10%, 预期在峰值处 $p\bar{p}$ 总截面是多少?

解答　(1) 在实验室中气流速度很低, p 近似静止, 在阈能附近不变质量的平方为

$$S = (E_p + m_p)^2 - p_p^2 = 2m_p^2 + 2m_p E_p = M^2$$

利用 $E_p^2 = m_p^2 + p_p^2$, $M = 3.0$GeV, 有

$$E_p = \frac{M^2 - 2m_p^2}{2m_p} = \frac{3.0^2 - 2 \times 0.938^2}{2 \times 0.938} = 3.86(\text{GeV}), \quad p_p = \sqrt{E_p^2 - m_p^2} \approx 3.74\text{GeV}/c$$

(2) 在 e^+e^- 对撞中, 因为 e^+e^- 湮没成虚光子, 其 $J^P = 1^-$, 所以只能产生 $J^P = 1^-$ 的共振态; 而对 $p\bar{p}$ 反应可以产生各种态. 例如对于不同的 S、l 值, J^P 可以有如下表 5.1 所示的取值.

因此除了 $J^P = 1^-$ 以外, $p\bar{p}$ 反应还可以产生 $J^P = 0^-, 0^+, 1^+, 2^-, 2^+, 3^+, \cdots$ 的共振态.

表 5.1　$p\bar{p}$ 自旋-宇称 J^P 的取值

$S = 0$	$l = 0$	$J^P = 0^+$
$S = 1$	$l = 0$	$J^P = 1^-$
$S = 1$	$l = 1$	$J^P = 0^-, 1^-, 2^-$
	$l = 2$	$J^P = 1^+, 2^+, 3^+$

(3) 在阈能附近,

$$p^2 = E_p^2 - m_p^2 = \frac{M^4}{4m_p^2} - M^2$$

将上式微分得

$$2p\Delta p = M^3 \frac{\Delta M}{m_p^2} - 2M\Delta M$$

按题设 $\Delta p/p = 1.0\%$, 故得

$$\Delta M = \frac{2m_p^2 p^2 \frac{\Delta p}{p}}{M^3 - 2m_p^2 M} = \frac{2 \times 0.938^2 \times 3.74^2 \times 0.010}{3.0^3 - 2 \times 0.938^2 \times 3.0} = 11.3(\text{MeV}/c^2)$$

因为 $\Delta M \gg \Gamma(\Gamma = 100\text{keV})$, 实验上得到的线宽主要由 Δp 决定.

(4) 如果用氧气代替氢气, 质子在核内有费米运动动能, 因费米运动沿各方向运动, 故会使共振峰变宽, 对 ^{16}O 核, 核半径 $R = r_0 A^{1/3}$, 质子的费米动量的最大值为

$$p_F \approx \frac{\hbar}{R_0}\left(\frac{9\pi Z}{4A}\right)^{1/3} \approx \frac{\hbar c}{R_0 c}\left(\frac{9\pi}{8}\right)^{1/3}$$

$$= \frac{197 \times 10^{-13}}{1.4 \times 10^{-13}c}\left(\frac{9\pi}{8}\right)^{1/3} = 210\text{MeV}/c$$

p_F 比动量分散 $(\Delta p = 3.47 \text{MeV}/c)$ 大得多, 使谱线更宽, 故用 O_2 代替 H_2 不可取.

(5) 反质子 $\bar{\text{p}}$ 的 $\beta = \dfrac{p_p}{E_p} = \dfrac{3.74}{3.86} = 0.97$, 每秒运动的圈数为 $n = \dfrac{\beta c}{2 \times 50\pi}$.

每秒每平方厘米相碰的数目 (亮度) 为

$$B = np\frac{\beta c}{2\pi r} = 10^{11} \times \frac{0.97 \times 3 \times 10^{10}}{2\pi \times 50 \times 10^2} \times 0.1 \times 10^{-9} \times 6.023 \times 10^{23}$$
$$= 5.6 \times 10^{30} (\text{cm}^{-2} \cdot \text{s}^{-1})$$

$\text{p}\bar{\text{p}}$ 碰撞截面 $\sigma_{\text{p}\bar{\text{p}}} = 30\text{mb} = 3 \times 10^{-26}\text{cm}^2$, 则每秒 $\text{p}\bar{\text{p}}$ 湮灭的数目为

$$N = \sigma B = 3 \times 10^{-26} \times 5.6 \times 10^{30} \approx 1.68 \times 10^5 (\text{s}^{-1})$$

(6) 共振峰的截面为

$$\sigma = \frac{2J+1}{(2J_p+1)(2J_{\bar{p}}+1)} \pi \,\lambda^2 \frac{\Gamma_{\text{p}\bar{\text{p}}}\Gamma}{(E-M)^2 + \dfrac{\Gamma^2}{4}}$$

当 $E = M$, 假设共振态的自旋为 $J = 0$, $J_p = J_{\bar{p}} = 1/2$,

$$\sigma(J=0) = \pi \,\lambda^2 \frac{\Gamma_{\text{p}\bar{\text{p}}}}{\Gamma}$$

由题设 $\Gamma_{\text{p}\bar{\text{p}}}/\Gamma = 0.10$, $\lambda = \dfrac{\hbar}{p}$, 所以

$$\sigma = \pi \,\lambda^2 \frac{\Gamma_{\text{p}\bar{\text{p}}}}{\Gamma} = \pi \left(\frac{\hbar c}{pc}\right)^2 \times 0.10 = \pi \times \left(\frac{197 \times 10^{-13}}{3740}\right)^2 \times 0.10$$
$$= 8.7 \times 10^{-30} (\text{cm}^2) = 8.7 (\mu\text{b})$$

5.18　求 α 粒子被 ^{16}O 散射 $180°$ 后动能的相对变化

题 5.18　求 α 粒子被 ^{16}O 散射 $180°$ 后动能的相对变化.

解答　设散射前后 α 粒子的动能和动量分别是 E、p 和 E'、p', α 粒子和 ^{16}O 的质量分别为 m_α 和 M. 在非相对论条件下

$$p = \sqrt{2m_\alpha E}, \qquad p' = \sqrt{2m_\alpha E'}$$

设 ^{16}O 的反冲动量为 p_O, 由动量和能量守恒得

$$p_O = p + p' = \sqrt{2m_\alpha E} + \sqrt{2m_\alpha E'}$$
$$E = E' + \frac{\left(\sqrt{2m_\alpha E} + \sqrt{2m_\alpha E'}\right)^2}{2M}$$

因为 $M \approx 4m_\alpha$, 所以

$$E = E' + \frac{1}{4}\left(\sqrt{E} + \sqrt{E'}\right)^2 = \frac{5}{4}E' + \frac{1}{2}\sqrt{EE'} + \frac{1}{4}E$$

或者

$$\left(5\sqrt{E'} - 3\sqrt{E}\right)\left(\sqrt{E'} + \sqrt{E}\right) = 0$$

给出 $\left(5\sqrt{E'} - 3\sqrt{E}\right) = 0$, 得到 $E' = \dfrac{9}{25}E$. 这样 α 粒子动能的相对变化为

$$\frac{E' - E}{E} = -\frac{16}{25}$$

5.19 μ⁻ 衰变产生的轻子能否使静止质子转变成中子, 说明原因

题 5.19 (1) 写出 μ⁻ 子的衰变方程, 说明涉及的所有粒子;

(2) 一个静止的 μ⁻ 发生衰变, 从 μ⁻ 粒子衰变中产生的一个轻子能使静止的质子转变成中子吗? 说明原因, 特别是从能量方面进行说明.

解答 (1) μ⁻ 的衰变方程为

$$\mu^- \to e^- + \bar{\nu}_e + \nu_\mu \tag{5.6}$$

其中, e^- 是电子, $\bar{\nu}_e$ 是反电子中微子, ν_μ 是 μ⁻ 子中微子.

(2) 根据轻子数守恒关系, μ⁻ 衰变产生的电子和中微子只要能量达到或超过阈值, 就可以使静止的质子转变成中子. 其反应可以是

$$e^- + p \to n + \nu_e \tag{5.7}$$
$$\bar{\nu}_e + p \to e^+ + n \tag{5.8}$$

式 (5.7) 的反应阈能为

$$E_1 \approx m_n - m_p - m_e \approx 0.8\text{MeV}$$

式 (5.8) 的反应阈能为

$$E_2 \approx m_n - m_p + m_e \approx 1.8\text{MeV}$$

因为 μ⁻ 衰变有较大的能量输出, μ⁻ 的衰变能为 $E_d = m_\mu - m_e = 105 - 0.511 = 104.5(\text{MeV})$. 获得的最低能量约为 $m_\mu/2 = 53\text{MeV}$, 此时电子和中微子两粒子的总能量至少为 53MeV. 在反应中, 质子的质量比 μ⁻、ν_μ 的质量大得多, 阈能近似等于实验室系的能量, 由此可知至少有一个轻子 (电子或中微子) 能量超过上面反应的阈值. 可见从静止的 μ⁻ 粒子衰变中产生的一个轻子能使静止的质子转变成中子.

5.20 由 ³He(n, p)³H 反应的 Q 值及 ³H 衰变产生的 β 粒子的最大动能求中子与 ¹H 的质量差

题 5.20 ³He(n, p)³H 反应的 Q 值是 0.770MeV, ³He 发射 β 粒子的最大动能为 0.018MeV, 由此计算中子与 ¹He 原子间的质量差, 请用原子单位 (au) 表示, 而 1au=931MeV.

解答　反应方程为

$$^3\text{He}(\text{n}, \text{p})^3\text{H}$$

反应的 Q 值为

$$Q = M(^3\text{He}) + M(\text{n}) - M(^3\text{H}) - M(^1\text{H}) = 0.770\text{MeV}$$

这样

$$M(\text{n}) - M(^1\text{H}) = 0.770 + M(^3\text{He}) - M(^3\text{H})$$

由 ^3H 的 β 衰变 $^3\text{H} \rightarrow {}^3\text{He} + \text{e}^- + \bar{\nu}_\text{e}$, β 粒子的最大能量为

$$E_{\max} = M(^3\text{H}) - M(^3\text{He}) = 0.018\text{MeV}$$

得到中子与 ^1H 原子间的质量差为

$$M(\text{n}) - M(^1\text{H}) = 0.770\text{MeV} + 0.018\text{MeV} = 0.788\text{MeV} = 8.46 \times 10^{-4}\text{au}$$

5.21　能量为 E 和 ε 的两光子对头碰产生 e^+e^-, 求动量中心系的速度和 E 值

题 5.21　(1) 能量分别为 E 和 ε 的两个光子相对撞, 证明动量中心系相对于实验室系的速度为 $\beta = \dfrac{E - \varepsilon}{E + \varepsilon}$;

(2) 如果两个光子对撞产生正负电子对, 若 $\varepsilon = 1\text{eV}$, 那么 E 的最小值是多少?

解答　(1) 设 $\boldsymbol{p}_1$, $\boldsymbol{p}_2$ 分别代表两个光子的动量, $p_1 = E$, $p_2 = \varepsilon$, 系统的总动量为 $\boldsymbol{p}_1 + \boldsymbol{p}_2$, 总能量为 $E + \varepsilon$; 则系统的速度为

$$\beta = \frac{|\boldsymbol{p}_1 + \boldsymbol{p}_2|}{E + \varepsilon} = \frac{E - \varepsilon}{E + \varepsilon}$$

(2) 设 E 为产生正负电子对的阈能, 系统的不变质量的平方为

$$S = (E + \varepsilon)^2 - (\boldsymbol{p}_1 + \boldsymbol{p}_2)^2 = (2m_\text{e})^2$$

因为

$$(\boldsymbol{p}_1 + \boldsymbol{p}_2)^2 = (p_1 - p_2)^2 = (E - \varepsilon)^2$$

可求出

$$E = \frac{m_\text{e}^2}{\varepsilon} = 261\text{GeV}$$

5.22　求高能 γ 光子和高能质子与微波辐射碰撞产生 e^+e^- 的阈能、平均自由程

题 5.22　宇宙中存在黑体微波辐射, 其光子的平均能量为 $E \approx 10^{-3}\text{eV}$, 光子的密度为 $\rho = 300/\text{cm}^3$, 能量很高的 γ 光子可与这些光子对撞产生正负电子对, 其产生截面为

$\sigma = \dfrac{\sigma_{\mathrm{T}}}{3}$，$\sigma_{\mathrm{T}} = \dfrac{8\pi}{3} r_{\mathrm{e}}^2$，为非相对论电子光子散射截面，而 r_{e} 为电子经典半径.

(1) 宇宙中多高能量的 γ 光子才会因上述过程而限制了它的寿命？

(2) 在产生 $(\mathrm{e}^+, \mathrm{e}^-)$ 以前，γ 光子走过的平均距离是多少？

(3) 这个平均距离与宇宙尺度相比如何？

(4) 在同样的微波辐射场中什么样物理过程限制了超高能质子 $(E \geqslant 10^{20}\mathrm{eV})$ 的寿命？假设质子和光子间的散射概率很小可以忽略.

解答　(1) 设 E_1、p_1、E_2、p_2 分别为高能 γ 光子和微波辐射的能量和动量，m 为电子的质量，能产生 $(\mathrm{e}^+, \mathrm{e}^-)$ 要求满足

$$(E_1 + E_2)^2 - (\boldsymbol{p}_1 + \boldsymbol{p}_2)^2 \geqslant (2m)^2$$

因为 $E_1 = p_1$，$E_2 = p_2$，由上式得到

$$2E_1 E_2 - 2\boldsymbol{p}_1 \cdot \boldsymbol{p}_2 \geqslant (2m)^2$$

如果 $\boldsymbol{p}_1$ 和 $\boldsymbol{p}_2$ 之间的夹角为 θ，则

$$E_1 E_2 (1 - \cos\theta) \geqslant 2m^2$$

所以

$$E_1 \geqslant \frac{2m^2}{E_2(1 - \cos\theta)}$$

当 $\theta = \pi$，即 $\cos\theta = -1$ 时，E_1 最小，那么能产生 $(\mathrm{e}^+, \mathrm{e}^-)$ 的 γ 光子的最小能量为

$$E_{\min} = \frac{m^2}{E_2} = \frac{(0.511 \times 10^6)^2}{10^{-3}} = 2.61 \times 10^{14}(\mathrm{eV})$$

当能量大于 $E_{\min}$ 时光子才会由于与低能光子作用产生正负电子对而限制了它的寿命.

(2) 在产生 $(\mathrm{e}^+, \mathrm{e}^-)$ 以前 γ 光子走过的平均距离为

$$l = \frac{1}{\rho\sigma} \approx \frac{3}{\rho\sigma_T} = \frac{9}{8\pi\rho r_{\mathrm{e}}^2}$$

$$= \frac{9}{8\pi \times 3 \times 10^2 \times (2.8 \times 10^{-13})^2}\mathrm{cm} = 1.5 \times 10^{22}\mathrm{cm} = 1.6 \times 10^4\text{光年}$$

(3) 宇宙的尺寸 $R \approx 10^{10}$ 光年，所以

$$l \ll R$$

(4) 忽略 $\gamma \mathrm{p} \to \gamma \mathrm{p}$，因为重子数守恒要求末态必须有重子数等于 1 的粒子，所以只能发生光生 π 反应

$$\gamma + \mathrm{p} \to \pi^0 + \mathrm{p}, \quad \text{或} \quad \gamma + \mathrm{p} \to \pi^+ + \mathrm{n}$$

质子的寿命将取决于这些反应截面的大小.

若质子与光子发生的过程为 $\gamma + p \to \pi^0 + p$, 利用 $E^2 = \boldsymbol{P}^2 + m^2$, 对于高能质子 $E_p \approx p_p c$, 及 $E_\gamma = p_\gamma c$, $m_p = 0.938 \mathrm{GeV}/c^2$, $m_\pi = 0.14 \mathrm{GeV}/c^2$, $E_\gamma = 10^{-3}\mathrm{eV} = 10^{-12}\mathrm{GeV}$, 在阈反应的条件下, 系统的不变质量平方为

$$S = (E_p + E_\gamma)^2 - (\boldsymbol{p}_p - \boldsymbol{p}_\gamma)^2 \approx m_p^2 + 4E_p E_\gamma = (m_p + m_\pi)^2$$

得到能发生该反应的质子的最小能量为

$$E_p = \frac{(m_\pi + m_p)^2 - m_p^2}{4E_\gamma} = \frac{m_\pi^2 + 2m_p m_\pi}{4E_\gamma}$$

$$= \frac{0.14^2 + 2 \times 0.938 \times 0.14}{4 \times 10^{-12}} \approx 7.1 \times 10^{10}(\mathrm{GeV})$$

5.23 下面过程能否发生: 单光子把全部能量传给静止电子, 单光子转变成 e^+e^-, 快 e^+ 与静止电子湮没

题 5.23 下列过程是否可能, 并说明理由.

(1) 一个单光子撞击一个静止的电子, 将其能量全部传递给电子;

(2) 一个光子转变成一对正负电子;

(3) 一个快正电子与一个静止的电子湮没产生一个光子.

解答 所有这些过程都不能发生, 因为不能同时满足动量和能量守恒.

(1) 对于过程 $\gamma + e \to e'$, 设光子和 e' 的能量分别为 E_γ, E_e, 不变质量平方为

$$S = (E_\gamma + m_e)^2 - p_\gamma^2 = 2m_e E_\gamma + m_e^2 = E_e^2 - p_e^2 = m_e^2$$

这导致 $2m_e E_\gamma = 0$, 但 $E_\gamma \neq 0$, $m_e \neq 0$, 所以此过程不能发生.

(2) 对于反应 $\gamma \to e^+ + e^-$, 设 γ 光子的能量为 E, (e^+, e^-) 的能量和动量分别为 E_1、E_2、p_1 和 p_2, 光子的不变质量平方为

$$S(\gamma) = E_\gamma^2 - p_\gamma^2 = 0$$

而末态的不变质量平方为

$$S(e^+ + e^-) = (E_1 + E_2)^2 - (\boldsymbol{p}_1 + \boldsymbol{p}_2)^2$$
$$= 2m_e^2 + 2(E_1 E_2 - p_1 p_2 \cos\theta) \geqslant 2m_e^2$$

θ 为 $\boldsymbol{p}_1$ 和 $\boldsymbol{p}_2$ 间的夹角. 因为 $m_e \neq 0$, $E_1 > p_1$, $E_2 > p_2$, $2m_e^2 + 2(E_1 E_2 - p_1 p_2 \cos\theta) \geqslant 2m_e^2$, 即 $S(\gamma) \neq S(e^+ + e^-)$, 所以该过程不能发生.

(3) 不可能, 证明方法与 (2) 相同.

5.24 求光子与铅核作用产生 e^+e^- 时的阈能, 证明铅核反冲动能的影响可忽略

题 5.24 (1) 求出光子与一个质量为 M 的粒子作用产生正负电子对的阈能;

(2) 设这个粒子是一个铅原子核, 从数量上证明, 在估算电子对产生的阈能时忽略反冲核的动能是合理的.

解答　(1) 用 A 表示该粒子, 反应方程为

$$\gamma + A \rightarrow A + e^+ e^-$$

由不变质量关系得到

$$(E_\gamma + M)^2 - E_\gamma^2 = (2m_e + M)^2$$

或者

$$E_\gamma^2 + M^2 + 2E_\gamma M - E_\gamma^2 = 4m_e^2 + M^2 + 4m_e M$$

得到产生该反应的阈能为

$$E_\gamma^{\text{th}} = \frac{2m_e(m_e + M)}{M} = 2\left(1 + \frac{m_e}{M}\right)m_e$$

由此可见当光子与较重的原子核作用产生正负电子对时, 即 $M \gg m_e$, $E^{\text{th}} \approx 2m_e$, 当光子与电子作用时, 即 $M = m_e$, 则 $E^{\text{th}} \approx 4m_e$.

(2) 当粒子是铅核时, $M_{\text{Pb}} = 208 \times 931 = 193648\text{MeV} \approx 4 \times 10^5 m_e \gg m_e$

$$E_\gamma^{\text{th}} = 2\left(1 + \frac{0.511}{4 \times 10^5}\right)m_e = 2\left(1 + 1.3 \times 10^{-6}\right)m_e \approx 2m_e$$

铅的动量为

$$p_{\text{Pb}} = p_\gamma^{\text{th}} = E_\gamma^{\text{th}}$$

因为 $E^{\text{th}} \ll M_{\text{Pb}}$, 核的反冲动能为

$$T_{\text{Pb}} = \frac{p_{\text{Pb}}^2}{2M_{\text{Pb}}} = \frac{\left(E_\gamma^{\text{th}}\right)^2}{2M_{\text{Pb}}} = \frac{E_\gamma^{\text{th}}}{2M_{\text{Pb}}} E_\gamma^{\text{th}} = \frac{2 \times 0.511}{2 \times 4 \times 10^5} E_\gamma^{\text{th}} = 1.3 \times 10^{-6} E_\gamma^{\text{th}}$$

所以, 完全可以忽略核的反冲动能.

5.25　求产生一定动能的 $e^+ e^-$ 的光子的能量

题 5.25　一对正负电子在云雾室中垂直于磁场的平面内产生曲率半径为 3cm 的径迹, 如图 5.4, 已知磁场强度为 0.11T, 求产生正负电子对的 γ 射线的能量.

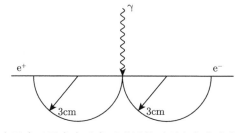

图 5.4　一对正负电子在云雾室中垂直于磁场的平面内产生曲率半径为 3cm 的径迹

解答　因为 $evB = \dfrac{m\gamma v^2}{\rho} = \dfrac{pv}{\rho}$, 则

$$pc = ecB\rho = \frac{1.6 \times 10^{-19} \times 3.0 \times 10^8}{1.6 \times 10^{-13}} B\rho = 300B\rho$$

其中 B 以特斯拉为单位, ρ 以米为单位. $\mathrm{e^+e^-}$ 的动量大小为

$$p = 300B\rho/c = 300 \times 1.1 \times 0.03/c = 0.99(\mathrm{MeV}/c)$$

$\mathrm{e^+e^-}$ 各自的能量为

$$E_\mathrm{e} = \sqrt{p^2 + m_\mathrm{e}^2} = \sqrt{(0.99)^2 + (0.51)^2} = 1.1(\mathrm{MeV})$$

所以产生此 $\mathrm{e^+e^-}$ 对的 γ 射线的能量近似为

$$E_\gamma = 2E_\mathrm{e} = 2.2\mathrm{MeV}$$

5.26　求 γ 与静止电子作用产生 $\mathrm{e^+e^-}$ 的阈能

题 5.26　求 γ 射线与静止的电子作用产生正负电子对的阈能.

解答　由题 5.24 知 γ 光子与静止的电子作用产生正负电子对的阈能为

$$E_\gamma^\mathrm{th} = 2\left(1 + \frac{m_\mathrm{e}}{M}\right)m_\mathrm{e} = 2\left[1 + \frac{m_\mathrm{e}}{m_\mathrm{e}}\right]m_\mathrm{e} = 4m_\mathrm{e} = 2.044\mathrm{MeV}$$

或者直接求解. 由轻子数守恒得反应方程为

$$\gamma + \mathrm{e^-} \to \mathrm{e^+e^-} + \mathrm{e^-}$$

系统的不变质量平方为

$$S = (E_\gamma^\mathrm{th} + m_\mathrm{e})^2 - p_\gamma^2 = m_\mathrm{e}^2 + 2m_\mathrm{e}E_\gamma^\mathrm{th} = (3m_\mathrm{e})^2$$

解此方程得

$$E_\gamma^\mathrm{th} = \frac{(3m_\mathrm{e})^2 - m_\mathrm{e}^2}{2m_\mathrm{e}} = 4m_\mathrm{e} \approx 2.044\mathrm{MeV}$$

5.27　光子与高能电子对头碰撞, 求背散射光子的能量

题 5.27　当光子与电子发生对头碰撞的康普顿散射时, 如果入射光子的能量为 $2\mathrm{eV}$. 电子的能量为 $1\mathrm{GeV}$, 求向后散射的光子 ($\theta = 180°$) 的能量 (逆康普顿散射).

解答　设 E_e、p_e、E_γ、p_γ 以及 E_e'、p_e'、E_γ'、p_γ' 分别代表碰撞前后电子和光子的能量和动量, 由能量和动量守恒给出

$$-p_\gamma + p_\mathrm{e} = p_\gamma' + p_\mathrm{e}' \tag{5.9}$$

以及

$$E_\gamma + E_\mathrm{e} = E_\gamma' + E_\mathrm{e}' \tag{5.10}$$

后者即

$$p_\gamma + E_e = p'_\gamma + E'_e \tag{5.11}$$

将方程 (5.9) 与 (5.11) 相加和相减后得到

$$E'_e + p'_e = -2p'_\gamma + E_e + p_e$$

$$E'_e - p'_e = 2p_\gamma + E_e - p_e$$

将该两式等号两边分别相乘后得

$$E'^2_e - p'^2_e = E^2_e - p^2_e + 2p_\gamma(E_e + p_e) - 2p'_\gamma(E_e - p_e + 2p_\gamma)$$

利用 $E'^2_e - p'^2_e = E^2_e - p^2_e = m^2$ 上式变为

$$p'_\gamma = \frac{p_\gamma(E_e + p_e)}{E_e - p_e + 2p_\gamma}$$

因为

$$E_e - p_e = E_e - \sqrt{E^2_e - m^2_e} \approx E_e - E_e(1 - \frac{m^2}{2E^2_e}) = \frac{m^2}{2E_e}$$

且 $m_e \ll E_e$, $E_e + p_e \approx 2E_e$, $E_e \approx T_e$, 所以背向散射的光子的动量为

$$p'_\gamma = \frac{2p_\gamma E_e}{\dfrac{m^2_e}{2E_e} + 2p_\gamma} = \frac{2 \times 2 \times 10^{-6} \times 10^3}{\dfrac{0.511^2}{2 \times 10^3} + 2 \times 2 \times 10^{-6}} = 29.7(\text{MeV})$$

这是在实验室获得高能光子的一种有效方法.

5.28 求质子静止系 $\gamma + p \to K^+ + \Lambda^0$, $\Lambda^0 \to p + \pi^-$ 反应的阈能. 若质子在核内运动, 求费米能及 γ 的阈能, 在实验室系中 π^- 的最大动量及在垂直于 Λ^0 运动方向动量最大分量

题 5.28 实验中可以通过 $\gamma + p \to K^+ + \Lambda^0$ 光生反应产生 K^+ 介子.

(1) 给出在实验室系 (质子静止系) 能发生此反应时光子的最小能量 ($m_K = 494\text{MeV}/c^2$, $m_\Lambda = 1116\text{MeV}/c^2$);

(2) 如果靶质子不是自由的, 而是束缚在核内, 则质子在核中的运动 (费米运动) 使得 (1) 中的反应能在较低的光子能量下发生. 假定一个合理的费米运动能量值, 并计算光子的最小能量.

(3) Λ^0 在运动中衰变为一个质子和一个 π 介子 ($m_{\pi^-} = 140\text{MeV}/c^2$), 假如 Λ^0 的初速度为 $0.8c$, 计算在实验室系中

(i) π^- 所能达到的最大动量;

(ii) 在垂直于 Λ^0 运动方向最大动量分量.

解答　(1) 用 p 表示粒子的四动量, 有系统的不变质量的平方为

$$S = (m_{\mathrm{p}} + E_\gamma)^2 - E_\gamma^2 = m_{\mathrm{p}}^2 + 2E_\gamma m_{\mathrm{p}} = (m_{\mathrm{K}} + m_\Lambda)^2$$

得光子的最小能量为

$$E_\gamma = \frac{(m_{\mathrm{K}^-} + m_\Lambda)^2 - m_{\mathrm{p}}^2}{2m_{\mathrm{p}}} = 913\mathrm{MeV}$$

(2) 假设质子以费米动量 $p_{\mathrm{p}} = 200\mathrm{MeV}/c^2$ 向光子运动, 则

$$S = (E_\gamma + E_{\mathrm{p}})^2 - (\boldsymbol{p}_\gamma + \boldsymbol{p}_{\mathrm{p}})^2 = (m_{\mathrm{K}} + m_\Lambda)^2$$

因为 $E_\gamma = p_\gamma$, $E_{\mathrm{p}}^2 - p_{\mathrm{p}}^2 = m_{\mathrm{p}}^2$, 得到

$$2E_\gamma E_{\mathrm{p}} + m_{\mathrm{p}}^2 - 2\boldsymbol{p}_\gamma \cdot \boldsymbol{p}_{\mathrm{p}} = (m_{\mathrm{K}} + m_\Lambda)^2$$

当质子与光子运动方向相反时, 能引起该反应发生的光子的能量最小, 即

$$2E_\gamma E_{\mathrm{p}} + m_{\mathrm{p}}^2 + 2p_\gamma p_{\mathrm{p}} = (m_{\mathrm{K}} + m_\Lambda)^2$$

可得

$$E_\gamma = \frac{(m_{\mathrm{K}} + m_\Lambda)^2 - m_{\mathrm{p}}^2}{2(E_{\mathrm{p}} + p_{\mathrm{p}})} = \frac{(m_{\mathrm{K}} + m_\Lambda)^2 - m_{\mathrm{p}}}{2\left(\sqrt{p_{\mathrm{p}}^2 + m_{\mathrm{p}}^2} + p_{\mathrm{p}}\right)} = 739\mathrm{MeV}$$

(3) 在 Λ^0 静止的参考系 (质心系) 中, 用带 $*$ 的量代表质心系中的量, 由能量动量守恒得到

$$p_{\pi^-}^{*2} = p_{\mathrm{p}}^{*2}, \quad E_{\pi^-}^* + E_{\mathrm{p}}^* = m_\Lambda, \quad 及 \quad E_{\mathrm{p}}^{*2} - p_{\mathrm{p}}^{*2} = m_{\mathrm{p}}^2$$

可得

$$(m_\Lambda - E_{\pi^-}^*)^2 = p_{\mathrm{p}}^{*2} + m_{\mathrm{p}}^2 = p_{\pi^-}^{*2} + m_{\mathrm{p}}^2$$

解之得

$$E_{\pi^-}^* = \frac{m_\Lambda^2 + m_{\pi^-}^2 - m_{\mathrm{p}}^2}{2m_\Lambda} = 173\mathrm{MeV}$$

$$p_{\pi^-}^* = \sqrt{E_{\pi^-}^{*\,2} - m_{\pi^-}^2} = 101\mathrm{MeV}/c$$

当 $\boldsymbol{p}_{\pi^-}^*$ 与 Λ^0 运动方向相同时, π^- 在实验室系中的动量 p_π 最大, 这时 π^- 的 $\beta_0 = 0.8$, 相对论因子

$$\gamma_0 = \frac{1}{\sqrt{1 - \beta_0^2}} = \frac{5}{3}$$

故而

$$p_{\pi^-} = \gamma_0(p_{\pi^-}^* + \beta_0 E_{\pi^-}^*) = 399\mathrm{MeV}/c$$

因为 $(p_{\pi^-})_\perp = (p\pi)_\perp$, 所以在实验室系垂直于 Λ^0 运动方向 π^- 的最大动量分量为 $(p_{\pi^-})_\perp = (p_\pi^*)_\perp = 101\mathrm{MeV}$.

5.29　求 $\gamma + \mathrm{p} \to \pi^0 + \mathrm{p}$, 当对头碰和质子静止时的阈能, 估计宇宙线中质子的能谱

题 5.29　考虑 π 的光产生反应 $\gamma + \mathrm{p} \to \pi^0 + \mathrm{p}$, 质子和 π 的静止质量分别为 $m_\mathrm{p} = 938\mathrm{MeV}$ 和 $m_\pi = 135\mathrm{MeV}$,

(1) 如果在实验室系中质子是静止的, 求能产生该反应的 γ 光子的阈能;

(2) 宇宙中 2.7K 的各向同性黑体辐射光子的平均能量约为 $10^{-3}\mathrm{eV}$, 当 p 和 γ 对头碰撞时, 求能产生该反应的质子的最小能量;

(3) 根据 (2) 的结果粗略估计宇宙线中质子的能谱.

解答　(1) 设 E_γ 为产生该反应的阈能, 则不变质量的平方为

$$(E_\gamma + m_\mathrm{p})^2 - p_\gamma^2 = (m_\mathrm{p} + m_\pi)^2$$

由于 $E_\gamma = p_\gamma$ 所以

$$E_\gamma = \frac{(m_\mathrm{p} + m_\pi)^2 - m_\mathrm{p}^2}{2m_\mathrm{p}} = \frac{m_\pi^2 + 2m_\mathrm{p}m_\pi}{2m_\mathrm{p}} = m_\pi + \frac{m_\pi^2}{2m_\mathrm{p}} \approx 145\mathrm{MeV}$$

(2) 3K 背景辐射的 γ 光子的平均能量为

$$E_\gamma = \frac{3}{2}kT = \frac{3}{2} \times 8.6 \times 10^{-5} \times 2.7 = 3.48 \times 10^{-4}(\mathrm{eV})$$

对于很高能量的质子 $E_\mathrm{p} \approx p_\mathrm{p}$, 利用 $E_\mathrm{p}^2 - p_\mathrm{p}^2 = m_\mathrm{p}^2$, 当它们对头碰撞时, 不变质量的平方为

$$S = (E_\gamma + E_\mathrm{p})^2 - (p_\mathrm{p} - p_\gamma)^2 \approx m_\mathrm{p}^2 + 4E_\mathrm{p}E_\gamma = (m_\mathrm{p} + m_\pi)^2$$

得到

$$E_\mathrm{p} \approx p_\mathrm{p} = \frac{(m_\mathrm{p} + m_\pi)^2 - m_\mathrm{p}^2}{4E_\gamma} = \frac{m_\pi^2 + 2m_\mathrm{p}m_\pi}{4E_\gamma}$$

$$= \frac{135^2 + 2 \times 938 \times 135}{4 \times 3.48 \times 10^{-10}} = 1.95 \times 10^{14}(\mathrm{MeV})$$

(3) 由于 2.7K 背景辐射的光子密度很大, 高能宇宙线质子与该光子作用不断损失能量, 高能质子能谱的上限即为 E_p 值, 能量高于 E_p 的质子不可能存在于宇宙线中.

5.30　对于 $\mathrm{e}^+ + \mathrm{e}^- \to \mathrm{Z}^0$ 反应, 求 e^+ 打静止电子及正负电子对撞产生 Z^0 时, e^+ 的最小能量, 求 Z^0 在实验室系的能量和速度及 Z^0 衰变的 μ 子的最大能量

题 5.30　用两台加速器通过反应 $\mathrm{e}^+ + \mathrm{e}^- \to \mathrm{Z}^0$ 产生中性中间矢量玻色子 Z^0, Z^0 的质量 $M = 91.187\mathrm{GeV}$.

(1) 求对撞时电子束的最小能量;

下面假定用 e^+ 去碰撞静止的 e^-,

(2) e^+ 的能量是多少?

(3) 这时产生的 Z^0 在实验室系中的能量和速度是多少?

(4) 若 Z^0 立即衰变 $Z^0 \to \mu^+ + \mu^-$, 在实验室系中 μ 子的最大能量是多少?

解答 (1) 在 $e^+ e^-$ 对撞机中, 质心系和实验室系重合, 故产生 Z^0 的电子 (e^+, e^-) 的阈动能为

$$T_{\text{th}} = M_{\text{z}}/2 = 45.6\text{GeV}$$

(2) 对于固定靶, 不变质量平方

$$S = (E_{e^+} + m_e)^2 - p_{e^+}^2 = 2m_e^2 + 2m_e E_{e^+} \geqslant M_{Z^0}^2$$

利用质壳条件 $E^2 = p^2 + m^2$, 所以反应阈能为

$$E_{e^+}^{\text{th}} \approx \frac{(M_{Z^0}^2 - 2m_e^2)}{2m_e} \approx \frac{M_{Z^0}^2}{2m_e} = 8.14 \times 10^6 \text{GeV}$$

这在实验室中几乎是不可能实现的.

(3) $e^+ e^-$ 在质心系中总动量是 0, 总能量是 $2E^*$, 这里 E^* 是 e^+ 或 e^- 的能量, 则不变质量的平方为

$$S = (E_{e^+} + m_e)^2 - p_e^2 = (2E^*)^2$$

则

$$E^* = \frac{\sqrt{2m_e E_{e^+} + 2m_e^2}}{2} = \frac{M_{\text{Z}}}{2}$$

因此质心的相对论因子为

$$\gamma_0 = \frac{E^*}{m_e} = \sqrt{\frac{E_{e^+}}{2m_e} + \frac{1}{2}} \approx \frac{M_{\text{Z}}}{2m_e}$$

这也是在质心系产生的 Z^0 的相对论因子, 这样 Z^0 的总能量为

$$E = \gamma_0 M \approx \frac{M_{\text{Z}}^2}{2m_e} \approx E_{e^+}$$

Z^0 的速度为

$$\beta c = \left(1 - \frac{1}{\gamma_0^2}\right)^{1/2} c \approx \left[1 - \left(\frac{2m_e}{M_{\text{Z}}}\right)^2\right]^{1/2} c \approx \left(1 - \frac{2m_e^2}{M_{\text{Z}}^2}\right) c \approx c$$

(4) 在 Z^0 静止的坐标系中, 衰变的 μ 子的角分布是各向同性的, 而在实验室系中最大能量的 μ 子必然是沿着 Z^0 运动方向飞行的. 在质心系中, 静止的 Z^0 衰变成两个 μ 子, 这样

$$E_\mu^* = \frac{M_{\text{Z}}}{2}, \qquad \gamma_\mu^* = \frac{E_\mu^*}{m_\mu} = \frac{M_{\text{Z}}}{2m_\mu}$$

对于沿 e^+ 方向运动的 μ 子, 因为 $\beta_0 \approx \beta_\mu \approx 1$, 反洛伦兹变换给出 μ 子在实验室系中的洛伦兹因子

$$\gamma_\mu = \gamma_0(\gamma_\mu^* + \beta_0 \gamma_\mu^* \beta_\mu^*) \approx 2\gamma_0 \gamma_\mu^*$$

所以 Z^0 衰变的 μ 子在实验室的最大能量为

$$E_\mu = m_\mu \gamma_\mu = 2m_\mu \gamma_0 \gamma_\mu^* = \frac{M_{Z^0}^2}{2m_e} \approx E_{e^+}$$

从物理的观点看, Z^0 的速度接近光速, 衰变放出的 μ 子的质量与动能相比非常小, 故向前发射的 μ 子的质量可视为 0, 类似于光子, 它几乎带走 Z^0 的全部能量和动量.

5.31 求 $\pi^- + p$(静止) 产生 K^- 介子的阈能

题 5.31 求用 π^- 介子轰击静止的质子靶产生 K^- 介子的阈能.

解答 奇异数守恒要求在产生 K^- 介子的同时伴随 K^+ 出现, 同位旋第三分量守恒要求末态应有一中子, 故反应方程为

$$\pi^- + p \to K^- + K^+ + n$$

设 π^- 的阈能和阈动量分别为 E_π 和 p_π, 利用质壳条件, 系统的不变质量平方为

$$S = (E_\pi + m_p)^2 - (p_\pi)^2 = m_p^2 + m_\pi^2 + 2m_p E_\pi = (2m_K + m_n)^2$$

所以

$$\begin{aligned}
E_\pi^{\text{th}} &= \frac{(2m_K + m_n)^2 - m_p^2 - m_\pi^2}{2m_p} \\
&= \frac{(2 \times 0.494 + 0.939)^2 - 0.938^2 - 0.14^2}{2 \times 0.938} = 1.502(\text{GeV})
\end{aligned}$$

5.32 $\pi^- + p \to \pi^0 + n$, $\pi^0 \to \gamma + \gamma$, 求 π^0 的速度和平均飞行距离、中子的动能和 γ 光子的最大能量

题 5.32 一个中性 π^0 介子衰变成两个 γ 光子 ($\pi^0 \to \gamma + \gamma$), 而 π^0 可由反应 $\pi^- + p \to \pi^0 + n$ 产生. 各粒子的质量分别为 $m_{\pi^-} = 140\text{MeV}$, $m_{\pi^0} = 135\text{MeV}$, $m_p = 938\text{MeV}$, $m_n = 940\text{MeV}$.

(1) 若在反应前 p 及 π^- 都是静止的, π^0 的出射速度是多大?

(2) 出射中子的动能有多大?

(3) 若 π^0 静止时的寿命是 10^{-16}s, 在衰变前它在实验室中走了多远?

(4) 由 π^0 衰变出射的 γ 光子的最大能量是多少?

解答 (1) 由动量和能量守恒得

$$\boldsymbol{p}_{\pi^0} = -\boldsymbol{p}_n$$
$$E_n = m_{\pi^-} + m_p - E_{\pi^0}$$

利用 $E^2 - p^2 = m^2$, 由上面两式得到

$$E_{\pi^0} = \frac{(m_{\pi^-} + m_p)^2 + m_{\pi^0}^2 - m_n^2}{2(m_{\pi^-} + m_p)} = 137.62\text{MeV}$$

这样

$$\gamma = \frac{E_{\pi^0}}{m_{\pi^0}} = 1.019$$

进而

$$\beta = \sqrt{1 - \frac{1}{\gamma^2}} = 0.194$$

于是

$$v = \beta c = 0.194 \times 3 \times 10^8 = 5.8 \times 10^7 (\text{m} \cdot \text{s}^{-1})$$

(2) 中子的动能为

$$T_{\text{n}} = m_{\pi^-} + m_{\text{p}} - E_{\pi^0} - m_{\text{n}} = 0.38 \text{MeV}$$

(3) π^0 在实验室系中的寿命为 $\tau = \gamma\tau_0$ 衰变前走过的距离为

$$l = v\tau = v\tau_0\gamma = 5.8 \times 10^7 \times 1.019 \times 10^{-16} \text{m} = 5.9 \times 10^{-9} \text{m} = 5.9 \text{nm}$$

(4) π^0 在实验室系中 $\gamma = 1.019$, $\beta = 0.194$, 在 π^0 的静止坐标系中每个光子的能量为

$$E_{\gamma_1}^* = E_{\gamma_2}^* = \frac{1}{2}m_{\pi^0} = 67.5 \text{MeV}$$

变换到实验室系

$$E_\gamma = \gamma(E_\gamma^* + \beta p_\gamma^* \cos\theta^*)$$

当 $\theta^* = 0$ 时, E_γ 最大

$$(E_\gamma)_{\text{max}} = \gamma E_\gamma^*(1 + \beta) = 1.019 \times 67.5 \times (1 + 0.194) = 82.1(\text{MeV})$$

5.33 $\pi + \text{p} \to \rho^0 + \text{n}$, $\rho^0 \to \pi^+ + \pi^-$, 由 ρ^0 的质量宽度求其平均寿命及衰变距离; 产生 ρ^0 的阈能和概率及 ρ^0 衰变的 π^+ 与 π^- 间的最小夹角

题 5.33 ρ^0 介子是质量为 769MeV, 宽度为 154MeV 的介子共振态. 实验上可以用 π^- 介子打击氢靶得到 $\pi^- + \text{p} \to \rho^0 + \text{n}$.

(1) 能量为 5GeV 的 ρ^0 的寿命和平均衰变距离是多少?

(2) 能产生 ρ^0 时, π^- 的阈能是多少?

(3) 若产生反应的截面为 $1\text{mb} = 10^{-27}\text{cm}^2$, 且液体氢靶长 30cm, 平均每个入射 π^- 介子可以产生多少个 ρ^0 (液氢的密度为 0.070g/cm^3)?

(4) ρ^0 一旦产生就立即衰变成 $\pi^+ + \pi^-$. 若 ρ^0 的能量为 5GeV, 且朝前产生, 求实验室系 π^+ 和 π^- 之间的最小夹角.

解答 (1) ρ^0 的洛伦兹因子为

$$\gamma_0 = \frac{E_\rho}{m_\rho} = \frac{5}{0.769} \approx 6.50$$

固有寿命为

$$\tau_0 = \frac{\hbar}{\Gamma} = \frac{6.58 \times 10^{-22}}{154} = 4.27 \times 10^{-24}(\text{s})$$

ρ^0 在实验室系的寿命为

$$\tau = \gamma_0 \tau_0 = 6.50 \times 4.27 \times 10^{-24} = 2.78 \times 10^{-23}(\text{s})$$

其平均衰变距离为

$$l = \tau\beta c = \tau_0\gamma_0\beta c = \tau c \sqrt{1 - \frac{1}{\gamma_0^2}}$$

$$= 2.78 \times 10^{-23} \times 3 \times 10^8 \times \sqrt{1 - \frac{1}{6.50^2}}\,\text{m}$$

$$= 8.23\text{fm}$$

(2) 利用质壳条件 $E^2 = p^2 + m^2$, 在阈反应过程中不变质量平方为

$$S = (E_\pi^{\text{th}} + m_\text{p})^2 - p_\pi^2 = m_\text{p}^2 + m_\pi^2 + 2m_\text{p}E_\pi^{\text{th}} = (m_\rho + m_\text{n})^2$$

所以

$$E_\pi^{\text{th}} = \frac{(m_\rho + m_\text{n})^2 - m_\pi^2 - m_\text{p}^2}{2m_\text{p}} = \frac{(769 + 940)^2 - 140^2 - 938^2}{2 \times 938} = 1077(\text{MeV})$$

(3) 平均每个 π^- 介子产生 ρ^0 的事例数为

$$N = \eta l \sigma N_\text{A}/A = 0.070 \times 30 \times 10^{-27} \times 6.02 \times 10^{23} = 1.3 \times 10^{-3}$$

其中 $N_\text{A} = 6.02 \times 10^{23}$, 是阿伏伽德罗常量, $A = 1$, 是氢原子的质量数, η 是液氢的密度.

(4) 在 ρ^0 的静止坐标系中, π^+ 和 π^- 的动量大小相等, 方向相反,

$$p_{\pi^+}^* = p_{\pi^-}^* = p^*, \qquad E_{\pi^+}^* = E_{\pi^-}^* = E^*$$

所以

$$E^* = \frac{1}{2}m_\rho = 384.5\text{MeV}$$

$$p^* = \sqrt{E^{*2} - m_\pi^2} = 358.1\text{MeV}$$

这样 π^+ 或 π^- 的速度为

$$\beta^* = \frac{p^*}{E^*} = 0.93$$

在实验室系 5GeV 的 ρ^0 的速度为

$$\beta_\rho = \sqrt{1 - \frac{1}{\gamma_0^2}} = \sqrt{1 - \frac{1}{6.50^2}} = 0.99$$

显然 $\beta_\rho > \beta^*$, 所以这时所有衰变粒子在实验室系中都是向前的, 当 π^+ 和 π^- 都沿着 ρ^0 的运动方向衰变时, 两 π 的夹角最小, 等于 0.

5.34　$K^- + p \rightarrow \pi^0 + \Lambda^0$, 求当 Λ^0 在实验室系中静止时 K 的能量

题 5.34　在实验室中可以用 K^- 介子打静止的质子靶产生 Λ^0 粒子: $K^- + p \rightarrow \pi^0 + \Lambda^0$, 求 K^- 的一个特殊值, 使得 Λ^0 在实验室中静止, 答案用粒子的静止质量 m_p, m_K, m_Λ, m_π 表示.

解答　系统的不变质量平方在反应中守恒, 所以

$$S = (E_K + m_p)^2 - p_K^2 = (E_\pi + m_\Lambda)^2 - p_\pi^2$$

因为 p 和 Λ^0 均静止, 则 π 带走 K 的全部动量, 即 $p_K = p_\pi$. 故上式可化为

$$E_K + m_p = E_\pi + m_\Lambda$$

$$E_\pi^2 = (E_K + m_p - m_\Lambda)^2 = E_k^2 + (m_\Lambda - m_p)^2 + 2E_K(m_p - m_\Lambda)$$

以及

$$E_\pi^2 = p_\pi^2 + m_\pi^2 = p_K^2 + m_\pi^2 = E_K^2 - m_K^2 + m_\pi^2$$

得到

$$2E_K(m_\Lambda - m_p) = m_K^2 - m_\pi^2 + (m_\Lambda - m_p)^2$$

或者

$$E_K = \frac{(m_\Lambda - m_p)^2 + m_K^2 - m_\pi^2}{2(m_\Lambda - m_p)}$$

5.35　$K^- + p \rightarrow \Omega^- + K^0 + K^+$, 求反应阈能

题 5.35　(1) Ω^- 是由反应 $K^- + p \rightarrow \Omega^- + K^+ + K^0$ 产生的. 如果质子是静止的, 问产生 Ω^- 的阈动能是多少?(用各粒子的静止质量表示);

(2) 若 K^0 在以 $0.8c$ 的速度飞行中衰变成 $2\pi^0$, 计算在实验室系中 π^0 和 K^0 的最大夹角 (用 π^0 和 K 的质量表示).

解答　(1) 在产生 Ω^- 的阈能条件下, 不变质量的平方

$$S = (E_K + m_p)^2 - p_K^2 = (m_\Omega + 2m_K)^2$$

及 $E_K^2 = p_K^2 + m_K^2$, 则有

$$E_K = \frac{(m_\Omega + 2m_K)^2 - m_p^2 - m_K^2}{2m_p}$$

所以 K 的阈动能为

$$T_K = E_K - m_K = \frac{(m_\Omega + 2m_K)^2 - (m_K + m_p)^2}{2m_p}$$

(2) 在 K^0 的静止坐标系中, 两个 π(用 1, 2 标记) 的动量大小相等方向相反,

$$\boldsymbol{p}_1^* = -\boldsymbol{p}_2^*, \qquad E_1^* + E_2^* = m_K$$

所以

$$E_1^* = E_2^* = \frac{m_K}{2}$$

$$p_1^* = p_2^* = \sqrt{E^{*2} - m_\pi^2} = \frac{1}{2}\sqrt{m_K^2 - 4m_\pi^2}$$

对一个 π 作洛伦兹变换

$$p_1 \cos\theta_1 = \gamma_0(p_1^* \cos\theta_1^* + \beta_0 E_1^*) = \gamma_0 p_1^* \left(\cos\theta_1^* + \frac{\beta_0 E_1^*}{p_1^*}\right)$$

$$= \gamma_0 p_1^* \left(\cos\theta_1^* + \frac{\beta_0}{\beta_1^*}\right)$$

以及

$$p_1 \sin\theta_1 = p_1^* \sin\theta_1^*$$

这样

$$\tan\theta_1 = \frac{\sin\theta_1^*}{\gamma_0\left(\cos\theta_1^* + \dfrac{\beta_0}{\beta_1^*}\right)}$$

其中 γ_0, β_0 是 K^0 在实验室系中的洛伦兹因子和速度. $\beta_1^* = \dfrac{p_1^*}{E_1^*}$ 是 π 在质心系中的速度.

为得到 π^0 和 K^0 夹角 θ 的最大值, 取 $\dfrac{\mathrm{d}\tan\theta_1}{\mathrm{d}\theta_1^*} = 0$, 得 $\cos\theta_1^* = -\dfrac{\beta_1^*}{\beta_0}$.

可分三种情况讨论:

(1) 当 $\beta_1^* < \beta_0$ 时, π^0 和 K^0 的夹角为

$$\tan\theta_{1,\max} = \frac{\sqrt{1 - \left(\dfrac{\beta_1^*}{\beta_0}\right)^2}}{\gamma_0\left(-\dfrac{\beta_1^*}{\beta_0} + \dfrac{\beta_0}{\beta_1^*}\right)} = \frac{1}{\gamma_0\sqrt{\left(\dfrac{\beta_0}{\beta_1^*}\right)^2 - 1}}$$

从而

$$\theta_{1,\max} = \arctan\left[\gamma_0\sqrt{\left(\frac{\beta_0}{\beta_1^*}\right)^2 - 1}\right]^{-1}$$

(2) 当 $\beta_1^* = \beta_0$ 时, $p_1 \cos\theta \geqslant 0$, 这样 $\theta_{1,\max} \to \pi/2$, 这时一个粒子向前, 即沿 K^0 运动方向运动, 另一个静止.

(3) 当 $\beta_1^* > \beta_0$ 时, $\left|\dfrac{\beta_1^*}{\beta_0}\right| > 1$, $|\cos\theta^*| > 1$ 不成立. 当 $\theta_1^* \to \pi$, $\tan\theta = \dfrac{\sin\theta_1^*}{\gamma_0(\cos\theta_1^* + \beta_0/\beta_1^*)}$

$\to 0$, 因此当 $\theta_{1,\max} = \pi$ 时, 在实验室系一个 π^0 沿与 K^0 的反方向飞出.

本题中

$$\beta_1^* = \frac{p_1^*}{E_1^*} = \frac{1}{m_K}\sqrt{m_K^2 - 4m_\pi^2} = \frac{1}{494}\sqrt{494^2 - 4 \times 135^2} = 0.84$$

而 $\beta_0 = 0.8 < \beta_1^*$, 属于第三种情况, 即 $\theta_{1,\max} = \pi/2$.

5.36　K 介子在飞行中衰变能飞行的距离是多少

题 5.36　从分析谱仪中得到能量为 $E = 2\text{GeV}$ 的 K 介子束流, 它飞行多远使束流强度衰减到原来的 10%? 设 K 介子的静止寿命 $\tau_0 = 1.2 \times 10^{-8}\text{s}$. (　　)

　　(A) 0.66km;　　　　(B) 33m;　　　　(C) 8.3m;　　　　(D) 320m.

解答　其衰变规律为 $I = I_0\mathrm{e}^{-t/\tau}$, $\gamma = E/m_\text{K} = 2/0.493 \approx 4$. 在实验室坐标系中 K 的寿命为

$$\tau = \gamma\tau_0 = 4\tau_0 = 4.8 \times 10^{-8}\text{s}$$

设通量减少 10% 所需衰减时间为 t',

$$t' = \tau\ln 10 = 4.8 \times 10^{-8} \times 2.3 = 1.1 \times 10^{-7}(\text{s})$$

束流在 t' 时间内走过的距离为

$$l = \beta c t' = 3.0 \times 10^8 \times 0.97 \times 1.1 \times 10^{-7} \approx 32(\text{m})$$

所以答案为 (B).

5.37　求从 5000 光年外能到达地球的中子的能量; 由衰变末态粒子的动能求 π 的静止质量

题 5.37　(1) 静止质量为 940MeV, 半衰期为 13 分钟的中子, 距离地球 5000 光年, 这个中子需多大的能量才能在第一个半衰期结束时到达地球?

(2) 设静止的 π^+ 介子自发衰变 $\pi^+ \to \mu^+ + \nu_\mu$, 现探测到 μ^+ 的动能为 4.0MeV, 已知 μ^+ 的质量为 106MeV, 中微子质量为 0, 求 π^+ 介子的静止质量.

解答　(1) 设中子的能量为 E, 速度为 β, 静止中子的半衰期为 $T_{1/2}$, 它在地球参考系中的半衰期为 $\gamma T_{1/2}$, 中子若在这期间达到地球, 则要求飞行的距离为

$$l = \beta c\gamma T_{1/2} = 5000 \times 365 \times 24 \times 60 c$$

或

$$\beta\gamma = \frac{l}{T_{1/2}c} = 2.02 \times 10^8$$

相应的中子能量为

$$E = \sqrt{p^2 + m_0^2} = m_0\sqrt{1 + \beta^2\gamma^2} = 1.9 \times 10^{11}\text{MeV}$$

(2) π^+ 介子衰变 $\pi^+ \to \mu^+ + \nu_\mu$. 设 μ^+ 的动量为 $\boldsymbol{p}$, 则 ν_μ 的动量为 $-\boldsymbol{p}$, 能量为 $E_\nu = p$, μ^+ 的能量为 $E_\mu = T_\mu + m_\mu = 110\text{MeV}$, 由

$$p = \sqrt{E_\mu^2 - m_\mu^2} = 29.4\text{MeV}/c$$

得 π^+ 的质量为

$$m_\pi = E_\mu + p = E_\mu + \sqrt{E_\mu^2 - m_\mu^2} = 139.4\text{MeV}/c^2$$

5.38　求动能为 T 的 π^+ 衰变产生反向运动的 μ^+ 时 T 的可能范围

题 5.38　一束动能为 T 的 π^+ 介子束通过衰变产生一些反向运动的 $\mu^+(\pi^+ \to \mu^+ + \nu_\mu)$，求 T 的可能范围. 已知 $m_\pi = 139.57\mathrm{MeV}/c^2$，$m_\mu = 105.66\mathrm{MeV}/c^2$，$m_\nu = 0$.

解答　如果 μ^+ 在 π^+ 静止系的速度大于 π^+ 在实验室系中的速度，就有可能在实验室系中观察到向后运动的 μ^+，设 p_μ^* 为 μ^+ 在 π^+ 的静止系中的动量，有

$$m_\pi = \sqrt{p_\mu^{*2} + m_\mu^2} + p_\nu^*$$

因为中微子的质量为 0，在质心系中，$\boldsymbol{p}_\mu^* = -\boldsymbol{p}_\nu^*$，$p_\mu^* = p_\nu^*$，由上式得到

$$p_\mu^* = \frac{m_\pi^2 - m_\mu^2}{2m_\pi}$$

$$E_\mu^* = \sqrt{p_\mu^{*2} + m_\mu^2} = \frac{m_\pi^2 + m_\mu^2}{2m_\pi}$$

从而

$$\beta_\mu^* = \frac{p_\mu^*}{E_\mu^*} = \frac{m_\pi^2 - m_\mu^2}{m_\pi^2 + m_\mu^2}$$

若使 μ^+ 与 π^+ 沿相反方向运动，则要求 $\beta_\pi \leqslant \beta_\mu^*$. 所以

$$E_\pi \leqslant \frac{m_\pi}{\sqrt{1 - \beta_\mu^{*2}}} = \frac{m_\pi^2 + m_\mu^2}{2m_\mu} = \frac{139.57^2 + 105.66^2}{2 \times 105.66} = 145.01(\mathrm{MeV})$$

其动能为

$$(T_\pi)_{\max} = E_\pi - m_\pi = 145.01 - 139.57 = 5.44(\mathrm{MeV})$$

5.39　求 J/ψ 衰变前经过的平均距离，对称衰变时电子的动能及与 J/ψ 运动方向的夹角

题 5.39　J/ψ 粒子的质量为 $3.097\mathrm{GeV}/c^2$，其宽度为 $63\mathrm{keV}/c^2$. 动量为 $100\mathrm{GeV}/c$ 的 J/ψ 衰变为 J/ψ $\to \mathrm{e}^+ + \mathrm{e}^-$，

(1) J/ψ 衰变前走过的平均距离是多少?

(2) 若是对称衰变 (即 e^+ 和 e^- 在实验室系中动量相等)，求实验室系中电子的能量;

(3) 求在实验室系中电子和 J/ψ 粒子的夹角;

解答　(1) J/ψ 的全宽度为 $\Gamma = 63\mathrm{keV}/c^2$，按不确定性关系其固有寿命

$$\tau_0 = \frac{\hbar}{\Gamma} = \frac{6.58 \times 10^{-16}}{63 \times 10^3} = 1.045 \times 10^{-20}(\mathrm{s})$$

在实验室中的寿命为 $\tau = \gamma\tau_0$，$\gamma = \dfrac{E}{m} = \dfrac{p}{m\beta c}$ 为其相对论因子，衰变前经过的平均距离为

$$l = \beta c\gamma\tau_0 = \frac{p\tau_0}{m} = \frac{100c}{3.097} \times 1.045 \times 10^{-20}\mathrm{s} = 1.012 \times 10^{-10}\mathrm{m}$$

(2) 对于对称衰变, 能量和动量守恒要求

$$E_{J/\psi} = E_{e^+} + E_{e^-} = 2E_e$$

从而

$$E_e = \frac{1}{2}E_{J/\psi} = \frac{1}{2}\sqrt{p_{J/\psi}^2 + m_{J/\psi}^2} = \frac{1}{2}\sqrt{100^2 + 3.097^2}\text{GeV} = 50.024\text{GeV}$$

(3) 若 θ 为电子与 J/ψ 间的夹角, 动量守恒要求

$$p_{J/\psi} = 2p_e \cos\theta$$

这样

$$\left(\frac{E_{J/\psi}}{2}\right)^2 - \left(\frac{p_{J/\psi}}{2\cos\theta}\right)^2 = E_e^2 - p_e^2 = m_e^2$$

也就是

$$\begin{aligned}
\cos\theta &= \frac{p_{J/\psi}}{\sqrt{p_{J/\psi}^2 + m_{J/\psi}^2 - 4m_e^2}} \\
&= \frac{100}{\sqrt{100^2 + 3.097^2 - 4 \times (0.511 \times 10^{-3})^2}} \\
&= 0.9995
\end{aligned}$$

即 $\theta = 1.77°$.

5.40 $\Xi^- \to \Lambda^0 + \pi^-$, 由质心系中 Λ^0、π^- 的夹角求它们在实验室系中的夹角

题 5.40 Ξ^- 粒子的一个衰变道为 $\Xi^- \to \Lambda^0 + \pi^-$, Ξ^- 沿 x 方向运动, 其动量为 2.0GeV/c. Ξ^- 衰变产生的 Λ^0 在质心系中与 Ξ^- 原始运动方向成 30° 角. 求 Λ^0 和 π 在实验室系中的动量和夹角. 粒子的静止质量为: $m_{\Xi^-} = 1.3\text{GeV}$, $m_\Lambda = 1.1\text{GeV}$, $m_\pi = 0.14\text{GeV}$.

解答 按题设 Ξ^- 粒子的总能量为

$$E_\Xi = \sqrt{p_\Xi^2 + m_\Xi^2} = 2.39\text{GeV}$$

Ξ^- 的运动参数为

$$\beta_\Xi = \frac{p_\Xi}{E_\Xi} = \frac{2}{2.39} = 0.84$$

$$\gamma_\Xi = \frac{E_\Xi}{m} = 1.84$$

在 Ξ^- 静止坐标系中, 由动量和能量守恒定律给出

$$\boldsymbol{p}_\pi^* + \boldsymbol{p}_\Lambda^* = 0$$

$$E_\Lambda^* + E_\pi^* = m_\Xi$$

则有

$$p_\Lambda^* = p_\pi^*$$

$$E_\Lambda^* = \sqrt{p_\pi^{*2} + m_\Lambda^2} = m_\Xi - E_\pi^*$$

利用 $E_\pi^{*2} = p_\pi^{*2} + m_\pi^2$ 得

$$E_\pi^* = \frac{m_\Xi^2 + m_\pi^2 - m_\Lambda^2}{2m_\Xi} = 0.192\text{MeV}$$

$$E_\Lambda^* = m_\Xi - E_\pi^* = 1.108\text{GeV}$$

$$p_\Lambda^* = p_\pi^* = \sqrt{E_\pi^{*2} - m_\pi^2} = 0.132\text{GeV}/c$$

$\boldsymbol{p}_\Lambda^*$ 与 $\boldsymbol{p}_\Xi$ 间的夹角 $\theta_\Lambda^* = 30°$, $\boldsymbol{p}_\pi$ 与 $\boldsymbol{p}_\Xi$ 间的夹角 $\theta_\pi^* = 30° + 180° = 210°$. 经洛伦兹变换到实验室系. 对于 π

$$p_\pi \sin\theta_\pi = p_\pi^* \sin\theta_\pi^* = 0.132 \times \sin 210° = -0.066(\text{GeV}/c)$$

$$p_\pi \cos\theta_\pi = \gamma_\Xi(p_\pi^* \cos\theta_\pi^* + \beta_\Xi E_\pi^*) = 0.086\text{GeV}/c$$

得到

$$\tan\theta_\pi = -0.767, \qquad \theta_\pi = -37.5°$$

$$p_\pi = 0.11\text{GeV}/c$$

对于 Λ

$$p_\Lambda \sin\theta_\Lambda = p_\Lambda^* \sin\theta_\Lambda^* = 0.132\sin 30° = 0.66(\text{GeV}/c),$$

$$p_\Lambda \cos\theta_\Lambda = \gamma(p_\Lambda^* \cos\theta_\Lambda^* + \beta E_\Lambda^*) = 1.92\text{GeV}/c$$

$$\tan\theta_\Lambda = 0.034, \qquad \theta_\Lambda = 1.9°$$

在实验室系中 Λ^0 和 π 间的夹角 $\theta = \theta_\Lambda - \theta_\pi = 1.9° + 37.5° = 39.4°$.

5.41　$\mathrm{K}^- \to \mu^- + \nu$, 求 K^- 静止时 μ^- 和 ν 的动能

题 5.41　静止质量为 494MeV 的 K 介子衰变为静止质量为 106MeV 的 μ 子和静止质量为 0 的中微子 ν, 求静止的 K 衰变产生的 μ^- 和 ν 的动能.

解答　衰变方程为

$$\mathrm{K}^- \to \mu^- + \nu$$

在 K 的静止系中, 由能量和动量守恒有

$$\boldsymbol{p}_\mu + \boldsymbol{p}_\nu = 0, \qquad E_\mu + E_\nu = m_\mathrm{K}$$

得到

$$E_\mu^2 = (m_\mathrm{K} - E_\nu)^2 = m_\mathrm{K}^2 + E_\nu^2 - 2m_\mathrm{K}E_\nu$$

因为 $E_\nu = p_\nu = p_\mu$, $E_\mu^2 = p_\mu^2 + m_\mu^2$,

$$p_\mu = \frac{m_K^2 - m_\mu^2}{2m_K} = \frac{494^2 - 106^2}{2 \times 494} = 236(\text{MeV}/c)$$

μ^- 和 ν 的动能分别为

$$T_\nu = E_\nu = p_\nu c = p_\mu c = 236\text{MeV}$$

$$T_\mu = \sqrt{p_\mu^2 + m_\mu^2} - m_\mu = 152\text{MeV}$$

5.42 $\pi^- \to \mu^- + \nu$, 求 π^- 静止时 μ^- 的最大动能

题 5.42 π 介子 $(m_\pi = 140\text{MeV})$ 衰变成 μ^- 和 ν, 在 π 的静止坐标系中, 发射出 μ^- 子的最大动量是多少?(   )

(A) $30\text{MeV}/c$;   (B) $70\text{MeV}/c$;   (C) $2.7\text{MeV}/c$;   (D) $250\text{MeV}/c$.

解答 π 的衰变方程为 $\pi^- \to \mu^- + \nu$. 由能量和动量守恒给出

$$E_\mu = m_\pi - E_\nu$$

$$\boldsymbol{p}_\mu + \boldsymbol{p}_\nu = 0, \quad \text{从而} \quad p_\mu = p_\nu$$

对于 ν, $E_\nu = p_\nu$, 将第一个方程两边平方得

$$p_\mu^2 + m_\mu^2 = (m_\pi - p_\mu)^2$$

得到

$$p_\mu = \frac{m_\pi^2 - m_\mu^2}{2m_\pi} = 29.9\text{MeV}/c$$

所以答案是 (A).

5.43 $\eta' \to \rho^0 + \gamma$ 的衰变在质心系中各向同性, 求实验室系中 γ 光子的概率分布及能量

题 5.43 质量为 M 的 η' 介子可衰变为一个质量为 m 的 ρ^0 介子和一个光子: $\eta' \to \rho^0 + \gamma$. 在 η' 的静止参考系中衰变是各向同性的. 假定一单能 η' 束在实验室系以速度 v 运动, 令 θ 为衰变光子与 η' 束流的夹角, 如图 5.5, 令 $W(\theta)\mathrm{d}\cos\theta$ 为发射的光子数在 $(\cos\theta, \cos\theta + \mathrm{d}\cos\theta)$ 内的归一化概率.

(1) 计算 $W(\theta)$;

(2) 计算实验室系出射角为 θ 的光子的能量 $E(\theta)$.

解答　(1) 设在 η' 静止参考系中的量带 $*$ 来标志, 发射光子的能量和动量的洛伦兹变换为

$$p^* \cos\theta^* = \gamma(p\cos\theta - \beta E)$$

$$E^* = \gamma(E - \beta p\cos\theta)$$

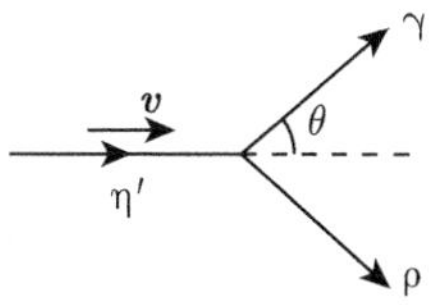

其中, β、$\gamma = \dfrac{1}{\sqrt{1-\beta^2}}$ 分别是 η' 在实验室系中的速度和洛伦兹因子. 对于光子 $E^* = p^*$, $E = p$, 这样

$$\cos\theta^* = \frac{\cos\theta - \beta}{1 - \beta\cos\theta}$$

或者

$$\frac{\mathrm{d}\cos\theta^*}{\mathrm{d}\cos\theta} = \frac{1-\beta^2}{(1-\beta\cos\theta)^2}$$

图 5.5　η' 介子衰变为一个 ρ^0 介子和一个光子

在 η' 静止参考系中发射的光子分布是各向同性的, 即发射到单位立体角内的光子的概率是常数. 这样

$$\mathrm{d}W \propto \mathrm{d}\Omega = 2\pi\sin\theta^* \mathrm{d}\theta^* = 2\pi\mathrm{d}(\cos\theta^*)$$

或者

$$\mathrm{d}W = \frac{2\pi\mathrm{d}(\cos\theta^*)}{4\pi} = \frac{1}{2}\mathrm{d}(\cos\theta^*)$$

令 $\mathrm{d}W = W^*(\theta^*)\mathrm{d}(\cos\theta^*)$, 则 $W^*(\theta^*) = 1/2$. 变换到实验室系

$$\mathrm{d}W = W^*(\theta^*)\mathrm{d}(\cos\theta^*) = W(\theta)\mathrm{d}(\cos\theta)$$

所以

$$W(\theta) = \frac{1}{2}\frac{\mathrm{d}\cos\theta^*}{\mathrm{d}\cos\theta} = \frac{1}{2}\frac{1-\beta^2}{(1-\beta\cos\theta)^2}$$

(2) 在 η' 静止参考系中, 守恒定律得出

$$E^*_\rho = M - E^*, \qquad p^*_\rho = p^*$$

给出

$$E^{*2}_\rho - p^{*2}_\rho = m^2 = M^2 - 2ME^*$$

这样

$$E^* = \frac{M^2 - m^2}{2M}$$

能量的洛伦兹变换

$$E^* = \gamma E(\theta)(1 - \beta\cos\theta)$$

从而

$$E(\theta) = \frac{E^*}{\gamma(1-\beta\cos\theta)} = \frac{M^2 - m^2}{2(E_\eta - p_\eta\cos\theta)}$$

5.44 动量与静质量之比为 1 的 K_L^0 介子发生衰变 $K_L^0 \to \pi^+ + \pi^-$, 求在实验室系中 π 的最大横动量和最大纵动量

题 5.44 K_L^0 介子 ($M = 498\text{MeV}$) 在飞行中衰变成 $\pi^+\pi^-(mc^2 = 140\text{MeV})$, K_L^0 的动量与 M 之比 $p/M = 1$. 求在实验室系中 π 介子的最大横动量和最大纵动量.

解答   在实验室系中 K_L^0 的速度为

$$\beta = \frac{p}{E} = \frac{p}{\sqrt{p^2 + M^2}} = \frac{1}{\sqrt{2}}$$

因此, $\gamma_c = \sqrt{2}$.

取 π 在质心系的能量和动量分别为 E^*, p^*, 能量守恒给出 $2E^* = M$. 所以

$$p^* = \sqrt{E^{*2} - m^2} = \frac{1}{2}\sqrt{M^2 - 4m^2} = \frac{1}{2}\sqrt{498^2 - 4 \times 140^2} = 206(\text{MeV}/c)$$

在洛伦兹变换中横动量不变, 所以在实验室系和质心系中的横动量相同

$$p_{\text{t}} = p_{\text{t}}^* = p^* \sin\theta^*$$

当 $\sin\theta^* = 1$ 取到最大值, $p_{\text{t}} = p^* = 206\text{MeV}/c$.

π 在实验室系中的纵动量为

$$p_{\text{L}} = \gamma(p_{\text{L}}^* + \beta E^*)$$
$$= \gamma(p^* \cos\theta^* + \beta E^*)$$

所以其最大值 ($\cos\theta^* = 1$)

$$p_{\text{Lmax}} = \gamma(p^* + \beta E^*) = \sqrt{2}\left(206 + \frac{1}{\sqrt{2}} \times 249\right) = 540.4(\text{MeV})$$

5.45   求能观察到 50% 的 D^0 衰变所需观察仪器的分辨率

题 5.45   实验中用气泡室发现了能量为 18.6GeV 的 D^0 介子, 其质量为 1.86GeV, 平均寿命为 $\tau_0 = 5 \times 10^{-13}\text{s}$, 并以下面的方式衰变 $D^0 \to K^+ + \pi$, 若要观察到 50% 以上的衰变, 气泡室的分辨率需要多高?

解答 D^0 衰变规律为

$$N = N_0 \exp(-t/\tau)$$

D^0 粒子个数减为一半时

$$\exp(-t_{1/2}/\tau) = 0.5, \qquad t_{1/2} = \tau \ln 2$$

D^0 在实验室的平均寿命

$$\tau = \gamma \tau_0$$

从而

$$\gamma = E/m = 10, \quad \tau = 10\tau_0, \quad \beta \approx 1$$

因此 D^0 飞行的距离为

$$d = ct_{1/2} = c10\tau_0 \ln 2 = 0.1\text{cm} = 1\text{mm}$$

气泡室的分辨率要小于 1mm, 才能分辨 D^0 的衰变.

5.46 由 D^0 介子的能量和平均飞行距离求其静止寿命及各分支比的时间分布

题 5.46 粲介子 D^0(静止质量 $m = 1.86\text{GeV}$) 在泡室中飞行 3mm 后衰变产物的总能量为 20GeV.

(1) 求 D^0 在其静止坐标系中的平均寿命;

(2) 如果观察一组 D^0 粒子的衰变, 在 D^0 静止系中, 求衰变到分支比为 1% 的模式与衰变到分支比为 40% 的模式的时间期望值的分布.

解答 (1) D^0 衰变前的总能量就等于衰变后的总能量即 20GeV, 因此质心系的相对论因子为

$$\gamma = \frac{E}{m} = \frac{20}{1.86} = 10.75$$

D^0 的速度 (以 c 为单位) 为

$$\beta = \sqrt{1 - \frac{1}{\gamma^2}} = 0.996$$

D^0 在实验室系中的寿命

$$\tau = \frac{l}{\beta c} = \frac{3 \times 10^{-3}}{0.996 \times 3 \times 10^8} = 1.0 \times 10^{-11}(\text{s})$$

D^0 的固有寿命为

$$\tau_0 = \frac{\tau}{\gamma} = 9.3 \times 10^{-13}\text{s}$$

(2) D^0 的衰变常数

$$\lambda = \frac{1}{\tau} = 1.07 \times 10^{12}\text{s}^{-1}$$

不管是以何种模式衰变, D^0 的衰变都遵从同样的规律

$$f(t) \propto \exp(-\lambda t) = \exp(-1.07 \times 10^{12}t)$$

即分支比为 1% 的模式与分支比为 40% 的衰变模式时间期望值的分布都相同.

5.47 $\mathrm{D}^0 \to \mathrm{K}^- + \pi^+$, 求在 D^0 静止系中 K^- 的动量, 说明产生 D^0 介子的
    判据

题 5.47 粲重介子 D^0 衰变到 $\mathrm{K}^- + \pi^+$, D、K、π 的质量分别为 1.8、0.50、0.15GeV/c^2.

(1) 求在 D^0 的静止坐标系中 K 介子的动量;

(2) "用中微子产生了单个 K 介子是 D^0 产生的证据", 此叙述对吗? 请解释.

解答 (1) 衰变反应 $\mathrm{D}^0 \to \mathrm{K}^- + \pi^+$. 在 D^0 静止参考系中, 动量和能量守恒给出

$$\boldsymbol{p}_\mathrm{K} + \boldsymbol{p}_\pi = 0, \quad \text{于是} \quad p_\mathrm{K} = p_\pi$$
$$E_\mathrm{K} + E_\pi = m_\mathrm{D}$$

利用质壳条件 $E^2 = \boldsymbol{p}^2 + m^2$,

$$E_\mathrm{K}^2 = p_\mathrm{K}^2 + m_\mathrm{D}^2 + m_\pi^2 - 2m_\mathrm{D}\sqrt{p_\mathrm{K}^2 + m_\pi^2}$$

解之得

$$p_\mathrm{K} = \left[\left(\frac{m_\mathrm{D}^2 + m_\pi^2 - m_\mathrm{K}^2}{2m_\mathrm{D}} \right)^2 - m_\pi^2 \right]^{\frac{1}{2}} = 0.82\mathrm{GeV}/c$$

(2) 不对. 因为 K^- 介子含有 s 夸克, 实际上 Ξ^*、Ω^-、K^* 等粒子也可以衰变到单个 K^- 介子, 所以不一定是产生了 D^0 介子.

5.48 由平均飞行距离求 π^+ 的动能和动量

题 5.48 带电 π 介子的静止平均寿命为 $2.6 \times 10^{-8}\mathrm{s}$, 由加速器产生的一束单能 π 介子通过 10m 距离后, 有 10% 的 π 介子发生衰变. 求 π 介子的动能和动量.

解答 设最初有 N_0 个 π 介子, 速度为 β(以 c 为单位), 运动的 π 介子的衰变常数是 λ. 通过 l 的距离后 π 介子的数目是

$$N(l) = N_0 \exp\left(-\frac{\lambda l}{\beta c} \right)$$

其中

$$\lambda = \frac{1}{\tau} = \frac{1}{\gamma \tau_0} = \frac{\sqrt{1 - \beta^2}}{\tau_0}$$

这样

$$N(l) = N_0 \exp\left(-\frac{l\sqrt{1 - \beta^2}}{\tau_0 \beta c} \right)$$

因此可得

$$\gamma\beta = \frac{\beta}{\sqrt{1 - \beta^2}} = \frac{l}{\tau_0 c \ln \dfrac{N_0}{N(l)}} = \frac{10}{2.6 \times 10^{-8} \times 3.0 \times 10^8 \times \ln \dfrac{1}{0.9}} = 12.2$$

π 介子动量为

$$p = m\gamma\beta = 0.14 \times 12.2 = 1.71(\mathrm{GeV}/c)$$

π 介子的动能为

$$T = E - m = \sqrt{p^2 + m^2} - m \approx 1.58\mathrm{GeV}$$

5.49 由介子衰变产生的向前和向后的 γ 光子的能量求该粒子的速度和静止能量

题 5.49 质子打薄靶时产生了中性介子, 每个介子衰变成两个 γ 光子, 向前发射的光子能量为 96MeV, 向后发射的光子的能量为 48MeV.

(1) 求介子的 β 值;

(2) 求介子的静止能量的近似值.

解答 (1) 中性介子在实验室衰变, 如果一个光子向后发射, 那么另一个光子必然向前发射. 设它们的能量和动量分别为 E_2、p_2、E_1、p_1, 由能量、动量守恒得该中性介子的能量、动量分别为

$$E = E_1 + E_2 = 96 + 48 = 144(\mathrm{MeV})$$

$$p = p_1 - p_2 = 96 - 48 = 48(\mathrm{MeV}/c)$$

所以该粒子的 β 值

$$\beta = \frac{p}{E} = \frac{48}{144} = \frac{1}{3}$$

(2) 粒子的静止质量为

$$m = \frac{E}{\gamma} = E\sqrt{1-\beta^2} = 144 \times \sqrt{1 - (1/3)^2} \approx 136(\mathrm{MeV}/c^2)$$

所以这种中性介子是 π^0 介子.

5.50 一粒子衰变成两个 γ 光子, 在静止系各向同性分布, 求光子沿粒子运动方向的概率和动量最大值

题 5.50 质量为 $M = 3.0\mathrm{GeV}/c^2$, 动量为 $p = 4.0\mathrm{GeV}/c$ 的粒子沿 x 轴方向运动, 它衰变成两个光子, 在粒子的静止坐标系中光子的角分布各向同性, 即 $\dfrac{\mathrm{d}W}{\mathrm{d}\cos\theta^*} = \dfrac{1}{2}$.

(1) 求光子在实验室系的动量在 x 方向的最大值和最小值;

(2) 求光子在实验室系沿 x 方向的动量分量 p_x 的概率分布 $\dfrac{\mathrm{d}W}{\mathrm{d}p_x}$.

解答 (1) 在粒子的静止坐标系中动量和能量守恒要求

$$E_1^* + E_2^* = M, \quad \boldsymbol{p}_1^* + \boldsymbol{p}_2^* = 0, \quad p_1^* = p_2^* = p,$$

因此光子的能量为

$$E^* = \frac{M}{2} = \frac{3}{2} = 1.5(\mathrm{GeV})$$

动量为

$$p^* = E^* = 1.5\text{GeV}/c$$

衰变中的粒子在实验室系中

$$\gamma\beta = \frac{p}{M} = \frac{4}{3}$$

洛伦兹变换给出光子在实验室系中动量的 x 分量

$$p_x = \gamma(p^* \cos\theta^* + \beta E^*) = \gamma p^*(\cos\theta^* + \beta)$$

其中 $\boldsymbol{p}^*$ 和 θ^* 是光子的动量及其与 x 轴的夹角. 当 $\theta^* = 0$ 时动量最大

$$(p_x)_{\max} = \gamma(p^* + \beta E^*) = \frac{5}{3} \times 1.5(1 + 0.8) = 4.5(\text{GeV}/c)$$

当 $\theta^* = 180°$ 时动量最小

$$(p_x)_{\min} = \gamma(-p^* + \beta E^*) = \frac{5}{3} \times 1.5(-1 + 0.8) = -0.5(\text{GeV}/c)$$

(2) 因为在质心系中光子的角分布是各向同性的, 即 $\dfrac{\mathrm{d}W}{\mathrm{d}\cos\theta^*} = \dfrac{1}{2}$,

$$\mathrm{d}p_x = \gamma p^* \mathrm{d}(\cos\theta^*) = 2.5\mathrm{d}(\cos\theta^*)$$

所以

$$\frac{\mathrm{d}W}{\mathrm{d}p_x} = \frac{\mathrm{d}W}{\mathrm{d}(\cos\theta^*)} \frac{\mathrm{d}(\cos\theta^*)}{\mathrm{d}p_x} = \frac{1}{2.5 \times 2} = 0.20$$

5.51 $\pi^0 \to \gamma + \gamma$, 求在 π^0 运动方向背对背发射的光子的能量, 在相同方向发射的光子间的夹角

题 5.51 中性 π^0 衰变成两个 γ 光子, 假设 π^0 介子的能量为 $E = 1000\text{MeV}$, $m_\pi = 135\text{MeV}$;

(1) 如果衰变过程产生的 2γ 在沿 π^0 原来运动的方向上背对背飞出, 问 γ 射线的能量是多少?

(2) 如果两 γ 射线与原来运动方向成相同的角发射, 求 γ 射线的能量.

解答 (1) 设两 γ 光子的动量和能量分别为 $p_{\gamma 1}$、$p_{\gamma 2}$ 和 $E_{\gamma 1}$, $E_{\gamma 2}$、π^0 介子的动量和能量分别为 p_π 和 E_π, 能量和动量守恒要求

$$E = E_{\gamma 1} + E_{\gamma 2}, \qquad \boldsymbol{p} = \boldsymbol{p}_{\gamma 1} - \boldsymbol{p}_{\gamma 2}$$

因为

$$E^2 = \boldsymbol{p}_\pi^2 + m_\pi^2, \qquad E_{\gamma 1} = p_{\gamma 1}, \qquad E_{\gamma 2} = p_{\gamma 2}$$

由上面的方程可得

$$m_\pi^2 = 4E_{\gamma 1} E_{\gamma 2} = 4E_{\gamma 1}(E - E_{\gamma 1})$$

解之得两 γ 光子的能量为

$$E_{\gamma 1} = \frac{E + \sqrt{E^2 - m_\pi^2}}{2} = \frac{10^3 + \sqrt{10^6 - 135^2}}{2} \approx 995.4 (\text{MeV})$$

$$E_{\gamma 2} = \frac{E - \sqrt{E^2 - m_\pi^2}}{2} = \frac{10^3 - \sqrt{10^6 - 135^2}}{2} \approx 4.6 (\text{MeV})$$

(2) 设两 γ 光子与 π^0 的夹角分别为 θ 和 $-\theta$, 由守恒定律给出

$$E = 2E_\gamma$$

$$p_\pi = 2p_\gamma \cos\theta$$

注意到对称性, 两个 γ 光子具有大小相同的能量和动量 E_γ、p_γ, 两个方程联合得到

$$m_\pi^2 = 4E_\gamma^2 - 4p_\gamma^2 \cos^2\theta = E^2(1 - \cos^2\theta) = E^2 \sin^2\theta$$

从而

$$\theta = \pm \arcsin\left(\frac{m_\pi}{E}\right)$$

所以两个光子间的夹角为

$$\theta_{2\gamma} = 2\theta = 2\arcsin\left(\frac{m_\pi}{E}\right) = 2\arcsin\left(\frac{135}{1000}\right) = 15.5°$$

5.52 $\pi^0 \to \gamma + \gamma$, 在质心系中 γ 各向同性分布, 求在实验室系中 γ 光子的角分布

题 5.52 一个 π^0 在其静止坐标系中各向同性的衰变成两个光子. 若 π^0 的动量为 $p = 280\text{MeV}/c$, 求在实验室系中光子动量的角分布与极角余弦的关系.

解答 在 π^0 静止坐标系中衰变产生的光子的分布是各向同性的, 并满足归一化条件 $\int W_0(\theta^*, \varphi^*)\mathrm{d}\Omega = 1$. 因为 π^0 衰变成两个光子, 所以 $\int W(\theta^*, \varphi^*)\mathrm{d}\Omega = 2$, W 是发射一个光子到立体角 $\mathrm{d}\Omega(\theta^*, \varphi^*)$ 内的概率. 按题设 W 与 θ^*, φ^* 无关, 所以

$$W(\theta^*, \varphi^*) = \frac{2}{4\pi} = \frac{1}{2\pi}$$

如果 θ^* 对应于实验室系中的 θ, 则

$$W(\theta, \varphi)\mathrm{d}(\cos\theta) = W(\theta^*, \varphi^*)\mathrm{d}(\cos\theta^*)$$

若 γ_0、β_0 分别为 π^0 的洛伦兹因子和速度, 对于光子由洛伦兹变换得

$$p\cos\theta = \gamma_0(\cos\theta^* p^* + \beta_0 E^*) = \gamma_0 p^*(\cos\theta^* + \beta_0)$$

$$E = p = \gamma_0(E^* + \beta_0 p^* \cos\theta^*) = \gamma_0 p^*(1 + \beta_0 \cos\theta^*)$$

因为光子在质心系中的分布是对称的, 所以 E^*、p^* 是常数, 将上式对 $\cos\theta^*$ 微分得

$$\cos\theta\frac{\mathrm{d}p}{\mathrm{d}\cos\theta^*} + p\frac{\mathrm{d}\cos\theta}{\mathrm{d}\cos\theta^*} = \gamma_0 p^*$$

$$\frac{\mathrm{d}p}{\mathrm{d}\cos\theta^*} = \gamma_0\beta_0 p^*$$

解之得

$$\frac{\mathrm{d}\cos\theta^*}{\mathrm{d}\cos\theta} = \frac{p}{\gamma_0 p^*(1 - \beta_0\cos\theta)}$$

利用变换公式

$$E^* = \gamma_0\left(E - \beta_0 p\cos\theta\right)$$

$$p^* = \gamma_0 p\left(1 - \beta_0\cos\theta\right)$$

所以

$$W(\cos\theta) = W(\cos\theta^*)\cdot\frac{\mathrm{d}\cos\theta^*}{\mathrm{d}\cos\theta} = \frac{1}{\gamma_0^2(1 - \beta_0\cos\theta)^2}$$

对于静止能量为 $140\mathrm{MeV}$ 动量为 $280\mathrm{MeV}/c$ 的 π^0

$$\gamma_0\beta_0 = \frac{280}{140} = 2$$

$$\gamma_0 = \sqrt{(\gamma_0\beta_0)^2 + 1} = \sqrt{5}$$

$$\beta_0 = \frac{\gamma_0\beta_0}{\gamma_0} = \frac{2}{\sqrt{5}}$$

得到实验室系的角分布

$$W(\cos\theta) = \frac{1}{\left(\sqrt{5}\right)^2\left(1 - \dfrac{2}{\sqrt{5}}\cos\theta\right)^2} = \frac{1}{\left(\sqrt{5} - 2\cos\theta\right)^2}$$

5.53　$\pi^+ \to \mu^+ + \nu_\mu$, 求在实验室系 π^+ 飞行的平均距离、μ^+ 的最大出射角度、ν 的最大和最小动量

题 5.53　粒子物理感兴趣的问题之一是高能时的弱相互作用. 这可以通过研究高能中微子反应来实现. 一种方法是通过 π 或 K 在飞行中衰变产生中微子. 假设 200GeV 的 π 通过下面的衰变方式产生中微子束: $\pi^+ \to \mu^+ + \nu_\mu$. 已知 π^+ 的静止寿命是 $2.6 \times 10^{-8}\mathrm{s}$, 静止质量为 139.6MeV, μ^+ 子的质量为 105.7MeV, 中微子质量为 0.

(1) 计算 π^+ 介子衰变前飞行的平均距离;

(2) 计算 μ^+ 子在实验室中相对于 π^+ 运动的方向的最大角度;

(3) 计算中微子可能具有的最大和最小动量.

解答　(1) μ^+ 的相对论因子为

$$\gamma = \frac{E}{m} \approx \frac{p}{m} = \frac{200000}{139.6} = 1433$$

它在实验室系寿命为

$$\tau = \gamma\tau_0 = 2.6 \times 10^{-8} \times 1433 = 3.73 \times 10^{-5}(\text{s})$$

μ^+ 的运动速度非常接近光速 c, 这样衰变前飞行的平均距离为

$$l = c\tau = 3 \times 10^8 \times 3.73 \times 10^{-5} = 1.12 \times 10^4(\text{m})$$

(2) 图 5.6 显示 π^+ 在实验室系 K 和静止系 K* 中的衰变图.

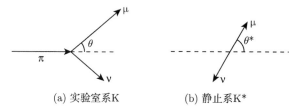

(a) 实验室系K   (b) 静止系K*

图 5.6 π^+ 在实验室系 K 和静止系 K* 中的衰变

在 K* 系能量、动量守恒定律要求

$$E_\nu^* + E_\mu^* = m_\pi$$
$$\boldsymbol{p}_\nu^* + \boldsymbol{p}_\mu^* = 0, \quad \text{从而} \quad p_\nu^* = p_\mu^*$$

由此可得

$$E_\mu^* = \frac{m_\pi^2 + m_\mu^2}{2m_\pi} = 109.8 \text{ MeV}$$

对 μ^+ 做洛伦兹变换

$$p_\mu \sin\theta = p_\mu^* \sin\theta^*$$
$$p_\mu \cos\theta = \gamma(p_\mu^* \cos\theta^* + \beta E_\mu^*)$$

这里 $\gamma = 1433$ 也是 K* 的洛伦兹因子, $\beta \approx 1$, 这样

$$\tan\theta = \frac{\sin\theta^*}{\gamma\left(\cos\theta^* + \dfrac{E_\mu^*}{p_\mu^*}\right)} = \frac{\sin\theta^*}{\gamma\left(\cos\theta^* + \dfrac{1}{\beta_\mu^*}\right)}$$

其中, $\beta_\mu^* = \dfrac{p_\mu^*}{E_\mu^*}$. 为求 θ 的最大值, 取 $\dfrac{\mathrm{d}\tan\theta}{\mathrm{d}\theta^*} = 0$, 得到

$$\cos\theta^* = -\beta_\mu^*, \qquad \sin\theta^* = \sqrt{1 - \beta_\mu^{*2}} = \frac{1}{\gamma_\mu^*}$$

所以

$$(\tan\theta)_{\max} = \frac{1}{\gamma\gamma_\mu^*\left(-\beta_\mu^* + \dfrac{1}{\beta_\mu^*}\right)} = \frac{\beta_\mu^*}{\gamma\gamma_\mu^*\left(1 - \beta_\mu^{*2}\right)} = \frac{\gamma_\mu^*\beta_\mu^*}{\gamma} = \frac{\sqrt{\gamma_\mu^{*2} - 1}}{\gamma}$$

因为, $\gamma_\mu^* = \dfrac{E_\mu^*}{m_\mu} = \dfrac{109.8}{105.7} = 1.039$, $\gamma = 1433$, 得到

$$\theta_{\max} = \arctan(\tan\theta)_{\max} \approx \frac{\sqrt{\gamma_\mu^{*2} - 1}}{\gamma} = 1.97 \times 10^{-4}\text{rad} = 0.011°$$

(3) 在 K^* 系中, 中微子的能量

$$E_\nu^* = m_\pi - E_\mu^* = \frac{m_\pi^2 - m_\mu^2}{2m_\pi} = 29.8\text{MeV}$$

其动量为 $29.8\text{MeV}/c$, 由洛伦兹变换得

$$p_\nu = E_\nu = \gamma\left(E_\nu^* + \beta p_\nu^* \cos\theta^*\right) = \gamma p_\nu^* \left(1 + \beta\cos\theta^*\right)$$

$$(p_\nu)_{\max} = \gamma p_\nu^* (1 + \beta) = 1433 \times 29.8 \times (1 + 1) = 85.4(\text{GeV})$$

$$(p_\nu)_{\min} = \gamma p_\nu^* (1 - \beta) = \left[\sqrt{(\gamma\beta)^2 + 1} - \gamma\beta\right] p_\nu^* \approx \frac{p_\nu^*}{2\gamma\beta} = \frac{m_\pi p_\nu^*}{2p_\pi}$$

$$= \frac{139.6 \times 29.4}{2 \times 200 \times 10^3} = 1.04 \times 10^{-2}(\text{MeV}/c)$$

5.54 $\pi^+ \to \mu^+ + \nu$, 确定中微子的能量及有一半中微子在 θ_m 内时的 θ_m 值

题 5.54 一束能量为 E_0 的 π 介子沿 z 轴入射, 其中一些 π 各自衰变成一个 μ 和一个中微子 ν, 中微子出现在相对 z 轴为 θ_ν 的方向. 取中微子质量为 0.

(1) 由 θ_ν 确定中微子的能量, 并证明当 $E_0 \gg m_\pi$ 及 $\theta_\nu \ll 1$ 时,

$$E_\nu \approx \frac{1 - \left(\dfrac{m_\mu}{m_\pi}\right)^2}{1 + \left(\dfrac{E_0}{m_\pi}\right)^2 \theta_\nu^2} E_0$$

(2) 在质心系中这个衰变是各向同性的, 确定 θ_m 角, 使得有一半中微子满足 $\theta_\nu < \theta_\mathrm{m}$.

解答 (1) 取 μ 子与 z 轴夹角为 θ, 由能量和动量守恒有

$$E_0 = E_\mu + E_\nu = \sqrt{p_\mu^2 + m_\mu^2} + E_\nu$$

$$\sqrt{E_0^2 - m_\pi^2} = p_\mu \cos\theta + p_\nu \cos\theta_\nu$$

$$0 = p_\mu \sin\theta + p_\nu \sin\theta_\nu$$

因为中微子无质量, 所以 $p_\nu = E_\nu$, 由动量方程给出

$$p_\mu^2 = E_0^2 - m_\pi^2 + p_\nu^2 - 2\sqrt{E_0^2 - m_\pi^2}\, E_\nu \cos\theta_\nu$$

由能量方程给出

$$p_\mu^2 = E_0^2 - m_\pi^2 + p_\nu^2 - 2E_0 E_\nu$$

将最后两个方程相减得到

$$E_\nu = \frac{m_\pi^2 - m_\mu^2}{2\left(E_0 - \sqrt{E_0^2 - m_\pi^2}\cos\theta_\nu\right)} = \frac{m_\pi^2}{2E_0}\frac{1 - \dfrac{m_\mu^2}{m_\pi^2}}{1 - \sqrt{1 - \dfrac{m_\pi^2}{E_0^2}}\cos\theta_\nu}$$

如果 $E_0 \gg m_\pi$ 及 $\theta_\nu \ll 1$, 那么

$$\sqrt{1 - \left(\frac{m_\pi}{E_0}\right)^2}\cos\theta_\nu \approx \left[1 - \frac{1}{2}\left(\frac{m_\pi}{E_0}\right)^2\right]\left(1 - \frac{\theta_\nu^2}{2}\right) \approx 1 - \frac{1}{2}\left(\frac{m_\pi}{E_0}\right)^2 - \frac{\theta_\nu^2}{2}$$

所以

$$E_\nu \approx \frac{m_\pi^2}{E_0} \times \frac{1 - \left(\dfrac{m_\mu}{m_\pi}\right)^2}{\left(\dfrac{m_\pi}{E_0}\right)^2 + \theta_\nu^2} = E_0\frac{1 - \dfrac{m_\mu^2}{m_\pi^2}}{1 + \left(\dfrac{E_0}{m_\pi}\right)^2\theta_\nu^2}$$

(2) 质心系 (即 π 的静止系) 的洛伦兹因子和速度为

$$\gamma = \frac{E_0}{m_\pi}, \qquad \beta = \sqrt{1 - \frac{1}{\gamma^2}}$$

用带 $*$ 的量代表质心系的量, 对中微子作洛伦兹变换

$$p_\nu \sin\theta_\nu = p_\nu^* \sin\theta_\nu^*$$
$$p_\nu \cos\theta_\nu = \gamma(p_\nu^* \cos\theta_\nu^* + \beta E_\nu^*) = \gamma p_\nu^*(\cos\theta_\nu^* + \beta)$$
$$\tan\theta_\nu = \frac{\sin\theta_\nu^*}{\gamma(\cos\theta_\nu^* + \beta)}$$

设中微子在质心系中运动方向与 z 轴的夹角为 θ^*, 因为在质心系中衰变是各向同性的, 所以一定有一半的中微子在 $\theta^* < 90°$ 的范围内, 设 $\theta^* = 90°$ 在实验室系对应的角度为 θ_m, 那么

$$\tan\theta_m = \frac{\sin 90°}{\gamma(\beta + \cos 90°)} = \frac{1}{\gamma\beta} = \frac{1}{\sqrt{\gamma^2 - 1}} = \frac{1}{\sqrt{\left(\dfrac{E_0}{m_\pi}\right)^2 - 1}} = \frac{m_\pi}{\sqrt{E_0^2 - m_\pi^2}}$$

给出

$$\theta_m = \arctan\left(\frac{m_\pi}{\sqrt{E_0^2 - m_\pi^2}}\right)$$

在实验室系有一半的中微子发射到 $\theta_\nu < \theta_m$ 的范围.

注意 因为 $\dfrac{\mathrm{d}\theta_\nu}{\mathrm{d}\theta_\nu^*} = \dfrac{\cos^2\theta_\nu}{\gamma}\dfrac{(1 + \beta\cos\theta_\nu^*)}{(\beta + \cos\theta_\nu^*)^2} \geq 0$, 所以 θ_ν 随 θ_ν^* 的增加而单调增加, 其意思是 $\theta_\nu^* < \theta_m^*$ 时包含了发射的一半的中微子, 那么 $\theta_\nu < \theta_m$ 范围内也包含一半的中微子.

5.55　求质子打靶产生 π 的动量, 讨论 π 介子飞行衰变的特性及中微子的探测

题 5.55　(1) 费米实验室动量为 400GeV 的质子束产生的 π 介子的最概然动量是 π 介子的速度等于质子的速度, 问 π 介子的动量是多少? $m_\pi = 0.14\text{GeV}/c^2$, $m_\text{p} = 0.938\text{GeV}/c^2$;

(2) 这些 π 介子穿过 400m 的管道, 其中一部分在管道中衰变产生中微子, 问有多少份额的 π 介子在这 400m 内发生了衰变, 已知 $\tau_\pi^0 = 2.6 \times 10^{-8}$s;

(3) 在 π 介子静止系的观察者看来, 衰变管道有多长?

(4) π 介子衰变成 μ 介子和中微子 ($\pi^+ \to \mu^+ + \nu$), 用总的相对能量和动量的关系证明在 π 介子的静止系中衰变中微子的动量为 $\dfrac{p_\nu}{c} = \dfrac{m_\pi^2 - m_\mu^2}{2m_\pi}$;

(5) 中微子探测器距衰变点的距离为 1.2km, 问需要多大的探测器才能探测到在 π 介子静止的坐标系中发射到前半球的所有中微子?

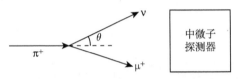

图 5.7　π 介子飞行衰变及中微子的探测

解答　(1) 由于 π 介子和质子速度相同, 即 β 和 $\beta\gamma$ 相同, 且 $p_\pi = m_\pi\beta\gamma$, $p_\text{p} = m_\text{p}\beta\gamma$, 所以

$$p_\pi = \frac{m_\pi}{m_\text{p}}p_\text{p} = \frac{0.14}{0.938} \times 400 = 59.7(\text{MeV}/c)$$

(2) 对 π 介子有

$$\gamma\beta = \frac{p_\pi}{m_\pi} = \frac{59.7}{0.14} = 426$$

所以

$$\gamma = \sqrt{(\gamma\beta)^2 + 1} \approx \gamma\beta = 426$$

π 的固有寿命 $\tau_0 = 2.6 \times 10^{-8}$s, 在实验室系中的平均寿命 $\tau = \gamma\tau_0 = 426 \times 2.6 \times 10^{-8} = 1.1 \times 10^{-5}$(s), π 在 400m 管道内发生衰变的份额为

$$\frac{N}{N_0} = \left(1 - \text{e}^{-\frac{l}{\tau c}}\right) = \left(1 - \text{e}^{-\frac{l}{\tau_0 \gamma c}}\right) \approx \left(1 - \text{e}^{-0.12}\right) \approx 0.113$$

(3) 在 π 静止系的观察者看来, 衰变管道长度为

$$l' = \frac{l}{\gamma} = \frac{400}{426} \approx 0.94(\text{m})$$

(4) 在 π 静止系, 能量和动量守恒要求

$$E_\mu + E_\nu = m_\pi$$

$$\boldsymbol{p}_\mu + \boldsymbol{p}_\nu = 0, \quad \text{或} \quad \boldsymbol{p}_\mu = -\boldsymbol{p}_\nu$$

利用质能关系 $E^2 = p^2 + m^2$, $m_\nu = 0$, $E_\nu = p_\nu$, 能量方程变为

$$p_\mu^2 + m_\mu^2 = m_\pi^2 - 2p_\nu m_\pi + p_\nu^2$$

所以

$$p_\nu = \frac{m_\pi^2 - m_\mu^2}{2m_\pi} c$$

(5) $\pi^+ \to \mu^+ + \nu$ 在质心系中衰变是各向同性的, 由 题 5.54 第 (2) 小题知对能量为 E_0 的 π 衰变半张角为

$$\tan\theta_{1/2} = \frac{m_\pi}{\sqrt{E_0^2 - m_\pi^2}} = \frac{1}{\sqrt{\gamma^2 - 1}} \approx \frac{1}{\gamma}$$

则探测器的大小应大于

$$L = 2d\tan\theta_{1/2} = \frac{2d}{\gamma} = \frac{2 \times 1200}{426} = 5.63 (\text{m})$$

5.56 $K^0 \to \pi^- + \pi^+$, 已知跃迁矩阵元求 K^0 的平均寿命

题 5.56 K^0 的一种衰变方式是 $K^0 \to \pi^- + \pi^+$, 假定其跃迁矩阵元为

$$T_{if} = \frac{G}{\sqrt{8E_K E_+ E_-}} \frac{p_K(p_+ + p_-)}{m_K}$$

证明在 K^0 介子的静止系中其平均寿命为

$$\tau = \left(\frac{G^2}{8\pi\hbar^4 c} \sqrt{\frac{m_K^2}{4} - m_\pi^2} \right)^{-1}$$

其中, G 为耦合常数, m_K、m_π 分别为 K^0 和 π 的质量, E_K、E_+、E_- 和 $\boldsymbol{p}_K$、$\boldsymbol{p}^+$ 和 $\boldsymbol{p}^-$ 分别是 K^0、π^+ 和 π^- 的能量和动量.

证明 该衰变的跃迁概率为

$$W = \frac{2\pi}{\hbar} |T_{if}|^2 \rho(E)$$

其中 ρ 为态密度. 在 K^0 静止坐标系中, $E_K = m_K c^2$, $E_+ = E_- = \frac{1}{2} m_K c^2$, $p_K^2 = \frac{E_K^2}{c^2} = m_K^2 c^2$

$$(p_+ + p_-)^2 = -(\boldsymbol{p}_+ + \boldsymbol{p}_-)^2 + \frac{(E_+ + E_-)^2}{c^2} = m_K^2 c^2$$

所以

$$|T_{if}|^2 = \frac{G^2}{8E_K E_+ E_-} \frac{[p_K(p_+ + p_-)]^2}{m_K^2}$$

$$= \frac{G^2}{8m_K c^2 \frac{m_K^2}{4} c^4} \frac{m_K^4 c^4}{m_K^2} = \frac{G^2}{2m_K c^2}$$

假设在粒子的静止系中的两体衰变是各向同性的, 则态密度

$$\rho(E) = \frac{1}{(2\pi\hbar)^3} \frac{\mathrm{d}}{\mathrm{d}E} \int p_+^2 \mathrm{d}p_+ \mathrm{d}\Omega = \frac{4\pi}{(2\pi\hbar)^3} \frac{\mathrm{d}}{\mathrm{d}E} \left(\frac{1}{3} p_+^3 \right)$$

注意 $\mathrm{d}E = \mathrm{d}E_+ + \mathrm{d}E_-$, $\boldsymbol{p}_+ + \boldsymbol{p}_- = 0$, $p_+\mathrm{d}p_+ = p_-\mathrm{d}p_-$, 及

$$\frac{\mathrm{d}}{\mathrm{d}E} \left(\frac{1}{3} p_+^3 \right) = \frac{p_+^2 \mathrm{d}p_+}{\mathrm{d}E_+ + \mathrm{d}E_-} = \frac{p_+}{\dfrac{\mathrm{d}E_+}{p_+\mathrm{d}p_+} + \dfrac{\mathrm{d}E_-}{p_-\mathrm{d}p_-}} = \frac{E_+ E_- p_+}{c^2(E_+ + E_-)}$$

我们得到

$$\rho(E) = \frac{4\pi}{(2\pi\hbar)^3} \frac{E_+ E_- p_+}{(E_+ + E_-)c^2} = \frac{1}{(2\pi\hbar)^3 c^2} \frac{m_K c^2}{4} \sqrt{\frac{m_K^2}{4} - m_\pi^2} \cdot 4\pi c$$

$$= \frac{m_K c}{8\pi^2\hbar^3} \sqrt{\frac{m_K^2}{4} - m_\pi^2}$$

利用 $E_+^2 = p_+^2 c^2 + m_+^2 c^4$, 及 $\dfrac{\mathrm{d}E_+}{p_+\mathrm{d}p_+} = \dfrac{c^2}{E_+}$ 等关系式得到

$$W = \frac{2\pi}{\hbar} \frac{G^2}{2m_K c^2} \frac{m_K c}{8\pi^2\hbar^3} \sqrt{\frac{m_K^2}{4} - m_\pi^2} = \frac{G^2}{8\pi\hbar^4 c} \sqrt{\frac{m_K^2}{4} - m_\pi^2}$$

所以 K^0 的寿命为

$$\tau = \frac{1}{W} = \left(\frac{G^2}{8\pi\hbar^4 c} \sqrt{\frac{m_K^2}{4} - m_\pi^2} \right)^{-1}$$

5.57 求探测到质子的衰变概率, $p \to \pi^0 + e^+$, $\pi^0 \to \gamma + \gamma$, p 静止时, 求 γ 的最大和最小能量

题 5.57 质子放射性衰变的可能性是现代感兴趣的重要物理课题之一. 探测质子衰变的一个典型实验是建造一个很大的水库, 在其中放入一些装置探测质子衰变产物所引起的切伦柯夫辐射.

(1) 假定造了一个 10^4 吨水的水库, 探测器的探测效率为 100%, 且束缚在核中的质子与自由质子具有同样的衰变率. 如果质子的平均寿命 τ_p 为 10^{32} 年, 一年可望观测到多少次衰变?

(2) 质子衰变的一种可能模式是 $p \to \pi^0 + e^+$. π^0 立即 (在 10^{-16}s) 衰变成两个光子 $\pi^0 \to \gamma + \gamma$. 计算从静止质子衰变而得的光子能量的最大值和最小值 ($m_p = 938\mathrm{MeV}/c^2$, $m_e = 0.511\mathrm{MeV}/c^2$, $m_\pi = 135\mathrm{MeV}/c^2$).

解答 (1) 每个水分子 H_2O 有 10 个质子和 8 个中子, 质子的总质量为水总质量的 $10/18$, 10^4 吨水中的质子数为

$$N = \frac{10}{18} \times 10^7 \times 10^3 \times 6.02 \times 10^{23} = 3.34 \times 10^{33}$$

期望每年衰变的质子数为

$$\Delta N \approx \frac{3.34}{\tau_{\mathrm{p}}} \times 10^{33} = \frac{3.34 \times 10^{33}}{10^{32}} = 33.4(\text{个/年})$$

(2) 在质子的静止系中, 能量、动量守恒定律要求

$$m_{\mathrm{p}} = E_{\pi} + E_{\mathrm{e}^+}$$

$$p_{\pi} = p_{\mathrm{e}^+}$$

利用 $E^2 = m^2 + \boldsymbol{p}^2$, 得到

$$E_{\pi} = \frac{m_{\mathrm{p}}^2 + m_{\pi}^2 - m_{\mathrm{e}^+}^2}{2m_{\mathrm{p}}} = \frac{938^2 + 135^2 - 0.5^2}{2 \times 938} \approx 479(\text{MeV}) \tag{5.12}$$

在 π^0 的静止系中, 每个 γ 光子的能量为

$$E^* = p^* = \frac{m_{\pi^0}}{2}$$

π^0 的洛伦兹因子和速度为

$$\gamma_{\pi} = \frac{479}{135} = 3.548$$

$$\beta_{\pi} = \sqrt{1 - \frac{1}{\gamma_{\pi}^2}} = 0.9595$$

利用质心系和实验室系间的洛伦兹变换得

$$E_{\gamma} = \gamma_{\pi}(E^* + \beta_{\pi} p^* \cos\theta^*) = \frac{m_{\pi}}{2}\gamma_{\pi}(1 + \beta_{\pi}\cos\theta^*) = \frac{E_{\pi}}{2}(1 + \beta_{\pi}\cos\theta^*)$$

当 $\theta^* = 0$ 时, γ 光子的能量最大

$$(E_{\gamma})_{\max} = \frac{E_{\pi}}{2}(1 + \beta_{\pi}) = \frac{479}{2}(1 + 0.9595) \approx 469.3(\text{MeV})$$

当 $\theta^* = 180°$ 时, γ 光子的能量最小

$$(E_{\gamma})_{\min} = \frac{E_{\pi}}{2}(1 - \beta_{\pi}) = \frac{479}{2}(1 - 0.9595) \approx 9.7(\text{MeV})$$

5.58 $\pi \to \mu + \nu$, 讨论 μ 的螺旋度

题 5.58 能量为 E_{π} 的 π 介子在飞行中衰变 $\pi \to \mu + \nu$, 在 π 的静止系中 μ 的螺旋度 $h = \dfrac{\boldsymbol{S} \cdot \boldsymbol{\beta}}{S\beta} = 1$, 这里 $\boldsymbol{S}$ 是 μ 的自旋. 对给定的 E_{π}, 在实验室系中, μ 子只有一种能量 $E_{\mu}^{(0)}$, 能使它在实验室系中螺旋度的平均值为 0.

(1) 求 E_{π} 与 $E_{\mu}^{(0)}$ 的关系;

(2) 在非相对论极限条件下, 找出 E_{π} 的最小值使得在实验室系可能有零螺旋度的 μ 子.

解答　(1) 在 μ 子的静止系中, 在 $\pi \to \mu + \nu$ 衰变中发射的 μ 子的自旋 4 矢量, 采用 Pauli 度规

$$S_\alpha = (\boldsymbol{S}, \mathrm{i}S_0), \qquad S_0 = 0,$$

在 π 的静止系 (K_π) 中, μ 的运动参数和自旋 4 矢量为

$$\gamma_\mu, \quad \beta_\mu, \quad \text{及} S'_\alpha = (\boldsymbol{S}', \mathrm{i}S'_0)$$

其中

$$\boldsymbol{S}' = \boldsymbol{S} + (\gamma_\mu - 1)\boldsymbol{S} \cdot \hat{\beta}_\mu \hat{\beta}_\mu$$

$$S'_0 = \gamma_\mu(S_0 + \boldsymbol{S} \cdot \hat{\boldsymbol{\beta}}_\mu) = \gamma_\mu \boldsymbol{S} \cdot \hat{\boldsymbol{\beta}}_\mu = \gamma_\mu S \beta_\mu h_\mu$$

在 K_π 中, μ 子的螺旋度 $h = \dfrac{\boldsymbol{S} \cdot \boldsymbol{\beta}_\mu}{S \beta_\mu} = 1$, 所以 $\boldsymbol{S} \cdot \boldsymbol{\beta}_\mu = S\beta_\mu$, 即 $\boldsymbol{S} /\!\!/ \boldsymbol{\beta}_\mu$, 则

$$\boldsymbol{S}' = \boldsymbol{S} + (\gamma_\mu - 1)(S\beta_\mu^{-1}\beta_\mu)$$

$$S'_0 = \gamma_\mu S \beta_\mu$$

由质心系变换到实验室系

$$S_\alpha^{lab} = (\boldsymbol{S}'', \mathrm{i}S''_0)$$

其中

$$S''_0 = \gamma_\pi(S'_0 + \boldsymbol{\beta}_\pi \cdot \boldsymbol{S}') = \gamma_\pi\left[\gamma_\mu\beta_\mu S + \boldsymbol{\beta}_\pi \cdot \boldsymbol{S} + (\gamma_\mu - 1)(\boldsymbol{\beta}_\pi \cdot \boldsymbol{\beta}_\mu)S\beta_\mu^{-1}\right]$$

因为 $\boldsymbol{S} /\!\!/ \boldsymbol{\beta}_\mu$,

$$(\boldsymbol{\beta}_\pi \cdot \boldsymbol{\beta}_\mu)S\beta_\mu^{-1} = (\boldsymbol{\beta}_\pi \cdot \boldsymbol{S})\beta_\mu\beta_\mu^{-1} = \boldsymbol{\beta}_\pi \cdot \boldsymbol{S}$$

$$S''_0 = \gamma_\pi\gamma_\mu S(\beta_\mu^2 + \boldsymbol{\beta}_\pi \cdot \boldsymbol{\beta}_\mu)\beta_\mu^{-1} = \gamma\beta Sh$$

所以

$$h = \gamma_\pi\gamma_\mu\gamma^{-1}\beta^{-1}(\beta_\mu^2 + \boldsymbol{\beta}_\pi \cdot \boldsymbol{\beta}_\mu)\beta_\mu^{-1}$$

其中, β、γ 是 μ 子在实验室系的速度和相对论因子.

当 μ 的能量为 $E_\mu^{(0)}$ 时, $h = 0$, 得到 $\boldsymbol{\beta}_\pi \cdot \boldsymbol{\beta}_\mu = -\beta_\mu^2$, 由洛伦兹变换得

$$\gamma = \gamma_\pi\gamma_\mu(1 + \boldsymbol{\beta}_\pi \cdot \boldsymbol{\beta}_\mu) = \gamma_\pi\gamma_\mu(1 - \beta_\mu^2) = \frac{\gamma_\pi}{\gamma_\mu}$$

所以 μ 子在实验室系的能量为

$$E_\mu^{(0)} = m_\mu\gamma = m_\mu\frac{\gamma_\pi}{\gamma_\mu} = \frac{m_\mu E_\pi}{m_\pi\gamma_\mu}$$

在 π 的静止系中, 动量和能量守恒要求

$$p_\mu = p_\nu$$

$$E_\mu + E_\nu = m_\pi$$

则有

$$E_\mu = m_\mu \gamma_\mu = \frac{m_\pi^2 + m_\mu^2}{2m_\pi}$$

或者

$$\gamma_\mu = \frac{E_\mu}{m_\mu} = \frac{m_\pi^2 + m_\mu^2}{2m_\pi m_\mu} \qquad .$$

所以

$$E_\mu^{(0)} = \frac{m_\mu}{m_\pi} \cdot \frac{2m_\pi m_\mu}{m_\pi^2 + m_\mu^2} E_\pi = \frac{2m_\mu^2}{m_\pi^2 + m_\mu^2} E_\pi$$

(2) 对应 μ 在实验室系的螺旋性平均值 $h = 0$, 要求 $\boldsymbol{\beta}_\pi \cdot \boldsymbol{\beta}_\mu = -\beta_\mu^2$, 或 $\beta_\pi \cos\theta = -\beta_\mu$, 这意味着

$$\beta_\pi \geqslant \beta_\mu \quad \text{或} \quad \gamma_\pi \geqslant \gamma_\mu$$

或者

$$\frac{E_\pi}{m_\pi} \geqslant \frac{m_\pi^2 + m_\mu^2}{2m_\pi m_\mu}$$

所以 π 的最低能量为

$$(E_\pi)_{\min} = \gamma_\mu m_\pi = \frac{m_\pi^2 + m_\mu^2}{2m_\mu}$$

第六章　相对论电动力学

6.1　两相距 d 的电荷密度分别为 σ, $-\sigma$ 的非导电平行板, 以相同速度运动, 求两板间的电磁场

题 6.1　两个非导电的大的平行板, 彼此相距为 d, 如图 6.1 那样放置. 它们一起以速度 v(与 c 相比, v 不是非常小) 沿 x 轴运动. 在板为静止的参考系中, 上下板分别有均匀电荷密度 σ 和 $-\sigma$. 求在二板之间电场与磁场的大小与方向 (忽略边缘效应).

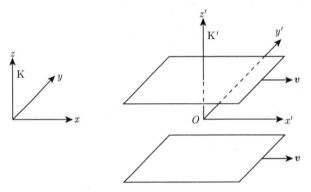

图 6.1　两个带电的大非导电平行板沿板面方向高速运动

解答　取平板静止系 $\mathrm{K}'(O'x'y'z')$, 电磁场为 $\boldsymbol{E}'$、$\boldsymbol{B}'$; 实验室系 $\mathrm{K}(Oxyz)$(如图 6.1), 电磁场 $\boldsymbol{E}$、$\boldsymbol{B}$. 电磁场在 K、K' 系间的关系为

$$E_x = E_x', \qquad\qquad B_x = B_x'$$

$$E_y = \frac{E_y' + vB_z'}{\sqrt{1 - \dfrac{v^2}{c^2}}}, \qquad B_y = \frac{B_y' - \dfrac{v}{c^2}E_z'}{\sqrt{1 - \dfrac{v^2}{c^2}}}$$

$$E_z = \frac{E_z' - vB_y'}{\sqrt{1 - \dfrac{v^2}{c^2}}}, \qquad B_z = \frac{B_z' + \dfrac{v}{c^2}E_y'}{\sqrt{1 - \dfrac{v^2}{c^2}}}$$

而在 K' 系中, 有

$$B_x' = B_y' = B_z' = 0, \qquad E_x' = E_y' = 0, \qquad E_z' = -\frac{\sigma}{\varepsilon_0}$$

于是

$$E_x = B_x = 0$$

$$E_y = 0, \qquad B_y = \frac{\sigma v / \varepsilon_0 c^2}{\sqrt{1 - \dfrac{v^2}{c^2}}}$$

$$E_z = \frac{-\sigma / \varepsilon_0}{\sqrt{1 - \dfrac{v^2}{c^2}}}, \qquad B_z = 0$$

即在实验室系中, 电场大小 $\dfrac{\sigma / \varepsilon_0}{\sqrt{1 - v^2/c^2}}$, 方向指向 z 轴负向; 磁场大小为 $\dfrac{\sigma v / \varepsilon_0 c^2}{\sqrt{1 - v^2/c^2}}$, 方向指向 y 轴正向.

6.2 证明 $(1/c^2)\boldsymbol{E}^2 - \boldsymbol{B}^2$ 和 $\boldsymbol{E} \cdot \boldsymbol{B}$ 为洛伦兹不变量

题 6.2 证明在洛伦兹变换下, $\dfrac{1}{c^2}\boldsymbol{E}^2 - \boldsymbol{B}^2$ 和 $\boldsymbol{E} \cdot \boldsymbol{B}$ 为不变量.

证法一 把电磁场按坐标系之间的速度方向分解成平行与垂直两部分, 即

$$\boldsymbol{E} = \boldsymbol{E}_\perp + \boldsymbol{E}_\parallel, \qquad \boldsymbol{B} = \boldsymbol{B}_\perp + \boldsymbol{B}_\parallel$$

则在洛伦兹变换下, $\boldsymbol{E}$、$\boldsymbol{B}$ 的变化规律为

$$\boldsymbol{E}'_\parallel = \boldsymbol{E}_\parallel, \qquad \boldsymbol{B}'_\parallel = \boldsymbol{B}_\parallel$$
$$\boldsymbol{E}'_\perp = \gamma\left(\boldsymbol{E}_\perp + \boldsymbol{v} \times \boldsymbol{B}_\perp\right), \qquad \boldsymbol{B}'_\perp = \gamma\left(\boldsymbol{B}_\perp - \frac{\boldsymbol{v}}{c^2} \times \boldsymbol{E}_\perp\right)$$

其中洛伦兹因子

$$\gamma = \frac{1}{\sqrt{1 - v^2/c^2}}$$

由此

$$\boldsymbol{E}' \cdot \boldsymbol{B}' = \boldsymbol{E}_\parallel \cdot \boldsymbol{B}_\parallel + \gamma^2\left[\boldsymbol{E}_\perp \cdot \boldsymbol{B}_\perp - \frac{(\boldsymbol{v} \times \boldsymbol{B}_\perp) \cdot (\boldsymbol{v} \times \boldsymbol{E}_\perp)}{c^2}\right]$$
$$= \boldsymbol{E}_\parallel \cdot \boldsymbol{B}_\parallel + \gamma^2\left(\boldsymbol{E}_\perp \cdot \boldsymbol{B}_\perp - \frac{v^2 \boldsymbol{E}_\perp \cdot \boldsymbol{B}_\perp}{c^2}\right) = \boldsymbol{E} \cdot \boldsymbol{B}$$

容易验证

$$\boldsymbol{E}'^2_\perp = \gamma^2(\boldsymbol{E}^2_\perp + v^2 \boldsymbol{B}^2_\perp), \qquad \boldsymbol{B}'^2_\perp = \gamma^2\left(\boldsymbol{B}^2_\perp + \frac{v^2}{c^4}\boldsymbol{E}^2_\perp\right)$$

故有

$$\frac{1}{c^2}\boldsymbol{E}'^2 - \boldsymbol{B}'^2 = \frac{1}{c^2}(\boldsymbol{E}'_\parallel + \boldsymbol{E}'_\perp)^2 - (\boldsymbol{B}'_\parallel + \boldsymbol{B}'_\perp)^2$$
$$= \left(\frac{1}{c^2}\boldsymbol{E}^2_\parallel - \boldsymbol{B}^2_\parallel\right) + \left(\frac{1}{c^2}\boldsymbol{E}^2_\perp - \boldsymbol{B}^2_\perp\right)$$
$$= \frac{1}{c^2}\boldsymbol{E}^2 - \boldsymbol{B}^2$$

故 $\dfrac{1}{c^2}\boldsymbol{E}^2 - \boldsymbol{B}^2$ 和 $\boldsymbol{E} \cdot \boldsymbol{B}$ 均为洛伦兹不变量.

证法二　电磁场场强张量

$$F^{\alpha\beta} = \begin{pmatrix} 0 & -E_x & -E_y & -E_z \\ E_x & 0 & -B_z & B_y \\ E_y & B_z & 0 & -B_x \\ E_z & -B_y & B_x & 0 \end{pmatrix} \tag{6.1}$$

其对偶张量

$$\mathscr{F}^{\alpha\beta} = \frac{1}{2}\varepsilon^{\alpha\beta\gamma\delta}F_{\gamma\delta} = \begin{pmatrix} 0 & -B_x & -B_y & -B_z \\ B_x & 0 & E_z & -E_y \\ B_y & -E_z & 0 & E_x \\ B_z & E_y & -E_x & 0 \end{pmatrix} \tag{6.2}$$

$\varepsilon^{\alpha\beta\gamma\delta}$ 为四维 Levi-Civita 全反对称四阶张量. 定义为

$$\varepsilon^{\alpha\beta\gamma\delta} = \begin{cases} +1, & \text{当}\alpha=0, \beta=1, \gamma=2, \delta=3, \text{或者}\alpha, \beta, \gamma, \delta\text{为}0,1,2,3\text{的其他偶排列} \\ -1, & \text{当}\alpha, \beta, \gamma, \delta\text{为}0,1,2,3\text{的奇排列} \\ 0, & \text{当}\alpha, \beta, \gamma, \delta\text{中有两个相等} \end{cases} \tag{6.3}$$

四维二阶反对称张量 $F_{\mu\nu}$ 存在如下 2 个独立不变量:

$$C_1 = F_{\mu\nu}F^{\mu\nu}, \quad C_2 = F_{\mu\nu}\mathscr{F}^{\mu\nu} = \frac{1}{2}\varepsilon^{\mu\nu\lambda\eta}F_{\mu\nu}F_{\lambda\eta}$$

计算可得

$$\begin{aligned} C_1 &= F_{\mu\nu}F^{\mu\nu} \\ &= F_{00}F^{00} + F_{01}F^{01} + F_{02}F^{02} + F_{03}F^{03} + F_{10}F^{10} + F_{11}F^{11} + F_{12}F^{12} + F_{13}F^{13} \\ &\quad + F_{20}F^{20} + F_{21}F^{21} + F_{22}F^{22} + F_{23}F^{23} + F_{30}F^{30} + F_{31}F^{31} + F_{32}F^{32} + F_{33}F^{33} \\ &= 2(F_{12}^2 + F_{23}^2 + F_{31}^2 - F_{01}^2 - F_{02}^2 - F_{03}^2) \\ &= 2\left(\boldsymbol{B}^2 - \boldsymbol{E}^2\right) \end{aligned}$$

以及

$$\begin{aligned} C_2 &= \frac{1}{2}\varepsilon_{\mu\nu\lambda\eta}F^{\mu\nu}F^{\lambda\eta} = \frac{1}{2}\det F^{\mu\nu} \\ &= \det\begin{pmatrix} 0 & -E_x & -E_y & -E_z \\ E_x & 0 & -B_z & -B_y \\ E_y & B_z & 0 & -B_x \\ E_z & B_y & B_x & 0 \end{pmatrix} = -\frac{1}{2}\left(\boldsymbol{E}\cdot\boldsymbol{B}\right)^2 \end{aligned}$$

也就是 $C_1 = 2\left(\boldsymbol{B}^2 - \boldsymbol{E}^2\right)$ 以及 $C_2 = (\boldsymbol{E}\cdot\boldsymbol{B})^2$ 均为洛伦兹不变量.

　　说明　(张量的独立不变量) 张量可以和一个 $N \times N$ 矩阵对应, 相应可将张量的变换式写成如下矩阵形式:

$$\boldsymbol{T}' = \boldsymbol{A}\boldsymbol{T}\boldsymbol{A}^{-1}$$

式中, A^{-1} 为变换矩阵 A 的逆矩阵, 矩阵 T 和 T' 为相似矩阵, 它们具有相同的本征值, 共存在 N 个本征值. 这告诉我们, 张量至多存在 N 个独立不变量. 所谓"独立", 指的是各不变量之间不存在任何函数关系. 之所以说"至多", 是因为矩阵的 N 个本征值当中, 有的可能相同, 有的可能大小相等、符号相反, 有的可能为零. 彼此相等或仅相差一个符号的本征值, 只能算一个独立不变量; 零本征值则和矩阵元素没有任何联系, 不构成不变量.

为求得张量的独立不变量, 我们并不需要真的去计算对应矩阵的本征值, 后者很难获得解析结果. 我们可以换一种完全等效的方式来找到张量的全部独立不变量. 为此写下矩阵 T 的本征方程

$$\det(T - \lambda I) = 0$$

式中, I 为单位矩阵, λ 为本征值. 上述方程为 λ 的 N 次代数方程. 为以下叙述方便, 将该方程写为 $\eta = -\lambda$ 的 N 次代数方程

$$\eta^N + C_{N-1}\eta^{N-1} + C_{N-2}\eta^{N-2} + \cdots + C_1\eta + C_0 = 0$$

式中, 系数 $C_i(i = 0, 1, \cdots, N-1)$ 为矩阵元素或对应张量分量的函数. 本征值不变, 就是 η 不变, 也就是上式中出现的系数不变. 因此这 N 个系数可取代本征值, 作为张量的不变量. 其中彼此独立且不为零的系数构成张量的独立不变量. 在上述系数中, C_0 等于 N 个本征值的积, 即矩阵 T 的行列式; C_{N-1} 等于 N 个本征值的和, 即矩阵 T 对角元素之和, 又称为矩阵的迹; 其余系数 C_i 为删除 T 的 i 个对角元素产生的所有余子式之和.

并矢 fg, 易证除 $C_{N-1} = f \cdot g$ 之外, 其余系数均为零, 因此只有一个独立不变量, 它为两矢量的标积.

对 4 维反对称张量, $N = 4$, 本征方程中的系数总数为 4. 因对角分量为零, 故 $C_3 = 0$. 当去掉一个对角元素, 其余子式全为 3 维反对称矩阵的行列式, 恒等于零, 推得 $C_1 = 0$. 因此, 不为零的系数只可能是 C_2 和 C_0, 也就是 4 维反对称张量的独立不变量至多只有 2 个.

6.3 证明若 $E \cdot B = 0$ 和 $E^2 = c^2 B^2$ 在一坐标系成立, 则在任何洛伦兹坐标系都成立

题 6.3 (1) 已知经典电磁波的电场与磁场间满足如下关系:

$$E \cdot B = 0, \quad E^2 = c^2 B^2$$

证明: 如果这些关系在一个洛伦兹坐标系中成立, 则也在所有坐标系中成立;

(2) 如果 k 是波的传播方向上的三维矢量, 那么根据经典电磁理论有 $k \cdot E = k \cdot B = 0$. 试用其等效公式 $n^\mu F_{\mu\nu} = 0$ 的洛伦兹不变性来证明上述公式在洛伦兹变换下是不变的. n^μ 是在波的传播方向的四维单位矢量, $F_{\mu\nu}$ 是电磁场张量. (1) 与 (2) 表明在一个坐标系中的光波, 在任何别的坐标系中仍为光波;

(3) 在某个坐标系中, 电磁波具有形式

$$E_x = cB_y = f(ct - z)$$

这里 $\lim\limits_{z \to \pm\infty} f(z) \to 0$. 讨论场量在一个沿 z 方向相对原来坐标系以速度 v 运动的坐标系中将如何变换? 给出两个坐标系中能量密度与动量密度的表达式, 并证明在两坐标系间, 总的能量–动量像一个四维矢量变换 (假定波在 xy 平面上的范围大而有限, 因此总能量动量是有限的).

解答 (1) 证明由题 6.2 直接给出;

(2) 电磁场张量为

$$\boldsymbol{F}_{\mu\nu} = \begin{pmatrix} 0 & B_3 & -B_2 & -\dfrac{\mathrm{i}}{c}E_1 \\[2mm] -B_3 & 0 & B_1 & -\dfrac{\mathrm{i}}{c}E_2 \\[2mm] B_2 & -B_1 & 0 & -\dfrac{\mathrm{i}}{c}E_3 \\[2mm] \dfrac{\mathrm{i}}{c}E_1 & \dfrac{\mathrm{i}}{c}E_2 & \dfrac{\mathrm{i}}{c}E_3 & 0 \end{pmatrix}$$

波的四维单位波矢量 $n^\mu = \dfrac{1}{k}\left(k_1, k_2, k_3, \mathrm{i}\dfrac{\omega}{c}\right)$, 对 $n^\mu F_{\mu\nu} = 0$, 当 $\nu = 1, 2, 3$ 时可得到

$$E_1 = \frac{c}{k}(B_2 k_3 - B_3 k_2)$$
$$E_2 = \frac{c}{k}(B_3 k_1 - B_1 k_3)$$
$$E_3 = \frac{c}{k}(B_1 k_2 - B_2 k_1)$$

合写成为

$$\boldsymbol{E} = \frac{c}{k}(\boldsymbol{B} \times \boldsymbol{k}) \tag{6.4}$$

当 $\nu = 4$ 时可得

$$\boldsymbol{k} \cdot \boldsymbol{E} = 0 \tag{6.5}$$

由 $n^\mu F_{\mu\nu} = 0$ 为一四维协变矢量方程, 它的形式在所有惯性系中均相同, 故式 (6.4)、(6.5) 在所有惯性系中都成立.

由式 (6.4) 得

$$\boldsymbol{E}^2 = \frac{c^2}{k^2}(\boldsymbol{B} \times \boldsymbol{k}) \cdot (\boldsymbol{B} \times \boldsymbol{k})$$
$$= c^2 \boldsymbol{B}^2 - \frac{c^2}{k^2}(\boldsymbol{B} \cdot \boldsymbol{k})^2$$

而由 $(1)\boldsymbol{E}^2 = c^2 \boldsymbol{B}^2$, 在所有系中都成立, 故得

$$\boldsymbol{k} \cdot \boldsymbol{B} = 0 \tag{6.6}$$

也在所有坐标系中成立.

(3) 在 K 系中

$$E_x = f(ct - z), \qquad E_y = E_z = 0$$
$$B_x = 0, \qquad B_y = \frac{1}{c}f(ct - z), \qquad B_z = 0$$

K′ 系相对 K 系沿 z 轴以速度 v 运动, 则有

$$E_z' = E_z = 0, \qquad E_y' = \gamma(E_y + vB_z) = 0$$
$$E_x' = \gamma(E_x - vB_y) = \gamma\left(1 - \frac{v}{c}\right)f(ct - z)$$
$$B_z' = B_z = 0, \qquad B_x' = \gamma\left(B_x + \frac{v}{c^2}E_y\right) = 0$$
$$B_y' = \gamma\left(B_y - \frac{v}{c^2}E_x\right) = \frac{\gamma}{c}\left(1 - \frac{v}{c}\right)f(ct - z)$$

能量密度

$$w = \frac{1}{2}\left(\varepsilon_0 E^2 + \frac{B^2}{\mu_0}\right) = \varepsilon_0 f^2(ct - z)$$
$$w' = \frac{1}{2}\left(\varepsilon_0 E'^2 + \frac{B'^2}{\mu_0}\right) = \varepsilon_0 \gamma^2\left(1 - \frac{v}{c}\right)^2 f^2(ct - z)$$

注意

$$z' = \gamma(z - vt), \qquad t' = \gamma\left(t - \frac{v}{c^2}z\right)$$

所以有

$$ct - z = \gamma\left(1 - \frac{v}{c}\right)(ct' - z')$$

于是能量密度

$$w' = \varepsilon_0 \gamma^2\left(1 - \frac{v}{c}\right)^2 f^2\left[\gamma\left(1 - \frac{v}{c}\right)(ct' - z')\right]$$

动量密度

$$\boldsymbol{g} = \varepsilon_0 \boldsymbol{E} \times \boldsymbol{B} = \varepsilon_0 E_x B_y \boldsymbol{e}_z$$

也就是

$$g_x = g_y = 0, \qquad g_z = \frac{\varepsilon_0}{c}f^2(ct - z)$$
$$g_x' = g_y' = 0, \qquad g_z' = \frac{\varepsilon_0}{c}\gamma^2\left(1 - \frac{v}{c}\right)^2 f^2\left[\gamma\left(1 - \frac{v}{c}\right)(ct' - z')\right]$$

总能量 - 动量为

$$W = \int_V w\mathrm{d}V = \varepsilon_0 \int_V f^2(ct - z)\mathrm{d}V$$
$$G_x = G_y = 0, \qquad G_z = \frac{\varepsilon_0}{c}\int_V f^2(ct - z)\mathrm{d}V = \frac{W}{c}$$
$$W' = \int_{V'} w'\mathrm{d}V' = \varepsilon_0 \gamma^2\left(1 - \frac{v}{c}\right)^2 \int_{V'} f^2\left[\gamma\left(1 - \frac{v}{c}\right)\cdot(ct' - z')\right]\mathrm{d}V'$$

由 $\mathrm{d}V' = \mathrm{d}x'\mathrm{d}y'\mathrm{d}z'$, 对 z' 做变量代换

$$ct'' - z'' = \gamma\left(1 - \frac{v}{c}\right)(ct' - z')$$

则有

$$W' = \varepsilon_0\gamma\left(1 - \frac{v}{c}\right)\int_{V''} f^2(ct'' - z'')\mathrm{d}V''$$

当然沿 z 方向体积应有一洛伦兹收缩, 但由于 $z \to \pm\infty$, 有 z''(或 z')$\to \pm\infty$, 因此积分体积 V 与 V'' 可认为相同. 这时有

$$W' = \gamma\left(1 - \frac{v}{c}\right)W \tag{6.7}$$

同理可得

$$\begin{aligned}
G'_z &= \frac{\varepsilon_0}{c}\gamma^2\left(1 - \frac{v}{c}\right)^2\int_{V'} f^2\left[\gamma\left(1 - \frac{v}{c}\right)(ct' - z')\right]\mathrm{d}V'\\
&= \frac{\varepsilon_0}{c}\gamma\left(1 - \frac{v}{c}\right)\int_{V''} f^2(ct'' - z'')\mathrm{d}V''
\end{aligned}$$

也就是

$$G'_z = \frac{W'}{c} = \gamma\left(1 - \frac{v}{c}\right)G_z \tag{6.8}$$

式 (6.7)、式 (6.8) 可进一步写为

$$\begin{aligned}
G'_z &= \gamma\left(G_z - \frac{v}{c^2}W\right)\\
G'_x &= G_x = 0\\
G'_y &= G_y = 0\\
W' &= \gamma(W - vG_z)
\end{aligned}$$

这正是一个四维矢量 $\left(\boldsymbol{G}, \mathrm{i}\dfrac{W}{c}\right)$ 的洛伦兹变换公式, 因此本题的场的总能量动量像一个四维矢量在变换.

6.4   在静止系、半径为 r_0 的理想直导线中有以相对论速度运动的电子流产生的恒定电流, 电荷密度为零, 求在运动系中所观察到的电磁场

题 6.4   由固定观察者 A 看, 半径为 r_0 的无限长理想导电的直导线载有恒定电流 i, 电荷密度为 0, 电流是由以高速 (相对论速度)V 运动的均匀密度的电子流产生的. 另一观察者 B 以高速 (相对论速度)v 平行于导线运动. 问由 B 看来:

(1) 电磁场多大?

(2) 该场表明导线中的电荷密度是多少?

(3) 电子流和离子流以多大速度运动?

(4) 你如何解释 B 观察到了电荷密度而 A 却观察不到?

解答 (1) 设 A 所在参考系为 K 系, B 所在参考系为 K′ 系. 在 K 系中坐标的选择如图 6.2. 因在 K 系中, $\rho = 0$, $j = \dfrac{i}{\pi r_0^2}\boldsymbol{e}_z$, 故电场 $\boldsymbol{E} = 0$, 磁场 $\boldsymbol{B}$ 为

$$\boldsymbol{B}(\boldsymbol{r}) = \begin{cases} \dfrac{\mu_0 i r}{2\pi r_0^2}\boldsymbol{e}_\varphi, & r < r_0 \\[2mm] \dfrac{\mu_0 i}{2\pi r}\boldsymbol{e}_\varphi, & r > r_0 \end{cases} \tag{6.9}$$

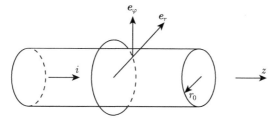

图 6.2　无限长理想导电的直导线通以高速运动电子流

因 $\boldsymbol{e}_z$、$\boldsymbol{e}_r$、$\boldsymbol{e}_\varphi$ 组成正交归一基矢, K′ 系沿 z 轴相对 K 系以 v 运动, 故由电磁场的洛伦兹变换得 K 系中观察到的电场为

$$\boldsymbol{E}' = -\gamma v B \boldsymbol{e}_r = \begin{cases} -\dfrac{\mu_0 \gamma i v r}{2\pi r_0^2}\boldsymbol{e}_r, & r < r_0 \\[2mm] -\dfrac{\mu_0 \gamma i v}{2\pi r}\boldsymbol{e}_r, & r > r_0 \end{cases} \tag{6.10}$$

式中, $\gamma = \dfrac{1}{\sqrt{1 - v^2/c^2}}$, 且 r、r_0 在 K、K′ 系中长度相等. 由电磁场的洛伦兹变换得 K 系中观察到的磁场为

$$\boldsymbol{B}' = \gamma B \boldsymbol{e}_\varphi = \begin{cases} \dfrac{\mu_0 i \gamma r}{2\pi r_0^2}\boldsymbol{e}_\varphi, & r < r_0 \\[2mm] \dfrac{\mu_0 i \gamma}{2\pi r}\boldsymbol{e}_\varphi, & r > r_0 \end{cases} \tag{6.11}$$

(2) 设在 K′ 系中观察到导线的电荷密度为 ρ', 由 ρ' 产生的电场应为

$$\boldsymbol{E}' = \frac{\rho' r}{2\varepsilon_0}\boldsymbol{e}_r, \qquad r < r_0 \tag{6.12}$$

式 (6.10) 与式 (6.12) 对照, 即得

$$\rho' = -\frac{v i \gamma}{\pi r_0^2 c^2} \tag{6.13}$$

式中已用了 $\mu_0 \varepsilon_0 = \dfrac{1}{c^2}$.

(3) 在 K 系中, 电子流速度 $\boldsymbol{v}_0 = -V\boldsymbol{e}_z$, 离子流速度 $v_{\mathrm{i}} = 0$, 由洛伦兹速度变换公式, 在 K′ 系中它们的速度为

$$\boldsymbol{v}'_{\mathrm{c}} = -\frac{v + V}{1 + \dfrac{vV}{c^2}}\boldsymbol{e}_z, \qquad \boldsymbol{v}'_{\mathrm{i}} = -v\boldsymbol{e}_z \tag{6.14}$$

(4) 在 K 系中观察, 正离子的正电荷与电子的负电荷相中和, 即它们的电荷密度为

$$\rho_{\mathrm{e}} = -\frac{i}{\pi r_0^2 V}, \qquad \rho_{\mathrm{i}} = \frac{i}{\pi r_0^2 V} \tag{6.15}$$

但因正离子在 K 系中静止, 它不形成电流, 即

$$j_{\mathrm{e}} = j = \frac{i}{\pi r_0^2} \boldsymbol{e}_z, \qquad j_{\mathrm{i}} = 0 \tag{6.16}$$

由电流密度四维矢量的洛伦兹变换, 在 K′ 系中所观察到的电子与离子电荷密度分别为

$$\rho_{\mathrm{e}}' = \gamma\left(\rho_{\mathrm{e}} - \frac{v}{c^2} j_{\mathrm{e}}\right) = -\frac{i\gamma}{\pi r_0^2 V} - \frac{vi\gamma}{\pi r_0^2 c^2} \tag{6.17}$$

$$\rho_{\mathrm{i}}' = \gamma \rho_{\mathrm{i}} = \frac{i\gamma}{\pi r_0^2 V} \tag{6.18}$$

显然 $\rho_{\mathrm{i}}' + \rho_{\mathrm{e}}' \neq 0$, 且两者之和刚好等于 B 所观察到的电荷密度 ρ'.

6.5　求在半径为 a、电荷密度为 ρ_0 的电子束柱中离轴心 $r < a$ 处电子所受的斥力

题 6.5　(1) 一电子束圆柱, 半径为 a, 均匀电荷密度为 ρ_0. 求距轴心 $r < a$ 处的电子所受到的斥力;

(2) 在实验室系的一观察者看到一束截面是圆且具有电荷密度 ρ、以速度 v 运动的电子. 他将看到距束的轴心 r 处的一个电子受多大的力?

(3) 如果 v 接近光速, 对随束一块运动的观察者来讲, 与 (2) 中的力比较, 并讨论之;

(4) 如 $n = 2 \times 10^{10} \mathrm{cm}^{-3}$ 且 $v = 0.99c$ ($c =$ 光速), 怎样的横向磁场梯度才能使束保持其大小而不扩散?

解答　(1) 以束的对称轴为 z 轴, 建立柱坐标系. 由高斯定理及轴对称性易求得离轴心 r 处的场 $\boldsymbol{E}$ 为

$$\boldsymbol{E}(r) = \frac{\rho_0 r}{2\varepsilon_0} \boldsymbol{e}_r, \qquad r < a$$

电子受力

$$\boldsymbol{F} = -e\boldsymbol{E} = -\frac{e\rho_0 r}{2\varepsilon_0} \boldsymbol{e}_r$$

若 $\rho_0 < 0$, 则为斥力.

(2) 依题意, 在实验室系 K 中, 束流的电荷密度为 ρ, 由于洛伦兹纵向收缩效应, 知在束流的静系 K′ 中, 电荷密度为 ρ/γ, 其中 $\gamma = \dfrac{1}{\sqrt{1 - \dfrac{v^2}{c^2}}}$ 为洛伦兹因子. 在 K′ 系中

$$\boldsymbol{E}' = \frac{\rho r'}{2\varepsilon_0 \gamma} \boldsymbol{e}_r, \qquad \boldsymbol{B}' = 0$$

实验室系 K 相对于 K′ 运动速度 $\boldsymbol{v} = v\boldsymbol{e}_z$, 所以在实验室系 K 中,

$$\boldsymbol{E}_\perp = \gamma(\boldsymbol{E}' - \boldsymbol{v} \times \boldsymbol{B}')_\perp = \gamma\boldsymbol{E}', \qquad \boldsymbol{E}_\| = \boldsymbol{E}'_\| = 0$$

$$\boldsymbol{B}_\perp = \gamma\left(\boldsymbol{B}' + \frac{\boldsymbol{v}}{c^2} \times \boldsymbol{E}'\right)_\perp = \gamma\frac{\boldsymbol{v}}{c^2} \times \boldsymbol{E}', \qquad \boldsymbol{B}_\| = \boldsymbol{B}'_\| = 0$$

故电子受力为

$$\boldsymbol{F} = -e\boldsymbol{E} - e\boldsymbol{v} \times \boldsymbol{B} = -e\gamma\boldsymbol{E}' - e\boldsymbol{v} \times \left(\gamma\frac{\boldsymbol{v}}{c^2} \times \boldsymbol{E}'\right)$$

$$= -e\gamma\boldsymbol{E}' + e\gamma\frac{v^2}{c^2}\boldsymbol{E}'$$

由于横向尺度不变, $r = r'$, 所以

$$\boldsymbol{F} = -\frac{e\boldsymbol{E}'}{\gamma} = -\frac{e\rho r}{2\varepsilon_0\gamma^2}\boldsymbol{e}_r$$

(3) 在 K′ 系中

$$\boldsymbol{F}' = -e\boldsymbol{E}' = -\frac{e\rho r}{2\varepsilon_0\gamma}\boldsymbol{e}_r$$

因 $\gamma > 1$, 这比 (2) 中的结果大一些. 实际上, 在静止系中, 粒子只受到电场力; 而在实验室系中, 粒子感受到的电场力虽然大了, 但它同时还受到磁力作用, 且电力与磁力反向, 总的效果还是实验室系中粒子受力小些.

(4) 由 (2) 知, 在实验室系中, 电子受力为

$$\boldsymbol{F} = -\frac{e\rho r}{2\varepsilon_0\gamma^2}\boldsymbol{e}_r$$

设需要的磁场为 $\boldsymbol{B}_0$, 则应有

$$-e\boldsymbol{v} \times \boldsymbol{B}_0 + \boldsymbol{F} = 0$$

也就是

$$e\boldsymbol{v} \times \boldsymbol{B}_0 + \frac{e\rho r}{2\varepsilon_0\gamma^2}\boldsymbol{e}_r = 0$$

故 $\boldsymbol{B}_0 = \dfrac{\rho r}{2\varepsilon_0\gamma^2 v}\boldsymbol{e}_\theta$, 其大小为 $B_0 = \dfrac{\rho r}{2\varepsilon_0\gamma^2 v}$, 所以

$$\frac{\mathrm{d}B_0}{\mathrm{d}r} = \frac{\rho}{2\varepsilon_0\gamma^2 v} = -\frac{ne}{2\varepsilon_0\gamma^2 v}$$

现已知 $n = 2 \times 10^{10} \times 10^6 \mathrm{m}^{-3}$, $v = 0.99c$, $\varepsilon_0 = 8.84 \times 10^{-12}\mathrm{C/V \cdot m}$. 故

$$\left|\frac{\mathrm{d}B_0}{\mathrm{d}r}\right| = \left|-\frac{2 \times 10^{16} \times 1.6 \times 10^{-19}}{2 \times 8.84 \times 10^{-12} \times \dfrac{1}{1 - 0.99^2} \times 0.99 \times 3 \times 10^8}\right|$$

$$= 0.0121(\mathrm{T/m})$$

6.6 一无限长, 单位长均匀分布电量为 q 的离子束, 求离束中心 r 处离子所受的力

题 6.6 一无限长, 有均匀圆截面的离子束, 单位长度上均匀分布有电量 q. 计算作用在位于半径 r 处的一束离子上的力. 假定束的半径为 R, R 大于 r, 离子速度均为 v.

解答 以轴心为 z 轴, $+z$ 指向束的流向, 建立柱坐标系. 在实验室系中, 束的线电荷密度为 q, 在束的静止系中, 线电荷密度为 $q' = q/\gamma$, 其中 $\gamma = \dfrac{1}{\sqrt{1 - \dfrac{v^2}{c^2}}}$ 为洛伦兹因子.

在该参考系中, 电磁场 $\boldsymbol{E}'$、$\boldsymbol{B}'$ 为

$$\boldsymbol{E}' = \frac{rq'}{2\pi\varepsilon_0 R^2}\boldsymbol{e}_r, \qquad r < R$$

$$\boldsymbol{B}' = 0$$

在实验室系中, 电磁场 $\boldsymbol{E}$、$\boldsymbol{B}$ 可由相对论变换求得, 为

$$\boldsymbol{E} = \gamma\boldsymbol{E}' = \frac{r\gamma q'}{2\pi\varepsilon_0 R^2}\boldsymbol{e}_r = \frac{rq}{2\pi\varepsilon_0 R^2}\boldsymbol{e}_r$$

$$\boldsymbol{B} = \gamma\frac{v}{c^2}\cdot\frac{rq'}{2\pi\varepsilon_0 R^2}\boldsymbol{e}_\theta = \frac{v}{c}\cdot\frac{rq}{2\pi\varepsilon_0 c R^2}\boldsymbol{e}_\theta$$

故在实验室系中, 离轴心 $r < R$ 处的电荷受力为

$$\begin{aligned}\boldsymbol{F} &= Q\boldsymbol{E} + Q\boldsymbol{v}\times\boldsymbol{B}\\&= \left(Q\cdot\frac{qr}{2\pi\varepsilon_0 R^2} - Q\frac{v^2}{c^2}\frac{qr}{2\pi\varepsilon_0 R^2}\right)\boldsymbol{e}_r\\&= \frac{Qqr}{2\pi\varepsilon_0 R^2}\left(1 - \frac{v^2}{c^2}\right)\boldsymbol{e}_r\end{aligned}$$

如果 $v \ll c$, 则 $\boldsymbol{F} = \dfrac{Qqr}{2\pi\varepsilon_0 R^2}\boldsymbol{e}_r$, Q 为离子束组元的带电量.

6.7 求一单位长度带电荷为 q/l 的以速度 v 运动的柱状带电粒子束周围空间的电场和磁场

题 6.7 一个以速度 v 运动的均匀带电粒子束, 单位长度带电荷 q/l, 电荷均匀分布在半径为 R 的圆柱体内. 求整个空间:

(1) 电场强度 $\boldsymbol{E}$;

(2) 磁感应强度 $\boldsymbol{B}$;

(3) 能量密度;

(4) 动量密度.

解答 (1)、(2) 参考题 6.5 和题 6.6, 得电场强度

$$\boldsymbol{E} = \begin{cases} \dfrac{qr}{2\pi\varepsilon_0 R^2 l}\boldsymbol{e}_r, & r < R \\[3mm] \dfrac{q}{2\pi\varepsilon_0 r l}\boldsymbol{e}_r, & r > R \end{cases}$$

磁感应强度

$$\boldsymbol{B} = \begin{cases} \dfrac{vqr}{2\pi\varepsilon_0 c^2 R^2 l}\boldsymbol{e}_\theta, & r < R \\[3mm] \dfrac{vq}{2\pi\varepsilon_0 c^2 rl}\boldsymbol{e}_\theta, & r > R \end{cases}$$

(3) 能量密度为

$$w = \frac{1}{2}\left(\varepsilon_0 \boldsymbol{E}^2 + \frac{1}{\mu_0}\boldsymbol{B}^2\right) = \begin{cases} \left(1 + \dfrac{v^2}{c^2}\right)\dfrac{q^2 r^2}{8\pi^2 \varepsilon_0 R^4 l^2}, & r < R \\[3mm] \left(1 + \dfrac{v^2}{c^2}\right)\dfrac{q^2}{8\pi^2 \varepsilon_0 r^2 l^2}, & r > R \end{cases}$$

(4) 动量密度为

$$\boldsymbol{g} = \varepsilon_0 \boldsymbol{E} \times \boldsymbol{B} = \begin{cases} \dfrac{vq^2 r^2}{4\pi^2 \varepsilon_0 c^2 R^4 l^2}\boldsymbol{e}_r, & r < R \\[3mm] \dfrac{vq^2}{4\pi^2 \varepsilon_0 c^2 r^2 l^2}\boldsymbol{e}_r, & r > R \end{cases}$$

6.8 求一束无限长相对论电子中单个电子所受的径向力

题 6.8 一束无限长圆柱形的相对论电子以匀速 v 运动, 已知电子密度为常数. 计算作用在单个电子上的径向力 (需要考虑电力与磁力).

解答 设电子密度为 n, 则此束电子的电荷密度为

$$\rho = -en$$

由题 6.5, 在实验室系中, 单个电子所受到的力为

$$\boldsymbol{F} = -\frac{e\rho r}{2\varepsilon_0 \gamma^2}\boldsymbol{e}_r = \frac{e^2 n r}{2\varepsilon_0 \gamma^2}\boldsymbol{e}_r$$

式中, $\gamma = \dfrac{1}{\sqrt{1 - v^2/c^2}}$.

6.9 一理想导电球以常速度在均匀磁场中运动, 求导体球面上的感应电荷密度

题 6.9 有一个半径为 R 的理想导体球, 以常速度 $v = v\boldsymbol{e}_x(v \ll c)$ 在均匀磁场 $\boldsymbol{B} = B\boldsymbol{e}_y$ 中运动. 在 v/c 的最低阶近似下, 求导体球面上的感应面电荷分布.

解答 设随导体球一起运动的参考系为 K' 系, 原坐标系为 K 系, 由电磁场的相对论变换公式, 可知 K' 中的电磁场为

$$\boldsymbol{E}' = \gamma vB\boldsymbol{e}_z, \qquad \boldsymbol{B}' = \gamma B\boldsymbol{e}_y$$

在最低阶近似下, $\gamma = \left(1 - \dfrac{v^2}{c^2}\right)^{-1/2} \approx 1$, 则

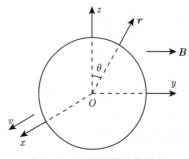

图 6.3　理想导体球在均匀
磁场中匀速运动

$$E' \approx vBe_z, \qquad B' = B = Be_z$$

在 K′ 系中, E' 为一均匀外电场, 在导体球外的电势应为 (如图 6.3)

$$\varphi' = -r'E'\cos\theta' + \frac{E'R^3}{r'^2}\cos\theta'$$

θ' 为 e_z 与 r 之间的夹角, 于是, 表面上的面电荷密度为

$$\sigma' = -\varepsilon_0 \left.\frac{\partial\varphi'}{\partial r}\right|_{r=R} = 3\varepsilon_0 vB\cos\theta'$$

换回 K 系时, 因为 K 与 K′ 系之间只在 x 方向有相对运动, 所以两个参考系中 θ 角是相同的, 有

$$\sigma = \gamma\sigma' \approx \sigma' = 3\varepsilon_0 vB\cos\theta$$

6.10　在相互垂直的电场和磁场中, 放一初速为零、静止质量为 m、电荷为 q 的
　　　粒子, 给出一参考系, 在其中所观察到的电场或磁场为零

题 6.10　在电场 E 沿 y 方向、磁场 B 沿 z 方向的空间区域内释放一个初速为零、电量为 q、静止质量为 m 的粒子.

(1) 给出一个洛伦兹参考系存在所需的条件, 在该参考系中: (i) 电场为 0; (ii) 磁场为 0;

(2) 若 (1) 中条件 (i) 满足, 描述粒子在原坐标系中的运动;

(3) 若 (1) 中的条件 (ii) 满足, 在新的坐标系中求动量与时间的函数关系.

解答　(1) 设原坐标系为 K 系, 待求系 K′ 沿 x 方向以速度 v 相对 K 系运动, 在 K 系中

$$E = Ee_y, \qquad B = Be_z$$

由洛伦兹变换公式可得 K′ 中电场强度 E' 分量为

$$E'_x = E_x = 0, \qquad E'_y = \gamma(E_y - vB_z), \qquad E'_z = \gamma(E_z + vB_y) = 0 \qquad (6.19)$$

磁感应强度 B' 分量为

$$B'_x = B_x = 0, \qquad B'_y = \gamma\left(B_y + \frac{v}{c^2}E_z\right) = 0, \qquad B'_z = \gamma\left(B_z - \frac{v}{c^2}E_y\right) \qquad (6.20)$$

(i) 若 K′ 中只有纯磁场, $E' = 0$, 则由上式得 $v = \dfrac{E}{B}e_x$, 且因 $v \leqslant c$, 有 $E \leqslant cB$. 由 $E^2 - c^2B^2$ 为洛伦兹不变量, 可知在 $E' = 0$ 时, $cB' = \sqrt{c^2B^2 - E^2}e_z$.

(ii) 若 $B' = 0$, 有 $B - \dfrac{v}{c^2}E = 0$, 得 $v = \dfrac{c^2B}{E}e_x$, 而 $cB \leqslant E$ 与 $E' = \sqrt{E^2 - c^2B^2}e_x$.

(2) 当 $\boldsymbol{E}' = 0$ 时, 在 K′ 系中带电粒子的相对论运动方程为

$$\frac{\mathrm{d}}{\mathrm{d}t}\left(\frac{m\boldsymbol{u}'}{\sqrt{1-\dfrac{u'^2}{c^2}}}\right) = q\boldsymbol{u}' \times \boldsymbol{B}' \tag{6.21}$$

$$\frac{\mathrm{d}}{\mathrm{d}t}\left(\frac{mc^2}{\sqrt{1-\dfrac{u'^2}{c^2}}}\right) = q(\boldsymbol{u}' \times \boldsymbol{B}') \cdot \boldsymbol{u}' = 0 \tag{6.22}$$

式中, $\boldsymbol{u}'$ 是粒子的速度. 由式 (6.22) 可知

$$\frac{mc^2}{\sqrt{1-\dfrac{u'^2}{c^2}}} = 常数$$

因此 $u' = $ 常数, 表明粒子速度大小不变, 只是方向改变. 因为在 K 系中, 粒子的初速为 0, 所以 K′ 系中, 初始 $t' = 0$ 时, 粒子的初速度为

$$\boldsymbol{u}'_0 = -\boldsymbol{v} = -\frac{E}{B}\boldsymbol{e}_x$$

故粒子速度的大小保持为 $u' = \dfrac{E}{B}$ 时

$$\sqrt{1-\frac{u'^2}{c^2}} = \frac{\sqrt{B^2c^2 - E^2}}{Bc}$$

这时式 (6.21) 化成

$$\frac{\mathrm{d}\boldsymbol{u}'}{\mathrm{d}t} = \frac{q}{m}\sqrt{1-\frac{u'^2}{c^2}}\,\boldsymbol{u}' \times \boldsymbol{B}' \tag{6.23}$$

因为 $c\boldsymbol{B}' = \sqrt{B^2c^2 - E^2}\,\boldsymbol{e}_z$, 式 (6.23) 的分量方程为

$$\dot{u}'_x = \omega u'_y \tag{6.24}$$

$$\dot{u}'_y = -\omega u'_x \tag{6.25}$$

$$\dot{u}'_z = 0 \tag{6.26}$$

式中

$$\omega = \frac{q(c^2B^2 - E^2)}{c^2 mB} \tag{6.27}$$

式 (6.26) 的解 $u'_z = $ 常数, 而 $t' = 0$ 时 $u'_{z0} = 0$, 所以任何时刻 $u'_z = 0$.

式 (6.25) 乘以 i 后与式 (6.24) 相加得

$$\dot{u}'_x + \mathrm{i}\dot{u}'_y = -\mathrm{i}\omega(u'_x + \mathrm{i}u'_y)$$

其解为

$$u'_x = v_0 \cos \omega t', \qquad u'_y = -v_0 \sin \omega t'$$

v_0 为积分常量待定. 由 $t' = 0$ 时 $u'_0 = \dfrac{E}{B}$, 确定 $v_0 = u'_0 = \dfrac{E}{B}$. 即得

$$u'_x = \frac{E}{B} \cos \omega t', \qquad u'_y = -\frac{E}{B} \sin \omega t' \tag{6.28}$$

式 (6.28) 表示粒子在 xy 平面中做圆周运动, 圆周的半径为

$$R = \frac{u'}{\omega} = \frac{mc^2 BE}{q(c^2 B^2 - E^2)} \tag{6.29}$$

回到原坐标系 K, 由于 x 方向的洛伦兹收缩效应, K 系看到粒子做椭圆运动, x 方向的半轴为短半轴.

(3) 当 $\boldsymbol{B}' = 0$ 时, 设 K′ 系中粒子动量为 $\boldsymbol{p}'$, 则运动方程为

$$\frac{\mathrm{d}\boldsymbol{p}'}{\mathrm{d}t'} = q\boldsymbol{E}' \tag{6.30}$$

而 $\boldsymbol{E}' = \sqrt{E^2 - c^2 B^2}\,\boldsymbol{e}_y$, 故式 (6.30) 的分量方程为

$$\frac{\mathrm{d}p'_x}{\mathrm{d}t'} = \frac{\mathrm{d}p'_z}{\mathrm{d}t'} = 0 \tag{6.31}$$

$$\frac{\mathrm{d}p'_y}{\mathrm{d}t'} = q\sqrt{E^2 - c^2 B^2} \tag{6.32}$$

式 (6.31) 给出 p'_x、p'_z 都是与时间无关的常数. 由初始条件 $u'_{x0} = -\dfrac{c^2 B}{E}$, $u'_{z0} = 0$, 得

$$p'_x = \frac{mu'_{x0}}{\sqrt{1 - \dfrac{u'^2}{c^2}}} = \frac{c^2 mB}{\sqrt{E^2 - c^2 B^2}}, \qquad p'_z = 0$$

式 (6.32) 给出

$$p_y(t') = q\sqrt{E^2 - c^2 B^2}\, t' \tag{6.33}$$

其中, 已用了 $t' = 0$ 时, $u'_{y0} = 0$ 的初始条件.

6.11　对不能遍及全空间, 矢势为 $\boldsymbol{A}(x - ct)$ 的平面电磁波, 证明 $A_z = 0$

题 6.11　考虑在真空中沿 x 方向传播的任意的平面电磁波, $\boldsymbol{A}(x - ct)$ 为波的矢势. 因为本题为无电荷电流源, 采用标势恒为零的规范. 假设波不能遍及全空间, 从而对足够大的 $x - ct$, 有 $\boldsymbol{A} = 0$. 波作用在初始静止的带电荷 e 的粒子上, 使之加速到相对论的速度.

(1) 证明 $A_z = 0$;

(2) 证明 $\boldsymbol{P}_\perp = -e\boldsymbol{A}$, 这里 $\boldsymbol{P}_\perp$ 是在 yz 平面上粒子的动量分量.

注意　此题不能用非相对论力学作解答.

解答　(1) 对 $\boldsymbol{A} = \boldsymbol{A}(x - ct)$, 有

$$\frac{\partial \boldsymbol{A}}{\partial (x - ct)} = \frac{\partial \boldsymbol{A}}{\partial x} = -\frac{1}{c} \cdot \frac{\partial \boldsymbol{A}}{\partial t}$$

对本题选取的规范 $\varphi = 0$, 故电场

$$\boldsymbol{E} = -\nabla\varphi - \frac{\partial \boldsymbol{A}}{\partial t} = -\frac{\partial \boldsymbol{A}}{\partial t} \tag{6.34}$$

对沿 x 方向传播的平面电磁波, $E_z = 0$, 即

$$\frac{\partial A_z}{\partial t} = \frac{\partial A_z}{\partial (x - ct)} = 0$$

因此 $A_z(x - ct) = $ 常数.

由题意, 波不遍及全空间, 故对 $x - ct$ 足够大时, 矢势应为 0, 故上式常数等于 0, 因此对空间各点均有 $A_z = 0$.

(2) 设带电粒子在 $\mathrm{d}t$ 时间内的位移为 $\mathrm{d}\boldsymbol{x}$, 则引起矢势 $\boldsymbol{A}$ 的增量为 $(\mathrm{d}\boldsymbol{x} \cdot \nabla)\boldsymbol{A}$, 因此 $\boldsymbol{A}$ 的变化率为

$$\frac{\mathrm{d}\boldsymbol{A}}{\mathrm{d}t} = \frac{\partial \boldsymbol{A}}{\partial t} + (\boldsymbol{v} \cdot \nabla)\boldsymbol{A} \tag{6.35}$$

在电磁场中动量为 $\boldsymbol{P}$ 的带电粒子的运动方程为

$$\frac{\mathrm{d}\boldsymbol{P}}{\mathrm{d}t} = e(\boldsymbol{E} + \boldsymbol{v} \times \boldsymbol{B}) \tag{6.36}$$

注意在拉格朗日形式中, $\boldsymbol{x}$ 与 $\boldsymbol{v}$ 是独立变量, 故有

$$\boldsymbol{v} \times (\nabla \times \boldsymbol{A}) = \nabla(\boldsymbol{v} \cdot \boldsymbol{A}) - (\boldsymbol{v} \cdot \nabla)\boldsymbol{A} \tag{6.37}$$

式 (6.37) 代入式 (6.36), 本题中 $\varphi = 0$, 即得

$$\frac{\mathrm{d}\boldsymbol{P}}{\mathrm{d}t} = e\nabla(\boldsymbol{v} \cdot \boldsymbol{A}) - e\frac{\mathrm{d}\boldsymbol{A}}{\mathrm{d}t} \tag{6.38}$$

本题的平面电磁波矢势 $\boldsymbol{A}(x - ct)$ 与坐标 y、z 无关, 因此 $\nabla(\boldsymbol{v} \cdot \boldsymbol{A})$ 没有横向分量. 对横向分量 $\boldsymbol{P}_\perp = P_y \boldsymbol{e}_y + P_z \boldsymbol{e}_z$, 运动方程为

$$\frac{\mathrm{d}\boldsymbol{P}_\perp}{\mathrm{d}t} = -e\frac{\mathrm{d}\boldsymbol{A}_\perp}{\mathrm{d}t} \tag{6.39}$$

对式 (6.39) 积分得

$$\boldsymbol{P}_\perp = -e\boldsymbol{A}_\perp + \boldsymbol{C} \tag{6.40}$$

由于粒子初速为 0, 故常数 $\boldsymbol{C}$ 等于零. 且由第 (1) 小题, 有 $A_z = 0, \boldsymbol{A}_\perp = \boldsymbol{A}$. 所以最后得到

$$\boldsymbol{P}_\perp = -e\boldsymbol{A} \tag{6.41}$$

6.12 求以常速度运动的带电粒子的电磁场

题 6.12 证明一个带电荷 q 以常速度 v 运动的粒子的电磁场为

$$E_x = \frac{q}{\chi}\gamma(x - vt), \qquad B_x = 0$$

$$E_y = \frac{q}{\chi}\gamma y, \qquad B_y = -\frac{q}{c\chi}\beta\gamma z$$

$$E_z = \frac{q}{\chi}\gamma z, \qquad B_z = \frac{q}{c\chi}\beta\gamma y$$

其中

$$\beta = \frac{v}{c}, \quad \gamma = \left(1 - \frac{v^2}{c^2}\right)^{-\frac{1}{2}}, \quad \chi = 4\pi\varepsilon_0\left(\gamma^2(x - vt)^2 + y^2 + z^2\right)^{3/2}$$

并且选 x 轴沿 v 的方向.

解答 设 K 系为观察系, K′ 系固定在粒子上, 在 K′ 系里有

$$\boldsymbol{E}'(\boldsymbol{x}') = \frac{1}{4\pi\varepsilon_0} \cdot \frac{q\boldsymbol{x}'}{r'^3}, \qquad \boldsymbol{B}'(\boldsymbol{x}') = 0, \qquad r' = |\boldsymbol{x}'|$$

K、K′ 系间时空坐标的洛伦兹变换为

$$x' = \gamma(x - vt)$$
$$y' = y$$
$$z' = z$$
$$r'^2 = \gamma^2(x - vt)^2 + y^2 + z^2$$

则由电磁场洛伦兹变换公式, 立得 K 系中的粒子的电磁场为

$$E_x = E_x' = \frac{1}{4\pi\varepsilon_0} \cdot \frac{qx'}{r'^3} = \frac{q}{\chi}\gamma(x - vt)$$

$$E_y = \gamma(E_y' + c\beta B_z') = \frac{qy}{\chi}\gamma$$

$$E_z = \gamma(E_z' - c\beta B_y') = \frac{qz}{\chi}\gamma$$

$$B_x = B_x' = 0$$

$$B_y = \gamma\left(B_y' - \frac{1}{c}\beta E_z'\right) = -\frac{q}{c\chi}\beta\gamma z$$

$$B_z = \gamma\left(B_z' + \frac{1}{c}\beta E_y'\right) = \frac{q}{c\chi}\beta\gamma y$$

6.13 相距 d 的能量为 50GeV 的两个正电子向同一方向运动, 求两粒子之间的作用力

题 6.13 (1) 考虑在 SLAC 直线加速器中的两个正电子, 已知正电子束能量约为 50GeV($\gamma \approx 10^5$). 在相对束流静止系束的参考系 (静止系) 中, 它们相距 d, e_2^+ 在 e_1^+ 的前

方运动, 如图 6.4(a) 所示. 给出 e_2^+ 对 e_1^+ 的作用. 具体地说, 分别在静系与实验室系中计算电场强度 $\boldsymbol{E}$、磁感应强度 $\boldsymbol{B}$、洛伦兹力 $\boldsymbol{F}$ 与加速度 $\boldsymbol{a}$. 两个参考系的结果相差几个相对论因子? 并对这些因子的出现给予定性的解释;

　　(2) 问题与 (1) 相同, 只是这里两个正电子平行同向, 如图 6.4(b) 所示.

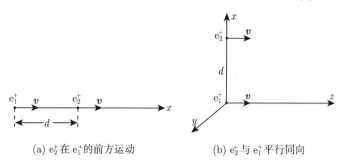

(a) e_2^+ 在 e_1^+ 的前方运动　　　　　　(b) e_2^+ 与 e_1^+ 平行同向

图 6.4　相距 d 的能量为 50GeV 的两个正电子向同一方向运动

　　解答　(1) 设正电子束沿 x 轴正向运动, 束流静系为 K′ 系, 实验室系为 K 系. 在 K′ 系中, 电场强度、磁感应强度

$$\boldsymbol{E}' = -\frac{1}{4\pi\varepsilon_0} \cdot \frac{e}{d^2}\boldsymbol{e}_x, \qquad \boldsymbol{B}' = 0$$

e_2^+ 对 e_1^+ 的作用为

$$\boldsymbol{F}' = e\boldsymbol{E}' = -\frac{1}{4\pi\varepsilon_0} \cdot \frac{e^2}{d^2}\boldsymbol{e}_x$$

e_1^+ 的加速度

$$\boldsymbol{a}' = \frac{\boldsymbol{F}'}{m} = -\frac{1}{4\pi\varepsilon_0 m} \cdot \frac{e^2}{d^2}\boldsymbol{e}_x$$

即 e_1^+ 作为一个非相对论粒子在 e_2^+ 产生的静电场 $\boldsymbol{E}'$ 作用下做直线加速运动.

　　在 K 系中, K′、K 系之间沿 x 方向有相对运动, 由电磁场的洛伦兹变换得

$$\boldsymbol{E} = \boldsymbol{E}' = -\frac{1}{4\pi\varepsilon_0} \cdot \frac{e}{d^2}\boldsymbol{e}_x, \qquad \boldsymbol{B} = 0$$

因此 e_1^+ 受力为

$$\boldsymbol{F} = e\boldsymbol{E} = -\frac{1}{4\pi\varepsilon_0} \cdot \frac{e^2}{d^2}\boldsymbol{e}_x = \boldsymbol{F}'$$

由于 $\gamma \approx 10^5$, 有 $v \approx c$, 即此时正电子在实验系中为相对论粒子, 它应满足相对论力学方程

$$\frac{\mathrm{d}}{\mathrm{d}t}\left(\frac{m\boldsymbol{v}}{\sqrt{1 - v^2/c^2}}\right) = \boldsymbol{F}$$

$$\frac{\mathrm{d}}{\mathrm{d}t}\left(\frac{mc^2}{\sqrt{1 - v^2/c^2}}\right) = \boldsymbol{F} \cdot \boldsymbol{v}$$

由于 $\boldsymbol{F} = F\boldsymbol{e}_x$, $\boldsymbol{v} = v\boldsymbol{e}_x$, 则由上两式, 不难得出

$$\boldsymbol{a} = \frac{\mathrm{d}\boldsymbol{v}}{\mathrm{d}t} = \frac{\boldsymbol{F}}{m\gamma^3} = -\frac{e^2}{4\pi\varepsilon_0\gamma^3 md^2}\boldsymbol{e}_x = \frac{\boldsymbol{a}'}{\gamma^3}$$

可见当两个正电子如图 6.4(a) 所示运动时, K′ 与 K 系中的电磁场及洛伦兹力相同, 但相对论效应的影响使 e_1^+ 在实验室系的加速度只是静止系中加速度的 $\dfrac{1}{\gamma^3}$, 而 $\dfrac{1}{\gamma^3} \approx 10^{-15}$, 因此 a 是很小的, 即 e_2^+ 对 e_1^+ 的作用力对高速运动粒子的影响很小, 整个束流始终保持着高速高能前进.

(2) 在静系 K′ 中, 场强为

$$\boldsymbol{E}' = -\frac{e}{4\pi\varepsilon_0 d^2}\boldsymbol{e}_x, \qquad \boldsymbol{B}' = 0$$

e_1^+ 受力

$$\boldsymbol{F}' = e\boldsymbol{E}' = -\frac{e^2}{4\pi\varepsilon_0 d^2}\boldsymbol{e}_x$$

加速度

$$\boldsymbol{a}' = \frac{\boldsymbol{F}'}{m} = -\frac{e^2}{4\pi\varepsilon_0 m d^2}\boldsymbol{e}_x$$

在实验室系 K 中, 相应场强为

$$\boldsymbol{E} = \gamma\boldsymbol{E}' = -\frac{e\gamma}{4\pi\varepsilon_0 d^2}\boldsymbol{e}_x, \qquad \boldsymbol{B} = \gamma\frac{v}{c^2}\boldsymbol{E}' = -\frac{\gamma v e}{4\pi\varepsilon_0 c^2 d^2}\boldsymbol{e}_y$$

e_1^+ 受力

$$\boldsymbol{F} = e(\boldsymbol{E} + \boldsymbol{v} \times \boldsymbol{B}) = -\frac{e^2}{4\pi\varepsilon_0 d^2 \gamma}\boldsymbol{e}_x = \frac{\boldsymbol{F}'}{\gamma}$$

其加速度

$$\boldsymbol{a} = \frac{\mathrm{d}\boldsymbol{v}}{\mathrm{d}t} = \frac{\boldsymbol{F}}{m\gamma} = -\frac{e^2}{4\pi\varepsilon_0 d^2 m \gamma^2}\boldsymbol{e}_x = \frac{\boldsymbol{a}'}{\gamma^2}$$

可见当两个正电子平行同向时, 在 K 系中的各矢量与 K′ 系中相应量相比, 均出现相对论因子. 这时在实验室系中, 不仅有电场, 而且也出现了磁场, 前者的电场. 磁场比静止系增大 γ 倍, 但对 e_1^+ 的作用, $\boldsymbol{E}$、$\boldsymbol{B}$ 间相互制约, 故 e_1^+ 受力与加速度则比静止系分别小 $\dfrac{1}{\gamma}$ 与 $\dfrac{1}{\gamma^2}$.

6.14 带电粒子以常速度沿 z 轴运动, 设 $t = 0$ 时刻粒子正好经过原点, 求 t 时刻 P 点的标势和矢势

题 6.14 有一个点电荷 e 以常速 v 沿 z 轴运动, 如图 6.5. 在 t 时刻它位于点 Q, 坐标为 $x = 0, y = 0, z = vt$. 求 t 时刻, 点 $P(x = b, y = 0, z = 0)$ 的:

(1) 标势 φ;

(2) 矢势 $\boldsymbol{A}$;

(3) 电场的 x 分量 E_x.

解答 (1) 由 Liénard-Wiechert 势公式, 得

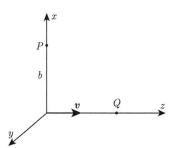

$$\varphi_p = \frac{e}{4\pi\varepsilon_0\left(r - \frac{\boldsymbol{v}}{c}\cdot\boldsymbol{r}\right)} \qquad (6.42)$$

图 6.5 一个点电荷沿 z 轴匀速运动

式中, $\boldsymbol{r} = b\boldsymbol{e}_x - v\left(t - \frac{r}{c}\right)\boldsymbol{e}_z = b\boldsymbol{e}_x - vt'\boldsymbol{e}_z, t' = t - \frac{r}{c}$. 故

$$r^2 = b^2 + v^2\left(t - \frac{r}{c}\right)^2 = b^2 + v^2\left(t^2 - \frac{2rt}{c} + \frac{r^2}{c^2}\right)$$

或者

$$\left(1 - \frac{v^2}{c^2}\right)r^2 + 2\cdot\frac{v^2 t}{c}r - b^2 - v^2 t^2 = 0$$

由此可精确地求出 r, 结果为

$$r = \frac{-\beta vt + \sqrt{b^2(1-\beta^2) + v^2 t^2}}{1-\beta^2}, \qquad \beta = \frac{v}{c} \qquad (6.43)$$

由此可得

$$r - \frac{\boldsymbol{v}\cdot\boldsymbol{r}}{c} = r + v\beta\left(t - \frac{r}{c}\right) = (1-\beta^2)r + v\beta t$$
$$= \sqrt{(1-\beta^2)b^2 + v^2 t^2} \qquad (6.44)$$

因而

$$\varphi_p(t) = \frac{e}{4\pi\varepsilon_0\sqrt{(1-\beta^2)b^2 + v^2 t^2}} \qquad (6.45)$$

(2) 矢势为

$$\boldsymbol{A}_p(t) = \frac{ev}{4\pi\varepsilon_0 c^2\left(r - \frac{\boldsymbol{v}\cdot\boldsymbol{r}}{c}\right)}\boldsymbol{e}_z \qquad (6.46)$$

将式 (6.44) 代入得

$$\boldsymbol{A}_p(t) = \frac{ev}{4\pi\varepsilon_0 c^2\sqrt{(1-\beta^2)b^2 + v^2 t^2}}\boldsymbol{e}_z \qquad (6.47)$$

(3) Liénard-Wiechert 势的电场公式为

$$\begin{aligned}
\boldsymbol{E}_p(t) &= -\nabla\varphi_{\mathrm{p}} - \frac{\partial\boldsymbol{A}_{\mathrm{p}}}{\partial t} \\
&= \frac{e}{4\pi\varepsilon_0\left(r - \frac{\boldsymbol{v}\cdot\boldsymbol{r}}{c}\right)^3}\left\{(1-\beta^2)\left(\boldsymbol{r} - \frac{r\boldsymbol{v}}{c}\right) + \frac{\boldsymbol{r}}{c^2}\times\left[\left(\boldsymbol{r} - \frac{r\boldsymbol{v}}{c}\right)\times\dot{\boldsymbol{v}}\right]\right\}
\end{aligned} \qquad (6.48)$$

对本题, $\dot{\boldsymbol{v}} = 0$, 再将式 (6.44) 代入得

$$E_p(t) = \frac{(1-\beta^2)e}{4\pi\varepsilon_0\left(r - \dfrac{\boldsymbol{v}\cdot\boldsymbol{r}}{c}\right)^3}\left(\boldsymbol{r} - \frac{r\boldsymbol{v}}{c}\right) \tag{6.49}$$

它的 x 分量为

$$E_x = \frac{(1-\beta^2)eb}{4\pi\varepsilon_0[(1-\beta^2)b^2 + v^2t^2]^{3/2}}$$

6.15　已知速度和加速度的带电粒子做非相对论运动, 求平均辐射角分布

题 6.15　对作非相对论性运动的带电粒子 e, 求:

(1) 以速度 βc, 加速度 $\dot{\beta}c$ 及从电荷指向观察者的单位矢 $\boldsymbol{n}'$ 表示单位立体角的平均辐射功率 $\dfrac{\mathrm{d}P}{\mathrm{d}\Omega}$;

(2) 如果粒子按 $z(t) = a\cos\omega_0 t$ 运动, 求 $\dfrac{\mathrm{d}P}{\mathrm{d}\Omega}$;

(3) 如果粒子以恒定角频率 ω_0 在 xy 平面上的一个半径为 R 的圆周上运动, 求 $\dfrac{\mathrm{d}P}{\mathrm{d}\Omega}$;

(4) 画出每种情况下的辐射角分布;

(5) 如果运动是相对论性的, 定性地说明 $\dfrac{\mathrm{d}P}{\mathrm{d}\Omega}$ 如何变化.

解答　(1) 对非相对论性粒子 $\beta \ll 1$, 因此, 辐射场为

$$\boldsymbol{E} = \frac{1}{4\pi\varepsilon_0}\cdot\frac{e\boldsymbol{n}'\times(\boldsymbol{n}'\times\dot{\boldsymbol{\beta}}c)}{c^2r} = \frac{e}{4\pi\varepsilon_0 cr}\boldsymbol{n}'\times(\boldsymbol{n}'\times\dot{\boldsymbol{\beta}})$$

$$\boldsymbol{B} = \frac{1}{c}\boldsymbol{n}'\times\boldsymbol{E}$$

瞬时能流

$$\boldsymbol{S}(t) = \frac{1}{\mu_0}\boldsymbol{E}\times\boldsymbol{B} = \frac{1}{\mu_0 c}E^2\boldsymbol{n}' = \frac{e^2}{16\pi^2\varepsilon_0 cr^2}\left|\boldsymbol{n}'\times(\boldsymbol{n}'\times\dot{\boldsymbol{\beta}})\right|^2\boldsymbol{n}'$$

如果运动是周期性的, 即 $\dot{\boldsymbol{\beta}} = \dot{\boldsymbol{\beta}}_0\mathrm{e}^{\mathrm{i}\omega t}$, 则可求得周期平均能流

$$\begin{aligned}
\bar{\boldsymbol{S}} &= \frac{1}{2\mu_0}\mathrm{Re}\{\boldsymbol{E}^*\times\boldsymbol{B}\} = \frac{1}{2\mu_0 c}\boldsymbol{E}^*\cdot\boldsymbol{E}\boldsymbol{n}'\\
&= \frac{e^2}{32\pi^2\varepsilon_0 cr^2}\left|\boldsymbol{n}'\times(\boldsymbol{n}'\times\dot{\boldsymbol{\beta}}_0)\right|^2\boldsymbol{n}'
\end{aligned} \tag{6.50}$$

功率角分布

$$\frac{\mathrm{d}P}{\mathrm{d}\Omega} = \frac{\bar{\boldsymbol{S}}\cdot\boldsymbol{n}'r^2\mathrm{d}\Omega}{\mathrm{d}\Omega} = \frac{e^2}{32\pi^2\varepsilon_0 c}\left|\boldsymbol{n}'\times(\boldsymbol{n}'\times\dot{\boldsymbol{\beta}}_0)\right|^2$$

若 $\boldsymbol{n}', \dot{\boldsymbol{\beta}}$ 夹角为 θ, 则

$$\frac{\mathrm{d}P}{\mathrm{d}\Omega} = \frac{e^2}{32\pi^2\varepsilon_0 c}\left|\dot{\boldsymbol{\beta}}_0\right|^2\sin^2\theta$$

(2) 若 $z = a\cos\omega_0 t$, 则

$$\dot{\boldsymbol{\beta}} = \frac{\dot{\boldsymbol{v}}}{c} = -\frac{a\omega_0^2}{c}\cos\omega t\boldsymbol{e}_z$$

因此

$$\left|\dot{\boldsymbol{\beta}}_0\right|^2 = \left(\frac{a\omega_0^2}{c}\right)^2$$

从而

$$\frac{\mathrm{d}P}{\mathrm{d}\Omega} = \frac{e^2}{32\pi^2\varepsilon_0 c}\left(\frac{a\omega_0^2}{c}\right)^2\sin^2\theta = \frac{e^2 a^2\omega_0^4}{32\pi^2\varepsilon_0 c^3}\sin^2\theta$$

(3) 粒子在 xy 平面上做圆周运动, 可以认为是两个互相垂直的简谐振动的叠加

$$\boldsymbol{r}(t) = R\mathrm{e}^{\mathrm{i}\left(\omega_0 t - \frac{\pi}{2}\right)}\boldsymbol{e}_x + R\mathrm{e}^{\mathrm{i}\omega_0 t}\boldsymbol{e}_y$$

故有

$$\dot{\boldsymbol{\beta}} = \frac{1}{c}\ddot{\boldsymbol{r}} = -\frac{R\omega_0^2}{c}\mathrm{e}^{\mathrm{i}\left(\omega_0 t - \frac{\pi}{2}\right)}\boldsymbol{e}_x - \frac{R\omega_0^2}{c}\mathrm{e}^{\mathrm{i}\omega_0 t}\boldsymbol{e}_y$$

在球坐标下

$$\boldsymbol{E} = \frac{e}{4\pi\varepsilon_0 cr}\boldsymbol{e}_r\times(\boldsymbol{e}_r\times\dot{\boldsymbol{\beta}}) = \frac{eR\omega_0^2}{4\pi\varepsilon_0 c^2 r}\mathrm{e}^{\mathrm{i}(\omega_0 t - kr + \varphi_0)}(\boldsymbol{e}_\varphi - \mathrm{i}\cos\theta\boldsymbol{e}_\theta)$$

$$\boldsymbol{B} = \frac{1}{c}\boldsymbol{e}_r\times\boldsymbol{E} = \frac{eR\omega_0^2}{4\pi\varepsilon_0 c^3 r}\mathrm{e}^{\mathrm{i}(\omega_0 t - kr + \varphi_0)}(-\boldsymbol{e}_\theta - \mathrm{i}\cos\theta\boldsymbol{e}_\varphi)$$

平均能流

$$\bar{\boldsymbol{S}} = \frac{1}{2\mu_0}\mathrm{Re}\{\boldsymbol{E}^*\times\boldsymbol{B}\} = \frac{e^2 R^2\omega_0^4}{32\pi^2\varepsilon_0 c^3 r^2}(1+\cos^2\theta)\boldsymbol{e}_r$$

单位立体角的平均辐射功率

$$\frac{\mathrm{d}P}{\mathrm{d}\Omega} = \frac{e^2 R^2\omega_0^4}{32\pi^2\varepsilon_0 c^3}(1+\cos^2\theta)$$

(4) 在 (2)、(3) 两种情况下的图形如图 6.6(a) 和 (b) 所示.

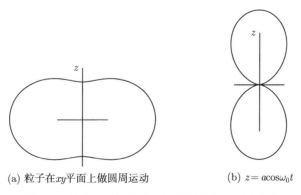

(a) 粒子在xy平面上做圆周运动　　　(b) $z = a\cos\omega_0 t$

图 6.6　带电粒子谐振动与圆周运动的辐射角分布

(5) 定性地说, 相对论性电子的辐射具有强烈的方向性, $\theta\approx 0°$ 方向辐射极强, 辐射大约集中于 $\Delta\theta\approx\dfrac{1}{\gamma}$ 的角锥内.

6.16 Cherenkov 辐射粒子探测器测量粒子的静质量

题 6.16 2015 年 10 月 6 日, 瑞典皇家科学院宣布将本年度 Nobel 物理学奖授予日本梶田隆章以及加拿大 Arthur B. McDonald, 以表彰他们证实中微子振荡的现象, 这已经是中微子第四度"问鼎" Nobel 奖. 中微子振荡现象, 揭示出中微子具有小的非零静质量, 这是粒子物理学的历史性发现.

1998 年通常被认为是"中微子振荡元年", 该年位于日本岐阜县的超级神冈 (Super-Kamiokande) 探测器完成了世界第一个具有角分辨能力的实时水 Cherenkov 中微子探测实验, 第一次模型无关地证实了中微子流在传播过程中的确会发生变化. 超级神冈探测器的主体部分是一个建设在地下 1000 米深处的巨大水罐, 盛有约 5 万吨高纯度水, 罐的内壁则附着 1.1 万个光电倍增管, 用来探测中微子穿过水中时发射出的 Cherenkov 辐射, 从而捕捉到中微子的踪迹.

当高能带电粒子在介质中穿行时, 其速度超过光在介质中的速度时就会发生 Cherenkov 辐射. 具体来说, 当中微子束穿过水中时, 与水原子核发生核反应, 生成高能量的 μ⁻ 子. 由于 μ⁻ 子在水中以 0.99 倍光速前进, 超过了水中的光速 (0.75 倍光速), 所以它在水中穿越六七米长的路径便会发生 Cherenkov 效应, 发出所谓的 Cherenkov 辐射光. 这种光不但囊括了 0.38~0.76μm 范围内的所有连续分布的可见光, 而且具有确定的方向性. 因此, 只要用高灵敏度的光电倍增列阵将 Cherenkov 辐射光全部收集起来, 也就探测到了中微子束.

(1) 设 Cherenkov 辐射发射的方向与粒子飞行路线之间的夹角为 θ, 试考察该粒子发出一个光子的过程, 导出粒子的速度 v、介质的折射率 n 和角 θ 的关系. 已知此种情形下, 介质中光子动量为同频率真空中光子动量的 n 倍;

(2) 一个大气压的氢气在 20 ℃时, 折射率为 $n = 1 + 1.35 \times 10^{-4}$. 为了使一个电子质量为 $0.511\text{MeV}/c^2$ 穿过这样的氢气而发出 Cherenkov 辐射, 问所需的最小动能是多少 MeV?

(3) 充有一个大气压、20 ℃氢气的长管和一个能够探测光辐射并且测量发射角 (精确到 $\delta\theta = 10^{-3}$ 弧度) 的光学系统装配起来, 就构成一个 Cherenkov 辐射粒子探测器. 设有一束动量为 $100\text{GeV}/c$ 的带电粒子穿过这计数器, 由于动量已知, 所以测量 Cherenkov 角, 在效果上就是测量粒子的静质量 m_0, 对于 m_0 接近 $1\text{GeV}/c^2$ 的粒子, 在用 Cherenkov 计数器测 m_0 时, 准确到一级小量的相对误差 $\delta m_0/m_0$ 是多少?

解答 参见《电磁学与电动力学》卷.

6.17 介质波导中传播的电磁波模式和其中的 Cherenkov 辐射

题 6.17 一个波导由两块相距为 a 的无穷大平行的理想导体平面板所构成, 在两板间充满折射率为 $n(n$ 与频率无关) 的气体.

(1) 在场强与 y 无关时 (y 轴指向纸面, 如图 6.7 所示), 讨论此波导的模式. 对给定的波长 λ, 求允许的频率 ω. 对每种模式, 求相速 v_p 与群速 v_g;

(2) 一根均匀的带电导线, 沿 y 方向无限延伸, 如图 6.8 所示, 此导线在波导的间隙中间平面上以速度 $v > \dfrac{c}{n}$ 运动, 发出 Cherenkov 辐射. 在间隙中的任意点, 这个辐射都可以用电场和磁场随时间的变化来表示. 问在间隙中间平面上的点, 电场的大小怎样随时间变化? 画出频谱, 且给出主频率 (已知线电荷密度为 λ);

(3) 说明任意一个与 y 无关的电磁扰动, 一定能与 (1) 中波导模式叠加的形式. 与 (2) 中 Cherenkov 辐射谱的主频率相应的模式是什么?

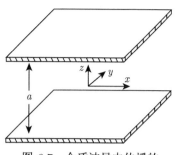

图 6.7　介质波导中传播的
电磁波模式

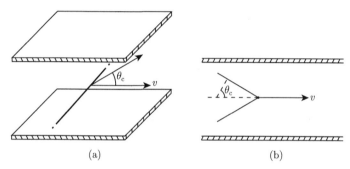

图 6.8　介质波导中的 Cherenkov 辐射

解答　(1) 如图 6.7, 二板间隙的中间平面是 xy 平面. 由题意, 设场强在 y 方向均匀, 波沿 x 方向传播, 即

$$E = E(x, z, t), \qquad k_x = \frac{2\pi}{\lambda}$$

与 y 无关的波动方程为

$$\begin{cases} \nabla^2 \boldsymbol{E} - \dfrac{n^2}{c^2} \cdot \dfrac{\partial^2 \boldsymbol{E}}{\partial t^2} = 0 \\[2mm] \nabla \cdot \boldsymbol{E} = 0 \end{cases}$$

边界条件为当 $z = 0, a$ 时

$$E_z = E_y = 0, \qquad \frac{\partial E_z}{\partial z} = 0$$

由分离变量法解得

$$E_x = E_{x0} \sin \frac{m\pi}{a} z \mathrm{e}^{\mathrm{i}(k_x x - \omega t)}$$

$$E_y = E_{y0} \sin \frac{m\pi}{a} z \mathrm{e}^{\mathrm{i}(k_x x - \omega t)}$$

$$E_z = E_{z0} \cos \frac{m\pi}{a} z \mathrm{e}^{\mathrm{i}(k_x x - \omega t)}, \qquad m = 0, 1, 2 \cdots$$

$$k^2 = k_x^2 + k_z^2 = \left(\frac{2\pi}{\lambda} \right)^2 + \frac{m^2 \pi^2}{a^2} = \frac{\omega^2}{c^2} n^2$$

即在波长 λ 给定时, 允许频率为一系列离散值 ω_m, 得

$$\omega = \omega_m = \frac{c}{n} \sqrt{\left(\frac{2\pi}{\lambda}\right)^2 + \frac{m^2\pi^2}{a^2}}$$

相速

$$v_{\mathrm{p}} = \frac{\omega_m}{k_x} = \frac{c}{n} \left[1 + \left(\frac{m\lambda}{2a}\right)^2 \right]^{1/2}$$

群速

$$v_{\mathrm{g}} = \frac{\mathrm{d}\omega_m}{\mathrm{d}k_x} = \frac{c}{n} \left[1 + \left(\frac{m\lambda}{2a}\right)^2 \right]^{-1/2}$$

(2) 在真空中, 一个电荷为 q、速度为 v 的匀速直线运动粒子的电场为

$$\boldsymbol{E} = \frac{1}{4\pi\varepsilon_0} \cdot \frac{q\left(1 - \dfrac{v^2}{c^2}\right)\boldsymbol{R}}{\left[\left(1 - \dfrac{v^2}{c^2}\right)R^2 + \left(\dfrac{\boldsymbol{R}\cdot\boldsymbol{v}}{c}\right)^2\right]^{3/2}} \tag{6.51}$$

式中, $\boldsymbol{R}$ 是同时刻 t 由电荷 q 到观察点的矢径.

对在介质中运动的带电粒子, 只需在式 (6.51) 中作代换

$$q \to \frac{q}{\varepsilon\mu} = \frac{q}{n^2} \quad \text{和} \quad c \to \frac{c}{n} = \frac{c}{\sqrt{\varepsilon\mu}}$$

分别表示因介质极化屏蔽造成有效电荷的减少以及介质中光速的减少. 由此得介质中的电场为

$$\boldsymbol{E} = \frac{1}{4\pi\varepsilon_0} \cdot \frac{\dfrac{q}{n^2}\left(1 - \dfrac{v^2}{c^2}n^2\right)\boldsymbol{R}}{\left[\left(1 - \dfrac{v^2n^2}{c^2}\right)R^2 + \dfrac{n^2(\boldsymbol{R}\cdot\boldsymbol{v})^2}{c^2}\right]^{3/2}} \tag{6.52}$$

当 $v > \dfrac{c}{n}$ 时, 在空间某些区域, 式 (6.52) 的分母成为虚数或者等于零, 因而在 $v > \dfrac{c}{n}$ 条件下, 粒子场只存在于以粒子为顶点的锥形区域中, 圆锥面由式 (6.52) 分母等于零给出, 在面上 $E \to \infty$. 这就是 Cherenkov 激波波面, 角锥区中的场即 Cherenkov 辐射场. 角锥的半张角 θ_{i} 由 $\sin\theta_{\mathrm{i}} = \dfrac{c}{nv}$ 定出, Cherenkov 辐射方向 θ_{c} 由公式

$$\cos\theta_{\mathrm{c}} = \sin\theta_{\mathrm{i}} = \frac{c}{nv}$$

确定.

无限长线电荷可看作无穷个点电荷的集合, 故其后方的 Cherenkov 辐射区不是角锥形而以劈形来代替, 劈形区棱边即为电荷线. 此时 Cherenkov 激波面为夹角 $2\theta_i$ 的两个无限大平面. 劈形区中任一点 P 的辐射场强 E 可由各点电荷在 P 点的 Cherenkov 场强的叠加得到. 现在求图 6.9 所示的中间平面上任意一点 P 的场强. 显然 P 点必须处在电荷线后方. 设电荷线扫过 P 点时刻 $t = 0$, 则在 t 时刻, P 点与电荷线垂直距离为 vt. 线电荷元 $\lambda \mathrm{d}y$ 到 P 点之矢径

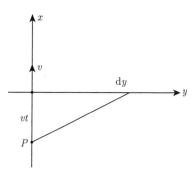

图 6.9　介质波导中的场强

$$\boldsymbol{R} = -vt\boldsymbol{e}_x - y\boldsymbol{e}_y$$

而 $\boldsymbol{v} = v\boldsymbol{e}_x$, 所以 $\boldsymbol{R} \cdot \boldsymbol{v} = -v^2 t$. 由式 (6.52) 即可求得 $\lambda \mathrm{d}y$ 在 P 点的场强为

$$\mathrm{d}\boldsymbol{E} = \frac{1}{4\pi\varepsilon_0} \frac{\lambda \mathrm{d}y \left(1 - n^2 \dfrac{v^2}{c^2}\right)(-vt\boldsymbol{e}_x - y\boldsymbol{e}_y)}{n^2 \left[\left(1 - \dfrac{v^2 n^2}{c^2}\right)(y^2 + v^2 t^2) + \dfrac{v^4 n^2 t^2}{c^2}\right]^{3/2}} \tag{6.53}$$

t 时刻 P 点的总 Cherenkov 场强应是导线上各电荷元场强的叠加. 由 y 与 $-y$ 处点电荷的对称性, 可知总电场无 y 分量, 电场的大小为

$$E_p(t) = 2\int_0^{y_0} \mathrm{d}E_x \tag{6.54}$$

上限 $y_0 = vt\cot\theta_c$, 它表明 y_0 处电荷元 $\lambda \mathrm{d}y$ 在 t 时刻的 Cherenkov 激波波面刚刚到达 P 点. 对于 $y > y_0$ 的各点电荷, P 点处在它们角锥区域之外, 因而对 P 点场强无贡献. 将式 (6.53) 代入式 (6.54) 可得

$$E_p(t) = \frac{1}{4\pi\varepsilon_0} \frac{2\lambda}{n^2}\left(n^2\frac{v^2}{c^2} - 1\right) vt \int_0^{vt\cot\theta_c} \frac{\mathrm{d}y}{\left[v^2 t^2 - \left(\dfrac{n^2 v^2}{c^2} - 1\right) y^2\right]^{3/2}}$$

$$= \frac{1}{4\pi\varepsilon_0} \frac{2\lambda \left(\dfrac{n^2 v^2}{c^2} - 1\right)\cot\theta_c}{n^2 vt \sqrt{1 - \left(\dfrac{n^2 v^2}{c^2} - 1\right)\cot^2\theta_c}} \propto \frac{1}{t} \tag{6.55}$$

即中间 x-y 平面上任意一点 P 的 Cherenkov 辐射场场强随时间的变化形式为

$$E_p(t) = \frac{A}{t} \tag{6.56}$$

将 $E_p(t)$ 作 Fourier 展开

$$E_p(t) = \int_{-\infty}^{\infty} E(\omega)\mathrm{e}^{-\mathrm{i}\omega t}\mathrm{d}\omega$$

其各单色成分的复振幅为

$$E(\omega) = \frac{1}{2\pi} \int_{-\infty}^{\infty} E(t) \mathrm{e}^{\mathrm{i}\omega t} \mathrm{d}t = \frac{A}{2\pi} \int_{-\infty}^{\infty} \frac{\mathrm{e}^{\mathrm{i}\omega t}}{t} \mathrm{d}t$$

因为积分

$$\int_{-\infty}^{\infty} \frac{\mathrm{e}^{\mathrm{i}\omega t}}{t} \mathrm{d}x = \pi \mathrm{i}$$

所以

$$E(\omega) = \frac{A}{2}\mathrm{i}$$

也即 $|E(\omega)| = $ 常数, 是与频率无关的. 这时的 Cherenkov 辐射谱实际上是 "白谱" (各单色成分等强度), 不存在主频率.

(3) 由上面的分析, 电荷线的 Cherenkov 激波波阵面是两个平面, 其法线单位矢量 s 与 x 方向夹角为 θ_c, 如图 6.8 所示. s 方向就是 Cherenkov 辐射方向 k, $|k| = \frac{\omega}{c}n$. 从图中可见

$$k_x = \frac{\omega}{c}n\cos\theta_\mathrm{c} = \frac{\omega}{c}n\left(\frac{c}{nv}\right) = \frac{\omega}{v}$$

但注意在 Cherenkov 辐射的 "白谱" 中, 并不是任何频率 ω 的辐射都能在波导中传播, 可传播的波的频率只能是

$$\begin{aligned}\omega_m &= \frac{c}{n}\sqrt{k_x^2 + \left(\frac{m\pi}{a}\right)^2} \\ &= \frac{c}{n}\sqrt{\left(\frac{\omega_m}{v}\right)^2 + \left(\frac{m\pi}{a}\right)^2}\end{aligned}$$

解得

$$\omega_m = \frac{m\pi}{a}\left(\frac{n^2}{c^2} - \frac{1}{v^2}\right)^{-1/2}, \qquad m = 0, 1, 2, \cdots$$

ω_m 就是 Cherenkov 辐射 "白谱" 中可允许在波导中传播的模式的频率值.

6.18　质量为 m、电荷为 q 在库仑场中做圆周运动的粒子, 考虑粒子的辐射, 计算半径减小一半时所需时间

题 6.18　一个质量为 m、电荷为 q 的粒子被一质量无限大、电荷为 $-q$ 的粒子以库仑相互作用所束缚. $t = 0$ 时, 该粒子的轨道近似为一个半径为 R 的圆, 经过多少时间, 它的轨道半径将减少为 $R/2$ (假设 R 足够大, 使可以用经典辐射理论而不需用量子理论来计算).

解答　质量为 m 的粒子的动能为 $T = \frac{1}{2}mv^2$. 它在库仑场中的运动方程为

$$m|\dot{v}| = \frac{mv^2}{r} = \frac{q^2}{4\pi\varepsilon_0 r^2}$$

所具有的势能为

$$V = -\frac{q^2}{4\pi\varepsilon_0 r}$$

电荷的机械能为

$$E = \frac{1}{2}mv^2 + V$$

由于此带电粒子不断向外辐射电磁能量, 它的能量损失率应等于辐射功率, 即

$$\frac{\mathrm{d}E}{\mathrm{d}t} = -P = -\frac{q^2\dot{\boldsymbol{v}}^2}{6\pi\varepsilon_0 c^3}$$

因此得

$$\frac{\mathrm{d}r}{\mathrm{d}t} = -\frac{q^4}{12\pi^2\varepsilon_0^2 c^3 m^2 r^2}$$

在 $t = 0$ 时, $r = R$, 积分上式即得 $r = \dfrac{R}{2}$ 时的时间

$$\tau = -\frac{12\pi^2\varepsilon_0^2 c^3 m^2}{q^4}\int_R^{\frac{R}{2}} r^2\mathrm{d}r = \frac{7\pi^2\varepsilon_0^2 c^3 m^2 R^3}{2q^4}$$

6.19　证明电磁波的波矢和频率组成四矢量

题 6.19　证明电磁波的波矢量和频率组成四矢量, $k_\mu = \left(\boldsymbol{k}, \mathrm{i}\dfrac{\omega}{c}\right)$.

证法一　在两参考系 K、K′ 中记

$$k_\mu = \left(\boldsymbol{k}, \mathrm{i}\frac{\omega}{c}\right) = \left(k_x, k_y, k_z, \mathrm{i}\frac{\omega}{c}\right) \tag{6.57}$$

$$k_\mu' = \left(\boldsymbol{k}', \mathrm{i}\frac{\omega'}{c}\right) = \left(k_x', k_y', k_z', \mathrm{i}\frac{\omega'}{c}\right) \tag{6.58}$$

由光速不变原理知, $\dfrac{\omega}{k} = c = \dfrac{\omega'}{k'}$, 可改写成

$$k_\mu k_\mu = 0 = k_\mu' k_\mu' \tag{6.59}$$

在坐标变换下, 上式必须保持不变, 而满足这一条件的坐标变换就是洛伦兹变换, $k_\mu' = a_{\mu\nu}k_\nu$, 故 k_μ 为四矢量.

证法二　考虑平面电磁波在良好坐标系中的关系. 由电磁张量的变化关系, 容易得到, $E_\parallel' = E_\parallel$, 即

$$E_{\parallel 0}'\mathrm{e}^{\mathrm{i}(\boldsymbol{k}'\cdot\boldsymbol{r}'-\omega't')} = E_{\parallel 0}\mathrm{e}^{\mathrm{i}(\boldsymbol{k}\cdot\boldsymbol{r}-\omega t)} \tag{6.60}$$

$$\frac{E_{\parallel l0}'}{E_{\parallel l0}} = \mathrm{e}^{\mathrm{i}(\boldsymbol{k}\cdot\boldsymbol{r}-\omega t)-\mathrm{i}(\boldsymbol{k}'\cdot\boldsymbol{r}'-\omega't')} \tag{6.61}$$

由于 $\dfrac{E_{\parallel l0}'}{E_{\parallel l0}} = 1$, 为常量, 故式 (6.61) 右边也为常量, 故有

$$\boldsymbol{k}\cdot\boldsymbol{r} - \omega t = \boldsymbol{k}'\cdot\boldsymbol{r}' - \omega't' = \text{常量} \tag{6.62}$$

由于 $(\boldsymbol{r}, \mathrm{i}ct)$ 为四矢量, 故 $k_\mu = \left(\boldsymbol{k}, \mathrm{i}\dfrac{\omega}{c}\right)$ 也为四矢量.

6.20 在一参考系中电场和磁场相互垂直, 沿 $\boldsymbol{E} \times \boldsymbol{B}$ 方向以多大速度运动的参考系中, 只有电场或只有磁场

题 6.20 设在参考系 K 内电场和磁场相互垂直, K′ 系沿 $\boldsymbol{E} \times \boldsymbol{B}$ 方向运动, 问 K′ 系以什么样的速度相对于 K 运动时, 才能使 K′ 系中只有电场或只有磁场?

解法一 由题意, 在 K 系内, $\boldsymbol{E} \perp \boldsymbol{B}$, 且 $\boldsymbol{v} \parallel \boldsymbol{E} \times \boldsymbol{B}$, 故有 $\boldsymbol{E} \cdot \boldsymbol{B} = 0$, $\boldsymbol{E}_\parallel = \boldsymbol{B}_\parallel = 0$. 场的洛伦兹变换, 在 K′ 系内场量为 (采用 Gauss 单位制)

$$\boldsymbol{E}'_\parallel = \boldsymbol{E}_\parallel, \quad \boldsymbol{E}'_\perp = \gamma \left[\boldsymbol{E}_\perp + (\boldsymbol{\beta} \times \boldsymbol{B})_\perp \right] \tag{6.63}$$

$$\boldsymbol{B}'_\parallel = \boldsymbol{B}_\parallel, \quad \boldsymbol{B}'_\perp = \gamma \left[\boldsymbol{B}_\perp - (\boldsymbol{\beta} \times \boldsymbol{E})_\perp \right] \tag{6.64}$$

式中, $\gamma = \dfrac{1}{\sqrt{1 - \dfrac{v^2}{c^2}}}$. 考虑到电磁场两个不变量 $\boldsymbol{E} \cdot \boldsymbol{B}$ 以及 $E^2 - B^2$, 可分三种情形:

(i) $E < B$, (ii) $E > B$, (iii) $E = B$.

(i) $E < B$. 作洛伦兹变换, 以速度 $\boldsymbol{u}$ 相对于原坐标系运动的参考系 K′.

$$\boldsymbol{u} = c \frac{\boldsymbol{E} \times \boldsymbol{B}}{B^2}$$

K′ 系中的场

$$\boldsymbol{E}'_\parallel = 0, \quad \boldsymbol{E}'_\perp = \gamma \left[\boldsymbol{E} + \frac{1}{c} \boldsymbol{u} \times \boldsymbol{B} \right] = 0$$

$$\boldsymbol{B}'_\parallel = 0, \quad \boldsymbol{B}'_\perp = \gamma \left[\boldsymbol{B} - \frac{1}{c} \boldsymbol{u} \times \boldsymbol{E} \right] = \gamma \left(1 - \beta^2\right) \boldsymbol{B} = \frac{1}{\gamma} \boldsymbol{B} = \frac{\sqrt{B^2 - E^2}}{B} \boldsymbol{B}$$

在 K′ 系中, 电场为零, 磁感应强度 $\boldsymbol{B}' = \dfrac{1}{\gamma} \boldsymbol{B}$. 在 K′ 系中, 粒子绕 $\boldsymbol{B}'$ 做螺旋运动. 在原坐标系中看来, 这种螺旋运动伴随着一种垂直于 $\boldsymbol{E}$ 和 $\boldsymbol{B}$ 的匀速漂移 $\boldsymbol{u}$, 这种漂移在等离子体物理中称为 $\boldsymbol{E} \times \boldsymbol{B}$ 漂移. 在 K′ 系中静止的粒子, 在原坐标系中看来, 粒子以 $\boldsymbol{u}$ 通过 $\boldsymbol{E}$、$\boldsymbol{B}$ 合场. 这相当于一个速度选择器. 速度选择器 + 动量选择器用于对粒子分离, 得到单能、定质量粒子束.

(ii) $E > B$. 作洛伦兹变换, 以速度 $\boldsymbol{u}$ 相对于原坐标系运动的参考系 K″.

$$\boldsymbol{u} = c \frac{\boldsymbol{E} \times \boldsymbol{B}}{E^2}$$

K″ 系中的场

$$\boldsymbol{E}'_\parallel = 0, \quad \boldsymbol{E}'_\perp = \gamma \left[\boldsymbol{E} + \frac{1}{c} \boldsymbol{u} \times \boldsymbol{B} \right] = \gamma \left(1 - \beta^2\right) \boldsymbol{E} = \frac{1}{\gamma} \boldsymbol{E} = \frac{\sqrt{E^2 - B^2}}{E} \boldsymbol{E}$$

$$\boldsymbol{B}'_\parallel = 0, \quad \boldsymbol{B}'_\perp = \gamma \left[\boldsymbol{B} - \frac{1}{c} \boldsymbol{u} \times \boldsymbol{E} \right] = 0$$

K″ 系中的场粒子只受到纯静电场的作用.

(iii) $E = B$. 此时不能按照上述作法做, 这时不存在一个参考系, 使得 E 或 B 中一个为零而另一个不为零.

解法二   由式 (6.63) 知, 要使 $E' = 0$, 则要求 $E = B \times v$. 再由

$$E \times B = (B \times v) \times B = B^2 v - (B \cdot v)B = B^2 v$$

知, 只要速度取如下形式:

$$v = \frac{E \times B}{B^2} \tag{6.65}$$

即可使 $E' = 0$. 此时磁场为

$$B' = \gamma \left(B - \frac{v}{c^2} \times E \right) = \gamma \left(1 - \frac{E^2}{c^2 B^2} \right) B = \frac{B}{\gamma} \neq 0 \tag{6.66}$$

另外

$$\frac{1}{\gamma^2} = 1 - \frac{v^2}{c^2} = 1 - \frac{(E \times B)^2}{c^2 B^4} = \frac{c^2 B^2 - E^2}{c^2 B^2} > 0 \tag{6.67}$$

综合上述, 当 $c^2 B^2 > E^2$, 且取 $v = \dfrac{E \times B}{B^2}$, 则有 $E' = 0$, $B' \neq 0$.

类似地, 要使 $B' = 0$, 由式 (6.64) 知, 这时要求

$$B = \frac{v}{c^2} \times E \tag{6.68}$$

另外, 由

$$E \times B = \frac{1}{c^2} E \times (v \times E) = \frac{E^2}{c^2} v \tag{6.69}$$

可以看出, 只要取 $v = \dfrac{c^2}{E^2} E \times B$, 即可使 $B' = 0$. 而电场为

$$E' = \gamma(E + v \times B) = \gamma \left(1 - \frac{c^2 B^2}{E^2} \right) E = \frac{E}{\gamma} \neq 0 \tag{6.70}$$

另外

$$\frac{1}{\gamma^2} = 1 - \frac{v^2}{c^2} = 1 - \frac{c^2 B^2}{E^2} > 0 \tag{6.71}$$

综合上述, 当 $E^2 > c^2 B^2$ 时, 且取 $v = \dfrac{c^2}{E^2}(E \times B)$, 将有 $B' = 0, E' \neq 0$.

6.21   求静止质量为 m、电荷为 q 的粒子通过电势差 U 后的速度

题 6.21   求一个静止质量为 m、电荷为 q 的粒子通过电势差 U 后的速度 (设初始速度为零).

解答   带电粒子 q 经过电势差 U 后所获得的能量全部转化为它的动能

$$qU = T = E - mc^2 = mc^2 \left(\frac{1}{\sqrt{1 - \dfrac{v^2}{c^2}}} - 1 \right) \tag{6.72}$$

由式 (6.72) 得到

$$v = c\sqrt{1 - \frac{1}{\left(1 + \frac{qU}{mc^2}\right)^2}} = \sqrt{\frac{2qU}{m} \cdot \frac{1 + \frac{qU}{2mc^2}}{\left(1 + \frac{qU}{mc^2}\right)^2}} \tag{6.73}$$

当 $qU \ll mc^2$ 时, 有

$$v = \sqrt{\frac{2qU}{m}}\left(1 - \frac{3}{4}\frac{qU}{mc^2}\right) \ll c \tag{6.74}$$

而当 $qU \gg mc^2$ 时, 有

$$v \approx c\left[1 - \frac{1}{2}\left(\frac{mc^2}{qU}\right)^2\right] \approx c \tag{6.75}$$

6.22 证明自由电子既不能发射光子也不能吸收光子

题 6.22 证明自由电子既不能吸收光子, 也不能发射光子.

证明 先证明自由电子不能吸收光子, 采用反证法. 假设自由电子能吸收光子, 由能量与动量守恒定律

$$\hbar\omega + mc^2 = \sqrt{c^2 p^2 + m^2 c^4} \tag{6.76}$$

$$\hbar k = p \tag{6.77}$$

式中, ω、k 分别为光子的频率和波数, m 为电子的静止质量, p 为电子吸收光子后的动量. 由式 (6.77) 有

$$p^2 = \hbar^2 k^2 = \hbar^2 \frac{\omega^2}{c^2} \tag{6.78}$$

将上式代入式 (6.76), 并两边平方, 左边为

$$(\hbar\omega + mc^2)^2 = \hbar^2 \omega^2 + m^2 c^4 + 2mc^2 \hbar\omega \tag{6.79}$$

而右边化为 $\hbar^2 \omega^2 + m^2 c^4$. 因此, 要使式 (6.76) 成立, 只有 $\hbar\omega = 0$, 故自由电子不能吸收光子.

下面证明也不能发射光子, 采用反证法. 设初态电子和发射光子后的终态电子的四维动量分别为 p_μ、p'_μ,

$$p_\mu = (0, 0, 0, \mathrm{i}mc), \qquad p'_\mu = \left(\boldsymbol{p}, \mathrm{i}\frac{cm}{\sqrt{1 - \frac{v^2}{c^2}}}\right) \tag{6.80}$$

光子的四维动量记为 q_μ. 能量动量守恒律

$$p_\mu = q_\mu + p'_\mu \tag{6.81}$$

即有

$$(p_\mu - p'_\mu)^2 = q_\mu^2 \tag{6.82}$$

式 (6.82) 左边可化成

$$
\begin{aligned}
(p_\mu - p'_\mu)^2 &= p_\mu^2 - 2p_\mu p'_\mu + p'^2_\mu \\
&= -m^2c^2 - 2p_\mu p'_\mu - \frac{m^2c^2}{1 - \dfrac{v^2}{c^2}}
\end{aligned} \tag{6.83}
$$

而由式 (6.80) 知

$$p_\mu p'_\mu = -\frac{m^2c^2}{\sqrt{1 - \dfrac{v^2}{c^2}}} \tag{6.84}$$

式 (6.84) 代入式 (6.83) 可得到

$$(p_\mu - p'_\mu)^2 = -m^2c^2 \left(1 - \frac{1}{\sqrt{1 - \dfrac{v^2}{c^2}}} \right)^2 \tag{6.85}$$

而 $q_\mu q_\mu = 0$, 故只有 $p_\mu = p'_\mu$, 式 (6.82) 成立, 即电子状态没有变化, 故没有动量传递给光子, 所以不能发射光子.

讨论 (更简短的证明) 以上证明是从两个守恒定律不相容做出的. 假设电子可以发射光子, 在该电子静止系看, 放出光子的电子必然速度不为零, 其能量大于静止电子, 加上末态光子能量, 末态能量必定大于初始电子能量, 违背能量守恒, 故电子不会发射光子, 除非还有其他粒子参与作用. 对于电子不会吸收光子, 可以同样说明.

6.23 在以速度 v 运动的参考系中, 已知粒子的能量、速度以及运动方向, 求在静止系中粒子的动量以及运动方向

题 6.23 设参考系 K′ 以速度 v 沿 x 方向相对于参考系 K 运动. 在参考系 K′ 中, 一个能量为 E'、速度为 v'、质量为 m 的粒子与 v 成 θ' 角运动. 求在参考系 K 中粒子的动量以及它与 v 方向的夹角.

解答 取 v, v' 所在的平面为 xy 平面. 在参考系 K′ 中, 粒子的四维动量的分量为

$$p'_\mu = \left(p'\cos\theta, p'\sin\theta, 0, \frac{\mathrm{i}E'}{c} \right)$$

由洛伦兹变换, 在参考系 K 中, 能量和各动量分量为

$$E = \frac{E' + vp'_1}{\sqrt{1 - \dfrac{v^2}{c^2}}} = \gamma E' \left(1 + \frac{vv'}{c^2}\cos\theta' \right) \tag{6.86}$$

$$p_1 = \frac{p_1' + \dfrac{v}{c^2}E'}{\sqrt{1 - \dfrac{v^2}{c^2}}} = \gamma \frac{E'}{c^2}(v'\cos\theta' + v) \tag{6.87}$$

$$p_2 = \frac{E'v'}{c^2}\sin\theta', \qquad p_3 = p_3' = 0 \tag{6.88}$$

p 与 v 夹角

$$\tan\theta = \frac{p_2}{p_1} = \frac{1}{\gamma} \cdot \frac{\sin\theta'}{\cos\theta' + \dfrac{v}{v'}} \tag{6.89}$$

6.24 经典氢原子 $t = 0$ 时刻电子处于第一玻尔轨道, 导出辐射轨道半径衰减至零时所需时间的表达式

题 6.24 一经典氢原子, 在时间 $t = 0$ 时有个电子处于第一玻尔轨道, 试导出由于辐射轨道半径衰减至零所需时间的表达式 (假设每周所耗能量与剩余能量相比是很小的).

解答 由题意, 非相对性加速电荷辐射的 Larmor 公式

$$P = \frac{e^2 a^2}{6\pi\varepsilon_0 c^3}$$

式中, a 为加速度, 在中心力场中, 圆周运动的能量和加速度为

$$E = -\frac{e^2}{8\pi\varepsilon_0 r}, \qquad a = \frac{e^2}{4\pi\varepsilon_0 m r^2} = \frac{v^2}{r}$$

由 $\mathrm{d}E/\mathrm{d}t = -P$, 利用上两式容易得到

$$\frac{\mathrm{d}r}{\mathrm{d}t} = -\frac{e^4}{12\pi^2\varepsilon_0^2 c^3 m^2} \cdot \frac{1}{r^2}$$

有

$$\mathrm{d}t = -\frac{12\pi^2\varepsilon_0^2 c^3 m^2 r^2}{e^4}\mathrm{d}r$$

因此, 衰减寿命为

$$\tau = \int \mathrm{d}t = -\int_{a_0}^0 \frac{12\pi^2\varepsilon_0^2 c^3 m^2 r^2}{e^4}\mathrm{d}r = \frac{4\pi^2\varepsilon_0^2 c^3 m^2 a_0^3}{e^4}$$

式中, $a_0 = 4\pi\varepsilon_0\hbar^2/me^2$ 为玻尔半径. 代入数据后得

$$\tau = 1.56 \times 10^{-11}\mathrm{s} \tag{6.90}$$

6.25 求带电粒子被均匀电场加速到接近光速时的动量和速度

题 6.25 一质量为 m、电荷为 e 的粒子被均匀电场加速了一段时间 t, 使其速度可与光速相比.

(1) 加速结束时, 粒子动量是多少?

(2) 此时粒子速度是多少?

(3) 若此粒子不稳定, 在其静止坐标系中以平均寿命 τ 衰变, 当此粒子以上述速度匀速运动时, 一个静止的观察者测到粒子的平均寿命是多少?

解答 (1) 设电场为 E, 加速结束时, 粒子得到动量为 eEt.

(2) 由

$$eEt = \frac{mv}{\sqrt{1 - \dfrac{v^2}{c^2}}}$$

解得粒子速度为

$$v = \frac{eEct}{\sqrt{(eEt)^2 + m^2c^2}}$$

(3) 静止观察者测得粒子的平均寿命为

$$T = \frac{\tau}{\sqrt{1 - \dfrac{v^2}{c^2}}} = \tau\sqrt{1 + \left(\frac{eEt}{mc}\right)^2}$$

6.26 带电粒子在矢势为 $\boldsymbol{A}$ 的电磁场中做相对论运动, 用坐标及其对时间的导数表示与广义坐标 ϕ 对应的正则动量

题 6.26 一个质量为 m、电荷为 e、速度为 v 的相对论粒子在一个矢势为 $\boldsymbol{A}$ 的电磁场中运动, 其拉格朗日量为

$$L = -mc^2\sqrt{1 - \beta^2} + \frac{e}{c}\boldsymbol{v} \cdot \boldsymbol{A}$$

对于沿极轴方向的磁偶极子, 磁矩为 $\boldsymbol{\mu}$, 产生的场可用矢势 $\boldsymbol{A} = \dfrac{\mu\sin\theta}{r^2}\boldsymbol{e}_\phi$ 描写, 其中 θ 为极角, ϕ 为方位角;

(1) 由坐标和其时间导数表示与广义坐标 ϕ 相对应的正则动量 p_ϕ;

(2) 证明 p_ϕ 是一个运动常数;

(3) 如果上述矢势被 $\boldsymbol{A}' = \boldsymbol{A} + \nabla\chi(r, \theta, \phi)$ 代替, χ 为一任意标量函数, 这时 p_ϕ 的表达式将如何变化? 第 (1) 小题中的表达式是否还是运动常数? 说明理由.

解答 在直角基下, 正则动量为

$$p_i = \frac{\partial L}{\partial v_i} = \frac{mv_i}{\sqrt{1 - \beta^2}} + \frac{e}{c}A_i$$

或写成矢量形式

$$\boldsymbol{p} = \frac{m\boldsymbol{v}}{\sqrt{1 - \beta^2}} + \frac{e}{c}\boldsymbol{A} \tag{6.91}$$

则通过勒让德变换给出哈密顿量是

$$H = \boldsymbol{p} \cdot \boldsymbol{v} - L = \frac{mv^2}{\sqrt{1 - \beta^2}} + mc^2\sqrt{1 - \beta^2}$$

$$= \frac{mc^2}{\sqrt{1 - \beta^2}} \tag{6.92}$$

(1) 在球坐标下, 速度的表达式为

$$\boldsymbol{v} = \dot{r}\boldsymbol{e}_r + r\dot{\theta}\boldsymbol{e}_\theta + r\sin\theta\dot{\phi}\boldsymbol{e}_\phi \tag{6.93}$$

则对磁偶极子矢势, 拉格朗日量为

$$L = -mc^2\sqrt{1 - \frac{v^2}{c^2}} + \frac{e}{c} \cdot \frac{\mu\sin^2\theta}{r}\dot{\phi} \tag{6.94}$$

以 ϕ 为正则坐标, 相对应的正则动量为

$$p_\phi = \frac{\partial L}{\partial\dot{\phi}} = \frac{mr^2\sin^2\theta}{\sqrt{1-\beta^2}}\dot{\phi} + \frac{e}{c} \cdot \frac{\mu\sin^2\theta}{r} \tag{6.95}$$

(2) 由式 (6.92), 有

$$\dot{p}_\phi = -\frac{\partial H}{\partial\phi} = 0$$

可见 p_ϕ 为一运动常数.

(3) 当矢势为 $\boldsymbol{A}' = \boldsymbol{A} + \nabla\chi(r, \theta, \phi)$ 时, 对应的拉格朗日量为

$$L' = -mc^2\sqrt{1 - \frac{\boldsymbol{v}^2}{c^2}} + \frac{e}{c}\boldsymbol{A} \cdot \boldsymbol{v} + \frac{e}{c}\nabla\chi \cdot \boldsymbol{v} \tag{6.96}$$

在直角基下正则动量为

$$\boldsymbol{p}' = \frac{m\boldsymbol{v}}{\sqrt{1-\beta^2}} + \frac{e}{c}\boldsymbol{A} + \frac{e}{c}\nabla\chi \tag{6.97}$$

因而哈密顿量仍为

$$H = \boldsymbol{p}' \cdot \boldsymbol{v} - L' = \frac{mc^2}{\sqrt{1-\beta^2}}$$

对于任意标量函数 χ

$$\nabla\chi = \frac{\partial\chi}{\partial r}\boldsymbol{e}_r + \frac{1}{r}\frac{\partial\chi}{\partial\theta}\boldsymbol{e}_\theta + \frac{1}{r\sin\theta}\frac{\partial\chi}{\partial\phi}\boldsymbol{e}_\phi \tag{6.98}$$

从而由式 (6.93)

$$\nabla\chi \cdot \boldsymbol{v} = \dot{r}\frac{\partial\chi}{\partial r} + \dot{\theta}\frac{\partial\chi}{\partial\theta} + \dot{\phi}\frac{\partial\chi}{\partial\phi} \tag{6.99}$$

由式 (6.96) 及式 (6.99) 可得这时的正则动量

$$p'_\phi = \frac{\partial L'}{\partial\dot{\phi}} = \frac{mr^2\sin^2\theta}{\sqrt{1-\beta^2}}\dot{\phi} + \frac{e}{c}\left(\frac{\mu\sin^2\theta}{r} + \frac{\partial\chi}{\partial\phi}\right) \tag{6.100}$$

而由于 H 仍然不依赖于 ϕ

$$\dot{p}'_\phi = -\frac{\partial H}{\partial\phi} = 0$$

仍然成立, 因此 p'_ϕ 为一运动常数, 但

$$p'_\phi = p_\phi + \frac{e}{c} \cdot \frac{\partial\chi}{\partial\phi} \tag{6.101}$$

而 χ 又为任意标量函数, 故 (1) 中的 p_ϕ 不再为一运动常数.

6.27 相对论带电粒子在垂直于磁场的平面内沿半径为 R 的圆运动, 求所需磁场的表达式

题 6.27 一质量为 m、电荷为 e 的电子在垂直于均匀磁场的平面内运动. 如果忽略辐射损失的能量, 电子的轨道为一半径是 R 的圆. 设电子能量 $E \gg mc^2$, 因而要考虑相对论效应.

(1) 用上述参量给出所必须场强 B 的解析表达式. 设 $R = 30\mathrm{m}$, $E = 2.5 \times 10^9\mathrm{eV}$, 数值计算 B;

(2) 事实上, 由于电子被磁场加速, 它将辐射电磁能量, 假设电子转动一周所损失的能量 ΔE 与总能量 E 相比很小, 用参量解析表示比率 $\Delta E/E$, 并由 (1) 的数据, 数值计算这一比率.

解答 (1) 在均匀磁场 $\boldsymbol{B}$ 中, 相对论电子的运动方程为

$$\frac{\mathrm{d}\boldsymbol{p}}{\mathrm{d}t} = e\boldsymbol{v} \times \boldsymbol{B} \tag{6.102}$$

式中, $\boldsymbol{p} = m\gamma\boldsymbol{v}, \gamma = \left(1 - \dfrac{v^2}{c^2}\right)^{-\frac{1}{2}}$. 因电子做圆周运动, 故速度大小不变, 即 v 为一常数, 有

$$\left|\frac{\mathrm{d}\boldsymbol{v}}{\mathrm{d}t}\right| = \frac{v^2}{R} \tag{6.103}$$

联合式 (6.102)、式 (6.103), 得

$$B = \frac{p}{eR} \tag{6.104}$$

当 $E \gg mc^2$ 时, $p = \dfrac{1}{c}\sqrt{E^2 - m^2c^4} \approx \dfrac{E}{c}$, 故

$$B \approx \frac{1}{c} \cdot \frac{E}{eR} \approx 0.28\mathrm{T} \tag{6.105}$$

(2) 非相对论粒子的辐射功率 Larmor 公式为

$$P = \frac{1}{6\pi\varepsilon_0} \cdot \frac{e^2}{c^3} |\dot{\boldsymbol{v}}|^2 = \frac{1}{6\pi\varepsilon_0} \cdot \frac{e^2}{m^2c^3} \left(\frac{\mathrm{d}\boldsymbol{p}}{\mathrm{d}t} \cdot \frac{\mathrm{d}\boldsymbol{p}}{\mathrm{d}t}\right) \tag{6.106}$$

式 (6.106) 中 $\boldsymbol{v}$、$\boldsymbol{p}$ 为非相对论粒子的速度与动量. 推广到相对论粒子, 式 (6.106) 的洛伦兹不变的推广式是

$$P = \frac{1}{6\pi\varepsilon_0} \frac{e^2}{m^2c^3} \left(\frac{\mathrm{d}p_\mu}{\mathrm{d}\tau} \cdot \frac{\mathrm{d}p_\mu}{\mathrm{d}\tau}\right) \tag{6.107}$$

式中, 原时 $\mathrm{d}\tau = \dfrac{\mathrm{d}t}{\gamma}$, $p_\mu = \left(\boldsymbol{p}, \dfrac{\mathrm{i}E}{c}\right)$ 是粒子的四动量 (四维能量动量)

$$\frac{\mathrm{d}p_\mu}{\mathrm{d}\tau} \cdot \frac{\mathrm{d}p_\mu}{\mathrm{d}\tau} = \left(\frac{\mathrm{d}\boldsymbol{p}}{\mathrm{d}\tau} \cdot \frac{\mathrm{d}\boldsymbol{p}}{\mathrm{d}\tau}\right) - \frac{1}{c^2}\left(\frac{\mathrm{d}E}{\mathrm{d}\tau}\right)^2$$

由题意电子转一周能量损失很小, 可近似认为 $\dfrac{\mathrm{d}E}{\mathrm{d}\tau} \approx 0$, 而

$$\frac{\mathrm{d}\boldsymbol{p}}{\mathrm{d}\tau} = \gamma\frac{\mathrm{d}\boldsymbol{p}}{\mathrm{d}t} = m\gamma^2\frac{\mathrm{d}\boldsymbol{v}}{\mathrm{d}t} \tag{6.108}$$

联合式 (6.103)、式 (6.107)、式 (6.108) 可得

$$P = \frac{1}{6\pi\varepsilon_0} \cdot \frac{e^2 c}{R^2} \left(\frac{v}{c}\right)^4 \gamma^4 \tag{6.109}$$

电子转一周能量损失为

$$\Delta E = \frac{2\pi R}{v} P = \frac{1}{3\varepsilon_0} \cdot \frac{e^2}{R} \left(\frac{v}{c}\right)^3 \gamma^4 \tag{6.110}$$

又由 $\gamma = \dfrac{E}{mc^2}$ 故

$$\frac{\Delta E}{E} = \frac{1}{3\varepsilon_0} \left(\frac{v}{c}\right)^3 \left(\frac{e^2}{mc^2 R}\right) \left(\frac{E}{mc^2}\right)^3 \approx 5 \times 10^{-4} \tag{6.111}$$

6.28 已知磁场为 $\boldsymbol{B} = B_0(x\boldsymbol{e}_x - y\boldsymbol{e}_y)/a$, 证明在自由空间中它满足麦克斯韦方程

题 6.28 已知在直角坐标系下静磁场为

$$\boldsymbol{B} = \frac{B_0}{a} \left(x\boldsymbol{e}_x - y\boldsymbol{e}_y\right)$$

(1) 证明这个场服从自由空间中的麦克斯韦方程;

(2) 画出磁力线并指出要在何处放置电流线以近似这样的场;

(3) 计算在原点和一条距原点最小距离为 R 的磁力线之间, 沿 z 方向单位长 $L = 1$ 的磁通;

(4) 一观察者正以 $\boldsymbol{v} = v\boldsymbol{e}_z$ 的非相对论速度经过点 (x, y), 他将测得这个位置对原点的电势为多少?

(5) 如果磁场随时间缓慢变化为 $B_0(t)$, 静止在 (x, y) 处的观察者将测得怎样的电场?

解答 (1) 直接演算

$$\nabla \cdot \boldsymbol{B} = \left(\boldsymbol{e}_x \frac{\partial}{\partial x} + \boldsymbol{e}_y \frac{\partial}{\partial y} + \boldsymbol{e}_z \frac{\partial}{\partial z}\right) \cdot \left[\frac{B_0}{a}(x\boldsymbol{e}_x - y\boldsymbol{e}_y)\right]$$

$$= \frac{B_0}{a}(\boldsymbol{e}_x \cdot \boldsymbol{e}_x - \boldsymbol{e}_y \cdot \boldsymbol{e}_y) = 0$$

$$\nabla \times \boldsymbol{B} = \left(\boldsymbol{e}_x \frac{\partial}{\partial x} + \boldsymbol{e}_y \frac{\partial}{\partial y} + \boldsymbol{e}_z \frac{\partial}{\partial z}\right) \times \left[\frac{B_0}{a}(x\boldsymbol{e}_x - y\boldsymbol{e}_y)\right]$$

$$= \frac{B_0}{a}(\boldsymbol{e}_x \times \boldsymbol{e}_x - \boldsymbol{e}_y \times \boldsymbol{e}_y) = 0$$

可见题给的 $\boldsymbol{B}$ 满足静磁场方程.

(2) 磁力线所满足的微分方程为

$$\frac{\mathrm{d}y}{\mathrm{d}x} = \frac{B_y}{B_z} = -\frac{y}{x}$$

故 $x\mathrm{d}y + y\mathrm{d}x = 0$, $\mathrm{d}(xy) = 0$, 即 $xy =$ 常数, 如图 6.10 所示.

要产生这样的场, 需在无穷远处, 在四个象限中对称地放置四个直导线电流, 均沿 z 方向, 且流向如图 6.10 所示.

(3) 为计算磁通 ϕ_B, 最方便的是取一个高 $z = 1$ 而长为 R 的长方形面积, 该长边取为第一象限的分角线 (即 $x = y$), 故该长方形的法向单位矢

$$\boldsymbol{n} = \frac{1}{\sqrt{2}}(\boldsymbol{e}_x - \boldsymbol{e}_y)$$

而

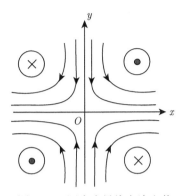

图 6.10　四个直导线电流和其激发的磁场磁力线

$$\boldsymbol{B} = \frac{B_0}{a}(x\boldsymbol{e}_x - y\boldsymbol{e}_y) = \frac{B_0}{a}x(\boldsymbol{e}_x - \boldsymbol{e}_y)$$

因 $y = x$, 元面积大小 $\mathrm{d}\sigma = \sqrt{2}\mathrm{d}x$, 故

$$\phi_B = \int \boldsymbol{B}(x, y) \cdot \boldsymbol{n}\mathrm{d}\sigma = \frac{2B_0}{a}\int_0^{\frac{R}{\sqrt{2}}} x\mathrm{d}x = \frac{B_0 R^2}{2a}$$

(4) 对观察者而言

$$\boldsymbol{E}' = \boldsymbol{E} + \boldsymbol{v} \times \boldsymbol{B}$$

现 $E = 0, \boldsymbol{v} = v\boldsymbol{e}_z$, $\boldsymbol{B} = \frac{B_0}{a}(x\boldsymbol{e}_x - y\boldsymbol{e}_y)$, 故

$$\boldsymbol{E}' = v\boldsymbol{e}_z \times \left[\frac{B_0}{a}(x\boldsymbol{e}_x - y\boldsymbol{e}_y)\right] = \frac{B_0}{a}v(x\boldsymbol{e}_y + y\boldsymbol{e}_x)$$

故点 (x, y) 对原点 $(0, 0)$ 的势 $\phi(x, y)$ 为

$$\phi(x, y) = \int_0^x -E_x'(x, 0)\mathrm{d}x - \int_0^y E_y'(x, y)\mathrm{d}y$$

$$= 0 - \int_0^y \frac{B_0}{a}vx\mathrm{d}y = -\frac{B_0}{a}vxy$$

(5) 由 Faraday 电磁感应 $\nabla \times \boldsymbol{E} = -\frac{\partial \boldsymbol{B}}{\partial t}$ 可得

$$\begin{cases} \dfrac{\partial E_z}{\partial y} - \dfrac{\partial E_y}{\partial z} = -\dot{\boldsymbol{B}}_0(t)\dfrac{x}{a} \\[3mm] \dfrac{\partial E_x}{\partial z} - \dfrac{\partial E_z}{\partial x} = \dot{\boldsymbol{B}}_0(t)\dfrac{y}{a} \end{cases}$$

注意上式中算子作用 $\frac{\partial}{\partial z} = 0$, 故 $\frac{\partial E_z}{\partial y} = -\dot{\boldsymbol{B}}_0(t)\frac{x}{a}$, $-\frac{\partial E_z}{\partial x} = \dot{\boldsymbol{B}}_0(t)\frac{y}{a}$. 因为电流沿 z 方向,

故 $E_x = E_y = 0$, 由上可知 $E_z = -\dot{B}_0(t)\dfrac{xy}{a} + c(t)$, 出于对称性的考虑, 应有 $c(t) = 0$, 即

$$E_z = -\dot{B}_0(t)\frac{xy}{a}$$

因此

$$\boldsymbol{E}(x,y) = -\dot{B}_0(t)\frac{xy}{a}\boldsymbol{e}_z$$

6.29　电子在轴对称磁场中运动, 求电子动量与轨道半径之间的关系

题 6.29　电子在轴对称磁场中运动. 假设在 $z = 0$ 的中央面上, 磁场无径向分量, 即 $B(z = 0) = B(r)\boldsymbol{e}_z$, $z = 0$ 面上的电子做半径为 R 的圆周运动, 如图 6.11(a) 所示.

(1) 电子动量 P 与轨道半径的关系如何? 在电子回旋加速器中, 电子在随时间变化的磁场中加速. 令 $B_{\text{av}} = \dfrac{\psi_{\text{B}}}{\pi R^2}$, ψ_{B} 为通过轨道的磁通量, 设 B_0 等于 $B(r = R, z = 0)$;

(2) 设 B_{av} 有一改变量 ΔB_{av}, B_0 的变化量为 ΔB_0, 如果电子动量增加而其轨道半径 R 不变, 则 ΔB_{av} 与 ΔB_0 的关系怎样?

(3) 设磁场的 z 分量在 $r = R$ 和 $z = 0$ 附近随 r 的变化关系为 $B_z(r) = B_0(R)\left(\dfrac{R}{r}\right)^n$. 求稍稍偏离中央平面的平衡轨道上电子的运动方程. 这里, 有两个方程, 一个是电子作垂直方向的偏离, 一个是电子作水平方向的偏离. 忽略径向与竖直运动间的耦合;

(4) n 在什么范围内轨道对径向运动与竖直方向的扰动是稳定的?

解答　(1) 由 $evB = m\dfrac{v^2}{R}$ 可得

$$P = mv = eBR$$

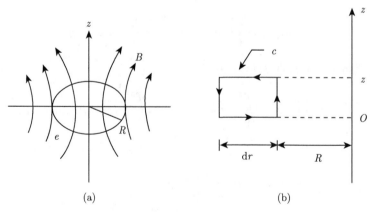

图 6.11　电子在轴对称磁场中运动

(2) B_0 的增加使电子在径向受的力 (向心力) 加大, B_{av} 的增加使电子在切向有一加速度. 依题意, 电子运动轨道半径不变, 设速度增量为 Δv, 则有

$$e(v + \Delta v)(B_0 + \Delta B_0) = m\frac{(v + \Delta v)^2}{R} \tag{6.112}$$

以及
$$m\Delta v = \int_0^{\Delta t} F_{切} \mathrm{d}t = \int_0^{\Delta t} e\frac{1}{2\pi R} \cdot \frac{\mathrm{d}\psi_{\mathrm{B}}}{\mathrm{d}t}\mathrm{d}t = \frac{e\Delta\psi_{\mathrm{B}}}{2\pi R}$$

而因为 $\Delta\psi_{\mathrm{B}} = \Delta B_{\mathrm{av}}\pi R^2$, 故
$$m\Delta v = \frac{eR\Delta B_{\mathrm{av}}}{2} \tag{6.113}$$

注意 $eB_0 = m\dfrac{v}{R}$, 联合式 (6.112) 与式 (6.113), 略去二阶小量项, 即得
$$\Delta B_0 = \frac{1}{2}\Delta B_{\mathrm{av}}$$

(3) 设电子在径向受到微扰, 使得
$$r = R + r_1, \qquad \omega = \omega_0 + \omega_1$$

式中, r_1、ω_1 均为一级小量, 则由
$$\boldsymbol{F} = m\boldsymbol{a} = -e\boldsymbol{v} \times \boldsymbol{B}$$

以及
$$\boldsymbol{a} = (\ddot{r} - r\dot{\theta}^2)\boldsymbol{e}_r + (r\ddot{\theta} + 2\dot{r}\dot{\theta})\boldsymbol{e}_\theta$$
$$\boldsymbol{v} \times \boldsymbol{B} = r\dot{\theta}B_z\boldsymbol{e}_r - \dot{r}B_z\boldsymbol{e}_\theta$$

可得
$$-er\dot{\theta}B_z = m(\ddot{r} - r\dot{\theta}^2) \tag{6.114}$$
$$e\dot{r}B_z = m(r\ddot{\theta} + 2\dot{r}\dot{\theta}) \tag{6.115}$$

另外注意到
$$\dot{r} = \dot{r}_1, \qquad \dot{\theta} = \omega_0 + \omega_1, \qquad \ddot{\theta} = \dot{\omega}_1$$

在保留到一级小量时, 由式 (6.115) 有
$$e\dot{r}_1 B_z = mR\dot{\omega}_1 + 2m\dot{r}_1\omega_0$$

又因为 $eB_z = m\omega_0$, 故 $R\dot{\omega}_1 + \dot{r}_1\omega_0 = 0$, 即
$$R\dot{\omega}_1 + \dot{r}_1\omega_0 = 0 \tag{6.116}$$

由 $B_z = B_z(R) + B_z'(R)r_1$ 及 $eB_z = m\omega_0$ 和式 (6.114) 有
$$-eR\omega_0 B_z'(R)r_1 - eB_z(R\omega_1 + r_1\omega_0) = m(\ddot{r}_1 - 2R\omega_0\omega_1 - r_1\omega_0^2)$$

代入式 (6.116), 此式可简化为
$$-eR\omega_0 B_z'(R)r_1 = m\ddot{r}_1 + m\omega_0^2 r_1$$

又因为

$$B_z'(R) = B_0(R)n\left(\frac{R}{r}\right)^{n-1}\cdot\left(-\frac{R}{r^2}\right)\Big|_{r=R} = -\frac{n}{R}B_z(R)$$

故得

$$\ddot{r}_1 + (1-n)\omega_0^2 r_1 = 0 \qquad (6.117)$$

式 (6.117) 即为径向运动方程.

为求纵向运动方程, 设电子在纵向有一偏离 z, 有 $F_z = m\ddot{z}$. 又因 B_r 是一级小量, 对 F_z 只需取零级速度 $\boldsymbol{v} = \omega_0 R\boldsymbol{e}_\theta$, 即有 $F_z = -e(\boldsymbol{v}\times\boldsymbol{B})\cdot\boldsymbol{e}_z = e\omega_0 RB_r$, 故得

$$m\ddot{z} = e\omega_0 RB_r \qquad (6.118)$$

为求 B_r, 在 $x=0$ 平面取一回路 c 如图 6.10(b) 所示. 按题设, 该面上磁感应强度无径向分量, 由 $\oint_c \boldsymbol{B}\cdot\mathrm{d}\boldsymbol{l} = 0$ 得

$$B_z(R)z + B_r(z)\mathrm{d}r - B_z(R+\mathrm{d}r)z = 0$$

这里 z 为一级小量, 故

$$B_r(z) = \frac{B_z(R+\mathrm{d}r) - B_z(R)}{\mathrm{d}r}z$$
$$= B_z'(R)z$$

而 $B_z'(R) = -\dfrac{n}{R}B_z(R)$, 联合式 (6.118) 有

$$m\ddot{z} + m\omega_0^2 nz = 0 \qquad (6.119)$$

式 (6.119) 为纵向运动方程.

(4) 由式 (6.117) 可见, 为使电子在受到径向扰动后稳定, 应有 $1-n > 0$. 而由式 (6.119), 为使电子受到竖直方向的扰动后稳定, 应有 $n > 0$, 所以总的要求是 $0 < n < 1$.

6.30 电子在一维谐振子势阱中运动, 求每周的辐射能量

题 6.30 一电子在一维谐振子势阱中运动, $\omega_0 = 1.0 \times 10^5\text{rad/s}$, 振幅 $x_0 = 1.0 \times 10^{-8}\text{cm}$.

(1) 计算每周辐射的能量;

(2) 每周损失的能量与平均机械能之比是多少?

(3) 损失掉一半能量需要多长时间?

解答 (1) 考虑辐射阻尼后, 电子运动方程为

$$m\ddot{x} = -kx + \frac{e^2}{6\pi\varepsilon_0 c^3}\dddot{x}$$

或写成

$$\ddot{x} = -\omega_0^2 x + \frac{e^2}{6\pi\varepsilon_0 mc^3}\dddot{x}, \qquad \omega_0^2 = \frac{k}{m}$$

作为零阶近似, 先忽略辐射阻尼项, 则 $\ddot{x}+\omega_0^2 x=0$, 解得 $x=x_0\mathrm{e}^{-\mathrm{i}\omega t}$, 近似地, $\dddot{x}\approx-\omega_0^2\dot{x}$, 故有

$$\dddot{x}=-\omega_0^2 x-\frac{e^2\omega_0^2}{6\pi\varepsilon_0 mc^3}\dot{x}$$

可解得

$$x=x_0\mathrm{e}^{-\frac{e^2\omega_0^2}{12\pi\varepsilon_0 mc^3}t}\mathrm{e}^{-\mathrm{i}\omega_0 t}$$

由于 $\mathrm{e}^{-\frac{e^2\omega_0^2}{12\pi\varepsilon_0 mc^3}t}$ 在一周期内几乎不变, 故有 $\dot{x}\approx-\mathrm{i}\omega_0 x$.

平均机械能为

$$\overline{W}=\frac{1}{2}m\overline{\dot{x}^2}+\frac{1}{2}k\overline{x^2}=\frac{1}{2}m\omega_0^2 x_0^2\mathrm{e}^{-\frac{e^2\omega_0^2}{6\pi\varepsilon_0 mc^3}t}=W_0\mathrm{e}^{-\frac{e^2\omega_0^2}{6\pi\varepsilon_0 mc^3}t}$$

一周期内损失能量为

$$\Delta\overline{W}=-\frac{\mathrm{d}\overline{W}}{\mathrm{d}t}\cdot T=\frac{e^2\omega_0^2}{6\pi\varepsilon_0 mc^3}W_0\mathrm{e}^{-\frac{e^2\omega_0^2}{6\pi\varepsilon_0 mc^3}t}\frac{2\pi}{\omega_0}$$

在开始的几周期内, 可以认为, $\mathrm{e}^{-\frac{e^2\omega_0^2}{6\pi\varepsilon_0 mc^3}t}$ 基本不变, 故有

$$\Delta\overline{W}\approx\frac{e^2\omega_0^2}{6\pi\varepsilon_0 mc^3}\cdot\frac{1}{2}m\omega_0^2 x_0^2\frac{2\pi}{\omega_0}=e^2\frac{\omega_0^3 x_0^2}{6\varepsilon_0 c^3}\approx1.1\times10^{-39}\mathrm{eV}$$

(2) 一周期损失能量与总能量之比为

$$\frac{\Delta\overline{W}}{\overline{W}}=\frac{e^2\omega_0^2}{6\pi\varepsilon_0 mc^3}\cdot\frac{2\pi}{\omega_0}=e^2\frac{\omega_0}{3\varepsilon_0 mc^3}\approx3.9\times10^{-18}$$

(3) 令 $\overline{W}(t)=\frac{1}{2}W_0$, 则有

$$\mathrm{e}^{-\frac{e^2\omega_0^2}{6\pi\varepsilon_0 mc^3}\tau}=\frac{1}{2},\qquad\frac{e^2\omega_0^2}{6\pi\varepsilon_0 mc^3}\tau=\ln 2$$

从而

$$\tau=\frac{6\pi\varepsilon_0 mc^3}{e^2\omega_0^2}\ln 2=3.5\times10^{-12}\mathrm{s}$$

6.31 一电子在线性恢复力场中运动, 考虑辐射阻尼, 求辐射阻尼力的表达式

题 6.31 电荷为 e、质量为 m 的电子被一个线性恢复力所约束. 力的系数为 $K=m\omega_0^2$, 电子振动时, 辐射功率公式为

$$P=\frac{1}{6\pi\varepsilon_0}\cdot\frac{e^2\dot{\boldsymbol{v}}^2}{c^3}$$

式中, $\dot{\boldsymbol{v}}$ 是电子的加速度, c 为光速.

(1) 考虑引起辐射能量损失的辐射阻尼力 F_s. 假设电子每个周期所损失的能量比总能量小得多. 利用长时间过程中的功能关系, 求 F_s 的表达式, 在什么条件下, F_s 与 v 成正比?

(2) 假设 F_s 正比于 v, 写出电子的运动方程, 把电子位置写为时间函数的形式;

(3) 对于 $\dfrac{\omega_0}{2\pi} = 10^{15}$Hz 的频率, (1) 中认为电子每个周期能量损失很小的假设是否成立?

(4) 假设电子还受到外场 $E = E_0 \cos\omega t$ 的作用, 对 $|\omega - \omega_0| \ll \omega_0$ 的近共振情况, 写出相对辐射强度 $I/I_{\max}$ 的时间平均值作为频率 ω 的函数的关系式. 求出与极大值 $I_{\max}$ 相应的频率 ω_1, 相对能级移动 $\dfrac{\omega_1 - \omega_0}{\omega_0}$ 和半极大相对全宽度 $\Delta\omega_{\mathrm{FWHM}}/\omega_0$.

解答　(1) 由于阻尼力对电子所做的负功率应等于辐射功率, 因此

$$-\int_{t_1}^{t_2} \boldsymbol{F}_s \cdot \boldsymbol{v}\mathrm{d}t = \int_{t_1}^{t_2} \frac{1}{6\pi\varepsilon_0} \cdot \frac{e^2}{c^3}\dot{\boldsymbol{v}}^2\mathrm{d}t = \int_{t_1}^{t_2} \frac{1}{6\pi\varepsilon_0} \cdot \frac{e^2}{c^3}\dot{\boldsymbol{v}} \cdot \mathrm{d}\boldsymbol{v}$$

$$= \frac{1}{6\pi\varepsilon_0} \cdot \frac{e^2}{c^3}\dot{\boldsymbol{v}} \cdot \boldsymbol{v}\Big|_{t_1}^{t_2} - \frac{1}{6\pi\varepsilon_0} \cdot \frac{e^2}{c^3}\int_{t_1}^{t_2}\ddot{\boldsymbol{v}} \cdot \boldsymbol{v}\mathrm{d}t$$

设 $t_2 - t_1 = T$ 为一个振动周期, 当假设一周期中的能量损失远小于总能量时, 可认为电子做准周期运动, 这时 $\boldsymbol{v}|_{t_1} = \boldsymbol{v}|_{t_2}$, $\dot{\boldsymbol{v}}|_{t_1} = \dot{\boldsymbol{v}}|_{t_2}$, 由上式即得

$$\boldsymbol{F}_s = \frac{1}{6\pi\varepsilon_0} \cdot \frac{e^2}{c^3}\ddot{\boldsymbol{v}} \tag{6.120}$$

当辐射阻尼力与作用在电子上的恢复力相比很微弱时, 认为电子的位移为 $x = x_0\mathrm{e}^{-\mathrm{i}\omega_0 t}$, 可有 $\ddot{\boldsymbol{v}} = -\omega_0^2\boldsymbol{v}$, 则 $\boldsymbol{F}_s$ 与 $\boldsymbol{v}$ 成正比, 即为

$$\boldsymbol{F}_s = -\frac{1}{6\pi\varepsilon_0} \cdot \frac{e^2\omega_0^2}{c^3}\boldsymbol{v} \tag{6.121}$$

(2) 电子的运动方程为

$$m\ddot{x} = -m\omega_0^2 x - \frac{1}{6\pi\varepsilon_0} \cdot \frac{e^2}{c^3}\omega_0^2\dot{x}$$

记 $\gamma = \dfrac{1}{6\pi\varepsilon_0} \cdot \dfrac{e^2\omega_0^2}{mc^3}$, 上式可写成

$$\ddot{x} + \gamma\dot{x} + \omega_0^2 x = 0 \tag{6.122}$$

在 F_s 小于恢复力时, $\gamma \ll \omega_0$, 其解为

$$x = x_0\mathrm{e}^{-\frac{\gamma}{2}t}\mathrm{e}^{-\mathrm{i}\omega_0 t} \tag{6.123}$$

(3) 当频率 $\dfrac{\omega_0}{2\pi} = 10^{15}$Hz 时, 对应周期 $T = 10^{-15}$s. 这时 $\gamma \approx 10^3$Hz, 显然满足 $\gamma \ll \omega_0$ 的条件. 因为电子的弹性势能为 $\dfrac{1}{2}m\omega_0^2 x^2$, 由式 (6.123) 可见, 当经过一个周期, 电子所损失的能量与总势能之比约为 $(1 - \mathrm{e}^{-\gamma t}) \approx 10^{-7} \ll 1$, 因此 (1) 的假设是对的.

(4) 加入外场 $E = E_0\mathrm{e}^{-\mathrm{i}\omega t}$ 作用后, 电子运动方程为

$$m\ddot{x} = -eE_0\mathrm{e}^{-\mathrm{i}\omega t} - m\omega_0^2 x - \frac{e^2}{6\pi\varepsilon_0 c^3}\omega_0^2\dot{x}$$

仍引入 $\gamma = \dfrac{1}{6\pi\varepsilon_0} \cdot \dfrac{e^2\omega_0^2}{mc^3}$, 方程化为

$$\ddot{x} + \gamma\dot{x} + \omega_0^2 x = -\frac{e}{m}E_0\mathrm{e}^{-\mathrm{i}\omega t} \tag{6.124}$$

以 $x = x_0\mathrm{e}^{-\mathrm{i}\omega t}$ 代入得方程的稳态解为

$$x = \frac{e}{m} \cdot \frac{1}{\omega^2 - \omega_0^2 + \mathrm{i}\omega\gamma}E_0\mathrm{e}^{-\mathrm{i}\omega t} \tag{6.125}$$

由式 (6.125) 可得辐射强度为

$$\begin{aligned}
I(\omega) &= \overline{P} = \frac{1}{6\pi\varepsilon_0} \cdot \frac{e^2}{c^3}\overline{\dot{\boldsymbol{v}}^2} = \frac{1}{6\pi\varepsilon_0} \cdot \frac{e^2\omega^2}{c^3} \cdot \frac{1}{2}\mathrm{Re}\{x^* \cdot x\} \\
&= \frac{1}{12\pi\varepsilon_0} \cdot \frac{e^4E_0^2}{m^2c^3} \cdot \frac{\omega^4}{(\omega^2 - \omega_0^2)^2 + \omega^2\gamma^2}
\end{aligned} \tag{6.126}$$

在近共振区, $|\omega - \omega_0| \ll \omega_0$

$$I(\omega) \approx \frac{1}{12\pi\varepsilon_0} \cdot \frac{e^4E_0^2}{m^2c^3}\left(\frac{\omega_0}{\gamma}\right)^2$$

为求 $I_{\max}$, 我们令 $\Delta\omega = \omega - \omega_0$, 在近共振区 $\Delta\omega$ 为一小量, 若令 $u = \dfrac{\Delta\omega}{\omega_0}$, 则 $u \ll 1$. 又因 $\dfrac{\gamma}{\omega_0}$ 也为一小量, 对式 (6.126), 在分子、分母都保留到二级小量时, 有

$$I(u) = \frac{1}{12\pi\varepsilon_0} \cdot \frac{e^2E_0^2}{m^2c^3} \cdot \frac{1 + 4u + 6u^2}{4u^2 + \dfrac{\gamma^2}{\omega_0^2}} \tag{6.127}$$

由

$$\frac{\mathrm{d}I(u)}{\mathrm{d}u} = 0$$

可得

$$u_1 = \frac{\omega_1 - \omega_0}{\omega_0} = \frac{1}{2} \cdot \frac{\gamma^2}{\omega_0^2}$$

即对应最大强度 $I_{\max}$ 的频率为

$$\omega_1 = \omega_0 + \frac{1}{2} \cdot \frac{\gamma^2}{\omega_0} \tag{6.128}$$

从而得

$$\frac{I(\omega)}{I_{\max}} = \frac{\gamma^2}{4(\omega - \omega_0)^2 + \gamma^2} \tag{6.129}$$

当 $I(\omega)/I_{\max} = \dfrac{1}{2}$ 时, 可得

$$\omega = \omega_\pm = \omega_0 \pm \frac{\gamma}{2}$$

因此半极大强度的全宽度为

$$\frac{\Delta\omega_{\mathrm{FWHM}}}{\omega_0} = \frac{\omega_+ - \omega_-}{\omega_0} = \frac{\gamma}{\omega_0} \tag{6.130}$$

6.32 考虑加速带电粒子的能量辐射效应, 求电磁波作用在电子上的力的时均值

题 6.32 为考虑一加速的带电粒子的能量辐射效应, 我们要修改牛顿运动方程, 即加上反作用力 F_R.

(1) 用能量守恒推导 F_R 的经典结果

$$\boldsymbol{F}_R = \frac{1}{6\pi\varepsilon_0} \cdot \frac{e^2}{c^3}\dddot{\boldsymbol{r}}$$

假定轨道为圆周, 即 $\dot{\boldsymbol{v}} \cdot \boldsymbol{v} = 0$ 这一简单情形, $\boldsymbol{v}$ 为粒子的速度.

(2) 试求电磁波作用在电子上的力对时间平均值 $\langle F \rangle$.

(3) 用这个波的辐射压力 P 推导辐射的有效散射截面.

解答 (1) 见题 6.31, 此处略.

(2) 参考题 6.31, 在平面波作用下, 电子的运动方程为

$$m\ddot{\boldsymbol{r}} = -e\boldsymbol{E}_0 \mathrm{e}^{-\mathrm{i}\omega t} + \frac{e^2}{6\pi\varepsilon_0 c^3}\dddot{\boldsymbol{r}}$$

其稳态解为 $\boldsymbol{r} = \boldsymbol{r}_0 \mathrm{e}^{-\mathrm{i}\omega t}$, 其中

$$\boldsymbol{r}_0 = \frac{e\boldsymbol{E}_0}{m\omega^2 - \mathrm{i}\dfrac{e^2\omega^3}{6\pi\varepsilon_0 c^3}}, \qquad \boldsymbol{v} = \dot{\boldsymbol{r}} = -\mathrm{i}\omega\boldsymbol{r}_0\mathrm{e}^{-\mathrm{i}\omega t}$$

故电子受到的时间平均力为

$$\langle \boldsymbol{F} \rangle = \left\langle -e\boldsymbol{E}_0\mathrm{e}^{-\mathrm{i}\omega t} - e\boldsymbol{v} \times \boldsymbol{B} \right\rangle = -e\left\langle \boldsymbol{v} \times \boldsymbol{B} \right\rangle$$

$$= -\frac{e}{2}\mathrm{Re}\left\langle \boldsymbol{v}^* \times \boldsymbol{B} \right\rangle = -\frac{e}{2}\mathrm{Re}\left\{ \frac{\mathrm{i}e\omega\boldsymbol{E}_0}{m\omega^2 - \mathrm{i}\dfrac{e^2\omega^3}{6\pi\varepsilon_0 c^3}} \times \boldsymbol{B} \right\}$$

$$= -\frac{e^2\mu_0}{2}\left\langle \boldsymbol{S} \right\rangle \mathrm{Re}\left\{ \frac{\mathrm{i}\omega}{m\omega^2 - \mathrm{i}\dfrac{e^2\omega^3}{6\pi\varepsilon_0 c^3}} \right\} \approx \frac{e^4}{12\pi c^5\varepsilon_0^2 m^2}\left\langle \boldsymbol{S} \right\rangle$$

(3) 对平面电磁波, $P = \dfrac{|\boldsymbol{S}|}{c}$, $\langle P \rangle = \dfrac{\langle \boldsymbol{S} \rangle}{c}$, 故得有效散射截面为

$$\sigma = \frac{\langle F \rangle}{\langle P \rangle} = \frac{e^4}{12\pi c^4\varepsilon_0^2 m^2} = \frac{4}{3}\pi r_e^2$$

式中, $r_e = \dfrac{e^2}{4\pi\varepsilon_0 mc^2}$ 为电子经典半径.

6.33　电子在简谐势中运动,考虑阻尼作用,求辐射强度与频率的关系

题 6.33　考虑原子谱线宽度的经典理论,"原子"中有质量为 m、电荷为 e、处于简谐势中的电子. 电子还受到阻尼的作用, 因此该电子的运动方程为 $m\ddot{x} + m\omega_0^2 x + \gamma\dot{x} = 0$

(1) 设 $t = 0$ 时, $x = x_0$, $\dot{x} = 0$, 求随后电子的运动. 做这种运动的经典电子将有电磁辐射, 确定辐射强度与频率的关系 (可以带有任意常数). 假设 $\gamma/m \ll \omega_0$;

(2) 假定 (1) 中的方程不出现阻尼力 $\gamma\dot{x}$, 振动仅仅因为辐射而衰减 (这个效应在 (1) 中忽略). 振子的能量按 $U = U_0\mathrm{e}^{-\Gamma t}$ 衰减. 此时, Γ 为多少 (你可以假定在一次振荡中, 电子只损失掉小部分能量)?

(3) 对于 5000Å 的原子谱线, 由 (2) 中的计算, 以 Å 为单位, 确定谱线宽度. 粗略地估计在大约多少次振荡之后, 电子将损失掉一半能量?

解答　(1) 电子运动方程

$$m\ddot{x} + m\omega_0^2 x + \gamma\dot{x} = 0$$

按题意 $t = 0$ 时初始条件 $x = x_0$, $\dot{x} = 0$, 解得

$$x = x_0\mathrm{e}^{-\frac{\gamma}{2m}t}\mathrm{e}^{-\mathrm{i}\omega t}, \qquad \omega = \sqrt{\omega_0^2 - \frac{\gamma^2}{4m^2}}$$

因为 $\dfrac{\gamma}{2m} \ll \omega_0$, 故

$$\omega \approx \omega_0, \qquad x = x_0\mathrm{e}^{-\frac{\gamma}{2m}t}\mathrm{e}^{-\mathrm{i}\omega_0 t}$$

所以, 电子运动时所具有的偶极矩 $\boldsymbol{P} = \boldsymbol{P}_0\mathrm{e}^{-\frac{\gamma}{2m}t}\mathrm{e}^{-\mathrm{i}\omega_0 t}$ 是一个作衰减振荡的电偶极子. 远处的辐射场为

$$\boldsymbol{E}(\boldsymbol{r}, t) = \boldsymbol{E}_0(\boldsymbol{r})\mathrm{e}^{-\frac{\gamma}{2m}\left(t - \frac{r}{c}\right)}\mathrm{e}^{-\mathrm{i}\omega_0\left(t - \frac{r}{c}\right)}$$

为简单起见, 记 $E(t) = E_0\mathrm{e}^{-\frac{\gamma}{2m}t}\mathrm{e}^{-\mathrm{i}\omega_0 t}$(此处 t 的计时已推迟 $\dfrac{r}{c}$), 按 Fourier 分析, 衰减振幅是非单色的, 为各种频率单色振动的叠加, 即

$$E(t) = \int_{-\infty}^{+\infty} E(\omega)\mathrm{d}\omega\mathrm{e}^{-\mathrm{i}\omega t}$$

其中

$$\begin{aligned}
E(\omega) &= \frac{1}{2\pi}\int_0^{+\infty} E(t)\mathrm{e}^{\mathrm{i}\omega t}\mathrm{d}t \\
&= \frac{1}{2\pi}\int_0^{\infty} (E_0\mathrm{e}^{-\frac{\gamma}{2m}t}\mathrm{e}^{-\mathrm{i}\omega_0 t})\mathrm{e}^{\mathrm{i}\omega t}\mathrm{d}t \\
&= \frac{E_0}{2\pi} \cdot \frac{1}{\mathrm{i}(\omega - \omega_0) - \dfrac{\gamma}{2m}}
\end{aligned}$$

其中做 Fourier 积分时利用了 $t < 0$ 时, $E(t) = 0$. 故

$$I(\omega) \propto |E(\omega)|^2 \propto \frac{1}{(\omega - \omega_0)^2 + \gamma^2/4m^2}$$

这是洛伦兹谱情况.

(2) $\gamma = 0$, $x = x_0 \mathrm{e}^{-\mathrm{i}\omega_0 t}$, 偶极辐射功率

$$\overline{P} = \frac{1}{6\pi\varepsilon_0} \cdot \frac{e^2 |\ddot{x}|^2}{c^3} = \frac{1}{6\pi\varepsilon_0} \cdot \frac{e^2 \omega_0^4 x_0^2}{c^3}$$

因为

$$U = \frac{1}{2} m\omega_0^2 x_0^2$$

给出

$$\overline{P} = \frac{e^2 \omega_0^2}{3\pi\varepsilon_0 mc^3} U$$

又

$$\overline{P} = -\frac{\mathrm{d}U}{\mathrm{d}t}$$

从而

$$\frac{\mathrm{d}U}{\mathrm{d}t} + \frac{e^2 \omega_0^2}{3\pi\varepsilon_0 mc^3} U = 0$$

因此

$$U = U_0 \mathrm{e}^{-\Gamma t}, \qquad \Gamma = \frac{e^2 \omega_0^2}{3\pi\varepsilon_0 mc^3}$$

(3) 频率宽度 $\Delta\omega \approx \Gamma$, 故

$$\Delta\lambda = \lambda_0 \frac{\Delta\omega}{\omega_0} = \lambda_0 \frac{\Gamma}{\omega_0} = \lambda_0 \frac{e^2 \omega_0}{3\pi\varepsilon_0 mc^3} = \frac{e^2}{3\pi\varepsilon_0 mc^3} 2\pi c$$

$$= \frac{2}{3\varepsilon_0} \cdot \frac{e^2}{mc^2} = 1.2 \times 10^{-4} \text{Å}$$

能量衰减一半所需的时间是 $T = \dfrac{\ln 2}{\Gamma}$, 一次振动需时 $t = \dfrac{2\pi}{\omega_0}$, 故损失掉一半能量, 电子振动次数约为

$$N = \frac{T}{t} = \frac{\ln 2}{\Gamma} \cdot \frac{\omega_0}{2\pi} = \frac{\ln 2}{\dfrac{e^2 \omega_0^2}{6\pi\varepsilon_0 mc^3}} \cdot \frac{\omega_0}{2\pi} = 3\varepsilon_0 \ln 2 \cdot \frac{mc^3}{e^2 \omega_0}$$

$$= 3\varepsilon_0 \ln 2 \cdot \frac{mc^3}{e^2 \cdot \dfrac{2\pi c}{\lambda_0}} = \frac{3\varepsilon_0 \ln 2}{2\pi} \times \frac{\lambda_0}{(e^2/mc^2)} = 9 \times 10^6 \text{次}$$

6.34　考虑在加速器中做非相对论运动的带电粒子的辐射损失, 求粒子动能与时间的关系

题 6.34　假设一个在回旋加速器中运动的非相对论带电粒子有可观的辐射能量损失. 现对一个质量、电荷与初动能已知的粒子说明这一事实, 已知此粒子最初是在加速器中的均匀磁场里做圆周运动.

(1) 将粒子的动能表示成时间的函数;

(2) 假如该粒子是质子, 初动能为 100MeV, 从半径为 10m 的轨道出发. 用秒为单位求它辐射掉 10% 的能量所需的时间.

解答　(1) 设粒子质量为 m, 带电 q, 在 t 时刻动能为 E. 由于粒子是非相对论性的, 故即使对电子, 转一圈的辐射损失也远小于其动能. 这样, 可设 t 时刻粒子仍做半径为 R 的圆周运动, 其辐射功率为

$$P = \frac{q^2}{6\pi\varepsilon_0 c^3}\dot{\boldsymbol{v}}^2$$

在均匀磁场 $\boldsymbol{B}$ 中做圆周运动的带电粒子的运动方程为

$$m|\dot{\boldsymbol{v}}| = \frac{mv^2}{R} = qvB$$

粒子的非相对论动能 $T = \frac{1}{2}mv^2$, 故

$$P = \frac{q^4 B^2 T}{3\pi\varepsilon_0 m^3 c^3}$$

因磁场力不对粒子做功, 因此 P 即为单位时间中粒子动能的减少, 即

$$P = -\frac{\mathrm{d}T}{\mathrm{d}t} = \frac{q^4 B^2 T}{3\pi\varepsilon_0 m^3 c^3}$$

设初始动能为 T_0, 上式给出

$$T = T_0 \mathrm{e}^{-\frac{q^4 B^2}{3\pi\varepsilon_0 m^3 c^3}t}$$

(2) 对质子, 电量和质量分别为 $q = 1.6 \times 10^{-19}\mathrm{C}, m = 1.67 \times 10^{-27}\mathrm{kg}$, 它的能量减少 10% 所需的时间为

$$\tau = -\frac{3\pi\varepsilon_0 m^3 c^3}{q^4 B^2}\ln 0.9$$

由 $T_0 = 100\mathrm{MeV}, R = 10\mathrm{m}$, 求得磁场为

$$B^2 = \frac{2mT_0}{R^2 q^2} \approx 2.09 \times 10^{-2}(\mathrm{Wb/m})^2$$

代入 τ 的表达式中, 得

$$\tau \approx 8.07 \times 10^{10}\mathrm{s}$$

6.35　证明 Maxwell 方程满足能量守恒定律

题 6.35　试证明 Maxwell 方程满足能量守恒定律

$$\nabla \cdot \boldsymbol{S} + \frac{\partial w}{\partial t} = -\boldsymbol{f} \cdot \boldsymbol{v}$$

其中

$$\boldsymbol{S} = \frac{1}{\mu_0}\boldsymbol{E} \times \boldsymbol{B}$$

$$w = \frac{1}{2}\left(\varepsilon_0 \boldsymbol{E}^2 + \frac{1}{\mu_0}\boldsymbol{B}^2\right)$$

$$\boldsymbol{f} = \rho\boldsymbol{E} + \boldsymbol{j} \times \boldsymbol{B}, \quad \boldsymbol{j} = \rho\boldsymbol{v}$$

解答 由 Lorentz 力公式

$$\boldsymbol{f} \cdot \boldsymbol{v} = (\rho \boldsymbol{E} + \boldsymbol{j} \times \boldsymbol{B}) \cdot \boldsymbol{v} = \rho \boldsymbol{E} \cdot \boldsymbol{v} = \boldsymbol{E} \cdot \boldsymbol{J}$$

由 Maxwell 方程第二式

$$\boldsymbol{J} = \nabla \times \boldsymbol{H} - \frac{\partial \boldsymbol{D}}{\partial t}$$

故得

$$\boldsymbol{J} \cdot \boldsymbol{E} = \boldsymbol{E} \cdot \nabla \times \boldsymbol{H} - \boldsymbol{E} \cdot \frac{\partial \boldsymbol{D}}{\partial t}$$

由矢量分析公式及 Maxwell 方程得

$$\boldsymbol{E} \cdot \nabla \times \boldsymbol{H} = -\nabla \cdot (\boldsymbol{E} \times \boldsymbol{H}) + \boldsymbol{H} \cdot \nabla \times \boldsymbol{E}$$
$$= -\nabla \cdot (\boldsymbol{E} \times \boldsymbol{H}) - \boldsymbol{H} \cdot \frac{\partial \boldsymbol{B}}{\partial t}$$

代入上式得

$$\boldsymbol{J} \cdot \boldsymbol{E} = -\nabla \cdot (\boldsymbol{E} \times \boldsymbol{H}) - \boldsymbol{E} \cdot \frac{\partial \boldsymbol{D}}{\partial t} - \boldsymbol{H} \cdot \frac{\partial \boldsymbol{B}}{\partial t}$$

由此即得 Maxwell 方程满足能量守恒定律.

6.36 从 Maxwell 第一方程组的协变性导出场强在 Lorentz 变换下的变换形式

题 6.36 请从 Maxwell 第一方程组

$$\nabla \cdot \boldsymbol{B} = 0, \qquad \nabla \times \boldsymbol{E} + \frac{\partial \boldsymbol{B}}{\partial t} = 0 \tag{6.131}$$

的协变性导出 $\boldsymbol{E}$、$\boldsymbol{B}$ 在 Lorentz 变换下的变换形式.

解答 Maxwell 第一方程组用场强分量表示为

$$\frac{\partial B_x}{\partial x} + \frac{\partial B_y}{\partial y} + \frac{\partial B_z}{\partial z} = 0$$
$$\frac{\partial E_z}{\partial y} - \frac{\partial E_y}{\partial z} = -\frac{\partial B_x}{\partial t}, \quad \frac{\partial E_x}{\partial z} - \frac{\partial E_z}{\partial x} = -\frac{\partial B_y}{\partial t}, \quad \frac{\partial E_y}{\partial x} - \frac{\partial E_x}{\partial y} = -\frac{\partial B_z}{\partial t} \tag{6.132}$$

对于 K 系中给定的场量 $\boldsymbol{E}$、$\boldsymbol{B}$, 如能找到 K′ 系中相应的场量 $\boldsymbol{E}'$、$\boldsymbol{B}'$, 使其在 K′ 系中满足的方程形式不变, 即满足

$$\frac{\partial B_x'}{\partial x'} + \frac{\partial B_y'}{\partial y'} + \frac{\partial B_z'}{\partial z'} = 0$$
$$\frac{\partial E_z'}{\partial y'} - \frac{\partial E_y'}{\partial z'} = -\frac{\partial B_x'}{\partial t'}, \quad \frac{\partial E_x'}{\partial z'} - \frac{\partial E_z'}{\partial x'} = -\frac{\partial B_y'}{\partial t'}, \quad \frac{\partial E_y'}{\partial x'} - \frac{\partial E_x'}{\partial y'} = -\frac{\partial B_z'}{\partial t'} \tag{6.133}$$

则方程满足协变性, 也对 $\boldsymbol{E}$、$\boldsymbol{B}$ 给出要求.

利用 Lorentz 变换

$$
\begin{cases}
\dfrac{\partial}{\partial x} = \dfrac{\partial}{\partial x'}\dfrac{\partial x'}{\partial x} + \dfrac{\partial}{\partial t'}\dfrac{\partial t'}{\partial x} = \gamma\dfrac{\partial}{\partial x'} - \dfrac{\gamma\beta}{c}\dfrac{\partial}{\partial t'} \\[2mm]
\dfrac{\partial}{\partial y} = \dfrac{\partial}{\partial y'} \\[2mm]
\dfrac{\partial}{\partial z} = \dfrac{\partial}{\partial z'} \\[2mm]
\dfrac{\partial}{\partial t} = \dfrac{\partial}{\partial x'}\dfrac{\partial x'}{\partial t} + \dfrac{\partial}{\partial t'}\dfrac{\partial t'}{\partial t} = -\gamma v\dfrac{\partial}{\partial x'} + \gamma\dfrac{\partial}{\partial t'}
\end{cases}
\tag{6.134}
$$

代入式 (6.132), 依次给出

$$
\gamma\frac{\partial B_x}{\partial x'} - \frac{\gamma\beta}{c}\frac{\partial B_x}{\partial t'} + \frac{\partial B_y}{\partial y'} + \frac{\partial B_z}{\partial z'} = 0
\tag{6.135a}
$$

$$
\frac{\partial E_z}{\partial y'} - \frac{\partial E_y}{\partial z'} = \gamma v\frac{\partial B_x}{\partial x'} - \gamma\frac{\partial B_x}{\partial t'}
\tag{6.135b}
$$

$$
\frac{\partial E_x}{\partial z'} - \gamma\frac{\partial E_z}{\partial x'} + \frac{\gamma\beta}{c}\frac{\partial E_z}{\partial t'} = \gamma v\frac{\partial B_y}{\partial x'} - \gamma\frac{\partial B_y}{\partial t'}
\tag{6.135c}
$$

$$
\gamma\frac{\partial E_y}{\partial x'} - \frac{\gamma\beta}{c}\frac{\partial E_y}{\partial t'} - \frac{\partial E_x}{\partial y'} = \gamma v\frac{\partial B_z}{\partial x'} - \gamma\frac{\partial B_z}{\partial t'}
\tag{6.135d}
$$

式 (6.135b) 两边乘以 $\dfrac{\beta}{c}$ 与式 (6.135a) 相加, 消去 $\dfrac{\partial B_x}{\partial t'}$ 项. 同样式 (6.135a) 两边乘以 v 与式 (6.135b) 相加, 消去 $\dfrac{\partial B_x}{\partial x'}$ 项. 这样依次给出

$$
\frac{\partial B_x}{\partial x'} + \frac{\partial}{\partial y'}\left[\gamma\left(B_y + \frac{v}{c^2}E_z\right)\right] + \frac{\partial}{\partial z'}\left[\gamma\left(B_z - \frac{v}{c^2}E_y\right)\right] = 0
\tag{6.136a}
$$

$$
\frac{\partial}{\partial y'}\left[\gamma\left(E_z + vB_y\right)\right] - \frac{\partial}{\partial z'}\left[\gamma\left(E_y - vB_z\right)\right] = -\frac{\partial B_x}{\partial t'}
\tag{6.136b}
$$

$$
-\frac{\partial}{\partial x'}\left[\gamma\left(E_z + vB_y\right)\right] + \frac{\partial E_x}{\partial z'} = -\frac{\partial}{\partial t'}\left[\gamma\left(B_y + \frac{v}{c^2}E_z\right)\right]
\tag{6.136c}
$$

$$
\frac{\partial}{\partial x'}\left[\gamma\left(E_z + vB_y\right)\right] - \frac{\gamma\beta}{c}\frac{\partial E_y}{\partial t'} - \frac{\partial E_x}{\partial y'} = -\frac{\partial}{\partial t'}\left[\gamma\left(B_z - \frac{v}{c^2}E_y\right)\right]
\tag{6.136d}
$$

不难看出, 如果场量 $\boldsymbol{E}$、$\boldsymbol{B}$ 的 Lorentz 变换式为

$$
E_x' = E_x, \quad E_y' = \gamma\left(E_y + vB_z\right), \quad E_z' = \gamma\left(E_z + vB_y\right)
\tag{6.137a}
$$

$$
B_x' = B_x, \quad B_y' = \gamma\left(B_y + \frac{v}{c^2}E_z\right), \quad B_z' = \gamma\left(B_z - \frac{v}{c^2}E_y\right)
\tag{6.137b}
$$

那么式 (6.136) 即为式 (6.133), Maxwell 第一方程组保持在 Lorentz 变换下的形式不变, 因而上式即为 $\boldsymbol{E}$、$\boldsymbol{B}$ 的 Lorentz 变换式.

6.37 运动电荷的 Liénard-Wiechert 势

题 6.37 试求运动电荷的 Liénard-Wiechert 势.

解法一　推迟势公式 (取 Lorenz 规范, 取 Gauss 单位制)

$$\varphi(\boldsymbol{x},t)=\int\frac{\rho(\boldsymbol{x}',t')}{R}\mathrm{d}\boldsymbol{x}' \tag{6.138}$$

$$\boldsymbol{A}(\boldsymbol{x},t)=\int\frac{\boldsymbol{j}\,(\boldsymbol{x}',t')}{R}\mathrm{d}\boldsymbol{x}' \tag{6.139}$$

其中, $R=|\boldsymbol{x}-\boldsymbol{x}'|=c(t-t')$. 积分中被积函数出现了 δ 函数, 令

$$\rho(\boldsymbol{x}',t')=e\delta\left[\boldsymbol{x}'-\boldsymbol{x}_e(t')\right]=e\delta\left[\boldsymbol{f}(\boldsymbol{x}')\right]$$

其中, $\boldsymbol{f}(\boldsymbol{x}')=\boldsymbol{x}'-\boldsymbol{x}_e(t')$, 而 $t'=t-|\boldsymbol{x}-\boldsymbol{x}'|/c=t'(\boldsymbol{x}')$. 这样得

$$\frac{\partial\boldsymbol{f}}{\partial\boldsymbol{x}'}=\overset{\leftrightarrow}{I}-\frac{\mathrm{d}\boldsymbol{x}_e(t')}{\mathrm{d}t'}\frac{\partial t'}{\partial\boldsymbol{x}'}=\overset{\leftrightarrow}{I}-\boldsymbol{V}(t')\frac{\partial t'}{\partial\boldsymbol{x}'}=\overset{\leftrightarrow}{I}-\boldsymbol{V}(t')\frac{\partial|\boldsymbol{x}-\boldsymbol{x}'|}{\partial\boldsymbol{x}'}\frac{1}{c}=\overset{\leftrightarrow}{I}-\boldsymbol{V}(t')\frac{\boldsymbol{n}}{c}$$

$$\begin{aligned}
\det\left(\frac{\partial\boldsymbol{f}}{\partial\boldsymbol{x}'}\right)&=\epsilon_{ijk}\left(\delta_{1i}-v_1\frac{n_i}{c}\right)\left(\delta_{2j}-v_2\frac{n_j}{c}\right)\left(\delta_{3k}-v_3\frac{n_k}{c}\right)\\
&=\epsilon_{ijk}\left(\delta_{1i}\delta_{2j}-\delta_{1i}v_2\frac{n_j}{c}-\delta_{2j}v_1\frac{n_i}{c}+\frac{v_1v_2}{c^2}n_in_j\right)\left(\delta_{3k}-v_3\frac{n_k}{c}\right)\\
&=\epsilon_{ijk}\left(\delta_{1i}\delta_{2j}\delta_{3k}-\delta_{1i}\delta_{3k}v_2\frac{n_j}{c}-\delta_{2j}\delta_{3k}v_1\frac{n_i}{c}-\delta_{1i}\delta_{2j}v_3\frac{n_k}{c}\right.\\
&\left.\quad+\delta_{1i}\frac{v_2}{c}\frac{v_3}{c}n_kn_j+\delta_{2j}\frac{v_3}{c}\frac{v_1}{c}n_kn_i+\delta_{3k}\frac{v_1}{c}\frac{v_2}{c}n_in_j-\frac{v_1v_2v_3}{c^3}n_in_jn_k\right)\\
&=1-\boldsymbol{V}(t')\cdot\frac{\boldsymbol{n}}{c}
\end{aligned}$$

这是积分变量 $\boldsymbol{x}'$ 变为 $\boldsymbol{f}$ 的雅科比, 故由式 (6.138)、式 (6.139) 得

$$\begin{aligned}
\varphi(\boldsymbol{x},t)&=\int\frac{e\delta\left[\boldsymbol{x}'-\boldsymbol{x}_e(t')\right]}{R}\mathrm{d}\boldsymbol{x}'=\frac{e}{R}\frac{1}{1-\boldsymbol{V}(t')\cdot\dfrac{\boldsymbol{n}}{c}}\\
&=\frac{e}{\left(R-\boldsymbol{R}\cdot\dfrac{\boldsymbol{V}}{c}\right)},
\end{aligned} \tag{6.140}$$

$$\begin{aligned}
\boldsymbol{A}(\boldsymbol{x},t)&=\frac{1}{c}\int\frac{e\delta\left[\boldsymbol{x}'-\boldsymbol{x}_e(t')\right]\boldsymbol{V}}{R}\mathrm{d}\boldsymbol{x}'\\
&=\frac{e\boldsymbol{V}}{c\left(R-\boldsymbol{R}\cdot\dfrac{\boldsymbol{V}}{c}\right)}
\end{aligned} \tag{6.141}$$

此即 Liénard-Wiechert 势.

解法二　从推迟势公式[①] 由基于 Maxwell 方程导出的关于电磁势的波动方程得到. 出发计算电磁势 (取 Lorenz 规范, 取 Gauss 单位制)

$$\boldsymbol{A}\,(\boldsymbol{x},t)=\frac{1}{c}\int\frac{\left[\boldsymbol{J}\,(\boldsymbol{x}',t')\right]_{\mathrm{ret}}}{R}\mathrm{d}^3\boldsymbol{x}'$$

$$\varphi\,(\boldsymbol{x},t)=\int\frac{\left[\rho\,(\boldsymbol{x}',t')\right]_{\mathrm{ret}}}{R}\mathrm{d}^3\boldsymbol{x}'$$

---

① 由基于 Maxwell 方程导出的关于电磁势的波动方程得到.

其中[2], $R = |\boldsymbol{R}|$, $\boldsymbol{R} = \boldsymbol{x} - \boldsymbol{x}'$, 而推迟 "ret" 指的是有关量对满足 $t' = t - R/c$ 的 t' 处取值. 一个带电粒子 (e, m) 沿某一轨道运动, 运动方程为 $\boldsymbol{x}_e = \boldsymbol{x}_e(t')$, 速度为 $\boldsymbol{V} = \boldsymbol{V}(t')$, 相应的电荷与电流分布为

$$\rho\left(\boldsymbol{x}', t'\right) = e\delta\left(\boldsymbol{x}' - \boldsymbol{x}_e(t')\right), \qquad \boldsymbol{J}\left(\boldsymbol{x}', t'\right) = e\boldsymbol{V}(t')\delta\left(\boldsymbol{x}' - \boldsymbol{x}_e(t')\right)$$

代入上述推迟势公式

$$
\begin{aligned}
\varphi\left(\boldsymbol{x}, t\right) &= \int \frac{\rho\left(\boldsymbol{x}', t - \dfrac{R}{c}\right)}{R}\mathrm{d}^3\boldsymbol{x}' = \int \frac{\rho\left(\boldsymbol{x}', t - \dfrac{R}{c}\right)}{R}\delta\left(t - t' - \frac{R}{c}\right)\mathrm{d}^3\boldsymbol{x}'\mathrm{d}t' \\
&= \int \frac{e}{R}\delta^{(3)}\left(\boldsymbol{x}' - \boldsymbol{x}_e(t')\right)\delta\left(t - t' - \frac{R}{c}\right)\mathrm{d}^4 x', \quad (R = |\boldsymbol{x} - \boldsymbol{x}'|) \\
&= \int \frac{e}{R}\delta\left(t - t' - \frac{1}{c}|\boldsymbol{x} - \boldsymbol{x}_e(t')|\right)\mathrm{d}t'
\end{aligned}
$$

上式牵涉到 δ-函数积分. 对于 δ 函数有公式

$$\delta\left(\varphi(x)\right) = \sum_i \frac{\delta\left(x - x_i\right)}{|\varphi'(x_i)|}$$

其中 $\varphi(x) = 0$ 只有单根, 分别为 $x_i(i = 1, 2, 3, \cdots)$, 即 $\varphi(x) = 0$ 但 $\varphi'(x) \neq 0$. 这样

$$
\begin{aligned}
\varphi\left(\boldsymbol{x}, t\right) &= \int \frac{e}{R}\delta\left(t - t' - \frac{1}{c}|\boldsymbol{x} - \boldsymbol{x}_e(t')|\right)\mathrm{d}t' \\
&= \frac{e}{R}\frac{1}{\left|\dfrac{\mathrm{d}}{\mathrm{d}t'}\left(t - t' - \dfrac{1}{c}|\boldsymbol{x} - \boldsymbol{x}_e(t')|\right)\right|}\Bigg|_{t' = t - \frac{1}{c}|\boldsymbol{x} - \boldsymbol{x}_e(t')|} \\
&= \frac{e}{R}\frac{1}{1 - \dfrac{1}{cR}\boldsymbol{R} \cdot \dfrac{\mathrm{d}\boldsymbol{x}_e(t')}{\mathrm{d}t'}}\Bigg|_{t' = t - \frac{1}{c}|\boldsymbol{x} - \boldsymbol{x}_e(t')|} = e\left[\frac{1}{R - \boldsymbol{R} \cdot \boldsymbol{\beta}}\right]_{\text{ret}}
\end{aligned}
$$

由矢势和标势公式的类似性, 由上面所得结果直接写出矢势的表达式如下:

$$
\begin{aligned}
\boldsymbol{A}\left(\boldsymbol{x}, t\right) &= \frac{1}{c}\int \frac{e\boldsymbol{v}(t')\delta\left(\boldsymbol{x}' - \boldsymbol{x}_e(t')\right)}{R}\mathrm{d}^3\boldsymbol{x}' = \frac{e\boldsymbol{v}(t')}{cR}\frac{1}{1 - \dfrac{\boldsymbol{v}}{c} \cdot \boldsymbol{n}}\Bigg|_{t' = t - \frac{1}{c}|\boldsymbol{x} - \boldsymbol{x}_e(t')|} \\
&= e\left[\frac{\boldsymbol{\beta}(t')}{R - \boldsymbol{\beta} \cdot \boldsymbol{R}}\right]_{\text{ret}}
\end{aligned}
$$

解法三 一个运动带电粒子所形成的四矢势为

$$A^\alpha\left(x\right) = \frac{4\pi}{c}\int \mathrm{d}^4 x' D_r\left(x - x'\right)J^\alpha\left(x'\right) \tag{6.142}$$

---

[2] 这里对源点 $\boldsymbol{x}'$ 到场点 $\boldsymbol{x}$ 的位移用大写 $\boldsymbol{R}$.

式中, $D_r(x-x')$ 为推迟 Green 函数. 一个带电粒子 (e, m) 沿某一轨道运动, 电荷与电流分布为

$$\rho(\boldsymbol{x}', t') = e\delta(\boldsymbol{x}' - \boldsymbol{x}_e(t')), \qquad \boldsymbol{J}(\boldsymbol{x}', t') = e\boldsymbol{V}(t')\delta(\boldsymbol{x}' - \boldsymbol{x}_e(t'))$$

相应的电流四矢量

$$\begin{aligned}
J^\alpha(x') &= (c\rho, \boldsymbol{j}) = e(c, \boldsymbol{v}(t'))\delta(\boldsymbol{x}' - \boldsymbol{x}_e(t')) = e\frac{1}{\gamma}V^\alpha \delta(\boldsymbol{x}' - \boldsymbol{x}_e(t'))\\
&= ec\int \mathrm{d}t' \frac{1}{\gamma}V^\alpha(\tau)\delta^{(3)}(\boldsymbol{x}' - \boldsymbol{x}_e(t'))\delta[x_0' - x_{e0}]\\
&= ec\int \mathrm{d}\tau V^\alpha(\tau)\delta^{(4)}[x' - x_e(\tau)]
\end{aligned} \tag{6.143}$$

其中 V^α 为电荷的四速度, $x_e^\alpha(\tau)$ 为电荷的位置. 推迟 Green 函数如下给出:

$$\begin{aligned}
D_r(x - x') &= \frac{1}{4\pi R}\theta(x_0 - x_0')\delta(x_0 - x' - x_e)\\
&= \frac{1}{2\pi}\theta(x_0 - x_0')\delta\left[(x - x')^2\right]
\end{aligned}$$

推迟 Green 函数和电流代入 (6.142), 对 $\mathrm{d}^4 x'$ 积分, 得

$$A^\alpha(x) = 2e\int \mathrm{d}\tau V^\alpha(\tau)\theta[x_0 - x_{e0}(\tau)]\delta\left\{[x - x_e(\tau)]^2\right\} \tag{6.144}$$

剩下的遍历电荷原时的积分只在 $\tau = \tau_0$ 时才不等于零, 这里 τ_0 是由光锥条件

$$[x - x_e(\tau_0)]^2 = 0 \tag{6.145}$$

和推迟性要求 $x_0 > x_{e0}(\tau_0)$ 确定的, 如图 6.12 所示. Green 函数只在观察点的向后光锥上才不等于零. 粒子的世界线 $x_e(\tau_0)$ 仅仅在两个点与光锥相交, 一个点早于 x_0, 另一个点晚于 x_0. 在电荷的路线上, 只有较早的点 $x_e^\alpha(\tau_0)$ 才对 x^α 处的场有贡献. 为了计算 (6.144) 的值, 我们利用以下 δ 函数公式

$$\delta(\varphi(x)) = \sum_i \frac{\delta(x - x_i)}{|\varphi'(x_i)|}$$

其中 $\varphi(x) = 0$ 只有单根, 分别为 $x_i(i = 1, 2, 3, \cdots)$, 即 $\varphi(x) = 0$ 但 $\varphi'(x) \neq 0$. 我们需要计算的是

$$\frac{\mathrm{d}}{\mathrm{d}\tau}[x - x_e(\tau)]^2 = -2[x - x_e(\tau)]_\beta V^\beta(\tau) \tag{6.146}$$

在 $\tau = \tau_0$ 这一点上的值, 因此, 四矢势为

$$A^{\alpha}(x) = \frac{eV^{\alpha}(\tau)}{\boldsymbol{V} \cdot [\boldsymbol{x} - \boldsymbol{x}_e(\tau)]}\bigg|_{\tau=\tau_0} \qquad (6.147)$$

式中 τ_0 由式 (6.145) 确定. 式 (6.147) 就是大家知道的 Liénard-Wiechert 势. 往往把它们写成下列非协变的 (不过, 也许是更熟悉的) 形式. 光锥条件 (6.145) 意味着 $x_0 - x_{e0}(\tau_0) = |\boldsymbol{x} - \boldsymbol{x}_e(\tau_0)| \equiv R$. 于是

$$\begin{aligned}
\boldsymbol{V} \cdot (\boldsymbol{x} - \boldsymbol{x}_e) &= V_0[x_0 - x_{e0}(\tau_0)] - \boldsymbol{V} \cdot [\boldsymbol{x} - \boldsymbol{x}_e(\tau_0)] \\
&= \gamma c R - \gamma \boldsymbol{v} \cdot \boldsymbol{n} R \\
&= \gamma c R(1 - \boldsymbol{\beta} \cdot \boldsymbol{n}) \qquad (6.148)
\end{aligned}$$

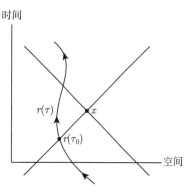

图 6.12　带电粒子运动时空图

式中, $\boldsymbol{n}$ 为 $\boldsymbol{R} = \boldsymbol{x} - \boldsymbol{x}_e(\tau_0)$ 方向上的单位矢量, $\boldsymbol{\beta} = \boldsymbol{V}(\tau)/c$. 因而势 (6.147) 可以写成

$$\begin{aligned}
\varphi(\boldsymbol{x}, t) &= \left[\frac{e}{R - \boldsymbol{R} \cdot \boldsymbol{\beta}}\right]_{\text{ret}} \\
\boldsymbol{A}(\boldsymbol{x}, t) &= \left[\frac{e\boldsymbol{\beta}}{R - \boldsymbol{R} \cdot \boldsymbol{\beta}}\right]_{\text{ret}}
\end{aligned} \qquad (6.149)$$

方括号带有下标 "ret(推迟)" [1], 这意味着方括号内的量是在推迟时刻 $x_{e0}(\tau_0) = x_0 - R$ 取值.

说明　一般教科书都会给出参考系变换的方法或者 Fourier 变换的办法, 结果都与此相同.

6.38　运动电荷激发的电磁场

题 6.38　试求运动电荷激发的电磁场.

解法一　电磁场的场强,

$$\boldsymbol{E}(\boldsymbol{x}, t) = -\nabla\varphi - \frac{1}{c}\frac{\partial\boldsymbol{A}}{\partial t}, \qquad \boldsymbol{B}(\boldsymbol{x}, t) = \nabla \times \boldsymbol{A}$$

Liénard-Wiechert 势表达式中, 磁势、标势都是 t' 的函数, 而 t' 满足 $t' + |\boldsymbol{x} - \boldsymbol{x}_e(t')|/c = t$ 与场点坐标 $\boldsymbol{x}$ 也与场点时间 t 有关, 需知道 $\partial t'/\partial t$ 以及 $\nabla t'$. 由

$$t' = t - R/c = t - \frac{1}{c}|\boldsymbol{x} - \boldsymbol{x}_e(t')|$$

两边求微分得

$$\begin{aligned}
\mathrm{d}t' &= \mathrm{d}t - \mathrm{d}R/c = \mathrm{d}t - \frac{1}{c}\mathrm{d}\sqrt{[\boldsymbol{x} - \boldsymbol{x}_e(t')] \cdot [\boldsymbol{x} - \boldsymbol{x}_e(t')]} \\
&= \mathrm{d}t - \frac{1}{c}\frac{\boldsymbol{x} - \boldsymbol{x}_e(t')}{R} \cdot [\mathrm{d}\boldsymbol{x} - \mathrm{d}\boldsymbol{x}_e(t')] = \mathrm{d}t - \frac{1}{c}\boldsymbol{n} \cdot \mathrm{d}\boldsymbol{x} + \boldsymbol{n} \cdot \boldsymbol{\beta}\mathrm{d}t'
\end{aligned}$$

①或者省去下标 "ret(推迟)", 只用方括号表示对其中的量在推迟时刻取值.

因此

$$(1 - \boldsymbol{n} \cdot \boldsymbol{\beta})\, \mathrm{d}t' = \mathrm{d}t - \frac{1}{c}\boldsymbol{n} \cdot \mathrm{d}\boldsymbol{x}$$

这样

$$\frac{\partial t'}{\partial t} = \frac{1}{1 - \boldsymbol{n} \cdot \boldsymbol{\beta}} = \frac{1}{\kappa}, \qquad \nabla t' = -\frac{\boldsymbol{n}}{c\,(1 - \boldsymbol{n} \cdot \boldsymbol{\beta})} = -\frac{\boldsymbol{n}}{c\kappa}$$

其中, $\kappa = 1 - \boldsymbol{n} \cdot \boldsymbol{\beta}$, 称为时间伸缩因子, 见后面的讨论. 下面将 Liénard-Wiechert 势对 x、t 求微商. 标势对场点坐标的梯度

$$\begin{aligned}
\nabla \varphi\,(\boldsymbol{x}, t) &= e\nabla \frac{1}{R - \dfrac{\boldsymbol{v}}{c} \cdot \boldsymbol{R}} \\
&= -\frac{e}{\left(R - \dfrac{\boldsymbol{v}}{c} \cdot \boldsymbol{R}\right)^2} \left\{ \frac{\boldsymbol{R}}{R} - \frac{\boldsymbol{v}}{c} \cdot \overset{\leftrightarrow}{I} + \left[-\left(\frac{\boldsymbol{R}}{R} - \frac{\boldsymbol{v}}{c}\right) \cdot \frac{\partial \boldsymbol{x}_e}{\partial t'} - \frac{\boldsymbol{R}}{c} \cdot \frac{\partial \boldsymbol{v}}{\partial t'} \right] \nabla t' \right\} \\
&= -\frac{e}{(R - \boldsymbol{\beta} \cdot \boldsymbol{R})^2} \left[\boldsymbol{n} - \boldsymbol{\beta} + \frac{\dot{\boldsymbol{\beta}}}{c} \cdot \frac{\boldsymbol{R}\boldsymbol{R}}{R - \boldsymbol{\beta} \cdot \boldsymbol{R}} + (\boldsymbol{n} - \boldsymbol{\beta}) \cdot \boldsymbol{\beta} \frac{\boldsymbol{R}}{(R - \boldsymbol{\beta} \cdot \boldsymbol{R})} \right] \\
&= -e\left[\frac{\boldsymbol{n} - \boldsymbol{\beta}}{(R - \boldsymbol{\beta} \cdot \boldsymbol{R})^2} + \frac{\dfrac{\dot{\boldsymbol{\beta}}}{c} \cdot \boldsymbol{R}\boldsymbol{R} + (\boldsymbol{n} - \boldsymbol{\beta}) \cdot \boldsymbol{\beta}\boldsymbol{R}}{(R - \boldsymbol{\beta} \cdot \boldsymbol{R})^3} \right]
\end{aligned}$$

可表示为

$$\nabla \varphi\,(\boldsymbol{x}, t) = -e\left[\frac{\boldsymbol{n} - \boldsymbol{\beta}}{\kappa^2 R^2} + \frac{\dot{\boldsymbol{\beta}} \cdot \boldsymbol{R}\boldsymbol{R} + c\,(\boldsymbol{n} - \boldsymbol{\beta}) \cdot \boldsymbol{\beta}\boldsymbol{R}}{c\kappa^3 R^3} \right]$$

上式右边的量仍对推迟时刻即对满足 $t' + |\boldsymbol{x} - \boldsymbol{x}_e(t')|/c = t$ 的 t' 时刻取值. 矢量势对场点时间 t 的微商为

$$\frac{\partial \boldsymbol{A}}{\partial t} = \frac{e}{c} \left\{ \frac{\dot{\boldsymbol{v}}}{R - \dfrac{\boldsymbol{v}}{c} \cdot \boldsymbol{R}} - \frac{\boldsymbol{v}}{\left(R - \dfrac{\boldsymbol{v}}{c} \cdot \boldsymbol{R}\right)^2} \left[-\frac{\boldsymbol{R}}{R} \cdot \boldsymbol{v} + \frac{\boldsymbol{v}}{c} \cdot \overset{\leftrightarrow}{I} \cdot \boldsymbol{v} - \frac{\dot{\boldsymbol{v}}}{c} \cdot \boldsymbol{R} \right] \right\} \frac{\partial t'}{\partial t}$$

表示为

$$\frac{\partial \boldsymbol{A}}{\partial t} = \frac{ec}{\kappa} \left[\frac{\dot{\boldsymbol{\beta}}}{c\kappa R} - \frac{\boldsymbol{\beta}}{\kappa^2 R^2} \left(-\boldsymbol{n} \cdot \boldsymbol{\beta} + \beta^2 - \frac{\dot{\boldsymbol{\beta}}}{c} \cdot \boldsymbol{R} \right) \right]$$

右边的量仍对推迟时刻取值. 这样得电场强度为

$$\begin{aligned}
\boldsymbol{E}\,(\boldsymbol{x}, t) &= e\left[\frac{\boldsymbol{n} - \boldsymbol{\beta}}{\kappa^2 R^2} + \frac{\dot{\boldsymbol{\beta}} \cdot \boldsymbol{R}\boldsymbol{R} + c\,(\boldsymbol{n} - \boldsymbol{\beta}) \cdot \boldsymbol{\beta}\boldsymbol{R}}{c\kappa^3 R^3} \right] \\
&\quad - \frac{e}{\kappa} \left[\frac{\dot{\boldsymbol{\beta}}}{c\kappa R} - \frac{\boldsymbol{\beta}}{\kappa^2 R^2} \left(-\boldsymbol{n} \cdot \boldsymbol{\beta} + \beta^2 - \frac{\dot{\boldsymbol{\beta}}}{c} \cdot \boldsymbol{R} \right) \right]
\end{aligned}$$

由此可给出式 (6.155) 所表示的电场强度. 同样求得式 (6.154) 所表示的磁感应强度.

解法二 在计算 $F^{\alpha\beta}$ 时, 对观察点 x 的微分算符将作用在 θ 函数和 δ 函数上. θ 函数的微分将给出 $\delta[x_0 - x_{e0}(\tau)]$, 所以 δ 函数不得不是 $\delta(-R^2)$. 除在 $R = 0$ 外, 这个微分将没有贡献. 不考虑 $R = 0$ 时, 导数 $\partial^\alpha A^\beta$ 是

$$\partial^\alpha A^\beta = 2e \int d\tau V^\beta(\tau) \theta[x_0 - x_{e0}(\tau)] \partial^\alpha \delta\left\{[x - x_e(\tau)]^2\right\} \tag{6.150}$$

右边的偏导数可以写成

$$\partial^\alpha \delta[f] = \partial^\alpha f \cdot \frac{d}{df}\delta[f] = \partial^\alpha f \cdot \frac{d\tau}{df} \cdot \frac{d}{d\tau}\delta[f]$$

式中, $f = [x - x_e(\tau)]^2$. 直接算出上式右边的两个导数, 即得

$$\partial^\alpha \delta[f] = -\frac{(x - x_e)^\alpha}{V \cdot (x - x_e)} \frac{d}{d\tau}\delta[f]$$

将上式代入式 (6.150), 并分部积分, 得到的结果是

$$\partial^\alpha A^\beta = 2e \int d\tau \frac{d}{d\tau}\left[\frac{(x - x_e)^\alpha V^\beta}{V \cdot (x - x_e)}\right] \theta[x_0 - x_{e0}(\tau)] \delta\left\{[x - x_e(\tau)]^2 \Theta\right\} \tag{6.151}$$

在分部积分时, θ 函数的微分没有贡献. 式 (6.151) 的形式与式 (6.144) 相同, 只不过用导数项替代了 $V^\alpha(\tau)$. 因此, 根据 (6.147), 将其中的 $V^\alpha(\tau)$ 用导数项来代替, 就可以得到式 (6.151) 的结果. 场强张量是

$$F^{\alpha\beta} = \frac{e}{V \cdot (x - x_e)} \frac{d}{d\tau}\left[\frac{(x - x_e)^\alpha V^\beta - (x - x_e)^\beta V^\alpha}{V \cdot (x - x_e)}\right] \tag{6.152}$$

式中 x_e^α 和 V^α 是 τ 的函数. 在经微分运算后, 整个表式 (6.152) 要在推迟原时 τ_0 上计算其值.

场强张量 $F^{\alpha\beta}$ (6.152) 应该是个协变式, 但不是非常明显的. 有时, 将场 $\boldsymbol{E}$ 和 $\boldsymbol{B}$ 表成电荷速度和加速度的显函数是很有用的. 式 (6.152) 中需完成微分运算的一些成分是

$$\left. \begin{array}{l} (x - x_e)^\alpha = (R, R\boldsymbol{n}), \qquad V^\alpha = (\gamma c, \gamma c\boldsymbol{\beta}) \\ \dfrac{dV^\alpha}{d\tau} = \left[c\gamma^4 \boldsymbol{\beta} \cdot \dot{\boldsymbol{\beta}}, c\gamma^2 \dot{\boldsymbol{\beta}} + c\gamma^4 \boldsymbol{\beta}(\boldsymbol{\beta} \cdot \dot{\boldsymbol{\beta}})\right] \\ \dfrac{d}{d\tau}[V \cdot (x - x_e)] = -c^2 + (x - x_e)_\alpha \dfrac{dV^\alpha}{d\tau} \end{array} \right\} \tag{6.153}$$

式中, $\dot{\boldsymbol{\beta}} = d\boldsymbol{\beta}/dt$ 是普通的加速度除以 c. 利用这些表式和式 (6.148), 我们可以把式 (6.152) 写成不太简洁的 (或许倒是更容易理解和使用的) 形式

$$\boldsymbol{B}(\boldsymbol{x}, t) = [\boldsymbol{n} \times \boldsymbol{E}]_{\text{ret}} \tag{6.154}$$

$$\boldsymbol{E}(\boldsymbol{x}, t) = e\left[\frac{\boldsymbol{n} - \boldsymbol{\beta}}{\gamma^2(1 - \boldsymbol{\beta} \cdot \boldsymbol{n})^3 R^2}\right]_{\text{ret}} + \frac{e}{c}\left[\frac{\boldsymbol{n} \times \left\{(\boldsymbol{n} - \boldsymbol{\beta}) \times \dot{\boldsymbol{\beta}}\right\}}{(1 - \boldsymbol{\beta} \cdot \boldsymbol{n})^3 R}\right]_{\text{ret}} \tag{6.155}$$

场 (6.154) 和 (6.155) 自然地分成 "速度场" (与加速度无关) 和 "加速度场" (是 $\dot{\boldsymbol{\beta}}$ 的线性函数). 速度场在本质上是静止场, 按 R^{-2} 方式下降, 而加速度场是典型的辐射场, $\boldsymbol{E}$ 和 $\boldsymbol{B}$ 都垂直于径向矢量, 并按 R^{-1} 方式变化.

6.39 高速运动点电荷激发电磁场的两种等效场强表达式

题 6.39 我们知道, 高速运动的点电荷激发的场呈压扁的形状. 根据电磁场的协变性质, 电荷为 e 作匀速直线运动的粒子激发的电磁场可通过对静 Coulomb 场作 Lorentz 变换得到. 粒子在 $t = 0$ 时刻到达坐标原点所处位置, 它在空间激发的场如下给出:

$$\boldsymbol{E}_I = \frac{1}{4\pi\varepsilon_0} \frac{\gamma e\boldsymbol{x}}{\left[r^2 + \gamma^2(\boldsymbol{\beta} \cdot \boldsymbol{x})^2\right]^{3/2}}, \qquad \boldsymbol{B}_I = \frac{1}{c}\boldsymbol{\beta} \times \boldsymbol{E}_I \tag{6.156}$$

其中, $\boldsymbol{x}$ 为场点的位置矢量, $r = |\boldsymbol{x}|$, βc 为粒子运动速度, $\gamma = 1/\sqrt{1-\beta^2}$. 此式看出, 场似乎是由电荷瞬时产生的. 但实际上, 由于电磁信号的传播速度即光速是有限的, 粒子激发的电磁场通常是用推迟的形式表达的, 即 t 时刻在场点 $\boldsymbol{x}$ 的场由早先时刻 t' 在源点 $\boldsymbol{x}'$ 的量决定, 而它们之间满足

$$R = |\boldsymbol{x} - \boldsymbol{x}'(t')| = c(t - t') \tag{6.157}$$

电荷为 e 匀速直线运动的粒子激发的电磁场可表示为

$$\boldsymbol{E}_{II} = \frac{e}{4\pi\varepsilon_0}\left[\frac{\boldsymbol{n} - \boldsymbol{\beta}}{\gamma^2(1 - \boldsymbol{\beta} \cdot \boldsymbol{n})^3 R^2}\right]_{\text{ret}}, \quad \boldsymbol{B}_{II} = \frac{1}{c}[\boldsymbol{n}]_{\text{ret}} \times \boldsymbol{E}_{II} \tag{6.158}$$

其中, $\boldsymbol{n} = [\boldsymbol{x} - \boldsymbol{x}'(t')]/|\boldsymbol{x} - \boldsymbol{x}'(t')|$, 下标 ret 表示推迟, 即有关量按照式 (6.157) 取 t' 时刻的量. 试证明上述 (6.156)、(6.158) 两式的等价性.

证明 不妨从推迟形式的场量表达式出发证明等价性. 设 $t = 0$ 时刻带电粒子到达实验室系坐标原点, 考虑场点 $\boldsymbol{x}$, 按上式该点处的场由 $t' = t - R/c$ 时 $\boldsymbol{x}'$ 处的带电粒子所激发. R 满足式 (6.157). 这样式 (6.158) 的电场形式可化为

$$\begin{aligned}
\boldsymbol{E}_{II} &= \frac{e\gamma}{4\pi\varepsilon_0}\left[\frac{R\boldsymbol{n} - R\boldsymbol{\beta}}{\gamma^3(1 - \boldsymbol{\beta} \cdot \boldsymbol{n})^3 R^3}\right]_{\text{ret}} = \frac{e\gamma}{4\pi\varepsilon_0}\left[\frac{R\boldsymbol{n} - c(t - t')\boldsymbol{\beta}}{\gamma^3(1 - \boldsymbol{\beta} \cdot \boldsymbol{n})^3 R^3}\right]_{\text{ret}} \\
&= \frac{e\gamma\boldsymbol{x}}{4\pi\varepsilon_0}\left[\frac{1}{\gamma^3(1 - \boldsymbol{\beta} \cdot \boldsymbol{n})^3 R^3}\right]_{\text{ret}} = \frac{e\gamma\boldsymbol{x}}{4\pi\varepsilon_0}\frac{1}{\left[\gamma^2(R - \boldsymbol{\beta} \cdot \boldsymbol{R})^2\right]_{\text{ret}}^{3/2}}
\end{aligned} \tag{6.159}$$

与式 (6.156) 比较, 立得两种形式电场强度表达式的方向一致.

进一步,

$$\begin{aligned}
R - \boldsymbol{\beta} \cdot \boldsymbol{R} &= R - \boldsymbol{\beta} \cdot (\boldsymbol{x} - \boldsymbol{x}') = R + \boldsymbol{\beta} \cdot \boldsymbol{x}' - \boldsymbol{\beta} \cdot \boldsymbol{x} \\
&= c(t - t') - \beta^2 c(t - t') - \boldsymbol{\beta} \cdot \boldsymbol{x} \\
&= (1 - \beta^2)c(t - t') - \boldsymbol{\beta} \cdot \boldsymbol{x} = \frac{c(t - t')}{\gamma^2} - \boldsymbol{\beta} \cdot \boldsymbol{x} \\
&= \frac{R}{\gamma^2} - \boldsymbol{\beta} \cdot \boldsymbol{x}
\end{aligned}$$

利用式 (6.157) 可得

$$\begin{aligned}
R^2 &= |(\boldsymbol{x} + c(t - t')\boldsymbol{\beta})|^2 = |\boldsymbol{x}|^2 + c^2(t - t')^2\beta^2 + 2c(t - t')\boldsymbol{\beta} \cdot \boldsymbol{x} \\
&= r^2 + R^2\beta^2 + 2R\boldsymbol{\beta} \cdot \boldsymbol{x}
\end{aligned}$$

所以

$$r^2 = R^2 - R^2\beta^2 - 2R\boldsymbol{\beta}\cdot\boldsymbol{x} = \frac{R^2}{\gamma^2} - 2R\boldsymbol{\beta}\cdot\boldsymbol{x}$$

这样

$$(R - \boldsymbol{\beta}\cdot\boldsymbol{R})^2 = \left(\frac{R}{\gamma^2} - \boldsymbol{\beta}\cdot\boldsymbol{x}\right)^2 = \frac{R^2}{\gamma^4} + (\boldsymbol{\beta}\cdot\boldsymbol{x})^2 - 2\frac{R}{\gamma^2}\boldsymbol{\beta}\cdot\boldsymbol{x}$$
$$= \frac{1}{\gamma^2}\left(\frac{R^2}{\gamma^2} - 2R\boldsymbol{\beta}\cdot\boldsymbol{x}\right) + (\boldsymbol{\beta}\cdot\boldsymbol{x})^2 = \frac{1}{\gamma^2}r^2 + (\boldsymbol{\beta}\cdot\boldsymbol{x})^2$$

上面结果代入式 (6.159) 得

$$\boldsymbol{E}_{II} = \frac{1}{4\pi\varepsilon_0}\frac{\gamma e\boldsymbol{x}}{\left[r^2 + \gamma^2(\boldsymbol{\beta}\cdot\boldsymbol{x})^2\right]^{3/2}} \tag{6.160}$$

可见与式 (6.156) 给出的电场强度表达式完全相同.

同样可证明两种表达式的磁感应强度表达式完全相同.

6.40　利用 Jefimenko 导出电场的 Feynman 表达式与磁场的 Heaviside 表达式

题 6.40　请利用 Jefimenko 广义 Coulomb 定律和 Biot-Savart 定律, 对运动点电荷激发的电磁场导出电场的 Feynman 表达式与磁场的 Heaviside 表达式.

解答　Jefimenko 广义 Coulomb 定律和广义 Biot-Savart 定律如下:

$$\boldsymbol{E}(\boldsymbol{x},t) = \frac{1}{4\pi\varepsilon_0}\int \mathrm{d}^3\boldsymbol{x}'\left\{\frac{\hat{R}}{R^2}\left[\rho\left(\boldsymbol{x}',t'\right)\right]_{\mathrm{ret}} + \frac{\hat{R}}{cR}\left[\frac{\partial\rho(\boldsymbol{x}',t')}{\partial t'}\right]_{\mathrm{ret}} - \frac{1}{c^2 R}\left[\frac{\partial\boldsymbol{J}\left(\boldsymbol{x}',t'\right)}{\partial t'}\right]_{\mathrm{ret}}\right\}$$
$$\tag{6.161}$$
$$\boldsymbol{B}(\boldsymbol{x},t) = \frac{\mu_0}{4\pi}\int \mathrm{d}^3\boldsymbol{x}'\left\{\left[\boldsymbol{J}(\boldsymbol{x}',t')\right]_{\mathrm{ret}}\times\frac{\hat{R}}{R^2} + \left[\frac{\partial\boldsymbol{J}(\boldsymbol{x}',t')}{\partial t'}\right]_{\mathrm{ret}}\times\frac{\hat{R}}{cR}\right\} \tag{6.162}$$

运动点电荷的电荷密度与电流密度分别为 $\rho(\boldsymbol{x}',t') = q\delta\left[\boldsymbol{x}' - \boldsymbol{r}_0(t')\right]$, $\boldsymbol{J}(\boldsymbol{x}',t') = \rho\boldsymbol{v}(t')$. 下面先计算 $\boldsymbol{E}(\boldsymbol{x},t)$

$$\boldsymbol{E} = \frac{q}{4\pi\varepsilon_0}\int \mathrm{d}^3\boldsymbol{x}'\left\{\frac{\hat{R}}{R^2}\left[\delta\left[\boldsymbol{x}' - \boldsymbol{r}_0(t')\right]\right]_{\mathrm{ret}} + \frac{\hat{R}}{cR}\left[\frac{\partial}{\partial t'}\delta\left[\boldsymbol{x}' - \boldsymbol{r}_0(t')\right]\right]_{\mathrm{ret}}\right.$$
$$\left. - \frac{1}{c^2 R}\left[\frac{\partial}{\partial t'}\delta\left[\boldsymbol{x}' - \boldsymbol{r}_0(t')\right]\boldsymbol{v}(t')\right]_{\mathrm{ret}}\right\}$$
$$= \frac{q}{4\pi\varepsilon_0}\int \mathrm{d}^3\boldsymbol{x}'\left\{\frac{\hat{R}}{R^2}\left[\delta\left[\boldsymbol{x}' - \boldsymbol{r}_0(t')\right]\right]_{\mathrm{ret}} + \frac{\hat{R}}{cR}\frac{\partial}{\partial t}\left[\delta\left[\boldsymbol{x}' - \boldsymbol{r}_0(t')\right]\right]_{\mathrm{ret}}\right.$$
$$\left. - \frac{1}{c^2 R}\frac{\partial}{\partial t}\left[\delta\left[\boldsymbol{x}' - \boldsymbol{r}_0(t')\right]\boldsymbol{v}(t')\right]_{\mathrm{ret}}\right\} \tag{6.163}$$

对于第一项积分

$$\int \mathrm{d}^3\boldsymbol{x}' \frac{\hat{R}}{R^2} \delta\left[\boldsymbol{x}' - \boldsymbol{r}_0(t - |\boldsymbol{x} - \boldsymbol{x}'|/c)\right]$$

$$= \int \mathrm{d}^3\boldsymbol{x}'\mathrm{d}t' \frac{\hat{R}}{R^2} \delta\left[\boldsymbol{x}' - \boldsymbol{r}_0(t')\right] \delta\left(t - t' - |\boldsymbol{x} - \boldsymbol{x}'|/c\right)$$

$$= \int \mathrm{d}t' \frac{\hat{R}}{R^2} \delta\left(t - t' - |\boldsymbol{x} - \boldsymbol{r}_0(t')|/c\right) = \left[\frac{\hat{R}}{\kappa R^2}\right]_{\mathrm{ret}}$$

对于第二、三项积分

$$\int \mathrm{d}^3\boldsymbol{x}' \frac{\hat{R}}{cR} \frac{\partial}{\partial t}\left[\delta\left[\boldsymbol{x}' - \boldsymbol{r}_0(t')\right]\right]_{\mathrm{ret}} = \frac{\partial}{\partial t} \int \mathrm{d}^3\boldsymbol{x}' \frac{\hat{R}}{cR}\left[\delta\left[\boldsymbol{x}' - \boldsymbol{r}_0(t')\right]\right]_{\mathrm{ret}}$$

$$= \frac{\partial}{c\partial t}\left[\frac{\hat{R}}{\kappa R}\right]_{\mathrm{ret}}$$

$$\int \mathrm{d}^3\boldsymbol{x}' \frac{1}{c^2 R} \frac{\partial}{\partial t}\left[\delta\left[\boldsymbol{x}' - \boldsymbol{r}_0(t')\right]\boldsymbol{v}(t')\right]_{\mathrm{ret}} = \frac{\partial}{\partial t} \int \mathrm{d}^3\boldsymbol{x}' \frac{1}{c^2 R}\left[\delta\left[\boldsymbol{x}' - \boldsymbol{r}_0(t')\right]\boldsymbol{v}(t')\right]_{\mathrm{ret}}$$

$$= -\frac{\partial}{c^2\partial t}\left[\frac{\boldsymbol{v}}{\kappa R}\right]_{\mathrm{ret}}$$

代入式 (6.163) 得

$$\boldsymbol{E}(\boldsymbol{x},t) = \frac{q}{4\pi\varepsilon_0}\left\{\left[\frac{\hat{R}}{\kappa R^2}\right]_{\mathrm{ret}} + \frac{\partial}{c\partial t}\left[\frac{\hat{R}}{\kappa R}\right]_{\mathrm{ret}} - \frac{\partial}{c^2\partial t}\left[\frac{\boldsymbol{v}}{\kappa R}\right]_{\mathrm{ret}}\right\} \tag{6.164}$$

再由式 (6.162) 计算 $\boldsymbol{B}(\boldsymbol{x},t)$,

$$\boldsymbol{B}(\boldsymbol{x},t) = \frac{\mu_0 q}{4\pi} \int \mathrm{d}^3\boldsymbol{x}'\left\{\left[\delta\left[\boldsymbol{x}' - \boldsymbol{r}_0(t')\right]\boldsymbol{v}(t')\right]_{\mathrm{ret}} \times \frac{\hat{R}}{R^2} + \left[\frac{\partial\delta\left[\boldsymbol{x}' - \boldsymbol{r}_0(t')\right]\boldsymbol{v}(t')}{\partial t'}\right]_{\mathrm{ret}} \times \frac{\hat{R}}{cR}\right\}$$

$$= \frac{\mu_0 q}{4\pi} \int \mathrm{d}^3\boldsymbol{x}'\left\{\left[\delta\left[\boldsymbol{x}' - \boldsymbol{r}_0(t')\right]\boldsymbol{v}(t')\right]_{\mathrm{ret}} \times \frac{\hat{R}}{R^2} + \frac{\partial}{\partial t}\left[\delta\left[\boldsymbol{x}' - \boldsymbol{r}_0(t')\right]\boldsymbol{v}(t')\right]_{\mathrm{ret}} \times \frac{\hat{R}}{cR}\right\}$$

与计算 $\boldsymbol{E}(\boldsymbol{x},t)$ 类似, 得到

$$\boldsymbol{B}(\boldsymbol{x},t) = \frac{\mu_0 q}{4\pi}\left\{\left[\frac{\boldsymbol{v}\times\hat{R}}{\kappa R^2}\right]_{\mathrm{ret}} + \frac{\partial}{c\partial t}\left[\frac{\boldsymbol{v}\times\hat{R}}{\kappa R}\right]_{\mathrm{ret}}\right\} \tag{6.165}$$

由 (6.165) 式得

$$\boldsymbol{B}(\boldsymbol{x},t) = \frac{\mu_0 q}{4\pi}\left\{\left[\frac{\boldsymbol{v}\times\hat{R}}{\kappa R^2}\right]_{\mathrm{ret}} + \frac{1}{c\left[R\right]_{\mathrm{ret}}}\frac{\partial}{\partial t}\left[\frac{\boldsymbol{v}\times\hat{R}}{\kappa}\right]_{\mathrm{ret}} + \left[\frac{\boldsymbol{v}\times\hat{R}}{c\kappa}\right]_{\mathrm{ret}}\frac{\partial}{\partial t}\frac{1}{\left[R\right]_{\mathrm{ret}}}\right\}$$

$$= \frac{\mu_0 q}{4\pi}\left\{\left[\frac{\boldsymbol{v}\times\hat{R}}{\kappa R^2}\right]_{\mathrm{ret}} + \frac{1}{c\left[R\right]_{\mathrm{ret}}}\frac{\partial}{\partial t}\left[\frac{\boldsymbol{v}\times\hat{R}}{\kappa}\right]_{\mathrm{ret}} + \left[\frac{\boldsymbol{v}\times\hat{R}}{\kappa}\frac{1}{\kappa R^2}\hat{R}\cdot\boldsymbol{\beta}\right]_{\mathrm{ret}}\right\}$$

$$= \frac{\mu_0 q}{4\pi}\left\{\left[\frac{\boldsymbol{v}\times\hat{R}}{\kappa R^2}\right]_{\mathrm{ret}} + \frac{1}{c\left[R\right]_{\mathrm{ret}}}\frac{\partial}{\partial t}\left[\frac{\boldsymbol{v}\times\hat{R}}{\kappa}\right]_{\mathrm{ret}} + \left[\frac{\boldsymbol{v}\times\hat{R}}{\kappa^2}\frac{1-\kappa}{R^2}\right]_{\mathrm{ret}}\right\}$$

$$= \frac{\mu_0 q}{4\pi}\left\{\left[\frac{\boldsymbol{v}\times\hat{R}}{\kappa^2 R^2}\right]_{\mathrm{ret}} + \frac{1}{c\left[R\right]_{\mathrm{ret}}}\frac{\partial}{\partial t}\left[\frac{\boldsymbol{v}\times\hat{R}}{\kappa}\right]_{\mathrm{ret}}\right\}$$

即有

$$\boldsymbol{B}(\boldsymbol{x},t) = \frac{\mu_0 q}{4\pi}\left\{\left[\frac{\boldsymbol{v}\times\hat{R}}{\kappa^2 R^2}\right]_{\text{ret}} + \frac{1}{c[R]_{\text{ret}}}\frac{\partial}{\partial t}\left[\frac{\boldsymbol{v}\times\hat{R}}{\kappa}\right]_{\text{ret}}\right\} \tag{6.166}$$

此为磁场的 Heaviside 表达式. 在式 (6.164) 中令 $\boldsymbol{v}=\boldsymbol{\beta}c$ 则得

$$\boldsymbol{E}(\boldsymbol{x},t) = \frac{q}{4\pi\varepsilon_0}\left\{\left[\frac{\hat{R}}{R^2}\right]_{\text{ret}} + \frac{\partial}{c\partial t}\left[\frac{\hat{R}}{\kappa R}\right]_{\text{ret}} + \left[\frac{\hat{R}}{R^2}\frac{1-\kappa}{\kappa}\right]_{\text{ret}} - \frac{\partial}{c\partial t}\left[\frac{\boldsymbol{\beta}}{\kappa R}\right]_{\text{ret}}\right\}$$

利用

$$\frac{\partial}{\partial t}\left[\frac{\hat{R}}{\kappa R}\right]_{\text{ret}} - \frac{\partial}{\partial t}\left[\frac{\hat{R}(1-\kappa)}{\kappa R}\right]_{\text{ret}} = \frac{\partial}{\partial t}\left[\frac{\hat{R}}{R}\right]_{\text{ret}} = \frac{\partial}{\partial t}\left[\frac{\hat{R}}{R^2}R\right]_{\text{ret}}$$

$$= [R]_{\text{ret}}\frac{\partial}{\partial t}\left[\frac{\hat{R}}{R^2}\right]_{\text{ret}} + \left[\frac{\hat{R}}{R^2}\right]_{\text{ret}}\frac{\partial}{\partial t}[R]_{\text{ret}} = [R]_{\text{ret}}\frac{\partial}{\partial t}\left[\frac{\hat{R}}{R^2}\right]_{\text{ret}} + \left[\frac{\hat{R}}{R^2}\right]_{\text{ret}}\frac{\partial t'}{\partial t}\frac{\partial}{\partial t'}[R]_{\text{ret}}$$

$$= [R]_{\text{ret}}\frac{\partial}{\partial t}\left[\frac{\hat{R}}{R^2}\right]_{\text{ret}} - \left[\frac{\hat{R}}{R^2}\frac{1}{\kappa}\hat{R}\cdot\boldsymbol{\beta}c\right]_{\text{ret}} = [R]_{\text{ret}}\frac{\partial}{\partial t}\left[\frac{\hat{R}}{R^2}\right]_{\text{ret}} - \left[\frac{\hat{R}}{R^2}\frac{1-\kappa}{\kappa}c\right]_{\text{ret}}$$

可得

$$\boldsymbol{E}(\boldsymbol{x},t) = \frac{q}{4\pi\varepsilon_0}\left\{\left[\frac{\hat{R}}{R^2}\right]_{\text{ret}} + \frac{[R]_{\text{ret}}}{c}\frac{\partial}{\partial t}\left[\frac{\hat{R}}{R^2}\right]_{\text{ret}} + \frac{\partial}{c\partial t}\left[\frac{\hat{R}(1-\kappa)}{\kappa R}\right]_{\text{ret}} - \frac{\partial}{c\partial t}\left[\frac{\boldsymbol{\beta}}{\kappa R}\right]_{\text{ret}}\right\}$$

$$= \frac{q}{4\pi\varepsilon_0}\left\{\left[\frac{\hat{R}}{R^2}\right]_{\text{ret}} + \frac{[R]_{\text{ret}}}{c}\frac{\partial}{\partial t}\left[\frac{\hat{R}}{R^2}\right]_{\text{ret}} + \frac{\partial}{c\partial t}\left[\frac{\hat{R}(1-\kappa)-\boldsymbol{\beta}}{\kappa R}\right]_{\text{ret}}\right\}$$

$$= \frac{q}{4\pi\varepsilon_0}\left\{\left[\frac{\hat{R}}{R^2}\right]_{\text{ret}} + \frac{[R]_{\text{ret}}}{c}\frac{\partial}{\partial t}\left[\frac{\hat{R}}{R^2}\right]_{\text{ret}} + \frac{\partial^2}{c^2\partial t^2}\left[\hat{R}\right]_{\text{ret}}\right\}$$

上面最后一个等号用到了

$$\frac{\partial}{\partial t}\left[\hat{R}\right]_{\text{ret}} = \frac{\partial}{\partial t}\left[\frac{\boldsymbol{x}-\boldsymbol{x}'(t')}{R}\right]_{\text{ret}} = \frac{\partial}{\partial t'}\left[\frac{\boldsymbol{x}-\boldsymbol{x}'(t')}{R}\right]_{\text{ret}}\frac{\partial t'}{\partial t}$$

$$= -\left[\frac{c\boldsymbol{\beta}}{\kappa R}\right]_{\text{ret}} + \left[\frac{\boldsymbol{x}-\boldsymbol{x}'(t')}{\kappa}\frac{\hat{R}\cdot\boldsymbol{\beta}c}{R^2}\right]_{\text{ret}} = c\left[\frac{\hat{R}(1-\kappa)-\boldsymbol{\beta}}{\kappa R}\right]_{\text{ret}}$$

即有

$$\boldsymbol{E}(\boldsymbol{x},t) = \frac{q}{4\pi\varepsilon_0}\left\{\left[\frac{\hat{R}}{R^2}\right]_{\text{ret}} + \frac{[R]_{\text{ret}}}{c}\frac{\partial}{\partial t}\left[\frac{\hat{R}}{R^2}\right]_{\text{ret}} + \frac{\partial^2}{c^2\partial t^2}\left[\hat{R}\right]_{\text{ret}}\right\} \tag{6.167}$$

此为电场的 Feynman 表达式.

6.41　运动电偶极子激发的电磁势和场强

题 6.41　电偶极子 $\boldsymbol{p}_0$ 以速度 $\boldsymbol{v}$ 做匀速运动, 求它激发的电磁势 φ、$\boldsymbol{A}$ 和场 $\boldsymbol{E}$、$\boldsymbol{B}$.

解答　在随 p_0 运动的参考系 K′ 中, $p' = p_0$ 的电磁势为

$$\varphi' = \frac{1}{4\pi\varepsilon_0}\frac{p_0 \cdot r'}{r'^3}, \qquad A' = 0$$

场强为

$$E' = \frac{1}{4\pi\varepsilon_0}\frac{3(p_0 \cdot r')r' - p_0 r'^2}{r'^5}, \qquad B' = 0$$

变到 K 系

$$\varphi = \gamma(\varphi' + v \cdot A') = \gamma\varphi' = \frac{1}{4\pi\varepsilon_0}\gamma\frac{p_0 \cdot r'}{r'^3}$$

$$A = A_{\parallel} = \gamma\left(A'_{\parallel} + \frac{v}{c^2}\varphi'\right) = \gamma\frac{v}{c^2}\varphi' = \frac{v}{c^2}\varphi$$

$$\begin{cases} E_{\parallel} = E'_{\parallel} \\ E_{\perp} = \gamma(E' - v \times B')_{\perp} = \gamma E'_{\perp} \end{cases}$$

以及

$$\begin{cases} B_{\parallel} = B'_{\parallel} = 0 \\ B_{\perp} = \gamma\left(B' + \frac{v}{c^2} \times E'\right)_{\perp} = \gamma\frac{v}{c^2} \times E'_{\perp} = \frac{v}{c^2} \times E_{\perp} \end{cases}$$

其中

$$r' = \gamma(r_{\parallel} - vt) + r_{\perp} \tag{6.168}$$

进一步的讨论　首先, 由于偶极子 p_0 匀速运动, 可将势和场的表示式用同时距离 r_0 表示出, 要注意 r' 的表式 (6.168) 中的 $r = r_{\parallel} + r_{\perp}$ 乃是从 $t = 0$ 时刻的点到 $t = \dfrac{r}{c}$ 时刻的点的矢径, 如图 6.13 所示, 它与 r_0 的关系是

图 6.13　坐标关系

$$r_0 = r - v\frac{r}{c}$$

故式 (6.168) 可写成

$$r' = \gamma\left(r_{0\parallel} + \frac{r_{0\perp}}{\gamma}\right) = \gamma r^*$$

从而

$$r^{*2} = r_{0\parallel}^2 + \left(1 - \frac{v^2}{c^2}\right)r_{0\perp}^2 = \left(1 - \frac{v^2}{c^2}\right)r_0^2 + \left(\frac{v \cdot r_0}{c}\right)^2$$

所以,

$$\varphi = \frac{1}{4\pi\varepsilon_0}\frac{p_0 \cdot r^*}{\gamma^2 r^{*3}}$$

并有

$$E_{\parallel} = E'_{\parallel} = \frac{1}{4\pi\varepsilon_0}\frac{3(p_0 \cdot r^*)r_{0\parallel} - p_0 r^{*2}}{\gamma^3 r^{*5}}$$

p 在电场作用下运动, 故 $p_0 \parallel v$. 所以

$$E_{\perp} = \gamma E'_{\perp} = \frac{1}{4\pi\varepsilon_0}\frac{3(p_0 \cdot r^*)r_{0\perp}}{\gamma^3 r^{*5}}$$

这样

$$\boldsymbol{E} = \frac{1}{4\pi\varepsilon_0} \frac{3(\boldsymbol{p}_0 \cdot \boldsymbol{r}^*)\boldsymbol{r}_0 - \boldsymbol{p}_0 r^{*2}}{\gamma^3 r^{*5}}$$

注意, 场的表式只有在电荷做匀速运动情形下才能通过变换关系式求出, 一般情况下, 若不作若干进一步的假定, 就只能通过

$$\boldsymbol{E} = -\nabla\varphi - \frac{\partial \boldsymbol{A}}{\partial t}, \quad \boldsymbol{B} = \nabla \times \boldsymbol{A} \tag{6.169}$$

求出, 而 $\boldsymbol{A}$ 和 φ 在一般情况下可由变换关系求出.

r^{*2} 还有一个表达式

$$r^{*2} = \left(\boldsymbol{r}_{/\!/} - \boldsymbol{v}\frac{r}{c}\right)^2 + \left(1 - \frac{v^2}{c^2}\right)r_\perp^2 = r^2 - 2\left(\frac{\boldsymbol{r} \cdot \boldsymbol{v}}{c}\right)r + \frac{v^2}{c^2}r_{/\!/}^2$$

$$= r^2 - 2\left(\frac{\boldsymbol{r} \cdot \boldsymbol{v}}{c}\right)r + \left(\frac{\boldsymbol{v} \cdot \boldsymbol{r}}{c}\right)^2$$

$$= \left(r - \frac{\boldsymbol{r} \cdot \boldsymbol{v}}{c}\right)^2$$

在一般情况下, 通过式 (6.169) 求场时以这表达式为方便. 利用

$$r' = ct' = \gamma\left(ct - \frac{\boldsymbol{v} \cdot \boldsymbol{r}}{c}\right) = \gamma\left(r - \frac{\boldsymbol{v} \cdot \boldsymbol{r}}{c}\right) = \gamma r^*$$

还可更方便地得到

$$r^* = r - \frac{\boldsymbol{v} \cdot \boldsymbol{r}}{c}$$

6.42　协变波动方程的推迟 Green 函数

题 6.42　电磁体系的 Maxwell 方程可以等效的通过四维势用如下协变波动方程表示:

$$\Box A^\beta = \frac{4\pi}{c}J^\beta \tag{6.170}$$

其中四维势满足 Lorenz 规范, $\Box = \frac{1}{c^2}\frac{\partial^2}{\partial t^2} - \nabla^2$. 试采用 Fourier 变换法, 给出关于该方程推迟 Green 函数的完整推导.

解答　求出下列方程:

$$\Box_x D(x, x') = \delta^{(4)}(x - x') \tag{6.171}$$

的 Green 函数 $D(x, x')$, 就可以求得式 (6.170) 的解, 上式中

$$\delta^{(4)}(x - x') = \delta(x_0 - x_0')\delta^{(3)}(\boldsymbol{x} - \boldsymbol{x}')$$

是四维 δ 函数. 在没有边界条件 (全空间) 时, Green 函数 $D(x, x')$ 可以只依赖于四维矢量差 $z = x - x'$. 于是 $D(x, x') = D(x - x') = D(\boldsymbol{z})$, 而 (6.171) 变成

$$\Box_z D(\boldsymbol{z}) = \delta^{(4)}(\boldsymbol{z}) \tag{6.172}$$

我们用 Fourier 变换求解, 从坐标空间到波数空间, Green 函数的 Fourier 变换由下式确定:

$$D\left(\boldsymbol{z}\right) = \frac{1}{\left(2\pi\right)^4} \int \mathrm{d}^4 k \tilde{D}(k) \mathrm{e}^{-\mathrm{i} k \cdot z}$$

其中 $k \cdot z = k_0 z_0 - \boldsymbol{k} \cdot \boldsymbol{z}$, 利用 δ 函数的表达式

$$\delta^{(4)}\left(z\right) = \frac{1}{\left(2\pi\right)^4} \int \mathrm{d}^4 k \mathrm{e}^{-\mathrm{i} k \cdot z} \tag{6.173}$$

求得波数 k 空间的 Green 函数

$$\tilde{D}(k) = -\frac{1}{k \cdot k} \tag{6.174}$$

因此坐标空间 Green 函数为

$$D\left(\boldsymbol{z}\right) = \frac{1}{\left(2\pi\right)^4} \int \mathrm{d}^4 k \frac{1}{k \cdot k} \mathrm{e}^{-\mathrm{i} k \cdot z} \tag{6.175}$$

也就是

$$D\left(\boldsymbol{z}\right) = \frac{1}{\left(2\pi\right)^4} \int \mathrm{d}^3 k \mathrm{e}^{\mathrm{i}\boldsymbol{k}\cdot\boldsymbol{z}} \int_{-\infty}^{\infty} \mathrm{d}k_0 \frac{1}{k_0^2 - \kappa^2} \mathrm{e}^{-\mathrm{i}k_0 z_0} = \frac{1}{\left(2\pi\right)^4} \int \mathrm{d}^3 k \mathrm{e}^{\mathrm{i}\boldsymbol{k}\cdot\boldsymbol{z}} I(\kappa) \tag{6.176}$$

其中 $\kappa = |\boldsymbol{k}|$. 可见上式中 $I(\kappa)$ 为一奇异函数积分

$$I(\kappa) = \int_{-\infty}^{\infty} \mathrm{d}k_0 \frac{1}{k_0^2 - \kappa^2} \mathrm{e}^{-\mathrm{i}k_0 z_0}$$

关于 k_0 的积分的被积函数在 $k_0 = \pm\kappa$ 处有两个一阶奇点. 相对于极点选取不同的积分围道, 就得到不同的积分结果, 从而使所得到的 Green 函数相应于不同的初始条件.

$$I_r(\kappa) = \int_{-\infty}^{\infty} \mathrm{d}k_0 \frac{1}{\left(k_0 + \mathrm{i}0^+\right)^2 - \kappa^2} \mathrm{e}^{-\mathrm{i}k_0 z_0}$$

当 $z_0 < 0$ 时,

$$I_r(\kappa) = \int_{-\infty}^{\infty} \mathrm{d}k_0 \frac{1}{\left(k_0 + \mathrm{i}0^+\right)^2 - \kappa^2} \mathrm{e}^{-\mathrm{i}k_0 z_0} = \oint_{C_r} \mathrm{d}k_0 \frac{1}{\left(k_0 + \mathrm{i}0^+\right)^2 - \kappa^2} \mathrm{e}^{-\mathrm{i}k_0 z_0}$$

其中围道 C_r(如图 6.14 所示) 由 $(-\infty + \mathrm{i}0^+ \to \infty + \mathrm{i}0^+)$ 直线与无穷远处上半平面的半圆, 在上半平面闭合, 且不包含奇点, 所求得积分为零. 当 $z_0 > 0$ 时,

$$I_r(\kappa) = \int_{-\infty}^{\infty} \mathrm{d}k_0 \frac{1}{\left(k_0 + \mathrm{i}0^+\right)^2 - \kappa^2} \mathrm{e}^{-\mathrm{i}k_0 z_0} = \oint_{C_r} \mathrm{d}k_0 \frac{1}{\left(k_0 + \mathrm{i}0^+\right)^2 - \kappa^2} \mathrm{e}^{-\mathrm{i}k_0 z_0}$$

其中围道 C_r(如图 6.14 所示) 由 $(-\infty + \mathrm{i}0^+ \to \infty + \mathrm{i}0^+)$ 直线与无穷远处下半平面的半圆, 在下半平面闭合, 且不包含两个奇点, 故

$$I_r(\kappa) = \oint_{C_r} \mathrm{d}k_0 \frac{1}{\left(k_0 + \mathrm{i}0^+\right)^2 - \kappa^2} \mathrm{e}^{-\mathrm{i}k_0 z_0} = -2\pi\mathrm{i}\mathrm{Res}\left[\frac{1}{\left(k_0 + \mathrm{i}0^+\right)^2 - \kappa^2} \mathrm{e}^{-\mathrm{i}k_0 z_0}\right]$$

$$= -\frac{2\pi}{\kappa} \sin\left(\kappa z\right)$$

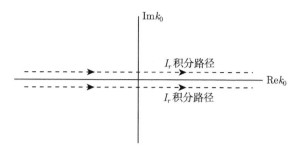

图 6.14 k_0 复平面上积分围道

于是 Green 函数为

$$D_r(z) = \frac{\theta(z_0)}{(2\pi)^4} \int \mathrm{d}^3 k \mathrm{e}^{\mathrm{i}\boldsymbol{k}\cdot\boldsymbol{z}} \frac{2\pi}{\kappa} \sin(\kappa z_0) \tag{6.177}$$

演算下去

$$
\begin{aligned}
D_r(z) &= \frac{\theta(z_0)}{(2\pi)^2} \int \mathrm{d}k k^2 \int_0^\pi \sin\theta \mathrm{d}\theta \mathrm{e}^{\mathrm{i}kR\cos\theta} \frac{1}{\kappa} \sin(\kappa z_0) = \frac{\theta(z_0)}{4\pi^2} \int \mathrm{d}k k \sin(\kappa z_0) \int_{-1}^1 \mathrm{d}x \mathrm{e}^{\mathrm{i}kRx} \\
&= \frac{\theta(z_0)}{4\pi^2} \int_0^\infty \mathrm{d}k k \sin(\kappa z_0) \frac{1}{\mathrm{i}kR} \left(\mathrm{e}^{\mathrm{i}kR} - \mathrm{e}^{-\mathrm{i}kR}\right) \\
&= -\frac{\theta(z_0)}{8\pi^2 R} \int_0^\infty \mathrm{d}k \left(\mathrm{e}^{\mathrm{i}kz_0} - \mathrm{e}^{-\mathrm{i}kz_0}\right) \left(\mathrm{e}^{\mathrm{i}kR} - \mathrm{e}^{-\mathrm{i}kR}\right) \\
&= -\frac{\theta(z_0)}{8\pi^2 R} \int_0^\infty \mathrm{d}k \left[\mathrm{e}^{\mathrm{i}k(z_0+R)} + \mathrm{e}^{-\mathrm{i}k(z_0+R)} - \mathrm{e}^{\mathrm{i}k(z_0-R)} - \mathrm{e}^{-\mathrm{i}k(z_0-R)}\right] \\
&= \frac{\theta(z_0)}{8\pi^2 R} \int_{-\infty}^\infty \mathrm{d}k \left[\mathrm{e}^{\mathrm{i}k(z_0-R)} - \mathrm{e}^{\mathrm{i}k(z_0+R)}\right]
\end{aligned}
$$

这样

$$
\begin{aligned}
D_r(z) &= \frac{\theta(z_0)}{4\pi R} \left[\delta(z_0 - R) + \delta(z_0 + R)\right] = \frac{\theta(z_0)}{4\pi R} \delta(z_0 - R) \\
&= \frac{\theta(x_0 - x_0')}{4\pi R} \delta(x_0 - x_0' - R)
\end{aligned}
$$

或者

$$D_r(z) = \frac{\theta(x_0 - x_0')}{4\pi R} \delta(x_0 - x_0' - R) \tag{6.178}$$

这种 Green 函数称为推迟 Green 函数. 若取

$$I_a(\kappa) = \int_{-\infty}^\infty \mathrm{d}k_0 \frac{1}{(k_0 - \mathrm{i}0^+)^2 - \kappa^2} \mathrm{e}^{-\mathrm{i}k_0 z_0}$$

则相应地得到下列提前 Green 函数:

$$D_a(z) = \frac{\theta\left[-(x_0 - x_0')\right]}{4\pi R} \delta(x_0 - x_0' - R) \tag{6.179}$$

为得到协变形式 Green 函数, 利用

$$
\begin{aligned}
\delta\left[(\boldsymbol{x} - \boldsymbol{x}')^2\right] &= \delta\left[(x_0 - x_0')^2 - |\boldsymbol{x} - \boldsymbol{x}'|^2\right] = \delta\left[(x_0 - x_0' - R)(x_0 - x_0' + R)\right] \\
&= \frac{1}{2R} \left[\delta(x_0 - x_0' - R) + \delta(x_0 - x_0' + R)\right]
\end{aligned}
$$

这时, 因为 θ 函数与上式末两项相乘, 其中只有一项的乘积不等于零, 所以我们有

$$D_r\left(\boldsymbol{z}\right) = \frac{1}{2\pi}\theta(x_0 - x_0')\delta\left[(x-x')^2\right],$$

$$D_a\left(\boldsymbol{z}\right) = \frac{1}{2\pi}\theta(x_0' - x_0)\delta\left[(x-x')^2\right]$$

(6.180)

θ 函数在 Lorentz 变换下显然不是不变量, 但它受到与其相乘的 δ 函数因子约束时, 实际上是通常 Lorentz 变换下的不变量. 上面是 Green 函数的明显不变表达式, 其中 θ 函数与 δ 函数表明: 推迟 (提前)Green 函数仅仅在源点的向前 (向后) 光锥上才不等于零.

6.43　Lorentz 变换的推动和转动变换生成元满足的关系

题 6.43　(1) 试证 Lorentz 变换的推动和转动变换生成元 $\boldsymbol{K}$ 和 $\boldsymbol{S}$ 分别满足

$$(\boldsymbol{\varepsilon}\cdot\boldsymbol{S})^3 = -\boldsymbol{\varepsilon}\cdot\boldsymbol{S}, \quad (\boldsymbol{\varepsilon}'\cdot\boldsymbol{K})^3 = \boldsymbol{\varepsilon}'\cdot\boldsymbol{K}$$

其中, $\boldsymbol{\varepsilon}$ 和 $\boldsymbol{\varepsilon}'$ 是任意实的单位三维矢量;

(2) 试用 (1) 的结果, 证明

$$A = \mathrm{e}^{-\zeta\boldsymbol{e}\cdot\boldsymbol{K}} = \left[1 - (\boldsymbol{e}\cdot\boldsymbol{K})^2\right] - (\boldsymbol{e}\cdot\boldsymbol{K})\sinh\zeta + (\boldsymbol{e}\cdot\boldsymbol{K})^2\cosh\zeta$$

其中, $\boldsymbol{e}$ 为推动变换速度方向的单位矢量. 并请说明为什么 A 是一个 Lorentz boost.

解答　(1) 由于

$$S_1 = \begin{pmatrix} 0 & 0 & 0 & 0 \\ 0 & 0 & 0 & 0 \\ 0 & 0 & 0 & -1 \\ 0 & 0 & 1 & 0 \end{pmatrix}, \quad S_2 = \begin{pmatrix} 0 & 0 & 0 & 0 \\ 0 & 0 & 0 & 1 \\ 0 & 0 & 0 & 0 \\ 0 & -1 & 0 & 0 \end{pmatrix}, \quad S_3 = \begin{pmatrix} 0 & 0 & 0 & 0 \\ 0 & 0 & -1 & 0 \\ 0 & 1 & 0 & 0 \\ 0 & 0 & 0 & 0 \end{pmatrix}$$

可将 $\boldsymbol{\varepsilon}\cdot\boldsymbol{S}$ 如下表示为:

$$\boldsymbol{\varepsilon}\cdot\boldsymbol{S} = \begin{pmatrix} 0 & 0 & 0 & 0 \\ 0 & 0 & -\varepsilon_3 & \varepsilon_2 \\ 0 & \varepsilon_3 & 0 & -\varepsilon_1 \\ 0 & -\varepsilon_2 & \varepsilon_1 & 0 \end{pmatrix},$$

因而

$$(\boldsymbol{\varepsilon}\cdot\boldsymbol{S})^2 = \begin{pmatrix} 0 & 0 & 0 & 0 \\ 0 & -\varepsilon_2^2 - \varepsilon_3^2 & \varepsilon_1\varepsilon_2 & \varepsilon_1\varepsilon_3 \\ 0 & \varepsilon_1\varepsilon_2 & -\varepsilon_1^2 - \varepsilon_3^2 & \varepsilon_2\varepsilon_3 \\ 0 & \varepsilon_1\varepsilon_3 & \varepsilon_2\varepsilon_3 & -\varepsilon_1^2 - \varepsilon_2^2 \end{pmatrix}$$

利用 $\boldsymbol{\varepsilon}$ 是单位矢量, 满足 $\varepsilon_1^2 + \varepsilon_2^2 + \varepsilon_3^2 = 1$, 这样

$$(\boldsymbol{\varepsilon}\cdot\boldsymbol{S})^3 = \begin{pmatrix} 0 & 0 & 0 & 0 \\ 0 & 0 & \varepsilon_3 & -\varepsilon_2 \\ 0 & -\varepsilon_3 & 0 & \varepsilon_1 \\ 0 & \varepsilon_2 & -\varepsilon_1 & 0 \end{pmatrix} = -\boldsymbol{\varepsilon}\cdot\boldsymbol{S}$$

由于

$$K_1 = \begin{pmatrix} 0 & 1 & 0 & 0 \\ 1 & 0 & 0 & 0 \\ 0 & 0 & 0 & 0 \\ 0 & 0 & 0 & 0 \end{pmatrix}, \quad K_2 = \begin{pmatrix} 0 & 0 & 1 & 0 \\ 0 & 0 & 0 & 0 \\ 1 & 0 & 0 & 0 \\ 0 & 0 & 0 & 0 \end{pmatrix}, \quad K_3 = \begin{pmatrix} 0 & 0 & 0 & 1 \\ 0 & 0 & 0 & 0 \\ 0 & 0 & 0 & 0 \\ 1 & 0 & 0 & 0 \end{pmatrix}$$

可将 $\varepsilon' \cdot \boldsymbol{K}$ 如下表示为：

$$\varepsilon' \cdot \boldsymbol{K} = \begin{pmatrix} 0 & \varepsilon_1' & \varepsilon_2' & \varepsilon_3' \\ \varepsilon_1' & 0 & 0 & 0 \\ \varepsilon_2' & 0 & 0 & 0 \\ \varepsilon_3' & 0 & 0 & 0 \end{pmatrix}$$

因而

$$(\varepsilon' \cdot \boldsymbol{K})^2 = \begin{pmatrix} 1 & 0 & 0 & 0 \\ 0 & \varepsilon_1'^2 & \varepsilon_1'\varepsilon_2' & \varepsilon_1'\varepsilon_3' \\ 0 & \varepsilon_1'\varepsilon_2' & \varepsilon_2'^2 & \varepsilon_2'\varepsilon_3' \\ 0 & \varepsilon_1'\varepsilon_3' & \varepsilon_2'\varepsilon_3' & \varepsilon_3'^2 \end{pmatrix}$$

其中利用了 ε' 是单位矢量. 进而

$$(\varepsilon' \cdot \boldsymbol{K})^3 = \begin{pmatrix} 0 & \varepsilon_1' & \varepsilon_2' & \varepsilon_3' \\ \varepsilon_1' & 0 & 0 & 0 \\ \varepsilon_2' & 0 & 0 & 0 \\ \varepsilon_3' & 0 & 0 & 0 \end{pmatrix} = \varepsilon' \cdot \boldsymbol{K}$$

(2) 利用 $(\varepsilon' \cdot \boldsymbol{K})^3 = \varepsilon' \cdot \boldsymbol{K}$,

$$A = e^{-\boldsymbol{e} \cdot \boldsymbol{K} \zeta} = 1 + \sum_{n=1}^{\infty} \frac{(-\zeta)^{2n}}{(2n)!} (\boldsymbol{e} \cdot \boldsymbol{K})^{2n} + \sum_{n=0}^{\infty} \frac{(-\zeta)^{2n+1}}{(2n+1)!} (\boldsymbol{e} \cdot \boldsymbol{K})^{2n+1}$$

$$= 1 + (\boldsymbol{e} \cdot \boldsymbol{K})^2 \sum_{n=1}^{\infty} \frac{(-\zeta)^{2n}}{(2n)!} + (\boldsymbol{e} \cdot \boldsymbol{K}) \sum_{n=0}^{\infty} \frac{(-\zeta)^{2n+1}}{(2n+1)!}$$

$$= 1 + (\boldsymbol{e} \cdot \boldsymbol{K})^2 \left[\cosh(-\zeta) - 1 \right] + \boldsymbol{e} \cdot \boldsymbol{K} \sinh(-\zeta)$$

$$= \left[1 - (\boldsymbol{e} \cdot \boldsymbol{K})^2 \right] - (\boldsymbol{e} \cdot \boldsymbol{K}) \sinh \zeta + (\boldsymbol{e} \cdot \boldsymbol{K})^2 \cosh \zeta$$

将 A 作用到静止粒子上

$$e^{-\boldsymbol{e} \cdot \boldsymbol{K} \zeta} \begin{pmatrix} 1 \\ 0 \\ 0 \\ 0 \end{pmatrix} = \begin{pmatrix} \cosh \zeta \\ \varepsilon_1 \sinh \zeta \\ \varepsilon_2 \sinh \zeta \\ \varepsilon_3 \sinh \zeta \end{pmatrix} = \gamma \begin{pmatrix} 1 \\ \beta_1 \\ \beta_2 \\ \beta_3 \end{pmatrix} = \frac{p_\mu}{mc}$$

在 A 的作用下, 静止粒子获得动量为 p_μ. 可见 A 是一个 Lorentz boost.

6.44 坐标取代时间 t 作为独立变量

题 6.44 假设 $H(q, p, t)$ 为某一 n 自由度系统的 Hamilton 量. 假设 $\mathrm{d}q_1/\mathrm{d}t = \partial H/\partial p_1$ 在某段时间 T、在由 $X = (q_1, p_1, q_2, p_2, q_3, p_3, \cdots, q_n, p_n)$ 描述的相空间的某一区域内不为零. 则在这一段时间 T、在相空间的这一区域内, q_1 可以代替时间 t 作为独立变量. 而且, 在取 q_1 作为独立变量后, 运动方程可以由一个新的 Hamilton 量得到.

证明 考虑 $2n - 2$ 个量 $(q_2, p_2, \cdots, q_n, p_n)$, 它们遵从 Hamilton 运动方程

$$\dot{q}_i = \frac{\partial H}{\partial p_i}, \quad \dot{p}_i = -\frac{\partial H}{\partial q_i}, \quad i = 2, \cdots, n$$

记对 q_1 的全导数为 $'$. 利用微分链式法则得

$$q_i' = \mathrm{d}q_i/\mathrm{d}q_1 = (\mathrm{d}q_i/\mathrm{d}t)(\mathrm{d}t/\mathrm{d}q_1) = (\partial H/\partial p_i)(\partial H/\partial p_1)^{-1}$$

$$p_i' = \mathrm{d}p_i/\mathrm{d}q_1 = (\mathrm{d}p_i/\mathrm{d}t)(\mathrm{d}t/\mathrm{d}q_1) = -(\partial H/\partial q_i)(\partial H/\partial p_1)^{-1}$$

时间 t 现在作为坐标,

$$t' = \mathrm{d}t/\mathrm{d}q_1 = (\mathrm{d}q_1/\mathrm{d}t)^{-1} = (\partial H/\partial p_1)^{-1}$$

再假设动量 p_t 由 $p_t = -H$ 给出

$$p_t' = \mathrm{d}p_t/\mathrm{d}q_1 = (\mathrm{d}p_t/\mathrm{d}t)(\mathrm{d}t/\mathrm{d}q_1) = -(\partial H/\partial t)(\partial H/\partial p_1)^{-1}$$

以上四式正是所需要的. 下面还需证明四式的右边可以通过另一个 Hamilton 量 K 得到.

再看 p_t 的定义

$$p_t = -H(q_1, p_1, \cdots, q_n, p_n, t)$$

根据定理假设, 利用隐函数定理, 由此式可以解出 p_1, 得到

$$p_1 = K(q_1, q_2, p_2, \cdots, q_n, p_n, t)$$

K 应是新的 Hamilton 量. 这可以直接验证 (作为练习). 从下式:

$$\mathrm{d}H = \frac{\partial H}{\partial t}\mathrm{d}t + \left(\frac{\partial H}{\partial q_1}\mathrm{d}q_1 + \frac{\partial H}{\partial p_1}\mathrm{d}p_1\right) + \sum_{i=2}^{n}\left(\frac{\partial H}{\partial q_i}\mathrm{d}q_i + \frac{\partial H}{\partial p_i}\mathrm{d}p_i\right)$$

解出

$$\mathrm{d}p_1 = \left(\frac{\partial H}{\partial p_1}\right)^{-1}\left\{-\frac{\partial H}{\partial q_1}\mathrm{d}q_1 - \frac{\partial H}{\partial t}\mathrm{d}t + \mathrm{d}H - \sum_{i=2}^{n}\left(\frac{\partial H}{\partial q_i}\mathrm{d}q_i + \frac{\partial H}{\partial p_i}\mathrm{d}p_i\right)\right\}$$

或者

$$\begin{aligned}
\mathrm{d}K &= \left(\frac{\partial H}{\partial p_1}\right)^{-1}\left\{\frac{\partial H}{\partial q_1}\mathrm{d}q_1 + \frac{\partial H}{\partial t}\mathrm{d}t - \mathrm{d}H + \sum_{i=2}^{n}\left(\frac{\partial H}{\partial q_i}\mathrm{d}q_i + \frac{\partial H}{\partial p_i}\mathrm{d}p_i\right)\right\} \\
&= \frac{\partial K}{\partial q_1}\mathrm{d}q_1 + (-p_t'\mathrm{d}t - t'\mathrm{d}H) - \sum_{i=2}^{n}(q'\mathrm{d}q_i + p_i'\mathrm{d}p_i) \\
&= \frac{\partial K}{\partial q_1}\mathrm{d}q_1 + \left(\frac{\partial K}{\partial t}\mathrm{d}t + \frac{\partial K}{\partial H}\mathrm{d}H\right) + \sum_{i=2}^{n}\left(\frac{\partial K}{\partial q_i}\mathrm{d}q_i + \frac{\partial K}{\partial p_i}\mathrm{d}p_i\right)
\end{aligned}$$

其中利用了

$$\frac{\partial p_1}{\partial t} = -\left(\frac{\partial H}{\partial p_1}\right)^{-1}\frac{\partial H}{\partial t} = p_t'; \quad \frac{\partial p_1}{\partial H} = \left(\frac{\partial H}{\partial p_1}\right)^{-1} = t';$$

$$\frac{\partial p_1}{\partial q_i} = -\left(\frac{\partial H}{\partial p_1}\right)^{-1}\frac{\partial H}{\partial q_i} = q_i'; \quad \frac{\partial p_1}{\partial p_i} = -\left(\frac{\partial H}{\partial p_1}\right)^{-1}\frac{\partial H}{\partial p_i} = -p'$$

最小作用量原理

$$A = \int \mathrm{d}t L = \int \mathrm{d}t \left(\sum_{i=1}^{n} p_i\dot{q}_i - H\right) = \int \left(\sum_{i=1}^{n} p_i\mathrm{d}q_i - H\mathrm{d}t\right)$$

真实的轨道上 A 取极值. 运动方程由下面变分方程给出:

$$\delta A = 0$$

现在引进记号

$$q_{n+1} = t, \quad p_{n+1} = -H = p_t$$

则作用量取如下对称的形式:

$$A = \int \sum_{i=1}^{n+1} p_i\mathrm{d}q_i$$

取这种形式很显然, 我们可以通过任何一个 p_i 来得到 Hamilton 量. 如果我们取 p_1, 则

$$A = \int \sum_{i=2}^{n+1} p_i\mathrm{d}q_i - K\mathrm{d}q_1 = \int \mathrm{d}q_1 \left[\sum_{i=2}^{n+1} p_i(\mathrm{d}q_i/\mathrm{d}q_1) - K\right]$$

$$= \int \mathrm{d}q_1 \left[\sum_{i=2}^{n+1} p_iq_i' - K\right]$$

由此式并利用最小作用量原理, 即可得到以 p_1 为独立变量, K 为新 Hamilton 量的正则方程.

6.45 从 K 到 K′ 变换的一个关系式

题 6.45 Minkowski 空间的一个时空点在 K 参考系表示为 $x^\mu = (x^0, x^1, x^2, x^3)$, 在 K′ 参考系表示为 $x'^\mu = (x'^0, x'^1, x'^2, x'^3)$, x^μ 到 x'^μ 由 Lorentz 变换联系, 可表示为

$$x'^\mu = x'^\mu(x^0, x^1, x^2, x^3), \qquad \alpha = 0, 1, 2, 3$$

或者 $x'^\alpha = x'^\alpha(x)$, 基于相对性原理应存在反函数 $x^\alpha = x^\alpha(x')$. 因而

$$\mathrm{d}x'^\mu = \mathrm{d}x^\nu \frac{\partial x'^\mu}{\partial x^\nu}, \qquad \mathrm{d}x^\mu = \mathrm{d}x'^\nu \frac{\partial x^\mu}{\partial x'^\nu}$$

所有 Minkowski 空间的矢量在从 K 到 K′ 的 Lorentz 变换下变换行为相同, 可由如上 $\partial x'^\mu/\partial x^\nu$ 给出; 同样所有 Minkowski 空间的矢量在从 K′ 到 K 的 Lorentz 变换下变换行为相同, 可由如上 $\partial x^\mu/\partial x'^\nu$ 给出. 请利用间隔不变性证明

$$\frac{\partial x'^\mu}{\partial x^\nu} = \frac{\partial x_\nu}{\partial x'_\mu}$$

并由此证明微分算符

$$\partial^{\mu} \equiv \frac{\partial}{\partial x_{\mu}} = \left(\frac{\partial}{\partial x^0}, -\nabla \right)$$

在 Lorentz 变换下按照逆变矢量方式变换.

证明　狭义相对论四维空间之模方的无穷小间隔 $\mathrm{d}s$ 是

$$(\mathrm{d}s)^2 = (\mathrm{d}x^0)^2 - (\mathrm{d}x^1)^2 - (\mathrm{d}x^2)^2 - (\mathrm{d}x^3)^2 \tag{6.181}$$

可表示为

$$(\mathrm{d}s)^2 = g_{\alpha\beta}\mathrm{d}x^{\alpha}\mathrm{d}x^{\beta} \tag{6.182}$$

根据间隔 $(\mathrm{d}s)^2$ 的不变性, 式 (6.182) 的 $(\mathrm{d}s)^2$ 可表示为

$$(\mathrm{d}s)^2 = g_{\mu\nu}\mathrm{d}x'^{\mu}\mathrm{d}x'^{\nu} = g_{\mu\nu}\frac{\partial x'^{\mu}}{\partial x^{\alpha}}\frac{\partial x'^{\nu}}{\partial x^{\beta}}\mathrm{d}x^{\alpha}\mathrm{d}x^{\beta} \tag{6.183}$$

再与式 (6.182) 比较得

$$g_{\mu\nu}\frac{\partial x'^{\mu}}{\partial x^{\alpha}}\frac{\partial x'^{\nu}}{\partial x^{\beta}} = g_{\alpha\beta} \tag{6.184}$$

两边乘以 $\dfrac{\partial x^{\beta}}{\partial x'^{\sigma}}$ 得

$$g_{\mu\nu}\frac{\partial x'^{\mu}}{\partial x^{\alpha}}\delta_{\sigma}^{\nu} = \frac{\partial x_{\alpha}}{\partial x'^{\sigma}}, \qquad g_{\mu\sigma}\frac{\partial x'^{\mu}}{\partial x^{\alpha}} = \frac{\partial x_{\alpha}}{\partial x'^{\sigma}} \tag{6.185}$$

乘以 $g^{\beta\sigma}$ 得

$$g^{\beta\sigma}g_{\mu\sigma}\frac{\partial x'^{\mu}}{\partial x^{\alpha}} = g^{\beta\sigma}\frac{\partial x_{\alpha}}{\partial x'^{\sigma}} \tag{6.186}$$

或者

$$\delta_{\mu}^{\beta}\frac{\partial x'^{\mu}}{\partial x^{\alpha}} = \frac{\partial x_{\alpha}}{\partial x'_{\beta}} \tag{6.187}$$

上式右边可由前式对于 $\beta = 0, 1, 2, 3$ 分情况讨论得到. 上式即给出 $\partial x_{\nu}/\partial x'_{\mu} = \partial x'^{\mu}/\partial x^{\nu}$.

在从 K 到 K′ 的 Lorentz 变换下, 按导数法则

$$\frac{\partial}{\partial x'_{\mu}} = \frac{\partial}{\partial x_{\nu}}\frac{\partial x_{\nu}}{\partial x'_{\mu}} \tag{6.188}$$

由 $\partial x_{\nu}/\partial x'_{\mu} = \partial x'^{\mu}/\partial x^{\nu}$ 即得

$$\frac{\partial}{\partial x'_{\mu}} = \frac{\partial}{\partial x_{\nu}}\frac{\partial x'^{\mu}}{\partial x^{\nu}} \tag{6.189}$$

可见 $\partial^{\mu} = \dfrac{\partial}{\partial x_{\mu}}$ 在 Lorentz 变换下按照逆变矢量方式变换.

6.46　为什么可由单电子辐射功率的 Larmor 公式导出 Liénard 公式

题 6.46　(1) 请写出单电子辐射功率的 Larmor 公式, 为什么可由该公式导出 Liénard 公式?

(2) 光学定理实际上对各种散射过程都成立, 并且具有广泛而重要的应用. 请写出电磁波散射光学定理的表达式, 并请加以简要解释;

(3) Rayleigh 对于光散射的论文是一位物理学名家的工作范例[①], 其发展的方法即散射微扰论. 请简要叙述光散射微扰论的主要做法.

解答 (1) 非相对论电子作加速运动, 辐射总功率为

$$P(t') = \frac{2e^2 \dot{\boldsymbol{v}}^2}{3c^3}$$

此为 Larmor 公式. 由于辐射总功率为 Lorentz 不变量, 此式可改写为协变的形式, 由此导出 Liénard 公式;

(2) 电磁波散射光学定理

$$\sigma_{\mathrm{t}} = \frac{4\pi}{k} \mathrm{Im} \left[\boldsymbol{\epsilon}_0^* \cdot \boldsymbol{f} \left(\boldsymbol{k} = \boldsymbol{k}_0 \right) \right]$$

散射总截面 σ_{t}(对于非弹性散射, 则包括非弹性散射和吸收截面在内) 和弹性散射的朝前散射振幅虚部 $\mathrm{Im}\boldsymbol{\epsilon}_0^* \cdot \boldsymbol{f} \left(\boldsymbol{k} = \boldsymbol{k}_0 \right)$ 成正比. 其物理解释是: 总截面是入射波减弱的一种度量(σ_{t} 越大, 入射波的减弱越大), 而这种减弱是由于入射波和 (同方向的) 朝前散射波相消干涉的结果.

(3) 光散射微扰论与量子力学中的 Born 散射相当, 对散射振幅取最低级近似. 在散射振幅表达式中, 将 $(\boldsymbol{D} - \epsilon_0 \boldsymbol{E})$ 和 $(\boldsymbol{B} - \mu_0 \boldsymbol{H})$ 用未微扰场来近似表示.

6.47 辐射功率的 Lorentz 不变性

题 6.47 辐射功率 P 的 Lorentz 不变性

证明 在任意惯性参考系 K 中, 带电粒子运动速度为 $\boldsymbol{v} = (v, 0, 0)$, 粒子瞬时静止参考系 K_0, 设粒子在 K_0 系中的能量为 $\tilde{W}$, 则四动量为 $(\tilde{W}/c, \boldsymbol{p}) = (\tilde{W}/c, 0)$, 辐射功率

$$\tilde{P} = -\frac{\mathrm{d}\tilde{W}}{\mathrm{d}\tau}$$

其中 τ 为固有时, 即在 K_0 系中测得的时间. 由四动量的变换关系可得

$$W = \gamma \tilde{W}$$

其中 $\gamma = 1/\sqrt{1 - v^2/c^2}$. 于是

$$\mathrm{d}W = \gamma \mathrm{d}\tilde{W}$$

再由 t 与固有时 τ 的关系

$$\mathrm{d}t = \gamma \mathrm{d}\tau$$

即得

$$P = -\frac{\mathrm{d}W}{\mathrm{d}t} = -\frac{\mathrm{d}\tilde{W}}{\mathrm{d}\tau} = \tilde{P}$$

可见辐射功率 P 是一个 Lorentz 不变量.

[①]John David Jackson, *Classical Electrodynamics*, Wiley, New York, 3th Ed., 1999, PP462-271.

6.48　一个电子在介质运动在空间激发的电磁场

题 6.48　设空间中充满均匀各向同性介质, 相对介电常量为 ε, 相对磁导率为 1, 一个电子在其中运动, 设其速度 v 是常量. 设该电子 $t=0$ 时通过原点.

(1) 电子作低速运动时, 请计算该电子在空间激发的电磁场, 请给出势与场强的表达式; 对空间特定观测点, 请给出场强的 Fourier 变换式;

(2) 电子作高速运动其速度达到或超过该介质中光速时, 请计算该电子在空间激发的电磁场, 请给出势与场强的表达式; 对空间特定观测点, 请给出场强的 Fourier 变换式;

(3) 写出电子静止情况的场强, 由此作 boost 速度为 v 的 Lorentz 变换, 请将所得结果与上面 (1) 或者 (2) 作比较, 并请对比较的结果进行解释.

解答　关于以恒定速度快速运动的入射粒子在介质中产生电场的问题, 用 Fourier 变换求解最容易. Maxwell 方程组

$$\nabla \times \boldsymbol{E} = -\frac{1}{c}\frac{\partial \boldsymbol{B}}{\partial t}, \qquad \nabla \cdot \boldsymbol{B} = 0$$

$$\nabla \cdot \boldsymbol{D} = 4\pi\rho, \qquad \nabla \times \boldsymbol{H} = \frac{1}{c}\frac{\partial \boldsymbol{D}}{\partial t} + \frac{4\pi}{c}\boldsymbol{J}$$

由前两个齐次方程, 可引入矢势和标势使得

$$\boldsymbol{B} = \nabla \times \boldsymbol{A}, \qquad \boldsymbol{E} = -\nabla\Phi - \frac{1}{c}\frac{\partial \boldsymbol{A}}{\partial t}$$

频域方程

$$\nabla \cdot \boldsymbol{D}(\boldsymbol{x},\omega) = 4\pi\rho(\boldsymbol{x},\omega), \quad \nabla \times \boldsymbol{H}(\boldsymbol{x},\omega) = -\frac{\mathrm{i}}{c}\omega\boldsymbol{D}(\boldsymbol{x},\omega) + \frac{4\pi}{c}\boldsymbol{j}(\boldsymbol{x},\omega) \tag{6.190}$$

设介质是均匀的, $\boldsymbol{D}(\boldsymbol{x},\omega) = \varepsilon(\omega)\boldsymbol{E}(\boldsymbol{x},\omega)$ 以及 $\boldsymbol{B}(\boldsymbol{x},\omega) = \mu(\omega)\boldsymbol{H}(\boldsymbol{x},\omega)$, 则上式成为

$$-\nabla^2\Phi + \frac{\mathrm{i}}{c}\omega\nabla\cdot\boldsymbol{A} = \frac{4\pi}{\varepsilon(\omega)}\rho$$

$$\nabla(\nabla\cdot\boldsymbol{A}) - \nabla^2\boldsymbol{A} - \mathrm{i}\omega\frac{\varepsilon\mu}{c}\nabla\Phi - \frac{\varepsilon\mu}{c^2}\omega^2\boldsymbol{A} = \frac{4\pi\mu}{c}\boldsymbol{j}$$

介质的存在意味着体系不满足 Lorentz 协变, 故此处不宜取 Lorenz 规范, 而代之以如下另一种规范:

$$\nabla\cdot\boldsymbol{A} + \frac{\varepsilon\mu}{c}\frac{\partial\Phi}{\partial t} = 0 \tag{6.191}$$

上式频域方程为

$$\nabla\cdot\boldsymbol{A} - \mathrm{i}\omega\frac{\varepsilon\mu}{c}\Phi = 0 \tag{6.192}$$

这样得到波动方程

$$-\frac{\varepsilon\mu}{c^2}\omega^2\Phi(\boldsymbol{x},\omega) - \nabla^2\Phi = \frac{4\pi}{\varepsilon(\omega)}\rho \tag{6.193}$$

$$-\frac{\varepsilon\mu}{c^2}\omega^2\boldsymbol{A}(\boldsymbol{x},\omega) - \nabla^2\boldsymbol{A} = \frac{4\pi\mu}{c}\boldsymbol{j} \tag{6.194}$$

对上面方程组进一步作空间 Fourier 变换得到

$$\left[k^2 - \frac{\omega^2}{c^2}\varepsilon(\omega) \right] \tilde{\Phi}\,(\boldsymbol{k},\omega) = \frac{4\pi}{\varepsilon(\omega)}\tilde{\rho}\,(\boldsymbol{k},\omega) \tag{6.195}$$

$$\left[k^2 - \frac{\omega^2}{c^2}\varepsilon(\omega) \right] \tilde{\boldsymbol{A}}\,(\boldsymbol{k},\omega) = \frac{4\pi}{c}\tilde{\boldsymbol{J}}\,(\boldsymbol{k},\omega) \tag{6.196}$$

而电荷电流分布

$$\rho\,(\boldsymbol{x},t) = e\delta^{(3)}\,(\boldsymbol{x}-\boldsymbol{v}t), \quad \boldsymbol{J}\,(\boldsymbol{x},t) = \boldsymbol{v}\rho\,(\boldsymbol{x},t) \tag{6.197}$$

的 Fourier 变换易求, 是

$$\tilde{\rho}\,(\boldsymbol{k},\omega) = \int\mathrm{d}\omega\int\mathrm{d}^3\boldsymbol{k}\,\rho\,(\boldsymbol{x},t)\,\mathrm{e}^{\mathrm{i}\boldsymbol{k}\cdot\boldsymbol{x}-\mathrm{i}\omega t} = 2\pi ze\delta\,(\omega-\boldsymbol{k}\cdot\boldsymbol{v}),$$
$$\tilde{\boldsymbol{J}}\,(\boldsymbol{k},\omega) = \int\mathrm{d}\omega\int\mathrm{d}^3\boldsymbol{k}\,\boldsymbol{J}\,(\boldsymbol{x},t)\,\mathrm{e}^{\mathrm{i}\boldsymbol{k}\cdot\boldsymbol{x}-\mathrm{i}\omega t} = \boldsymbol{v}\tilde{\rho}\,(\boldsymbol{k},\omega) \tag{6.198}$$

代入式 (6.195)、(6.196) 得势的 Fourier 变换是

$$\tilde{\Phi}\,(\boldsymbol{k},\omega) = \frac{8\pi^2 e}{\varepsilon(\omega)}\cdot\frac{\delta(\omega-\boldsymbol{k}\cdot\boldsymbol{v})}{k^2 - \dfrac{\omega^2}{c^2}\varepsilon(\omega)}, \qquad \tilde{\boldsymbol{A}}\,(\boldsymbol{k},\omega) = \varepsilon(\omega)\frac{\boldsymbol{v}}{c}\tilde{\Phi}\,(\boldsymbol{k},\omega) \tag{6.199}$$

根据以势表示电磁场的定义, 我们求得场的 Fourier 变换是

$$\tilde{\boldsymbol{E}}\,(\boldsymbol{k},\omega) = \mathrm{i}\left[\frac{\omega\varepsilon(\omega)}{c}\frac{\boldsymbol{v}}{c} - \boldsymbol{k} \right]\tilde{\Phi}\,(\boldsymbol{k},\omega), \qquad \tilde{\boldsymbol{B}}\,(\boldsymbol{k},\omega) = \mathrm{i}\varepsilon(\omega)\boldsymbol{k}\times\frac{\boldsymbol{v}}{c}\tilde{\Phi}\,(\boldsymbol{k},\omega) \tag{6.200}$$

6.49 介质中光波的动量

题 6.49 关于介质中光波的动量, H.Minkowski 与 M.Abraham 分别提出了不同表达式; 不同表达式何者正确? 两种表达式在文献中各自都有理论与实验两方面大量工作的支持. 这就是历史上所谓的 Abraham-Minkowski 疑难 [U. Leonhardt, Nature, **444**, 823 (2006)], 该疑难始于上世纪初共持续了一百多年直到 2010 年才被澄清 [Stephen M. Barnett, Phys. Rev. Lett., **104**, 070401 (2010)]. 按照光量子学说, 光波为"光子雨", 光波的动量由一个个光子携带. 关于介质中一个光子的动量也会有不同结果, 这是 Abraham-Minkowski 疑难的光子版本. 为了给介质中光子的动量提供物理的论证, 请解答下面三小题:

(1) 孤立系的质量中心 (质量–能量中心) 保持匀速直线运动, Einstein 曾于 1906 年发表论文对此给出论证. 请基于此事实考虑一个频率为 ω 的光子 (宏观尺度下视为点粒子, 并忽略频率分布宽度视为单一频率) 从真空正入射进入初始静止在光滑水平面上质量为 M 的均匀各向同性的介质平板, 介质平板的折射率为 n, 厚度为 L. 该光子在介质平板中运动方向保持不变, 某时刻在平板中运动距离为 x, 则 (1a) 请导出此时平板运动的距离; (1b) 上面 x 在 0 到板厚 L 的范围内任意, 请由第 (1a) 小题的结果导出板的动量; (1c) 再请根据动量守恒导出该光子在介质中的动量大小;

(2) 电子在介质中作超光速运动会发出 Cherenkov 辐射 (这是 1958 年 Nobel 物理奖获奖工作). 设均匀各向同性介质的对频率为 ω 的电磁波折射率为 $n(n > 1)$, 在其中运动

的电子速度大小为 $v = \beta c (n\beta > 1)$, 实验上发现 Cherenkov 辐射的方向与电子速度 $\boldsymbol{v}$ 所成角度 (称发射角)θ_c 满足

$$\cos\theta_c = \frac{1}{n\beta}$$

按光量子图像, Cherenkov 辐射为在介质中作超光速运动的电子沿 Cherenkov 辐射的发射角方向发出一个光子, 请根据能 - 动量守恒关系给出该光子动量的大小;

(3) 考虑处于介质中的一个运动原子, 吸收一个频率为 ω 的光子发生跃迁. 原子远离光源的运动速度为 v, 这里需要考虑 Doppler 效应, 由于 $v \ll c$ 只需用非相对论的对各种波普遍适用的 Doppler 效应公式即可. 请根据能 - 动量守恒关系给出介质中该动量的大小.

解答　见《光学》卷.

6.50　电磁场的 Proca-Lagrange 量

题 6.50　通常电磁理论是以光子 (静) 质量为零这个假设为基础的. 目前 Particle Data Group 接受的光子 (静) 质量上限是

$$m_\gamma < 1 \times 10^{-18}\text{eV}, \quad 1\text{eV} = 1.783 \times 10^{-33}\text{g}$$

假如光子 (静) 质量不为零, 则电磁场应采用如下 Proca-Lagrange 量:

$$\mathscr{L}_{\text{Proca}} = -\frac{1}{16\pi}F_{\alpha\beta}F^{\alpha\beta} + \frac{\mu^2}{8\pi}A_\alpha A^\alpha - \frac{1}{c}J_\alpha A^\alpha$$

(1) 请导出电磁场用场量表示的运动方程, 并与 Maxwell 方程组作一比较;

(2) 请尝试给出此时的电磁场能量守恒关系, 给出相应的能量密度与能量流密度表达式.

解答　(1) 题给 Proca-Lagrange 量为

$$\mathscr{L} = -\frac{1}{16\pi}g_{\lambda\mu}g_{\nu\sigma}\left(\partial^\mu A^\sigma - \partial^\sigma A^\mu\right)\left(\partial^\nu A^\nu - \partial^\nu A^\lambda\right) + \frac{\mu^2}{8\pi}A_\alpha A^\alpha - \frac{1}{c}J_\alpha A^\alpha \tag{6.201}$$

计算 $\partial\mathscr{L}/\partial(\partial^\beta A^\alpha)$ 时, 必须小心地将所有项整理归类. 从下面的具体计算可以看出, 计有四个不同的项

$$\frac{\partial\mathscr{L}}{\partial\left(\partial^\alpha A^\beta\right)} = -\frac{1}{16\pi}g_{\lambda\mu}g_{\nu\sigma}\left(\delta^\mu_\beta\delta^\sigma_\alpha F^{\lambda\nu} - \delta^\sigma_\beta\delta^\mu_\alpha F^{\lambda\nu} + \delta^\lambda_\beta\delta^\nu_\alpha F^{\mu\sigma} - \delta^\nu_\beta\delta^\lambda_\alpha F^{\mu\sigma}\right)$$

由于 g 的对称性和 F 的反对称性, 所有四项是相等的, 所以

$$\frac{\partial\mathscr{L}}{\partial\left(\partial^\alpha A^\beta\right)} = -\frac{1}{4\pi}F_{\beta\alpha} = \frac{1}{4\pi}F_{\alpha\beta} \tag{6.202}$$

Euler-Lagrange 方程的另一边是

$$\frac{\partial\mathscr{L}}{\partial A^\alpha} = \frac{\mu^2}{4\pi}A_\alpha - \frac{1}{c}J_\alpha \tag{6.203}$$

这样得到电磁场的运动方程

$$\frac{1}{4\pi}\partial^\beta F_{\beta\alpha} = -\frac{\mu^2}{4\pi}A_\alpha + \frac{1}{c}J_\alpha \tag{6.204}$$

齐次方程不是从 Lagrange 得出, 而是自动满足的. 根据 $\mathscr{F}$ 的定义,

$$\partial^\alpha \mathscr{F}^{\alpha\beta} = \frac{1}{2}\partial_\alpha \varepsilon^{\alpha\beta\gamma\delta}F_{\gamma\delta} = \partial_\alpha \varepsilon^{\alpha\beta\gamma\delta}\partial_\gamma A_\delta = \varepsilon^{\alpha\beta\gamma\delta}\partial_\alpha\partial_\gamma A_\delta$$

上式中, 微分算符 $\partial_\alpha\partial_\gamma$ 对于 α、γ 是对称的, 而 $\varepsilon^{\alpha\beta\gamma\delta}$ 对于 α、γ 是反对称的. 于是, 重复指标求和的结果, 上式就给出零的结果. 即有

$$\partial^\alpha \mathscr{F}^{\alpha\beta} = 0$$

或者

$$\partial^\alpha F^{\beta\gamma} + \partial^\beta F^{\gamma\alpha} + \partial^\gamma F^{\alpha\beta} = 0$$

对非齐次方程两边取四维散度

$$\frac{1}{4\pi}\partial^\alpha\partial^\beta F_{\beta\alpha} = -\frac{\mu^2}{4\pi}\partial^\alpha A_\alpha + \frac{1}{c}\partial^\alpha J_\alpha$$

电荷守恒要求 $\partial^\alpha A_\alpha$, 即对于 A_α 采用 Lorenz 规范, 由此

$$\frac{1}{4\pi}\partial^\alpha\partial^\beta F_{\beta\alpha} = \frac{1}{c}\partial^\alpha J_\alpha$$

此为源电流密度的守恒方程. 上式左边有一个对于 α、β 对称的微分算符, 而 $F^{\beta\alpha}$ 对于 α、β 反对称, 在缩并指标以后, 上式左边就变为零, 于是得到

$$\partial^\alpha J_\alpha = 0 \tag{6.205}$$

同样借助

$$\boldsymbol{E} = -\nabla\Phi - \frac{\partial\boldsymbol{A}}{\partial t}, \quad \boldsymbol{B} = \nabla\times\boldsymbol{A} \tag{6.206}$$

式 (6.204) 表示为

$$\begin{aligned}
&\nabla\cdot\boldsymbol{E} = \frac{\rho}{\varepsilon_0} - \mu^2\Phi \\
&\nabla\times\boldsymbol{B} - \mu_0\varepsilon_0\frac{\partial\boldsymbol{E}}{\partial t} = \mu_0\boldsymbol{J} - \mu^2\boldsymbol{A} \\
&\nabla\times\boldsymbol{E} + \frac{\partial\boldsymbol{B}}{\partial t} = 0 \\
&\nabla\cdot\boldsymbol{B} = 0
\end{aligned} \tag{6.207}$$

(2) 正则应力张量为

$$T^{\alpha\beta} = \sum_\lambda \frac{\partial\mathscr{L}}{\partial(\partial^\alpha A^\lambda)}\partial^\beta A^\lambda - g^{\alpha\beta}\mathscr{L}_{\text{em}}$$

对称应力张量

$$\Theta^{\alpha\beta} = \frac{1}{4\pi} \left(g^{\alpha\mu} F_{\mu\lambda} F^{\beta\lambda} + \frac{1}{4} g^{\alpha\beta} F_{\mu\lambda} F^{\mu\lambda} \right) - \frac{\mu^2}{8\pi} g^{\alpha\beta} A_\lambda A^\lambda \tag{6.208}$$

于是其散度为

$$\partial_\alpha \Theta^{\alpha\beta} = -\frac{1}{c} F^{\beta\lambda} J_\lambda \tag{6.209}$$

这个方程的时间和空间分量是

$$\frac{1}{c} \left(\frac{\partial u}{\partial t} + \nabla \cdot \boldsymbol{S} \right) = -\frac{1}{c} \boldsymbol{J} \cdot \boldsymbol{E} \tag{6.210}$$

其中

$$u = \frac{1}{8\pi} \left(E^2 + B^2 + \mu^2 \Phi^2 + \mu^2 A^2 \right), \quad \boldsymbol{S} = \frac{1}{4\pi} \left(\boldsymbol{E} \times \boldsymbol{B} + \mu^2 \Phi \boldsymbol{A} \right) \tag{6.211}$$

6.51　若干个带电粒子在电磁场中的运动的一般 Lagrange 量

题 6.51　若干个带电粒子在电磁场中的运动, 第 f 个粒子的静止质量和电荷为 m_f、e_f, 其位置与速度为 $\boldsymbol{x}_f = \boldsymbol{x}_f(t)$、$\boldsymbol{v}_f = \mathrm{d}\boldsymbol{x}_f(t)/\mathrm{d}t$. 电磁场用 $\boldsymbol{A} = \boldsymbol{A}(\boldsymbol{x}, t)$, $\varphi = \varphi(\boldsymbol{x}, t)$ 表示. 已知体系的 Lagrange 密度为

$$\mathscr{L} = \frac{1}{2}\varepsilon_0 \left(\dot{\boldsymbol{A}} + \nabla\varphi \right)^2 - \frac{1}{2\mu_0} \left(\nabla \times \boldsymbol{A} \right)^2 - \sum_f m_f c^2 \sqrt{1 - v_f^2/c^2}\,\delta\left(\boldsymbol{x} - \boldsymbol{x}_f \right)$$
$$+ \sum_f e_f \boldsymbol{A} \cdot \boldsymbol{v}_f \delta\left(\boldsymbol{x} - \boldsymbol{x}_f \right) - \sum_f e_f \varphi \delta\left(\boldsymbol{x} - \boldsymbol{x}_f \right) \tag{6.212}$$

(1) 上面式 (6.212) 在规范变换下以及 Lorentz 变换下的变换性质如何? 请说明为什么;

(2) 请导出体系的 Hamilton 密度的表达式;

(3) 定义如下作用量泛函

$$S = \int_{t_1}^{t_2} \mathrm{d}^4 x \mathscr{L} = \int_{t_1}^{t_2} \int \mathscr{L} \mathrm{d}^3 \boldsymbol{x} \mathrm{d}t \tag{6.213}$$

试根据作用量原理推导粒子运动满足的方程以及电磁场所满足的 Maxwell 方程;

(4) 假设光子存在一小的静止质量 m_γ, 请在式 (6.212) 中添加电磁场相应的质量项, 并导出此时的粒子运动方程与电磁场满足的方程.

解答　(1) 由于 $\mathscr{L}$ 显含势, 它在规范变换下会改变. 易知改变的量是时间全导数的形式, 因此它不改变作用量积分或运动方程.

题给式 (6.212) 的 $\mathscr{L}$ 可以表示为

$$\mathscr{L} = -\frac{1}{2}\varepsilon_0 F_{\alpha\beta} F^{\alpha\beta} - \sum_f \left[m_f c^2 + e_f \frac{\mathrm{d}x_\alpha}{\mathrm{d}\tau} A^\alpha(x) \right] \frac{1}{\gamma_f} \delta\left(\boldsymbol{x} - \boldsymbol{x}_f \right) \tag{6.214}$$

其中 $\gamma_f = 1/\sqrt{1 - v_f^2/c^2}$. 而 $\frac{1}{\gamma_f}\delta\left(\boldsymbol{x} - \boldsymbol{x}_f \right)$ 满足 Lorentz 变换不变, 从而在 Lorentz 变换下 $\mathscr{L}$ 不变.

(2) 体系的广义坐标为描述场的 A^α 和粒子坐标 $\boldsymbol{x}_f$, 相应的广义动量分别为

$$\pi_\nu(x) = \frac{\partial \mathscr{L}}{\partial \dot{A}_\nu(x)}, \qquad \boldsymbol{p}_f(t) = \frac{\partial L}{\partial \boldsymbol{v}_f(t)} \tag{6.215}$$

利用式 (6.212) 计算得

$$\pi_i(x) = \frac{\partial \mathscr{L}}{\partial \dot{\boldsymbol{A}}(x)} = \varepsilon_0 \left[\dot{\boldsymbol{A}}(x) + \nabla \varphi(x) \right] = -\varepsilon_0 \boldsymbol{E}(x), \tag{6.216}$$

$$\pi_0(x) = \frac{\partial \mathscr{L}}{\partial \dot{\varphi}(x)} = 0 \tag{6.217}$$

$$\boldsymbol{p}_f(t) = \frac{\partial L}{\partial \boldsymbol{v}_f(t)} = \frac{m_f \boldsymbol{v}_f(t)}{\sqrt{1 - \boldsymbol{v}_f^2(t)/c^2}} + e_f \boldsymbol{A}(\boldsymbol{x}_f(t), t) \tag{6.218}$$

作 Legendre 变换, 并将其中广义速度用正则动量表示给出 Hamilton 密度

$$\mathscr{H} = \sum_\nu \pi_\nu(x) \dot{A}_\nu(x) + \sum_f \boldsymbol{p}_f \boldsymbol{v}_f - \mathscr{L}$$

$$= \frac{1}{2} \varepsilon_0 |\boldsymbol{E}|^2 + \frac{1}{2\mu_0} |\boldsymbol{B}|^2 + \sum_f \left[\sqrt{\left(c\boldsymbol{p}_f - e_f \boldsymbol{A}\right)^2 + m_f^2 c^4} + e_f \varphi \right] \delta\left(\boldsymbol{x} - \boldsymbol{x}_f\right) \tag{6.219}$$

(3) 题给电磁场用势表示, 熟知由势可如下定义场强:

$$\boldsymbol{E} = -\dot{\boldsymbol{A}} - \nabla\varphi, \qquad \boldsymbol{B} = \nabla \times \boldsymbol{A} \tag{6.220}$$

$A_\mu = (\boldsymbol{A}, \varphi)$, $\boldsymbol{x}_f$ 是体系的广义坐标, 进行轨道变分

$$A_\mu(x) \to A_\mu(x) + \delta A_\mu(x), \qquad \delta A_\mu(x)|_{t_1} = \delta A_\mu(x)|_{t_2} = 0,$$

$$\boldsymbol{x}_f(t) \to \boldsymbol{x}_f(t) + \delta\boldsymbol{x}_f(t), \qquad \delta\boldsymbol{x}_f(t)|_{t_1} = \delta\boldsymbol{x}_f(t)|_{t_2} = 0,$$

则有

$$\partial_\mu A_\nu(x) \to \partial_\mu A_\nu(x) + \partial_\mu \delta A_\nu(x),$$

$$\boldsymbol{v}_f(t) \to \boldsymbol{v}_f(t) + \frac{\mathrm{d}}{\mathrm{d}t}\delta\boldsymbol{x}_f(t)$$

所以

$$\delta\partial_\mu A_\nu(x) = \partial_\mu\delta A_\nu(x), \qquad \delta\boldsymbol{v}_f(t) = \frac{\mathrm{d}}{\mathrm{d}t}\delta\boldsymbol{x}_f(t)$$

由此给出

$$\delta S = \int_{t_1}^{t_2} \mathrm{d}^4 x \, \delta\mathscr{L}$$

$$= \int_{t_1}^{t_2} \mathrm{d}^4 x \left\{ \frac{\partial \mathscr{L}}{\partial A_\nu(x)} \delta A_\nu(x) + \frac{\partial \mathscr{L}}{\partial\left(\partial_\mu A_\nu(x)\right)} \delta\left(\partial_\mu A_\nu(x)\right) \right.$$

$$\left. + \sum_f \left[\frac{\partial \mathscr{L}}{\partial \boldsymbol{x}_f(t)} \delta\boldsymbol{x}_f(t) + \frac{\partial \mathscr{L}}{\partial \boldsymbol{v}_f(t)} \cdot \delta\boldsymbol{v}_f(t) \right] \right\}$$

$$= \int_{t_1}^{t_2} \mathrm{d}^4 x \left\{ \frac{\partial \mathscr{L}}{\partial A_\nu(x)} \delta A_\nu(x) + \frac{\partial \mathscr{L}}{\partial(\partial_\mu A_\nu(x))} \partial_\mu \delta(A_\nu(x)) \right.$$

$$\left. + \sum_f \left[\frac{\partial \mathscr{L}}{\partial \boldsymbol{x}_f(t)} \delta \boldsymbol{x}_f(t) + \frac{\partial \mathscr{L}}{\partial \boldsymbol{v}_f(t)} \cdot \frac{\mathrm{d}}{\mathrm{d}t} \delta \boldsymbol{x}_f(t) \right] \right\}$$

$$= \int_{t_1}^{t_2} \mathrm{d}^4 x \left\{ \left[\frac{\partial \mathscr{L}}{\partial A_\nu(x)} - \partial_\mu \frac{\partial \mathscr{L}}{\partial(\partial_\mu A_\nu(x))} \right] \delta A_\nu(x) \right.$$

$$\left. + \sum_f \left[\frac{\partial \mathscr{L}}{\partial \boldsymbol{x}_f(t)} - \frac{\mathrm{d}}{\mathrm{d}t} \frac{\partial \mathscr{L}}{\partial \boldsymbol{v}_f(t)} \right] \cdot \delta \boldsymbol{x}_f(t) \right\}$$

$$+ \int_{t_1}^{t_2} \mathrm{d}^4 x \left\{ \partial_\mu \left[\frac{\partial \mathscr{L}}{\partial(\partial_\mu A_\nu(x))} \delta A_\nu(x) \right] + \sum_f \frac{\mathrm{d}}{\mathrm{d}t} \left[\frac{\partial \mathscr{L}}{\partial \boldsymbol{v}_f(t)} \cdot \delta \boldsymbol{x}_f(t) \right] \right\}$$

引进 Lagrange 量

$$L = \int \mathrm{d}^3 x \mathscr{L} \tag{6.221}$$

从而体系作用量

$$S = \int_{t_1}^{t_2} \mathrm{d}t L = \int_{t_1}^{t_2} \mathrm{d}t \int \mathrm{d}^3 x \mathscr{L} = \int_{t_1}^{t_2} \int \mathrm{d}^4 x \mathscr{L} \tag{6.222}$$

则有

$$\delta S = \int_{t_1}^{t_2} \mathrm{d}^4 x \left\{ \left[\frac{\partial \mathscr{L}}{\partial A_\nu(x)} - \partial_\mu \frac{\partial \mathscr{L}}{\partial(\partial_\mu A_\nu(x))} \right] \delta A_\nu(x) + \partial_\mu \left[\frac{\partial \mathscr{L}}{\partial(\partial_\mu A_\nu(x))} \delta A_\nu(x) \right] \right\}$$

$$+ \sum_f \int_{t_1}^{t_2} \mathrm{d}t \left\{ \left[\frac{\partial L}{\partial \boldsymbol{x}_f(t)} - \frac{\mathrm{d}}{\mathrm{d}t} \frac{\partial L}{\partial \boldsymbol{v}_f(t)} \right] \cdot \delta \boldsymbol{x}_f(t) + \frac{\mathrm{d}}{\mathrm{d}t} \left[\frac{\partial L}{\partial \boldsymbol{v}_f(t)} \cdot \delta \boldsymbol{x}_f(t) \right] \right\}$$

利用周期边界条件可得

$$\int \mathrm{d}^3 x \nabla \cdot \left[\frac{\partial \mathscr{L}}{\partial(\nabla A_\nu(x))} \delta A_\nu(x) \right] = 0$$

所以

$$\delta S = \int_{t_1}^{t_2} \mathrm{d}^4 x \left\{ \left[\frac{\partial \mathscr{L}}{\partial A_\nu(x)} - \partial_\mu \frac{\partial \mathscr{L}}{\partial(\partial_\mu A_\nu(x))} \right] \delta A_\nu(x) + \frac{\partial}{\partial t} \left[\frac{\partial \mathscr{L}}{\partial(\dot{A}_\nu(x))} \delta A_\nu(x) \right] \right\}$$

$$+ \sum_f \int_{t_1}^{t_2} \mathrm{d}t \left\{ \left[\frac{\partial L}{\partial \boldsymbol{x}_f(t)} - \frac{\mathrm{d}}{\mathrm{d}t} \frac{\partial L}{\partial \boldsymbol{v}_f(t)} \right] \cdot \delta \boldsymbol{x}_f(t) + \frac{\mathrm{d}}{\mathrm{d}t} \left[\frac{\partial L}{\partial \boldsymbol{v}_f(t)} \cdot \delta \boldsymbol{x}_f(t) \right] \right\}$$

则有

$$\delta S = \int_{t_1}^{t_2} \mathrm{d}^4 x \left\{ \left[\frac{\partial \mathscr{L}}{\partial A_\nu(x)} - \partial_\mu \frac{\partial \mathscr{L}}{\partial(\partial_\mu A_\nu(x))} \right] \delta A_\nu(x) + \frac{\partial}{\partial t} \left[\pi_\nu(x) \delta A_\nu(x) \right] \right\}$$

$$+ \sum_f \int_{t_1}^{t_2} \mathrm{d}t \left\{ \left[\frac{\partial L}{\partial \boldsymbol{x}_f(t)} - \frac{\mathrm{d}}{\mathrm{d}t} \frac{\partial L}{\partial \boldsymbol{v}_f(t)} \right] \cdot \delta \boldsymbol{x}_f(t) + \frac{\mathrm{d}}{\mathrm{d}t} \left[\boldsymbol{p}_f(t) \cdot \delta \boldsymbol{x}_f(t) \right] \right\}$$

利用变分的固定端点条件可得

$$\int_{t_1}^{t_2} \mathrm{d}^4 x \frac{\partial}{\partial t} \left[\boldsymbol{\pi}_\nu(x) \delta A_\nu(x) \right] = \int \mathrm{d}^3 x \boldsymbol{\pi}_\nu(x) \delta A_\nu(x) \bigg|_{t_1}^{t_2} = 0$$

$$\int_{t_1}^{t_2} \mathrm{d}t \frac{\mathrm{d}}{\mathrm{d}t} \left[\boldsymbol{p}_f(t) \cdot \delta \boldsymbol{x}_f(t) \right] = \boldsymbol{p}_f(t) \cdot \delta \boldsymbol{x}_f(t) \bigg|_{t_1}^{t_2} = 0$$

所以

$$\delta S = \int_{t_1}^{t_2} \mathrm{d}^4 x \left[\frac{\partial \mathscr{L}}{\partial A_\nu(x)} - \partial_\mu \frac{\partial \mathscr{L}}{\partial (\partial_\mu A_\nu(x))} \right] \delta A_\nu(x) + \sum_f \int_{t_1}^{t_2} \mathrm{d}t \left[\frac{\partial L}{\partial \boldsymbol{x}_f(t)} - \frac{\mathrm{d}}{\mathrm{d}t} \frac{\partial L}{\partial \boldsymbol{v}_f(t)} \right] \cdot \delta \boldsymbol{x}_f(t)$$

采用泛函导数,

$$\frac{\delta S}{\delta A_\nu(x)} = \frac{\partial \mathscr{L}}{\partial A_\nu(x)} - \partial_\mu \frac{\partial \mathscr{L}}{\partial (\partial_\mu A_\nu(x))}$$

$$\frac{\delta S}{\delta \boldsymbol{x}_f(t)} = \frac{\partial L}{\partial \boldsymbol{x}_f(t)} - \frac{\mathrm{d}}{\mathrm{d}t} \frac{\partial L}{\partial \boldsymbol{v}_f(t)}$$

上面式子可写为

$$\delta S = \int_{t_1}^{t_2} \mathrm{d}^4 x \frac{\delta S}{\delta A_\nu(x)} \delta A_\nu(x) + \sum_f \int_{t_1}^{t_2} \mathrm{d}t \frac{\delta S}{\delta \boldsymbol{x}_f(t)} \cdot \delta \boldsymbol{x}_f(t) \tag{6.223}$$

根据作用量原理, 作用量在物理轨道上取极值, 即 $\delta S = 0$, 或者

$$\int_{t_1}^{t_2} \mathrm{d}^4 x \frac{\delta S}{\delta A_\nu(x)} \delta A_\nu(x) + \sum_f \int_{t_1}^{t_2} \mathrm{d}t \frac{\delta S}{\delta \boldsymbol{x}_f(t)} \cdot \delta \boldsymbol{x}_f(t) = 0 \tag{6.224}$$

由于 $\delta A_\nu(x)$、$\delta \boldsymbol{x}_f(t)$ 彼此相互独立且是任意的, 所以由上式得

$$\frac{\delta S}{\delta A_\nu(x)} = 0, \qquad \frac{\delta S}{\delta \boldsymbol{x}_f(t)} = 0$$

这给出

$$\frac{\partial \mathscr{L}}{\partial A_\nu(x)} - \partial_\mu \frac{\partial \mathscr{L}}{\partial (\partial_\mu A_\nu(x))} = 0 \tag{6.225}$$

$$\frac{\partial L}{\partial \boldsymbol{x}_f(t)} - \frac{\mathrm{d}}{\mathrm{d}t} \frac{\partial L}{\partial \boldsymbol{v}_f(t)} = 0 \tag{6.226}$$

上面两式分别对应场方程和粒子方程. 根据题目给出系统的 Lagrange 密度式 (6.222), 体系的 Lagrange 量式 (6.221) 为

$$L = \int \mathrm{d}^3 x \left[\frac{1}{2} \varepsilon_0 \left(\dot{\boldsymbol{A}}(x) + \nabla \varphi(x) \right)^2 - \frac{1}{2\mu_0} \left(\nabla \times \boldsymbol{A}(x) \right)^2 \right] - \sum_f m_f c^2 \sqrt{1 - v_f^2/c^2}$$

$$+ \sum_f e_f \left[\boldsymbol{A}(\boldsymbol{x}_f(t), t) \cdot \boldsymbol{v}_f(t) - \varphi(\boldsymbol{x}_f(t), t) \right] \tag{6.227}$$

场方程 (6.225) 按照空间分量与时间分量分为如下两部分:

$$\frac{\partial \mathscr{L}}{\partial A_j} = \partial_i \frac{\partial \mathscr{L}}{\partial (\partial_i A_j)} + \frac{\partial}{\partial t} \frac{\partial \mathscr{L}}{\partial \dot{A}_j}, \tag{6.228}$$

$$\frac{\partial \mathscr{L}}{\partial \varphi} = \nabla \cdot \frac{\partial \mathscr{L}}{\partial (\nabla \varphi)} + \frac{\partial}{\partial t} \frac{\partial \mathscr{L}}{\partial \dot{\varphi}} \tag{6.229}$$

式 (6.228) 中

$$\frac{\partial \mathscr{L}}{\partial \boldsymbol{A}(x)} = \sum_f e_f \boldsymbol{v}_f(t) \delta\left[\boldsymbol{x} - \boldsymbol{x}_f(t)\right] = \boldsymbol{J}(x)$$

$$\frac{\partial \mathscr{L}}{\partial \dot{\boldsymbol{A}}(x)} = \varepsilon_0 \left[\dot{\boldsymbol{A}}(x) + \nabla \varphi(x)\right] = -\varepsilon_0 \boldsymbol{E}(x)$$

$$\frac{\partial \mathscr{L}}{\partial (\partial_i A_j)} = -\frac{1}{\mu_0} \left[\partial_i A_j(x) - \partial_j A_i(x)\right] = -\frac{1}{\mu_0} \varepsilon_{ijk} B_k(x)$$

$$\partial_i \frac{\partial \mathscr{L}}{\partial (\partial_i A_j)} = -\frac{1}{\mu_0} \varepsilon_{ijk} \partial_i B_k(x) = \frac{1}{\mu_0} \varepsilon_{jik} \partial_i B_k(x) = \frac{1}{\mu_0} (\nabla \times \boldsymbol{B})_j$$

其中 $(x) = (\boldsymbol{x}, t)$, 所以式 (6.228) 给出

$$\boldsymbol{J} = \frac{1}{\mu_0} \nabla \times \boldsymbol{B} - \varepsilon_0 \frac{\partial \boldsymbol{E}}{\partial t}$$

也就是

$$\nabla \times \boldsymbol{B} = \mu_0 \boldsymbol{J} + \frac{1}{c^2} \frac{\partial \boldsymbol{E}}{\partial t} \tag{6.230}$$

其中 $c = 1/\sqrt{\mu_0 \varepsilon_0}$. 式 (6.229) 中

$$\frac{\partial \mathscr{L}}{\partial \varphi(x)} = -\sum_f e_f \delta\left[\boldsymbol{x} - \boldsymbol{x}_f(t)\right] = -\rho(x)$$

$$\frac{\partial \mathscr{L}}{\partial (\nabla \varphi(x))} = \varepsilon_0 \left[\dot{\boldsymbol{A}}(x) + \nabla \varphi(x)\right] = -\varepsilon_0 \boldsymbol{E}(x)$$

$$\frac{\partial \mathscr{L}}{\partial \dot{\varphi}(x)} = 0$$

其中 $(x) = (\boldsymbol{x}, t)$, 所以式 (6.229) 给出

$$-\rho(x) = -\varepsilon_0 \nabla \cdot \boldsymbol{E}(x)$$

也就是

$$\nabla \cdot \boldsymbol{E}(x) = \frac{1}{\varepsilon_0} \rho(x) \tag{6.231}$$

上面式 (6.230), 式 (6.231) 给出了 Maxwell 第二方程组. 我们知道, Maxwell 第一方程组是场量由势的定义式直接给出的.

粒子方程 (6.226) 中

$$\frac{\partial L}{\partial \boldsymbol{x}_f(t)} = e_f \nabla_f \left[\boldsymbol{A}(\boldsymbol{x}_f(t), t) \cdot \boldsymbol{v}_f(t) - \varphi(\boldsymbol{x}_f(t), t) \right]$$

$$\frac{\partial L}{\partial \boldsymbol{v}_f(t)} = \frac{m_f \boldsymbol{v}_f(t)}{\sqrt{1 - \boldsymbol{v}_f^2(t)/c^2}} + e_f \boldsymbol{A}(\boldsymbol{x}_f(t), t)$$

$$\frac{\mathrm{d}}{\mathrm{d}t} \frac{\partial L}{\partial \boldsymbol{v}_f(t)} = \frac{\mathrm{d}}{\mathrm{d}t} \frac{m_f \boldsymbol{v}_f(t)}{\sqrt{1 - \boldsymbol{v}_f^2(t)/c^2}} + e_f \frac{\mathrm{d}\boldsymbol{A}(\boldsymbol{x}_f(t), t)}{\mathrm{d}t}$$

而

$$\frac{\mathrm{d}\boldsymbol{A}(\boldsymbol{x}_f(t), t)}{\mathrm{d}t} = \frac{\partial \boldsymbol{A}(\boldsymbol{x}_f(t), t)}{\partial t} + \frac{\partial \boldsymbol{A}(\boldsymbol{x}_f(t), t)}{\partial x_f(t)_i} \frac{\mathrm{d}x_f(t)_i}{\mathrm{d}t}$$

$$= \dot{\boldsymbol{A}}(\boldsymbol{x}_f(t), t) + \boldsymbol{v}_f(t) \cdot \nabla_f \boldsymbol{A}(\boldsymbol{x}_f(t), t)$$

因而

$$\frac{\mathrm{d}}{\mathrm{d}t} \frac{\partial L}{\partial \boldsymbol{v}_f(t)} = \frac{\mathrm{d}}{\mathrm{d}t} \frac{m_f \boldsymbol{v}_f(t)}{\sqrt{1 - \boldsymbol{v}_f^2(t)/c^2}} + e_f \left[\dot{\boldsymbol{A}}(\boldsymbol{x}_f(t), t) + \boldsymbol{v}_f(t) \cdot \nabla_f \boldsymbol{A}(\boldsymbol{x}_f(t), t) \right]$$

方程 (6.226) 给出

$$\frac{\mathrm{d}}{\mathrm{d}t} \frac{m_f \boldsymbol{v}_f(t)}{\sqrt{1 - \boldsymbol{v}_f^2(t)/c^2}} = -e_f \left[\dot{\boldsymbol{A}}(\boldsymbol{x}_f(t), t) + \boldsymbol{v}_f(t) \cdot \nabla_f \boldsymbol{A}(\boldsymbol{x}_f(t), t) \right]$$

$$+ e_f \nabla_f [\boldsymbol{A}(\boldsymbol{x}_f(t), t) \cdot \boldsymbol{v}_f(t)] - e_f \boldsymbol{v}_f(t) \cdot \nabla_f \varphi(\boldsymbol{x}_f(t), t)$$

$$= e_f \boldsymbol{E}(\boldsymbol{x}_f(t), t) + e_f \boldsymbol{v}_f(t) \times [\nabla_f \times \boldsymbol{A}(\boldsymbol{x}_f(t), t)]$$

$$= e_f \boldsymbol{E}(\boldsymbol{x}_f(t), t) + e_f \boldsymbol{v}_f(t) \times \boldsymbol{B}(\boldsymbol{x}_f(t), t)$$

即有

$$\frac{\mathrm{d}}{\mathrm{d}t} \frac{m_f \boldsymbol{v}_f(t)}{\sqrt{1 - \boldsymbol{v}_f^2(t)/c^2}} = e_f \boldsymbol{E}(\boldsymbol{x}_f(t), t) + e_f \boldsymbol{v}_f(t) \times \boldsymbol{B}(\boldsymbol{x}_f(t), t) \tag{6.232}$$

上式的右边即 Lorentz 力. 此式即相对论牛顿方程.

(4) 假设光子存在一小的静止质量 m_γ, 则在式 (6.212) 中添加电磁场相应的质量项使之变为

$$\mathscr{L} \to \mathscr{L}_1 = \mathscr{L} + \frac{\mu^2}{8\pi} A_\alpha A^\alpha \tag{6.233}$$

其中, $\mu = m_\gamma c / \hbar$. 添加的质量项明显 Lorentz 变换不变, 因此该项不改变 Lagrange 密度的 Lorentz 变换的不变性. 下面看到, 由于电荷守恒的要求, 质量项的存在意味着必须取 Lorenz 规范.

在体系的 Lagrange 变量中, 质量项只含电磁场的场量, 因此该项的存在不影响关于粒子的方程 (6.226) 或者 (6.232).

由式 (6.225) 得

$$\partial^\beta F_{\beta\alpha} + \mu^2 A_\alpha = \frac{4\pi}{c} J_\alpha \tag{6.234}$$

并有与 Maxwell 方程组相同自动满足的齐次方程 $\partial^\beta \mathscr{F}_{\beta\alpha} = 0$, 称为 Proca 运动方程, 其中包含了势和场. 式 (6.234) 中若取 $\mu = 0$ 相当于通常的光子质量为零情形, 方程回到只用场强表示的 Maxwell 方程组. 式 (6.234) 与 Maxwell 方程组大不相同, 势通过质量项获得了实在的物理 (可观测的) 意义. 式 (6.234) 两边取四维散度, 得到

$$\partial^\alpha \partial^\beta F_{\beta\alpha} + \mu^2 \partial^\alpha A_\alpha = \frac{4\pi}{c} \partial^\alpha J_\alpha$$

可见流守恒 $\partial^\alpha J_\alpha = 0$ 给出 $\partial^\alpha A_\alpha = 0$, 此即 Lorenz 条件.

第七章 广义相对论

7.1 给出牛顿第一定律的广义协变形式及各项的意义

题 7.1 (1) 在广义相对论中, 牛顿第一定律的广义形式是什么? 指出推广了的方程中所有各项的意义;

(2) 证明在精确到 v/c 一次项的条件下, 第 (1) 小题中的运动方程同牛顿引力定律相应. 下面的表达式在回答第 (2) 小题时可能有用

$$\Gamma^\rho_{\mu\nu} = \frac{1}{2} g^{\rho\lambda} \left(\partial_\nu g_{\lambda\mu} + \partial_\mu g_{\lambda\nu} - \partial_\lambda g_{\mu\nu} \right)$$

解答 (1) 在狭义相对论中, 不受任何外力作用的质点将具有不变的四维速度, 即在 Minkowski 空间

$$\frac{\mathrm{d} u^\alpha}{\mathrm{d}\tau} = 0$$

这就是牛顿第一定律即惯性定律. 将它变成广义协变性的方程, 就有,

$$\frac{\mathrm{D} u^\alpha}{\mathrm{D}\tau} = 0, \quad 亦即 \quad \frac{\mathrm{d} u^\alpha}{\mathrm{d}\tau} + \Gamma^\alpha_{\mu\nu} \frac{\mathrm{d} x^\mu}{\mathrm{d}\tau} \frac{\mathrm{d} x^\nu}{\mathrm{d}\tau} = 0$$

上式是第一项为质点运动的四维加速度, 第二项代表引力场的作用, 可理解为引力场的强度.

(2) 引力不存在的情况下, 坐标空间是平坦的或者是欧几里得的, 对坐标空间采用笛卡尔直角坐标, 与时间构成 Minkowski 空间, 可令

$$x^0 = ct, \quad x^1 = x, \quad x^2 = y, \quad x^3 = z$$

时空的线元为

$$\mathrm{d}s^2 = \eta_{\mu\nu} \mathrm{d}x^\mu \mathrm{d}x^\nu$$

其中 $\eta_{\mu\nu}$ 可采用 Bjoken 度规, $\eta_{\mu\nu} = -\delta_{\mu\nu}$, 除了 $\eta_{00} = 1$. 在引力存在时, 时空是弯曲的或者是 Riemann 的, 时空的线元为

$$\mathrm{d}s^2 = g_{\mu\nu} \mathrm{d}x^\mu \mathrm{d}x^\nu$$

若空间采用笛卡儿坐标其中 $g_{\mu\nu}$ 是对称和对角的. 在低速弱场[①]近似下, $g_{\mu\nu}$ 与 $\eta_{\mu\nu}$ 偏离不大, 设 $g_{\mu\nu} = \eta_{\mu\nu} + h_{\mu\nu}$, 其中 $h_{\mu\nu} \ll 1$ 为时空坐标的函数. 对于低速情形

$$\begin{aligned}
\left(\frac{\mathrm{d}s}{\mathrm{d}\tau} \right)^2 &= (\eta_{\mu\nu} + h_{\mu\nu}) \frac{\mathrm{d}x^\mu}{\mathrm{d}\tau} \frac{\mathrm{d}x^\nu}{\mathrm{d}\tau} \\
&= \left(\frac{\mathrm{d}x^0}{\mathrm{d}\tau} \right)^2 - \left(\frac{\mathrm{d}x^j}{\mathrm{d}t} \right)^2 \left(\frac{\mathrm{d}t}{\mathrm{d}\tau} \right)^2 \\
&= (c^2 - v^2) \left(\frac{\mathrm{d}t}{\mathrm{d}\tau} \right)^2 \approx c^2 \left(\frac{\mathrm{d}t}{\mathrm{d}\tau} \right)^2
\end{aligned}$$

---

① 对于自引力系统, 弱场意味着低速.

或者

$$ds = cdt$$

并有

$$\frac{dx^j}{ds} \approx \frac{1}{c}\frac{dx^j}{dt} \approx 0, \qquad \frac{dx^0}{ds} \approx 1 (j = 1, 2, 3)$$

粒子在引力场中运动满足如下短程线方程:

$$\frac{d^2x^\alpha}{ds^2} + \Gamma^\alpha_{\mu\nu}\frac{dx^\mu}{ds}\frac{dx^\nu}{ds} = 0$$

在低速弱场近似下

$$\begin{aligned}
\frac{d^2x^\alpha}{ds^2} &= -\Gamma^\alpha_{00}\left(\frac{dx^0}{ds}\right)^2 \\
&= -\Gamma^\alpha_{00} \\
&= \frac{1}{2}g^{\alpha\lambda}\left(\frac{\partial g_{\lambda 0}}{\partial x^0} + \frac{\partial g_{0\lambda}}{\partial x^0} - \frac{\partial g_{00}}{\partial x^\lambda}\right) \\
&= \frac{1}{2}g^{\alpha\lambda}\left(2\frac{\partial g_{\lambda 0}}{\partial x^0} - \frac{\partial g_{00}}{\partial x^\lambda}\right)
\end{aligned}$$

对于对称 $g_{\mu\nu}$, 满足 $g^{\alpha\alpha} = \dfrac{1}{g_{\alpha\alpha}}$, 从而对于 $i = 1, 2, 3$, 有

$$\frac{1}{c^2}\frac{d^2x^i}{dt^2} = \frac{1}{2(1+h_{ii})}\frac{\partial g_{00}}{\partial x^i} \approx \frac{1}{2}(1-h_{ii})\frac{\partial h_{00}}{\partial x^i}$$

因此在精确到 v/c 的量级时我们可以得到

$$\frac{d^2x^i}{dt^2} = \frac{c^2}{2}\frac{\partial h_{00}}{\partial x^i}$$

矢量形式为

$$\frac{d^2\boldsymbol{r}}{dt^2} = \frac{1}{2}c^2\nabla h_{00}$$

对应的牛顿结果是

$$\frac{d^2\boldsymbol{r}}{dt^2} = -\nabla\Phi$$

如果令 $h_{00} = -\dfrac{2\Phi}{c^2} +$ 常数, 两者就相应了.

7.2 解释与原子一起运动的观察者测得原子谱线与有无星球无关, 求星球上原子的发光频率

题 7.2 (1) 一个原子其质量中心仅受到引力的作用, 它与质量为 M 的星球相距 R 并作轨道运动. 根据某一物理原理, 该原子的谱线 (由与原子一起作轨道运动的观察者测量) 在非常精确的范围内与没有星球时所测得的结果相同. 说明并解释这个原理;

(2) 假定原子静止在该星球的表面 (半径为 R_0), 由与星球相距很远的观察者 (距离为 R) 来观察原子的谱线, 他将观察到什么样的频率 (相对于没有引力场时所观察到的频率)?

(3) 假定原子在距离星球 R 处作轨道运动, 由于原子有一定的大小, 因此与它共动的观察者所得的谱线与没有引力场时所得的相比有一微小的偏离. 解释为什么此事与原子的大小有关, 并用原子的半径 a_0 和其他自然常数粗略地估计偏离的数值;

(4) 现在假定该星球是一个黑洞, 而原子则处在将要被黑洞俘获的轨道上, 当这个原子最终接近黑洞中心奇点时, 它将被撕裂并电离. 可以假定它发生在当能量的偏离 (在 (3) 中估计的) 等于原子的结合能 E_0 时, 用黑洞的质量和其他已给的参数粗略地估计在离黑洞的中心多远的距离处该原子将被电离. 一个洞外观察者是否能看到这一现象? 应用已知的自然常数将这个极限质量与地球的质量进行比较.

解答　(1) 根据等效原理: 在任意引力场里的每一个空时点有可能选择一个 "局部惯性系" 使得在所讨论的那一点附近的充分小的邻域内自然规律的形式与没有引力场时在未加速的笛卡儿坐标系里具有相同的形式. 与原子共动的观察者所选的坐标系就是这种 "局部惯性系", 因此他所测得的谱线与没有引力场时相同.

(2) 设没有引力场时的频率为 ν_0, 则现在所观察到的频率为

$$\frac{\nu}{\nu_0} = \sqrt{\frac{g_{00}(R_0)}{g_{00}(R)}} = \sqrt{\frac{1 + 2\varphi(R_0)/c^2}{1 + 2\varphi(R)/c^2}}$$

或者

$$\frac{\Delta\nu}{\nu_0} = \frac{\nu - \nu_0}{\nu_0} \approx \frac{1}{c^2}\left[\varphi(R_0) - \varphi(R)\right] = \frac{GM}{c^2 R} - \frac{GM}{c^2 R_0}$$

(3) 当原子有非零的半径 a_0 时, 引力场在原子范围内的不均匀性无法通过 "局部惯性系" 而完全消除, 这就是通常所说的潮汐力. 原子在 $R + z$ 处具有的额外的加速度约为 $-\dfrac{GM}{(R+z)^2} + \dfrac{GM}{R^2} \approx 2z\dfrac{GM}{R^3}$. 因此潮汐力 $f = 2z\dfrac{GM}{R^3}$ 可看成在原子固有振动上再叠加一个简谐力, 因此原子的弹性系数变为 $k = k_0 - 2\dfrac{GMm}{R^3}$, 而偏离则变为

$$\omega = \left[\frac{k_0 - 2GMm/R^3}{m}\right]^{1/2} \approx \omega_0\left(1 - \frac{GM}{\omega_0^2 R^3}\right)$$

因为 $\omega_0^2 = \dfrac{e^2}{ma_0^3}$, 所以

$$\frac{\Delta\nu}{\nu_0} = \frac{GMm}{e^2 R^3}a_0^3$$

(4) 电离时应满足 $E_0 = \hbar\Delta\omega = \dfrac{\hbar GM}{\omega_0 R^3}$, 故 $R^3 = \dfrac{\hbar^2 GM}{E_0^2}$, 当这一现象要能被洞外的观察者观察到必须使该距离大于施瓦西半径 $R_s = \dfrac{2GM}{c^2}$, 所以 $\left(\dfrac{\hbar^2 GM}{E_0^2}\right)^{1/3} > \dfrac{2GM}{c^2}$, 即 $M < M_c$, 其中 $M_c = \dfrac{\hbar c^3}{\sqrt{8GE_0}}$.

因为 $\hbar = 6.5 \times 10^{-16} \text{eV} \cdot \text{s}$, $E_0 \approx 1 \text{eV}$, 所以 $M_c \approx 10^{22} \text{g}$, 地球的质量为 $M_e \approx 6 \times 10^{27} \text{g}$, 故 $M_c \approx 10^{-5} M_e$. (其引力半径 $R_s \approx 10^{-6} \text{cm}$)

7.3 求光子在宇宙空间作圆周运动的半径及在远处测到的光子运动的周期

题 7.3 描述质量为 M 的球对称体外部时空的施瓦西线元可写为

$$ds^2 = -\left(1 - \frac{2GM}{c^2 r}\right)c^2 dt^2 + \left(1 - \frac{2GM}{c^2 r}\right)^{-1} dr^2 + r^2 \left(d\theta^2 + \sin^2\theta d\varphi^2\right)$$

(1) 求光子作圆形轨道运动的半径;

(2) 在该半径上的固定观察者所测得的光子轨道运动的周期为多大?

(3) 假如上述观察者在光子每次通过他时发出一光信号, 那么静止在无穷远处的观察者所测得的这些光信号的间隔有多大?

解答 (1) 由零短程线方程 $\dfrac{d^2 x^\mu}{ds^2} + \Gamma^\mu_{\alpha\beta} \dfrac{dx^\alpha}{ds} \dfrac{dx^\beta}{ds} = 0$, 及 $g_{\mu\nu} \dfrac{dx^\mu}{ds} \dfrac{dx^\nu}{ds} = 0$, 并考虑在 $\theta = \pi/2$ 平面内的光子轨道可得

$$\frac{d^2 u}{d\varphi^2} + u - \frac{3GM}{c^2} u^2 = 0$$

其中 $u = \dfrac{1}{r}$. 显然该方程有常数解 $u = \left(\dfrac{3GM}{c^2}\right)^{-1}$, 或 $r = \dfrac{3GM}{c^2}$. 此即光子作圆周运动的半径.

(2) 在半径 $r = \dfrac{3GM}{c^2}$ 处, 静止观察者的固有时间间隔 $d\tau_0^2 = \dfrac{1}{3}dt^2$, 即 $d\tau_0 = \dfrac{1}{\sqrt{3}}dt$. 而对于光子的圆周运动来说有

$$0 = d\tau_0^2 - \left(\frac{3GM}{c^3}\right)^2 d\varphi^2$$

故周期

$$T_0 = \int_0^{T_0} d\tau_0 = \frac{3GM}{c^3} \int_0^{2\pi} d\varphi = \frac{6\pi GM}{c^3}$$

(3) 对于无穷远处的静止观测者, dt 就是其固有时间间隔. 由 $d\tau_0 = \dfrac{1}{\sqrt{3}}dt$ 以及 $T_0 = \dfrac{6\pi GM}{c^3}$, 所以无穷远处观测者所测得的光信号间隔为

$$T = \int_0^T d\tau = \sqrt{3} \int_0^{T_0} d\tau_0 = \frac{6\sqrt{3}\pi GM}{c^3}$$

7.4 写出短程线方程, 何为类时短程线, 何为零短程线

题 7.4 (1) 写出短程线方程;

(2) 下列名词的物理意义是什么?

(i) 类时短程线;

(ii) 零短程线;

(3) 在适当选择的坐标变量 ρ、θ、φ、ψ 下爱因斯坦的场方程的一个解可表示为如下度规形式:

$$ds^2 = -\frac{1}{U(\rho)}d\rho^2 + 4U(\rho)l^2(d\psi + \cos\theta d\varphi)^2 + (\rho^2 + l^2)(d\theta^2 + \sin^2\theta d\varphi^2)$$

其中, $-\infty \leqslant \rho \leqslant \infty, 0 \leqslant \theta \leqslant \pi, 0 \leqslant \varphi \leqslant 2\pi, \theta$、$\varphi$ 为循环变量, 而 $U(\rho) = -1 + \frac{2(m\rho + l^2)}{\rho^2 + l^2}$, 其中 m 和 l 为恒定参数.

(i) 求在 $\theta = \frac{\pi}{2}$ 平面中的短程线方程组;

(ii) 解出在 (i) 的条件下的零短程线方程组, 并证明在 $\theta = \frac{\pi}{2}$ 的平面, $\rho = m + \sqrt{m^2 + l^2}$ 处存在零短程线. 用几句话说明为什么上述零短程线在物理上有特别兴趣.

提示　Christoffel 记号定义为

$$\Gamma^\rho_{\mu\nu} = \frac{1}{2}g^{\rho\lambda}\left(\partial_\nu g_{\lambda\mu} + \partial_\mu g_{\lambda\nu} - \partial_\lambda g_{\mu\nu}\right)$$

解答　(1) 短程线方程为

$$\frac{d^2 x^\mu}{ds^2} + \Gamma^\mu_{\alpha\beta}\frac{dx^\alpha}{ds}\frac{dx^\beta}{ds} = 0$$

(2) (i) 类时短程线是经坐标变换时序不改变的那些短程线.

(ii) 零短程线是光线所经过的路线. 因为对光 $ds = 0$, 所以短程线方程中的自变量应选其他参数.

(3) (i) 令

$$x^0 = \rho, \quad x^1 = \psi, \quad x^2 = \theta, \quad x^3 = \varphi$$

度规张量有如下的非零分量:

$$g_{00} = -\frac{1}{U}, \quad g_{11} = 4Ul^2, \quad g_{22} = \rho^2 + l^2 \tag{7.1}$$

$$g_{33} = 4Ul^2\cos^2\theta + (\rho^2 + l^2)\sin^2\theta \tag{7.2}$$

$$g_{23} = g_{32} = 4Ul^2\cos^2\theta \tag{7.3}$$

其中

$$U = -1 + \frac{2(m\rho + l^2)}{\rho^2 + l^2} \tag{7.4}$$

由短程线方程的另一种形式

$$\frac{d}{ds}\left(g_{\mu\nu}\frac{dx^\nu}{ds}\right) + \frac{\partial g_{\alpha\beta}}{\partial x^\mu}\frac{dx^\alpha}{ds}\frac{dx^\beta}{ds} = 0$$

由于 $g_{\mu\nu}$ 不明显依赖于 x^1, 而对于 $\nu \neq 1$, $g_{1\nu} = 0$, 上式给出第一积分

$$g_{11}\frac{\mathrm{d}\psi}{\mathrm{d}s} = k = 常数$$

由 $\mathrm{d}\tau^2 = -\mathrm{d}s^2$ 引入本地时间 τ, 并把 ψ $(-\infty \leqslant \psi \leqslant +\infty)$ 解释为坐标时间 τ, 度规给出

$$-\mathrm{d}\tau^2 = \mathrm{d}s^2 = g_{11}\mathrm{d}\psi^2$$

ρ 为径向距离 $(0 \leqslant \rho \leqslant +\infty)$. 当 $\rho \to +\infty$, 按式 (7.1)、式 (7.4), $U \to -1$, $g_{11} \to -4l^2$, 从而

$$k^2 = \left(g_{11}\frac{\mathrm{d}\psi}{\mathrm{d}s}\right)^2 = g_{11}(\infty) = -4l^2$$

如果短程线限制在 $\theta = \pi/2$、$\varphi = 0$ 的平面, 则 $\mathrm{d}\theta = \mathrm{d}\varphi = 0$, 线元表达式简化为

$$g_{00}\left(\frac{\mathrm{d}\rho}{\mathrm{d}s}\right)^2 + g_{11}\left(\frac{\mathrm{d}\psi}{\mathrm{d}s}\right)^2 = 1$$

代入 $\dfrac{\mathrm{d}\psi}{\mathrm{d}s}$ 的值得

$$g_{\rho\rho}\left(\frac{\mathrm{d}\rho}{\mathrm{d}s}\right)^2 + g_{\psi\psi}\left(\frac{k}{g_{\psi\psi}}\right)^2 = 1$$

因为式 (7.1), 所以

$$\frac{\mathrm{d}\rho}{\mathrm{d}s} = \pm\sqrt{\frac{k^2}{4l^2} - U(\rho)}$$

(ii) 对零短程线线元为

$$g_{\rho\rho}\left(\frac{\mathrm{d}\rho}{\mathrm{d}s}\right)^2 + g_{\psi\psi}\left(\frac{k}{g_{\psi\psi}}\right)^2 = 0$$

其中变量 s 应理解为不变仿射参量. 所以 $\dfrac{\mathrm{d}\rho}{\mathrm{d}s} = \dfrac{k}{2l}$. 当 $U(\rho) = 0$ 时显然满足该短程线方程. 这相当于 ρ 满足下述方程

$$\rho^2 + l^2 - 2m\rho - 2l^2 = 0$$

解得 $\rho = m + \sqrt{m^2 + l^2}$, 其中负根已舍去. 这意味着在 $\theta = \pi/2$、$\varphi = 0$ 的平面存在零短程线.

上述解表明光线将沿着球面运动, 它不能向外传播, 这正是物理上感兴趣的原因.

7.5 确定度规中 $\mathrm{d}t^2$ 系数的符号, 电磁波从大质量物体旁经过会发生什么

题 7.5 在精确至 $\dfrac{1}{r}$ 的近似下, 在质量为 m 的星球附近度规可表示成 $(c = G = 1)$

$$\mathrm{d}s^2 = -\left(1 \pm \frac{2m}{r}\right)\mathrm{d}t^2 + \left(1 \pm \frac{2m}{r}\right)\mathrm{d}l^2$$

其中 t 和 l 分别为时间和距离坐标, r 为至星球的距离.

(1) 从 dt^2 的系数中选出合适的符号, 并说明其物理根据;

(2) 由 t, l 坐标定义光的坐标速度 c'. 在 dl^2 的系数中取不同符号的情况下分别描绘出 c' 作为 r 的函数曲线. 在 r 的什么范围下图形才有意义? 当一个平面电磁波从质量很大的物体旁经过时将发生什么现象? 基于上述讨论, 正确地选出 dl^2 的系数中的符号.

解答 (1) 当 r 很大时, 空间的度规应过渡到牛顿的引力理论, 即 $g_{00} = -1 + h_{00}$, 而 $\nabla^2 \dfrac{h_{00}}{2} = -4\pi\rho$ 应和 Poisson 方程 $\nabla^2\varphi = 4\pi\rho$ 相一致. 因此 $h_{00} = -2\varphi = \dfrac{2m}{r}$, 即 dt^2 的系数应选负号即 $-\left(1 - \dfrac{2m}{r}\right)dt^2$.

(2) 对于光速 $ds^2 = 0$, 故

$$c' = \frac{dl}{dt} = \sqrt{\frac{1 - h_{00}}{1 + h_{ii}}} = \sqrt{\frac{1 - 2m/r}{1 \pm 2m/r}} = \begin{cases} 1, & h_{ii}\text{取负号} \\ \sqrt{\dfrac{1 - 2m/r}{1 + 2m/r}} & h_{ii}\text{取正号} \end{cases}$$

$c'(r)$ 曲线示于图 7.1. h_{ii} 取正号时, 当 $r < 2m$, 根号内的数值为负, 因此只有在 $r \geqslant 2m$ 的范围内才有意义.

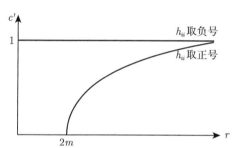

图 7.1 电磁波从大质量物体旁经过光速的变化

当一个平面电磁波从质量很大的物体旁通过时, 由于引力的作用光速 c' 将减小, 即为雷达回波的时间延迟效应. 因此 dl^2 的系数中应选正号.

7.6 引力张量应满足的条件是什么

题 7.6 简述爱因斯坦方程的推导, 首先假定引力定律为张量形式 $K_{\mu\nu} = 8\pi G T_{\mu\nu}$.

(1) 扼要说明 $K_{\mu\nu}$ 应满足的条件;

(2) 给出 $R_{\mu\nu}$ 和 $R g_{\mu\nu}$ 的唯一组合形式, 除了一个常数项以外满足这些条件;

(3) 根据在非相对论的弱场极限条件下应回到牛顿理论 (即给出 $\nabla^2\varphi = 4\pi G\rho$) 的要求定出这个常数.

提示 $R_{\lambda\mu\nu k} = \dfrac{1}{2}\left(\dfrac{\partial^2 g_{\lambda\kappa}}{\partial x^\mu \partial x^\nu} - \dfrac{\partial^2 g_{\mu\kappa}}{\partial x^\lambda \partial x^\nu} - \dfrac{\partial^2 g_{\lambda\nu}}{\partial x^\mu \partial x^\kappa} + \dfrac{\partial^2 g_{\mu\nu}}{\partial x^\lambda \partial x^\kappa}\right)$, 并约定闵可夫斯基度规有 $\eta_{00} = -1$, $\eta_{ij} = \delta_{ij}$.

解答 (1) 根据定义 $K_{\mu\nu}$ 是一个张量. 由于 $T_{\mu\nu}$ 是对称的, 所以 $K_{\mu\nu}$ 也是对称张量. 由于 $T_{\mu\nu}$ 是守恒的满足 $T^\mu_{\nu;\mu} = 0$, 所以 $K_{\mu\nu}$ 也是守恒的, 即 $K^\mu_{\nu;\mu} = 0$.

(2) 由 Bianchi 恒等式 $R^\lambda_{\mu\nu\kappa;\delta} + R^\lambda_{\mu\kappa\delta;\nu} + R^\lambda_{\mu\delta\nu;\kappa} = 0$, 对指标 λ, κ 收缩, 得

$$R_{\mu\nu;\delta} - R_{\mu\delta;\nu} + R^\lambda_{\mu\delta\nu;\lambda} = 0$$

提升指标 μ, 得

$$R^\mu_{\nu;\delta} + R^\mu_{\delta;\nu} + R^{\lambda\mu}_{\nu\delta;\lambda} = 0$$

再对 μ 和 δ 收缩, 上式成为

$$2R^\mu_{\nu;\mu} - R_{;\nu} = 0$$

利用 $\delta^\mu_\nu R_{;\mu} = R_{;\nu}$, 可得

$$\left(R^\mu_\nu - \frac{1}{2}\delta^\mu_\nu R \right)_{;\mu} = 0$$

故满足条件 $K^\mu_{\nu;\mu} = 0$ 的 $R_{\mu\nu}$ 和 $Rg_{\mu\nu}$ 的组合为

$$K_{\mu\nu} = \alpha \left(R_{\mu\nu} - \frac{1}{2}g_{\mu\nu}R \right)$$

其中 α 为待定常数.

(3) 在弱场近似下有 $g_{00} = 1 + \dfrac{2\varphi}{c^2}$, 而场方程通过指标提升可化为

$$\alpha R^\nu_\mu = 8\pi G \left(T^\nu_\mu - \frac{1}{2}\delta^\nu_\mu T \right)$$

计算 R^0_0, 略去 ϕ 的二级小量及对 x^0 的导数, 可得 $R^0_0 = \dfrac{1}{c^2}\nabla^2\varphi$. 但 $T^\nu_\mu = \rho c^2 u_\mu u^\nu$, 故

$$\nabla^2\varphi = \frac{4\pi G\rho c^4}{\alpha}$$

欲使此式与牛顿理论相一致, 则 $\alpha = c^4$.

7.7　利用相对论星球的线元中的参数表示星球质量及红移, 求静力平衡条件

题 7.7　一个静态球对称相对论星球的线元可写成

$$ds^2 = e^{2\Phi}dt^2 - \frac{dr^2}{1 - r^2Y(r)} - r^2 d\theta^2 - r^2\sin^2\theta d\varphi^2$$

其中 Φ 和 Y 为 r 的函数. 固有质量密度为 $\rho(r)$, 压强为 $p(r)$, 固有数密度为 $n(r)$.

(1) 用该线元中的二个已知函数 Φ 和 Y 给出此星球的质量以及远距离的观察者所测得的在星球中心的红移, 用已知函数 Φ、Y 和 n 表示该星球中的总强子数.

(2) 用已知函数给出静力平衡条件.

解答　(1) 星球的质量

$$M = \int_0^R \sqrt{-g_{rr}}\rho(r)\,dr \int_0^\pi \sqrt{-g_{\theta\theta}}d\theta \int_0^{2\pi} \sqrt{-g_{\varphi\varphi}}d\varphi$$

所以

$$M = 4\pi \int_0^R \rho(r) \frac{1}{\sqrt{1 - r^2 Y(r)}} r^2 \mathrm{d}r$$

类似质量, 星球中的总强子数,

$$N = 4\pi \int_0^R n(r) \frac{r^2 \mathrm{d}r}{\sqrt{1 - r^2 Y(r)}}$$

星球中心到星体表面的红移

$$\frac{\lambda_2}{\lambda_1} = \left[\frac{g_{00}(x_1)}{g_{00}(x_2)} \right]^{1/2} = \mathrm{e}^{\Phi(r) - \Phi(0)}$$

星体表面到远距离观察者引力导致红移

$$\frac{\lambda_3}{\lambda_2} = \sqrt{1 - \frac{2GM}{c^2 R}}$$

远距离的观察者所测得的在星球中心的红移

$$Z = \frac{\Delta\lambda}{\lambda} = \frac{\lambda_3}{\lambda_1} - 1 = \frac{\lambda_2}{\lambda_1} \frac{\lambda_3}{\lambda_2} - 1 = \sqrt{1 - \frac{2GM}{c^2 R}} \mathrm{e}^{\Phi(r) - \Phi(0)} - 1$$

(2) 静力平衡的 Euler 方程为

$$-\frac{\partial p}{\partial x^\mu} = (p + \rho) \frac{\partial}{\partial x^\mu} \ln (g_{00})^{1/2}$$

所以由本题的条件直接可得

$$-\frac{\mathrm{d}p(r)}{\mathrm{d}r} = [p(r) + \rho(r)] \frac{\mathrm{d}}{\mathrm{d}r} \ln \left[\mathrm{e}^{2\Phi} \right]^{1/2} = [p(r) + \rho(r)] \frac{\mathrm{d}\Phi(r)}{\mathrm{d}r}$$

7.8　无线电波发射到木星后反射回地面, 求其在来回的行程中的引力延迟

题 7.8　太阳外时空系可由下述施瓦西度规描述:

$$\mathrm{d}s^2 = -\left(1 - \frac{2GM}{rc^2} \right) c^2 \mathrm{d}t^2 + \frac{1}{1 - \dfrac{2GM}{rc^2}} \mathrm{d}r^2 + r^2 \left(\mathrm{d}\theta^2 + \sin^2\theta \mathrm{d}\varphi^2 \right)$$

其中 M 是太阳的质量, t 是时间坐标, r 是径向坐标, θ 为极角, φ 为方位角.

　　一无线电波从地球发出, 从木星的一个卫星上反射回来 (卫星当作一个点) 并在地球上接收. 假定木星与太阳的距离为 r_2, 地球与太阳的距离为 r_1. 另外木星处于太阳的另一侧. 令 r_0 为无线电波到太阳的最近距离. 试计算无线电波在来回行程中的引力延迟, 表示成 r_0 的函数且精确到 G 的最低级, 并估计该效应的数量级. 太阳质量 $\approx 2 \times 10^{33}$g, 太阳半径 $\approx 7 \times 10^{10}$cm, 太阳至地球的距离 $\approx 1.5 \times 10^{13}$cm, 太阳至木星的距离 $\approx 8 \times 10^{13}$cm, $G \approx 6.67 \times 10^{-8}$cm^3/g · s^2.

解答 考虑在 $\theta = \dfrac{\pi}{2}$ 的平面中 (球对称), 此平面中短程线方程为

$$\frac{\mathrm{d}}{\mathrm{d}s}\left(g_{\mu\nu}\frac{\mathrm{d}x^{\nu}}{\mathrm{d}s}\right) - \frac{1}{2}g_{\alpha\beta,\mu}\frac{\mathrm{d}x^{\alpha}}{\mathrm{d}s}\frac{\mathrm{d}x^{\beta}}{\mathrm{d}s} = 0$$

其中 s 为轨道参数. 由上面短程线方程可求得两个积分

$$r^2\frac{\mathrm{d}\varphi}{\mathrm{d}s} = \text{常数}, \qquad \left(1 - \frac{2GM}{c^2 r}\right)\frac{\mathrm{d}t}{\mathrm{d}s} = \text{常数}$$

上面两式相除则得

$$\frac{r^2}{1 - 2GM/c^2 r}\frac{\mathrm{d}\varphi}{\mathrm{d}t} = \text{常数} = F$$

对于光线 $\mathrm{d}\tau$, 故由施瓦西度规可得

$$\left(1 - \frac{2GM}{c^2 r}\right) - \frac{1}{c^2}\left[\left(1 - \frac{2GM}{c^2 r}\right)^{-1}\left(\frac{\mathrm{d}r}{\mathrm{d}t}\right)^2 + \frac{F^2}{r^2}\left(1 - \frac{2GM}{c^2 r}\right)^2\right] = 0$$

但在近日点 $\dfrac{\mathrm{d}r}{\mathrm{d}t} = 0$, 所以

$$F^2 = \frac{c^2 r_0^2}{1 - \dfrac{2GM}{c^2 r_0}}$$

于是

$$\frac{\mathrm{d}r}{\mathrm{d}t} = c\left(1 - \frac{2GM}{c^2 r}\right)\sqrt{1 - \frac{r_0^2\left(1 - 2GM/c^2 r\right)}{r^2\left(1 - 2GM/c^2 r_0\right)}} = f(r)$$

对上式积分则得延迟时间

$$\Delta T = T - \frac{2}{c}\sqrt{r_1^2 - r_0^2} - \frac{2}{c}\sqrt{r_2^2 - r_0^2}$$

其中

$$T = 2\left[\int_{r_0}^{r_1} f(r)\,\mathrm{d}r + \int_{r_0}^{r_2} f(r)\,\mathrm{d}r\right]$$

由于 $r_1, r_2 \gg r_0$, 并在展开式中只保留 G 的最低次项, 最后可得

$$\Delta T = \frac{4GM}{c^3}\left[\ln\frac{4r_2 r_1}{r_0^2} + 1\right]$$

代入所给数值得

$$\Delta T \approx \frac{4GM}{c^3}(6\ln 10 + 1) \approx 2.9 \times 10^{-4}\mathrm{s}$$

7.9 证明无源麦克斯韦方程是保角变换后新时空的一个解, 导出宇宙红移公式

题 7.9 时空的一种共形 (conformal) 变换是把原时空的度规 g_{ab} 变成新时空的度规 $\tilde{g}_{ab}$ 时, 使得 $\tilde{g}_{ab} = \Omega^2 g_{ab}$, 其中 Ω 是时空坐标 x^{α} 的函数.

(1) 假定在原时空中对无源的麦克斯韦方程存在一个解 $\nabla_a F^{ab} = 0$, $\nabla_{[a}F_{ba]} = 0$, F 是反对称的场应力张量. 证明 F_{ab} 也是度规为 $\tilde{g}_{ab}$ 的新时空中这些方程的一个解. 你可能要用到 $\Gamma^a_{ac} = g^{-1/2}\partial_c\left(g^{1/2}\right)$, 其中 $g = -\det(g_{ab})$;

(2) $k = 0$ 的 Robertson-Walker 时空的度规可以写为

$$\mathrm{d}s^2 = -c^2\mathrm{d}t^2 + (t/t_0)^{2/3}\left(\mathrm{d}x^2 + \mathrm{d}y^2 + \mathrm{d}z^2\right)$$

证明这种时空为闵可夫斯基时空的共形变换;

(3) 通过闵可夫斯基空间中麦克斯韦方程的解导出由星系在 $t = t_1$ 时刻辐射且观察者在 $t = t_2$ 时刻接收的光的宇宙红移公式. 假定光源和观察者都相对共动的时间坐标 t 为静止.

解答 (1) 在新的时空中

$$\tilde{\nabla}_a\tilde{F}^{ab} = \tilde{\nabla}_a\tilde{g}^{al}\tilde{g}^{bm}F_{lm} = \frac{1}{(\tilde{g})^{1/2}}\frac{\partial}{\partial x^a}\left[(\tilde{g})^{1/2}\Omega^{-4}g^{al}g^{bm}F_{lm}\right]$$

$$= \frac{1}{(\tilde{g})^{1/2}}\frac{\partial}{\partial x^a}\left[(g)^{1/2}F^{ab}\right] = \frac{1}{\Omega^4}\nabla_a \times F^{ab} = 0 \tag{7.5}$$

其次

$$\tilde{\nabla}_{[a}F_{bc]} = \frac{\partial F_{bc}}{\partial x^a} + \frac{\partial F_{ca}}{\partial x^b} + \frac{\partial F_{ab}}{\partial x^c} = \nabla_{[a}F_{bc]} = 0 \tag{7.6}$$

因此在新时空中 F_{ab} 也是无源麦克斯韦方程组的解.

(2) 令 $a(t) = (t/t_0)^{1/3}$, 作变换 $a(t)\mathrm{d}\eta = c\mathrm{d}t$, 故

$$\eta = \int (t/t_0)^{-1/3}c\mathrm{d}t = \frac{3}{2}c(t_0)^{-1/3}t^{2/3}$$

由此

$$-\mathrm{d}s^2 = a^2(t)\left(\mathrm{d}\eta^2 - \mathrm{d}x^2 - \mathrm{d}y^2 - \mathrm{d}z^2\right) = \frac{2}{3}\frac{\eta}{ct_0}\left(\mathrm{d}\eta^2 - \mathrm{d}x^2 - \mathrm{d}y^2 - \mathrm{d}z^2\right)$$

因此该时空的度规 $g_{ab} = \Omega^2\eta_{ab}$, 其中 $\Omega^2 = \frac{2\eta}{3ct_0}$, η_{ab} 为闵可夫斯基度规, 所以这个时空为闵可夫斯基时空的共形变换.

(3) 麦克斯韦方程的波动解

$$A^\alpha = A_0{}^\alpha\mathrm{e}^{\mathrm{i}\underline{k}\cdot\underline{x}}$$

指数肩膀上为相位. 共动观察者测到的频率为

$$\omega = -\underline{k}\cdot\underline{u}_{\mathrm{obs}} = -g_{\eta\eta'}k^\eta u_{\mathrm{obs}}^{\eta'}$$

k^η 为常量, $u_{\mathrm{obs}}^{\eta'} = (-g_{\eta\eta})^{-1/2}$,

$$1 + Z = \frac{\omega_2}{\omega_1} = \frac{\sqrt{-g_{\eta\eta}}\big|_{\eta=\eta_2}}{\sqrt{-g_{\eta\eta}}\big|_{\eta=\eta_1}} = \sqrt{\left(\frac{t_2}{t_1}\right)^{2/3}} = \left(\frac{t_2}{t_1}\right)^{1/3}$$

讨论 (光的宇宙红移另一种计算) 对光的传播有 $\mathrm{d}s = 0$, 所以 $a^2\left(\mathrm{d}\eta^2 - \mathrm{d}r^2\right) = 0$,

即 $\mathrm{d}\eta = \mathrm{d}r$ ($r^2 = x^2 + y^2 + z^2$, 坐标原点取在星系的位置), 但 $\mathrm{d}t = \dfrac{1}{c}a\,(t)\,\mathrm{d}\eta$ 是两个事件的间隔, 而在出发点和观察点的 $\mathrm{d}\eta$ 都一样 (由 $\mathrm{d}\eta = \mathrm{d}r$, 得 $r = \eta + $ 常数). 所以

$$\frac{\lambda_2}{\lambda_1} = \frac{c\mathrm{d}t_2}{c\mathrm{d}t_1} = \frac{a\,(t_2)}{a\,(t_1)}$$

红移

$$Z = \frac{\Delta\lambda}{\lambda} = \frac{a\,(t_2)}{a\,(t_1)} - 1 = \left(\frac{t_2}{t_1}\right)^{1/3} - 1$$

7.10 类星体发出的光被间介星系引力透镜偏折

题 7.10 观察发现了一种"双重"类星体. 它是由两个不可区分的像构成的. 这两个像的角距离为 6 弧秒. 有一种解释是引力透镜把我们所见到的一个类星体映像成两个. 为了说明它, 假定观察者和类星体以及间介星系正好排成一线, 如图 7.2 所示, 从类星体发出的光在到达我们之前被该星系的引力所偏折. 在星系的静止坐标系中所测得的偏转角 $\varphi = \dfrac{4M}{r}$, 其中 M 是星系的质量, r 为光线的瞄准参数. 因此我们所看到的类星体表现为一个环, 其直径的张角为 2θ. 宇宙的几何由下述度规来描述:

$$\mathrm{d}s^2 = -\mathrm{d}t^2 + a^2\,(t)\left(\mathrm{d}\rho^2 + \rho^2\mathrm{d}\theta^2 + \rho^2\sin^2\theta\mathrm{d}\varphi^2\right)$$

标度因子 $a(t) \propto t^{2/3}$. 类星体在时刻 $t = t_2$ 发出辐射, 它在时刻 t_1 经过星系然后在 t_0 时刻到达我们这里.

(1) 求 θ 与 M、t_0、t_1 和 t_2 之间的关系;

(2) 把结果用物理变量 M, 星系的红移 Z_2 和类星体的红移 Z_1 以及哈勃常数 H 重新表达出来 $\left(H = \dfrac{\mathrm{d}}{\mathrm{d}t}\ln a|_{t=t_0}\right)$.

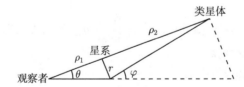

图 7.2 从类星体发出的光在到达我们之前被间介星系引力透镜偏折

解答 (1) 在星系的静止参考系中, 取观察者为坐标原点, 星系的径向坐标为 ρ_1, 类星体的径向坐标为 ρ_2. 宇宙膨胀时的效应反映在标度因子 $a(t)$, 而, ρ_1 和 ρ_2 将不随时间改变. 由角径距离公式, 我们有

$$\theta = \frac{r}{a\,(t_1)\,\rho_1}, \qquad \varphi - \theta = \frac{r}{a\,(t_1)\,(\rho_2 - \rho_1)}$$

所以

$$\theta = \frac{\rho_2 - \rho_1}{\rho_2}\varphi$$

但

$$\varphi = \frac{4M}{r} = \frac{4M}{a\left(t_1\right)\rho_1\theta}$$

所以

$$\theta = \left[\frac{\rho_2 - \rho_1}{\rho_1\rho_2}\frac{4M}{a\left(t_1\right)}\right]^{1/2}$$

而对于光 $\mathrm{d}s^2 = 0$, 沿径向传播为 $-\mathrm{d}t^2 + a^2(t)\mathrm{d}\rho^2 = 0$,

$$\rho_1 = \int_{t_1}^{t_0}\frac{\mathrm{d}t}{a\left(t\right)} = A\int_{t_1}^{t_0}t^{-2/3}\mathrm{d}t = 3A\left(t_0^{1/3} - t_1^{1/3}\right) = 3At_1^{1/3}\left[\left(\frac{t_0}{t_1}\right)^{1/3} - 1\right]$$

由题意 $a(t) = At^{\frac{2}{3}}$, 其中 A 为常数. 同样

$$\rho_2 = \int_{t_2}^{t_0}\frac{\mathrm{d}t}{a\left(t\right)} = 3At_2^{1/3}\left[\left(\frac{t_0}{t_2}\right)^{1/3} - 1\right]$$

因此

$$\theta = \left\{\frac{4M}{3}\frac{\left[(t_1/t_2)^{1/3} - 1\right]}{t_1\left[(t_0/t_1)^{1/3} - 1\right]\left[(t_0/t_2)^{1/3} - 1\right]}\right\}^{1/2}$$

(2) 因为红移与标度因子有关系式 $Z = \dfrac{a\left(t_0\right)}{a\left(t\right)} - 1$, 所以

$$Z_1 = \left(\frac{t_0}{t_1}\right)^{2/3} - 1, \quad Z_2 = \left(\frac{t_0}{t_2}\right)^{2/3} - 1$$

又按题设 $H = \dfrac{\mathrm{d}}{\mathrm{d}t}\ln a|_{t=t_0} = \dfrac{2}{3t_0}$, 所以

$$t_0 = \frac{2}{3H}, \quad t_1 = \frac{2}{3H}(1 + Z_1)^{-3/2}, \quad t_2 = \frac{2}{3H}(1 + Z_2)^{-3/2}$$

因此

$$\theta = \left\{2MH\frac{(1 + Z_2)\left[(1 + Z_2)^{1/2} - (1 + Z_1)^{1/2}\right]}{\left[(1 + Z_2)^{1/2} - 1\right]\left[(1 + Z_1)^{1/2} - 1\right]}\right\}^{1/2}$$

7.11 证明零质量粒子在黑洞外的平面轨道上的运动方程, 对微小扰动是否稳定

题 7.11 一黑洞外部度规为

$$\mathrm{d}s^2 = -\left(1 - \frac{2M}{r}\right)\mathrm{d}t^2 + \left(1 - \frac{2M}{r}\right)^{-1}\mathrm{d}r^2 + r^2\left(\mathrm{d}\theta^2 + \sin^2\theta\mathrm{d}\varphi^2\right)$$

其中, θ、φ 分别是球极坐标极角和方位角, r 为径向坐标, t 是时间坐标, M 是黑洞的质量.

(1) 证明静质量为零的粒子, 在 $\theta = \dfrac{\pi}{2}$ 的平面上做轨道运动时满足 $\dfrac{\mathrm{d}^2 u}{\mathrm{d}\varphi^2} + u = 3u^2$, 其中 $u = M/r$;

(2) 试求光子在此平面上的圆轨道, 并指出它对小扰动是否稳定? Christoffel 符号如下:

$$\Gamma^a_{bc} = \frac{1}{2} g^{ad} \left(\partial_b g_{dc} - \partial_d g_{cb} + \partial_c g_{bd} \right)$$

解答 (1) 由短程线方程 $\dfrac{\mathrm{d}^2 x^\mu}{\mathrm{d}\tau^2} + \Gamma^\mu_{\alpha\beta} \dfrac{\mathrm{d}x^\alpha}{\mathrm{d}\tau} \dfrac{\mathrm{d}x^\beta}{\mathrm{d}\tau} = 0$, 我们得到

$$\frac{\mathrm{d}}{\mathrm{d}p} \left(r^2 \frac{\mathrm{d}\varphi}{\mathrm{d}p} \right) = 0$$

以及

$$\frac{\mathrm{d}}{\mathrm{d}p} \left[\ln \frac{\mathrm{d}t}{\mathrm{d}p} + \ln \left(1 - \frac{2GM}{r} \right) \right] = 0$$

也就是

$$r^2 \frac{\mathrm{d}\varphi}{\mathrm{d}p} = h \quad \text{和} \quad \left(1 - \frac{2M}{r} \right) \frac{\mathrm{d}t}{\mathrm{d}p} = l$$

其中, h、l 是积分常数.

另外由于光子的轨道是零短程线, 所以有

$$\left(1 - \frac{2M}{r} \right)^{-1} l^2 - \left(1 - \frac{2M}{r} \right)^{-1} \left(\frac{\mathrm{d}r}{\mathrm{d}p} \right)^2 - \frac{h^2}{r^2} = 0$$

令 $u = \dfrac{M}{r}$, 上式化为

$$l^2 - \frac{M^2}{u^4} \left(\frac{\mathrm{d}u}{\mathrm{d}p} \right)^2 - \frac{h^2 u^2}{M^2} \left(1 - 2u \right) = 0$$

由 $\dfrac{\mathrm{d}u}{\mathrm{d}p} = \dfrac{\mathrm{d}u}{\mathrm{d}\varphi} \dfrac{\mathrm{d}\varphi}{\mathrm{d}p} = \dfrac{h}{r^2} \dfrac{\mathrm{d}u}{\mathrm{d}\varphi}$, 故得

$$l^2 - \frac{h^2}{M^2} \left(\frac{\mathrm{d}u}{\mathrm{d}\varphi} \right)^2 - \frac{h^2}{M^2} u^2 \left(1 - 2u \right) = 0$$

将上式对 φ 求导, 我们得到 $\dfrac{\mathrm{d}^2 u}{\mathrm{d}\varphi^2} + u = 3u^2$.

(2) 当 $u = $ 常数 (圆轨道), 则 $3u^2 - u = 0$. 所以 $u_0 = \dfrac{1}{3}$ 或 $r_0 = 3M$. 当 u 偏离 u_0 时, 设 $u = u_0 + u'$ (u' 是小量),

$$\frac{\mathrm{d}^2 u'}{\mathrm{d}\varphi^2} + u' = 3(u_0 + u')^2 - 3u_0{}^2 \approx 6u_0 u' = 2u'$$

则 $\dfrac{\mathrm{d}^2 u'}{\mathrm{d}\varphi^2} - u' = 0$. 得 $u' = A\mathrm{e}^\varphi + B\mathrm{e}^{-\varphi}$, 因此这圆轨道对微小扰动是不稳定的.

7.12 求两星体作圆周运动辐射能量损失率

题 7.12 假设有两个致密星体, 每个质量均为太阳质量, 彼此环绕着做半径为太阳半径的圆周运动. 问由于引力辐射而引起的能量损失率近似为多大? 轨道衰减的时标为多大? 取

$$太阳质量 M = 2 \times 10^{33} \text{g}, \quad G = 6.7 \times 10^{-8} \text{cm}^3 \cdot \text{g}^{-1} \cdot \text{s}^{-2}$$
$$太阳半径 r = 7 \times 10^{10} \text{cm}, \quad c = 3 \times 10^{10} \text{cm} \cdot \text{s}^{-1}$$

解答 对于作圆周运动的双星体系

$$-\frac{\mathrm{d}E}{\mathrm{d}t} = \frac{32G^4}{5c^5 r^5}(m_1 m_2)^2(m_1 + m_2) = \frac{64G^4}{5c^5 r^5}M^5 \approx 1.7 \times 10^{25} \text{erg/s}$$

但 $E = -\dfrac{GM^2}{2r}$, 所以两星体因引力波辐射而损失能量所引起的相互接近的速度为

$$\frac{\mathrm{d}r}{\mathrm{d}t} = \frac{2r^2}{GM^2}\frac{\mathrm{d}E}{\mathrm{d}t}$$

轨道衰减的时标为

$$\tau = -\frac{5c^5}{128G^3 M^3}\int_r^0 r^3 \mathrm{d}r = \frac{5}{512}\frac{c^5}{G^3 M^3}r^4 \approx 2.1 \times 10^{15}\text{s}$$

7.13 在广义相对论中能否辐射单极、偶极和四极引力辐射？总存在"总电荷积分"

题 7.13 (1) 在广义相对论中一个源是否能发射球对称单极引力辐射? 用几句话解释之;

(2) 在广义相对论中一个源是否能发射球对称偶极引力辐射? 用几句话解释之;

(3) 在广义相对论中一个源是否能发射球对称四极引力辐射? 用几句话解释之;

(4) 在广义相对论中一个闭合的宇宙模型不可能具有非零的总电荷, 为什么?

(5) 在广义相对论中能量守恒和电荷守恒是基于完全不同的立足点. 一般说来不可能写出守恒的总能量, 但是总存在守恒的电荷积分. 简单解释之;

(6) 假如存在一个矢量场 $\boldsymbol{\xi}^i$, 使得 $\xi_{i;j} + \xi_{j;i} = 0$, 那么就可以把它合并到应力 - 能量张量中去定义整体的"能量积分". 请给出解释.

解答 (1) 不可能发射球对称单极引力辐射. 因为孤立体系的总能量不随时间变化.

(2) 不可能发射球对称偶极引力辐射, 因为孤立体系的总动量不随时间变化. 它的质量偶极矩对时间的二次微商等于零, 这是与电磁辐射不同的主要方面.

(3) 能发射球对称四极引力辐射. 这是引力辐射最低一级不等于零的辐射. 因为 $\int \mu(x)x^\alpha x^\beta \mathrm{d}V$ 一般不等于零, 且它对时间二阶导数也可以不等于零.

(4) 因为在一个有限空间中, 每个封闭曲面在它本身的两边都包围着空间的一个有限的区域, 一方面电场经过这个曲面的通量等于在这个曲面内的总电荷, 而另一方面它又等于在它以外的总电荷的反号. 因此这个曲面两边的电荷之和等于零.

(5) 因为在黎曼空间中的协变散度与矢量密度的普通散度相当, 而对二阶或二阶以上的张量却不再如此. 因此对微分守恒定律 $T^{ik}_{;k} = 0$ 一般不可能像正规的守恒定律那样给出一个三维体积分随时间的变化率等于表示通量的式子在封闭面上的面积分形式. 但对电磁场我们有

$$j^{\alpha}_{;\alpha} = \frac{1}{\sqrt{g}} \frac{\partial}{\partial x^{\alpha}} \left(\sqrt{g} j^{\alpha} \right) = 0$$

j^{α} 是一个四矢量, 它的分量 j^{α} 乘以 g 就是电荷的空间密度. 所以利用 Gauss 定律总可以写出总电荷守恒的积分表示式.

(6) 满足条件 $\xi_{i;j} + \xi_{j;i} = 0$ 的矢量场称为 Killing 矢量场. 由此条件立即可求得

$$(\xi_i T^{ik})_{;k} = \xi_{i;k} T^{ik} + \xi_i T^{ik}_{;k} = 0$$

这样 Gauss 定律就可直接用于此向量场的微分守恒形式而得到

$$T = \int_{z^0 = \text{const.}} T^{i\alpha} \xi_i \mathrm{d}f_{\alpha} = \int_{z_0 = \text{const.}} T^{i\alpha} \xi_i \sqrt{-g} \mathrm{d}x^1 \mathrm{d}x^2 \mathrm{d}x^3 = \text{const}$$

当 Killing 矢量是类时矢量时, 上式就是守恒的总能量积分.

7.14　在弱场近似下线性化的真空方程是否规范不变

题 7.14 在弱场近似下, $g_{\mu\nu} = \eta_{\mu\nu} + h_{\mu\nu}$, 爱因斯坦方程可以写成线性形式

$$\Box h_{\mu\nu} = \theta_{\mu,\nu} + \theta_{\nu,\mu} \tag{7.7}$$

上面精确到 h 的一级项, 其中 $\theta_{\mu} = h^{\alpha}_{\mu,\alpha} - \frac{1}{2} h^{\alpha}_{\alpha,\mu}$, 指标的上升和下降是通过闵可夫斯基度规 $\eta_{\mu\nu}$ 而得到的, 逗号则表示偏导数.

(1) 考虑坐标变换 $x_{\mu} \to x'_{\mu} = x_{\mu} + \varepsilon_{\mu}(x)$, ε 是一个小量. 求在新的坐标中的 $h'_{\mu\nu}$, 是否是爱因斯坦方程的解? 即线性化的真空方程是否规范不变;

(2) 利用 (1) 决定齐次方程 $\Box h_{\mu\nu} = 0$ (由于存在一个规范变换使 $\theta_{\mu} = 0$) 的平面波解的自由度数.

解答　(1) 由 $\frac{\partial x'^{\mu}}{\partial x^{\alpha}} = \delta^{\mu}_{\alpha} + \varepsilon^{\mu}_{,\alpha}$, 所以

$$g'_{\mu\nu} = \frac{\partial x'^{\alpha}}{\partial x^{\mu}} \frac{\partial x'^{\beta}}{\partial x^{\nu}} g_{\alpha\beta}(x) = (\delta^{\alpha}_{\mu} + \varepsilon^{\alpha}_{,\mu})(\delta^{\beta}_{\nu} + \varepsilon^{\beta}_{,\nu}) g_{\alpha\beta}(x)$$
$$\approx g_{\mu\nu}(x) + g_{\alpha\nu}(x) \varepsilon^{\alpha}_{,\mu} + g_{\mu\beta}(x) \varepsilon^{\beta}_{,\nu}$$

利用泰勒 (Taylor) 展开式可得

$$g'_{\mu\nu}(x') = g'_{\mu\nu}(x) + g_{\mu\nu,\alpha}(x) \varepsilon^{\alpha}$$

因此

$$g'_{\mu\nu}(x') = g_{\mu\nu}(x) + g_{\mu\nu,\alpha}(x)\varepsilon^\alpha + g_{\alpha\nu}(x)\varepsilon^\alpha_{,\mu} + g_{\mu\beta}(x)\varepsilon^\beta_{,\nu}$$

但 $g'_{\mu\nu} = \eta_{\mu\nu} + h'_{\mu\nu}$, 所以 $h'_{\mu\nu} = h_{\mu\nu} + \varepsilon_{\mu,\nu} + \varepsilon_{\nu,\mu}$. 由场方程 (7.7) 所以

$$\begin{aligned}
\Box h'_{\mu\nu} &= h_{\mu,\nu} + \theta_{\nu,\mu} + \Box\varepsilon_{\mu,\nu} + \Box\varepsilon_{\nu,\mu}\\
&= \theta'_{\mu,\nu} + \theta'_{\nu,\mu} - \Box\varepsilon^\alpha_{,\mu\alpha\nu} - \Box\varepsilon_{\mu,\nu} + \frac{1}{2}\varepsilon^\alpha_{,\alpha\mu\nu} + \frac{1}{2}\varepsilon^\alpha_{,\alpha\mu\nu}\\
&\quad -\varepsilon^\alpha_{,\nu\alpha\mu} - \varepsilon_{\nu,\mu} + \frac{1}{2}\varepsilon^\alpha_{,\alpha\nu\mu} + \frac{1}{2}\varepsilon^\alpha_{,\alpha\nu\mu} + \Box\varepsilon_{\mu,\nu} + \Box\varepsilon_{\nu,\mu}\\
&= \theta'_{\mu,\nu} + \theta'_{\nu,\mu}
\end{aligned}$$

因此满足规范不变性.

(2) 考虑向 x 轴正方向传播的平面波. 在波内所有的 h^ν_μ 都是 $x - ct$ 的函数. 令 $\gamma^\nu_\mu = h^\nu_\mu - \frac{1}{2}\delta^\mu_\nu h$, 则由条件 $\theta_\mu = 0$ 可得 $\gamma^\nu_{\mu,\nu} = 0$. 具体写出来即有

$$\frac{\mathrm{d}\gamma^1_\mu}{\mathrm{d}u} - \frac{\mathrm{d}\gamma^0_\mu}{\mathrm{d}u} = 0, \quad u = x - ct$$

直接积分并设积分常数为零 (只考虑变动部分), 则 $\gamma^1_1 = \gamma^0_1$, $\gamma^1_2 = \gamma^0_2$, $\gamma^1_3 = \gamma^0_3$, $\gamma^1_0 = \gamma^0_0$. 利用坐标变换 $x'_\mu = x_\mu + \xi_\mu(x)$, 并取 $\Box\xi_\mu = 0$, 则 $\theta'_\mu = 0$. 由此可使四个量 $\gamma^0_1, \gamma^0_2, \gamma^0_3, \gamma^0_0$ 为零. 这时 $\gamma^\alpha_\alpha = 0$, 故 $\gamma^\nu_\mu = h^\nu_\mu$. 所以总共只有两个独立分量 $h_{23} = h_{32}$ 和 $h_{22} = -h_{33}$, 即只有两个自由度.

7.15 写出自旋粒子在引力场中的运动方程并解释

题 7.15 (1) 考虑一自旋粒子 (也许是一个回转仪) 在引力场中运动, 没有非引力的其他力存在. 写出粒子自旋随时间变化的方程并解释之;

(2) 考虑一个质量为 M, 半径为 R 缓慢地转动的薄球壳, 其旋转角速度为 ω. 由这个球壳引起的场的度规为

$$\mathrm{d}s^2 = -c^2 H(r)\,\mathrm{d}t^2 + \frac{1}{H(r)}\left[\mathrm{d}r^2 + r^2\mathrm{d}\theta^2 + r^2\sin^2\theta(\mathrm{d}\varphi - \Omega\mathrm{d}t)^2\right]$$

其中 $\Omega = \dfrac{4GM\omega}{3Rc^2}$, 当 $r < R$ 时, 当 $r \to \infty$, 则 $\Omega \to 0$. 而

$$H(r) = \begin{cases} 1 - 2GM/rc^2, & r > R \\ 1 - 2GM/Rc^2, & r < R \end{cases}$$

此度规仅当 $GM/Rc^2 \ll 1$ 才正确. 考虑一个在球心 $r = 0$ 处静止的自旋粒子, 利用在第 (1) 小题中写出的方程给出该粒子自旋的进动频率. 当 ω 为地球的旋转频率, M 和 R 分别为地球的质量和半径, $M \approx 6.0 \times 10^{27}\mathrm{g}$ 和 $R \approx 6.4 \times 10^3\mathrm{km}$, 该进动频率为多大? 只要估计大小. 注意 $G \approx 6.67 \times 10^{-8}\mathrm{cm/g \cdot s^2}$, 并且

$$\Gamma^\mu_{\alpha\beta} = \frac{1}{2}g^{\mu\rho}\left(\partial_\alpha g_{\rho\beta} + \partial_\beta g_{\rho\alpha} - \partial_\rho g_{\alpha\beta}\right)$$

解答 (1) 自旋的运动方程为

$$\frac{\mathrm{d}S_\mu}{\mathrm{d}\tau} = \Gamma^\lambda_{\mu\nu}S_\lambda\frac{\mathrm{d}x^\nu}{\mathrm{d}\tau}$$

方程左边是自旋矢量的变化, 右边为引力作用的影响. 整个方程代表自转体在自由下落时的进动. 如果引力场为零, 则 $\Gamma^\lambda_{\mu\nu} = 0$, 由此即得 $\dfrac{\mathrm{d}S_\mu}{\mathrm{d}\tau} = 0$. 即不受任何力作用的粒子具有不变自旋.

(2) 由于粒子静止, 故 $v^i = 0$, 于是 $\dfrac{\mathrm{d}S_i}{\mathrm{d}t} = \Gamma^j_{i0}S_j$. 但

$$\Gamma^j_{i0} = \frac{1}{2}g^{j\rho}\left(\partial_i g_{\rho 0} + \partial_0 g_{\rho i} - \partial_\rho g_{i0}\right) = \frac{1}{2}g^{jk}\left(\partial_i g_{k0} - \partial_k g_{i0}\right)$$

写成三维形式则有

$$\frac{\mathrm{d}\boldsymbol{s}}{\mathrm{d}t} = \frac{1}{2}\boldsymbol{s} \times (\nabla \times \boldsymbol{\xi})$$

因此角速度为 $\boldsymbol{\Omega}' = -\dfrac{1}{2}\nabla \times \boldsymbol{\xi}$, 其中 $\xi_i = \dfrac{g_{i0}}{\sqrt{g_{ii}}}$. 由已知度规可知 $g_{30} = -\dfrac{\Omega}{H}r^2\sin^2\theta$, $g_{33} = \dfrac{1}{H}r^2\sin^2\theta$, 即

$$\xi_3 = -\frac{\Omega r}{\sqrt{H}}\sin\theta \approx -\Omega r\sin\theta \qquad \left(r < R, \frac{GM}{Rc^2} \ll 1\right)$$

因此 $\boldsymbol{\xi} = \boldsymbol{r} \times \boldsymbol{\Omega}$ ($\boldsymbol{\Omega}$ 的方向沿着 z 轴的方向). 所求的进动频率为

$$|\boldsymbol{\Omega}'| = \left|-\frac{1}{2}(\nabla \times \boldsymbol{\xi})\right| = |\boldsymbol{\Omega}| = \frac{4GM\omega}{3Rc^2}$$

代入地球的数值则得

$$|\boldsymbol{\Omega}'| \approx 6.74 \times 10^{-14}\mathrm{rad/s} = 1.39 \times 10^{-9''}/\mathrm{s}$$

7.16 证明线元 $\mathrm{d}s$ 描述平坦时空并找出变换到闵可夫斯基空间的坐标变换

题 7.16 对于真空 $T^j_i = 0$ 和 $\Lambda = 0$ 的情况下, Robertson-Walker 线元可以表示为

$$\mathrm{d}s^2 = \mathrm{d}t^2 - a(t)^2\left[\frac{\mathrm{d}x^2}{1 + x^2} + x^2(\mathrm{d}\theta^2 + \sin^2\theta\mathrm{d}\varphi^2)\right]$$

$a(t) \propto t$. 证明它描述平坦空间并找出变换到闵可夫斯基空间的坐标变换.

解答 设 $a(t) = t$, 即取比例常数等于光速. 令 $r = tx$, 于是 Robertson-Walker 线元表达式中 $(\mathrm{d}\theta^2 + \sin^2\theta\mathrm{d}\varphi^2)$ 的系数化为 r^2. 另外

$$\mathrm{d}t^2 - \frac{t^2\mathrm{d}x^2}{1 + x^2} = \mathrm{d}t^2 - \frac{t^2(t\mathrm{d}r - r\mathrm{d}t)^2}{t^4[1 + (r/t)^2]} = \frac{(t\mathrm{d}t + r\mathrm{d}r)^2}{t^2 + r^2} - \mathrm{d}r^2$$

选取新坐标系的时间变量 $\mathrm{d}\tau = \dfrac{t\mathrm{d}t + r\mathrm{d}r}{\sqrt{t^2 + r^2}} = \mathrm{d}\sqrt{t^2 + r^2}$, 则线元就变成

$$\mathrm{d}s^2 = \mathrm{d}\tau^2 - \mathrm{d}r^2 - r^2(\mathrm{d}\theta^2 + \sin^2\theta\mathrm{d}\varphi^2)$$

显然这是平坦空间的度规. 故变换到闵可夫斯基空间的坐标变换为 $r = tx$, $\tau = \sqrt{t^2 + r^2}$.

一般证明空间平坦需证明黎曼张量 $R_{\mu\nu\rho\gamma} = 0$. 对于四维对角度规

$$ds^2 = A(dx^1)^2 + B(dx^2)^2 + C(dx^3)^2 + D(dx^4)^2$$

其中 A、B、C 和 D 为坐标的任意函数. 令

$$\alpha = \frac{1}{2A}, \ \beta = \frac{1}{2B}, \ \gamma = \frac{1}{2C}, \ \delta = \frac{1}{2D}, \ A_\mu = \frac{\partial A}{\partial x^\mu}, \ B_{12} = \frac{\partial^2 B}{\partial x^1 \partial x^2}$$

则有

$$R_{1234} = 0$$

$$2R_{1213} = -A_{23} + \alpha A_2 A_3 + \beta A_2 A_3 + \gamma A_3 C_2$$

$$2R_{1212} = -A_{22} - B_{11} + \alpha(A_1 B_1 + A_2 A_2) + \beta(A_2 B_2 + B_1 B_1) - \gamma A_3 B_3 - \delta A_4 B_4$$

其他分量可通过指标的置换而得到. 由此法可直接证明本题的 $R_{\mu\nu\rho\gamma} = 0$.

7.17 求电磁场能量动量张量、能流通量和光子的频率

题 7.17 在平坦时空中一个球形星体的总光度为 L, 因此一个距球心 r 并与星体相对静止的观察者接收到的能流通量为 $L/(4\pi r^2)$.

(1) 选取中心在该星球上的球极坐标, 写出辐射的能量动量张量;

(2) 另有一个在半径为 r 处以速度 $\boldsymbol{V}$ 运动的观察者, 并设 $\boldsymbol{V}_\parallel$ 为 $\boldsymbol{V}$ 沿观察者与星球中心的连线的分量. 而 $\boldsymbol{V}_\perp$ 为垂直于该连线的分量. 用 L、r、$\boldsymbol{V}_\parallel$ 和 $\boldsymbol{V}_\perp$ 给出观察者所测得的能流通量;

(3) 在星球静止的参考系中频率为 ν 的光子从表面发射出, 在 (2) 中的观察者所测得的该光子的频率是多大?

解答 (1) 电磁场的能量动量张量为

$$T_{\alpha\beta} = \frac{1}{4\pi}\left[-E_\alpha E_\beta - H_\alpha H_\beta + \frac{1}{2}(E^2 + H^2)\delta_{\alpha\beta}\right]$$

以及 $T_{4j} = \dfrac{\mathrm{i}}{c}S_j$, $T_{44} = -w$, 式中 $w = \dfrac{1}{8\pi}(E^2 + H^2)$ 是场的能量密度, $\boldsymbol{S} = \dfrac{c}{4\pi}(\boldsymbol{E} \times \boldsymbol{H})$ 则是坡印廷矢量即能流密度.

由题可知

$$S = \frac{L}{4\pi r^2}, \quad E_\theta = E = H_\varphi = H$$

因此

$$T_{41} = \frac{\mathrm{i}}{c}\frac{L}{4\pi r^2}, \quad T_{42} = T_{43} = 0, \quad T_{44} = -\frac{L}{4\pi r^2}, \quad T_{22} = T_{33} = T_{12} = T_{13} = T_{23} = 0$$

(2) 当观察者以速度 $\boldsymbol{V}$ 运动时, 电场和磁场的变换为

$$\boldsymbol{E}' = \gamma\left(\boldsymbol{E} + \frac{\boldsymbol{V}}{c} \times \boldsymbol{H}\right) - (\gamma - 1)\boldsymbol{V}\frac{(\boldsymbol{V} \cdot \boldsymbol{E})}{V^2}$$

$$\boldsymbol{H}' = \gamma\left(\boldsymbol{H} - \frac{\boldsymbol{V}}{c} \times \boldsymbol{E}\right) - (\gamma - 1)\boldsymbol{V}\frac{(\boldsymbol{V} \cdot \boldsymbol{H})}{V^2}$$

因为 $\boldsymbol{E} \cdot \boldsymbol{H}$ 是不变量, $\boldsymbol{E'} \cdot \boldsymbol{H'} = \boldsymbol{E} \cdot \boldsymbol{H} = 0$, 所以 $|\boldsymbol{E'} \times \boldsymbol{H'}|^2 = |\boldsymbol{E'}|^2|\boldsymbol{H'}|^2 - (\boldsymbol{E'} \cdot \boldsymbol{H'})^2 = |\boldsymbol{E'}|^2|\boldsymbol{H'}|^2$. 代入 $\boldsymbol{E'}$ 和 $\boldsymbol{H'}$ 的表达式并化简即得

$$|\boldsymbol{S'}| = \frac{(1 - \boldsymbol{V}_{/\!/}/c)^2}{1 - \boldsymbol{V}^2/c^2}|S| = \frac{(1 - \boldsymbol{V}_{/\!/}/c)^2}{1 - (\boldsymbol{V}_{/\!/} + \boldsymbol{V}_\perp)^2/c^2} \frac{L}{4\pi r^2}$$

这也就是观察者所测得的能量通量.

(3) 由四维矢量 $k_\alpha \left(k_1, k_2, k_3 = k_x, k_y, k_z, k_4 = \frac{\mathrm{i}}{c}2\pi\nu\right)$ 的洛伦兹变换可得 Doppler 频移

$$\nu' = \nu_0 \frac{1 - V_{/\!/}/c}{\left[1 - (\boldsymbol{V}_{/\!/} + \boldsymbol{V}_\perp)^2/c^2\right]^{1/2}}$$

但由于引力红移因子 $\nu_0 = \nu_c \left(1 - \dfrac{2GM}{c^2 r}\right)^{1/2}$, 所以由星体表面发出的光的频率将变成

$$\nu' = \nu_c \left(1 - \frac{2GM}{c^2 r}\right)^{1/2} \frac{1 - V_{/\!/}/c}{\left[1 - (\boldsymbol{V}_{/\!/} + \boldsymbol{V}_\perp)^2/c^2\right]^{1/2}}$$

7.18　Minkowski 平直时空中抛物线型世界线代表的运动

题 7.18　牛顿力学中匀加速直线运动在时空图中是抛物线. 在 Minkowski 平直时空中, 这样的抛物线型世界线代表什么样的运动? 请计算其四速度和四加速度分量、固有加速度, 并作充分讨论.

解答　是非匀加速一维直线运动. 牛顿力学匀加速运动由抛物线方程 $x = \dfrac{1}{2}bt^2$ 描述. 速度和 Lorentz 因子

$$V = \frac{\mathrm{d}x}{\mathrm{d}t} = bt$$
$$\gamma = \left(1 - b^2 t^2\right)^{-1/2}$$

四速度

$$u^\alpha = (\gamma, \gamma V, 0, 0)$$

固有加速度沿 x 方向, 大小为

$$a = \gamma^3 \frac{\mathrm{d}V}{\mathrm{d}t} = b\left(1 - b^2 t^2\right)^{-3/2}$$

这表明是变加速度, 且加速度绝对值持续增大. 与牛顿力学的区别就是多了洛伦兹因子!

7.19　判断静态球对称时空的特征面和推导自由粒子运动方程

题 7.19　分析静态球对称时空几何

$$\mathrm{d}s^2 = -A(r)\mathrm{d}t^2 + B(r)\mathrm{d}r^2 + r^2(\mathrm{d}\theta^2 + \sin^2\theta\mathrm{d}\phi^2) \tag{7.8}$$

请在得到一般结果后 (**提示**　此时可用已知施瓦西时空中结果验证检查之), 再讨论 $A(r)$ $B(r) = 1$ 的情况, 并取 $A(r) = (1 - M/r)^2$ 具体分析之.

(1) 如果存在视界, 通过分析视界的法矢量为类光矢量和静止观察者加速度为无穷大, 你得到 $A(r)$ 和 $B(r)$ 有何性质?

(2) 如果存在无限红移面, $A(r)$ 有何性质? 如果无限红移面与视界面重合, $A(r)$ 和 $B(r)$ 进一步有何性质?

(3) 给出自由粒子的三个独立运动方程 (两个守恒量和一个径向方程); 然后对径向方程求导 $\dfrac{\mathrm{d}}{\mathrm{d}\tau}$, 得到 $r(\tau)$ 的二阶常微分方程, 证明此即 r 分量的测地线方程.

解答　(1) 因为球对称, 视界 $r = r_h$, 法矢量 $n_\alpha = (0,1,0,0)$, $0 = \boldsymbol{n} \cdot \boldsymbol{n} = g^{rr} = \dfrac{1}{B(r_h)}$

$$B(r_h) = \infty, \qquad 0 < r_h < \infty \tag{7.9}$$

静止观察者四加速度唯一非零分量为 $a^r = \dfrac{A'}{2AB}$, 得固有加速度

$$a = \sqrt{g_{rr}(a^r)^2} = \dfrac{A'}{2A\sqrt{B}} \tag{7.10}$$

如果存在视界 $r = r_h$, 则

$$\left. \dfrac{A'}{2A\sqrt{B}} \right|_{r=r_h} = \infty \tag{7.11}$$

(2) 因为球对称, 如果存在无限红移面 $r = r_i$, 则

$$A(r_i) = 0 \tag{7.12}$$

如果无限红移面与视界面重合, 同时在视界半径处满足式 (7.9)、(7.11) 和 (7.12) 三式.

(3) 球对称下自由光子在过中心 "平面" —— 取为赤道面 $\theta = \dfrac{\pi}{2}$ 上运动. 由粒子的三个独立运动方程为

$$e = A(r) \dfrac{\mathrm{d}t}{\mathrm{d}\tau} \tag{7.13}$$

$$\ell = r^2 \dfrac{\mathrm{d}\phi}{\mathrm{d}\tau} \tag{7.14}$$

$$\dfrac{e^2}{AB} = \left(\dfrac{\mathrm{d}r}{\mathrm{d}\tau} \right)^2 + \dfrac{1}{B} \left(1 + \dfrac{\ell^2}{r^2} \right) \tag{7.15}$$

r 分量的测地线方程

$$\dfrac{\mathrm{d}^2 r}{\mathrm{d}\tau^2} = -\Gamma^r_{\alpha\beta} u^\alpha u^\beta = -\Gamma^r_{tt}(u^t)^2 - \Gamma^r_{rr}(u^r)^2 - \Gamma^r_{\phi\phi}(u^\phi)^2$$

代入克氏符和上述三个独立运动方程, 得

$$\dfrac{\mathrm{d}^2 r}{\mathrm{d}\tau^2} = -\dfrac{A'}{2B} \dfrac{e^2}{A^2} - \dfrac{B'}{2B} \left[\dfrac{e^2}{AB} - \dfrac{1}{B} \left(1 + \dfrac{\ell^2}{r^2} \right) \right] + \dfrac{1}{B} \dfrac{l^2}{r^3}$$

对径向方程求导 $\dfrac{\mathrm{d}}{\mathrm{d}\tau}$, 消去因子 $\dfrac{\mathrm{d}r}{\mathrm{d}\tau}$, 易得与上式一致.

7.20　虫洞时空几何

题 7.20　研究虫洞时空几何

$$\mathrm{d}s^2 = -\mathrm{d}t^2 + \mathrm{d}r^2 + (b^2 + r^2)(\mathrm{d}\theta^2 + \sin^2\theta\,\mathrm{d}\phi^2) \tag{7.16}$$

(1) 给出类时自由粒子的三个独立运动方程 (两个守恒量和一个径向方程), 分析有效势曲线 $V_{\mathrm{eff}}(r)$;

(2) 从有效势曲线图可以发现哪几种类型轨道? 分别要求满足什么条件?

(3) 从上问结果试分析静止 (自由) 粒子所受引力加速度;

(4) 由四加速度计算验证上问结果;

(5) 通过坐标变换将虫洞线元式 (7.16) 改造成静态球对称形式 —— 线元式 (7.8), 并利用题 7.19 第 (1) 小题结果验证上述两问结果.

解答　(1) 类时自由粒子的三个独立运动方程

$$e = \frac{\mathrm{d}t}{\mathrm{d}\tau} \tag{7.17}$$

$$\ell = (b^2 + r^2)\frac{\mathrm{d}\phi}{\mathrm{d}\tau} \tag{7.18}$$

$$e^2 - 1 = \left(\frac{\mathrm{d}r}{\mathrm{d}\tau}\right)^2 + \frac{\ell^2}{b^2 + r^2} \tag{7.19}$$

分两种情况, 径向无角动量 $\ell = 0, V_{\mathrm{eff}}(r) = 0$, 和有角动量 $\ell \neq 0, V_{\mathrm{eff}}(r) = \dfrac{\ell^2}{b^2 + r^2}$.

(2) 从有效势曲线图可以发现: 径向无角动量 $\ell = 0, V_{\mathrm{eff}}(r) = 0$, 有静止、投入和逃逸.

有角动量, 有投入、逃逸和散射轨道, 其中散射和投入区别在于 $e^2 > 1 + \dfrac{\ell^2}{b^2}$ 为投入, 反之散射.

(3) 从上问结果可知自由粒子如果静止, 则所受引力加速度为 0, 保持静止.

(4) 静止粒子四速度 $u^\alpha = (1, 0, 0, 0)$, 四加速度

$$a^\alpha = u^\beta \nabla_\beta u^\alpha = u^t \nabla_t u^\alpha = \partial_t u^t + \Gamma^\alpha_{t\beta} u^\beta = \Gamma^\alpha_{tt} = -g_{tt,\alpha}/(2g_{\alpha\alpha}) = 0$$

和上问一致.

(5) $b^2 + r^2 = r'^2$, $\mathrm{d}r^2 \equiv (\mathrm{d}r)^2 = \left[\dfrac{\mathrm{d}(r^2)}{2r}\right]^2 = \left[\dfrac{\mathrm{d}r'^2}{2\sqrt{r'^2 - b^2}}\right]^2 = \dfrac{r'^2}{r'^2 - b^2}\mathrm{d}r'^2$

$$\mathrm{d}s^2 = -\mathrm{d}t^2 + \frac{r'^2}{r'^2 - b^2}\mathrm{d}r'^2 + r'^2\mathrm{d}\Omega^2$$

由式 (7.10), $A' = 0, a = 0$ 和上问一致.

讨论　读者可以进一步考察潮汐加速度, 分静止、径向运动、圆周运动三种情况.

7.21　推导施瓦西几何中径向速度

题 7.21　在施瓦西半径 r_1 处静止观察者以速度 V 向内释放自由冰雹, 推导此冰雹落到施瓦西半径 r_2 处时当地静止观察者测量到的速度的表达式.

解答　自由冰雹有运动常数

$$e \equiv \left(1 - \frac{2M}{r}\right) \frac{\mathrm{d}t}{\mathrm{d}\tau}$$

四速度归一

$$
\begin{aligned}
1 &= -u \cdot u = (1 - 2M/r)(\mathrm{d}t/\mathrm{d}\tau)^2 - (\mathrm{d}r/\mathrm{d}\tau)^2/(1 - 2M/r) \\
&= (1 - 2M/r)(\mathrm{d}t/\mathrm{d}\tau)^2[1 - (\mathrm{d}r/\mathrm{d}t)^2/(1 - 2M/r)^2] \\
&= (1 - V_\mathrm{s}^2)e^2/(1 - 2M/r)
\end{aligned}
$$

其中 V_s 为静止观察者测量到的径向运动粒子速度

$$V_\mathrm{s} \equiv \frac{\mathrm{d}r_\mathrm{s}}{\mathrm{d}t_\mathrm{s}} \equiv \frac{\sqrt{g_{rr}}\mathrm{d}r}{\sqrt{-g_{tt}}\mathrm{d}t} = \frac{\mathrm{d}r}{\mathrm{d}t} \Big/ \left(1 - \frac{2M}{r}\right) = \sqrt{1 - \left(1 - \frac{2M}{r}\right)\Big/e^2} \qquad (7.20)$$

由 $V_\mathrm{s} = \sqrt{1 - \left(1 - \dfrac{2M}{r_1}\right)e^{-2}}$ 推出运动常数 e 代回式 (7.20) 得到冰雹落到施瓦西半径 r_2 处时的速度

$$V_2 = \sqrt{1 - \frac{1 - 2M/r_2}{1 - 2M/r_1}\,(1 - V^2)}$$

7.22　在施瓦西时空几何中分析引力红移实验

题 7.22　在施瓦西坐标半径 R 处实验基地径向向外以速度 V 释放一个实验舱. 实验舱此后自由运动, 过一段固有时 P 之后, 向实验基地发回频率为 f 的微波信号. 求 R 处实验者收到的该返回信号的频率.

解答　将自由实验舱运动常数 $e \equiv \left(1 - \dfrac{2M}{r}\right) \dfrac{\mathrm{d}t}{\mathrm{d}\tau}$ 代入径向线元 (或对径向方程取 $\ell = 0$), 整理得

$$\sqrt{e^2 - 1 + \frac{2M}{r}} = \frac{\mathrm{d}r}{\mathrm{d}\tau}$$

由

$$P = \int \mathrm{d}\tau = \int_R^{r_e} \frac{\mathrm{d}r}{\sqrt{e^2 - 1 + \dfrac{2M}{r}}}$$

解出发射信号坐标半径 r_e.

参考第 7.21 题式 (7.20), 静止观察者测量到的径向运动粒子速度

$$V \equiv \frac{\mathrm{d}r_\mathrm{s}}{\mathrm{d}t_\mathrm{s}} = \frac{\sqrt{g_{rr}}\mathrm{d}r}{\sqrt{-g_{tt}}\mathrm{d}t} = \frac{\mathrm{d}r}{\mathrm{d}t} \Big/ \left(1 - \frac{2M}{r}\right) = \sqrt{1 - \left(1 - \frac{2M}{r}\right)\Big/e^2}$$

将 e^2 用 V, R 表达

$$e^2 = \frac{1 - 2M/R}{1 - V^2}$$

$e = 1$ 对应临界逃逸速度

$$V_c = \sqrt{\frac{2M}{r}}$$

若 $V < V_c(r_e)$, 则实验舱经过固有时

$$P_* = \int_R^{r_*} \frac{\mathrm{d}r}{\sqrt{e^2 - 1 + \dfrac{2M}{r}}} = \int_R^{r_*} \frac{\mathrm{d}r}{\sqrt{\dfrac{2M}{r} - \dfrac{2M}{r_*}}}$$

达到顶点后下落. 顶点处速度为 0, 顶点半径 r_* 由 $0 = V_s = \sqrt{1 - \left(1 - \dfrac{2M}{r_*}\right)/e^2}$ 给出

$$\frac{2M}{r_*} = 1 - e^2 = 1 - \frac{1 - 2M/R}{1 - V^2}$$

基地收到的频率 f_r 为引力蓝移乘以 Doppler 红移 (上升期 $P < P_*$) 或 Doppler 蓝移 (下降期 $P > P_*$), 其中引力蓝移因子为 $\dfrac{1 - 2M/r_e}{1 - 2M/R}$、Doppler 因子为

$$\delta = \sqrt{\frac{1 + v}{1 - v}} = \gamma(1 + v)$$

其中 $v = \sqrt{1 - \left(1 - \dfrac{2M}{r_e}\right)/e^2}$, 对应的洛伦兹因子 $\gamma \equiv \left(1 - v^2\right)^{-1/2} = \dfrac{e}{\sqrt{1 - 2M/r_e}}$.

$$f_r = \begin{cases} \dfrac{f}{\delta} \dfrac{1 - 2M/r_e}{1 - 2M/R}, & \text{若} V < V_c, P \leqslant P_* \text{或} V > V_c, \\[3mm] f\delta \dfrac{1 - 2M/r_e}{1 - 2M/R}, & \text{若} V < V_c, P > P_* \end{cases} \tag{7.21}$$

7.23 分析高仿施瓦西时空几何的自由光子有效势能曲线和轨道, 判断视界存在性

题 7.23 给出时空几何

$$\mathrm{d}s^2 = -(1 - M/r)^2 \mathrm{d}t^2 + (1 - M/r)^{-2} \mathrm{d}r^2 + r^2(\mathrm{d}\theta^2 + \sin^2\theta \mathrm{d}\phi^2)$$

中自由光子的三个独立运动方程 (两个守恒量和一个径向方程), 并作以下探讨:

(1) 分析画出有效势曲线 $W_{\text{eff}}(r)$;

(2) 从有效势曲线图可以发现哪几种类型轨道? 分别要求满足什么条件?

(3) 从上问结果试判断是否存在视界, 特别在 $r = M$ 处;

(4) 推算圆周轨道的坐标角速度 $\Omega \equiv \dfrac{\mathrm{d}\phi}{\mathrm{d}t}$ 和四速度坐标分量. 你的结果能证实局域光速为 1 吗?

解答　球对称下自由光子在过中心"平面"(取为赤道面 $\theta = \dfrac{\pi}{2}$) 上运动.

$$e = \left(1 - \frac{M}{r}\right)^2 \frac{\mathrm{d}t}{\mathrm{d}\lambda} \tag{7.22}$$

$$\ell = r^2 \frac{\mathrm{d}\phi}{\mathrm{d}\lambda} \tag{7.23}$$

$$\frac{1}{b^2} \equiv \frac{e^2}{\ell^2} = \frac{1}{\ell^2}\left(\frac{\mathrm{d}r}{\mathrm{d}\lambda}\right)^2 + W_{\mathrm{eff}}(r) \tag{7.24}$$

并有

$$W_{\mathrm{eff}}(r) \equiv \frac{1}{r^2}\left(1 - \frac{M}{r}\right)^2$$

有效势 $W_{\mathrm{eff}}(r)$ 曲线如图 7.3 所示.

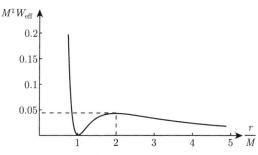

图 7.3　题 7.23 有效势 $W_{\mathrm{eff}}(r)$ 曲线

(1) 下面对有效势函数 $W_{\mathrm{eff}}(r)$ 作分析:

$$W_{\mathrm{eff}}(r) \begin{cases} \to +\infty, & r \to 0 \\ \to 0, & r \to +\infty \\ = \dfrac{1}{16M^2}, & r = 2M \\ = 0, & r = M \end{cases} \tag{7.25}$$

$$\frac{\mathrm{d}W_{\mathrm{eff}}(r)}{\mathrm{d}r} = -\frac{2}{r^4}\left(1 - \frac{M}{r}\right)(r - 2M) \tag{7.26}$$

(2) 从有效势曲线图可以发现如下几种类型轨道.

(向外) 逃逸轨道　当 $r < 2M$, 要求碰撞参数 $b < 4M$; 当 $r > 2M$, 无要求 (当
然有 $\dfrac{1}{b^2} \geq W_{\mathrm{eff}}(r)$, 否则根本不存在实际运动光线). 实际上是散射轨道的一
部分;

(最初向内) 散射轨道　记向内发光地点半径 r, 条件同上;

圆周束缚轨道　在 $r = M$ 稳定, 无要求; 在 $r = 2M$ 不稳定要求 $b = 4M$;

椭圆束缚轨道　要求 $r < 2M$, 同时要求 $b > 4M$.

(3) 不存在视界, 即使在 $r = M$ 处. 各处光线都可进出来往, 不存在单向膜即视界.

(4) 将式 (7.23) 除以式 (7.22) 并联立圆周轨道 $\dfrac{\mathrm{d}r}{\mathrm{d}\lambda} = 0$ 的式 (7.24), 得到

$$\Omega \equiv \frac{\mathrm{d}\phi}{\mathrm{d}t} = \frac{1}{r}\left(1 - \frac{M}{r}\right) = \begin{cases} 0, & r = M \\ \dfrac{1}{4M}, & r = 2M \end{cases} \tag{7.27}$$

光子四速度

$$u^\alpha = k(1, 0, 0, \Omega) \tag{7.28}$$

其中 k 为任意非零常数, 代表仿射参数的不定性和它们之间的线性关系.

　　局部光速为

$$\frac{\sqrt{g_{\phi\phi}}\mathrm{d}\phi}{\sqrt{-g_{tt}}\mathrm{d}t} = r\left(1 - \frac{M}{r}\right)^{-1}\Omega$$

此式在代入式 (7.27) 给出结果为 1.

7.24　在太空舱中探测地球引力场的潮汐引力效应

题 7.24　(分析 Hartle 的 *Gravity* 书中例题 21.2 的思想实验, 但是不在牛顿力学框架下, 而是在广义相对论框架下并且设地球引力场为施瓦西时空几何.) 飞船径向自由下落向地球. 宇航员在船舱内径向释放两个乒乓球以检测地球引力场的潮汐引力效应. 设地球引力场为施瓦西时空几何, 利用测地线偏离方程得到乒乓球间隔随时间变化的函数形式. 将 *Gravity* 书中例题 21.2 的式 (21.30) 的非零黎曼曲率张量分量

$$R_{\hat{r}\hat{r}\hat{r}\hat{r}} = -2M/r^3$$
$$R_{\hat{\theta}\hat{\phi}\hat{\theta}\hat{\phi}} = +2M/r^3$$
$$R_{\hat{t}\hat{\theta}\hat{t}\hat{\theta}} = R_{\hat{t}\hat{\phi}\hat{t}\hat{\phi}} = +M/r^3$$
$$R_{\hat{r}\hat{\theta}\hat{r}\hat{\theta}} = R_{\hat{r}\hat{\phi}\hat{r}\hat{\phi}} = -M/r^3$$

作洛伦兹推动变换 (boost) 得到自由圆周运动者的正交归一基下 Riemann 曲率张量非零分量之一

$$R_{\hat{r}\hat{t}\hat{r}\hat{t}} = -\frac{M}{r^3}\gamma^2\left(2 + v^2\right) \tag{7.29}$$

其中 v 为圆周运动者相对于静止观察者的速度, γ 为 v 的洛伦兹因子.

　　(1) 由此得到自由圆周运动者的正交归一基下其自身的测地线偏离方程的径向分量方程 (其他 Riemann 曲率张量的分量不影响此方程);

　　(2) 由施瓦西时空几何中自由圆周运动的 v 与 r 关系, 请将 (1) 完全用施瓦西径向坐标 r 表达 (将 γ 和 v 用 r 代换掉);

　　(3) 由 (1) 和 (2), 类似由牛顿偏离方程给出乒乓球间隔矢量演化函数式 (21.10)

$$\boldsymbol{\chi}(t) \approx s[1 + (M/R^3)t^2]\boldsymbol{e}_{\hat{r}}$$

和间隔演化函数式 (21.11)

$$\delta s(t)/s \approx (2\pi t/P)^2$$

其中 P 是半径为 R 的圆周运动的周期. 由测地线偏离方程给出四维间隔矢量径向分量演化函数 $\chi^{\hat{r}}(\tau)$ 和一级近似下的 $\delta s(\tau)/s$, 其中 τ 为圆周轨道自由运动的飞船的固有时. 在渐进弱场低速极限下可回到式 (21.10) 和 (21.11) 吗?

解答 (1) Riemann 曲率张量非零分量之一

$$R^{\hat{r}}{}_{\hat{t}\hat{r}\hat{t}} = \eta^{\hat{r}\alpha}R_{\hat{\alpha}\hat{t}\hat{r}\hat{t}} = \eta^{\hat{r}\hat{r}}R_{\hat{r}\hat{t}\hat{r}\hat{t}} = R_{\hat{r}\hat{t}\hat{r}\hat{t}}$$

从而

$$\frac{\mathrm{d}^2\chi^{\hat{r}}}{\mathrm{d}\tau^2} = -R^{\hat{r}}{}_{\hat{t}\hat{r}\hat{t}}\chi^{\hat{r}} = \frac{2M}{r^3}\frac{1+\dfrac{v^2}{2}}{1-\dfrac{v^2}{2}}\chi^{\hat{r}} \tag{7.30}$$

(2) 由施瓦西时空几何中自由圆周运动的 v 与 r 关系,

$$v = \frac{r\,d\phi}{\sqrt{1-\dfrac{2M}{r}}\,dt} = \frac{r\sqrt{\dfrac{M}{r^3}}}{\sqrt{1-\dfrac{2M}{r}}} = \sqrt{\frac{M}{r}\left(1-\frac{2M}{r}\right)^{-1}}$$

$$\frac{\mathrm{d}^2\chi^{\hat{r}}}{\mathrm{d}\tau^2} = -R^{\hat{r}}{}_{\hat{t}\hat{r}\hat{t}}\chi^{\hat{r}} = \frac{2M}{r^3}\frac{1+\dfrac{v^2}{2}}{1-\dfrac{v^2}{2}}\chi^{\hat{r}} = \frac{2M}{r^3}\frac{1-\dfrac{3M}{2r}}{1-\dfrac{5M}{2r}}\chi^{\hat{r}} \tag{7.31}$$

(3) 完全类似式 (21.10) 和 (21.11)

$$\chi^{\hat{r}}(\tau) = s\cosh\left[\sqrt{\frac{2M}{R^3}\frac{1-\dfrac{3M}{2R}}{1-\dfrac{5M}{2R}}}\,\tau\right] \tag{7.32}$$

一级近似下

$$\delta s(\tau)/s \approx \frac{1}{2}\frac{2M}{R^3}\frac{1-\dfrac{3M}{2R}}{1-\dfrac{5M}{2R}}\tau^2 \tag{7.33}$$

如以周期来表达, 则应以用固有时计算的周期 P 为自然 (和牛顿情况不同!)

$$P = \sqrt{1-\frac{3M}{R}}\frac{2\pi}{\Omega} = 2\pi\frac{\sqrt{1-\dfrac{3M}{R}}}{\sqrt{\dfrac{M}{R^3}}}$$

其中用到 *Gravity* 一书中的式 (9.48) $\mathrm{d}\tau = \sqrt{1-\dfrac{3M}{r}}\,\mathrm{d}t$.

在渐近弱场 $M/r^2 \ll 1$ 低速 $v \to 0$ 极限下可回到式 (21.10) 和 (21.11).

7.25 用实测速度表达施瓦西时空中的频率红移

题 7.25 施瓦西时空几何中, 在离其引力源中心无穷远处同一地点径向向内发射两艘飞船, (静止观察者测量到的) 速度分别为 v_1 和 v_2. 两艘飞船此后自由下落, 第 1 艘飞船在 $r = r_1$ 处径向向外发出频率为 ω_1 雷达波, 试推出第 2 艘飞船在 $r = r_2$ 处收到的频率 ω_2 的表达式.

解答 静止观察者测量到的径向运动粒子速度为

$$v_s = \frac{\mathrm{d}r_s}{\mathrm{d}t_s} = \frac{\mathrm{d}r}{\mathrm{d}t} \Big/ \left(1 - \frac{2M}{r}\right) = \sqrt{1 - \left(1 - \frac{2M}{r}\right) \Big/ e^2}$$

其中 e 为自由粒子的单位质量的守恒能量

$$e = \left(1 - \frac{2M}{r}\right) \frac{\mathrm{d}t}{\mathrm{d}\tau} \xlongequal{r \to \infty} \left[\frac{\mathrm{d}t}{\mathrm{d}\tau} = \gamma = (1 - v^2)^{-1/2}\right]$$

纵向 Doppler 因子为

$$\sqrt{\frac{1 + v_s}{1 - v_s}}$$

在 r_1 和 r_2 处相对于当地静止观察者分别为红移和蓝移. r 处相对于无穷远引力红移因子为 $\sqrt{1 - \frac{2M}{r}}$.

$$\omega_2 = \omega_1 \sqrt{\frac{1 - \sqrt{1 - \left(1 - \frac{2M}{r_1}\right)(1 - v_1^2)}}{1 + \sqrt{1 - \left(1 - \frac{2M}{r_1}\right)(1 - v_1^2)}}} \sqrt{\frac{1 + \sqrt{1 - \left(1 - \frac{2M}{r_2}\right)(1 - v_2^2)}}{1 - \sqrt{1 - \left(1 - \frac{2M}{r_2}\right)(1 - v_2^2)}}} \sqrt{\frac{1 - \frac{2M}{r_1}}{1 - \frac{2M}{r_2}}}$$

$$(7.34)$$

7.26 用正交归一基方法推导施瓦西时空中径向匀加速粒子运动方程

题 7.26 试推出施瓦西时空几何中以恒定固有加速度 g 径向向内运动的粒子的轨迹 $r(\tau)$ 遵循的微分方程 (不要求求解).

解答 径向问题可不考虑角向两维. 固有四加速度

$$a = -g\boldsymbol{e}_{\hat{r}} = a^t \boldsymbol{e}_t + a^r \boldsymbol{e}_r \tag{7.35}$$

设

$$\boldsymbol{e}_{\hat{r}} = b\boldsymbol{e}_t + c\boldsymbol{e}_r$$

则有

$$-gc = a^r = \frac{\mathrm{d}u^r}{\mathrm{d}\tau} + \Gamma^r_{\alpha\beta}u^\alpha u^\beta = \frac{\mathrm{d}^2 r}{\mathrm{d}\tau^2} + \frac{M}{r^2} \tag{7.36}$$

最后等式推导用到非零克式符分量, 以及四速度归一

$$-1 = u \cdot u = g_{tt}(u^t)^2 + g_{rr}(u^r)^2 \tag{7.37}$$

将 u^t 用 u^r 表达

$$u^t = \left[-\frac{1}{g_{tt}} - \frac{g_{rr}}{g_{tt}}(u^r)^2 \right]^{1/2} \tag{7.38}$$

开根号只取正号是因为时间总是向前流逝, 不论坐标时还是固有时.

正交归一基满足两个条件, 即归一化

$$1 = g_{tt}b^2 + g_{rr}c^2 \tag{7.39}$$

和正交性

$$0 = \boldsymbol{u} \cdot \boldsymbol{e}_{\hat{r}} = g_{tt}u^t b + g_{rr}u^r c \tag{7.40}$$

将式 (7.40) 代入式 (7.39), 得到

$$g_{rr}c = \left[\frac{1}{g_{rr}} + \frac{1}{g_{tt}}\left(\frac{u^r}{u^t} \right)^2 \right]^{-1/2} \tag{7.41}$$

式 (7.37)、(7.40) 和 (7.39) 联立消去 b 和 u^t, 例如将式 (7.37) 和式 (7.39) 移项后相乘, 再代入 (7.40) 得

$$(1 - g_{rr}c^2)\left[-1 - g_{rr}(u^r)^2 \right] = (g_{rr}u^r c)^2$$

整理后得

$$c^2 = (u^r)^2 + (g_{rr})^{-1}$$

开根号

$$c = \left[(u^r)^2 + (g_{rr})^{-1} \right]^{1/2} \tag{7.42}$$

只取正号是约定. 在局域平直时空, 取下落者的 (三维) 径向空间基和径向坐标基 e_r 同向向外, 所以第一式 $\boldsymbol{a} = -g\boldsymbol{e}_{\hat{r}}$ 有一个负号, 表达的是径向向内 (而不是向外) 加速.

将上式代入式 (7.36), 得到 $r(\tau)$ 遵循的微分方程为

$$0 = \frac{\mathrm{d}^2 r}{\mathrm{d}\tau^2} + g\sqrt{\left(\frac{\mathrm{d}r}{\mathrm{d}\tau} \right)^2 + 1 - \frac{2M}{r}} + \frac{M}{r^2} \tag{7.43}$$

特别当 $\dfrac{\mathrm{d}r}{\mathrm{d}\tau} = 0$ 且 $\dfrac{\mathrm{d}^2 r}{\mathrm{d}\tau^2} = 0$, 得 $-g = \dfrac{M}{r^2} \Big/ \sqrt{1 - \dfrac{2M}{r}}$, 即静止观察者的恒定固有加速度 —— 负的引力加速度.

7.27 分析二维时空 $\mathrm{d}s^2 = -(1+x)^2\mathrm{d}t^2 + \mathrm{d}x^2$ 的光锥结构, 论证是否有视界

题 7.27 分析二维时空 $\mathrm{d}s^2 = -(1+x)^2\mathrm{d}t^2 + \mathrm{d}x^2$ 的光锥结构, 并论证是否有视界.

解答 光线方程满足

$$0 = \mathrm{d}s^2 = -(1+x)^2\mathrm{d}t^2 + \mathrm{d}x^2 \Rightarrow \mathrm{d}t = \frac{\pm\mathrm{d}x}{1+x}$$

由此解出

$$t = \pm\ln|1+x| + \text{const.}$$

由此可知光锥图为关于 $x = -1$, $t = 0$ 对称的对数曲线族, 光锥开口向上, 因为线元 $\mathrm{d}t^2$ 部分恒负, 纵轴 t 为时间.

$x = -1$ 满足 $0 = \mathrm{d}s^2$ 也是光线, 作为光线生成的 "光面", 其法矢 $\boldsymbol{n}$ 在 (t, x) 分量为 $n^\alpha = (0, 1)$, $\boldsymbol{n} \cdot \boldsymbol{n} = -(1+x)^2|_{x=-1}1^2 = 0$, 所以 $\boldsymbol{n}$ 为 null 矢量. 但是 $x = -1$ 为其他光线的渐近线, 不相交, 无法判断 $x = -1$ 处的光锥 (这和施瓦西黑洞视界处的光锥无法在施瓦西坐标下判断完全一样). x, t 其实就是匀加速系坐标, 作坐标代换到惯性系坐标, 然后判断就是平直时空, 不存在 (事件) 视界. 但是对于作距离 (Δx) 保持刚性不变的匀加速 (x 正反两个方向) 运动的观察者, $x = -1$ 是他们的 (粒子) 视界.

7.28　给出二维时空 $\mathrm{d}s^2 = -(1+x)^2\mathrm{d}t^2 + \mathrm{d}x^2$ 的测地线方程并试求解

题 7.28　给出二维时空 $\mathrm{d}s^2 = -(1+x)^2\mathrm{d}t^2 + \mathrm{d}x^2$ 的测地线方程并试求解.

解答　因为度规不含坐标 t, (类时) 测地线有守恒能量 $e \equiv -u_t = (1+x)^2\dfrac{\mathrm{d}t}{\mathrm{d}\tau}$. 结合四速度归一化 $-1 = -(1+x)^2\left(\dfrac{\mathrm{d}t}{\mathrm{d}\tau}\right)^2 + \left(\dfrac{\mathrm{d}x}{\mathrm{d}\tau}\right)^2$, 可解出测地线方程

$$x = \pm\sqrt{e^2 - (C_1 \pm \tau)^2} - 1$$
$$t = \operatorname{arctanh}\left(\frac{C_1 \pm \tau}{e}\right) + C_2$$

其中, C_1, C_2 为任意常数.

7.29　推导球对称空腔体的时钟变慢效应因子

题 7.29　一个密度均匀的球对称空腔体, 内半径 R、厚度 H、总质量 M、自转周期 P. 因为转动和自身引力效应, 其中心处、内半径处和表面处三个地点的岩石或空气的老化速率的比例是多少 (准确到一级近似即可)?

解答　相对而言, 空腔体内中心钟不动而体上钟转动, 在一级近似下, 由狭义相对论运动钟变慢效应导致的内半径处岩石老化变慢比例

$$f_1 \approx \frac{1}{2}\left(\frac{V}{c}\right)^2 = \frac{1}{2}\left(\frac{2\pi R}{Pc}\right)^2$$

球对称空腔体内不受引力, 因此内半径处与中心处老化速率的比例是

$$\left(1 - \frac{2\pi^2 R^2}{P^2 c^2}\right) : 1 \tag{7.44}$$

将单位质量的粒子由内半径处 (或中心处) 搬到表面克服引力做功

$$\int_R^{R+H} \frac{G\rho \cdot 4\pi(r^3 - R^3)/3}{r^2}\mathrm{d}r = \frac{2\pi G\rho}{3}(R^2 + 3RH + H^2)H/(R+H)$$
$$= \frac{GM}{2(R+H)}\frac{R^2 + 3RH + H^2}{3R^2 + 3RH + H^2} \overset{H \ll R}{\approx} \frac{GM}{6R}$$

即表面处引力势高于内半径 (和中心) 处的引力势差 $\Delta\phi$. 表面处与中心处老化速率的比例是

$$\left(1 + \Delta\phi/c^2\right)\left[1 - \frac{2\pi^2(R+H)^2}{P^2c^2}\right] : 1$$

两者之差综合, 中心处、内半径处和表面处的老化速率的比例在一级近似下是

$$1 : \left(1 - \frac{2\pi^2R^2}{P^2c^2}\right) : \left[1 + \frac{GM}{6Rc^2} - \frac{2\pi^2R^2}{P^2c^2}\right] \tag{7.45}$$

7.30 推导施瓦西时空中匀速运动粒子的时间、速度和加速度表达式

题 7.30 在一个质量为 M 的施瓦西几何的径向上静止质量 m 质点以 (静止观察者测量到的) 速度 V 匀速运动. 写出运动质点各种物理量的表达式:

(1) 从 r 到 $r + \mathrm{d}r$ 所需施瓦西坐标时;

(2) 从 r 到 $r + \mathrm{d}r$ 运动质点所需固有时;

(3) 从某个 r_1 到 $r_2(> r_1)$ 所需施瓦西坐标时;

(4) 从某个 r_1 到 $r_2(> r_1)$ 运动质点所需固有时;

(5) 四速度在施瓦西坐标下的分量;

(6) 四加速度在施瓦西坐标下的分量;

(7) 受力.

解答 因为径向, 非径向 (角向) 部分都为零.

(1) $V = \dfrac{\left(1 - \dfrac{2M}{r}\right)^{-1/2}\mathrm{d}r}{\left(1 - \dfrac{2M}{r}\right)^{1/2}\mathrm{d}t}$. 从 r 到 $r + \mathrm{d}r$, 运动者所需施瓦西坐标时 $\mathrm{d}t = $

$\dfrac{\mathrm{d}r}{V\left(1 - \dfrac{2M}{r}\right)}$.

(2) 将上问结果代入施瓦西线元径向部分

$$\mathrm{d}\tau^2 = \left(1 - \frac{2M}{r}\right)\mathrm{d}t^2 - \left(1 - \frac{2M}{r}\right)^{-1}\mathrm{d}r^2 = \frac{\mathrm{d}r^2}{\gamma^2 V^2\left(1 - \dfrac{2M}{r}\right)}$$

其中, $\gamma \equiv (1 - V^2)^{-1/2}$ 为相应于速率 V 的洛伦兹因子. 可得从 r 到 $r + \mathrm{d}r$, 运动质点所需固有时为

$$\mathrm{d}\tau = \frac{\mathrm{d}r}{\gamma V\left(1 - \dfrac{2M}{r}\right)^{1/2}}$$

上式也可由洛伦兹运动时钟变慢和尺度收缩等效应得出.

(3) 因为匀速代表 V 是常数, 从某个 r_1 到 $r_2(> r_1)$, 运动质点所需施瓦西坐标时

$$\Delta t = \int_{r_1}^{r_2} \frac{\mathrm{d}r}{V\left(1 - \dfrac{2M}{r}\right)} = \frac{1}{V}\int_{r_1}^{r_2} \frac{\mathrm{d}r}{\left(1 - \dfrac{2M}{r}\right)}$$

(4) 因为匀速代表 V 是常数, 从某个 r_1 到 $r_2(> r_1)$, 运动质点所需固有时为

$$\Delta\tau = \int_{r_1}^{r_2} \frac{\mathrm{d}r}{\gamma V \left(1 - \frac{2M}{r}\right)^{1/2}} = \frac{1}{\gamma V} \int_{r_1}^{r_2} \frac{\mathrm{d}r}{\left(1 - \frac{2M}{r}\right)^{1/2}}$$

(5) 由上题 (1)、(2) 结果, 运动质点的四速度在施瓦西坐标下的分量

$$u^\alpha = \left[\gamma \left(1 - \frac{2M}{r}\right)^{-1/2}, \gamma V \left(1 - \frac{2M}{r}\right)^{1/2}, 0, 0\right]$$

(6) $a^\alpha = u^\beta \nabla_\beta u^\alpha = u^t \nabla_t u^\alpha + u^r \nabla_r u^\alpha = u^t (\partial_t u^\alpha + \Gamma^\alpha_{t\beta} u^\beta) + u^r (\partial_r u^\alpha + \Gamma^\alpha_{r\beta} u^\beta)$

$$\partial_t u^t = -\gamma V \frac{M}{r^2} \left(1 - \frac{2M}{r}\right)^{-1/2}$$

$$\partial_t u^r = \gamma V^2 \frac{M}{r^2} \left(1 - \frac{2M}{r}\right)^{1/2}$$

但这一结果是错误的. 以上两式应该都为 0, 因为用到的上题 (1) 的 $\mathrm{d}r/\mathrm{d}t = V \left(1 - \frac{2M}{r}\right)$ 涉及运动过程中两个无穷小相邻事件 (时空点), 而求导是时空场 $\boldsymbol{u}(x)$, 固定场点 (t, r) 上 t, r 为独立变量. 因此

$$a^\alpha = u^t \Gamma^\alpha_{t\beta} u^\beta + u^r (\partial_r u^\alpha + \Gamma^\alpha_{r\beta} u^\beta)$$

这样

$$\partial_r u^t = -\gamma \frac{M}{r^2} \left(1 - \frac{2M}{r}\right)^{-3/2}$$

$$\partial_r u^r = \gamma V \frac{M}{r^2} \left(1 - \frac{2M}{r}\right)^{-1/2}$$

计算

$$a^t = u^t \Gamma^t_{tr} u^r + u^r (\partial_r u^t + \Gamma^t_{rt} u^t) = \gamma^2 V \frac{M}{r^2} \left(1 - \frac{2M}{r}\right)^{-1}$$

$$a^r = \Gamma^r_{tt} (u^t)^2 + u^r (\partial_r u^r + \Gamma^r_{rr} u^r) = \gamma^2 \frac{M}{r^2}$$

另一种算法只用固有时作变量, 可避免犯上面的错误

$$a^t = \frac{\mathrm{d}u^t}{\mathrm{d}\tau} + 2\Gamma^t_{tr} u^t u^r, \qquad a^r = \frac{\mathrm{d}u^r}{\mathrm{d}\tau} + \Gamma^r_{tt} (u^t)^2 + \Gamma^r_{rr} (u^r)^2$$

其四加速度在施瓦西坐标下的分量

$$a^\alpha = \left[\gamma^2 V \frac{M}{r^2} \left(1 - \frac{2M}{r}\right)^{-1}, \gamma^2 \frac{M}{r^2}, 0, 0\right]$$

(7) 方法一: 由

$$\boldsymbol{a} \cdot \boldsymbol{a} = g_{\alpha\beta} a^\alpha a^\beta = g_{tt}(a^t)^2 + g_{rr}(a^r)^2 = \left(\gamma \frac{M}{r^2}\right)^2 \left(1 - \frac{2M}{r}\right)^{-1}$$

给出

$$|\boldsymbol{a}| = \gamma \frac{M}{r^2} \left(1 - \frac{2M}{r}\right)^{-1/2}$$

方法二: 质点共动惯性系径向正交归一基 $\boldsymbol{e}_{\hat{r}}$ 只有 t, r 分量不为零, 可由正交性 $\boldsymbol{e}_{\hat{r}} \cdot \boldsymbol{u} = 0$ 和单位长度 $\boldsymbol{e}_{\hat{r}} \cdot \boldsymbol{e}_{\hat{r}} = 1$ 确定为

$$(\boldsymbol{e}_{\hat{r}})^\alpha = \left[\gamma V \left(1 - \frac{2M}{r}\right)^{-1/2}, \gamma \left(1 - \frac{2M}{r}\right)^{1/2}, 0, 0\right]$$

质点所受加速度 (自身感受到的、自身携带的加速仪测量到的)

$$a_{\hat{r}} = \boldsymbol{a} \cdot \boldsymbol{e}_{\hat{r}} = \gamma \frac{M}{r^2} \left(1 - \frac{2M}{r}\right)^{-1/2}$$

(8) 径向受力

$$\gamma m \frac{M}{r^2} \left(1 - \frac{2M}{r}\right)^{-1/2}$$

7.31　验算 $10M_\odot$ 的施瓦西黑洞视界上方 1cm 高度处的时间流速率是远离黑洞处的时间流速率的 600 万分之一

题 7.31　索恩的《黑洞和时间弯曲》一书中[1]有叙述 "$10M_\odot$ 的施瓦西黑洞视界上方 1cm 高度处的时间流速率是远离黑洞处的时间流速率的 600 万分之一". 请对此加以推导和计算说明. 几何化单位下 $1M_\odot \approx 1.5$ km.

提示　从开始推导就取近似.

解答　令 $r \equiv 2M + h$. $2M \approx 30$km 上方 $H = 1$cm ($H/2M \ll 1$) 对应的物理高度 (静止观察者测量到的) $h \ll 2M$ (下面的结果式 (7.47) 验证了此推断), 准确到 $\dfrac{h}{2M}$ 的一阶小量, 有

$$1 - 2M/r = 1 - \frac{2M}{2M + h} = \frac{h}{2M} + \mathrm{O}(h^2) = \hbar[1 + \mathrm{O}(\hbar)]$$

其中, $\hbar \equiv \dfrac{h}{2M} \ll 1$, $\mathrm{O}(\hbar)$ 表示所有 $\hbar$ 的一阶以上小量之和.

高度元 $\mathrm{d}H$ 为 r 方向长度元 $\mathrm{d}\ell_r = \sqrt{g_{rr}}\mathrm{d}r$

$$\mathrm{d}H = \mathrm{d}\ell_r = (1 - 2M/r)^{-1/2}\mathrm{d}r = \hbar^{-1/2}[1 + \mathrm{O}(\hbar)]\mathrm{d}h \tag{7.46}$$

$$\frac{H}{2M} = \frac{\int \mathrm{d}H}{2M} = \int_0^\hbar \hbar^{-1/2}[1 + \mathrm{O}(\hbar)]\mathrm{d}\hbar = 2\hbar^{1/2}[1 + \mathrm{O}(\hbar)] \approx 2\hbar^{1/2} \tag{7.47}$$

---

[1] Kip Thorne, Black holes& Time warp, 中文版 p.82.

H 高度处时间流速率为

$$\mathrm{d}\tau = (1 - 2M/r)^{1/2}\mathrm{d}t \approx \hbar^{1/2}\mathrm{d}t \tag{7.48}$$

无穷远处时间流速率为 $\mathrm{d}t$, 利用式 (7.47), 得施瓦西黑洞视界上方 H 高度处的时间流速率是远离黑洞处的时间流速率的

$$\frac{\mathrm{d}\tau}{\mathrm{d}t} \approx \hbar^{1/2} \approx \frac{H}{2 \cdot 2M} \tag{7.49}$$

倍. 索恩例举的数据 $M = 10M_{\odot} = 15\mathrm{km}$, 此时间流速率比为

$$\frac{1\mathrm{cm}}{2 \times 30\mathrm{km}}$$

等于 600 万分之一.

7.32　证明协变分量形式的测地线方程, 计算高仿施瓦西时空中静止观察者加速度

　　题 7.32　(1) 证明 $\dfrac{\mathrm{d}u_{\alpha}}{\mathrm{d}\tau} - \dfrac{1}{2}g_{\beta\gamma,\alpha}u^{\beta}u^{\gamma} = 0$ 与测地线方程 $\nabla_{\boldsymbol{u}}\boldsymbol{u} = 0$ 表达的是同一个方程;

　　(2) 利用上问四加速度的协变分量形式推导时空几何

$$\mathrm{d}s^2 = -(1 - M/r)^2\mathrm{d}t^2 + (1 - M/r)^{-2}\mathrm{d}r^2 + r^2(\mathrm{d}\theta^2 + \sin^2\theta\mathrm{d}\phi^2)$$

中静止观察者的加速度 (四矢量及其大小), 并做必要的分析;

　　(3) 证明结果中静止观察者的加速度大小正是其加速度四矢量在 r 方向的正交归一基下的分量.

　　解答　(1) 同一个方程是指一个矢量方程. 在对偶坐标基 e^{α} 下展开矢量方程

$$0 = \nabla_{\boldsymbol{u}}\boldsymbol{u} = (\nabla_{\boldsymbol{u}}\boldsymbol{u})_{\alpha}e^{\alpha} \tag{7.50}$$

推出对偶坐标分量都为零

$$0 = (\nabla_{\boldsymbol{u}}\boldsymbol{u})_{\alpha} = u^{\beta}\nabla_{\beta}u_{\alpha} = u^{\beta}(\partial_{\beta}u_{\alpha} - \Gamma^{\gamma}_{\alpha\beta}u_{\gamma}) = u^{\beta}\partial_{\beta}u_{\alpha} - \Gamma^{\gamma}_{\alpha\beta}u_{\gamma}u^{\beta} \tag{7.51}$$

其中, $u^{\beta}\partial_{\beta}u_{\alpha} = \dfrac{\mathrm{d}x^{\beta}}{\mathrm{d}\tau}\dfrac{\partial u_{\alpha}}{\partial x^{\beta}} = \dfrac{\mathrm{d}u_{\alpha}}{\mathrm{d}\tau}$,

$$\begin{aligned}
\Gamma^{\gamma}_{\alpha\beta}u_{\gamma}u^{\beta} &= \frac{1}{2}g^{\gamma\delta}u_{\gamma}u^{\beta}\left(g_{\delta\alpha,\beta} + g_{\delta\beta,\alpha} - g_{\alpha\beta,\delta}\right) \\
&= \frac{1}{2}u^{\delta}u^{\beta}\left(g_{\delta\alpha,\beta} + g_{\delta\beta,\alpha} - g_{\alpha\beta,\delta}\right) \\
&= \frac{1}{2}u^{\delta}u^{\beta}g_{\delta\beta,\alpha} = \frac{1}{2}g_{\beta\gamma,\alpha}u^{\beta}u^{\gamma}
\end{aligned}$$

其中用到度规对称性 $g_{\delta\alpha} = g_{\alpha\delta}$ 和哑重复指标可换名, 有 $u^{\delta}u^{\beta}g_{\delta\alpha,\beta} = u^{\delta}u^{\beta}g_{\alpha\delta,\beta} = u^{\beta}u^{\delta}g_{\alpha\beta,\delta}$. 得证.

(2) 由四速度归一得静止观察者四速度

$$u^\alpha = [(1 - M/r)^{-1}, 0, 0, 0]$$

$$u_\alpha = g_{\alpha\beta} u^\beta = [-(1 - M/r), 0, 0, 0]$$

加速度四矢量 $a = \nabla_u u$ 的对偶坐标基下分量可由上题结论计算

$$a_\alpha = (\nabla_u u)_\alpha = \frac{\mathrm{d}u_\alpha}{\mathrm{d}\tau} - \frac{1}{2} g_{\beta\gamma,\alpha} u^\beta u^\gamma \tag{7.52}$$

其中因为静态几何不含时 $\frac{\mathrm{d}u_\alpha}{\mathrm{d}\tau} = u^\beta u_{\alpha,\beta} = u^t u_{\alpha,t} = 0$. 又因为度规只是 r 的函数, a_α 非零分量只有

$$a_r = -\frac{1}{2}(u^t)^2 g_{tt,r} = (1 - M/r)^{-1}\frac{M}{r^2} \tag{7.53}$$

计算出逆度规 $g^{\alpha\beta} = \mathrm{diag}[-(1 - M/r)^{-2}, (1 - M/r)^2, r^{-2}, r^{-2}\sin^{-2}\theta]$, 从而 $a^\alpha = g^{\alpha\beta}a_\beta$ 的非零分量也只有

$$a^r = g^{rr}a_r = (1 - M/r)\frac{M}{r^2} \tag{7.54}$$

这样

$$a \cdot a = g_{\alpha\beta}a^\alpha a^\beta = g^{\alpha\beta}a_\alpha a_\beta = a^\alpha a_\alpha = a^r a_r = \left(\frac{M}{r^2}\right)^2$$

静止观察者的加速度大小为

$$a \equiv (a \cdot a)^{1/2} = \frac{M}{r^2} \tag{7.55}$$

随 r 减小而增大, 即越靠近引力源中心, 所受引力越大、维持静止所需加速度 越大, 特别在无限红移面 $r = M$ 处是有限值 $1/M$, 这说明 $r = M$ 不是视界 (视界处需要无穷大加速度才能维持静止不落入黑洞). 在奇点 $r = 0$ (可测量物理量无穷大, 如此处加速度, 另如曲率标量、潮汐力等) 处达到无穷大.

(3) (不需要指明是什么观察者, 可以是任意 $u^r = 0$ 的观察者, 此类观察者 $e_0 \equiv u \cdot e_{\hat{r}} = 0$ 满足正交归一条件. $u^r = 0$ 即径向速度为零, 此类观察者之间在径向没有、在角向才有相对速度, 即径向为这些观察者之间洛伦兹递升方向的横向, 递升变换四矢量的横向分量不变, 所以径向加速度分量相同. 结论: r 方向的正交归一基可称为此几何的在 r 方向的正交归一基, 是一个类空单位矢量, 不需指明观察者. 非对角几何 $g_{tr} \neq 0$ 还是如此吗?)

r 方向的正交归一基 $e_{\hat{r}} = [0, (1 - M/r), 0, 0]$. 因为这里的正交归一基 $e_{\hat{r}}$ 与坐标基 e_r 平行, 矢量 a 在 r 方向的部分为 $a_r = a^{\hat{r}}e_{\hat{r}} = a^r e_r$, 推出

$$a^{\hat{r}}(e_{\hat{r}})^r = a^r$$

从而

$$a^{\hat{r}} = a^r/(e_{\hat{r}})^r = (1 - M/r)\frac{M}{r^2}/(1 - M/r) = \frac{M}{r^2} = a$$

得证. 或由 $a^{\hat{r}} = a \cdot e^{\hat{r}}, e^{\hat{r}} = e^r/|e^r|, e^r = g^{r\alpha}e_\alpha = g^{rr}e_r$ 也可.

7.33　地球引力和多普勒时钟变慢效应

题 7.33　因为地球转动和引力效应, 其中心和表面的岩石老化速率的比例是多少? 其径向半程处与表面处的岩石老化速率的比例又是多少? 假设地球密度均匀.

解答　相对而言, 地球中心钟不动而表面钟转动, 由狭义相对论运动钟变慢效应导致的表面钟变慢比例

$$f_1 \approx \frac{1}{2}\left(\frac{V_\oplus}{c}\right)^2 = \frac{1}{2}\left(\frac{2\pi R_\oplus/24\mathrm{h}}{c}\right)^2 \approx 1.2 \times 10^{-12} \tag{7.56}$$

假设地球密度均匀, 将单位质量的粒子由中心搬到表面克服引力做功

$$\int_0^{R_\oplus} \frac{G\rho \cdot 4\pi r^3/3}{r^2}\mathrm{d}r = \frac{2\pi G\rho}{3}R_\oplus^2 = GM_\oplus/2R_\oplus = gR_\oplus/2$$

即中心处引力势低于表面的引力势差 $\Delta\phi$. 相对于地表, 中心物理过程引力变慢比例

$$f_2 \approx \Delta\phi/c^2 = GM_\oplus/2R_\oplus c^2 = 0.44\mathrm{cm}/(2 \times 6400\mathrm{km}) = 3.44 \times 10^{-10} \tag{7.57}$$

两者之差综合, 中心钟比表面钟变慢比例 $f \approx 3.43 \times 10^{-10}$, 岩石老化速率比例为 $1+f$.

中心钟与径向半程处比例, 以上各式中半径 $R_\oplus$ 减半 (注意引力的用密度表达式) 即可得出; 所以径向半程处与表面处的岩石老化速率的比例是 $(1+f)/(1+f/4) > 1$.

7.34　施瓦西几何中径向距离

题 7.34　写出下面各距离量的表达式 (如有积分不用积出来):

(1) 从 r 到 $r+\mathrm{d}r$, (静止观察者) 径向固有距离;

(2) 从某个 r_1 到 $r_2(> r_1)$, (静止观察者) 径向固有距离;

(3) r 处静止观察者 Bob 发射径向雷达波, 在 $r+\mathrm{d}r$ 处被反射, Bob 收到回波; Bob 得出的雷达回波距离.

(4) r_1 处静止观察者 Bob 发射径向雷达波, 在 $r_2(> r_1)$ 处被反射, Bob 收到回波; Bob 得出的雷达回波距离 (**提示**　用坐标时过渡).

(5) 上面第 (1) 小题与第 (3) 小题是否一致? 根本原因为何?

(6) 上面第 (2) 小题与第 (4) 小题是否一致? 比较上一问, 原因为何?

解答　(1) $\left(1 - \dfrac{2M}{r}\right)^{-1/2}\mathrm{d}r$.

(2) $\displaystyle\int_{r_1}^{r_2}\left(1 - \frac{2M}{r}\right)^{-1/2}\mathrm{d}r$.

(3) 雷达波为光波, 又按题意沿径向, 则

$$0 = \mathrm{d}s^2 = -\left(1 - \frac{2M}{r}\right)\mathrm{d}t^2 + \left(1 - \frac{2M}{r}\right)^{-1}\mathrm{d}r^2$$

从而

$$\mathrm{d}t = \pm \left(1 - \frac{2M}{r}\right)^{-1} \mathrm{d}r$$

r 处静止观察者固有时 $\mathrm{d}\tau_1 = \left(1 - \dfrac{2M}{r}\right)^{1/2}\mathrm{d}t$. 雷达回波距离 $(c=1)\mathrm{d}\tau_1 = \left(1 - \dfrac{2M}{r}\right)^{-1/2}\mathrm{d}r$.

(4) 无穷小部分同上, 但 Bob 得出的雷达回波距离

$$\Delta\tau_1 = \left(1 - \frac{2M}{r_1}\right)^{1/2}\Delta t = \left(1 - \frac{2M}{r_1}\right)^{1/2}\int_{r_1}^{r_2}\left(1 - \frac{2M}{r}\right)^{-1}\mathrm{d}r$$

(5) 一致. 根本原因是任一观察者测量到局域光速 (= 固有距离除以固有时) 为 1(几何化单位下 $c = 1$).

(6) 不一致. 比较上一问, 显然原因在于 $\mathrm{d}\tau/\mathrm{d}t = \left(1 - \dfrac{2M}{r}\right)^{1/2}$ 随 r 增大而增大, 而 Bob 固定在 r_1 处, 其固有时比从 r_1 到 r_2 的其他静止观察者走时慢 (引力时钟变慢); 加上上一问指出的原因, 他得出的雷达回波距离比第 (2) 小题的各个 (无穷多) 静止观察者测量到的固有距离 (几何化单位下等于各自固有时) 积分要短 (这也是数学上判断两个积分大小的途径). (如果 Bob 向半径减小的方向发射回波, 即雷达回波延迟效应.)

7.35　施瓦西几何中的径向速度

题 7.35　两艘飞船径向自由下落, 第一个守恒能量 $e = 1$, 第二个 $e = 2$. 在 3 倍的施瓦西半径处的静止观察者测到此两艘飞船的径向速度是多少? 假设两艘飞船在同一个径向路径上, 则第一个飞船可能赶上第二个飞船, 还是反过来有可能? 在 3 倍的施瓦西半径处赶上时, 一个飞船测到另一个飞船的 (相对) 速度是多少?

解答　像推导径向方程那样,

$$\begin{aligned}
1 = -u \cdot u &= (1 - 2M/r)(\mathrm{d}t/\mathrm{d}\tau)^2 - (\mathrm{d}r/\mathrm{d}\tau)^2/(1 - 2M/r) \\
&= (1 - 2M/r)(\mathrm{d}t/\mathrm{d}\tau)^2[1 - (\mathrm{d}r/\mathrm{d}t)^2/(1 - 2M/r)^2] \\
&= (1 - v_\mathrm{s}^2)e^2/(1 - 2M/r)
\end{aligned}$$

静止观察者测量到的径向运动粒子速度为

$$v_\mathrm{s} = \frac{\mathrm{d}r_\mathrm{s}}{\mathrm{d}t_\mathrm{s}} = \frac{\mathrm{d}r}{\mathrm{d}t} \bigg/ \left(1 - \frac{2M}{r}\right) = \sqrt{1 - \left(1 - \frac{2M}{r}\right)\bigg/e^2}$$

3 倍施瓦西半径 $r = 6M$ 处, 测到 $e = 1$ 粒子的速度为 $v_1 = 1/\sqrt{3} \approx 0.58$ 倍光速, $e = 2$ 粒子的速度为 $v_2 = \sqrt{5/6} \approx 0.91$ 倍光速.

$e = 2$ 粒子速度快, 应该是它追上 $e = 1$ 粒子. 由速度合成公式, 两个粒子相对速度

$$v_{12} = \frac{v_2 + (-v_1)}{1 + v_2(-v_1)} = \frac{\sqrt{15} - \sqrt{6}}{3\sqrt{2} - \sqrt{5}} \approx 0.71 倍光速$$

7.36 验算施瓦西时空中圆周自由加速度为零, 解释可能的进动效应

题 7.36 (1) 直接计算证明施瓦西几何中圆周自由运动粒子的四加速度为零. 如粒子是陀螺仪, 那么有 Thomas 进动 $\mathrm{d}\boldsymbol{s}/\mathrm{d}\tau = (\boldsymbol{a} \cdot \mathrm{s})\boldsymbol{u}$ 吗? 有测地进动吗? 两者 (特别是各自来源) 有什么区别?

(2) 遥远处时空渐近平直、万有引力作外力, 试简述计算圆周运动陀螺仪的 Thomas 进动的要点.

解答 (1) 施瓦西圆周自由轨道

$$u^\alpha = u^t(1, 0, 0, \Omega)$$

其中角速度满足 Kepler 第三定律

$$\Omega^2 = M/R^3$$

$a^\alpha = u^\beta \nabla_\beta u^\alpha = \Gamma^\alpha_{\beta\gamma} u^\beta u^\gamma$, 因为 $\boldsymbol{u}$ 对所有坐标都是常数 $\partial_\beta u^\alpha = 0$. 检查非零的克氏符, 加上 $\boldsymbol{u}$ 的非零分量只有 t, ϕ, $\boldsymbol{a}$ 可能的非零分量

$$a^r = \Gamma^r_{tt}(u^t)^2 + \Gamma^r_{\phi\phi}(u^\phi)^2 = \left[\frac{M}{R^2}\left(1 - \frac{2M}{R}\right) - (R - 2M)\Omega^2\right](u^t)^2 = 0$$

$$a^\theta = \Gamma^\theta_{\phi\phi}(u^\phi)^2 = -\cos\theta\sin\theta(u^\phi)^2 \overset{\theta=\frac{\pi}{2}}{=} 0$$

验证了 $\boldsymbol{a} = 0$, 由 Thomas 进动公式知: 没有 Thomas 进动. 有测地进动. Thomas 进动是狭义相对论中陀螺仪受外力, 但无外力矩时的效应, 来源于受外力因此洛伦兹推动而在四维时空中转动; 测地进动是广义相对论中陀螺仪不受外力 (当然也无外力矩, 局域 $\mathrm{d}\boldsymbol{s}/\mathrm{d}\tau = 0$, 无 Thomas 进动), 只受引力, 在弯曲时空几何中自由测地线运动; 由最小替换法则 $\mathrm{d}\boldsymbol{s}/\mathrm{d}\tau = 0 \to \mathrm{D}\boldsymbol{s}/\mathrm{d}\tau = \nabla_u \boldsymbol{s} = 0$ 得到, 来源于引力 (时空弯曲) 效应.

(2) 渐近平直时空 $\mathrm{d}s^2 = -\mathrm{d}t^2 + \mathrm{d}r^2 + r^2\mathrm{d}\phi^2$. 圆周运动 $V = \Omega R = \sqrt{M/R}$, 三维矢量

$$\boldsymbol{V} = V\boldsymbol{e}_{\hat\phi} = \frac{V}{R}\boldsymbol{e}_\phi = \Omega\boldsymbol{e}_\phi$$

洛伦兹因子

$$\gamma = (1 - V^2)^{-1/2} = \left(1 - \frac{M}{R}\right)^{-1/2}$$

四速度

$$u = \gamma(1, \boldsymbol{V}) = \gamma(1, 0, \Omega)$$

其中分量顺序是 (t, r, ϕ). 四力

$$ma = (\gamma\boldsymbol{F} \cdot \boldsymbol{V}, \gamma\boldsymbol{F})$$

其中, $\boldsymbol{F} = -\dfrac{GMm}{R^2}\boldsymbol{e}_r$ 为万有引力. 得 $a = \left(0, -\gamma\dfrac{M}{R^2}, 0\right)$, 已取 $G = 1$.

由于 (空间部分) 坐标为曲线坐标, 分量计算要采取协变导数, 如: $\dfrac{\mathrm{D}s^r}{\mathrm{d}\tau} = (\boldsymbol{a} \cdot \boldsymbol{s})u^r$. 类似教材推导测地进动, 联立 s^r 和 s^ϕ 的微分方程得到进动.

7.37　施瓦西时空中圆周自由运动观察者测量的径向速度

题 7.37　第 7.35 题 "静止观察者" 改为圆周自由运动观察者又如何?

解答　圆周运动只有角向速度, 径向是其横向. 圆周自由运动观察者相对于同地的静止观察者的速度

$$v = \frac{\sqrt{g_{\phi\phi}}\mathrm{d}\phi}{\sqrt{-g_{tt}}\mathrm{d}t} = \Omega R \left(1 - \frac{2M}{R}\right)^{-1/2} = \sqrt{M/R}\left(1 - \frac{2M}{R}\right)^{-1/2}$$

洛伦兹因子 $\gamma = (1 - v^2)^{-1/2} = \sqrt{\dfrac{R - 2M}{R - 3M}}$, 时钟变慢 γ 因子; 而横向尺度不变, 所以测到横向 (径向) 自由下落粒子的径向速度为

$$v_{\mathrm{c}} = v_{\mathrm{s}}/\gamma = \sqrt{\frac{R - 3M}{R - 2M}\left[1 - \left(1 - \frac{2M}{R}\right)/e^2\right]}$$

或直接用横向速度相加公式.

3 倍施瓦西半径 $R = 6M$ 处, 测到 $e = 1$ 飞船的速度为 $v_1 = 0.5$ 倍光速, $e = 2$ 粒子的速度为 $v_2 = \sqrt{5/8} \approx 0.79$ 倍光速.

谁追上谁是一个事件, 不依赖观察者, 仍是 $e = 2$ 追上 $e = 1$ 飞船. 由速度叠加公式, 两个飞船相对速度 $v_{12} = \dfrac{v_2 + (-v_1)}{1 + v_2(-v_1)} = \dfrac{\sqrt{5/8} - 1/2}{1 - \sqrt{5/8} \times \frac{1}{2}} = \dfrac{2\sqrt{5} - 2\sqrt{2}}{4\sqrt{2} - \sqrt{5}} \approx 0.24$ 倍光速.

7.38　施瓦西几何中圆周运动光源径向发出的电磁波的红移因子

题 7.38　推导施瓦西几何中距离中心天体无穷远处接收到的圆周运动光源径向发出的电磁波的红移因子.

解答　总的红移效应因子是引力红移因子 $\sqrt{1 - \dfrac{2M}{R}}$ 乘以 Doppler 横向红移因子 $(1 - v^2)^{-1/2} = \sqrt{\dfrac{R - 2M}{R - 3M}}$ (即洛伦兹时间膨胀因子).

7.39　由曲率的测地线加速偏离定义解释像马鞍面这样的全空间负曲率的曲面上的平行线无穷多

题 7.39　由曲率的测地线偏离意义定性说明像马鞍面这样的全空间负曲率的曲面上过 "直线" (测地线) 外一点有一条且有无穷多条不相交的 "平行" 测地线.

解答　首先, 反证必有一条平行线, 否则所有过线外一点的直线都与基准直线相交, 则在两条这样的相交线之间不断引入新的相交直线, 直到有两条相交线全线段成为邻近测地线; 但从与基准直线相交的这一头查看偏离违背负曲率意味的加速偏离. 其次, 过同一线外点但相对基准线在这条平行线之外的邻近直线都将加速偏离已知平行线, 从而有无穷多条平行线.

7.40 解释引力红移实验的结果可检验爱因斯坦等效原理中的局域位置不变性原理

题 7.40 解释为什么说引力红移实验的结果可检验爱因斯坦等效原理中的第三条原理 —— 局域 "位置" 不变性 (local position invariance).

解答 因为在牛顿或平直时空中推导时假定了不同地点两个钟的固有走时率相同, 如果有偏离 p 比例, 则红移结果将乘以一个修正因子 $1 \pm p$.

7.41 通过欧式平面上极坐标下的测地线方程得出平面极坐标下的 Newton 加速度表达式

题 7.41 试通过研究欧式平面上极坐标下的测地线方程得出平面极坐标下的 Newton 加速度表达式.

解答 由变分原理或直接给出测地线方程

$$\frac{\mathrm{d}^2 r}{\mathrm{d}s^2} = r \left(\frac{\mathrm{d}\phi}{\mathrm{d}s}\right)^2, \qquad \frac{\mathrm{d}}{\mathrm{d}s} \left(r^2 \frac{\mathrm{d}\phi}{\mathrm{d}s}\right) = 0$$

因为测地线为自由粒子运动轨迹, 即 0 加速度, 将上面方程全部写成 $0 = a$ 的形式, 并且 0 加速度即匀速, 可以将弧长 s 换成 Newton 绝对时间 t, 得平面极坐标下的 Newton 加速度表达式 $a_r = \ddot{r} - r\dot{\phi}^2$, $a_\phi = r\ddot{\phi} + 2\dot{r}\dot{\phi}$.

7.42 分析参数化后牛顿参数 β 在三个广义相对论经典检验结果的作用

题 7.42 分析解释为什么参数化后牛顿参数 β 不出现在广义相对论经典检验之光线偏折和夏皮罗时间延迟的结果里, 而只出现在水星进动的结果里.

解答 有两个原因: β 只出现在时间分量度规的二阶项, 以及类光粒子对比类时粒子归一化不同, 即类光粒子少一个自由度 (能动量相等). 实际上因为水星运动速度相比于光速很低, 可出现 β.

7.43 推导 Klein 解析几何坐标下的二维负常曲率空间的线元

题 7.43 推导 Klein 解析几何

$$\cosh\left[\frac{d(x, X)}{a}\right] = \frac{1 - x_1 X_1 - x_2 X_2}{\sqrt{(1 - x_1^2 - x_2^2)(1 - X_1^2 - X_2^2)}} \tag{7.58}$$

其中, a 为几何尺度, $d(x, X)$ 为点 $x(x_1, x_2)$ 到点 $X(X_1, X_2)$ 的距离. 在 (x_1, x_2) 坐标下的高斯–波利亚–洛巴切夫斯基负常曲率二维空间的线元形式

$$\mathrm{d}s^2 = \frac{a^2 (1 - x_2^2)}{(1 - x_1^2 - x_2^2)^2} \mathrm{d}x_1^2 + \frac{2a^2 x_1 x_2}{(1 - x_1^2 - x_2^2)^2} \mathrm{d}x_1 \mathrm{d}x_2 + \frac{a^2 (1 - x_1^2)}{(1 - x_1^2 - x_2^2)^2} \mathrm{d}x_2^2 \tag{7.59}$$

解答　从此有限距离公式得到无穷小距离线元, 只需做 Taylor 展开保留到一阶无穷小量. 记 $A \equiv 1 - x_1^2 - x_2^2$. 点 $x(x_1, x_2)$ 到点 $X(x_1 + \mathrm{d}x_1, x_2 + \mathrm{d}x_2)$ 对应的方程 (7.58) 右边

$$
\begin{aligned}
RoS &= (1 - \frac{x_1\mathrm{d}x_1 + x_2\mathrm{d}x_2}{A})(1 - \frac{2x_1\mathrm{d}x_1 + 2x_2\mathrm{d}x_2 + \mathrm{d}x_1^2 + \mathrm{d}x_2^2}{A})^{-1/2} \\
&\approx 1 + \frac{(x_1\mathrm{d}x_1 + x_2\mathrm{d}x_2)^2 + A(\mathrm{d}x_1^2 + \mathrm{d}x_2^2)}{2A^2}
\end{aligned}
\tag{7.60}
$$

相邻两点取在坐标网格线上 —— 如 $\mathrm{d}x_2 = 0$ 可得到度规系数 g_{11}

$$
RoS \approx 1 + \frac{1 - x_2^2}{2A^2}\mathrm{d}x_1^2
$$

$$
\mathrm{d}s/a = \cosh^{-1}(RoS) = \ln(RoS + \sqrt{RoS^2 - 1}) \approx \frac{\sqrt{1 - x_2^2}}{A}\mathrm{d}x_1
$$

这样

$$
g_{11} = \frac{a^2\left(1 - x_2^2\right)}{\left(1 - x_1^2 - x_2^2\right)^2}
$$

由 1、2 指标对称性可得度规系数

$$
g_{22} = \frac{a^2\left(1 - x_1^2\right)}{\left(1 - x_1^2 - x_2^2\right)^2}
$$

式 (7.60) 取 $\mathrm{d}x_1 = \mathrm{d}x_2$ 可得度规系数 $g_{12} = g_{21}$

$$
g_{11} + g_{22} + 2g_{12} = \frac{(x_1 + x_2)^2 + 2A}{A^2}a^2
$$

从而

$$
g_{12} = g_{21} = \frac{a^2 x_1 x_2}{A^2}
$$

联合起来即得到线元式 (7.59).

7.44　找出黎曼几何坐标网格线为测地线的判据

题 7.44　一个黎曼几何线元的度规函数 $g_{\alpha\beta}(x^\gamma)$ 具有什么样的函数形式, 其坐标网格线是测地线? 限制为正交坐标系, 请计算分析之;

(1) 写出某个特定网格线 (不妨记为 x^0) 的坐标方程;

(2) 推导此网格线切矢量沿自身方向的方向导数, 并简化表达式. 完成题意;

(3) 如坐标系处处满足 LIF 的两个条件, 上面结果证明网格线是测地线吗?

(4) 以球面球极坐标为例, 验证你的结果;

(5) 以 Rindler 坐标或宇宙学 Robertson-Walker 坐标为例验证你的结果.

解答　(1) 考察一条网格线 x^0 可变化取值, 其余坐标

$$
x^i = \text{const.}
$$

(2) 沿网格线线元退化为

$$ds^2 = g_{00}(dx^0)^2$$

由此得出网格线的切矢量即四速度 $u^0 \equiv \dfrac{dx^0}{ds} = \dfrac{1}{\sqrt{-g_{00}}}$, 全部分量为

$$u^\alpha \equiv \frac{dx^\alpha}{ds} = \left(\frac{1}{\sqrt{-g_{00}}}, 0, 0, 0 \right)$$

如网格线是测地线, 则其切矢量平行移动

$$0 = \frac{Du^\alpha}{ds} = \frac{du^\alpha}{ds} + \Gamma^\alpha_{\beta\gamma} u^\beta u^\gamma = u^\beta \left(\partial_\beta u^\alpha + \Gamma^\alpha_{\beta\gamma} u^\gamma \right) = u^0 \left(\partial_0 u^\alpha + \Gamma^\alpha_{00} u^0 \right)$$

利用正交坐标系中的克氏符计算公式, 分别推算

$$\frac{Du^0}{ds} = u^0 \left(\partial_0 u^0 + \Gamma^0_{00} u^0 \right) = u^0 \partial_0 u^0,$$

$$\frac{Du^i}{ds} = \Gamma^i_{00} u^0 u^0 = -\frac{1}{2} \frac{\partial_i g_{00}}{g_{ii}} \left(u^0 \right)^2$$

所以如 x^0 网格线是测地线, 则要求

$$\partial_\alpha g_{00} = 0 \tag{7.61}$$

即唯 x^0 可变的正交网格线的度规系数 g_{00} 的函数形式不依赖于所有坐标 —— 即常数, 则此网格线为测地线.

(3) 是. 如果处处满足局部惯性系条件, 则为全局惯性系坐标. 上面结果表明其实可以放松条件, 虽然不是笛卡儿或洛伦兹坐标, 但仍然是 (惯性) 测地线坐标.

(4) 球面: 从度规函数形式看, θ 网格线显然是测地线, 即大圆; 而 ϕ 网格线则不是, 除了特例 —— 赤道圈 $\theta = \dfrac{\pi}{2}$, $\partial_\theta g_{\phi\phi} = \sin(2\theta) = 0$. 和球面大圆一致, 式 (7.61) 的结果得到验证.

(5) Rindler 坐标: 从度规函数形式看, 时间坐标网格线一般不是测地线, 事实上是双曲线表示匀加速, 特别在 $\xi^1 = -a^{-1}(\tilde{x} = 0)$, 退化为两条光线; 空间坐标网格线是类空测地线. 结果得到验证. Robertson-Walker 度规, 宇宙时坐标网格线是测地线, 对于动态宇宙空间网格线不是 (四维时空中) 测地线. 结果得到验证.

这个结果和坐标测量意义一致. 最简单情况, 如洛伦兹坐标、二维球面的 θ 坐标、Rindler 坐标的空间坐标和 Robertson-Walker 度规的宇宙时坐标的度规都是 $+1$ 或 -1, 此种情况坐标有直接的时空测量意义 $ds = dx$ 或 $d\tau = dx^0$. 一般满足式 (7.61) 的情况与最简单情况仅仅差一个平凡的 "广义" 标度变换 $g_{00}(x^0)(dx^0)^2 = g'_{00}(x^{0'})(dx^{0'})^2$, 可以说虽然不是最直接的, 但是 "物理上" 也算 "直接" 的测量了. 这说明能直接给出坐标读数的测量钟尺必须是测地线运动!

第八章   相对论宇宙学

8.1   求在宇宙空间观察到的红移和星系的角直径 δ, 证明 δ 随红移的增加达到极小后再增大

题 8.1   假定宇宙由 $k = 1$ 的 Robertson-Walker 时空来描述, 其度规为

$$ds^2 = -dt^2 + R^2(t)[dx^2 + \sin^2 x(d\theta^2 + \sin^2\theta d\phi^2)]$$

在宇宙现在时期 $R(t) = R_0 t^{2/3}$. 一个观察者在 $t = t_1$ 时刻所看到的一个远距离星系的固有直径 (垂直于 $t = t_0$ 时刻的视线) 为 D.

(1) 用 R_0、t_0、t_1 给出所观察到的红移;

(2) 用红移给出星系的角直径 δ;

(3) 证明当 D 固定时随着红移的增加 δ 达到极小值后开始增大.

解答   (1) 光从星系在过去的时间 t_0 发射出来再在 t_1 达到观察者所需的时间满足关系式

$$\int_{t_2}^{t_1} \frac{dt}{R(t)} = x_0$$

由于球对称, 故 $d\theta = d\phi = 0$, x_0 为星系与观察者之间两点的 x 坐标之差值, 保持 x_0 不变, 通过变分可求得

$$\Delta \int_{t_0}^{t_1} \frac{dt}{R(t)} = \frac{\Delta t_0}{R(t_0)} - \frac{\Delta t_1}{R(t_1)} = 0$$

于是红移为

$$z = \frac{\Delta\lambda}{\lambda} = \frac{\lambda_1}{\lambda_0} - 1 = \frac{R(t_1)}{R(t_0)} - 1 = \left(\frac{t_1}{t_0}\right)^{2/3} - 1$$

(2) 由角直径的定义 $\delta = \dfrac{D}{R(t_0)x_0}$, $R(t_0) = R_0 t_0^{2/3}$, 而

$$x_0 = \int_{t_0}^{t_1} \frac{dt}{R(t)} = \frac{3t_0^{1/3}}{R_0}\left[\left(\frac{t_1}{t_0}\right)^{1/3} - 1\right]$$

另外 $\dfrac{t_1}{t_0} = (z+1)^{3/2}$, 所以

$$\delta = \frac{D}{3t_0[(z+1)^{1/2} - 1]} = \frac{D(z+1)}{3t_1[1 - (z+1)^{-1/2}]}$$

(3) 求 δ 对 z 的导数得

$$\frac{d\delta}{dz} = \frac{D}{3t_1}\frac{1 - (z+1)^{-1/2} - (1/2)(z+1)^{-1/2}}{[1 - (z+1)^{-1/2}]^2} \equiv A(z)\left[(z+1)^{1/2} - \frac{3}{2}\right]$$

因为 $A(z)$ 恒大于零, 故 $\dfrac{\mathrm{d}\delta}{\mathrm{d}z}$ 的正负号完全由 $(z+1)^{1/2} - \dfrac{3}{2}$ 的符号决定. 特别当 $(z+1)^{1/2} = \dfrac{3}{2}$ 时导数为零, δ 取极小值. 此时 $z = \dfrac{5}{4}$. 当 $z < \dfrac{5}{4}$ 时, $(z+1)^{1/2} - \dfrac{3}{2} < 0$, 故 $\dfrac{\mathrm{d}\delta}{\mathrm{d}z} < 0$, 因此角直径随红移增大而减小. 当 $z > \dfrac{5}{4}$ 时, 则角直径随红移增大而增大.

8.2　求在各向同性的平坦宇宙空间观察到的红移及角直径 δ 及 δ 极小时的红移值

题 8.2　假定宇宙是各向同性且空间平坦, 因此度规可表示成如下形式:

$$\mathrm{d}s^2 = -\mathrm{d}t^2 + a^2(t)[\mathrm{d}r^2 + r^2\mathrm{d}\theta^2 + r^2\sin^2\theta\mathrm{d}\phi^2]$$

其中, r、θ、ϕ 为共动坐标. 这就是说任意一星系将具有恒定的 r、θ、ϕ (忽略星系的个别运动). 假定该宇宙以物质为主, 在 t 时刻的物质密度为 $\rho(t)$. 在此情况下爱因斯坦方程为

$$\dot{a}^2 = \frac{8\pi G}{3}\rho a^2 \quad \text{和} \quad \ddot{a} = -\frac{4\pi G}{3}\rho a$$

(1) 根据光沿着零短程线传播, 证明在 t_e 时刻发射并在 t_0 时刻被接收到的谱线的宇宙红移

$$\frac{\text{辐射波长} - \text{接收波长}}{\text{辐射波长}} \equiv Z = \frac{a_0}{a_e} - 1$$

其中 $a_0 = a(t_0)$, $a_e = a(t_e)$.

(2) 在这种宇宙模型下, 一个给定星系的角直径将随着与观察者之间的距离的增加而减小, 直至某个临界距离, 大于该距离角直径将随着距离的增大而增大. 相应于最小角直径的红移 Z_{crit} 是多少?

解答　(1) 令 $\mathrm{d}s = 0$, 由各向同性可取光线沿着 $\mathrm{d}\theta = \mathrm{d}\phi = 0$ 的直线传播, 则光从一个星系在过去时间 t_e 发射出来, 再在 t_0 到达被接收的星系所需时间满足下式:

$$\int_{t_e}^{t_o} \frac{\mathrm{d}t}{a(t)} = r$$

r 为发射光谱的星系的坐标距离.

考虑光在 $t_e + \Delta t_e$ 时间发射, 在 $t_0 + \Delta t_0$ 被接收 (现保持 r 不变, 相当于给定波长的光在遥远星系发射的时间为 Δt 的积分的变分为零), 得

$$\Delta \int_{t_e}^{t_o} \frac{\mathrm{d}t}{a(t)} = \frac{\Delta t_0}{a(t_0)} - \frac{\Delta t_e}{a(t_e)} = 0$$

由于 $\Delta t_e \propto$ 发射光的波长, $\Delta t_0 \propto$ 接收光的波长, 因此

$$\frac{\lambda_0}{\lambda_e} = \frac{a(t_0)}{a(t_e)}$$

由 Z 的定义 $Z \equiv \dfrac{\Delta\lambda}{\lambda}$, 得 $Z = \dfrac{a_0}{a_e} - 1$.

(2) 由角直径的定义 $\delta = \dfrac{D}{a(t_1)r_1}$, 其中 D 是源的固有直径, r_1 和 t_1 是源的坐标和时间. 因 D 不变, δ 的极小值相应于 $a(t_1)r_1$ 的极大值. 但 $r_1 = \displaystyle\int_{t_1}^{t_0} \dfrac{\mathrm{d}t}{a(t)}$, 故极值方程可写作

$$\dot{a}(t_1)r_1 - a(t_1)\frac{1}{a(t_1)} = 0 \quad \text{或} \quad r_1 = \frac{1}{\dot{a}(t_1)}$$

其中 $\dot{a}(t) = \dfrac{\mathrm{d}a(t)}{\mathrm{d}t}$. 根据所给模型将两个方程联立可解得 $a(t) = ct^{2/3}$. 故

$$r_1 = \int_{t_1}^{t_0} \frac{\mathrm{d}t}{a(t)} = \frac{3}{c}\left(t_0^{1/3} - t_1^{1/3}\right)$$

而 $\dot{a}(t_1) = \dfrac{2}{3}ct_1^{-1/3}$. 由极值方程可解得 $t_1 = \dfrac{8}{27}t_0$, 代入红移表达式可得

$$Z_{\mathrm{crit}} = \frac{a(t_0)}{a(t_1)} - 1 = \frac{ct_0^{2/3}}{ct_1^{2/3}} - 1 = \frac{9}{4} - 1 = \frac{5}{4}$$

8.3 计算从坐标原点到坐标为 r 之间的距离, 写出加速粒子满足的牛顿方程, 与宇宙模型比较

题 8.3 Robertson-Walker 度规为

$$\mathrm{d}s^2 = -\mathrm{d}t^2 + a(t)^2\left(\frac{\mathrm{d}r^2}{1-kr^2} + r^2\mathrm{d}\Omega\right)$$

其中 $k = 0, +1, -1$ 分别相应于三维空间具有零, 正或负的曲率. 对于以密度为 ρ 的物质为主的宇宙可给出一级爱因斯坦方程 $\dot{a}^2 + k = \dfrac{8\pi G}{3}\rho a^2$, $\rho a^3 = $ 常数.

(1) 计算坐标原点 $(r = 0)$ 到 t 时刻坐标为 r 的粒子之间的固有 (共动) 距离 $L_r(t)$, 用 r 和 $a(t)$ 表示.

另一方面我们可以用经典的牛顿概念来建立这个理论. 假定在半径足够小的球体积内不存在曲率, 即在这个球内空间是平坦的, 而在球以外分布的物质对球内曲率没有影响;

(2) 写出一个粒子在距离为 L 处向着原点的加速度所满足的牛顿方程.

提示 考虑一个半径为 L 的物质均匀分布的球.

(3) 为使物质守恒必须满足 $\rho a^3 = $ 常数, 将这个式子和 (2) 中所得结果结合起来确定膨胀参数 $a(t)$ 所满足的方程并与宇宙学模型进行比较.

解答 (1) 坐标原点 $(r = 0)$ 到 t 时刻坐标为 r 的粒子之间的固有 (共动) 距离

$$L_r(t) = \int_0^r \sqrt{g_{r'r'}}\,\mathrm{d}r' = a(t)\int_0^r \frac{\mathrm{d}r'}{\sqrt{1-kr'^2}} = a(t)h(r)$$

其中

$$h(r) = \begin{cases} \arcsin r & (k=1) \\ r & (k=0) \\ \mathrm{arcsinh}\,r & (k=-1) \end{cases}$$

(2) 对径向运动的牛顿方程 $\ddot{L}_r = -\dfrac{\mathrm{d}\varphi}{\mathrm{d}r} = -\dfrac{4}{3}\pi G\rho L_r$, 根据 (1) 时刻 t 的距离为 $L_r(t) = a(t)h(r)$, 故得 $\ddot{a} = -\dfrac{4}{3}\pi G\rho a$, 两边乘以 $2\dot{a}$ 再积分得 $\dot{a}^2 = -\dfrac{8}{3}\pi G\rho a^2 + K$. 其中 K 为积分常数.

(3) 由于 $\rho a^3 =$ 常数, 所以 $\dot{a}^2 = -\dfrac{\text{常数}}{a} - K$, 适当选择标度可使 $K = 1$ 或 0, 这就与 Robertson-Walker 度规中的 k 相应. 当 $K = -1, 0$ 时, 宇宙中两星体相距无限远时将具有有限大小或零的相对速度. 当 $K = +1$ 时, 这种分离就不可能达到无限大 (平方项不可能小于零). 因此 $K = \pm 1$ 将区分两个星体是否具有大于或小于逃逸速度的速度, 也就是说, $K > 0$ 时宇宙是封闭的, $K < 0$ 时宇宙是开放的. 但是在牛顿理论中并不能给出对 K 的限制, 因为 K 的数值是宇宙时空的一种整体性质, 而牛顿理论只适用于局部范围.

8.4　计算膨胀宇宙的张量、动量与时间的函数关系, 证明由无相互作用、无质量的粒子组成的宇宙保持热平衡状态, 而有质量的粒子组成的宇宙不保持热平衡, 确定中微子的速度和能量

题 8.4　膨胀宇宙的度规具有如下形式:

$$\mathrm{d}s^2 = -\mathrm{d}t^2 + R^2(t)\left(\mathrm{d}x^2 + \mathrm{d}y^2 + \mathrm{d}z^2\right)$$

其中可能存在的空间曲率已被忽略. 函数 $R(t)$ 的具体形式依赖于宇宙中的物质内容.

(1) 一质量为 m 的粒子在 t_0 时刻的能量和动量分别为 E_0 和 P_0, 假定 $R(t_0) = R_0$, 此后除了受上述度规的影响之外粒子将自由地传播. 试计算它的能量和动量与时间的函数关系;

(2) 假定早期的宇宙由无相互作用、质量为零的粒子 (如光子) 气体组成, 它们只受到引力的作用, 如果 t_0 时刻它们处于温度为 T_0 的热平衡分布, 试证明此后它们仍处于一种热平衡分布中, 但其温度将依赖于时间, 并求出这种依赖关系;

(3) 若将上述气体代之为无相互作用但有质量的粒子气体, 并设开始时处于热平衡分布, 在宇宙膨胀的影响下它们不再处于热平衡中;

(4) 假定早期宇宙是无相互作用的质量为零的光子气体和无相互作用的质量为 m 的粒子 (如有质量的中微子) 气体组成. 假定在某个初始时刻光子和中微子同时处于热平衡状态, 其温度对光子和中微子都是 $kT = mc^2$ (m 为中微子的质量). 已经观察到当今宇宙中的光子处于 $kT \approx 3.0 \times 10^{-4}\mathrm{eV}$ 的热分布中. 用中微子质量 m 给出 (不必精确) 当今中微子的典型速度和动能. 假定 $mc^2 \gg 3 \times 10^{-4}\mathrm{eV}$. 已知

$$\Gamma^{\rho}_{\mu\nu} = \frac{1}{2}g^{\rho\lambda}\left(\partial_\nu g_{\lambda\mu} + \partial_\mu g_{\kappa\nu} - \partial_\lambda g_{\mu\nu}\right) \tag{8.1}$$

解答　(1) 变换成极坐标有

$$\mathrm{d}s^2 = -\mathrm{d}t^2 + R^2(t)(\mathrm{d}r^2 + r^2\mathrm{d}\theta^2 + r^2\sin^2\theta\mathrm{d}\varphi^2)$$

由已知公式 (8.1), 得 $\Gamma^{\rho}_{\mu\nu}$ 不为零的分量为

$$\Gamma^t_{ij} = R\dot{R}\delta_{ij}, \quad \text{及} \quad \Gamma^i_{tj} = \frac{\dot{R}}{R}\delta_{ij}$$

因此由短程线方程我们有

$$\frac{\mathrm{d}^2 r}{\mathrm{d}\tau^2} + \frac{2\dot{R}}{R}\frac{\mathrm{d}t}{\mathrm{d}\tau}\frac{\mathrm{d}r}{\mathrm{d}\tau} = 0, \quad \text{即} \frac{\mathrm{d}}{\mathrm{d}\tau}\left(R^2\frac{\mathrm{d}r}{\mathrm{d}\tau}\right) = 0$$

粒子的四维动量

$$p_\alpha = mU_\alpha = mg_{\alpha\beta}\frac{\mathrm{d}x^\beta}{\mathrm{d}\tau}, \qquad p^\alpha = mU^\alpha = m\frac{\mathrm{d}x^\alpha}{\mathrm{d}\tau}$$

所以动量

$$p = \sqrt{p_i p^i} = mR\frac{\mathrm{d}r}{\mathrm{d}\tau}$$

由 $R^2\dfrac{\mathrm{d}r}{\mathrm{d}\tau} = $ 常数, 得

$$R(t)p(t) = R(t_0)p(t_0) = R_0 p_0, \quad \text{即} p(t) = \frac{R_0 p_0}{R(t)}$$

而能量

$$E = \sqrt{m^2 + p_i p^i} = \sqrt{E_0^2 - p_0^2\left(1 - \frac{R_0^2}{R^2(t)}\right)}.$$

(2) 如果在 t 时刻光子气体处于热平衡状态, 则按普朗克的黑体辐射理论, 在体积 $V(t)$ 中频率在 ν 到 $\nu + \mathrm{d}\nu$ 之间的光子数

$$\mathrm{d}N(t) = \frac{8\pi\nu^2 V(t)\mathrm{d}\nu}{c^3\left(\exp\dfrac{h\nu}{kT} - 1\right)}$$

到时刻 t', 原来频率为 ν 的光子, 其频率会发生移动, 即 $\nu' = \dfrac{\nu R(t)}{R(t')}$, $\mathrm{d}\nu' = \mathrm{d}\nu\dfrac{R(t)}{R(t')}$, 而体积膨胀到 $V(t') = V(t)\dfrac{R^3(t')}{R^3(t)}$, 因此我们有

$$\mathrm{d}N(t') = \mathrm{d}N(t) = \frac{\dfrac{8\pi}{c^3}\left(\dfrac{\nu' R(t')}{R(t)}\right)^2 V(t')\dfrac{R^3(t)}{R^3(t')}\mathrm{d}\nu'\dfrac{R(t')}{R(t)}}{\left(\exp\dfrac{h\nu' R(t')}{R(t)kT(t)} - 1\right)}$$

如果令 $T(t') = \dfrac{R(t)T(t)}{R(t')}$, 则仍可得到黑体谱的分布形式

$$\mathrm{d}N(t') = \frac{8\pi\nu'^2 V(t')\mathrm{d}\nu'}{c^3\left[\exp\dfrac{h\nu'}{kT(t')} - 1\right]}$$

(3) 在理想气体近似下, 在热平衡中动量在 p 和 $p + \mathrm{d}p$ 之间的粒子数为

$$\mathrm{d}N_p = \frac{gVp^2\mathrm{d}p}{2\pi^2\hbar^3}\left[\exp\frac{E - \mu}{kT} \pm 1\right]^{-1}$$

其中, $E = (m^2c^4 + p^2c^2)^{1/2}$, μ 化学势, 可令它等于零. 由于粒子的膨胀是绝热的, $TV^{\gamma-1} =$ 常数, 因此有 $T \propto R^{-3(\gamma-1)}$, 前面已经求出 $p \propto R^{-1}$, $E = (m^2c^4 + p^2c^2)^{1/2}$, 故原有的热平衡分布将受到破坏.

(4) 对于光子我们有

$$\frac{T(t)}{T(t_0)} = \frac{R(t_0)}{R(t)} = \frac{mc^2}{3 \times 10^{-4}\text{eV}}$$

而 $mc^2 \gg 3 \times 10^{-4}\text{eV}$, 因此 $R(t_0) \gg R(t)$. 又由 $p(t) = p(t_0)\dfrac{R(t_0)}{R(t)}$, 可知 $p(t_0) \ll p(t)$. 另外在初始时刻 t, 粒子的动能近似为 mc^2, 所以

$$\sqrt{m^2c^4 + c^2p^2} - mc^2 \approx mc^2, \quad 即 p(t) \approx \sqrt{3}mc$$

而 $p(t_0) \ll mc$, 同时 $E(t_0) = \sqrt{m^2c^4 + c^2p^2(t_0)} \approx mc^2$, 故当今中微子的运动速度可表示为

$$v = \frac{c^2p(t_0)}{E(t_0)} = \frac{c^2p(t)R(t)/R(t_0)}{mc^2} = \frac{\sqrt{3}R(t)c}{R(t_0)} = \frac{3\sqrt{3}}{mc^2} \times 10^{-4}c, (mc^2 以 \text{eV} 为单位)$$

其动能为

$$T = \frac{mc^2}{\sqrt{1 - v^2/c^2}} - mc^2 \approx \frac{1}{2}mc^2\frac{v^2}{c^2} = \frac{27}{2} \times 10^{-8}\frac{1}{mc^2} = 1.35 \times 10^{-7}\frac{1}{mc^2}\text{eV}$$

8.5 求在宇宙中飞船相对于观察者的速度

题 8.5 假定宇宙的几何由 Robertson-Walker 度规来描述 $(c = 1)$,

$$\mathrm{d}s^2 = -\mathrm{d}t^2 + R^2(t)\left[\frac{\mathrm{d}r^2}{1 - kr^2} + r^2\mathrm{d}\Omega^2\right]$$

一个飞船以相对宇宙观察者为 v 的速度射出, 当已知膨胀到标度因子为 $(1 + Z)$ 倍时, 求飞船相对观察者的速度 v'.

解答 因为 k 是一常数, 适当选择 r 的单位使它可取 $+1$, 0, 或 -1, 对 $k = +1$ 和 -1 分别作变换 $r = \sin x$ 和 $r = \sinh x$, 可使度规变为

$$\mathrm{d}s^2 = \begin{cases} -\mathrm{d}t^2 + R(t)^2\left(\mathrm{d}x^2 + \sin^2 x\mathrm{d}\Omega^2\right), & k = +1 \\ -\mathrm{d}t^2 + R(t)^2\left(\mathrm{d}x^2 + \sinh^2 x\mathrm{d}\Omega^2\right), & k = -1 \end{cases}$$

因宇宙各向同性, 飞船沿径向射出, 故 $\theta =$ 常数, $\varphi =$ 常数, 故度规简化为

$$\mathrm{d}s^2 = -\mathrm{d}t^2 + R(t)^2\mathrm{d}x^2$$

注意到 $\mathrm{d}s^2 = -\mathrm{d}\tau^2$, 由短程线方程 $\dfrac{\mathrm{d}}{\mathrm{d}\tau}\left(g_{\mu\nu}\dfrac{\mathrm{d}x^\nu}{\mathrm{d}\tau}\right) - \dfrac{1}{2}g_{\alpha\beta,\mu}\dfrac{\mathrm{d}x^\alpha}{\mathrm{d}\tau}\dfrac{\mathrm{d}x^\beta}{\mathrm{d}\tau} = 0$, 得

$$\frac{\mathrm{d}}{\mathrm{d}\tau}\left(R^2(t)\frac{\mathrm{d}x}{\mathrm{d}\tau}\right) = 0 \quad 或 \quad R^2(t)\frac{\mathrm{d}x}{\mathrm{d}\tau} = R^2(t)\frac{\mathrm{d}x}{\mathrm{d}t}\left[1 - R^2(t)\left(\frac{\mathrm{d}x}{\mathrm{d}t}\right)^2\right]^{-1/2} = 常数$$

因 $\mathrm{d}l = R(t)\mathrm{d}x$ 代表距离元, 故速度 $v = \dfrac{\mathrm{d}l}{\mathrm{d}t} = R(t)\dfrac{\mathrm{d}x}{\mathrm{d}t}$. 因此

$$\frac{R(t)v}{\sqrt{1-v^2}} = 常数, \quad 即 \frac{R(t)v}{\sqrt{1-v^2}} = \frac{R(t')v'}{\sqrt{1-v'^2}}.$$

但 $\dfrac{R(t)}{R(t_0)} = 1 + Z$, 所以 $\dfrac{v'}{\sqrt{1-v'^2}} = \dfrac{v}{\sqrt{1-v^2}}\dfrac{1}{1+Z}$ 给出

$$v'^2 = \frac{v^2}{(1-v^2)(1+Z)^2 + v^2}$$

由此解得

$$v' = \frac{v}{\sqrt{(1-v^2)(1+Z)^2 + v^2}}$$

当 $v \ll 1$ 时,

$$v' = \frac{v}{(1+Z)}$$

8.6　宇宙双生子佯谬

题 8.6　设想一个双生子小双共动, 另一个双生子大双在 t_* 时刻相对于小双以非相对论性速度 v_* 出发, 此后作自由运动.

(1) 在何种曲率常数 k 的宇宙中, 大双 (保持自由运动!) 才有可能与小双重新团聚?

(2) 如果团聚, 此时他们各自经历的固有时是多少? 用宇宙尺度因子 $a(t)$ 的积分表达.

解答　(1) 因为 Robertson-Walker 宇宙均匀各向同性, 自由运动总可取为径向. 正曲率常数 $k = 1$ 的宇宙中, 自由运动下去会走一圈回到起点团聚. 而 $k = 0$、-1 宇宙, 会一直走到无穷远不可能团聚.

(2) 自由运动粒子相对于同地的共动观察者的动量正比于该时刻的宇宙尺度因子的倒数, 非相对论情况即 $v \propto a^{-1}(t)$, 得大双的速度 $v(t) = v_* a(t_*)/a(t)$. 而 $v = a\mathrm{d}\chi/\mathrm{d}t$, 即 $\mathrm{d}\chi = \dfrac{v(t)}{a(t)}\mathrm{d}t$; χ 取值范围为 $0 \leqslant \chi \leqslant \pi$, 团聚时大双走了一圈

$$\pi = \int \mathrm{d}\chi = \int_{t_*}^{t_x} \frac{v(t)}{a(t)}\mathrm{d}t = v_* a_* \int_{t_*}^{t_x} \frac{\mathrm{d}t}{a^2(t)} \tag{8.2}$$

其中 $a_* \equiv a(t_*)$, 积分上限 t_x 即团聚时小双的固有时 (共动的即宇宙时) 读数 (假设宇宙钟同步化). 从分离到团聚, 小双历时 $t_x - t_*$.

大双世界线的 RW 宇宙时空径向线元 $-\mathrm{d}\tau^2 = -\mathrm{d}t^2 + a^2(t)\mathrm{d}\chi^2 = -[1 - v^2(t)]\mathrm{d}t^2$, 有 $\mathrm{d}\tau = \sqrt{1 - v^2(t)}\mathrm{d}t$, 积分得其再次团聚历时

$$\Delta\tau_d = \int \mathrm{d}\tau = \int_{t_*}^{t_x} \sqrt{1 - v^2(t)}\mathrm{d}t = \int_{t_*}^{t_x} \sqrt{1 - v_*^2 a_*^2/a^2(t)}\mathrm{d}t \tag{8.3}$$

比小双年轻 $(t_x - t_*) - \Delta\tau_d$.